大学物理学

DAXUE WULIXUE

童开宇　陈世红　张正阶
程俭中　赵晓凤　编著

四川大学出版社

责任编辑:毕　潜
责任校对:杨　果
封面设计:墨创文化
责任印制:王　炜

图书在版编目(CIP)数据

大学物理学 / 童开宇等编著. —成都：四川大学出版社，2018.12
ISBN 978-7-5690-2608-5

Ⅰ.①大… Ⅱ.①童… Ⅲ.①物理学－高等学校－教材 Ⅳ.①O4

中国版本图书馆 CIP 数据核字（2018）第 284432 号

书名　**大学物理学**

编　著	童开宇　陈世红　张正阶　程俭中　赵晓凤
出　版	四川大学出版社
地　址	成都市一环路南一段 24 号（610065）
发　行	四川大学出版社
书　号	ISBN 978-7-5690-2608-5
印　刷	郫县犀浦印刷厂
成品尺寸	185 mm×260 mm
印　张	25.75
字　数	659 千字
版　次	2019 年 1 月第 1 版
印　次	2021 年 7 月第 2 次印刷
定　价	78.00 元

◆读者邮购本书，请与本社发行科联系。电话：(028)85408408/(028)85401670/(028)85408023　邮政编码：610065
◆本社图书如有印装质量问题，请寄回出版社调换。
◆网址：http://press.scu.edu.cn

前　言

大学物理是高等院校的一门重要的基础课，培养 21 世纪的优秀人才，物理教学具有特殊的地位和作用。随着科学技术发展方向的日趋综合，渗透日益加强，综合倾向将成为 21 世纪科学发展的趋势。加强基础无疑是与这一发展趋势一致的，这也就对基础课的教学提出了更高的要求。

大学物理教材要贴近课堂教学，易教易学，又要在内容的更新和新技术的介绍等方面有较大的突破。本书的编写原则是既要确保必要的传统的基本内容，尤其要加强近代物理内容的教学，又要突出学生的物理思维能力的培养和科学素质的提升。以现代的物理理论和观点审视物理课程的体系和内容，清楚地给出当代人类对物质世界认识层次的结果，明确地介绍研究方法，介绍对理论的开发和应用的方法，培养学生的工程技术意识。遵循教学规律，循序渐进，利于学生理解、接受和培养兴趣。

我们在教材的编写中力图解决课程内容多和授课时数少的矛盾。对基础理论，遵循必需、够用、适度的原则。适当照顾本学科的系统性，着重考虑针对性和应用性，加强对物理过程的分析、处理思路和方法的叙述。对内容取舍、文字叙述、体系布局、教学要求、例题选取和习题难度等都进行了适度处理，内容有较大的覆盖面和适当深度。本教材从物理图像的描述入手，不囿于繁杂的数学推证，重视物理概念和物理规律的阐述，叙述明晰易懂，突出以应用为主的原则，例题、习题配置合理，追求有效的、针对性的教与学，旨求教不困难、学不困惑。

本书的基本内容能够满足理工科非物理类专业大学物理课程教学基本要求。讲授参考总学时为 90～110 学时。为适应不同的教学对象和不同专业类别的教学要求，还编入了一些打“*”号的内容，可根据学时和要求选讲或指导学生自学。

本书由童开宇、陈世红、张正阶统稿，程俭中、赵晓凤对全书进行了校阅。参加本书编写工作的有：陈世红（第 1、2、3、4、5 章），赵晓凤（第 6、7、18 章），童开宇（第 8、9、10 章），程俭中（第 11、12、13 章），张正阶（第 14、15、16、17 章）。本书的编写工作得到了成都理工大学的大力支持，在此表示感谢！在编写中借鉴了国内外的许多教材，尤其是对本书未列出的参考书目的作者表示衷心感谢！

由于编者水平有限，书中难免存在缺点和问题，望读者给予批评、指正。

编　者

2019 年 1 月

目　录

第 1 章　质点运动学

自然界是由物质组成的，一切物质都在不停地运动着。物质的运动形式是多种多样的，对各种不同物质运动形式的研究，形成了自然科学的各门学科。物理学是研究物质运动中最普遍、最基本运动形式的一门学科，包括机械运动、热运动、电磁运动、原子和原子核的运动等等。

机械运动是最简单、最基本的运动形式，它是指物体之间或者是一个物体的某些部分相对于其他部分位置的变化。地球绕太阳运动，火车在铁路上行驶，机器转动等都是机械运动。力学的研究对象就是机械运动的规律。

在力学中，研究物体位置随时间变化的关系，但不涉及引起变化原因的这部分内容，称为运动学。本章研究质点运动学。

1.1　参照系　质点

1.1.1　参照系　坐标系

任何物体都在永恒不停地运动，绝对静止不动的物体是没有的。如放在桌上的书相对于桌面是静止的，但它却随地球一起绕太阳转动，这就是运动的绝对性。既然一切物体都在运动，为了描述一个物体的机械运动，必须另选一个认为不动的物体作为参考，然后研究这一物体对于被选作参考的物体的运动，这个被选作参考的物体称为参照系。参照系的选择可以是任意的，主要看问题的性质和研究问题的方便。例如研究地面上物体的运动，最方便的是选取地面或静止在地面上的物体作为参照系。一个星际火箭在发射时，主要研究它相对于地面的运动，所以最好选取地面作为参照系，但当火箭进入绕太阳运行的轨道时，为研究方便起见，这时最好选取太阳作为参照系。

同一物体的运动，由于我们所选参照系不同，对物体运动的描述就会不同。例如在匀速前进的车厢中的自由落体，相对于车厢，是作直线运动；相对于地面，却是作抛物线运动。物体的运动对不同的参照系有不同的描述这个事实称为运动描述的相对性。

由于运动的描述是相对的，所以在描述物体的机械运动时必须指明或暗中明确所用的参照系。为了定量地描述物体相对参照系的运动情况，还需要在参照系上固定一个坐标系。常用的是直角坐标系，它是在参照系上选定一点作为坐标系的原点，通过原点作三条附有标度的、相互垂直的有向直线作为三个坐标轴（X 轴、Y 轴、Z 轴）。根据需要，也可以选用其他的坐标系来研究物体的运动。

1.1.2 质点

任何物体都有一定的大小和形状，一般地讲，物体运动时，其内部各点位置的变化是不一样的，而且物体的大小和形状也可以发生变化，要逐点描写清楚并不是一件容易的事情。在某些情况下，如果物体的大小和形状对于我们所研究的问题不起作用，或所起作用甚小而可忽略时，为使问题简化，可将研究物体看做一个只具有质量而没有大小和形状的几何点，即质点。

质点是一理想模型。用理想模型代替实际研究对象，突出主要因素，忽略次要因素，以简化问题的研究，是物理学中处理问题的重要方法，也是一切科学研究中的重要方法。

质点模型的应用是有条件的。由于所研究问题的性质不同，同一物体在某些情况下可以视为质点，而在另一情况下则不能视为质点。例如对于地球，当研究地球绕太阳公转时，由于地球的平均半径（6400km）比地球、太阳之间的距离（约为 1.5×10^8km）小得多，地球自转所引起的地球上各点运动的差异可以忽略，地球上各点相对于太阳的运动可视为相同，这时就可以忽略地球的大小和形状而把它看做一个质点。但是当研究地球自转及其有关现象时，地球的自转便成为主要因素，此时便不能忽略地球的大小和形状而将它看做质点。

1.2 位置矢量　位移

1.2.1 位置矢量

要描写质点的运动，首先要标定质点的位置。选定参照系后，质点在运动过程中任一时刻的位置，在直角坐标系中，可由三个坐标 x、y、z 来确定，也可用从原点 O 到 P 点的有向线段 $\boldsymbol{r}$ 来表示，如图 1－1 所示。矢量 $\boldsymbol{r}$ 称为位置矢量，亦称矢径，相应地，P 点的坐标 x、y、z 也就是矢量 $\boldsymbol{r}$ 沿坐标轴的三个分量。矢径 $\boldsymbol{r}$ 可表示为

$$\boldsymbol{r} = x\boldsymbol{i} + y\boldsymbol{j} + z\boldsymbol{k}$$

式中，$\boldsymbol{i}$、$\boldsymbol{j}$、$\boldsymbol{k}$ 分别表示沿 X、Y、Z 轴正向的单位矢量。

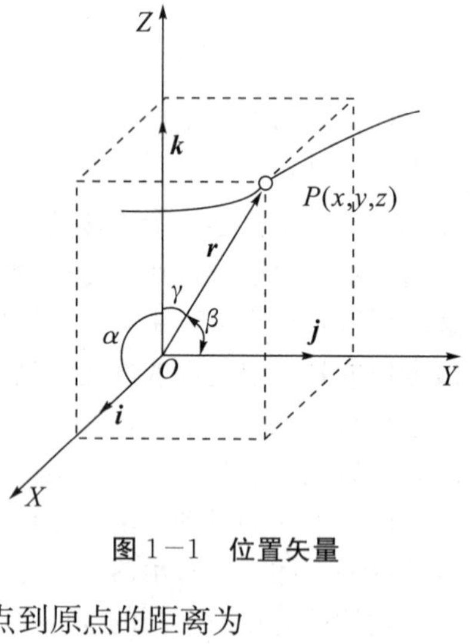

图 1－1　位置矢量

这样，P 点所在的位置由矢量 $\boldsymbol{r}$ 唯一地确定，即 P 点到原点的距离为

$$r = |\boldsymbol{r}| = \sqrt{x^2 + y^2 + z^2}$$

P 点的方位，由矢径 $\boldsymbol{r}$ 的方向余弦确定：

$$\cos\alpha = \frac{x}{r} \qquad \cos\beta = \frac{y}{r} \qquad \cos\gamma = \frac{z}{r}$$

质点在运动过程中，它在空间的位置是随时间而变化的，亦即其位置坐标 x、y、z 或矢径 $\boldsymbol{r}$ 都是时间 t 的函数，即

$$x = x(t) \qquad y = y(t) \qquad z = z(t) \tag{1-1}$$

或

$$\boldsymbol{r} = \boldsymbol{r}(t) = x(t)\boldsymbol{i} + y(t)\boldsymbol{j} + z(t)\boldsymbol{k} \tag{1-2}$$

上述方程表明了质点在空间所占位置随时间变化的关系，称为运动方程。运动学的重要任务之一就是找出各种具体运动所遵循的运动方程。

运动质点在空间所描绘的曲线称为轨道，我们可将运动方程式（1－1）或式（1－2）看做是以时间 t 为参量的轨道方程。也可从运动方程式中消去时间参量 t，而得出质点运动的轨道方程。

如果质点限制在某一固定的平面内运动，这时可取该固定平面为 $z=0$，因而质点的运动方程简化为

$$x = x(t) \qquad y = y(t)$$

此时质点运动的轨道为一平面曲线。

如果质点在一直线上运动，这时可取 $y=z=0$，质点运动所在的直线为 X 轴，则运动方程为

$$x = x(t)$$

［**例** 1］　已知某质点的运动方程为

$$\boldsymbol{r} = a\cos\omega t\boldsymbol{i} + b\sin\omega t\boldsymbol{j}$$

式中，a、b、ω 均为常数。求质点距坐标原点的距离 r 及轨道方程。

解　由题设条件，写出平面直角坐标分量方程式为

$$x = a\cos\omega t \qquad y = b\sin\omega t$$

所求距离为

$$r = \sqrt{x^2 + y^2} = \sqrt{a^2\cos^2\omega t + b^2\sin^2\omega t}$$

从 x、y 两式中消去 t 后，得轨道方程

$$\frac{x^2}{a^2} + \frac{y^2}{b^2} = 1$$

表示质点在 XY 平面内作椭圆运动。如果 $a=b$，则得 $x^2+y^2=a^2$，为圆方程式，表示质点作圆周运动。

1.2.2　位移矢量

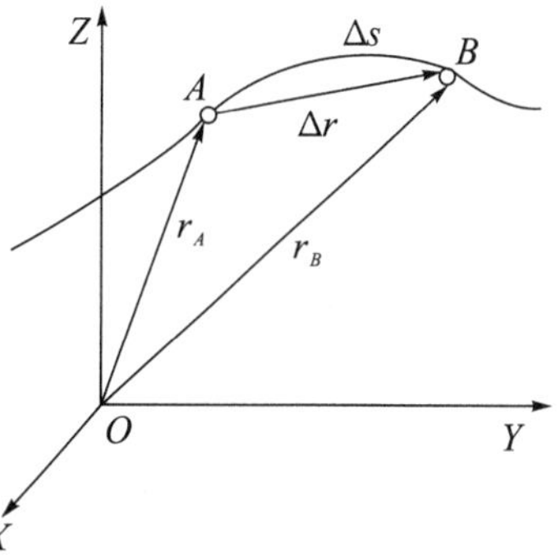

图 1－2

设曲线 $\overset{\frown}{AB}$ 是质点轨道的一部分（图 1－2）。在时刻 t，质点在 A 处，在另一时刻 $t+\Delta t$ 质点在 B 处。A、B 两点的位置分别用矢径 $\boldsymbol{r}_A$ 和 $\boldsymbol{r}_B$ 来表示。在时间 Δt 内，质点位置的变化可用 A 到 B 的有向线段 $\Delta\boldsymbol{r}$ 来表示，称为质点的位移矢量，简称位移。位移 $\Delta\boldsymbol{r}$ 既表明了 A、B 两点间的距离，也表明 B 点相对于 A 点的方位。

由

$$\boldsymbol{r}_A = x_A\boldsymbol{i} + y_A\boldsymbol{j} + z_A\boldsymbol{k}, \qquad \boldsymbol{r}_B = x_B\boldsymbol{i} + y_B\boldsymbol{j} + z_B\boldsymbol{k}$$

按矢量合成法则，有

$$\boldsymbol{r}_B = \boldsymbol{r}_A + \Delta\boldsymbol{r}$$

故

$$\Delta \boldsymbol{r} = \boldsymbol{r}_B - \boldsymbol{r}_A$$

于是，位移矢量 $\Delta \boldsymbol{r}$ 亦可写成

$$\Delta \boldsymbol{r} = (x_B - x_A)\boldsymbol{i} + (y_B - y_A)\boldsymbol{j} + (z_B - z_A)\boldsymbol{k} \tag{1-3}$$

必须注意，位移表示质点位置的变化，并非质点在运动过程中实际通过的路程。在图 1－2 中，路程为曲线$\overset{\frown}{AB}$，记作 Δs，是标量，而位移 $\Delta \boldsymbol{r}$ 是矢量，位移的大小 $|\Delta \boldsymbol{r}|$ 为割线 AB 的长度。$|\Delta \boldsymbol{r}|$ 与 Δs 一般是不相等的，只有当 $\Delta t \to 0$ 时，Δs 与 $|\Delta \boldsymbol{r}|$ 才可视为相等。即使在直线运动中，路程与位移也是两个截然不同的概念。例如，一质点沿一直线运动从 A 点到 B 点，又从 B 点返回 A 点，显然位移为零，而路程则为 A、B 间距离的两倍。

在国际单位制（SI）中，位移和路程的单位都是米（m）。

［**例** 2］　一质点作平面曲线运动，其运动方程为

$$x = R\cos\frac{2\pi}{T}t, y = R\sin\frac{2\pi}{T}t$$

求在 $0 \sim \frac{T}{4}$时间内质点的位移与路程。

解　质点运动的轨道为一圆，轨道方程为 $x^2 + y^2 = R^2$，圆心在坐标原点，如图1－3。

由运动方程知，$t=0$ 时，质点所在位置为 $x=R$，$y=0$，即在 B_1 点，其位置矢量为 $\boldsymbol{r}_{B_1} = R\boldsymbol{i}$。$t=\frac{T}{4}$时，质点所在位置为 $x=0$，$y=R$，即在 B_2 点，其位置矢量为 $\boldsymbol{r}_{B_2} = R\boldsymbol{j}$，所以在 $0 \sim \frac{T}{4}$的时间间隔内，质点的位移为

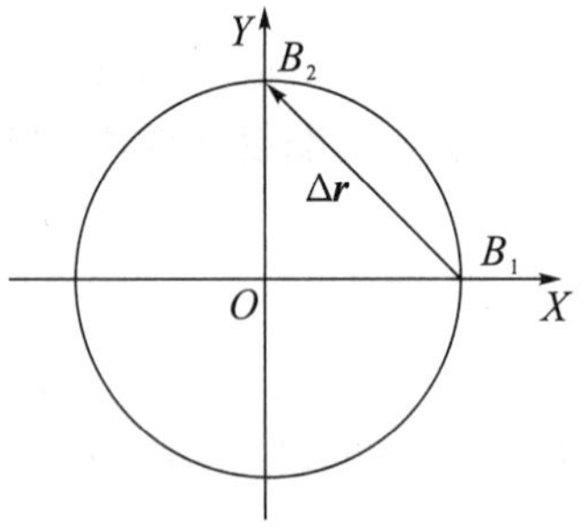

图 1－3

$$\Delta \boldsymbol{r} = \boldsymbol{r}_{B_2} - \boldsymbol{r}_{B_1} = R\boldsymbol{j} - R\boldsymbol{i}$$

$\Delta \boldsymbol{r}$ 的大小为 $|\Delta \boldsymbol{r}| = \sqrt{R^2 + R^2} = \sqrt{2}R$。$\Delta \boldsymbol{r}$ 的方向由 B_1 指向 B_2。质点所经历的路程为$s = \overset{\frown}{B_1B_2} = \frac{\pi R}{2}$。

1.3　速度　加速度

1.3.1　速度

研究质点的运动，不仅要知道质点的位移，还要知道在多长的时间内有这一位移，即要知道质点运动的快慢程度。图 1－4 中，若质点在 t 时刻，处于 A 点，在 $t+\Delta t$ 时刻，处于 B 点，即在 Δt 时间内质点的位移是 $\Delta \boldsymbol{r}$。于是，把质点的位移 $\Delta \boldsymbol{r}$ 与所经历的时间之比，叫做平均速度，用$\bar{\boldsymbol{v}}$ 表示，即

$$\bar{\boldsymbol{v}} = \frac{\Delta \boldsymbol{r}}{\Delta t} \tag{1-4}$$

平均速度是矢量，其大小为$\frac{|\Delta \boldsymbol{r}|}{\Delta t}$，方向为 $\Delta \boldsymbol{r}$ 的方向。平均速度一般与所取的时间间隔

有关，所以说到平均速度时必须指明是哪一段时间内的平均速度。

显然，用平均速度描写质点运动是比较粗糙的，它所反映的是质点在这一段时间内平均每单位时间发生的位移。

如果要知道质点在某一时刻 t（或某一位置）的运动情况，应使 Δt 尽量减小而趋于零，用平均速度在 Δt 趋于零时的极限值——瞬时速度来描述，则瞬时速度（以下简称速度）表示为

$$\boldsymbol{v}=\lim_{\Delta t\to 0}\frac{\Delta \boldsymbol{r}}{\Delta t}=\frac{\mathrm{d}\boldsymbol{r}}{\mathrm{d}t} \tag{1-5}$$

亦即速度等于矢径对时间的一阶导数。

速度是矢量，其方向为当 $\Delta t\to 0$ 时位移 $\Delta \boldsymbol{r}$ 的极限方向。由图 1－4 可知，位移 $\Delta \boldsymbol{r}$ 的方向是割线 AB 的方向，当 $\Delta t\to 0$ 时，B 点趋于 A 点，亦即 $\Delta \boldsymbol{r}$ 的方向趋近于 A 点的切线方向，所以速度的方向是质点所在点的轨道切线方向。

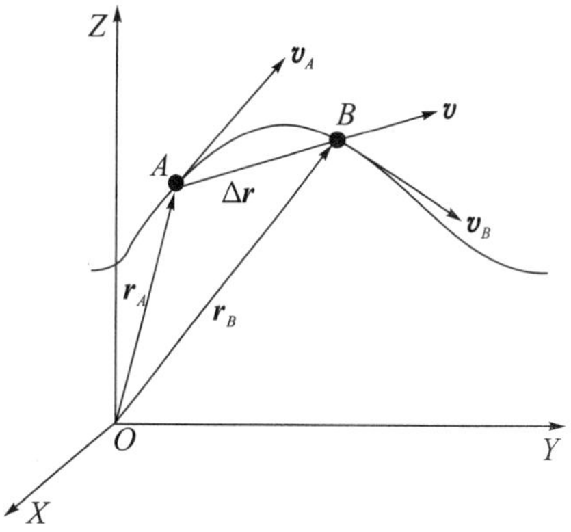

图 1－4

在直角坐标系中，速度矢量可表示为

$$\begin{aligned}\boldsymbol{v}&=\frac{\mathrm{d}\boldsymbol{r}}{\mathrm{d}t}=\frac{\mathrm{d}}{\mathrm{d}t}(x\boldsymbol{i}+y\boldsymbol{j}+z\boldsymbol{k})\\&=\frac{\mathrm{d}x}{\mathrm{d}t}\boldsymbol{i}+\frac{\mathrm{d}y}{\mathrm{d}t}\boldsymbol{j}+\frac{\mathrm{d}z}{\mathrm{d}t}\boldsymbol{k}\\&=v_x\boldsymbol{i}+v_y\boldsymbol{j}+v_z\boldsymbol{k}\end{aligned} \tag{1-6}$$

式中，$v_x=\frac{\mathrm{d}x}{\mathrm{d}t}$，$v_y=\frac{\mathrm{d}y}{\mathrm{d}t}$，$v_z=\frac{\mathrm{d}z}{\mathrm{d}t}$分别是速度$\boldsymbol{v}$ 在直角坐标系中的三个分量，速度的大小可写为

$$v=|\boldsymbol{v}|=\sqrt{v_x^2+v_y^2+v_z^2}$$

在描写质点运动时，也常采用速率这个物理量。我们把路程 Δs 与时间 Δt 的比值$\frac{\Delta s}{\Delta t}$称为质点在 Δt 内的平均速率。可见，平均速率是一个标量，数值上等于单位时间内所通过的路程，而不考虑运动的方向。由于一般 $\Delta s\neq|\Delta \boldsymbol{r}|$，所以，$\frac{\Delta s}{\Delta t}\neq\frac{|\Delta \boldsymbol{r}|}{\Delta t}$，即平均速率一般不等于平均速度的大小。例如，在某一段时间内，质点环行了一闭合路径，显然质点的位移 $\Delta \boldsymbol{r}=0$，平均速度也为零，但质点的平均速率却不等于零。当 Δt 趋于零时，平均速率的极限就是质点的瞬时速率，简称速率，用字母 v 表示：

$$v=\lim_{\Delta t\to 0}\frac{\Delta s}{\Delta t}=\frac{\mathrm{d}s}{\mathrm{d}t} \tag{1-7}$$

由图 1－4 可知，当 $\Delta t\to 0$ 时，$\Delta s=|\Delta \boldsymbol{r}|$，故有

$$v=\frac{\mathrm{d}s}{\mathrm{d}t}=\lim_{\Delta t\to 0}\frac{\Delta s}{\Delta t}=\lim_{\Delta t\to 0}\frac{|\Delta \boldsymbol{r}|}{\Delta t}=|\boldsymbol{v}|$$

因此瞬时速度的大小等于质点在该时刻的瞬时速率。在国际单位制中，速度或速率的单位是米/秒（$\mathrm{m\cdot s^{-1}}$）。

1.3.2 加速度

质点在运动过程中，其速度通常也是随时间变化的，为了描述这种变化，现引入加速度这个物理量。在图 1－5 中，$\boldsymbol{v}_A$表示质点在时刻 t、位置 A 处的速度，$\boldsymbol{v}_B$表示在时刻 $t+\Delta t$、位置 B 处的速度。从速度矢量图可知，在 Δt 时间内质点速度的变化为

$$\Delta \boldsymbol{v} = \boldsymbol{v}_B - \boldsymbol{v}_A$$

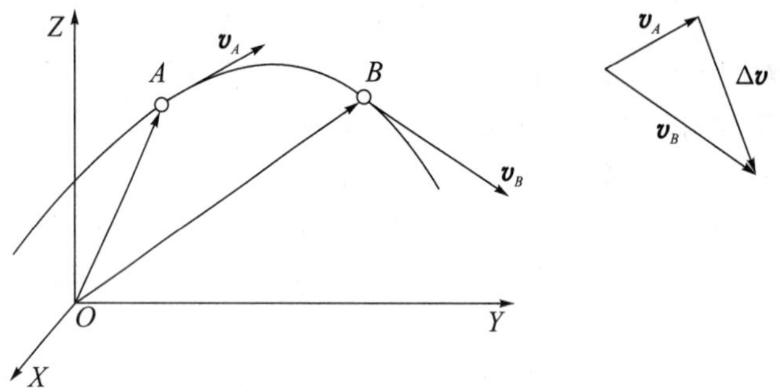

图 1－5 加速度

与速度矢量讨论的情况相类似，可称

$$\bar{\boldsymbol{a}} = \frac{\Delta \boldsymbol{v}}{\Delta t}$$

为平均加速度，而称 $\bar{\boldsymbol{a}}$ 在 $\Delta t \to 0$ 时的极限为瞬时加速度，简称加速度，表示为

$$\boldsymbol{a} = \lim_{\Delta t \to 0} \frac{\Delta \boldsymbol{v}}{\Delta t} = \frac{\mathrm{d}\boldsymbol{v}}{\mathrm{d}t} = \frac{\mathrm{d}}{\mathrm{d}t}\left(\frac{\mathrm{d}\boldsymbol{r}}{\mathrm{d}t}\right) = \frac{\mathrm{d}^2 \boldsymbol{r}}{\mathrm{d}t^2} \tag{1－8}$$

故加速度等于速度对时间的一阶导数，或位置矢量对时间的二阶导数。在直角坐标系中，

$$\boldsymbol{a} = \frac{\mathrm{d}v_x}{\mathrm{d}t}\boldsymbol{i} + \frac{\mathrm{d}v_y}{\mathrm{d}t}\boldsymbol{j} + \frac{\mathrm{d}v_z}{\mathrm{d}t}\boldsymbol{k} = \frac{\mathrm{d}^2 x}{\mathrm{d}t^2}\boldsymbol{i} + \frac{\mathrm{d}^2 y}{\mathrm{d}t^2}\boldsymbol{j} + \frac{\mathrm{d}^2 z}{\mathrm{d}t^2}\boldsymbol{k} = a_x\boldsymbol{i} + a_y\boldsymbol{j} + a_z\boldsymbol{k}$$

其中，$a_x = \frac{\mathrm{d}v_x}{\mathrm{d}t} = \frac{\mathrm{d}^2 x}{\mathrm{d}t^2}$，$a_y = \frac{\mathrm{d}v_y}{\mathrm{d}t} = \frac{\mathrm{d}^2 y}{\mathrm{d}t^2}$，$a_z = \frac{\mathrm{d}v_z}{\mathrm{d}t} = \frac{\mathrm{d}^2 z}{\mathrm{d}t^2}$是加速度的三个分量表示式。而加速度的大小为

$$a = |\boldsymbol{a}| = \sqrt{a_x^2 + a_y^2 + a_z^2}$$

$\boldsymbol{a}$ 的方向是 $\Delta t \to 0$ 时，$\Delta \boldsymbol{v}$ 的极限方向，因为 $\Delta \boldsymbol{v}$ 总是指向曲线凹的一侧，所以加速度也总是指向曲线凹的一侧。必须注意：$\Delta \boldsymbol{v}$ 的方向和它的极限方向一般不同于$\boldsymbol{v}$ 的方向，因而加速度的方向与同一时刻速度的方向一般不相一致。即使在直线运动的情况也是如此，读者可自行分析。

在国际单位制中，加速度的单位是米/秒^2（$\mathrm{m \cdot s^{-2}}$）。

［**例** 3］　已知质点的运动方程为 $\boldsymbol{r} = a\cos\omega t\boldsymbol{i} + b\sin\omega t\boldsymbol{j}$，其中 a、b、ω 均为常数。求任意时刻的速度和加速度。

解　已知运动方程，可用微分法计算，应用定义式：

$$\boldsymbol{v} = \frac{\mathrm{d}\boldsymbol{r}}{\mathrm{d}t} = \frac{\mathrm{d}x}{\mathrm{d}t}\boldsymbol{i} + \frac{\mathrm{d}y}{\mathrm{d}t}\boldsymbol{j} = -a\omega\sin\omega t\boldsymbol{i} + b\omega\cos\omega t\boldsymbol{j}$$

它沿两个坐标轴的分量分别为

$$v_x = -a\omega\sin\omega t \qquad v_y = b\omega\cos\omega t$$

速率为

$$v = \sqrt{v_x^2 + v_y^2} = \omega\sqrt{a^2\sin^2\omega t + b^2\cos^2\omega t}$$

以 α 表示速度方向与 x 轴的夹角，则

$$\tan\alpha = \frac{v_y}{v_x} = -\frac{b\cos\omega t}{a\sin\omega t}$$

由加速度定义式

$$\boldsymbol{a} = \frac{\mathrm{d}\boldsymbol{v}}{\mathrm{d}t} = \frac{\mathrm{d}v_x}{\mathrm{d}t}\boldsymbol{i} + \frac{\mathrm{d}v_y}{\mathrm{d}t}\boldsymbol{j} = -a\omega^2\cos\omega t\boldsymbol{i} - b\omega^2\sin\omega t\boldsymbol{j}$$

加速度沿两个坐标轴的分量是

$$a_x = -a\omega^2\cos\omega t \qquad a_y = -b\omega^2\sin\omega t$$

加速度的大小为

$$a = \sqrt{a_x^2 + a_y^2} = \omega^2\sqrt{a^2\cos^2\omega t + b^2\sin^2\omega t}$$

又由上面的位矢表示式可得

$$\boldsymbol{a} = -\omega^2(a\cos\omega t\boldsymbol{i} + b\sin\omega t\boldsymbol{j}) = -\omega^2\boldsymbol{r}$$

参见 1.2 例 1 可知，质点作椭圆运动，其加速度方向处处与质点位置矢量方向相反。

1.4　直线运动

质点运动轨道为直线的运动，称为直线运动。在直线运动中，位移、速度、加速度各矢量全部都在同一直线上，所以可把有关各量当作标量来处理。设质点的直线运动是沿 X 轴进行的，坐标轴的原点为 0（图 1－6），显然质点在任意时刻的位置只需一个坐标 x 就可确定。若 x 为正值表示质点在原点右边，负值表示质点在原点的左边。运动方程可写作

图 1－6　直线运动

$$x = x(t)$$

相应地，质点的速度和加速度分别为

$$v = \frac{\mathrm{d}x}{\mathrm{d}t}$$

$$a = \frac{\mathrm{d}v}{\mathrm{d}t} = \frac{\mathrm{d}^2x}{\mathrm{d}t^2}$$

若 v 和 a 为正值，则表示其速度和加速度的方向是沿 X 轴的正方向，反之，若 v 和 a 为负值，则表示其速度和加速度的方向是沿 X 轴的负方向。

应当注意，加速度 a 的正负只表示加速度的方向，并不表示运动是加快还是减慢。运动是加快还是减慢，要由加速度与速度是同向还是反向来判定。如果加速度方向与速度方向相同，则运动加快；反之则减慢。

［例 4］　一质点作直线运动，其运动方程为 $x = 7 + 4t - t^2$，其中 x 的单位是米（m），t 的单位是秒（s）。求质点在任意时刻的速度和加速度。

解 应用速度和加速度的定义式，从运动方程可求得

$$v=\frac{dx}{dt}=\frac{d}{dt}(7+4t-t^2)=4-2t$$

可以看出，在 $t=2s$ 以前，速度是正的，质点沿 X 轴正方向运动；$t=2s$ 以后，速度是负的，质点沿 X 轴负方向运动。

$$a=\frac{dv}{dt}=\frac{d}{dt}(4-2t)=-2\quad m\cdot s^{-2}$$

负号表示加速度的方向与 X 轴正方向相反。

［**例** 5］ 已知质点作匀加速直线运动，加速度为 a，求质点的运动方程。设初始时刻 ($t=0$) 质点位于 $x=x_0$ 处，速度为 $v=v_0$。

解 由加速度 $a=\frac{dv}{dt}$，即 $dv=a\,dt$。

积分得

$$v=at+C_1$$

应用质点在 $t=0$ 时刻 $v=v_0$ 的初始条件得 $C_1=v_0$，代入上式得

$$v=v_0+at \tag{1}$$

又由速度 $v=\frac{dx}{dt}$，即

$$dx=v\,dt=(v_0+at)\,dt$$

积分得

$$x=v_0t+\frac{1}{2}at^2+C_2$$

利用 $t=0$ 时刻 $x=x_0$ 的初始条件得 $C_2=x_0$，代入上式得

$$x=x_0+v_0t+\frac{1}{2}at^2 \tag{2}$$

此外，如果把加速度改写成

$$a=\frac{dv}{dt}=\frac{dv}{dx}\frac{dx}{dt}=v\frac{dv}{dx}$$

即

$$v\,dv=a\,dx$$

两边取积分

$$\int_{v_0}^{v}v\,dv=\int_{x_0}^{x}a\,dx$$

得

$$v^2-v_0^2=2a(x-x_0) \tag{3}$$

公式（1）、（2）、（3）就是中学物理中常见的匀变速直线运动公式。

通过前述的例题我们可以看到，求解运动学问题大体上可分为两类：一类是已知质点运动方程，可以用微分方法求出速度、加速度（见例 4）；另一类是已知质点运动的加速度或速度，并已知 $t=0$ 时刻质点的位置和速度，可以用积分方法求出质点的运动方程（见例 5）。

1.5　运动迭加原理　抛体运动

1.5.1　运动迭加原理

如图 1－7 所示，用小锤打击弹性金属片，使球 A 向水平方向飞出，做平抛运动，同时球 B 被放开，做自由落体运动。实验表明，两球总是同时落地。这说明在同一时间内，A、B 两球在竖直方向上运动的距离总是相同的。A 球除了竖直方向的运动外，同时还在作水平方向的运动，但水平方向的运动对竖直方向的运动没有影响，反之亦然。由此可知，抛体的运动正是竖直方向和水平方向两种运动迭加的结果。

从类似的大量事实我们可以得出如下结论：任何一个运动都可以看成几个互相独立进行的运动迭加而成。这个结论称为运动的迭加原理。

1.5.2　抛体运动

如图 1－8 所示，一物体自某点 O 以初速率 v_0，在与水平方向成 θ_0 角的方向被抛出。取 O 为原点，水平方向为 X 轴，竖直方向为 Y 轴，那么物体的初速在水平和竖直方向的分量为

$$v_{0x} = v_0 \cos\theta_0 \qquad v_{0y} = v_0 \sin\theta_0$$

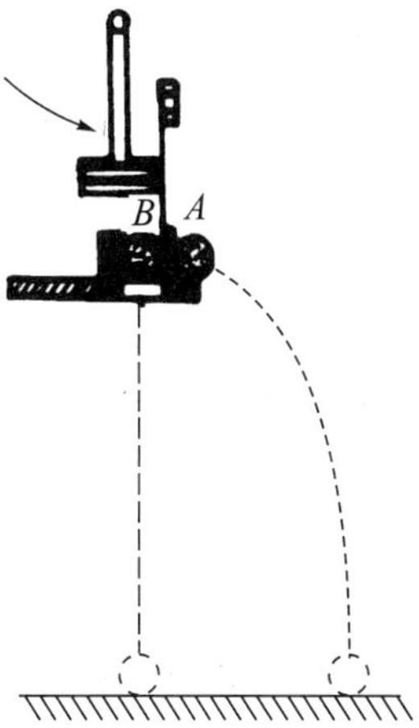

图 1－7　运动迭加原理

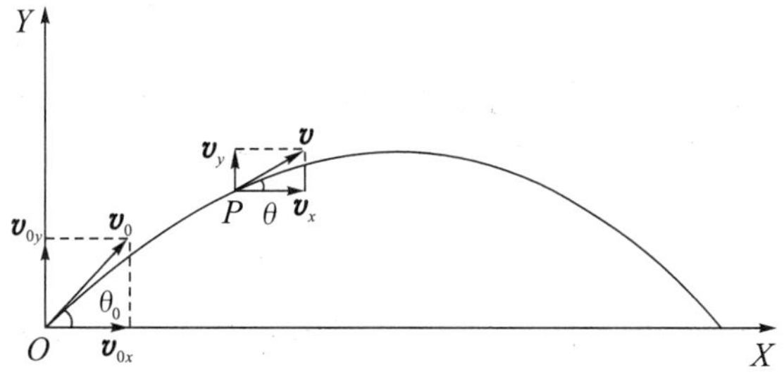

图 1－8　抛体运动

假定在运动过程中，空气阻力可被忽略，那么物体在 x 方向的运动是匀速直线运动，速率为 $v_0 \cos\theta_0$，而在 y 方向的运动是上抛运动，初速为 $v_0 \sin\theta_0$。这样，曲线运动便被分解为两个直线运动了。设抛出时刻为 0，根据匀速运动和匀加速直线运动方程，t 时刻物体的速度矢量在 x、y 方向上分量为

$$v_x = v_0 \cos\theta_0 \qquad v_y = v_0 \sin\theta_0 - gt$$

t 时刻物体的坐标为

$$x = v_0 \cos\theta_0 \cdot t \qquad y = v_0 \sin\theta_0 \cdot t - \frac{1}{2}gt^2$$

这两个式子常称为抛体的运动方程式。由此两式消去 t 后，得物体的轨道方程式为

$$y = x\tan\theta_0 - \frac{gx^2}{2v_0^2\cos^2\theta_0}$$

表示抛射体的轨道为一抛物线。

［例 6］　利用抛射体的运动方程，求其飞行时间 T、射程 R 及最大高度 H。

解　已知抛射体的运动方程为

$$\left.\begin{aligned} x &= v_0\cos\theta_0 \cdot t \\ y &= v_0\sin\theta_0 \cdot t - \frac{1}{2}gt^2 \end{aligned}\right\} \tag{1}$$

设抛射体从地面上一点抛出，最后又落回到地面上同一高度的另一点，因为终点和起点在同一高度，因此令 $y=0$，得

$$0 = t\left(v_0\sin\theta - \frac{1}{2}gt\right)$$

上式中括号外的 $t=0$，对应于发射点（原点的坐标）；括号中的 t 对应着落地点的坐标，即 $t=T$ 为飞行时间，得 $\left(v_0\sin\theta_0 - \frac{1}{2}gT\right)=0$，于是飞行时间

$$T = \frac{2v_0\sin\theta_0}{g}$$

将 T 值代入 $x=v_0\cos\theta_0 \cdot t$，可得射程 R 为

$$R = v_0\cos\theta_0 \cdot T = v_0\cos\theta_0\frac{2v_0\sin\theta_0}{g} = \frac{v_0^2\sin2\theta}{g}$$

由上式看出，在初速 v_0 一定时，要使射程 R 为最大，应令抛射角 $\theta_0=\frac{\pi}{4}$，这时最大射程为

$$R_{\max} = \frac{v_0^2}{g}$$

在飞行的最大高度处坐标 y 为极大值，即 $y_{\max}=H$。从公式（1）可求 y 的极大值，取 y 对时间 t 的一阶导数并令其为零，得

$$\frac{\mathrm{d}y}{\mathrm{d}t} = v_0\sin\theta_0 - gt = 0 \tag{2}$$

由（2）式得到的 $t_H=\frac{v_0\sin\theta_0}{g}$ 为抛射体达到最高点时所飞行的时间，恰为飞行总时间的一半。将 t_H 代入 y 式中，解得最高点的高度 H 为

$$H = v_0^2\frac{\sin^2\theta_0}{2g}$$

从上式看出，在一定初速 v_0 下，要使高度最大，应令 $\theta_0=\frac{\pi}{2}$，这时最大高度为 $H_{\max}=\frac{v_0^2}{2g}$，恰为最大射程的一半。

1.6　圆周运动

质点沿圆轨道的运动称为圆周运动，它是曲线运动的一种特例。研究圆周运动后，再

去研究一般曲线运动就比较容易了。物体绕定轴转动时，物体上的每个质点都在绕轴作圆周运动，所以研究圆周运动又是研究物体转动的基础。

1.6.1 匀速圆周运动

质点作圆周运动时，如果它的速度大小保持不变，这种运动称为匀速圆周运动。质点作匀速圆周运动时，虽然它的速度大小不变，但速度的方向却随时间而变化，因此质点有加速度。

设质点沿半径为 r 的圆周作匀速圆周运动（图1－9（a）），在 t 时刻质点在 A 点，速度为$\boldsymbol{v}_A$，在 $t+\Delta t$ 时刻质点在 B 点，速度为$\boldsymbol{v}_B$，它们的大小相等（$v_A=v_B=v$），但速度的方向却不相同，分别沿 A 和 B 点的切线方向。在 Δt 时间内速度的增量 $\Delta\boldsymbol{v}=\boldsymbol{v}_B-\boldsymbol{v}_A$（图1－9（b））。根据加速度的定义，则有

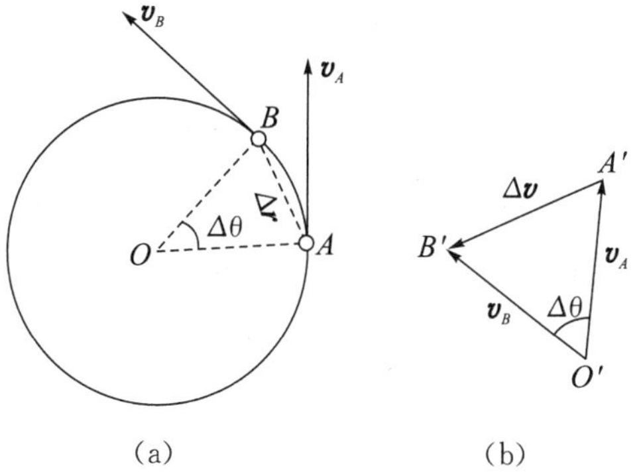

图1－9 匀速圆周运动

$$\boldsymbol{a}=\lim_{\Delta t\to 0}\frac{\Delta\boldsymbol{v}}{\Delta t}=\lim_{\Delta t\to 0}\frac{\boldsymbol{v}_B-\boldsymbol{v}_A}{\Delta t}$$

这个加速度的大小和方向可用下述简单几何关系求得。从图1－9中很容易看出，$\triangle OAB$ 与$\triangle O'A'B'$是两个相似的等腰三角形。按相似三角形对应边成比例的关系，得

$$\frac{|\Delta\boldsymbol{v}|}{v}=\frac{|\Delta\boldsymbol{r}|}{r}$$

两边各除以 Δt，得

$$\frac{|\Delta\boldsymbol{v}|}{\Delta t}=\frac{v}{r}\frac{|\Delta\boldsymbol{r}|}{\Delta t}$$

当 $\Delta t\to 0$ 时，B 点趋近于 A 点，$|\Delta\boldsymbol{r}|$ 趋于弧长 Δs，则求得加速度大小为

$$|\boldsymbol{a}|=\lim_{\Delta t\to 0}\frac{|\Delta\boldsymbol{v}|}{\Delta t}=\lim_{\Delta t\to 0}\frac{v}{r}\frac{|\Delta\boldsymbol{r}|}{\Delta t}$$
$$=\lim_{\Delta t\to 0}\frac{v}{r}\frac{\Delta s}{\Delta t}=\frac{v}{r}\lim_{\Delta t\to 0}\frac{\Delta s}{\Delta t}=\frac{v^2}{r}\qquad(1-9)$$

加速度的方向为 $\Delta\boldsymbol{v}$ 的极限方向，当 $\Delta t\to 0$ 时，$\Delta\theta\to 0$，$\Delta\boldsymbol{v}$ 趋于与$\boldsymbol{v}_A$垂直，所以 A 点的加速度沿半径 OA 并指向圆心，这个加速度叫向心加速度。

1.6.2 变速圆周运动

如果质点作圆周运动时，速度的大小也随时间而改变，这种运动称为变速圆周运动。

匀速圆周运动的加速度仅由速度的方向改变引起，而变速圆周运动的加速度则是由速度的大小和方向的改变共同引起的。如图 1－10（a）所示，设 t 时刻质点在 A 处，速度为 $\boldsymbol{v}_A$，在 $t+\Delta t$ 时刻质点在 B 点，速度为 $\boldsymbol{v}_B$，$\boldsymbol{v}_A$ 和 $\boldsymbol{v}_B$ 不但方向不同，而且大小也不相等。在 Δt 时间内速度的增量为 $\Delta \boldsymbol{v}=\boldsymbol{v}_B-\boldsymbol{v}_A$（图 1－10（b））。

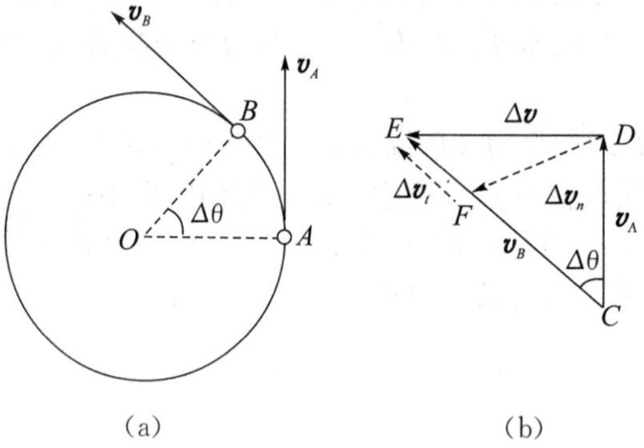

图 1－10　变速圆周运动

在图 1－10（b）中，在 CE 上取一点 F，使 $CF=CD$，这样就可将速度增量 $\Delta \boldsymbol{v}$ 分解为两个矢量：$\Delta \boldsymbol{v}_n(\overrightarrow{DF})$ 和 $\Delta \boldsymbol{v}_t(\overrightarrow{FE})$，这两个矢量所起的作用不同，$\Delta \boldsymbol{v}_n$ 反映了速度方向的改变，而 $\Delta \boldsymbol{v}_t$ 则反应了速度大小的改变。由于

$$\Delta \boldsymbol{v}=\Delta \boldsymbol{v}_n+\Delta \boldsymbol{v}_t$$

因此加速度为

$$\boldsymbol{a}=\lim_{\Delta t\to 0}\frac{\Delta \boldsymbol{v}}{\Delta t}=\lim_{\Delta t\to 0}\frac{\Delta \boldsymbol{v}_n}{\Delta t}+\lim_{\Delta t\to 0}\frac{\Delta \boldsymbol{v}_t}{\Delta t}=\boldsymbol{a}_n+\boldsymbol{a}_t \tag{1－10}$$

式中，$\boldsymbol{a}_n$ 是向心加速度，方向指向圆心，大小 $a_n=\frac{v^2}{r}$，它也称为法向加速度，这里 v 是质点所在点的瞬时速度的大小，r 是质点作圆周运动的轨道半径，法向加速度反映了圆周运动的速度在方向上的变化。$\boldsymbol{a}_t$ 沿切线方向，叫切向加速度，其大小是

$$a_t=\lim_{\Delta t\to 0}\frac{\Delta v_t}{\Delta t}=\frac{\mathrm{d}v}{\mathrm{d}t} \tag{1－11}$$

切向加速度 $\boldsymbol{a}_t$ 反映了圆周运动的速度在大小上的变化。而总加速度 $\boldsymbol{a}$ 的大小与方向分别由下列两式决定

$$\left.\begin{aligned} a&=\sqrt{a_n^2+a_t^2}=\sqrt{\left(\frac{v^2}{r}\right)^2+\left(\frac{\mathrm{d}v}{\mathrm{d}t}\right)^2}\\ \tan\theta&=\frac{a_n}{a_t}\end{aligned}\right\} \tag{1－12}$$

式中，θ 为 $\boldsymbol{a}$ 与 $\boldsymbol{v}$ 所成的角（图 1－11）。

上述结果虽然由变速圆周运动得出，但对一般曲线运动，式（1－12）仍然适用，只是半径 r 用轨道曲线在该点的曲率半径 ρ 代替。应该注意，一般曲线运动中，曲线上各点处的曲率半径是逐点不同的。

1.6.3　圆周运动的角量描述

质点作圆周运动时，除了用位移、速度、加速度等线量描述外，还可以用径矢绕圆心旋转扫过的角度、角速度和角加速度等角量来描述。在图 1－12 中，质点绕 O 点作圆周运动，在 Δt 时间内，由 A 点运动到 B 点，则位置的变化用半径 r 转过的角度 $\Delta\theta$ 来表示，$\Delta\theta$ 称为角位移。质点在 t 时刻瞬时角速度（简称角速度）的定义式为

$$\omega = \lim_{\Delta t \to 0} \frac{\Delta\theta}{\Delta t} = \frac{d\theta}{dt} \tag{1-13}$$

在国际单位制中，角位移单位是弧度（rad），角速度 ω 单位是弧度/秒（$rad \cdot s^{-1}$）。

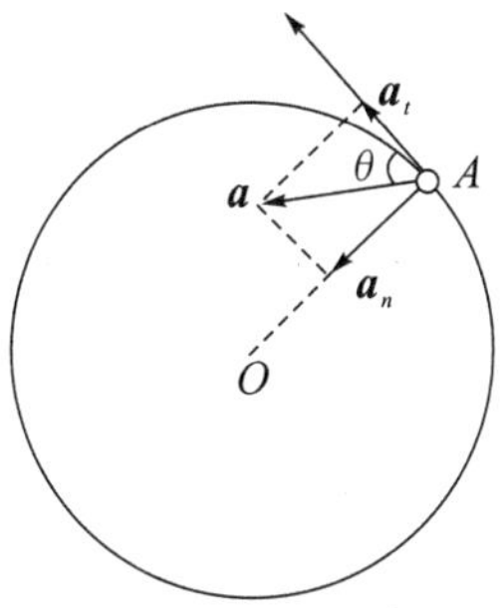

图 1－11　总加速度

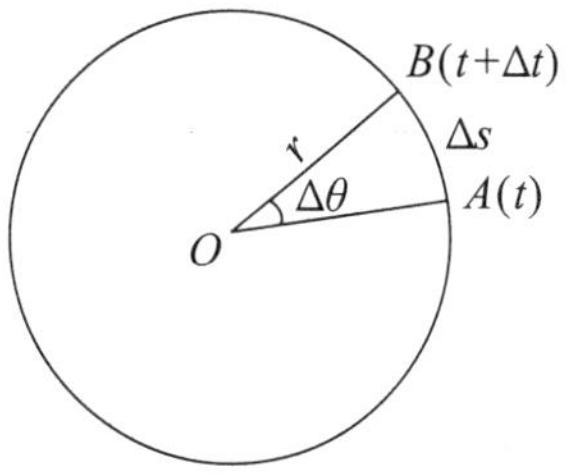

图 1－12　圆周运动

设在 t 时刻，质点的角速度为 ω_1，在 $t+\Delta t$ 时刻，它的角速度为 ω_2，则在 Δt 时间内，角速度的增量为 $\Delta\omega = \omega_2 - \omega_1$。质点在 t 时刻瞬时角加速度（简称角加速度）的定义式为

$$\alpha = \lim_{\Delta t \to 0} \frac{\Delta\omega}{\Delta t} = \frac{d\omega}{dt} \tag{1-14}$$

它的单位是弧度/秒^2（$rad \cdot s^{-2}$）。

当质点作匀速圆周运动时，角速度 ω 是恒量，角加速度 α 为零。当质点作变速圆周运动时，角速度 ω 不是恒量，角加速度 α 可以是恒量也可以不是恒量。如果角加速度 α 是恒量，其运动称为匀变速圆周运动。可以证明，匀变速圆周运动类似于匀变速直线运动，也有和匀变速直线运动方程组相似的方程组：

$$\left.\begin{aligned} \omega &= \omega_0 + \alpha t \\ \theta &= \theta_0 + \omega_0 t + \frac{1}{2}\alpha t^2 \\ \omega^2 - \omega_0^2 &= 2\alpha(\theta - \theta_0) \end{aligned}\right\} \tag{1-15}$$

式中，θ_0 和 ω_0 分别是 $t=0$ 时刻的角位置和角速度。现将直线运动和圆周运动的一些公式列表 1－1 对照，可以帮助理解。

1.6.4　角量与线量的关系

质点作圆周运动时，线量与角量之间有一定关系。推导如下：在图 1－12 中，质点在 Δt 时间内通过的弧长为 Δs，此圆弧所对的圆心角为 $\Delta\theta$，则

$$\Delta s = r\Delta\theta$$

$$\lim_{\Delta t \to 0} \frac{\Delta s}{\Delta t} = r \lim_{\Delta t \to 0} \frac{\Delta\theta}{\Delta t}$$

$\lim\limits_{\Delta t \to 0} \frac{\Delta s}{\Delta t} = \frac{ds}{dt} = v$ 为质点在 A 点的线速度，$\lim\limits_{\Delta t \to 0} \frac{\Delta\theta}{\Delta t} = \frac{d\theta}{dt} = \omega$ 为质点的角速度，故得线速度与

角速度的关系式为

$$v = r\omega \tag{1-16}$$

将式（1－16）对时间求一阶导数，得切向加速度与角加速度关系式为

$$a_t = \frac{dv}{dt} = r\frac{d\omega}{dt} = r\alpha \tag{1-17}$$

将 $v = r\omega$ 代入法向加速度公式 $a_n = \frac{v^2}{r}$，得法向加速度与角速度之间的关系式为

$$a_n = \frac{v^2}{r} = r\omega^2 \tag{1-18}$$

表 1－1

直线运动	圆周运动
位移　Δx	角位移　$\Delta\theta$
速度　$v = \frac{dx}{dt}$	角速度　$\omega = \frac{d\theta}{dt}$
加速度　$a = \frac{dv}{dt}$	角加速度　$\alpha = \frac{d\omega}{dt}$
匀速直线运动　$x = vt$	匀角速度转动　$\theta = \omega t$
匀变速直线运动 $v = v_0 + at$ $x = v_0 t + \frac{1}{2}at^2$ $v^2 - v_0^2 = 2ax$	匀变速转动 $\omega = \omega_0 + \alpha t$ $\theta = \omega_0 t + \frac{1}{2}\alpha t^2$ $\omega^2 - \omega_0^2 = 2\alpha\theta$

［**例** 7］　一质点按规律 $s = 4t^2$ 作半径 $r = 2$m 的圆周运动，式中 t 用 s 作单位。试求质点在 2s 末的速率、法向加速度、切向加速度和总加速度的大小。

解　应用速率定义式

$$v = \frac{ds}{dt} = \frac{d}{dt}(4t^2) = 8t = 8 \times 2 = 16 \quad \text{m} \cdot \text{s}^{-1}$$

法向加速度

$$a_n = \frac{v^2}{r} = \frac{(8t)^2}{r} = \frac{64 \times 2^2}{2} = 128 \quad \text{m} \cdot \text{s}^{-2}$$

切向加速度

$$a_t = \frac{dv}{dt} = \frac{d}{dt}(8t) = 8 \quad \text{m} \cdot \text{s}^{-2}$$

总加速度

$$a = \sqrt{a_n^2 + a_t^2} = \sqrt{(128)^2 + 8^2} = 128.2 \quad \text{m} \cdot \text{s}^{-2}$$

［**例** 8］　一飞轮以转速 $n = 1500$ 转・分$^{-1}$（r・min^{-1}）转动，受到制动而均匀地减速，经 $t = 50$s 后静止。（1）求角加速度 α 和从制动开始到静止飞轮转过的转数 N；（2）求制动开始后 $t = 25$s 时飞轮的角速度 ω；（3）设飞轮的半径 $r = 1$m，求 $t = 25$s 时飞轮边缘上一点的速度和加速度。

解　(1) 初角速度 $\omega_0 = 2\pi n = 2\pi \times \frac{1500}{60} = 50\pi \quad \text{rad} \cdot \text{s}^{-1}$

当 $t = 50\text{s}$ 时 $\omega = 0$，代入 $\omega = \omega_0 + \alpha t$ 得

$$\alpha = \frac{\omega - \omega_0}{t} = \frac{-50\pi}{50} = -\pi = -3.14 \quad \text{rad} \cdot \text{s}^{-2}$$

从开始制动到静止飞轮的角位移及转过转数分别为

$$\theta - \theta_0 = \omega_0 t + \frac{1}{2}\alpha t^2 = 50\pi \times 50 - \frac{1}{2}\pi \times (50)^2 = 1250\pi \quad \text{rad}$$

$$N = \frac{1250\pi}{2\pi} = 625$$

(2) $t = 25\text{s}$ 时飞轮的角速度为

$$\omega = \omega_0 + \alpha t = 50\pi - \pi \times 25 = 25\pi \quad \text{rad} \cdot \text{s}^{-1}$$

(3) $t = 25\text{s}$ 时飞轮边缘上一点的速度为

$$v = \omega r = 25\pi \times 1 = 78.5 \quad \text{m} \cdot \text{s}^{-1}$$

相应的切向加速度和法向加速度为

$$a_t = \alpha r = -\pi \times 1 = -3.14 \quad \text{m} \cdot \text{s}^{-2}$$

$$a_n = \omega^2 r = (25\pi)^2 \times 1 = 6.16 \times 10^3 \quad \text{m} \cdot \text{s}^{-2}$$

讨论：在此例题中，物体运动时的加速度是否指向圆心？在什么情况下加速度指向圆心。

习　题

1－1　一小球在水平桌面上某一点出发，经时间 t 后绕半径为 R 的圆一周回到原点。

(1) 小球所通过的位移和路程各是多少？

(2) 小球的平均速度和平均速率各是多少？

1－2　(1) 一个物体可否具有零速度而仍在作加速运动？

(2) 一个物体可否具有恒定的速率而其速度在改变？

(3) 一个物体可否具有恒定的速度而其速率在改变？

1－3　设质点的运动方程为 $x = x(t)$，$y = y(t)$，在计算质点的速度和加速度时，有人先求出 $r = \sqrt{x^2 + y^2}$，然后根据 $v = \frac{\mathrm{d}r}{\mathrm{d}t}$ 和 $a = \frac{\mathrm{d}^2 r}{\mathrm{d}t^2}$ 求得结果；又有人先计算速度和加速度的分量，再合成而求得结果，即

$$v = \sqrt{\left(\frac{\mathrm{d}x}{\mathrm{d}t}\right)^2 + \left(\frac{\mathrm{d}y}{\mathrm{d}t}\right)^2}$$

和

$$a = \sqrt{\left(\frac{\mathrm{d}^2 x}{\mathrm{d}t^2}\right)^2 + \left(\frac{\mathrm{d}^2 y}{\mathrm{d}t^2}\right)^2}$$

你认为哪一种方法正确？为什么？

1－4　物体作曲线运动，有下面两种说法：

(1) 物体作曲线运动时，必有加速度，加速度的法向分量一定不为零；

(2) 物体作曲线运动时，其速度方向一定在运动轨道的切线方向，法向速度恒为零，

因此其法向加速度也一定为零。你认为上述两种说法哪种正确，为什么？

1－5　（1）匀速圆周运动的速度和加速度是否都恒定不变？

（2）能不能说“曲线运动的法向加速度就是匀速圆周运动的加速度”？

（3）在什么情况下会有法向加速度？在什么情况下会有切向加速度？

（4）以一定初速度 v_0、抛射角 θ_0 抛出的物体，在轨道上哪一点时的切向加速度最大？在哪一点时的法向加速度最大？在任一点（设这时物体飞行的仰角为 θ），物体上的法向加速度为何？切向加速度为何？

1－6　一质点以匀速率在平面上运动，其轨迹如题1－6图所示，试问该质点在哪个位置的加速度最大？

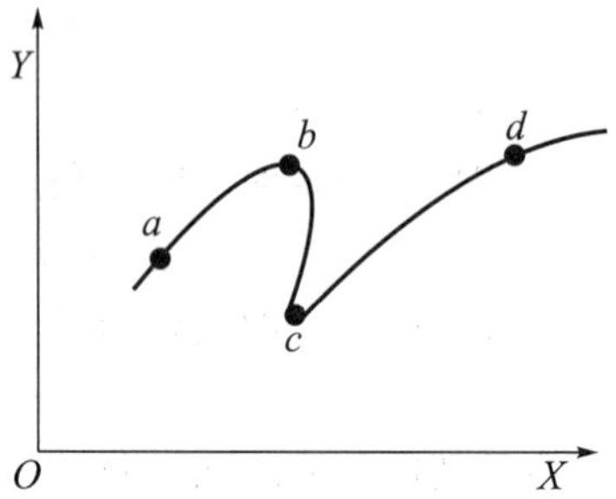

题 1－6 图

1－7　（1）一人自原点出发，25s 内向东（X 轴正方向）走 30m，又 10s 内向南（Y 轴负方向）走 10m，再 15s 内向西北走 18m。试求合位移的大小和方向。

（2）对合位移求平均速度，并对全路程求平均速率。

1－8　已知一质点的运动矢量方程为

$$\boldsymbol{r} = 2t\boldsymbol{i} + (19 - 2t^2)\boldsymbol{j} \quad \text{SI}$$

（1）1s 末和 3s 初质点的位置矢量；

（2）运动方程的坐标分量形式；

（3）轨道方程。

1－9　一质点作直线运动，它的运动方程是 $x = 10t^2 - 5t$，式中 x 的单位为 m，t 的单位为 s。

（1）试求质点的速度和加速度的表达式；

（2）质点的初位置在何处？初速度是多少？

（3）在 $t = 5$s 的时刻，质点的速度、加速度是多少？

（4）分别作出 $x - t$ 图、$v - t$ 图和 $a - t$ 图。

1－10　在 XY 平面上运动的物体的坐标为

$$x = t^2 \qquad y = (t-4)^2$$

其中，x、y 以 m 计，t 以 s 计。

（1）求速度与加速度的表达式；

（2）求 $t = 2$s 时刻物体速度和加速度的大小和方向。

1－11　物体作抛射角为 α 的斜上抛运动，已知物体在最高点的速率为 $12.25\text{m}\cdot\text{s}^{-1}$，落地点距抛出点水平距离为 38.2m。忽略空气阻力，求：

（1）物体的初速度；

（2）物体的最大高度。

1－12　在离水面高度为 hm 的岸边上，有人用绳子拉船靠岸，船在离岸边 sm 距离处。当人以 $v_0\ \text{m}\cdot\text{s}^{-1}$的速率收绳时，试求船的速率、加速度的大小各为多少？

1－13　一质点从静止出发沿半径为 $R = 3$m 的圆周运动，切向加速度为 $a_t = 3\text{m}\cdot\text{s}^{-2}$，试问：

（1）经过多少时间它的总加速度 $\boldsymbol{a}$ 恰与半径成 45°角？

（2）在上述时间内物体所通过的路程 s 是多少？

1－14　一质点沿半径为 R 的圆周按规律 $s=v_0t-\frac{1}{2}bt^2$ 而运动，v_0、b 都是常数。求：

（1）t 时刻质点的总加速度；

（2）t 为何值时总加速度在数值上等于 b？

（3）当加速度到达 b 时，质点已沿圆周运动了多少圈？

1－15　一质点沿半径为 0.10m 的圆周运动，其角位置（以弧度表示）随时间变化规律为 $\theta=2+4t^3$，式中 t 以秒（s）计。问：

（1）在 $t=2$s 时，它的法向加速度和切向速度各是多少？

（2）总加速度与半径成 45°时，θ 的值是多少？

1－16　一质点沿 x 轴作直线运动，已知其加速度为

$$a=500\cos 10t \quad \mathrm{cm\cdot s^{-2}}$$

当 $t=0$ 时，质点初位移 $x_0=5$cm，初速度 $v_0=0$，求 v 和 x 的数学表达式。

1－17　某质点的运动方程为 $x=3t-5t^3+6$（SI），则该质点作（　　）。

（A）匀加速直线运动，加速度沿 X 轴正方向。

（B）匀加速直线运动，加速度沿 X 轴负方向。

（C）变加速直线运动，加速度沿 X 轴正方向。

（D）变加速直线运动，加速度沿 X 轴负方向。

1－18　一质点作直线运动，某时刻的瞬时速度 $v=2\mathrm{m\cdot s^{-1}}$，瞬时加速度 $a=-2\mathrm{m\cdot s^{-2}}$，则 1s 钟后质点的速度（　　）。

（A）等于零　　（B）等于 $-2\mathrm{m\cdot s^{-1}}$

（C）等于 $2\mathrm{m\cdot s^{-1}}$　　（D）不能确定

1－19　一质点作抛物线运动，其速度用 $\boldsymbol{v}$ 表示，速率用 v 表示，若忽略空气阻力，则在质点的运动过程中（　　）。

（A）$\frac{\mathrm{d}\boldsymbol{v}}{\mathrm{d}t}$要改变，$\frac{\mathrm{d}v}{\mathrm{d}t}$不改变　　（B）$\frac{\mathrm{d}\boldsymbol{v}}{\mathrm{d}t}$不改变，$\frac{\mathrm{d}v}{\mathrm{d}t}$要改变

（C）$\frac{\mathrm{d}\boldsymbol{v}}{\mathrm{d}t}$不改变，$\frac{\mathrm{d}v}{\mathrm{d}t}$也不改变　　（D）$\frac{\mathrm{d}\boldsymbol{v}}{\mathrm{d}t}$要改变，$\frac{\mathrm{d}v}{\mathrm{d}t}$也要改变

1－20　对于沿曲线运动的物体，以下几种说法中哪一种是正确的（　　）。

（A）切向加速度必不为零。

（B）法向加速度必不为零（拐点处除外）。

（C）由于速度沿切线方向，法向分速度必为零，因此法向加速度必为零。

（D）若物体作匀速率运动，其总加速度必为零。

（E）若物体的加速度 $\boldsymbol{a}$ 为恒矢量，它一定作匀变速率运动。

第 2 章　牛顿运动定律

在第 1 章，我们只介绍了如何描述质点的运动，但并没有研究引起质点运动状态改变的原因。本章将研究质点之间的相互作用，以及由这种相互作用所引起质点状态的变化规律。力学的这部分内容叫做动力学。动力学的基本原理是牛顿的三条运动定律。

2.1　牛顿运动定律

2.1.1　力和质量

根据观察和实验可知，有两个因素影响着物体的机械运动，一个是物体本身固有属性，另一个是物体间的相互作用。前一因素在力学中用质量这个物理量来描述，后一个因素则用力这个物理量来描述。力和质量是力学中的两个基本物理量。

力是物体间的相互作用，由于这种相互作用物体的运动状态会发生改变（也就是获得加速度）或发生形变。

质量是物质的客观属性之一，它一方面反映着物体间引力特性（由牛顿万有引力定律可知，一个物体质量愈大，在距离相同的情况下，它对其他物体的引力也愈大，这种质量称为引力质量）；另一方面，质量也反映着改变物体运动状态的难易程度，即质量也是物体惯性的量度，这种质量称为惯性质量（见对牛顿定律的说明）。虽然这两种质量的意义不同，但近代物理的研究表明，这两种质量我们可不予区分。

2.1.2　牛顿运动定律

牛顿在前人对机械运动研究的基础上，并通过自己对无数事实的观察和实验，最后归纳出三条运动定律，陈述于下：

牛顿第一定律：任何物体都将保持静止或匀速直线运动的状态，直到其他物体作用的力迫使它改变这种状态为止。

牛顿第二定律：当力作用于物体时，物体得到的加速度的大小与所受合力大小成正比，与物体质量成反比，加速度的方向与所受合力的方向一致，即

$$\boldsymbol{a} \propto \frac{\boldsymbol{F}}{m} \quad 或 \quad \boldsymbol{F} = km\boldsymbol{a}$$

在国际单位制中，规定质量 m 的单位是千克（kg），加速度 a 的单位是米/秒^2（$\mathrm{m \cdot s^{-2}}$），力 F 的单位是牛顿（N），比例常数 $k=1$，这样上式可简化为

$$\boldsymbol{F} = m\boldsymbol{a} \tag{2-1}$$

牛顿第三定律：两个物体之间的作用力 $\boldsymbol{F}$ 与反作用力 $\boldsymbol{F}'$ 大小相等，方向相反，而且

在同一条直线上，如图 2－1 所示，即

$$\boldsymbol{F}=-\boldsymbol{F}'$$

下面我们把这三条定律的意义及有关概念分别作一些说明。

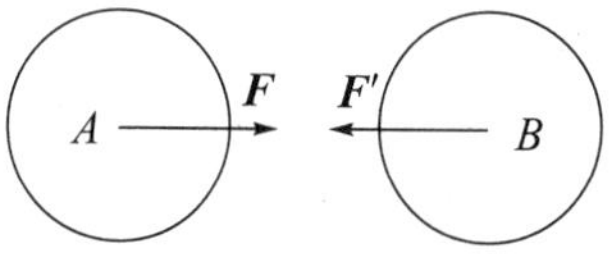

图 2－1　作用力和反作用力

牛顿第一定律包含了两个重要的物理概念。第一，任何物体都具有保持其运动状态不变的性质，这种性质称为惯性，因此第一定律也称为惯性定律。第二，要改变物体的运动状态，即要使物体获得加速度，就必须使它受到力的作用，即力是改变物体运动状态的原因。

牛顿第二定律概括了下述基本内容：第一，它在第一定律定性陈述的基础上，进一步作定量的表述，确定力、质量、加速度三者之间的数量关系。第二，揭露出质量的重要意义，物体的质量是物体平动惯性大小的度量。因为从第二定律可知，以同样的力作用于不同的物体，质量越大者所得到的加速度越小，物体运动状态越难改变，也就是物体的惯性越大，所以质量度量了物体平动惯性的大小。第三，第二定律也概括出力的迭加性。实验证明，几个力同时作用在同一物体上所产生的加速度等于每个力单独作用时所产生的加速度的迭加（矢量加法），这就是力的迭加原理。这样，当有几个力同时作用于某个物体上时，第二定律可写成

$$\sum \boldsymbol{F}_i=m\boldsymbol{a}$$

式中，$\sum \boldsymbol{F}_i$ 为合外力，$\boldsymbol{a}$ 表示合外力作用下产生的加速度。

由此可见，式（2－1）中 $\boldsymbol{F}$ 应理解为物体所受的合外力 $\sum \boldsymbol{F}_i$。应用第二定律时，应注意下列几点：

（1）第二定律反映瞬时关系，$\boldsymbol{a}$ 表示瞬时加速度，$\boldsymbol{F}$ 表示瞬时力。力改变时，加速度也同时随着改变，当力变为零时，加速度也相应地变为零。

（2）第二定律反映矢量关系，实际应用时，常用直角坐标系中各坐标轴方向上的分量式：

$$\begin{cases} F_x=ma_x \\ F_y=ma_y \\ F_z=ma_z \end{cases} \tag{2-2}$$

在讨论圆周运动和平面曲线运动问题时，常采用法向和切向分量式：

$$\left.\begin{aligned} F_t&=ma_t=m\frac{\mathrm{d}v}{\mathrm{d}t} \\ F_n&=ma_n=m\frac{v^2}{\rho} \end{aligned}\right\} \tag{2-3}$$

式中，F_t、F_n 分别代表切向合力和法向合力。

（3）第二定律只适用于质点。

牛顿第三定律说明物体间的作用力具有相互作用的本质。作用力和反作用力总是成对出现的，即它们同时出现，或同时消失；它们是属于同一性质的力，即若作用力是万有引力，那么反作用力也是万有引力，决不会是其他性质的力。第三定律还指出作用力与反作

用力分别作用于两个不同物体上，两者是不能相平衡的。第三定律比第一、第二定律前进了一步，由对单个质点的研究过渡到对两个以上质点的研究，它是由质点力学过渡到质点组力学的桥梁。

牛顿的三条运动定律之间有着紧密联系，第一、第二定律分别定性和定量说明了机械运动中的因果关系，侧重说明一个特定的物体；第三定律则侧重于说明物体间的相互联系和相互制约，因此在解决实际问题时，三条定律要结合应用。

2.1.3 力学中常见的三种力

（1）万有引力。任何两物体之间都有相互吸引力，这种力称为万有引力，按牛顿万有引力定律，若两个质量分别为 m_1 和 m_2 的质点相距为 r，它们之间的万有引力为

$$F = G_0 \frac{m_1 m_2}{r^2} \qquad (2-4)$$

式中，G_0 叫万有引力常数，在国际单位制中 $G_0 = 6.670 \times 11^{-11} \mathrm{N \cdot m^2 \cdot kg^{-2}}$。

在地球表面附近的物体都受到地球的引力，这个引力就叫重力，通常称为物体的重量。质量为 m 的物体所受的重力是 mg，方向铅直向下，由式（2－4）可知：$g = G_0 \frac{m_e}{r_e^2}$，$m_e$ 是地球的质量，r_e 是地球的半径，g 叫做重力加速度，其大小通常取 $9.8 \mathrm{m \cdot s^{-2}}$。

（2）弹性力。物体在外力作用下发生形变，形变物体内部产生企图恢复原来形状的力，这种力叫弹性力。例如当弹簧被拉长或压缩时，就会对联结物体有弹力作用。这种弹力总是力图使弹簧恢复原状，因此又叫恢复力。在弹性限度内，弹力与形变成正比。若以 f 表示弹力，x 表示形变，则有

$$f = -kx \qquad (2-5)$$

式中，k 是弹簧的劲度系数，负号表示弹性力的方向总是指向平衡位置，式（2－5）又叫虎克定律。物体相互挤压时产生的正压力、绳子或细棒拉伸时产生的张力，都是弹性力。

（3）摩擦力。相互接触的两个物体沿接触面发生相对运动时，在接触面之间所产生的一对阻止相对运动的力，称为滑动摩擦力。实验表明，滑动摩擦力 f 与接触面上的正压力 N 成正比，即

$$f = \mu N \qquad (2-6)$$

式中，μ 称为滑动摩擦系数，其数值由两接触物体的材料性质和表面情况决定。

两个相互接触的物体虽未发生相对运动，但沿接触面有相对运动的趋势时，在接触面之间产生的一对阻止相对运动趋势的力，称为静摩擦力。静摩擦力 f_0 的大小不是定值，由物体的受力情况根据平衡条件来确定。最大静摩擦力 $f_{0\max}$ 也与正压力成正比，即

$$f_{0\max} = \mu_0 N \qquad (2-7)$$

式中，μ_0 称为静摩擦系数，其数值也决定于两接触物体的材料性质和表面情况。对于同样的一对接触面来说，$\mu < \mu_0$。

2.2 牛顿运动定律的应用举例

下面，我们将通过具体例题的讨论，来说明运用牛顿运动定律求解力学问题的方法。

［例 1］　升降机的底板上，放置一质量为 m 的物体，当升降机以加速度 a 上升或下降时，求物体施予底板上的压力。

解　根据题意要求物体施予底板的压力，我们可先求底板对物体的向上托力，此两力是一对等值反向的作用力与反作用力。如图 2－2，我们按照隔离体法的解题步骤有：

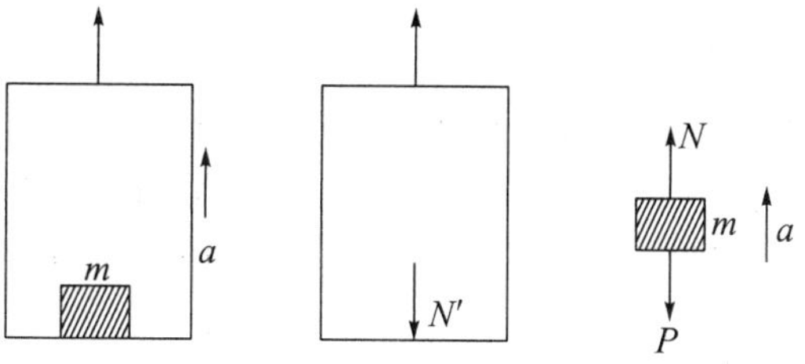

图 2－2

第一步：取物体 m 为隔离体。

第二步：分析物体 m 的受力，在此它受到向下的重力 $P=mg$ 和底板对物体的向上托力 N，并作出受力图。

第三步：列方程求解。当升降机以加速度 a 上升时，取向上的方向为正（也可以取向下的方向为正），则力的方向与指定的正方向一致的取正，反之取负，故有

$$N-mg=ma$$

由此求得托力

$$N=m(g+a)$$

当升降机以加速度 a 下降时，令向下方向为正（也可取向上方向为正），则按照类似的分析而有

$$mg-N=ma$$

由此求得托力

$$N=m(g-a)$$

物体对底板的压力就是托力 N 的反作用力 N'，N'与 N 等值而反向。

［例 2］　一轻绳跨过一轴承光滑的定滑轮，绳的两端分别挂有质量为 m_1 和 m_2 的物体，其中 $m_1<m_2$，如图 2－3 所示，设滑轮的质量可以略去不计，且绳子不能伸长，试求物体的加速度以及悬挂物体的绳子的张力。

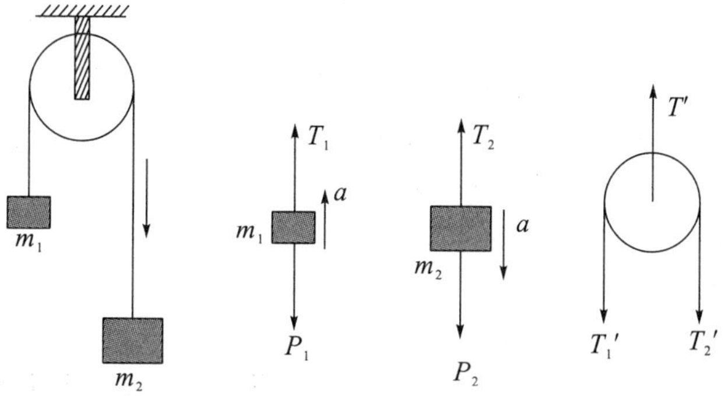

图 2－3

解 取隔离体并画出受力图。对 m_1 来说，在绳子拉力 T_1 及重力 P_1（$=m_1g$）的作用下，以加速度 $\boldsymbol{a}_1$ 向上运动，如取向上为正，则有

$$T_1 - m_1g = m_1a_1 \tag{1}$$

对 m_2 来说，在绳子的拉力 T_2 及重力 P_2（$=m_2g$）的作用下，以加速度 a_2 向下运动，如取向下方向为正，则有

$$m_2g - T_2 = m_2a_2 \tag{2}$$

但应注意：因滑轮轴承光滑，滑轮和绳子的质量可以略去不计，所以可以认为绳子上各部分的张力皆相等；又因绳子不能伸长，m_1 向下的加速度必与 m_2 向上的加速度在量值上相等，所以 $T_1=T_2=T$，$a_1=a_2=a$。解式（1）和式（2）得

$$a = \frac{m_2 - m_1}{m_1 + m_2}g \qquad T = \frac{2m_1m_2}{m_1 + m_2}g$$

讨论：悬挂滑轮的张力 T'，在 $m_1 \neq m_2$ 的一般情况下，是否 $T'=(m_1+m_2)g$。

［**例** 3］ 如图 2－4（a）所示，两个物体的质量分别为 m_1、m_2，m_1 与 m_2 间的摩擦系数为 μ_1，m_2 与水平桌面间的摩擦系数为 μ_2。求力 F 多大时才能使 m_1 与 m_2 各以加速度 a 滑动（不计绳和滑轮的质量，以及滑轮轴承的摩擦）。

解 第一步：取 m_1、m_2 为隔离体。

第二步：受力分析，如图 2－4（b）、图 2－4（c）。

对于 m_1，它受到五个力的作用：①重力 m_1g，方向竖直向下；②m_2 对它的支持力 N_1，方向竖直向上；③绳子的拉力 T_1，方向向右；④m_2 对 m_1 的摩擦阻力 f_1，方向向右；⑤力 F，方向向左。

对于 m_2，它受到六个力的作用：①重力 m_2g，方向竖直向下；②m_1 对 m_2 的压力 N_1，方向竖直向下；③桌面对 m_2 的支持力 N_2，方向竖直向上；④绳子的拉力 T_2，方向向右；⑤m_1 对 m_2 的摩擦阻力 f_1'，方向向左；⑥桌面对 m_2 摩擦阻力 f_2，方向向左。

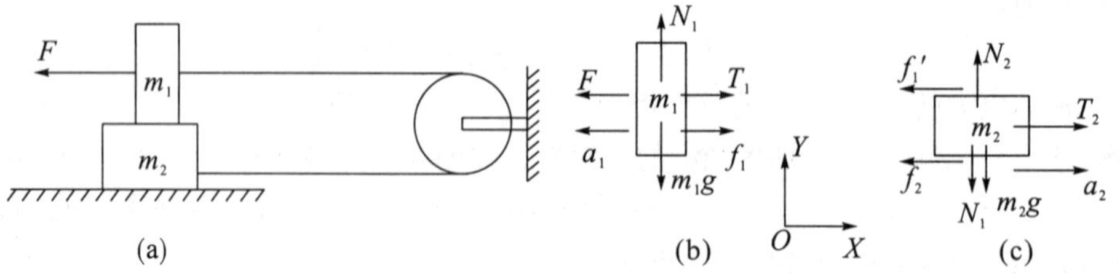

图 2－4

第三步：列方程求解。如图建立坐标系 XOY，m_1 以加速度 a_1 向左运动，m_2 以加速度 a_2 向右运动。分别对 m_1、m_2 应用牛顿第二定律有

对 m_1　X 方向：　$F-T_1-f_1=m_1a_1$　（1）

　　　　Y 方向：　$N_1-m_1g=0$　（2）

对 m_2　X 方向：　$T_2-f_1'-f_2=m_2a_2$　（3）

　　　　Y 方向：　$N_2-N_1-m_2g=0$　（4）

又因为 $f_1=\mu_1N_1$，$f_2=\mu_2N_2$，$f_1=f_1'$，以及绳子、滑轮的质量和滑轮轴承的摩擦均略去不计，故有 $T_1=T_2=T$，$a_1=a_2=a$ 代入式（1）、（2）、（3）、（4），并联立解

之，得

$$F=2f_1+f_2+(m_1+m_2)a=2\mu_1 m_1 g+\mu_2(m_1+m_2)g+(m_1+m_2)a$$

［**例**4］　如图2－5（a），质量为 m 的小球系于绳的一端，绳的另一端悬于天花板上，若使小球在水平面内作匀速圆周运动，则形成圆椎摆。已知绳长 l，小球的转动速度为每秒钟 n 转，求绳中张力及绳与铅直方向的夹角 θ。

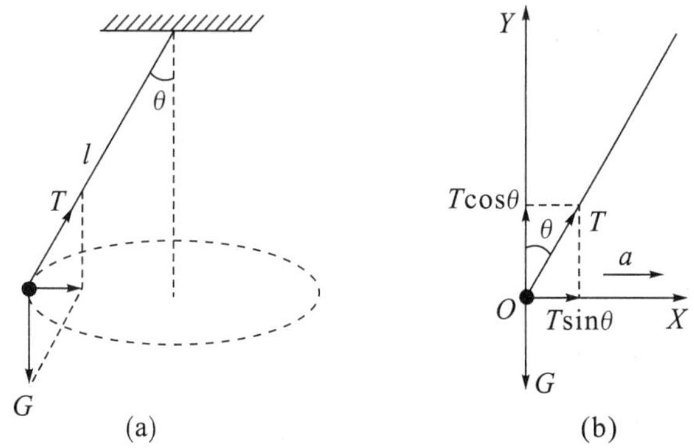

图2－5

解　以小球为隔离体，小球受到两个力的作用：①重力 mg；②绳子的拉力 T，方向如图2－5所示。在竖直方向上，小球所受的力是平衡的，即

$$T\cos\theta=G=mg \tag{1}$$

在水平面内，小球所受合力 F 的大小为 $T\sin\theta$，所以

$$T\sin\theta=ma \tag{2}$$

式中，a 为小球作匀速圆周运动的向心加速度，故有 $a=R\omega^2=(l\sin\theta)\omega^2$，而角速度 $\omega=2\pi n$，因此由式（2）可求出绳的张力

$$T=4\pi^2n^2ml \tag{3}$$

将式（3）代入式（1），又可求出夹角

$$\theta=\arccos\frac{g}{4\pi^2n^2l} \tag{4}$$

从式（4）可以看出，物体的转速 n 愈大，θ 也愈大，而与小球的质量 m 无关。

*2.3　惯性系和非惯性系

在第1章中，我们曾提到，描述物体运动时，需要选定一个参照系，而参照系的选择是任意的。但是，在动力学中，参照系的选择就不能任意了。因为牛顿定律不是对任何参照系都适用。例如，在火车车厢里一张光滑桌面上放着一个小球，如图2－6所示。显然作用于小球的合外力 $\boldsymbol{F}=0$，当火车以加速度 $\boldsymbol{a}$ 向前开动时，车厢里的人看见小球以加速度（$-\boldsymbol{a}$）向后运动，而对地面的人来说，小球的

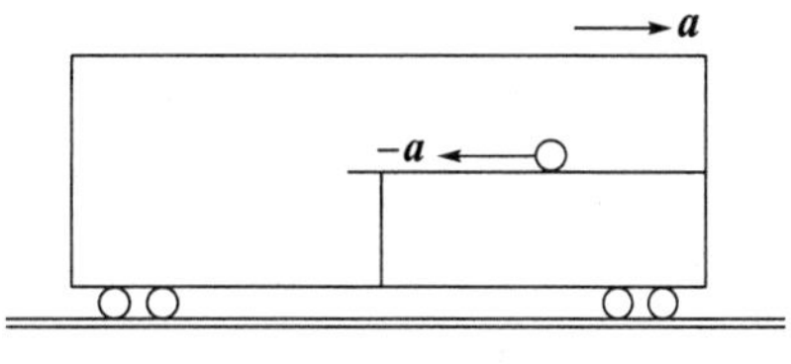

图2－6

加速度为零。如果取地面为参照系，小球的加速度等于零，而作用于小球合外力 $\boldsymbol{F}=0$，故对于这个参照系来说，牛顿运动定律成立。如果取车厢为参照系，这个小球的加速度不等于零，但作用于小球的合外力 $\boldsymbol{F}=0$，所以对于车厢这个参照系来说，牛顿定律不成立。

凡是牛顿运动定律适用的参照系叫做惯性系；而牛顿运动定律不适用的参照系叫做非惯性系。一个参照系是不是惯性系只能由观察与实验来判断。由天文观察表明，如果选取太阳的中心为原点，指向任一恒星的直线为坐标轴的参照系，那么观察到的大量天文现象，都能和根据牛顿定律推算的结果一致，因此这个参照系是一个惯性系。理论和实验都证明：凡是对上述惯性系作匀速直线运动的参照系都是惯性系，凡是对上述参照系作变速运动的参照系都是非惯性系。

地球对太阳有公转，同时又有自转，它相对于太阳作加速运动，因此严格地说，地球不是惯性系。但因地球自转和公转的加速度都是极其微小的，因此在一般精度范围内，地球可近似地看做惯性系。同样，在地面上作匀速直线运动的物体也可近似地看做惯性系，但在地面上作变速运动的物体不能看做惯性系。

习　题

2－1　试回答下列问题：

（1）物体受到几个力的作用，是否一定产生加速度？

（2）物体的速度很大，是否意味着其他物体对它作用的合外力也一定很大？

（3）物体运动的方向和合外力的方向总是相同的，对不对？

（4）物体运动时，如果它的速率不变，它所受到的合外力是否为零？

2－2　人在磅秤上静止称量时读数为 mg，若人突然下蹲时，磅秤的指针将如何变化？然后起立，又将如何？

2－3　有 A、B、C 三物体如习题 2－3 图所示放置，已知 $m_A=1\text{kg}$，$m_B=2\text{kg}$，$m_C=3\text{kg}$，m_B 与桌面的摩擦系数为 0.05，计算 m_B 的加速度和两绳的张力？

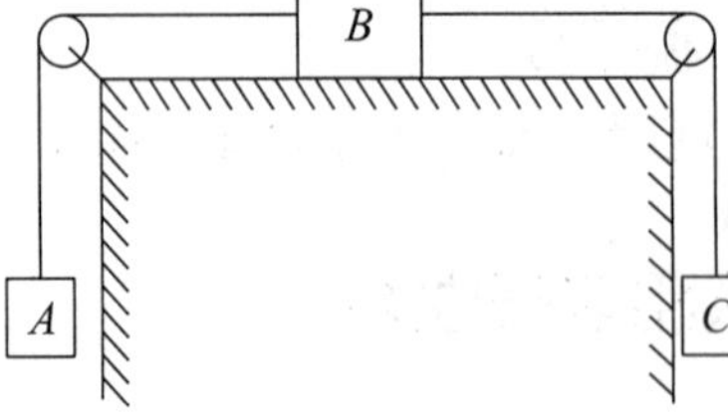

习题 2－3 图

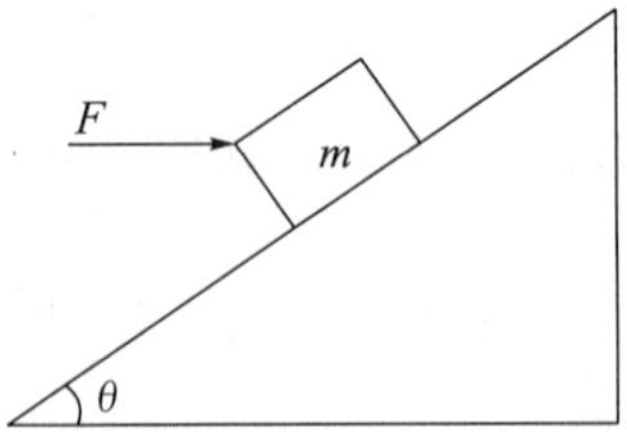

习题 2－4 图

2－4　如习题 2－4 图所示，把一质量为 m 的木块放在与水平面成 θ 角的固定斜面上，两者间的静摩擦系数 μ_0 较小，因此若不加支持，木块将加速下滑。试问，必须施多大的水平力 $\boldsymbol{F}$，可使木块恰不下滑？此时木块对斜面的正压力多大？

2－5　质量 $m=1\text{kg}$ 的质点作直线运动，其运动方程为 $x=t^3+3t^2+6$，x 以米计，t 以秒计。求 $t=2\text{s}$ 时质点所受的作用力。

2－6　一块水平木块上放有一砝码，砝码质量为 $m=0.2\text{kg}$，手持木块运动，使砝码

m 在竖直平面内沿半径 $R=0.5\text{m}$ 的圆周作匀速率圆周运动，如习题 2－6 图所示，速率 $v=1\text{m}\cdot\text{s}^{-1}$。问：砝码在图中所示的 1、2、3、4 的位置时，砝码对木板的作用力分别为多少？（已知砝码与木板间的静摩擦系数 $\mu_0=0.45$）

2－7　一质量为 m 的物体，由两根长为 l 的细绳栓在一竖直转轴上。当轴和物体都以匀角速度 ω 转动时，两根绳子与轴成 45°角，如习题图 2－7 所示。

（1）画出物体 m 的受力图；

（2）分别求出两根绳子中的张力。

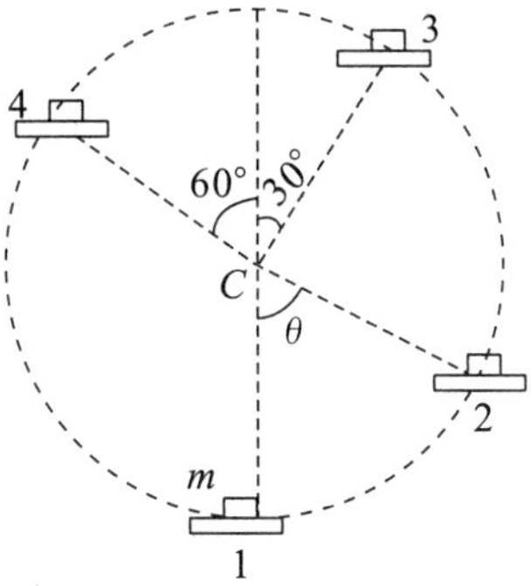

习题 2－6 图

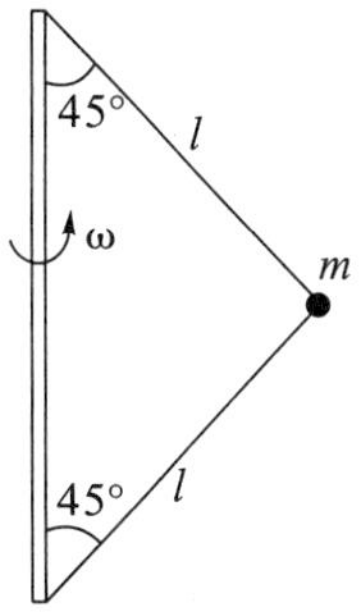

习题 2－7 图

2－8　用水平力 F 把一个物体压着靠在粗糙的竖直墙面上保持静止，当 F 逐步增大时，物体所受的静摩擦力 f（　　）。

（A）恒为零

（B）不为零，但保持不变

（C）随 F 成正比地增大

（D）开始随 F 增大，达到某一最大值后，就保持不变

2－9　用轻绳系一小球，使之在竖直平面内作圆周运动，绳中张力最小时，小球的位置（　　）。

（A）是圆周最高点

（B）是圆周最低点

（C）是圆周上和圆心处于同一水平面上的两点

（D）因条件不足，不能确定

第 3 章　能量守恒定律和动量守恒定律

在第 2 章我们研究了牛顿第二运动定律，此定律确定了物体在某一时刻所受的力和该力所产生的瞬时加速度之间的关系。本章则在上一章的基础上进一步讨论物体在运动过程中虽然受到力的作用，但有些物理量在一定条件下却是守恒不变的，其中特别重要的是动量、能量和角动量三个物理量及其相应的三个守恒定律。通过对守恒定律的研究，不但可以加深对力学过程的理解，同时还能启示我们科学研究应该遵循的途径。

3.1　功　功率

在生活中，我们知道“作工”的意义，现在说明在物理学中“作功”的定义。

3.1.1　恒力的功

大小和方向都不变的力叫做恒力。恒力作功的定义是：力对质点所做的功等于力在质点位移方向的分量与位移大小的乘积。如图 3－1 所示，质点作直线运动，当发生位移 $\boldsymbol{s}$ 时，恒力 $\boldsymbol{F}$ 所做的功为

$$W = F\cos\theta s \qquad (3-1a)$$

功也可用矢量的标积表示为

$$W = \boldsymbol{F} \cdot \boldsymbol{s} \qquad (3-1b)$$

功是标量，但有正负，当 $\theta<\frac{\pi}{2}$ 时，功是正值，表示力对受力物体作正功；当 $\theta>\frac{\pi}{2}$ 时，功是负值，表示力对受力物体作负功，或者说，物体对施力于它的物体作（正）功；当 $\theta=\frac{\pi}{2}$，力就不作功。

如图 3－2 所示，力 $\boldsymbol{F}$ 将物体拉上斜面，此时力 $\boldsymbol{F}$ 作正功（$\theta=0$），重力 $\boldsymbol{P}$ 作负功（$\theta>90°$），摩擦力 f 作负功（$\theta=180°$），斜面对物体的支持力 $\boldsymbol{N}$ 则不作功（$\theta=90°$）。

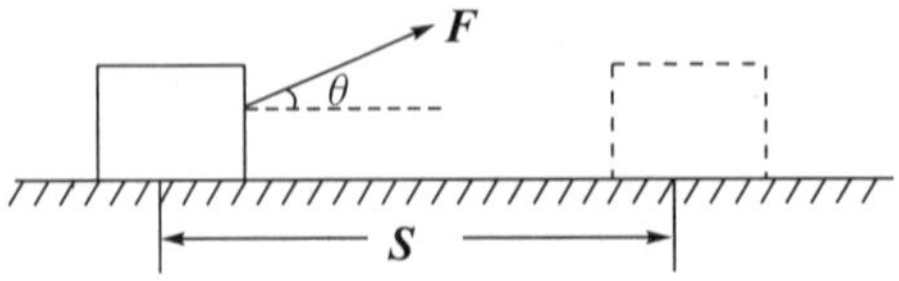

图 3－1　恒力的功

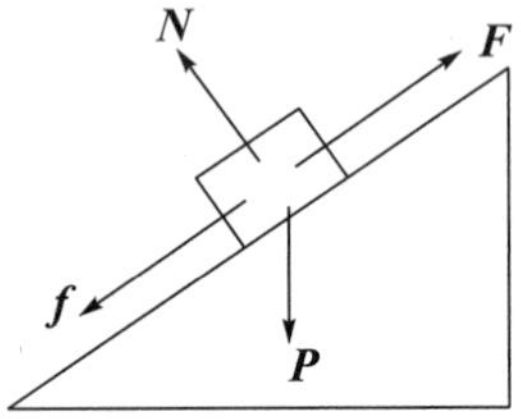

图 3－2

3.1.2　变力的功

在一般情况下，质点沿曲线运动（图 3－3），质点从点 a 运动到 b 的过程中，作用于质点的力的大小和方向都在变化。在这种情形下，我们可以将全部路程分成许多足够小的位移，使得在各位移内，力可作为恒力，力在第 i 段位移元 $\Delta \boldsymbol{s}_i$ 中的功是

$$\Delta W_i = F_i \cos\theta_i \Delta s_i = \boldsymbol{F}_i \cdot \Delta \boldsymbol{s}_i$$

而力在全部路程中的功是

$$W = \sum_i F_i \cos\theta_i \Delta s_i = \sum_i \boldsymbol{F}_i \cdot \Delta \boldsymbol{s}_i$$

如所取位移元无限小，则上式可改写为积分形式，即

$$W = \int_{ab} F\cos\theta \mathrm{d}s = \int_{ab} \boldsymbol{F} \cdot \mathrm{d}\boldsymbol{s} \qquad (3-2)$$

以 s 为横坐标，$F\cos\theta$ 为纵坐标画出一条曲线（图 3－4），那么功在数值上等于曲线下的面积。当功是正值时，面积在横坐标之上；当功是负值时，面积在横坐标之下。$F\cos\theta \sim s$ 图线称为示功图。

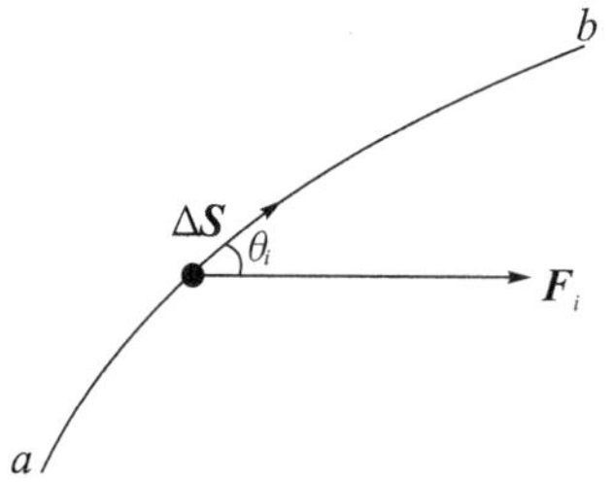

图 3－3　变力的功

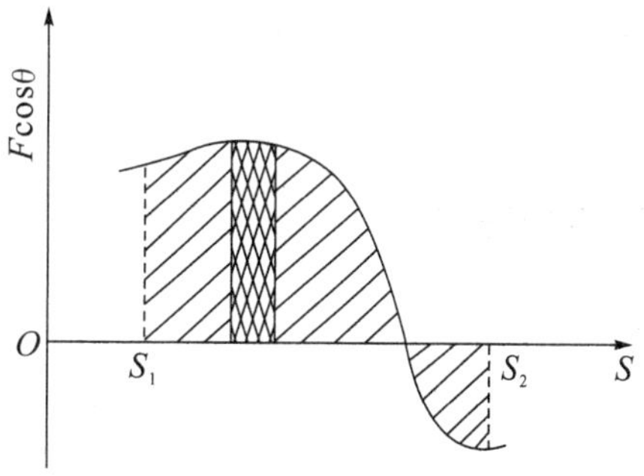

图 3－4　示功图

假如质点同时受到几个力的作用，我们不难证明合力的功等于各个分力的功的代数和。

在国际单位制中，功的单位是牛·米，称为焦耳（J）。

3.1.3　功率

在实际生产中，不仅要知道作功的多少，还要知道完成这一功的快慢，因此还需引入功率这一物理量。功率是每单位时间内所做的功。设在 Δt 时间内完成 ΔW 的功，那么在这段时间内的平均功率是

$$P = \frac{\Delta W}{\Delta t} \qquad (3-3)$$

当 Δt 趋近于零时，那么在某时刻的瞬时功率是

$$P = \lim_{\Delta t \to 0} \frac{\Delta W}{\Delta t} = \frac{\mathrm{d}W}{\mathrm{d}t} \qquad (3-4)$$

按照功的定义，瞬时功率可用下式表示：

$$P = \lim_{\Delta t \to 0} F\cos\theta \frac{\Delta s}{\Delta t} = F\cos\theta v = \boldsymbol{F} \cdot \boldsymbol{v} \qquad (3-5)$$

这就是说，瞬时功率等于力在速度方向的分量和速度大小的乘积，亦即力与速度的标积。

在国际单位制中，功率的单位是焦/秒，叫做瓦特，简称瓦（W），工程上常用马力为单位，规定

$$1\text{马力} = 0.735\text{千瓦} = 735\text{瓦}$$

［例 1］　重量为 P 的小物体系于绳的一端，绳长 l，如图 3－5 所示。水平变力 $\boldsymbol{F}$ 从零开始逐渐增大，缓慢地作用于该物体上，使得该物体在所有时刻均可认为处于平衡状态，一直到绳与铅直线成 θ_0 角位置。试计算力 $\boldsymbol{F}$ 所做的功。

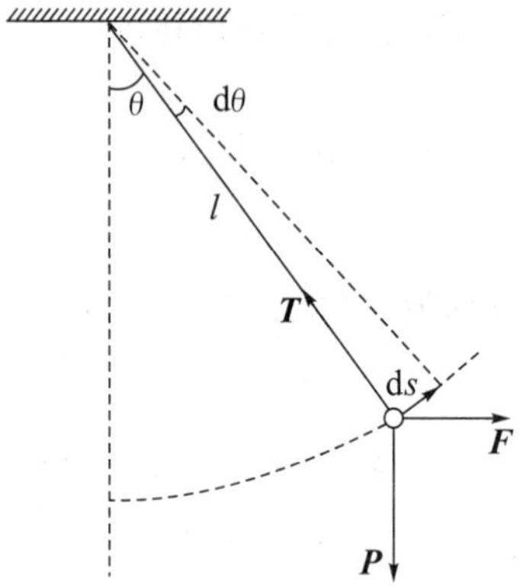

图 3－5

解　因小物体每时刻都可认为处于平衡状态，故有

$$\boldsymbol{F} + \boldsymbol{T} + \boldsymbol{P} = 0$$

在水平方向

$$T\sin\theta = F$$

在竖直方向

$$T\cos\theta = P$$

两式相除得

$$F = P\tan\theta$$

因弧 $s = l \cdot \theta$，故 $\mathrm{d}s = l \cdot \mathrm{d}\theta$，因而有

$$W = \int F\cos\theta\mathrm{d}s = \int_0^{\theta_0} P\tan\theta\cos\theta \cdot l\mathrm{d}\theta = Pl\int_0^{\theta_0} \sin\theta\mathrm{d}\theta = Pl(1 - \cos\theta_0)$$

3.2　动能　动能定理

外力对物体作功，可使物体能量（动能和势能）改变。具有能量的物体，可以对其他物体作功，因此可以说，能量是作功的本领。在本节中我们首先说明动能这一概念。

为简单起见，我们先讨论物体在恒合外力作用下的情形。如图 3－6 所示，设质量为 m 的物体，初速度为 $\boldsymbol{v}_1$，在方向和 $\boldsymbol{v}_1$ 一致的恒力 $\boldsymbol{F}$ 作用下，经过位移 $\boldsymbol{s}$ 后速度为 $\boldsymbol{v}_2$。按牛顿第二定律 $\boldsymbol{F} = m\boldsymbol{a}$，于是合外力对物体所做的功

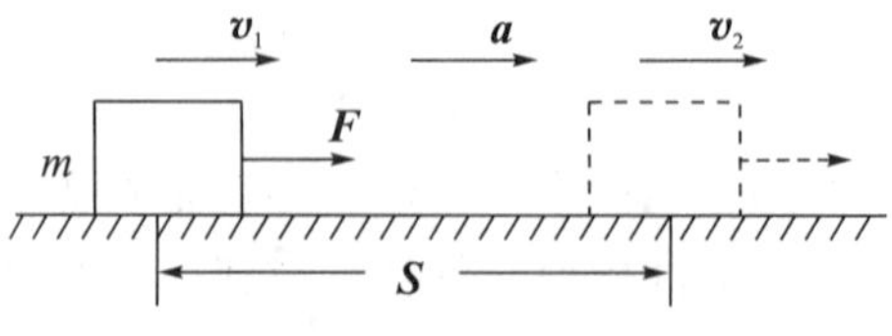

图 3－6

$$W = \boldsymbol{F} \cdot \boldsymbol{s} = mas$$

但由于这个运动是匀加速直线运动，则有

$$v_2^2 - v_1^2 = 2as$$

将上式代入前式可得

$$W = \frac{1}{2}mv_2^2 - \frac{1}{2}mv_1^2 \tag{3－6a}$$

式中，$\frac{1}{2}mv^2$ 是熟知的物体动能表示式。若用 E_k 表示动能，上式可改写为

$$W = E_{k2} - E_{k1} = \Delta E_k \tag{3-6b}$$

式（3－6a)、(3－6b）说明，合外力对物体所做的功等于物体动能的增量。这一结论叫做动能定理。

在合外力是变力，物体作曲线运动的情况下，仍可得到跟上述一样的动能定理。现证明如下：

如图 3－7 所示，设物体在合外力 $\boldsymbol{F}$ 作用下沿一曲线由 a 点运动到 b 点，在 a、b 两点的速度分别为 v_1 和 v_2，按牛顿第二定律，曲线运动的切向方程为

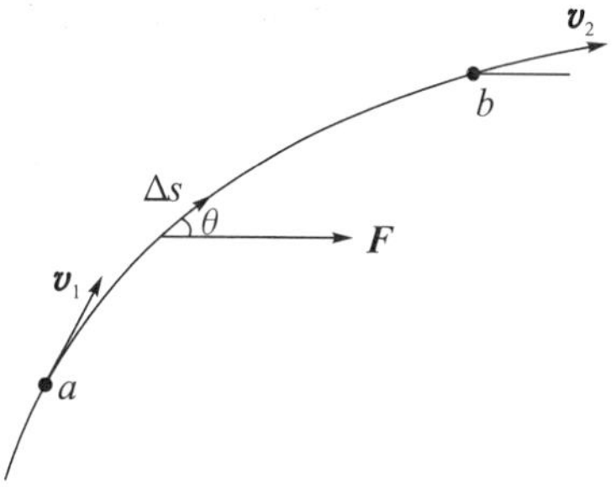

图 3－7

$$F_t = m\frac{\mathrm{d}v}{\mathrm{d}t}$$

式中，F_t 为合外力 $\boldsymbol{F}$ 在切线方向的分量，由图 3－7 可见，$F_t = F\cos\theta$.

又 $\mathrm{d}s = v\mathrm{d}t$，合并以上三式得

$$F\cos\theta\mathrm{d}s = m\frac{\mathrm{d}v}{\mathrm{d}t}v\mathrm{d}t = mv\mathrm{d}v$$

物体从 a 点运动到 b 点，合外力所做的功为

$$W = \int_a^b F\cos\theta\mathrm{d}s = \int_{v_1}^{v_2} mv\mathrm{d}v = \frac{1}{2}mv_2^2 - \frac{1}{2}mv_1^2$$

上式仍可写为

$$W = E_{k2} - E_{k1} = \Delta E_k$$

以上的讨论说明无论是恒力或是变力，无论是沿直线或是沿曲线运动，动能定理都是适用的。式（3－6a）是动能定理的普遍表达式。

从式（3－6）可知，当外力对物体作正功时（$W>0$），物体的动能增加；当外力对物体做负功时（$W<0$），物体动能减少，也是物体在反抗外力作功。因此，动能这一概念表示：运动着的物体所具有的作功本领。

动能单位是焦耳，与功相同。

［**例** 2］　质量 $m=2\mathrm{kg}$ 的物体沿 X 轴作直线运动，所受合外力 $F=10+6x^2$（SI)，如果在 $x_0=0$ 处时速度 $v_0=0$，试求该物体运动到 $x=4\mathrm{m}$ 处时速度的大小。

解　合外力所做的功

$$W = \int_0^4 F\mathrm{d}x = \int_0^4 (10+6x^2)\mathrm{d}x = 168\ \mathrm{J}$$

由动能定理，对物体

$$\frac{1}{2}mv^2 - 0 = W$$

得 $v^2=168$，解出　$v=13\mathrm{m}\cdot\mathrm{s}^{-1}$

3.3 保守力的功　势能

3.3.1 重力的功

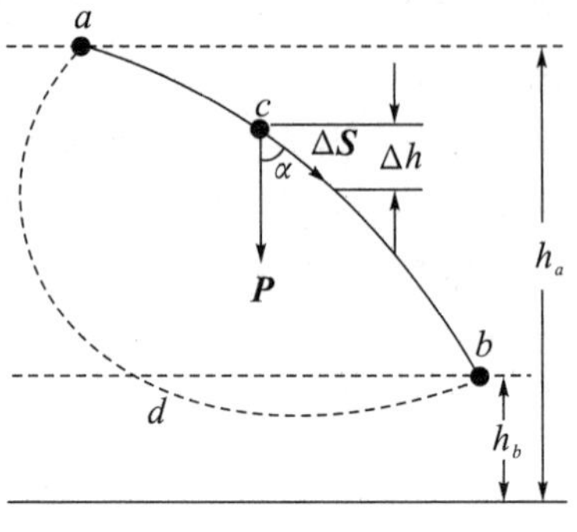

图 3－8　重力的功

设质量为 m 的物体在重力作用下从 a 点沿任一曲线 acb 运动到 b 点。设 a、b 两点对所选择的参考水平的高度分别为 h_a 和 h_b，如图 3－8 所示。在位移元 $\Delta \boldsymbol{s}$ 中重力 $\boldsymbol{P}$ 所做的元功是

$$\Delta W = P\cos\alpha \Delta s = mg\Delta h$$

式中，$\Delta h = \Delta s\cos\alpha$，就是物体在位移元 $\Delta \boldsymbol{s}$ 中下降的高度。

在离地面不远处，重力 $P = mg$ 可视为不变。所以在物体沿 acb 运动过程中，重力所做的功为

$$W = \sum \Delta W = \sum mg\Delta h = mg\sum \Delta h$$
$$= mgh_a - mgh_b \qquad (3-7)$$

从计算中可以看出，假使物体从 a 点沿另一曲线 adb 运动到 b 点，所做的功仍如上式。由此可知，重力有一特点，即重力所做的功只与路径的始末位置（h_a 和 h_b）有关，而与所经历的路径无关。

重力作功与路径无关，可用另一种方式表述：在重力作用下，物体沿任一闭合路径运动一周时，始、末点高度相同，由式（3－7）知 $W = 0$，即重力所做的功为零。具有这种作功特点的力称为保守力。

3.3.2 重力势能

在式（3－7）中，如果令 $h_a = h$，$h_b = 0$，这时重力所做的功等于 mgh。因此，这一量值表示物体在高度 h 处（与物体在高度 $h = 0$ 处相比较）时，由于重力而具有的作功本领，所以通常把 mgh，即物体所受重力和高度的乘积，称为物体的重力势能。

如果用 E_{pa} 和 E_{pb} 分别表示物体在高度 h_a 和 h_b 时的重力势能 mgh_a 和 mgh_b，式（3－7）改写为

$$W = mgh_a - mgh_b = E_{pa} - E_{pb}$$

或

$$W = -(E_{pb} - E_{pa}) = -\Delta E_p \qquad (3-8)$$

上式说明：重力所做的功等于重力势能增量的负值。如果重力作正功（即 $W > 0$），系统的重力势能将减少（$E_{pb} < E_{pa}$）；反之，如果重力作负功（即 $W < 0$），系统的重力势能将增加（$E_{pb} > E_{pa}$）。

应该指出：①重力势能是属于物体与地球所组成的重力系统的，通常所谓“物体的重力势能”只是简称而已。因为若不考虑地球，就没有重力作用，也就无所谓重力势能了。②因为高度 h 并没有绝对标准，所以重力势能只有相对的意义。但是，如果我们选定一

个位置，认为在这个位置时的势能是零，那么其他位置的势能就有一定的数值了。例如，如果选定物体在地面处的重力势能是零（即高度 h 为零），那么在其他高度，不论在地面以上或地面以下，就有一定的数值。从这种意义上说，物体在一定的位置，具有一定数值的势能。

3.3.3　弹性力的功与弹性势能

弹性力作功的特点可以用图 3－9 说明。在光滑的水平面上有一质量为 m 的物体，与劲度系数 k 的轻弹簧一端相连，弹簧的另一端固定。今以弹簧处于自然长度时，物体所在位置为坐标原点，水平向右为坐标轴 X 的正方向。若将弹簧向右拉长时，则弹簧对物体施以向左的弹性力 $\boldsymbol{F}$。根据虎克定律，在弹性限度内，弹簧的弹性力 $\boldsymbol{F}$ 的大小与弹簧的伸长量 x 成正比，$\boldsymbol{F}$ 的方向总是指向平衡位置，即

$$F=-kx$$

因弹性力是一变力，所以计算弹性力的功，须用积分。参看图 3－9，物体由 a 点到 b 点的路径中，弹性力 F 所做的功为

$$W=\int_{x_a}^{x_b}F\mathrm{d}x=\int_{x_a}^{x_b}-kx\mathrm{d}x=\frac{1}{2}kx_a^2-\frac{1}{2}kx_b^2 \tag{3-9}$$

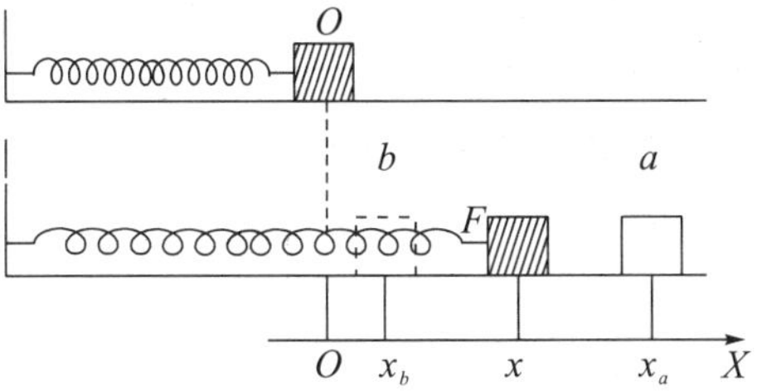

图 3－9　弹性力的功

它和重力的功有共同的特点，即所做的功也只与物体的始、末位置有关，而与路径无关。因此可用弹性势能表示，若规定在弹簧无形变时的弹性势能为零，则伸长量为 x 的弹簧所具有的弹性势能 $E_{\mathrm{p}}=\frac{1}{2}kx^2$，式（3－9）可改写为

$$W=-(\frac{1}{2}kx_b^2-\frac{1}{2}kx_a^2)=-(E_{\mathrm{p}b}-E_{\mathrm{p}a})=-\Delta E_{\mathrm{p}} \tag{3-10}$$

和重力作功完全相似，上式说明：弹性力所做的功等于弹性势能增量的负值。

势能的单位是焦耳，与功相同。

3.4　功能原理　机械能守恒定律

3.4.1　功能原理

3.2 节讲的动能定理，也可以推广到由几个物体所组成的系统，系统动能定理的形式与式（3－6）相同，即

$$W = E_{k2} - E_{k1} \tag{3-11a}$$

只不过E_k是系统的总动能，W 表示作用在各物体上所有的力所做的功的总和。

对系统来说，作用力可分内力与外力，内力是系统内各物体间的作用力，外力是外界对系统内各物体的作用力，而内力又可区分为保守内力与非保守内力，所以式（3－11a）可改写为

$$W = W_{外} + W_{保内} + W_{非保内} = E_{k2} - E_{k1} \tag{3-11b}$$

在 3.3 节中已知，保守力所做的功等于系统势能增量的负值，即

$$W_{保内} = -(E_{p2} - E_{p1})$$

所以式（3－11b）可写为

$$W = W_{外} - (E_{p2} - E_{p1}) + W_{非保内} = E_{k2} - E_{k1}$$

移项，整理后得

$$W_{外} + W_{非保内} = (E_{k2} + E_{p2}) - (E_{k1} + E_{p1}) = E_2 - E_1 = \Delta E \tag{3-12}$$

式中，$E_1 = E_{k1} + E_{p1}$，$E_2 = E_{k2} + E_{p2}$，分别代表系统始末状态的机械能（动能和势能统称为机械能）。

式（3－12）说明，外力和非保守内力对系统所做功的总和等于系统机械能的增量，这通常称为系统的功能原理。

从功能原理可以看出，功和能量这两个概念是密切联系着的，但又有区别。功总是和能量的转换过程相联系，它是能量转换的量度，是一个过程量。而能量是表示系统在一定状态下所具有的作功本领，它和系统的状态有关，是一个状态量。例如，对重力场中运动的物体，当它在一定运动状态时（在一定位置，具有一定的速度），它就具有一定量值的机械能。

［**例** 3］　一质量为 60kg 的滑雪运动员，从高 $h=100$m 的山顶 A 点，以 $5\text{m}\cdot\text{s}^{-1}$ 的初速度沿山坡滑下，到山脚 B 点时速度为 $20\text{m}\cdot\text{s}^{-1}$，如图 3－10 所示，求此过程中摩擦力所做的功。

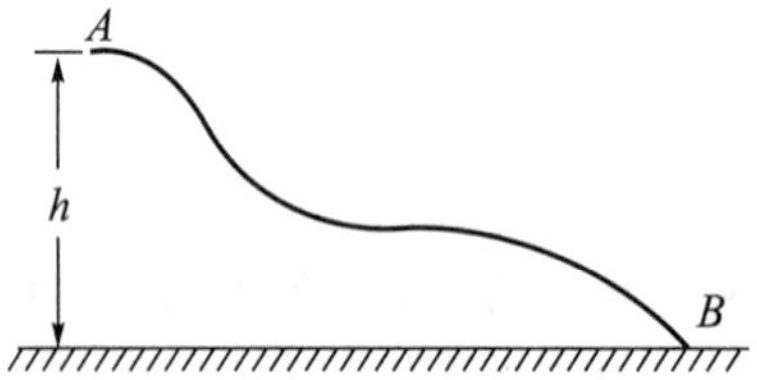

图 3－10

解　作用于运动员的力有重力 mg，地面的支持力 $\boldsymbol{N}$ 及摩擦力 $\boldsymbol{f}$。支持力与轨道垂直，故不作功，而重力 mg 是保守力，f 是非保守力，取过 B 点的水平面为重力势能零点，则

$$E_A = \frac{1}{2}mv_A^2 + mgh$$

$$E_B = \frac{1}{2}mv_B^2 + 0$$

由功能原理得摩擦力的功为

$$\begin{aligned} W &= E_B - E_A = (\frac{1}{2}mv_B^2 + 0) - (\frac{1}{2}mv_A^2 + mgh) \\ &= (\frac{1}{2} \times 60 \times 20^2) - (\frac{1}{2} \times 60 \times 5^2 + 60 \times 9.8 \times 100) \\ &= -4.75 \times 10^4 \quad \text{J} \end{aligned}$$

负号表示摩擦力作负功。

功能原理是由动能定理推导出来的，因而完全包含在动能定理之中，凡是可以用功能原理求解的力学问题都可以用动能定理求解。应用功能原理时，只须计算外力的功和非保守内力的功，因为保守内力的功已包含在相应的势能中，如果再计入保守内力的功就重复了。应用动能定理时，既要计算外力的功、非保守内力的功，又要计算保守内力的功。读者可用动能定理重解上题。

3.4.2　机械能守恒定律

在式（3－12）中，如 $W_{外}=0$、$W_{非保内}=0$ 同时成立或 $W_{外}+W_{非保内}=0$，则可得到

$$\Delta E=0$$

或者表示为

$$E_{k2}+E_{p2}=E_{k1}+E_{p1}=恒量 \tag{3-13}$$

式（3－13）表明，当外力所做的功与非保守内力所做的功为零或它们的代数和恒为零时，虽然在物体系内，各物体的动能与势能可以相互转化，但是物体系的总机械能却保持不变。这一结论叫做机械能守恒定律。

［**例** 4］　图 3－11 所示，质量为 0.1kg 的小球，拴在劲度系数为 $k=1\mathrm{N\cdot m^{-1}}$ 的轻弹簧的一端，它端固定，这个弹簧的原长为 $l_0=0.8\mathrm{m}$，起初弹簧在水平位置，并保持原长，然后释放小球，让它落下，当弹簧通过铅直位置时，被拉长成 $l=1\mathrm{m}$，求该时刻小球的速率 v。

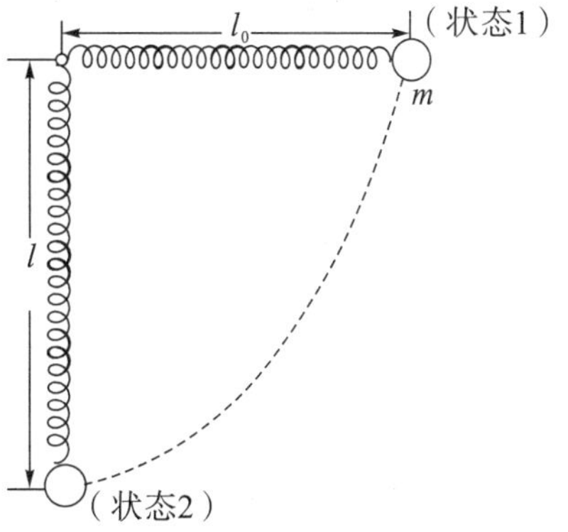

图 3－11

解　取小球，地球及弹簧组成系统，在小球由水平位置运动到铅直位置的过程中，小球受到重力和弹簧的弹性力的作用，且两者都是保守力。当忽略摩擦力和空气阻力时，系统的机械能守恒。

选状态 1 的弹性势能等于零，状态 2 的重力势能等于零。于是物体系在状态 1 的机械能 $E_1=mgl$，状态 2 的机械能

$$E_2=\frac{1}{2}mv^2+\frac{1}{2}k(l-l_0)^2$$

根据机械能守恒定律

$$mgl=\frac{1}{2}mv^2+\frac{1}{2}k(l-l_0)^2 \tag{1}$$

解得

$$v=\sqrt{2gl-\frac{k}{m}(l-l_0)^2}$$

代入已知数据

$$v=\sqrt{2\times 9.8\times 1-\frac{1}{0.1}(1-0.8)^2}=4.38\quad \mathrm{m\cdot s^{-1}}$$

由式（1）可看出，初始重力势能有一部分化为了弹性势能。

［**例** 5］　一水平光滑面上放置一劲度系数为 k 的轻质弹簧，一端固定在墙上，另一端连一质量为 M 的物体，开始时，用另一质量为 m 的物体靠紧 M 并将弹簧压缩，如图

3－12所示。求至少需将弹簧压缩多少才能使物体 m 恰能通过半径为 R 的光滑圆轨道的顶点？

解 整个运动可分为两个物理过程，放手后 M 与 m 一起运动，到弹簧自然长度处为第一个过程，m 脱离 M 后并自行沿光滑圆轨道作圆周运动为第二个过程，在整个运动过程中由于只有弹性力和重力作功，所以取 M、m、弹簧及地球组成的系统的机械能守恒。

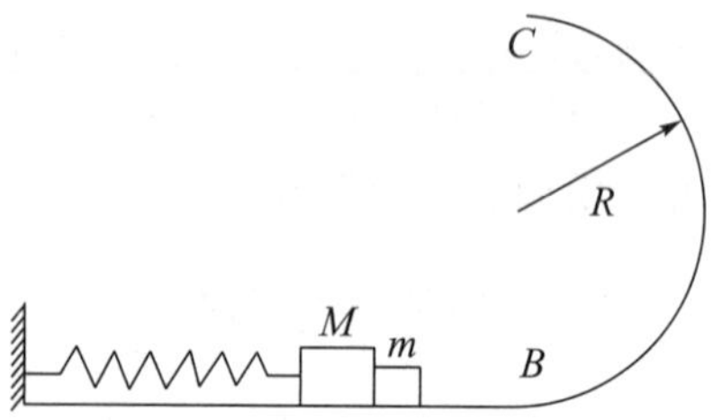

图 3－12

对第一个过程列出方程

$$\frac{1}{2}kx^2 = \frac{1}{2}(M+m)v_1^2 \tag{1}$$

式中，x 为弹簧的压缩量，v_1 为 M 与 m 分离时的速率。

对第二个过程，选 B 点为零势能位置，m 从脱离点到圆轨道顶点 C 处，有

$$\frac{1}{2}mv_1^2 = mg2R + \frac{1}{2}mv_C^2 \tag{2}$$

m 沿圆轨道运动，应满足牛顿运动方程，在通过最高点 C 时，有

$$N + mg = m\frac{v_C^2}{R} \tag{3}$$

式中，N 是轨道在 C 点对 m 的支持力。m 恰能通过 C 点条件是

$$N = 0 \tag{4}$$

联立解式（1）、（2）、（3）和（4），可得

$$x = \sqrt{\frac{5(M+m)gR}{k}}$$

3.4.3 能量守恒和转换定律

如果物体系统内除了保守力外，还有非保守力（如摩擦力）作功，系统的机械能将发生变化。人类长期实践证明，在系统机械能增加或减少的同时，必须有等值的其他形式的能量减少或增加。而系统的机械能和其他形式的能量的总和仍然是一个恒量。这就是说，能量不能消失，也不能创造，它只能以一种形式转换为另一种形式。这一结论称为能量守恒和转换定律，简称为能量守恒定律。对于一个与外界没有能量交换的系统（称为封闭系统），能量守恒定律可以这样叙述：在封闭系统内，不论发生何种变化过程，各种形式的能量可以互相转换，但能量的总和不变。

能量守恒定律是从无数事实中得出的结论，所以是物理学中具有最大普遍性的定律之一。它可以适用于任何变化过程，不论是机械的、热的、电磁的、原子和原子核的，以及化学的、生物的等等变化过程。

3.5 冲量　动量　动量原理

物体运动时，如所受外力 $\boldsymbol{F}$ 是恒量，那么按照牛顿第二定律 $\boldsymbol{F}=m\boldsymbol{a}$，它的加速度 $\boldsymbol{a}$ 也是恒量（质量 m 不变）。设在外力作用的一段时间（t_2-t_1）内，物体的速度由$\boldsymbol{v}_1$变成

$\boldsymbol{v}_2$，则 $\boldsymbol{a}=\dfrac{\boldsymbol{v}_2-\boldsymbol{v}_1}{t_2-t_1}$，代入上式，得

$$\boldsymbol{F}=m\frac{\boldsymbol{v}_2-\boldsymbol{v}_1}{t_2-t_1}$$

或

$$\boldsymbol{F}(t_2-t_1)=m\boldsymbol{v}_2-m\boldsymbol{v}_1 \tag{3-14a}$$

力和力作用时间的乘积称为力的冲量，用 $\boldsymbol{I}$ 表示，即 $\boldsymbol{I}=\boldsymbol{F}(t_2-t_1)$。冲量是矢量，它的方向就是力的方向。质量和速度的乘积称为物体的动量，用 $\boldsymbol{P}$ 表示，即 $\boldsymbol{P}=m\boldsymbol{v}$。动量也是矢量，它的方向就是速度的方向。式（3－14a）表明：物体所受合外力的冲量等于物体动量的增量。这一结论称为动量原理。它也可以看做是牛顿第二定律的另一种表达式，利用动量 $\boldsymbol{P}=m\boldsymbol{v}$，常把牛顿第二定律写成

$$\boldsymbol{F}=m\frac{\mathrm{d}\boldsymbol{v}}{\mathrm{d}t}=\frac{\mathrm{d}(m\boldsymbol{v})}{\mathrm{d}t}$$

所以

$$\boldsymbol{F}=\frac{\mathrm{d}\boldsymbol{P}}{\mathrm{d}t}$$

这种形式的牛顿第二定律的表达式是很有用的。

如果物体所受合力 $\boldsymbol{F}$ 是变力，上述原理仍然成立。在这种情形下，必须把力的作用时间（t_2-t_1）分成许多极小的时间 Δt_i，使得在这极小的时间内 $\boldsymbol{F}$ 可视作不变。故由式（3－14a）可得

$$\boldsymbol{F}_i\Delta t_i=\Delta(m\boldsymbol{v})$$

而在时间 t_2-t_1 中的冲量为

$$\sum\boldsymbol{F}_i\Delta t_i=\sum\Delta(m\boldsymbol{v})=m\boldsymbol{v}_2-m\boldsymbol{v}_1$$

如果所取时间 Δt_i 为无限小，上式可写为积分式

$$\int_{t_1}^{t_2}\boldsymbol{F}\mathrm{d}t=m\boldsymbol{v}_2-m\boldsymbol{v}_1 \tag{3-14b}$$

式（3－14b）就是动量原理的普遍式。

式（3－14b）是矢量式，实际计算时可用它在各坐标轴方向的分量式，即

$$\left.\begin{aligned}\int_{t_1}^{t_2}F_x\,\mathrm{d}t&=mv_{2x}-mv_{1x}\\\int_{t_1}^{t_2}F_y\,\mathrm{d}t&=mv_{2y}-mv_{1y}\\\int_{t_1}^{t_2}F_z\,\mathrm{d}t&=mv_{2z}-mv_{1z}\end{aligned}\right\} \tag{3-15}$$

这些分量式说明：冲量在各坐标轴上的分量等于它在相应方向上的动量分量的增量。

在国际单位制中，冲量的单位是牛·秒（N·s）。动量的单位是千克·米/秒（kg·m/s），不难验算，此两种单位实际上是等效的。

［例 6］　一弹性球，质量 $m=0.2\mathrm{kg}$，以速度 $v=5\mathrm{m\cdot s^{-1}}$ 与墙壁碰撞后跳回。设跳回时速度大小不变，碰撞前后的运动方向和墙的法线所夹的角均为 α（图 3－13），且球和墙碰撞时间 $\Delta t=0.05\mathrm{s}$，$\alpha=60°$，求在碰撞时间内，球和墙的平均相互作用力。

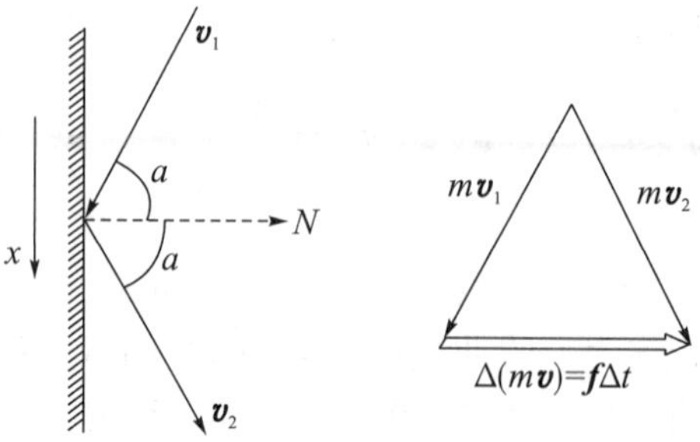

图 3－13　球和墙的弹性碰撞

解　设墙对球的平均作用力为 $\boldsymbol{f}$，球在碰撞前后的速度为$\boldsymbol{v}_1$和$\boldsymbol{v}_2$，按动量原理得

$$\boldsymbol{f}\Delta t = m\boldsymbol{v}_2 - m\boldsymbol{v}_1 \tag{1}$$

将冲量和动量分别沿 N 和 x 两方向分解，得分量式

$$f_x \Delta t = mv_{2x} - mv_{1x} \tag{2}$$

$$f_N \Delta t = mv_{2N} - mv_{1N} \tag{3}$$

从 3－13 图中可知，$v_{1x} = v\sin\alpha$，$v_{2x} = v\sin\alpha$，$v_{1N} = -v\cos\alpha$，$v_{2N} = v\cos\alpha$，代入式（2）和式（3），得

$$f_x \Delta t = mv\sin\alpha - mv\sin\alpha = 0$$

$$f_N \Delta t = mv\cos\alpha + mv\cos\alpha = 2mv\cos\alpha$$

所以

$$f_x = 0$$

$$f_N = \frac{2mv\cos\alpha}{\Delta t} \tag{4}$$

由此可见，墙对球作用力的方向和墙的法线方向相同（注意，这一结论并不在所有的斜碰中都正确）。代入数字，得

$$f_N = f = \frac{2 \times 0.2 \times 5 \times 0.5}{0.05} = 20\ \text{N}$$

由牛顿第三定律，球对墙的作用力和 f_N 相等而反向。请注意式（4），f_N 反比于碰撞时间 Δt。

3.6　动量守恒定律

3.5 节讲的是单个物体的动量原理，本节将介绍由若干个物体组成系统的动量原理，在此基础上导出动量守恒定律。系统内各物体所受到的力包括两个方面：一是系统内部各物体间的相互作用的内力；二是系统以外的物体对系统内物体作用的外力。我们首先讨论由两个有相互作用的物体组成的系统，这两个物体的质量分别为 m_1 和 m_2，如图 3－14，虚线表示系统的周界，$\boldsymbol{F}_1$、$\boldsymbol{F}_2$ 为作用于系统内的两个物体的外力，$\boldsymbol{f}_{21}$、$\boldsymbol{f}_{12}$为系统内两个物体相互作用的内力。假设两个物体在

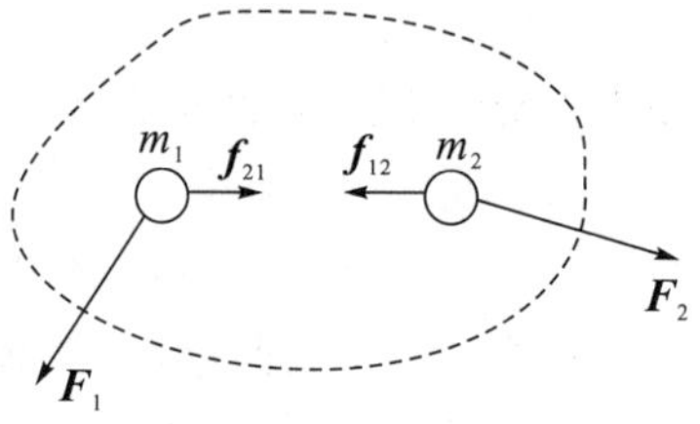

图 3－14　系统的内力和外力

t_0 时刻的速度为$\boldsymbol{v}_{10}$和$\boldsymbol{v}_{20}$，在 t 时刻的速度为$\boldsymbol{v}_1$和$\boldsymbol{v}_2$。对两物体分别应用动量原理，则有

$$\int_{t_0}^{t}(\boldsymbol{F}_1+\boldsymbol{f}_{21})\mathrm{d}t=m_1\boldsymbol{v}_1-m_1\boldsymbol{v}_{10}$$

$$\int_{t_0}^{t}(\boldsymbol{F}_2+\boldsymbol{f}_{12})\mathrm{d}t=m_2\boldsymbol{v}_2-m_2\boldsymbol{v}_{20}$$

将以上两式相加，得

$$\int_{t_0}^{t}(\boldsymbol{F}_1+\boldsymbol{F}_2+\boldsymbol{f}_{21}+\boldsymbol{f}_{12})\mathrm{d}t=(m_1\boldsymbol{v}_1+m_2\boldsymbol{v}_2)-(m_1\boldsymbol{v}_{10}+m_2\boldsymbol{v}_{20})$$

由牛顿第三定律知道，系统内力满足 $\boldsymbol{f}_{21}=-\boldsymbol{f}_{12}$，因此

$$\int_{t_0}^{t_1}(\boldsymbol{F}_1+\boldsymbol{F}_2)\mathrm{d}t=(m_1\boldsymbol{v}_1+m_2\boldsymbol{v}_2)-(m_1\boldsymbol{v}_{10}+m_2\boldsymbol{v}_{20})\qquad(3-16)$$

式（3－16）表示，合外力的冲量等于系统总动量的增量，这一结论称为系统的动量原理。为什么内力对系统的动量无贡献？请读者思考。

如果作用于系统的合外力为零，即 $\boldsymbol{F}_1+\boldsymbol{F}_2=\boldsymbol{0}$，则由式（3－16）得

$$m_1\boldsymbol{v}_1+m_2\boldsymbol{v}_2=m_1\boldsymbol{v}_{10}+m_2\boldsymbol{v}_{20}\qquad(3-17)$$

式（3－17）表示，如果系统不受外力作用或合外力为零，则系统的总动量保持不变，这一结论称为动量守恒定律。

这个结论，还可以推广到由 n 个物体所组成的系统，即系统所受的合外力为零时，

$$m_1\boldsymbol{v}_1+m_2\boldsymbol{v}_2+\cdots+m_n\boldsymbol{v}_n=m_1\boldsymbol{v}_{10}+m_2\boldsymbol{v}_{20}+\cdots+m_n\boldsymbol{v}_{n0}\qquad(3-18)$$

动量守恒定律指出，在系统不受外力作用或合外力为零时，系统中各个物体由于受外力及内力作用，它的动量可以发生变化，但系统中一切物体的动量的矢量和却保持不变。外力及内力的作用仅仅是使系统的总动量在各物体之间的分配发生变化。

式（3－18）是矢量式，运算时通常用分量式，即

$$\left.\begin{aligned}&\text{当}\sum F_{ix}=0\text{时，}\quad m_1v_{1x}+m_2v_{2x}+\cdots+m_nv_{nx}=\text{恒量}\\&\text{当}\sum F_{iy}=0\text{时，}\quad m_1v_{1y}+m_2v_{2y}+\cdots+m_nv_{ny}=\text{恒量}\\&\text{当}\sum F_{iz}=0\text{时，}\quad m_1v_{1z}+m_2v_{2z}+\cdots+m_nv_{nz}=\text{恒量}\end{aligned}\right\}\qquad(3-19)$$

根据分量式，我们很容易明白：如果系统内各物体所受合外力，在某方向的分量为零，那么系统的总动量在该方向的分量保持不变。

动量守恒定律不仅适用于一般物体，而且也适用于分子原子等微粒，是物理学中最普遍的定律之一。

反冲现象可作为动量守恒的典型例子。发射炮弹时，炮身的反坐就是一个反冲现象。发射炮弹前，炮身和炮弹都静止，总动量为零；发射炮弹后，设炮身和炮弹的水平动量分别为 m_1v_1 与 m_2v_2，则根据动量守恒定律，两者之和仍为零，即，$m_1v_1+m_2v_2=0$ 或 $v_1=-\frac{m_2}{m_1}v_2$，式中负号表示炮身获得的水平速度和炮弹的水平速度反向。炮弹或炸弹在空中爆炸时，各碎片向各方向飞开，但在爆炸的瞬时，各碎片的总动量也等于炮弹或炸弹的爆炸前瞬时的动量。

动量守恒定律在工程上有许多应用，例如火箭和喷气飞机在飞行时，利用化学作用，背着飞行方向不断喷出速度很大的大量气体，使火箭或飞机以高速度飞行。

［例 7］　如图 3－15 所示，A、B 两球质量相等，A 球以速度 $5\text{m}\cdot\text{s}^{-1}$ 与静止于光滑水平桌面上的 B 球作弹性碰撞，已知碰撞后 A 球速度的方向与原来速度方向的夹角 $\theta_A=37°$。求 A、B 两球碰撞后的速度。

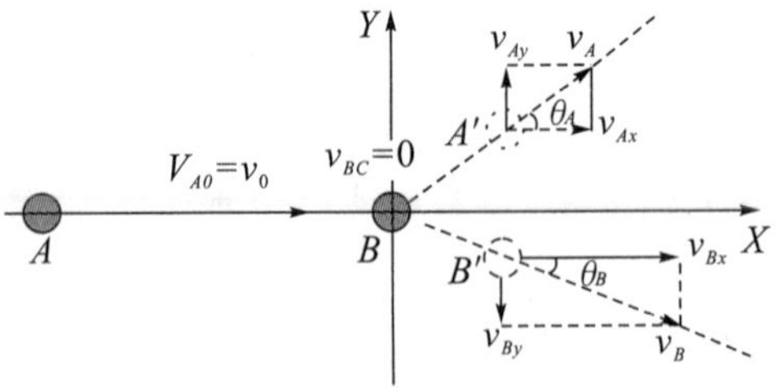

图 3－15　两球的碰撞

解　以 A、B 两球为一系统，两球在碰撞时，除了相互碰撞时的冲力（系统的内力）外，在水平面内不受任何其他外力的作用（摩擦力忽略）。所以系统的动量守恒，即

$$m_A\boldsymbol{v}_{A0}=m_A\boldsymbol{v}_A+m_B\boldsymbol{v}_B$$

式中，$m_A\boldsymbol{v}_{A0}$ 是 A 球碰撞前的动量，$m\boldsymbol{v}_A$ 和 $m\boldsymbol{v}_B$ 分别是 A、B 两球在碰撞后的动量。选择水平面上如图直角坐标系 XOY，则上式在 X 轴和 Y 轴方向的两个分量式为

$$m_Av_{A0}=m_Av_A\cos\theta_A+m_Bv_B\cos\theta_B \tag{1}$$

$$0=m_Av_A\sin\theta_A-m_Bv_B\sin\theta_B \tag{2}$$

由于是弹性碰撞，所以系统的机械能守恒，有

$$\frac{1}{2}m_Av_{A0}^2=\frac{1}{2}m_Av_A^2+\frac{1}{2}m_Bv_B^2 \tag{3}$$

利用 $m_A=m_B$ 的条件，联立解式（1）、（2）和（3），得

$$\theta_A+\theta_B=90°$$

$$\theta_B=90°-\theta_A=53°$$

$$v_A=v_{A0}\cos\theta_A=4\text{m}\cdot\text{s}^{-1}$$

$$v_B=v_{A0}\cos\theta_B=3\text{m}\cdot\text{s}^{-1}$$

［例 8］　如图 3－16，今有一长为 l，质量为 M 的小船，船的一端站有一人，质量为 m。人与小船原来都静止不动，现设该人从船的一端走到另一端，如不计水对船的阻力，问人和船各移动多少距离？

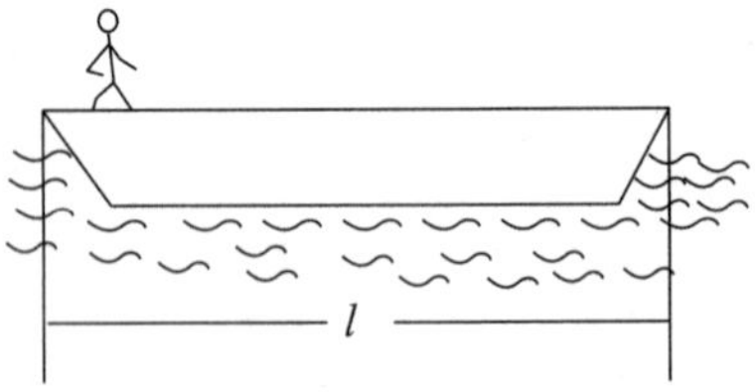

图 3－16

解　因人和小船这一系统沿水平方向不受外力作用，所以应用动量守恒定律得

$$mv+MV=0$$

式中，v 和 V 分别表示人和船相对于地面的速度，由上式得

$$V=-\frac{m}{M}v$$

式中，负号表示人与小船反向运动，人相对于小船的速度为

$$v'=v-V=\frac{M+m}{M}v$$

人在小船上走完船长 l 所需的时间为

$$t=\frac{l}{v'}=\frac{Ml}{(M+m)v}$$

在这段时间内，人相对于地面走了

$$x = vt = \frac{Ml}{M+m}$$

故小船移动的距离为

$$X = l - x = \frac{ml}{M+m}$$

习　　题

3－1　举例说明：

(1) 一物体可否具有机械能而无动量？可否具有动量而无机械能？

(2) 物体的动量发生变化，动能是否一定发生变化？

3－2　合外力的功等于物体动能的增量，问其中某一分力的功能否大于上述动能的增量？举例说明。

3－3　一人用 196N 的力将 10kg 重的物体举高 1m，问人作功多少？重力作功多少，两者是否相等，为什么？

3－4　一质量为 m 的物体，沿题 3－4 图所示的两条不同的路径下滑至 B 点，问到 B 点时速度是否相同（假定物体与两条路径间的摩擦系数相同，并且两条路径是固定不动的）。

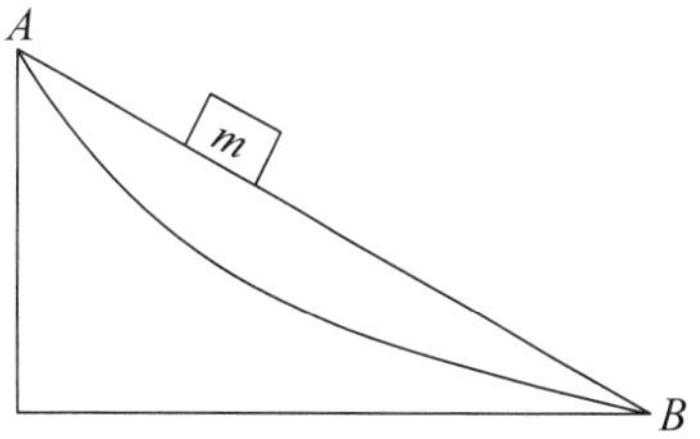

题 3－4 图

3－5　设两个粒子之间相互作用力是排斥力，其大小与它们之间的距离 r 的函数关系为 $f=k/r^3$，k 为正常数，试求这两个粒子相距为 r 时的势能。（设相互作用力为零的地方势能为零）

3－6　一人把质量 10kg 的物体匀速地举高 2m，求此人所做的功。如果他把这物体匀加速地举高 2m，设物体初速度为零，末速度为 $2\text{m}\cdot\text{s}^{-1}$，再求此人所做的功。

3－7　一人沿水平地面以恒定速率将质量 60kg 的物体向前推动 30m，力的方向与水平面向下成 45°角，假定滑动摩擦系数为 0.20，问人对物体做多少功？

3－8　一力作用在一质量为 3.0kg 的质点上，已知质点的位置与时间的函数关系为 $x=3t-4t^2+t^3$，其中，x 以米计，t 以秒计，试求：

(1) 力在最初 4s 内所做的功；

(2) 在 $t=1$s 时，力对质点的瞬时功率。

3－9　用铁锤将一铁钉击入木板，设木板对铁钉的阻力与铁钉进入木板内的深度成正比。在铁锤击第一次时，能将铁钉击入木板内 1cm，问击第二次时能击入多深？假设铁锤打击铁钉的速度相同。

3－10　如题 3－10 图所示，一长为 r 不可伸长的轻绳，一端固定，另一端系一质量为 m 的物体，开始绳被拉直置于水平位置，然后将物体由静止释放，求物体下落至绳与水平方向成 θ 角时的速度。

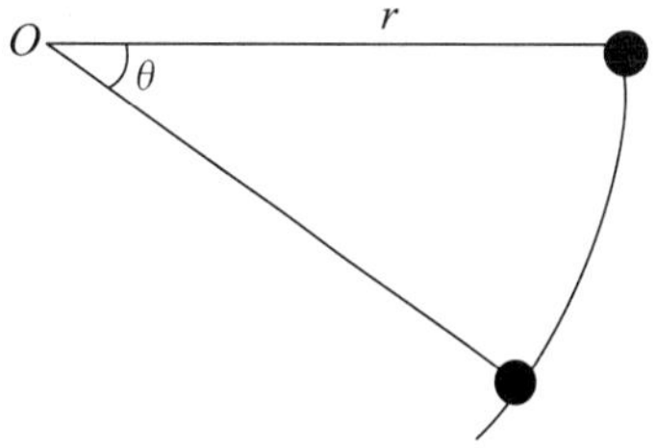

题 3－10 图

3－11　已知一物体与斜面之间的摩擦系数为 0.2，斜面倾角为 45°，设物体以

10m·s^{-1}的初速率从底端沿斜面上滑，求物体所能达到的最大高度。当物体返回底端时，再求其速率。

3－12　如题 3－12 图所示，一雪橇从高为 50m 的山顶上点 A 沿冰道由静止下滑。山顶到山下的坡道长为 500m，雪橇滑至山下点 B 后，又沿水平冰道继续滑行，滑行若干米后停止在 C 点。若雪橇与冰道的摩擦系数为 0.050。求此雪橇沿水平冰道滑行的路程。点 B 附近可视为连续弯曲的滑道，略去空气阻力的作用。

3－13　在倾角为 37°的斜面底端固定一轻弹簧，其劲度系数 $k=100$（N·m^{-1}）。设斜面的顶端有一质量 $m=1$kg 的物体 A，A 与轻弹簧自由端 0 的距离 $t=2.8$m，如题 3－13 图所示。已知 A 从静止下滑，与弹簧接触后将弹簧压缩了 $\Delta l=0.2$m。求物体沿斜面下滑过程中，斜面对它的平均阻力。

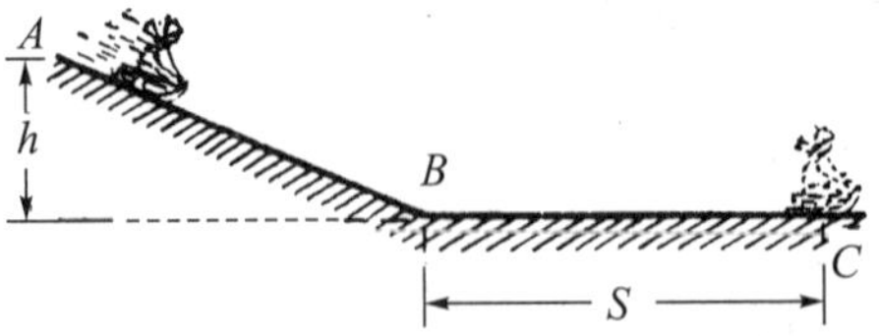

题 3－12 图

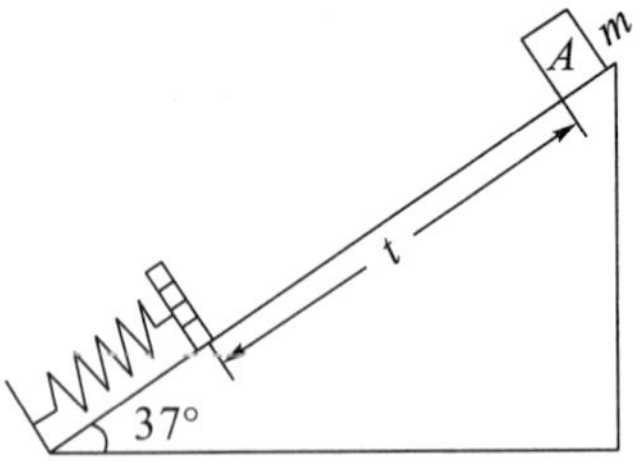

题 3－13 图

3－14　男孩坐在半径为 R 的半球形冰堆顶部，他被轻轻地推了一下后滑下冰堆。

（1）如果忽略冰堆摩擦，求男孩脱离冰堆瞬时离地面的高度；

（2）如果男孩与冰堆之间存在摩擦，试问他脱离冰堆瞬时的高度是大于还是小于（1）中的高度。

3－15　体重 80kg 的一个人，从 2m 高处自由下落到用弹簧支起的轻木板上，木板下降的最大距离为 0.2m，求木板下降 0.1m 时刻，此人的速率 v。

3－16　质量为 m 的小球（如题 3－16 图所示），系在绳的一端，绳的另一端固定在 O 点，绳长 l。今把小球以水平初速率 v_0 从 A 点抛出，使小球在竖直平面内绕一周（不计空气摩擦阻力）。

（1）求证 v_0 必须满足下述条件：$v_0 \geqslant \sqrt{5gl}$；

（2）设 $v_0=\sqrt{5gl}$，求小球在圆周上 C 点（$\theta=60°$）时，绳子对小球的拉力。

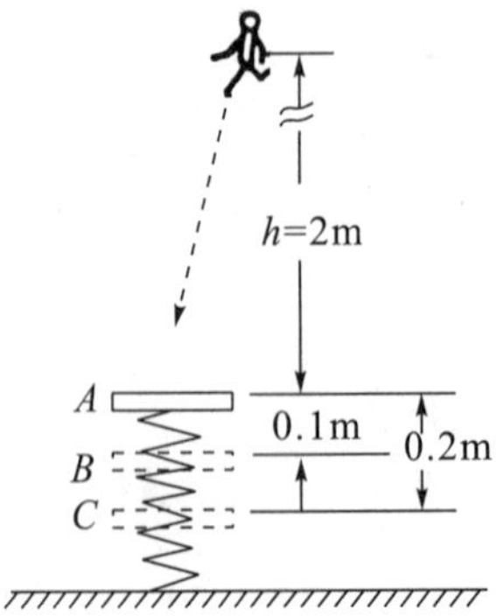

题 3－15 图

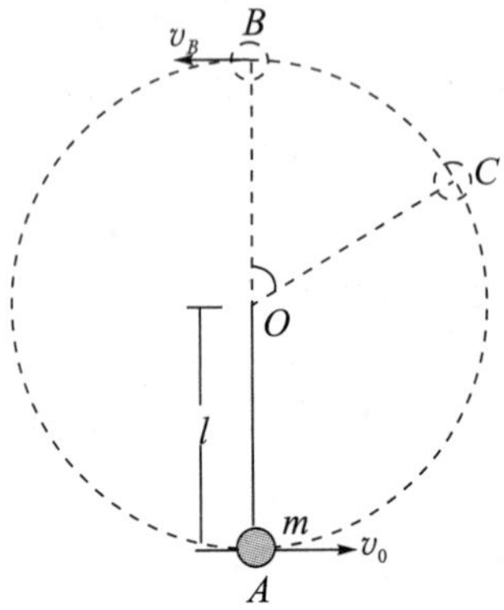

题 3－16 图

3－17　已知质量为 m 的质点作匀速圆周运动，其速率为 v，如题 3－17 图所示。当质点从 A 点逆时针转过 90°到达 B 点过程中，求所受外力的总冲量，设圆的半径为 r。

3－18　力 $F=30+4t$ 作用在质量为 10kg 的物体上，F 和 t 分别以牛顿和秒计。求：

（1）从力开始作用到第 3 秒初，此力对物体的冲量的大小；

（2）若要使冲量达到 300N・s，该力需作用多长时间？

（3）设物体的初速度为 10m・s^{-1}，运动方向和力的方向相同，在（2）问的时间末，此物体的速率多大？

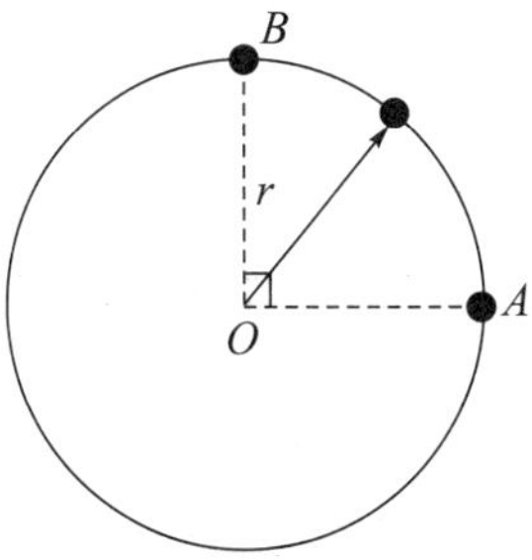

题 3－17 图

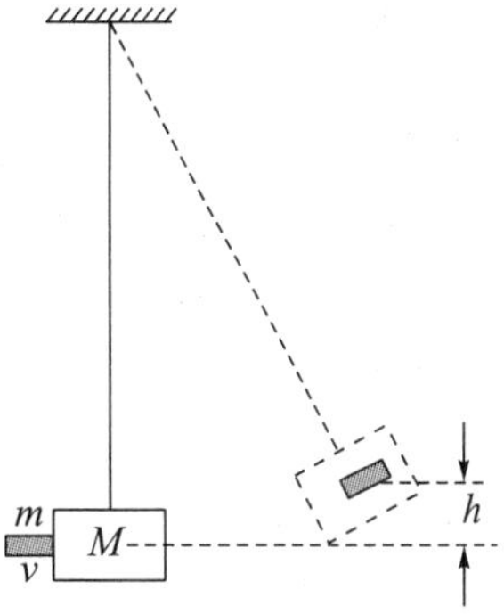

题 3－20 图

3－19　质量为 m 的一个水银小球，竖直地落在水平桌面上，分成质量相等的三个等分，沿桌面运动，其中两个等分的速度分别为 $\boldsymbol{v}_1$ 和 $\boldsymbol{v}_2$，大小都等于 0.30m・s^{-1}，相互垂直地散开。试求第三等分的速率和方向。

3－20　冲击摆是一种用来测定子弹速度的装置。如题 3－20 图所示的摆是一个悬于一线下端的沙箱。子弹击中沙箱时陷入箱内，使沙箱摆至某一高度 h。设子弹和沙箱的质量分别为 m 和 M，求子弹的速率 v。

3－21　一个质量为 $M=10$kg 的物体静止于光滑水平桌面上，并与轻弹簧连接，弹簧的另一端固定在壁上，如题 3－21 图所示，弹簧的劲度系数 $k=1000$N・m^{-1}。今有一质量 $m=1$kg 的小球，以水平速度 $v_0=4$m・s^{-1}运动，并与物体相撞。

（1）若碰撞后小球以速度 $v_1=2$m・s^{-1}弹回，求弹簧的最大压缩量；

（2）若小球上涂有粘性物质，碰撞后小球与物体粘在一起，再求弹簧的最大压缩量。

3－22　如题 3－22 图所示，将一质量为 m 的小球系于细绳的一端，绳穿过一铅直的套管。一手握管，另一手拉绳。先使小球以速度 v_0 绕管心作半径为 r_0 的圆周运动，设 v_0 与 r_0 已知，然后向下拉绳，使小球的运动半径减小到 r_1（已知）。求：

（1）小球距管心 r_1 时的线速度 v_1 及角速度 ω_1；

（2）由 r_0 缩短到 r_1 过程中拉力 F 做的功。

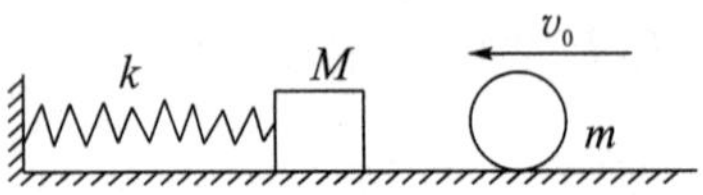

题 3－21 图

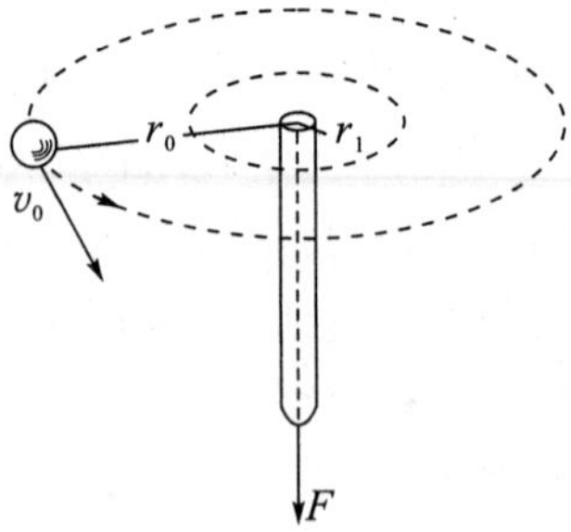

题 3－22 图

3－23　对功的概念有以下几种说法：

（1）保守力作正功时，系统内相应的势能增加。

（2）质点运动经一闭合路径，保守力对质点作的功为零。

（3）作用力和反作用力大小相等，方向相反，所以两者所作功的代数和必为零。

在上述说法中：

（A）（1）、（2）是正确的。　　（B）（2）、（3）是正确的。

（C）只有（2）是正确的。　　（D）只有（3）是正确的。

3－24　一质点在外力作用下运动时，下述哪种说法正确（　　）。

（A）质点的动量改变时，质点的动能一定改变。

（B）质点的动能不变时，质点的动量也一定不变。

（C）外力的冲量是零，外力的功一定为零。

（D）外力的功为零，外力的冲量一定为零。

3－25　一炮弹由于特殊原因在水平飞行过程中突然炸裂成两块，其中一块作自由下落，则另一块着地点（飞行过程中阻力不计）（　　）。

（A）比原来更远。　　（B）比原来更近。

（C）仍和原来一样远。　　（D）条件不足，不能判定。

第 4 章　刚体的转动

前几章我们讨论了质点的运动规律，本章将讨论刚体的运动规律。所谓刚体就是当物体受到外力作用时，物体内任意两点间距离都保持不变，也就是说在受力过程中，物体不产生形变。刚体是实际物体的理想化的模型。一般说来，在外力作用下，物体都要产生或多或少的形变，有些物体在外力作用下，形变甚微，以至可以忽略不计，这种物体可以近似看做刚体。

本章讨论刚体绕定轴的转动，其主要内容有转动惯量、力矩、转动动能、角动量等物理量及转动定律和角动量守恒定律。

4.1　刚体的定轴转动

4.1.1　平动和转动

刚体最基本的运动是平动和转动。如果刚体运动时，刚体内任何一条给定的直线始终保持它的方向不改变，这种运动称为平动（图 4－1）。汽缸中活塞的运动、刨床上刨刀的运动等都是平动。刚体平动时，在任意一段时间内，刚体中所有质点的位移都是相等的，而且在任何时刻，各个质点的速度、加速度也都是相同的。所以刚体内任意一点的运动都可以代表整个刚体的运动。

如果刚体运动时，刚体内任意一个质点都绕同一直线（转轴）作圆周运动，这种运动称为转动（图 4－2）。机器上飞轮的运动、电动机转子或陀螺的运动等都是转动。如果转轴在空间的方位固定不动，就称为定轴转动。

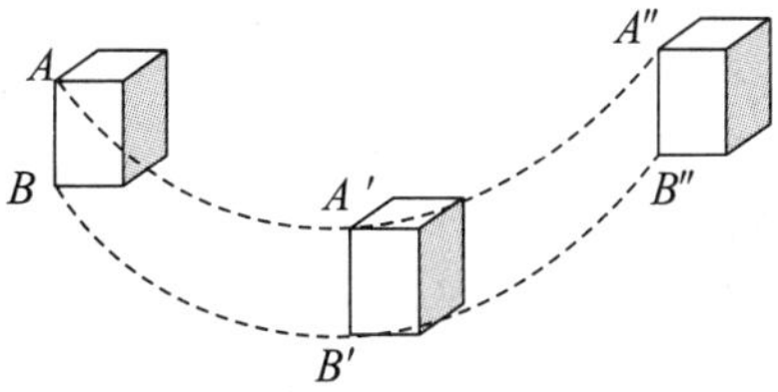

图 4－1　刚体平动

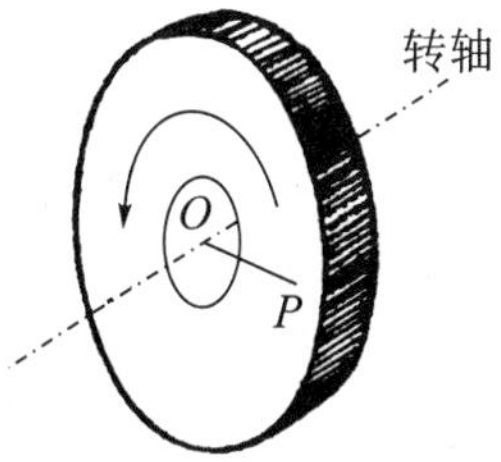

图 4－2　刚体转动

4.1.2　定轴转动的描述

研究刚体绕定轴转动时，通常取任一垂直于定轴的平面作为转动平面，如图 4－3 所示，O 为转轴与某一转动平面的交点，P 为刚体上的一个质点，P 在这个转动平面内绕

O 点作圆周运动，具有一定的角位移、角速度和角加速度。显然，刚体中任何其他质点也都具有与 P 点相同的角位移、角速度和角加速度。质点运动学中讨论过的角位移、角速度、角加速度等概念以及有关公式，都可适用于刚体的定轴转动。

刚体的一般运动比较复杂，但可以证明，刚体的一般运动可看做平动和转动的迭加。例如，一个车轮的滚动，可以分解为车轮随着轴承的平动和车轮绕轴承的转动。

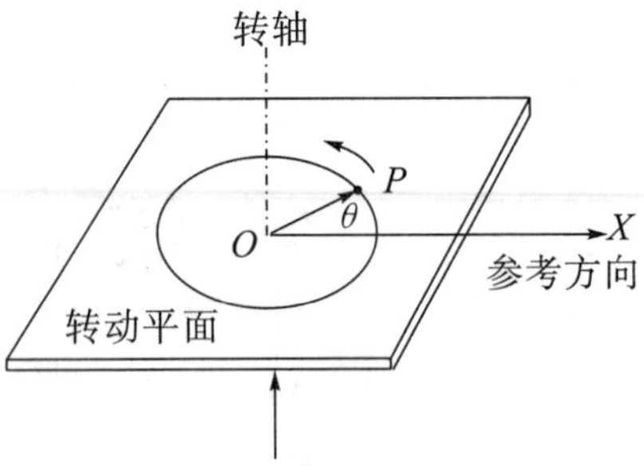

图 4－3　转动平面

4.2　力矩　转动定律　转动惯量

4.2.1　力矩

具有固定转轴的物体，在外力的作用下可能发生转动，也可能不发生转动，由经验可知，转动的难易不仅与力的大小有关，而且与力的作用点及力的方向有关。例如，用同样大小的力推门，当作用点靠近门轴时，不容易把门推开；当作用点远距门轴时，就容易推开；当力的作用线通过门轴时，就不能把门推开，力矩这一物理量可以概括这三个因素，所以要用力矩来描述力对刚体的转动作用。

设刚体所受外力 $\boldsymbol{F}$ 在垂直于转轴 O 的平面内（图 4－4（a））。力的作用线和转轴间的垂直距离 d 称为力对转轴的力臂。力的大小和力臂的乘积称为力对转轴的力矩，用 M 表示力矩，

$$M = Fd \tag{4-1a}$$

设力的作用点是 P，作用点离开转轴的垂直距离是 r，则从图 4－4（a）中可以看出 $d = r\sin\varphi$，φ 是力 $\boldsymbol{F}$ 与矢径 $\boldsymbol{r}$ 之间的夹角，所以上式也可以写成

$$M = Fr\sin\varphi \tag{4-1b}$$

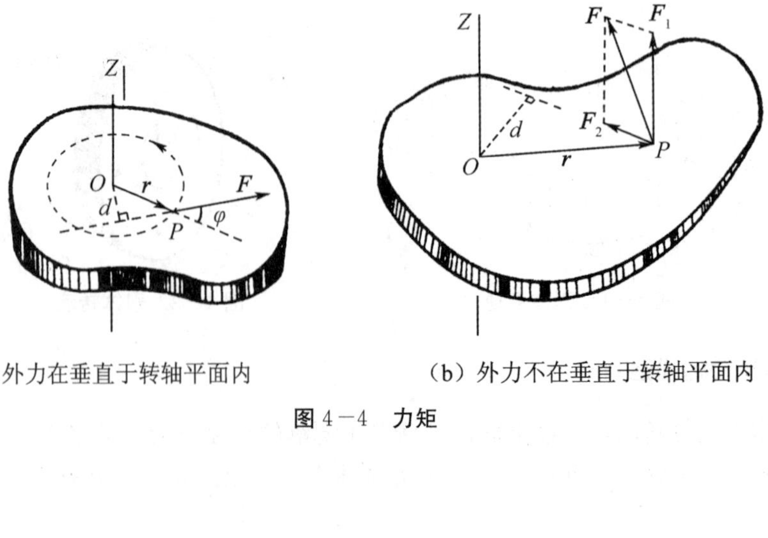

（a）外力在垂直于转轴平面内　　（b）外力不在垂直于转轴平面内

图 4－4　力矩

如果作用在物体上的力并不和转轴垂直，那么我们可将这个力分解为两个正交分力，一个和转轴平行，另一个和转轴垂直（图 4－4（b）），因为平行分力不能使物体转动，所以使物体转动的作用只决定于垂直分力。因此在上述力矩定义式（4－1（a））和式（4－1（b））中的 F 应理解为外力在垂直于转轴方向的分力。

力矩是矢量，在定轴转动中，力矩的方向是沿着转轴的，指向是按右手螺旋定则规定的，即由矢径的方向（经小于 180°的角度）转到力的方向时右手螺旋的前进方向（如图 4－5）。

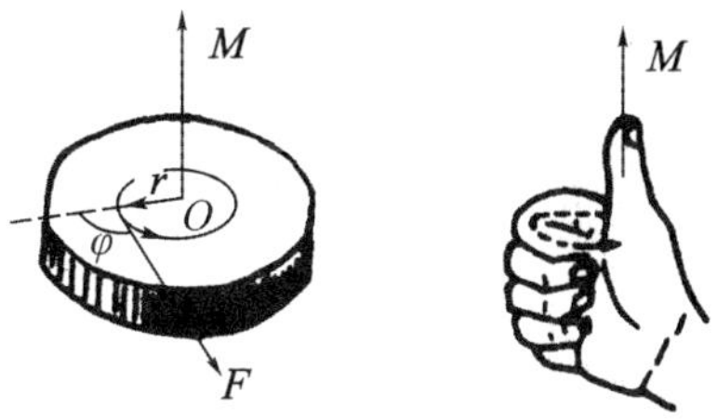

图 4－5　力矩方向的右手螺旋定则

考虑到力矩的方向和大小，力矩的定义式可写成矢量形式

$$\boldsymbol{M} = \boldsymbol{r} \times \boldsymbol{F} \tag{4-2}$$

在刚体作定轴转动时，力矩矢量 $\boldsymbol{M}$ 只有两个可能方向，可任取其中一个方向为正，另一个方向则为负，此时力矩可当作代数量处理。如果有几个外力同时作用在刚体上时，它们的作用将相当于某个力矩的作用，这个力矩称为这些力的合力矩。实验指出，合力矩的量值等于这几个力各自产生力矩的代数和。

在国际单位制中，力矩的单位是米·牛（m·N）。

4.2.2　转动定律

刚体可以看成是由无数质点组成的，当刚体绕定轴转动时，各个质点都绕转轴作圆周运动。取质点 P_i 进行讨论，设其质量为 m_i，与转轴的距离为 r_i，图 4－6 表示过 P_i 点而垂直于转轴的刚体截面，质点 P_i 所受的外力为 $\boldsymbol{F}_i$，刚体中所有其他各质点对 P_i 作用的合内力为 $\boldsymbol{f}_i$。为了简化讨论，我们假设 $\boldsymbol{F}_i$ 和 $\boldsymbol{f}_i$ 都位于质点 P_i 所在的转动平面内，根据牛顿第二定律

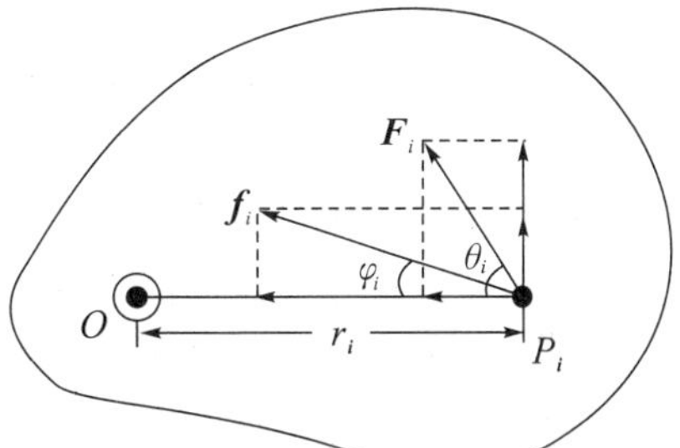

图 4－6　刚体的转动定律转轴过 O 点并与纸面垂直

$$\boldsymbol{F}_i + \boldsymbol{f}_i = m_i \boldsymbol{a}_i$$

把力和加速度都分解为法向分量和切向分量，于是

$$F_i \cos\theta_i + f_i \cos\varphi_i = m_i a_{in} = m_i r_i \omega^2$$

$$F_i \sin\theta_i + f_i \sin\varphi_i = m_i a_{it} = m_i r_i \alpha$$

对于上面第一个方程，由于法向力的作用线通过转轴，其力矩为零，我们不予考虑。将第二个方程的两边各乘 r_i，得到

$$F_i r_i \sin\theta_i + f_i r_i \sin\varphi_i = m_i r_i^2 \alpha \tag{4-3}$$

此式左边第一项是外力 $\boldsymbol{F}_i$ 对转轴的力矩，而第二项是内力 $\boldsymbol{f}_i$ 对转轴的力矩。

同理，对于刚体中所有质点都可以写出和式（4－3）相当的方程。把这些方程式全部相加，则有

$$\sum F_i r_i \sin\theta_i + \sum f_i r_i \sin\varphi_i = (\sum m_i r_i^2)\alpha \tag{4-4}$$

因为内力中每对作用力和反作用力的力矩相加为零，则有 $\sum f_i r_i \sin\varphi_i = 0$，这样式（4－4）只乘下第一项，即刚体所受各外力对转轴力矩的代数和，即合外力矩，用 $\boldsymbol{M}$ 表

示，则式（4－4）化为

$$\boldsymbol{M} = (\sum m_i r_i^2)\boldsymbol{\alpha} \tag{4-5}$$

对于一定的刚体，当转轴确定之后，$\sum m_i r_i^2$ 为一恒量，称其为刚体对该转轴的转动惯量，用 J 表示，即

$$J = \sum m_i r_i^2 \tag{4-6}$$

这样式（4－5）便化为

$$\boldsymbol{M} = J\boldsymbol{\alpha} = J\frac{\mathrm{d}\boldsymbol{\omega}}{\mathrm{d}t} \tag{4-7}$$

式（4－17）表示，刚体在合外力矩 $\boldsymbol{M}$ 作用下，所获得的角加速度 $\boldsymbol{\alpha}$ 与合外力矩的大小成正比，与刚体的转动惯量成反比，这一关系称为转动定律。这是刚体定轴转动的基本定律，应该注意，它是力矩的瞬时作用规律，刚体绕定轴转动的其他规律都可以由这条定律导出。

4.2.3 转动惯量

比较转动定律与牛顿第二定律的表达式

$$\boldsymbol{M} = J\boldsymbol{\alpha} \qquad \boldsymbol{F} = m\boldsymbol{a}$$

可以看出，两式在形式上是相似的，$\boldsymbol{M}$ 和 $\boldsymbol{F}$ 对应，$\boldsymbol{\alpha}$ 和 $\boldsymbol{a}$ 对应，J 和 m 对应。我们知道，物体的质量 m 是物体平动惯性大小的量度，与此对应，物体的转动惯量 J 是物体转动惯性大小的量度。

转动惯量 J 的物理意义，还可以从转动定律来理解。如果以相同的力矩分别作用在两个绕定轴转动的不同刚体上，转动惯量大的刚体所获得的角加速度小，角速度改变就慢，即是说，刚体保持原来转动状态的惯性大；反之，转动惯量小的刚体获得的角加速度大，则角速度改变快，即是说刚体保持原有转动状态的惯性小。

由转动惯量的定义可知，转动惯量等于刚体中各质点的质量和它们到转轴距离平方的乘积之和，对于质量连续分布的刚体，转动惯量定义可用积分式表示，即

$$J = \int r^2 \,\mathrm{d}m \tag{4-8a}$$

如果用 ρ 表示刚体的体密度，$\mathrm{d}v$ 表示质量 $\mathrm{d}m$ 的体积元，那么上式可写成

$$J = \int_v \rho r^2 \mathrm{d}v \tag{4-8b}$$

从式（4－6）或式（4－8）可以看出，刚体的转动惯量决定于各部分质量对给定转轴的分布情况，具体地说，转动惯量由下面三个因素决定：（1）刚体的总质量 m；（2）刚体的形状、大小及各部分的密度；（3）转轴的位置。

几何形状简单的、密度均匀的几种刚体对不同转轴的转动惯量如表 4－1 所示。

在国际单位制中，转动惯量 J 的单位是千克・米^2（$\mathrm{kg\cdot m^2}$）

表 4－1　几种刚体的转动惯量

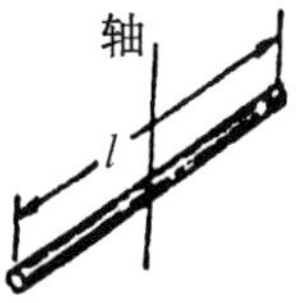 细棒（转动轴通过中心与棒垂直） $J=\frac{ml^2}{12}$ (a)	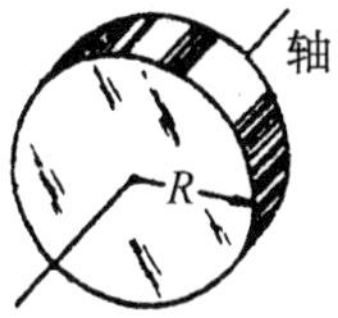 圆柱体（转动轴沿几何轴） $J=\frac{mR^2}{2}$ (b)	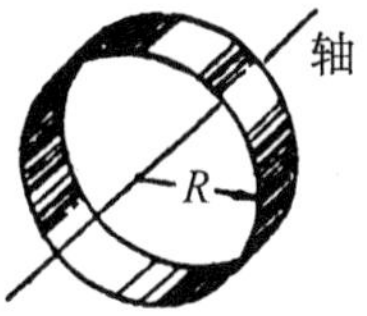 薄圆环（转动轴沿几何轴） $J=mR^2$ (c)
 球体（转动轴沿球的任一直径） $J=\frac{2mR^2}{5}$ (d)	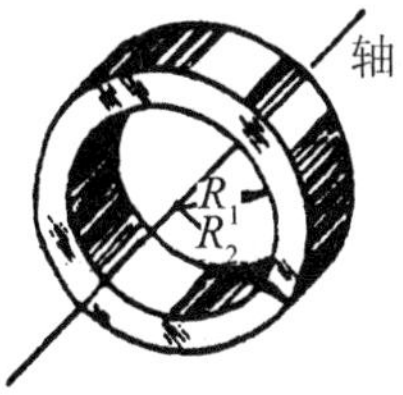 圆筒（转动轴沿几何轴） $J=\frac{m}{2}(R_1^2+R_2^2)$ (e)	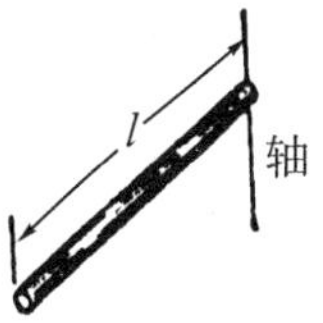 细棒（转动轴通过棒的一端与棒垂直） $J=\frac{ml^2}{3}$ (f)

［例 1］　三个质量均为 m 的质点 1、2、3 分布在一条直线上，它们被两根长为 l 的轻杆固结起来，如图 4－7 所示。设转轴与轻杆垂直，求质点系的转动惯量。(1) 转轴过质点 1；(2) 转轴过质点 2。

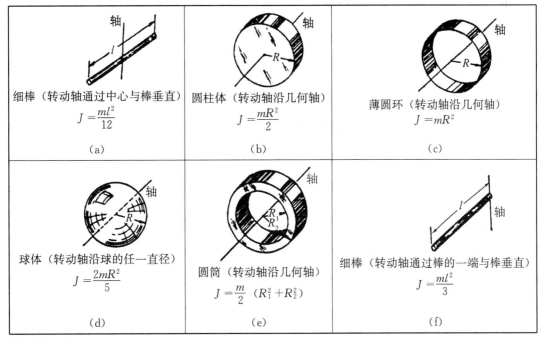

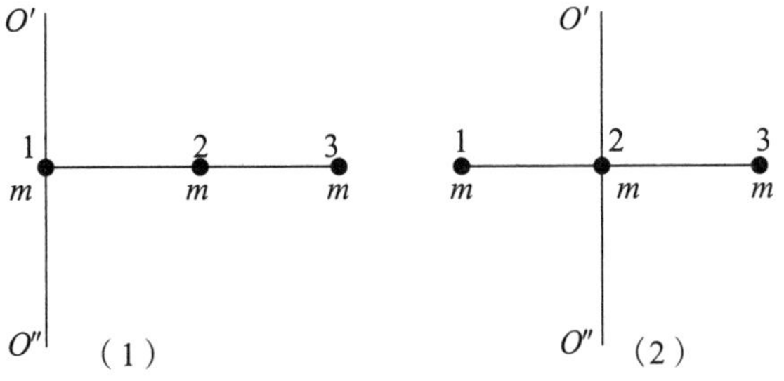

图 4－7

解　当刚体上的质点作离散分布时，其转动惯量可用式 (4－6) 计算。

(1) 转轴过质点 1 时

$$J_1=\sum m_i r_i^2=m\cdot 0+m\cdot l^2+m\cdot(2l)^2=5ml^2$$

(2) 转轴过质点 2 时

$$J_2=\sum m_i r_i^2=m\cdot l^2+m\cdot 0+m\cdot l^2=2ml^2$$

［例 2］　求质量 m，长为 l 的均匀细棒的转动惯量。(1) 转轴过棒的中心并与棒垂直；(2) 转轴过棒的一端并与棒垂直。

解　如图 4－8，在细棒上任取一长度元 $\mathrm{d}x$，离转轴距离为 x，其质量为 $\mathrm{d}m=\lambda\mathrm{d}x$，其中 λ 为棒的质量线密度，根据转动惯量的定义 $J=\int r^2\mathrm{d}m$，得

（1）当转轴过中心并与棒垂直时

$$J = \int_{-l/2}^{l/2} x^2 \lambda \mathrm{d}x = \frac{1}{3}\lambda x^3 \Big|_{-l/2}^{l/2} = \frac{l^3}{12}\lambda$$

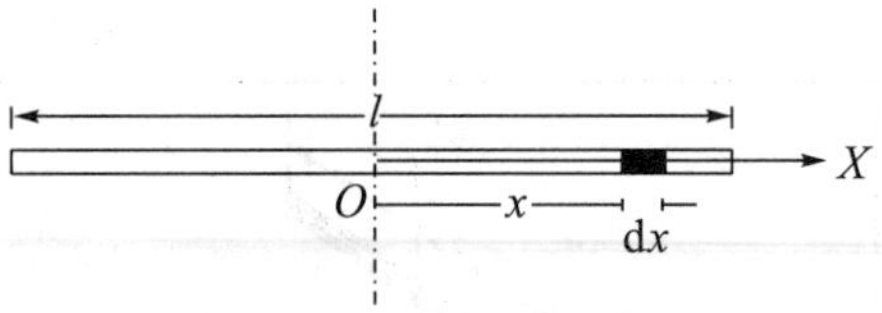

图 4－8　均匀细棒转动惯量的计算

棒的质量线密度 $\lambda = \frac{m}{l}$，代入上式得

$$J = \frac{1}{12}ml^2$$

（2）当转轴通过棒的一端并与棒垂直时

$$J = \int_0^l x^2 \lambda \mathrm{d}x = \frac{1}{3}l^3\lambda = \frac{1}{3}ml^2$$

由此可见，同一均匀细棒，如果转轴的位置不同，转动惯量也不相同，因此提到转动惯量时，必须指明是对哪个转轴而言的。

［例 3］　轮的半径 $R = 0.5\mathrm{m}$，它的转动惯量 $J = 20\mathrm{kg \cdot m^2}$，今在轮缘上沿切线方向施一大小不变的力 $F = 10\mathrm{N}$。求：（1）角加速度；（2）到第 10 秒末时轮缘上一点的线速度（设初速等于零）。

解　轮子所受的力矩是

$$M = FR$$

按转动定律，轮子的角加速度等于

$$\alpha = \frac{M}{J} = \frac{FR}{J} \tag{1}$$

运动开始后任一时刻 t 的角速度为

$$\omega = \alpha t = \frac{FR}{J}t$$

因而轮缘上任意一点的线速度为

$$v = \omega R = \frac{FR^2 t}{J} \tag{2}$$

将数字代入式（1）和式（2），得

$$\alpha = \frac{10 \times 0.5}{20} = 0.25 \quad \mathrm{rad \cdot s^{-2}}$$

$$v = \frac{10 \times (0.5)^2 \times 10}{20} = 1.25 \quad \mathrm{m \cdot s^{-1}}$$

［例 4］　一轻绳跨过定滑轮，其两端挂着质量分别为 m_1 和 m_2 的物体（$m_1 > m_2$），滑轮半径为 R，质量为 m，滑轮可以看做是质量均匀分布的圆盘，转轴垂直于盘面通过盘心，转动惯量为 $\frac{1}{2}mR^2$，忽略轴承处摩擦，且绳子与滑轮间无相对滑动，求重物下降的加速度及绳两端的拉力。

解　分别隔离物体 m_1、m_2 和滑轮，受力及运动情况如图 4－9。

m_1 受两个力作用：重力 $m_1 g$，方向竖直向下；绳子的拉力 T_1，方向竖直向上。m_2 受两个力作用：重力 $m_2 g$，方向竖直向下；绳子的拉力 T_2，方向竖直向上。对两个物体分别应用牛顿第二定律

$$m_1 g - T_1 = m_1 a_1 \tag{1}$$

$$T_2 - m_2 g = m_2 a_2 \tag{2}$$

滑轮受到四个力作用，若设滑轮所受力矩向内为正：重力 mg 方向竖直向下，作用在轴 O 上，所以重力对轴 O 的力矩为零；轴承支持力 T，方向竖直向上，也作用在轴 O 上，对轴 O 的力矩也为零；拉力 T_1' 作用在滑轮右边缘切点处，方向竖直向下，它对轴 O 的力矩为 $T_1'R$；拉力 T_2'，方向竖直向下，作用在滑轮左边缘切点处，它对轴 O 的力矩为 $-T_2'R$。根据转动定律有

$$T_1'R - T_2'R = (\frac{1}{2}mR^2)\alpha \tag{3}$$

绳不伸长，则 $a_1 = a_2 = a$；轻绳，则 $T_1' = T_1$，$T_2' = T_2$；绳不打滑，则物体的加速度与轮缘处一点的切向加速度数值相等，即

$$a = a_t = R\alpha \tag{4}$$

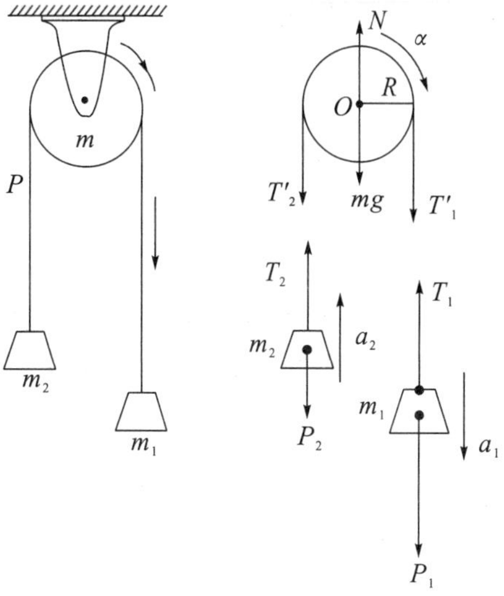

图 4－9

联立以上各式，解得

$$a = \frac{(m_1 - m_2)g}{m_1 + m_2 + \frac{1}{2}m}$$

$$T_1 = m_1(g - a) = \frac{(2m_2 + \frac{1}{2}m)m_1 g}{m_1 + m_2 + \frac{1}{2}m}$$

$$T_2 = m_2(g + a) = \frac{(2m_1 + \frac{1}{2}m)m_2 g}{m_1 + m_2 + \frac{1}{2}m}$$

4.3　力矩的功　转动动能

下面从功和能的观点来研究刚体的转动问题。

4.3.1　力矩的功和功率

如图 4－10 所示，外力 $\boldsymbol{F}$ 作用在刚体上 P 点，刚体绕过 O 点的竖直轴转动。当刚体转过一微小角度 $\mathrm{d}\theta$ 时，P 点位移 $\mathrm{d}\boldsymbol{s}$ 的大小为 $\mathrm{d}s = r\mathrm{d}\theta$，则力 $\boldsymbol{F}$ 在位移 $\mathrm{d}\boldsymbol{s}$ 中所做的功为

$$\mathrm{d}W = \boldsymbol{F} \cdot \mathrm{d}\boldsymbol{s} = F\cos\varphi\mathrm{d}s$$

因为 α 与 φ 互为余角，$\cos\varphi = \sin\alpha$，故上式改写为

$$\mathrm{d}W = Fr\sin\alpha\mathrm{d}\theta$$

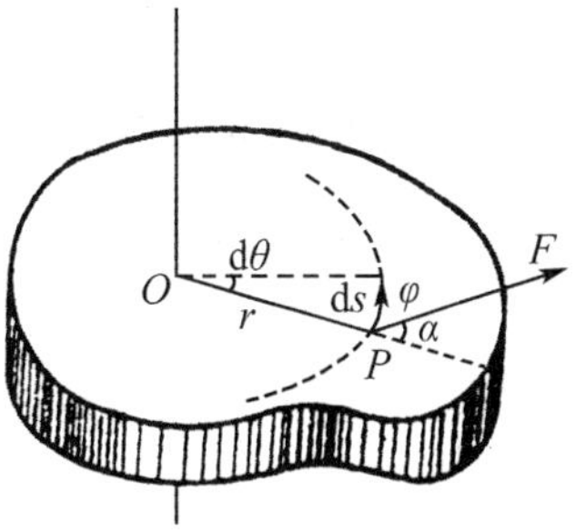

图 4－10　力矩的功

又因为 $Fr\sin\alpha$ 为力 F 对转轴的力矩 M，故又可写为

$$\mathrm{d}W = M\mathrm{d}\theta \tag{4-9}$$

这就是力矩 M 在微小角位移 $\mathrm{d}\theta$ 过程中对刚体所做的功。

当刚体在力矩 M 作用下产生一有限角位移 θ 时，力矩的功等于上式的积分

$$W = \int_0^\theta M\mathrm{d}\theta \tag{4-10}$$

如果力矩 M 为常数，则

$$W = \int_0^\theta M\mathrm{d}\theta = M\int_0^\theta \mathrm{d}\theta = M\theta \tag{4-11}$$

如果用若干个力作用在刚体上，则总功应等于合力矩的功。

刚体在恒力矩作用下绕定轴转动时，力矩的功率是

$$P = \frac{\mathrm{d}W}{\mathrm{d}t} = M\frac{\mathrm{d}\theta}{\mathrm{d}t} = M\omega \tag{4-12}$$

即力矩的功率等于力矩与角速度的乘积。当功率一定时，转速越低，力矩越大；反之转速越高，力矩越小。

4.3.2 转动动能

当刚体绕定轴转动时，各质点的角速度完全相同。设第 i 个质点的质量是 m_i，和转轴的垂直距离是 r_i，那么它的速度是 $v_i = r_i\omega$，动能是$\frac{m_i v_i^2}{2} = \frac{m_i r_i^2\omega^2}{2}$。于是刚体的所有质点动能之和为

$$E_\mathrm{k} = \sum \frac{1}{2}m_i v_i^2 = \sum \frac{1}{2}m_i r_i^2\omega^2 = \frac{1}{2}\left(\sum m_i r_i^2\right)\omega^2$$

因 $\sum m_i r_i^2$ 是刚体对轴的转动惯量 J，故

$$E_k = \frac{1}{2}J\omega^2 \tag{4-13}$$

式（4－13）与平动动能公式 $E_\mathrm{k} = \frac{1}{2}mv^2$ 相似，转动惯量 J 与质量 m 相当，角速度 ω 与线速度 v 相当。

很容易证明，在重力作用下的刚体，其重力势能等于组成刚体的各质点的重力势能之和。若以 $h=0$ 为零势能位置，则

$$E_\mathrm{p} = \sum m_i g h_i = mgh_c$$

式中，h_c 为刚体重心（严格地讲是质心）位置高度。

4.3.3 刚体绕定轴转动时的动能定理

当外力矩对刚体作功时，刚体的动能就要发生变化。由转动定律

$$M = J\alpha = J\frac{\mathrm{d}\omega}{\mathrm{d}t} = J\frac{\mathrm{d}\omega}{\mathrm{d}\theta}\cdot\frac{\mathrm{d}\theta}{\mathrm{d}t} = J\frac{\mathrm{d}\omega}{\mathrm{d}\theta}\omega$$

因此有

$$M\mathrm{d}\theta = J\omega\mathrm{d}\omega$$

当刚体的角速度由 ω_1 变到 ω_2 时，合力矩 M 对刚体所做的功等于上式的积分，即

$$W = \int_{\theta_1}^{\theta_2} M\mathrm{d}\theta = \int_{\omega_1}^{\omega_2} J\omega\mathrm{d}\omega = \frac{1}{2}J\omega_2^2 - \frac{1}{2}J\omega_1^2 \tag{4-14}$$

式（4－14）表明，合力矩的功等于动能的增量。这和质点动力学中的功与动能的关系相类似。

［**例** 5］　如图 4－11 所示，一质量为 m，长度为 l 的均匀细杆，可绕通过其一端且与杆垂直的水平轴 O 转动。若将此杆自水平位置静止释放，求：(1) 当杆转到与铅直方向成 30°角时的角速度；(2) 杆转到竖直位置时，其端点的线速度和线加速度。

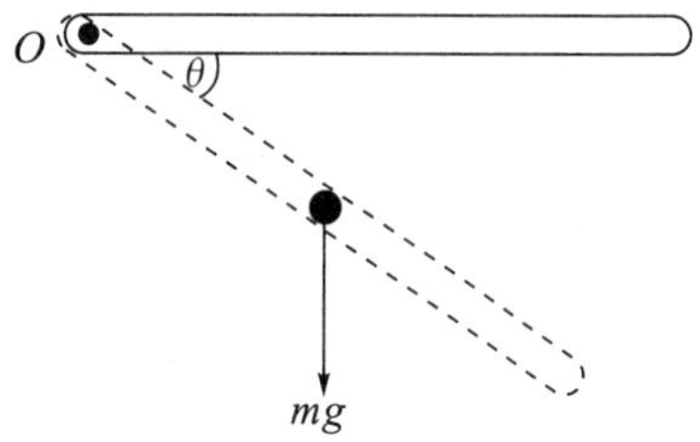

图 4－11

解　(1) 考虑功能关系。以杆和地球组成系统，在杆的摆过程中，杆受重力和支持力，而支持力对轴 O 的力矩为零，对杆不作功，只有保守内力即重力作功。故系统的机械能守恒。

设杆处于水平位置时，势能为零，则机械能的初值亦为零，即 $E_0=0$。到达与水平方向成 θ 角位置时的机械能为

$$E=\frac{1}{2}J\omega^2+mgh_c=\frac{1}{2}J\omega^2-mg\frac{l}{2}\sin\theta$$

由机械能守恒：$E=E_0=0$，得

$$\omega=\sqrt{\frac{mgl\sin\theta}{J}}=\sqrt{\frac{mgl\sin\theta}{\frac{1}{3}ml^2}}=\sqrt{\frac{3g\sin\theta}{l}}$$

当杆转到与竖直方向成 30°角时，$\theta=60°$，所以

$$\omega=\sqrt{\frac{3g}{l}\sin60°}$$

(2) 由转动的角量与线量间的关系，得杆在竖直位置时其端点的线速度为

$$v=\omega R=\sqrt{\frac{3g}{l}\sin90°}\,l=\sqrt{3gl}$$

端点向心加速度和切向加速度分为

$$a_n=\omega^2R=\frac{3g}{l}l=3g$$

$$a_t=\alpha l$$

由转动定律 $mg\frac{l}{2}\cos\theta=J\alpha$ 知，$\alpha=\frac{mgl}{2J}\cos\theta=\frac{mgl}{2J}\cos90°=0$，所以 $a_t=0$，因而杆在竖直位置时，其端点的加速度

$$a=a_n=3g$$

方向沿杆指向轴。

［**例** 6］　图 4－12 所示，匀质圆柱体质量为 M，半径为 R，绕在圆柱体上的不可伸长的轻绳一端系一质量为 m 的物体。假设重物从静止下落并带动柱体转动，不计阻力，试求重物下落 h 高度时的速度和加速度。

解　用两种方法求解。

方法一：用质点和刚体转动的动能定理。重物 m 作平动，视为质点，m 受重力 mg 和绳的拉力 T。重力作正功 mgh，绳的拉力 T 作负功 $-Th$，质点的动能由零增至

$\frac{1}{2}mv^2$，按质点动能定理有

$$mgh - Th = \frac{1}{2}mv^2 \tag{1}$$

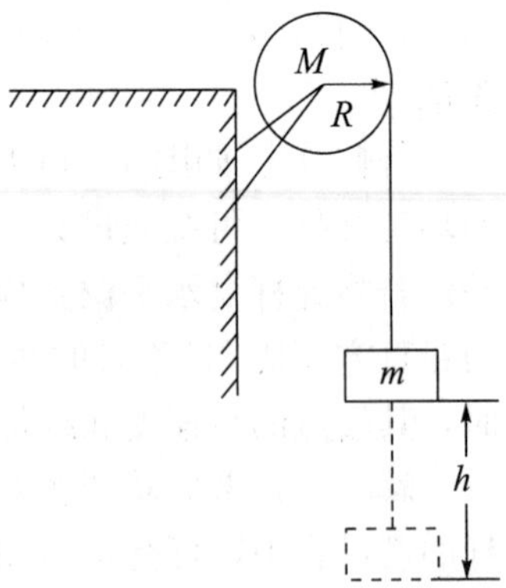

图 4－12

圆柱体作定轴转动，视为刚体，若不计阻力，仅受力矩 TR 作用，并作正功 $TR\Delta\theta$，$\Delta\theta$ 为 m 下落 h 时与之对应的圆柱体的角位移，此时圆柱体的转动动能由零增至 $\frac{1}{2}J\omega^2$。根据转动的动能定理有

$$TR\Delta\theta = \frac{1}{2}J\omega^2 - 0 \tag{2}$$

又因 $J = \frac{1}{2}MR^2$，代入式（2）得

$$TR\Delta\theta = \frac{1}{4}MR^2\omega^2$$

因为绳不可伸长，故有 $R\Delta\theta = h$，且有 $v = R\omega$，代入上式得

$$Th = \frac{1}{4}Mv^2$$

解出 T 并代入式（1），得

$$v = 2\sqrt{\frac{mgh}{2m + M}}$$

方法二：用机械能守恒定律。

取重物、圆柱体、绳和地球组成系统。由于绳子的拉力为内力且作功的代数和为零，又不计一切阻力，故非保守内力、外力作功为零，只有保守内力（重力）作功，系统的机械能守恒。取重物落下 h 时的位置为重力势能的零点，则由机械能守恒定律得

$$mgh = \frac{1}{2}mv^2 + \frac{1}{2}J\omega^2 \tag{3}$$

将 $J = \frac{1}{2}MR^2$，$\omega = \frac{v}{R}$ 代入上式得

$$mgh = \frac{1}{2}mv^2 + \frac{1}{4}Mv^2 \tag{4}$$

解出 v，得

$$v = 2\sqrt{\frac{mgh}{2m + M}}$$

把 v 和 h 均看做变量，式（4）两边对时间求导，并注意到 $\frac{dv}{dt} = a$，$\frac{dh}{dt} = v$，得到

$$mgv = \frac{va}{2}(2m + M)$$

故

$$a = \frac{2mg}{2m + M}$$

若 $M \to 0$，圆柱体没有转动惯量，$v = \sqrt{2gh}$，$g = a$，与物体自由下落结果一致。这

结果表明，此例中重物的末速度小于从同一高度由静止自由下落的末速度。这是由于下落过程中，物体重力势能的一部分转化成了滑轮的转动动能的缘故。

此外，本例还可分别对重物和圆柱体用牛顿第二定律和转动定律求出重物的加速度，再由匀加速直线运动公式解得运动末速度。读者自行练习。

4.4　角动量　角动量守恒定律

在第 3 章中，我们研究了力对改变质点运动状态所起的作用。我们曾从力对空间的累积作用出发，引出动能定理，从而得到机械能守恒定律和能量守恒定律；从力对时间的累积作用出发，引出动量定理，从而得到动量守恒定律。对于刚体，上一节我们讨论了在外力矩作用下刚体绕定轴转动的转动定律，同样，力矩作用于刚体总是在一定的时间和空间里进行的。为此，上一节讨论力矩对空间的累积作用，得出刚体的转动动能定理。这一节将讨论力矩对时间的累积作用，得出角动量定理和角动量守恒定律。

4.4.1　质点的角动量定理和角动量守恒定律

4.4.1.1　质点的角动量

如图 4－13 所示，设一个质量为 m 的质点位于直角坐标系中点 A，该点相对原点 O 的位矢为 $\boldsymbol{r}$，并具有速度 $\boldsymbol{v}$（即动量为 $\boldsymbol{p}=m\boldsymbol{v}$）。我们定义，质点 m 对原点 O 的角动量为

$$\boldsymbol{L}=\boldsymbol{r}\times\boldsymbol{p}=m\boldsymbol{r}\times\boldsymbol{v} \tag{4-15}$$

质点的角动量 $\boldsymbol{L}$ 是一个矢量，它的方向垂直于 $\boldsymbol{r}$ 和 $\boldsymbol{v}$（或 $\boldsymbol{p}$）的平面，并遵守右手法则：右手拇指伸直，当四指由 $\boldsymbol{r}$ 经小于 180°的角 θ 转向 $\boldsymbol{v}$（或 $\boldsymbol{p}$）时，拇指的指向就是 $\boldsymbol{L}$ 的方向。质点角动量 $\boldsymbol{L}$ 的值可由矢量的矢积法则求得

$$L=rmv\sin\theta \tag{4-16}$$

式中，θ 为 $\boldsymbol{r}$ 与 $\boldsymbol{v}$（或 $\boldsymbol{p}$）之间的夹角。

应当指出，质点的角动量与位矢 $\boldsymbol{r}$ 和动量 $\boldsymbol{p}$ 有关，也就是与参考点 O 的选择有关。因此在讲述质点的角动量时，必须指明是对哪一点的角动量。

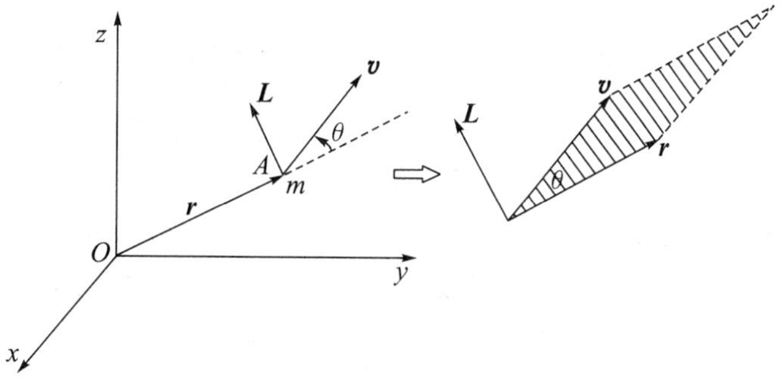

图 4－13　质点的角动量

若质点在半径 r 的圆周上运动时，如以圆心 O 为参考点，那么 $\boldsymbol{r}$ 与 $\boldsymbol{v}$（或 $\boldsymbol{p}$）总是相垂直的。于是质点对圆心 O 的角动量 $\boldsymbol{L}$ 的大小为

$$L = rmv = mr^2\omega \tag{4-17}$$

4.4.1.2 质点的角动量定理

设质量为 m 的质点，在合力 $\boldsymbol{F}$ 作用下，其运动方程为

$$\boldsymbol{F} = \frac{\mathrm{d}(m\boldsymbol{v})}{\mathrm{d}t}$$

由于质点对参考点 O 的位矢为 $\boldsymbol{r}$，故以 $\boldsymbol{r}$ 叉乘上式两边，有

$$\boldsymbol{r} \times \boldsymbol{F} = \boldsymbol{r} \times \frac{\mathrm{d}}{\mathrm{d}t}(m\boldsymbol{v}) \tag{4-18}$$

考虑到

$$\frac{\mathrm{d}}{\mathrm{d}t}(\boldsymbol{r} \times m\boldsymbol{v}) = \boldsymbol{r} \times \frac{\mathrm{d}}{\mathrm{d}t}(m\boldsymbol{v}) + \frac{\mathrm{d}\boldsymbol{r}}{\mathrm{d}t} \times m\boldsymbol{v}$$

而且

$$\frac{\mathrm{d}\boldsymbol{r}}{\mathrm{d}t} \times \boldsymbol{v} = \boldsymbol{v} \times \boldsymbol{v} = 0$$

故式（4－18）可写成

$$\boldsymbol{r} \times \boldsymbol{F} = \frac{\mathrm{d}}{\mathrm{d}t}(\boldsymbol{r} \times m\boldsymbol{v})$$

比照（4－2）的情形，式中 $\boldsymbol{r} \times \boldsymbol{F}$ 称为合力 $\boldsymbol{F}$ 对参考点 O 的合力矩 $\boldsymbol{M}$。于是上式为

$$\boldsymbol{M} = \frac{\mathrm{d}}{\mathrm{d}t}(\boldsymbol{r} \times m\boldsymbol{v}) = \frac{\mathrm{d}\boldsymbol{L}}{\mathrm{d}t} \tag{4-19}$$

式（4－19）表明，作用于质点的合力对参考点 O 的力矩，等于质点对该点 O 的角动量随时间的变化率。这与牛顿第二定律 $\boldsymbol{F} = \frac{\mathrm{d}\boldsymbol{p}}{\mathrm{d}t}$ 在形式上是相似的，只是用 $\boldsymbol{M}$ 代替了 $\boldsymbol{F}$，用 $\boldsymbol{L}$ 代替了 $\boldsymbol{p}$.

上式还可写成 $\boldsymbol{M}\mathrm{d}t = \mathrm{d}\boldsymbol{L}$，$\boldsymbol{M}\mathrm{d}t$ 为力矩 $\boldsymbol{M}$ 与作用时间 $\mathrm{d}t$ 的乘积，叫做冲量矩。取积分有

$$\int_{t_1}^{t_2} \boldsymbol{M}\mathrm{d}t = \boldsymbol{L}_2 - \boldsymbol{L}_1 \tag{4-20}$$

式中，$\boldsymbol{L}_1$ 和 $\boldsymbol{L}_2$ 分别为质点在时刻 t_1 和 t_2 对参考点 O 的角动量，$\int_{t_1}^{t_2} \boldsymbol{M}\mathrm{d}t$ 为质点在时间间隔 $t_2 - t_1$ 所受的冲量矩。因此，上式的物理意义是：对同一参考点 O，质点所受的冲量矩等于质点角动量的增量。这就是质点的角动量定理。

4.4.1.3 质点的角动量守恒定律

由式（4－20）可以看出，若质点所受合力矩为零，即 $\boldsymbol{M} = 0$，则有

$$\boldsymbol{L} = \boldsymbol{r} \times m\boldsymbol{v} = \text{恒矢量} \tag{4-21}$$

式（4－21）表明，当质点所受的对参考点 O 的合力矩为零时，质点对该参考点 O 的角动量为一恒矢量。这就是质点的角动量守恒定律。

应当注意，质点的角动量守恒的条件是合力矩 $\boldsymbol{M} = 0$。这可能有两种情况：一种是合力 $\boldsymbol{F} = 0$；另一种是合力 $\boldsymbol{F}$ 虽不为零，但合力 $\boldsymbol{F}$ 通过参考点 O，致使合力矩为零。质点作

匀速圆周运动就是这种例子，此时，作用于质点的合力是指向圆心的所谓有心力[①]，故其力矩为零，所以质点作匀速圆周运动时，它对圆心的角动量是守恒的。不仅如此，只要作用于质点的力是有心力，有心力对力心的力矩总为零，所以，在有心力作用下质点对力心的角动量都是守恒的。太阳系中行星的轨道为椭圆，太阳位于两焦点之一，太阳作用于行星的引力是指向太阳的有心力，因此如以太阳为参考点 O，则行星的角动量是守恒的。

在国际单位制中，角动量的单位是千克二次方米每秒，符号为 $kg \cdot m^2 \cdot s^{-1}$，角动量的量纲为 ML^2T^{-1}。

［例 7］　人造地球卫星绕地球作椭圆运动，地球位于椭圆的一个焦点 O 上，如图 4－14。问卫星经过近地点 P_1 和远地点 P_2 时，哪一时刻的速度大？（要求定量回答）

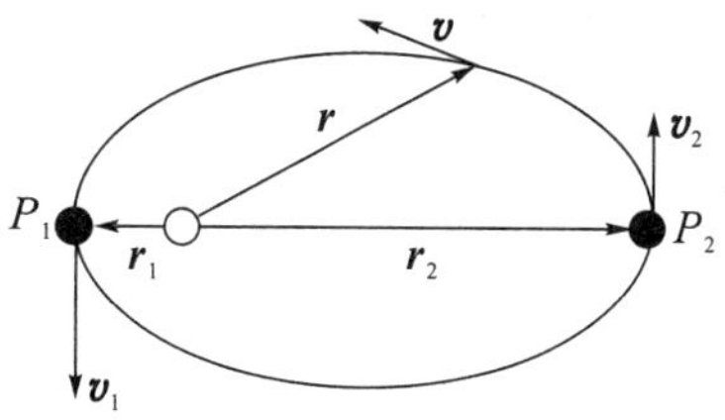

图 4－14

解　因卫星在运动过程中受地球引力的作用，引力的作用线始终通过地球中心 O，故对于 O 点，引力矩 $\boldsymbol{M}=0$，因而卫星对 0 点的角动量守恒，即

$$\boldsymbol{r} \times m\boldsymbol{v} = \text{恒矢量}$$

故近地点与远地点有关系式

$$r_1 m v_1 \sin\frac{\pi}{2} = r_2 m v_2 \sin\frac{\pi}{2}$$

得

$$v_2 = \frac{r_1}{r_2} v_1$$

因卫星远地点 P_2 距地球中心的距离 r_2 大于近地点 P_1 距离地球中心的距离 r_1，故卫星在远地点速度 v_2 小于近地点速度 v_1。

4.4.2　刚体定轴转动的角动量定理和角动量守恒定律

4.4.2.1　刚体定轴转动的角动量

如图 4－15 所示，有一刚体以角速度 $\boldsymbol{\omega}$ 绕定轴 Oz 转动。由于刚体绕定轴转动，刚体上每一个质点都以相同的角速度绕轴 Oz 作圆周运动。其中质点 m_i 对轴 Oz 的角动量为 $m_i v_i r_i = m_i r_i^2 \omega$，于是刚体上所有质点对轴 Oz 的角动量，即刚体对定轴 Oz 的角动量为

$$\boldsymbol{L} = \sum_i m_i r_i^2 \boldsymbol{\omega} = \left(\sum_i m_i r_i^2\right)\boldsymbol{\omega}$$

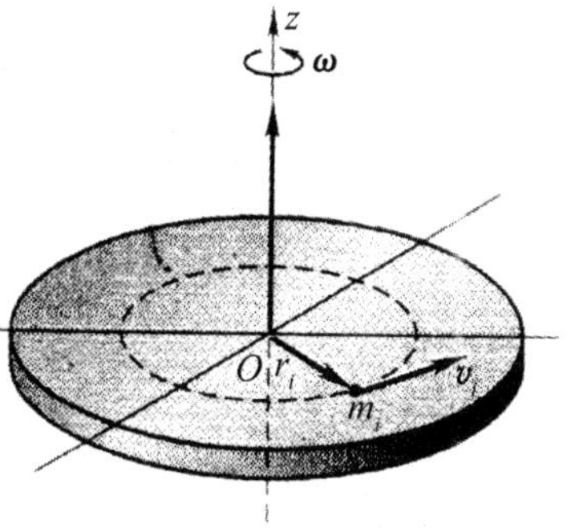

图 4－15　刚体的角动量

式中，$\sum_i m_i r_i^2$ 为刚体绕轴 Oz 的转动惯量 J。于是刚体对定轴 Oz 的角动量为

$$\boldsymbol{L} = J\boldsymbol{\omega} \tag{4-22}$$

---

① 如果质点在运动过程中所受的力，总是指向某一给定点，那么这种力就称为有心力，而该点就叫力心。显然质点作圆周运动时所受的向心力，就可称之为有心力。

4.4.2.2 刚体定轴转动的角动量定理

从式（4－19）可以知道，作用在质点 m_i 上的合力矩 $\boldsymbol{M}_i$ 应等于质点的角动量随时间的变化率，即

$$\boldsymbol{M}_i = \frac{\mathrm{d}\boldsymbol{L}_i}{\mathrm{d}t} = \frac{\mathrm{d}}{\mathrm{d}t}(m_i r_i^2 \boldsymbol{\omega})$$

而合力矩 $\boldsymbol{M}_i$ 中含有外力作用在质点 m_i 的力矩，即外力矩 $\boldsymbol{M}_i^{\mathrm{ex}}$，以及刚体内质点间作用力的力矩，即内力矩 $\boldsymbol{M}_i^{\mathrm{in}}$。

对绕定轴 Oz 转动的刚体来说，刚体内各质点的内力矩之和应为零，即

$$\sum \boldsymbol{M}_i^{\mathrm{in}} = 0$$

故由上式，可得作用于绕定轴 Oz 转动刚体的合外力矩 $\boldsymbol{M}$ 为

$$\boldsymbol{M} = \sum_i \boldsymbol{M}_i^{\mathrm{ex}} = \frac{\mathrm{d}}{\mathrm{d}t}\left(\sum \boldsymbol{L}_i\right) = \frac{\mathrm{d}}{\mathrm{d}t}\left(\sum m_i r_i^2 \boldsymbol{\omega}\right) \tag{4－23}$$

亦可写成

$$\boldsymbol{M} = \frac{\mathrm{d}}{\mathrm{d}t}(J\boldsymbol{\omega}) = \frac{\mathrm{d}\boldsymbol{L}}{\mathrm{d}t}$$

式（4－23）表明，刚体绕某定轴转动时，作用于刚体的合外力矩等于刚体绕此定轴的角动量随时间的变化率。对照式（4－7）可见，式（4－23）是转动定律的另一表达方式，但其意义更加普遍。即使在绕定轴转动物体的转动惯量 J 因内力作用而发生变化时，式（4－7）已不适用，但式（4－23）仍然成立。这与质点动力学中，牛顿第二定律的表达式 $\boldsymbol{F}=\mathrm{d}\boldsymbol{p}/\mathrm{d}t$ 较之 $\boldsymbol{F}=m\boldsymbol{a}$ 更普遍是一样的。应当指出，只有在定轴转动的情况下，$\boldsymbol{M}$ 的方向与 $\boldsymbol{L}$ 的方向相平行。

设有一转动惯量为 J 的刚体绕定轴转动，在合外力矩 $\boldsymbol{M}$ 的作用下，在时间 $\Delta t = t_2 - t_1$ 内，其角速度由 $\boldsymbol{\omega}_1$ 变为 $\boldsymbol{\omega}_2$。由式（4－23）得

$$\int_{t_1}^{t_2} \boldsymbol{M}\mathrm{d}t = \int_{\boldsymbol{L}_1}^{\boldsymbol{L}_2} \mathrm{d}\boldsymbol{L} = \boldsymbol{L}_2 - \boldsymbol{L}_1 = J\boldsymbol{\omega}_2 - J\boldsymbol{\omega}_1 \tag{4－24a}$$

式中，$\int_{t_1}^{t_2} \boldsymbol{M}\mathrm{d}t$ 叫做力矩对给定轴的冲量矩。

如果物体在转动过程中，其内部各质点相对于转轴的位置发生了变化，那么物体的转动惯量 J 也必然随时间变化。若在 Δt 时间内，转动惯量由 J_1 变为 J_2，则式（4－24a）中的 $J\boldsymbol{\omega}_1$，$J\boldsymbol{\omega}_2$ 应改为 $J_1\boldsymbol{\omega}_1$，$J_2\boldsymbol{\omega}_2$。于是下面的关系式是成立的，即

$$\int_{t_1}^{t_2} \boldsymbol{M}\mathrm{d}t = J_2\boldsymbol{\omega}_2 - J_1\boldsymbol{\omega}_1 \tag{4－24b}$$

式（4－24）表明，当转轴给定时，作用在物体上的冲量矩等于角动量的增量。这一结论叫做刚体定轴转动的角动量定理，它与质点的角动量定理在形式上很相似。

顺便注意一下，在物理学中，量纲相同的物理量，多数有物理意义上的内在联系，但有的则没有。例如，冲量矩和角动量的量纲相同，而且冲量矩是角动量增量的量度。同理，功和能的量纲相同，而且功是能量增量的量度。上述例子，它们在物理意义上都有内存联系。另外，功和力矩，量纲虽然相同，但物理意义不同，对于量纲虽相同，而物理意义不同的物理量，应特别注意它们之间的区别。

4.4.2.3 刚体定轴转动的角动量守恒定律

当作用在质点上的合力矩等于零时，由质点的角动量定理可以导出质点的角动量守恒

定律。同样，当作用在绕定轴转动的刚体上的合外力矩等于零时，由角动量定理也可导出角动量守恒定律。

由式（4－24）可以看出，当合外力矩为零时，可得

$$J\boldsymbol{\omega} = \text{恒矢量} \tag{4-25}$$

这就是说，如果物体所受的合外力矩等于零，或者不受外力矩的作用，则物体的角动量保持不变。这个结论叫做刚体定轴转动的角动量守恒定律。

必须指出，上面在得出角动量守恒定律的过程中受到刚体、定轴等条件的限制，但它的适用范围却远远超出这些限制。

角动量守恒定律可用转动凳子来演示（图 4－16），有一个人坐在凳子上，凳子绕竖直轴转动（摩擦力极小），人两手各握一个很重的哑铃，伸开两臂，并令人和凳一起以角速度 ω 转起来，然后放下双臂。由于在没有外力矩作用时，人和凳的角动量保持不变，所以人放下双臂后，转动惯量减小，结果角速度增大，也就是说比平举两臂时转得快些。

在日常生活中也很容易发现应用角动量守恒的例子。跳水运动员在空中翻筋斗时，先把手足伸直，当他从跳板跳起时使自己尽量卷缩起来，以减小转动惯量，因而角速度增大，在空中迅速翻转，当他快接近水面时，再伸直双臂和腿以增大转动惯量，减小角速度，并以一定的角度落入水中。巴蕾舞演员跳舞时，先把两臂张开，并绕通过足尖的垂直转轴以一定角速度旋转，然后迅速把两臂和腿朝身边靠拢，使自己的转动惯量迅速减小，根据角动量守恒定律，由于角速度增大，因而旋转更快。

图 4－16　角动量守恒定律的演示

为了便于理解刚体绕定轴转动的规律性，现将平动和转动的一些重要公式列表对照（表 4－2），以资参考。

表 4－2　质点运动与刚体定轴转动对照表

质点的直线运动（刚体的平动）	刚体的定轴转动
速度　$v=\frac{\mathrm{d}s}{\mathrm{d}t}$	角速度　$\omega=\frac{\mathrm{d}\theta}{\mathrm{d}t}$
加速度　$a=\frac{\mathrm{d}v}{\mathrm{d}t}$	角加速度　$\alpha=\frac{\mathrm{d}\omega}{\mathrm{d}t}$
匀速直线运动　$s=vt$	匀角速转动　$\theta=\omega t$

续表4－2

质点的直线运动（刚体的平动）	刚体的定轴转动
匀变速直线运动： $v=v_0+at$ $s=v_0t+\frac{1}{2}at^2$ $v^2-v_0^2=2as$	匀变速转动： $\omega=\omega_0+\alpha t$ $\theta=\omega_0t+\frac{1}{2}\alpha t^2$ $\omega^2-\omega_0^2=2\alpha\theta$
力 F，质量 m 牛顿第二定律　$F=ma$	力矩 M，转动惯量 J 转动定律　$M=J\alpha$
动量 mv，冲量 Ft 动量原理　$Ft=mv-mv_0$（恒力）	角动量 $J\omega$，冲量矩 Mt 角动量原理　$Mt=J\omega-J\omega_0$（恒力矩）
动量守恒定律　$\sum mv=$恒量	角动量守恒定律　$\sum J\omega=$恒量
平动动能　$\frac{1}{2}mv^2$ 恒力的功　Fs	转动动能　$\frac{1}{2}J\omega^2$ 恒力矩的功　$M\theta$
动能原理　$Fs=\frac{1}{2}mv^2-\frac{1}{2}mv_0^2$ （恒力）	动能原理　$M\theta=\frac{1}{2}J\omega^2-\frac{1}{2}J\omega_0^2$ （恒力矩）

［例 8］　工程上，常用摩擦啮合器使两飞轮以相同的转速一起转动，如图 4－17 所示，飞轮 A 和 B 的轴杆在同一中心线上，C 为摩擦啮合器。设 A 轮的转动惯量为 $J_A=10\text{kg}\cdot\text{m}^2$，$B$ 轮的转动惯量为 $J_B=20\text{kg}\cdot\text{m}^2$，开始时 A 轮的转速为 $600\text{r}\cdot\text{min}^{-1}$，$B$ 轮静止。求二轮啮合后的转速。

解　取飞轮 A、B 和啮合器 C 为一系统，在啮合过程中，系统受到轴向压力和啮合器间的切向摩擦力，前者对转轴的力矩为零，后者对转轴有力矩作用，但为系统的内力矩。此外，重力和轴承的支持力互相抵消，系统没有受到其他外力矩，所以系统的角动量守恒。按角动量守恒定律可得

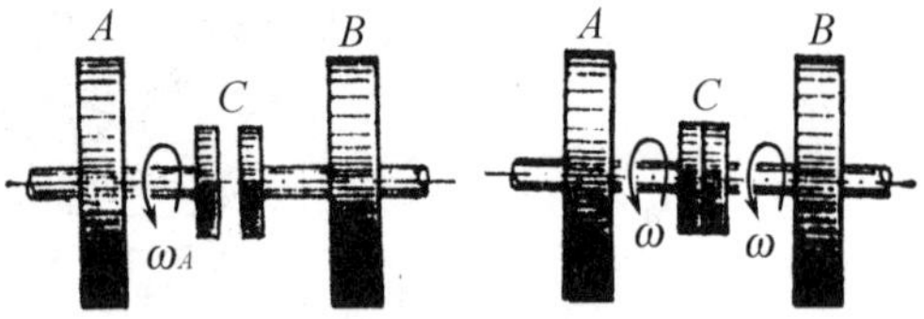

图 4－17　两飞轮的摩擦啮合

$$J_A\omega_A+J_B\omega_B=(J_A+J_B)\omega$$

ω 为两轮啮合后共同转动的角速度，于是

$$\omega=\frac{J_A\omega_A+J_B\omega_B}{J_A+J_B}$$

以各量的数值代入，得

$$\omega=20\cdot9\text{rad}\cdot\text{s}^{-1}$$

或共同的转速为

$$n=200\text{r}\cdot\text{min}^{-1}$$

［例 9］　如图 4－18 所示，一长为 l、质量为 M 的杆可绕支点 O 自由转动，一质量

为 m、速率为 v 的子弹射入距支点 $\frac{2}{3}l$ 的棒内，若杆的最大偏转角为 30°，求子弹的初速度为多少？

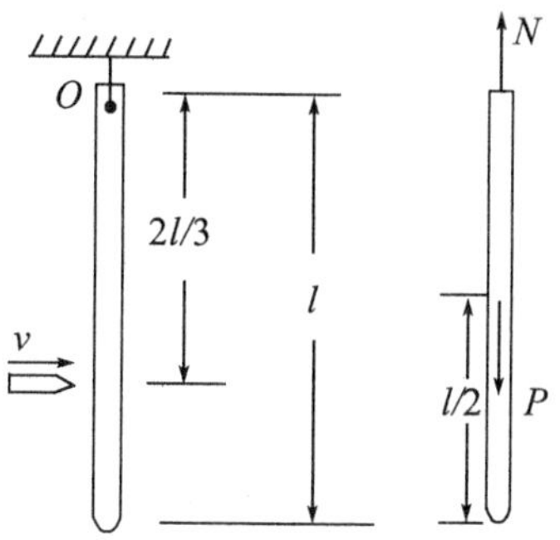

图 4－18

解　把子弹和杆看做一系统，系统所受的力有重力和轴对杆的支持力 N。在子弹射入杆的极短时间里，重力和支持力均通过轴 O，因此它们对轴 O 的力矩均为零，系统的角动量应当守恒，于是有

$$mv \times \frac{2}{3}l = [\frac{1}{3}Ml^2 + m(\frac{2}{3}l)^2]\omega \qquad (1)$$

子弹射入杆后，杆在摆动过程中只有重力作功，故如取子弹、杆和地球为一系统，则此系统机械能守恒，于是有

$$\frac{1}{2}[\frac{1}{3}Ml^2 + m\left(\frac{2}{3}l\right)^2]\omega^2 = mg\frac{2}{3}l(1-\cos 30°) + Mg\frac{l}{2}(1-\cos 30°) \qquad (2)$$

联立解式（1）、式（2），得

$$v = \frac{(3M+4m)}{2m}\sqrt{\frac{gl}{6}(2-\sqrt{3})}$$

4.5　经典力学的适用范围

前面所讲的质点力学和刚体力学都属于经典力学范围。经典力学的基础是牛顿三条定律。事实上，在牛顿定律的基础上还建立了流体力学和弹性力学等力学分支。经典力学是从研究宏观物体机械运动中总结出来的客观规律，它是一门体系严谨而完整的学科。经典力学在自然科学和工程技术的各个领域，经历了长期的实践考验，取得了巨大的成就。

但是，随着物理学的不断发展，自 19 世纪末期以来，发现了一些经典力学的若干概念和定律不适用的新现象，这反映出经典力学的局限性。

经典力学适用于低速运动的宏观物体。大量事实证明，在高速物体运动或微观粒子运动的领域中，经典力学已不再适用。高速运动物体遵循相对论力学的规律，而微观粒子是遵循量子力学的规律。在相对论力学中，若运动速度远远小于光速（$v \ll c$）；或者在量子力学中，客体的质量远远大于微观粒子（电子、原子、分子）的质量，那么，我们发现，相对论力学和量子力学所推出的结果和经典力学所推出的结果是十分相似的，或者说难以觉察出它们的差别。所以经典力学可以看作是相对论力学和量子力学在上述条件下很好的近似理论。

由上述可见，只有物体的速度极大时，或物体的质量极小时，经典力学才不适用。对普通情形讲，包括一般工程技术上的应用，经典力学都是适用的，从经典力学推出的结果是和客观事实一致的。

应该指出，虽然经典力学的若干概念已被修改，经典力学中若干定律有一定的适用范围，但是经典力学中所讲的能量守恒定律、动量守恒定律以及角动量守恒定律，直到现在，并未发现它们的适用范围有任何限制。在已研究过的各种现象中，这三条守恒定律都被证明是正确的。

习　　题

4－1　对于定轴转动刚体上的不同点来说，下面量中哪些具有相同的值，哪些具有不同的值：线速度、法向加速度、切向加速度、角位移、角速度、角加速度。

4－2　当刚体受到若干外力作用时，能否用平行四边形法则先求它们的合力，再求合力的力矩，其结果是否等于各外力的力矩之和？

4－3　刚体转动时，如果它的角加速度很大，那么作用在它上面的力是否一定很大？它上面的力矩是否一定很大？

4－4　飞轮的质量主要分布在边缘上，有什么好处？

4－5　在边长为 a 的正六边形的顶点上，分别固定六个质点，每个质量都为 m，设这正六边形放在 XOY 平面内，如题 4－5 图所示，求对 OX 轴和 OY 轴的转动惯量。

4－6　一物体形状如题 4－6 图所示，它对通过 O 点与纸面垂直的轴的转动惯量是多少？

（平行轴定理：设通过刚体质心的轴线为 Z_c 轴，刚体相对这个轴线的转动惯量为 J_c，如果有另一轴线 Z 与通过质心的轴线 Z_c 相平行。可以证明，刚体对通过 Z 轴的转动惯量为 $J=J_c+md^2$，式中 m 为刚体的质量，d 为两平行轴之间的距离。）

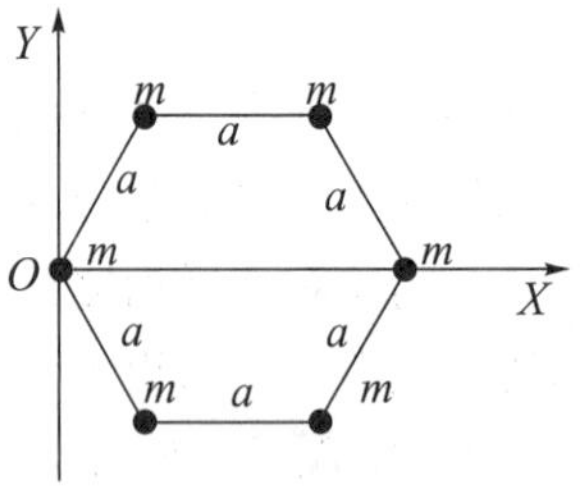

题 4－5 图

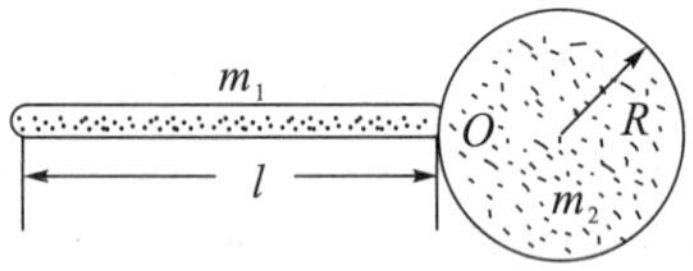

题 4－6 图

4－7　设有一匀质细钢棒，长为 1.2m，质量为 6.4kg，在其两端各固定一个质量为 1.60kg 的匀质小球后，让它绕过棒中心的竖直轴在水平面内转动，如题 4－7 图所示。在某一时刻其转速为 $39.0\mathrm{r}\cdot\mathrm{s}^{-1}$，由于摩擦作用，经过 3.2s 停止转动。假定摩擦力矩恒定不变，求刚体的角加速度 β 及阻力矩 M。

4－8　在半径为 R_1、R_2 的阶梯滑轮上，反向绕有两根轻绳，各悬挂质量为 m_1、m_2 物体，如题 4－8 图所示。若不计滑轮与轴间的摩擦，滑轮的转动惯量为 J，求滑轮的角加速度 α 及各绳的张力 T_1、T_2。

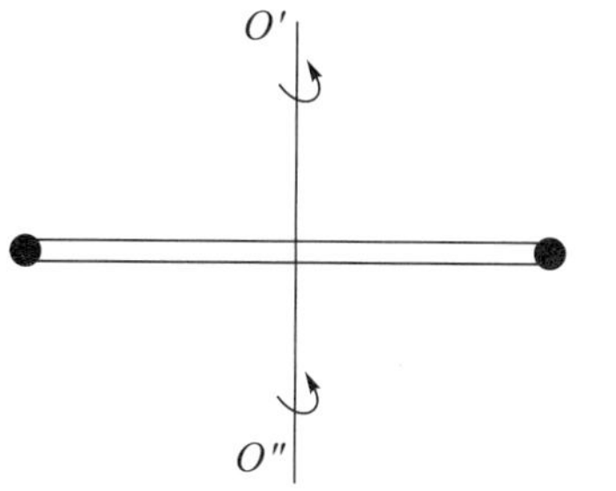

题 4－7 图

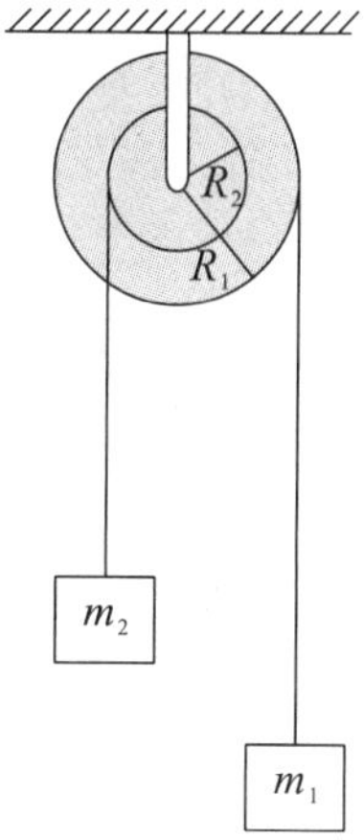

题 4－8 图

4－9　轻质弹簧、定滑轮和物体组成的系统，如题 4－9 图所示。已知弹簧的劲度系数 $k=2.0\text{N}\cdot\text{m}^{-1}$，滑轮对定轴的转动惯量 $J=0.5\text{kg}\cdot\text{m}^2$，半径 $r=0.3\text{m}$，物体的质量 $m=60\text{kg}$。求物体下落位移 $x=0.40\text{m}$ 时，其速率 v 为多少？假设在物体由静止释放时，弹簧伸长量 $\Delta l=0$，轻绳与滑轮之间无相对滑动，且不计滑轮与转轴之间的摩擦。

4－10　如题 4－10 图所示，一长为 l，质量为 m 的均匀细杆 OA，绕过其一端点 O 的水平轴在竖直平面内自由摆动。已知另一端点 A 过最低点时的速率为 v_0，杆对端点 O 的转动惯量为 $J=\frac{1}{3}ml^2$。若空气阻力及轴上摩擦力都可忽略不计，求杆摆动时 A 点升高的最大高度 h。

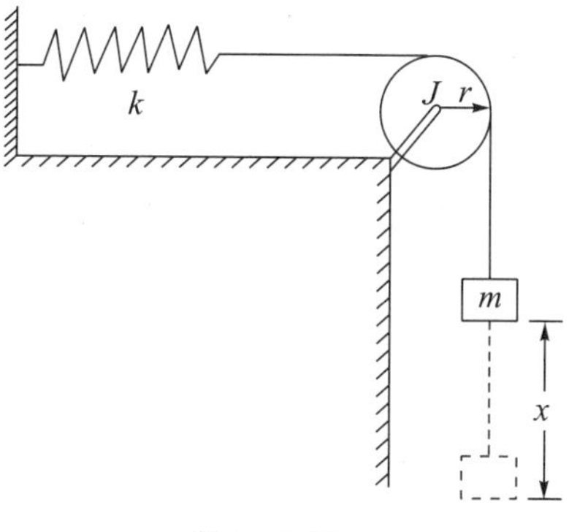

题 4－9 图

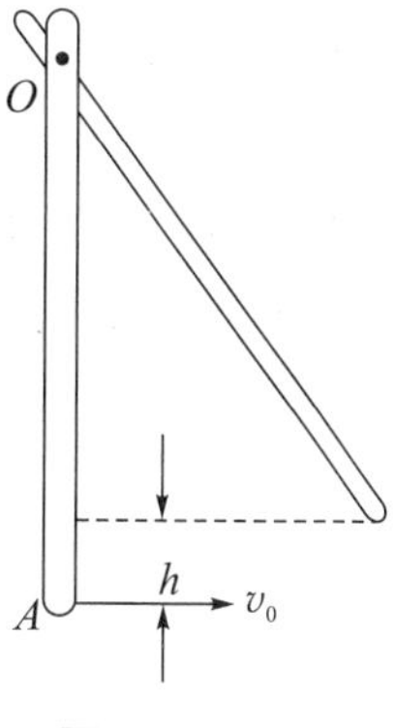

题 4－10 图

4－11　一个质量为 M、半径为 R 并以角速度 ω 旋转着的飞轮（可看做匀质圆盘），在某一瞬时突然有一片质量为 m 的碎片从轮的边缘上飞出，见题 4－11 图。假定碎片脱离飞轮时的瞬时速度方向正好竖直向上：

(1) 问它能上升多高？

(2) 求余下部分的角速度、角动量和转动动能。

4－12　一根质量为 M，长为 $2l$ 的均匀细棒，可在光滑水平面内通过其中心的竖直轴上转动，如题 4－12 图所示。开始时细棒静止。有一质量为 m 的小球，以速度 v_0 垂直地碰到棒的一端。设小球与棒作完全弹性碰撞，不计转轴处的摩擦。求碰撞后小球弹回的速度以及棒的角速度各为多少？

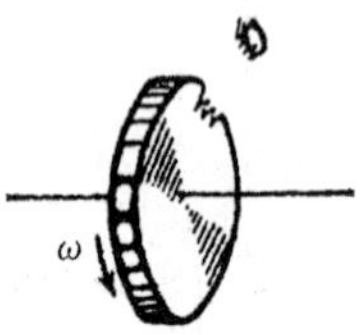

题 4－11 图

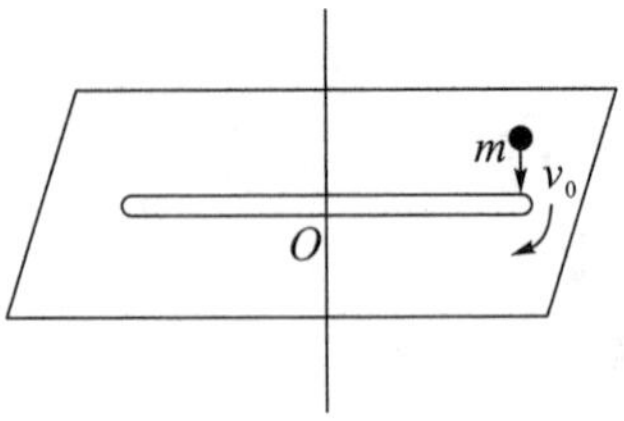

题 4－12 图

4－13　一轻绳绕在有水平轴的定滑轮上，滑轮质量为 m，绳下端挂一物体，物体所受重力为 P，滑轮的角加速度为 α。若将物体去掉而以与 P 相等的力直接向下拉绳子，滑轮的角加速度 α 将（　　）。

（A）不变　　（B）变小

（C）变大　　（D）无法判断

4－14　均匀细棒 OA 可绕通过其一端 O 而与棒垂直的水平固定光滑轴转动，今使棒从水平位置由静止开始自由下落，在棒摆动到竖直位置的过程中，下述情况哪一种说法是正确的（　　）。

（A）角速度从小到大，角加速度从大到小

（B）角速度从小到大，角加速度从小到大

（C）角速度从大到小，角加速度从大到小

（D）角速度从大到小，角加速度从小到大

4－15　人造地球卫星，绕地球作椭圆轨道运动，地球在椭圆的一个焦点上，则卫星的（　　）。

（A）动量不守恒，动能守恒　　（B）动量守恒，动能不守恒

（C）角动量守恒，动能不守恒　　（D）角动量不守恒，动能守恒

第 5 章　狭义相对论基础

前面各章介绍了牛顿力学（经典力学）最基本的内容，牛顿力学的理论是在 17 世纪形成的，在以后的两个多世纪里，牛顿力学对科学和技术的发展起了很大的推动作用，而自身也得到了很大的发展。但不要忘记，经典力学仅适用于低速运动的宏观物体。进入 20 世纪后，物理学开始深入扩展到微观高速领域，这时发现牛顿力学在这些领域不再适用。物理学的发展要求对牛顿力学以及某些长期认为是不言自明的基本概念作出根本性的改革。这种改革终于实现了，那就是相对论和量子力学的建立。相对论和量子力学构成了近代物理学的两大支柱，它们深刻地改变了人们对物质世界的认识。本章介绍适用于高速物体的狭义相对论，该理论对几千年来的人们绝对的空间—时间观念进行了深刻的变革，由此导出了质能关系式 $E=mc^2$，为原子能的应用开辟了道路。

5.1　狭义相对论的基本假设

时间描述事件发生的次序，空间描述事件发生的地点或物体的位置和形状。对时空性质的研究一直是物理学中的一个基本问题。物理学对时空的认识可以分为三个阶段：牛顿力学阶段、狭义相对论阶段和广义相对论阶段。狭义相对论的建立，更突出了时空观在物理学中的重要意义。

5.1.1　绝对时空观　伽利略变换　牛顿力学的相对性原理

牛顿在《自然哲学的数学原理》中说：“绝对的空间，就其本性来说，与任何外在的情况无关。始终保持着相似和不变。”“绝对的、纯粹的和数学的时间，就其本性来说，均匀地流逝而与任何外在情况无关。”按牛顿力学的观点，空间和时间都是绝对的，与任何物体的存在和运动无关，这称为绝对时空观。

时空观的问题，涉及到在不同的参考系中对时间和空间的测量。绝对时空观认为时间和空间的测量是绝对的，即认为在两个相对运动的惯性系中测量，时间和长度是相同的。设想有一列火车相对地面作匀速直线运动，时间测量的绝对性是指放置在火车上的钟（动钟）和放置在地面上的结构完全相同的钟（静钟）走得一样快，即结构完全相同的动钟和静钟的钟摆摆动的周期相同。而长度测量的绝对性是指在地面上测量放置在火车上的尺（动尺）的长度和在火车上测量该尺（静尺）的长度所得结果相同。

如图 5－1 所示，惯性系 S' 相对惯性系 S 以速度 $\boldsymbol{u}$ 沿 x'（x）轴方向作匀速直线运动，把坐标原点 O' 和 O 重合的时刻取成时间的零点，矢量 $\boldsymbol{u}t$ 代表在 S 系中观测到的 t 时刻 O' 相对 O 的位置矢量。设有一个质点在 $t=t'=0$ 时刻处在 O（O'）点，在任意时刻 t（t'）运动到 P 点，在 S' 系和 S 系中，P 点的位矢分别为 $\boldsymbol{r}'$ 和 $\boldsymbol{r}$，时空坐标分别为（x'，y'，

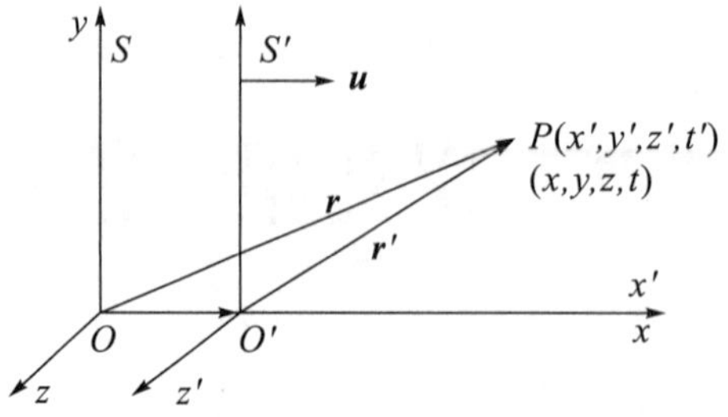

图 5−1　伽利略变换

z'，t'）和（x，y，z，t）。按照绝对时空观，在 S'系和 S 系中观测，质点由 O 和 O'点运动到 P 点所经过的时间是相同的，即

$$t' = t \tag{5-1}$$

质点的位矢满足下面的矢量合成关系

$$\boldsymbol{r}' = \boldsymbol{r} - \boldsymbol{u}t \tag{5-2}$$

把上式写成分量形式，并包括式（5−1），有

$$\left.\begin{aligned} x' &= x - ut \\ y' &= y \\ z' &= z \\ t' &= t \end{aligned}\right\} \tag{5-3}$$

式中，带撇和不带撇的量分别代表 S'系和 S 系中的量。

式（5−3）称为伽利略坐标变换，它表达了绝对时空观的时空变换性质。

把式（5−3）中的前三个式子的两边对时间求导，得

$$\left.\begin{aligned} v'_x &= v_x - u \\ v'_y &= v_y \\ v'_z &= v_z \end{aligned}\right\} \tag{5-4}$$

这就是伽利略速度变换。

把式（5−4）对时间求导数，就得到经典力学的加速度变换法则

$$\begin{cases} a'_x = a_x \\ a'_y = a_y \\ a'_z = a_z \end{cases} \tag{5-5}$$

其矢量形式为

$$\boldsymbol{a}' = \boldsymbol{a} \tag{5-6}$$

式（5−6）表明，从不同的惯性系来考察同一物体的运动状态，其加速度相同。由于经典力学认为物体的质量 m 与运动无关，因此牛顿运动方程 $\boldsymbol{F}=m\boldsymbol{a}$ 和 $\boldsymbol{F}'=m\boldsymbol{a}'$在任意两个不同的惯性参考系中其形式保持不变，由此可以推断牛顿力学的一切规律在伽利略变换下其形式保持不变，或者说力学规律对于一切惯性参考系都是等价的，人们把这一规律称为力学相对性原理。由力学相对性原理可以得出结论：用力学实验的方法不可能区分不同的惯性参考系。这正是 1632 年伽利略通过对发生在匀速直线运动大船内的力学现象的描述而第一次表述的力学相对性原理。

5.1.2　狭义相对论的基本假设

麦克斯韦在 1861 年提出了描述电磁场规律的方程组，并得出真空中的光速为 $c=1/\sqrt{\varepsilon_0\mu_0}=299792458\ \mathrm{m\cdot s^{-1}}$，其为一个恒量，与参照系无关。

按照伽利略速度变换，光速不变这一电磁学结果是不可思议的。它们之间的矛盾是原则性的，不可调和的。如何解决这一矛盾呢？要么修改电磁学理论，要么放弃绝对时空观。我们知道，电磁学理论的正确性已被大量的实验事实所验证，因此修改电磁学理论是没有根据的。但是在涉及电磁波的传播或高能粒子的运动等高速领域，绝对时空观的正确性却从来没有被实验验证过。这表明，在高速情况下基于绝对时空观的牛顿力学出现了问题。

爱因斯坦敏锐地揭示了上述矛盾的物理实质，于 1905 年创立了狭义相对论，提出了相对论的时空观，给出了粒子的质速关系以及著名的质能关系。爱因斯坦在题为《论动体的电动力学》的论文中提出了狭义相对论的两条基本原理（假设），新的时空观就包含在这两条基本原理之中。

（1）爱因斯坦相对性原理　物理定律在所有惯性系中都是一样的，不存在特殊的绝对惯性系。或者说，所有惯性系对于描述物理定律都是等效的。

力学相对性原理指出了所有惯性系对于描述力学定律的等效性，而爱因斯坦相对性原理则把这种等效性推广到包括力学定律在内的所有物理定律。

（2）光速不变原理　在所有惯性系中，光在真空中的速率都等于 c。或者说，无论光源和观察者如何运动，观察者测得的光在真空中的速率都等于 c。

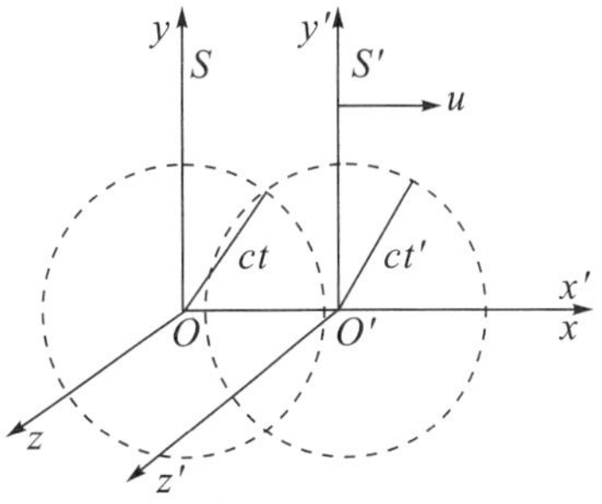

图 5－2　光速不变原理

光速不变原理在数学上应该怎样表达呢？如图 5－2 所示，当 S'系和 S 系的原点 O'和 O 重合时（$t'=t=0$），由原点发出一个闪光。因为光速与参考系的运动无关，所以，无论在 S'系还是在 S 系中观察，闪光的波前都是球面，球心分别是 O'和 O，而半径分别等于 ct'和 ct。因此，在 S'系和 S 系中闪光波前球面的方程分别为

$$c^2t'^2-x'^2-y'^2-z'^2=0 \tag{5-7}$$

和

$$c^2t^2-x^2-y^2-z^2=0 \tag{5-8}$$

上面两式就是对光速不变原理的一种数学表达。

我们知道，机械波必须在弹性介质中才能传播，如声波的传播要有空气作介质，水波的传播要有水作介质。在提出相对论之前，人们认为光（电磁波）在真空中的传播也需要某种介质，并把这种假想的介质称为“以太”。人们假设以太充满整个宇宙空间，并且是绝对静止的，而光在以太中则以光速 c 传播。这就是以太假说。于是人们开始寻找以太，寻找绝对参照系。

如果真的存在绝对静止的以太的话，那么由于地球相对太阳以 $u=3\times10^4\ \mathrm{m\cdot s^{-1}}$的速度公转，在地球上就会观测到风速为 u 的“以太风”，光沿不同方向的传播速度也应该有从 $c-u$ 到$c+u$ 之间的差别。因此，通过在地面上测量光速来寻找以太风，成为当时实验研究的热点。人们通过各种电学的或光学的实验来证实以太的存在，但是都得出了否定的

结果。其中最著名的实验当属1887年由迈克耳逊和莫雷所做的“以太漂移”实验。依据以太假说，干涉仪转过90°的前后会看到干涉条纹的移动。从此，这个实验在各种不同条件下被许多人重复做过，但是始终没有观测到条纹的移动，上述实验结果被称为迈克耳逊－莫雷实验的零结果。

迈克耳逊－莫雷实验的零结果表明，地球相对以太的运动并不存在，或者说以太本身就是不存在的，从而验证了地球上光沿各方向的传播速率都相等。

通过测量高速运动的粒子所发射的γ射线（一种波长极短的电磁波）的速率，也可以令人信服地验证光速不变原理。例如，奥瓦格等在1964年对加速器产生的速度高达$0.99975c$的π介子衰变时发射的γ射线进行了测量。结果表明，沿π介子（光源）运动方向发射的γ射线的速率，与光速c极其一致。

5.2 洛伦兹变换

应当指出，爱因斯坦提出的狭义相对论的基本原理，是与伽利略变换（或牛顿力学时空观）相矛盾的。例如，对一切惯性系，光速都是相同的，这就与伽利略速度变换公式相矛盾。机场照明跑道的灯光相对于地球以速度c传播，若从相对于地球以速度v运动着的飞机上看，按光速不变原理，光仍是以速度c传播的，而按伽利略变换，则当光的传播方向与飞机的运动方向一致时，从飞机上测得的光速应为$c-v$；当两者的方向相反时，飞机上测得的光速则应为$c+v$。但这与实验观测结果是相矛盾的。

伽利略变换与狭义相对论的基本原理不相容，因此需要寻找一个满足狭义相对论基本原理的变换式，早在1904年洛伦兹就得出了惯性系间的时空变换式，1905年爱因斯坦则在全新的物理基础上又导出了这个变换式，一般称它为洛伦兹变换式。

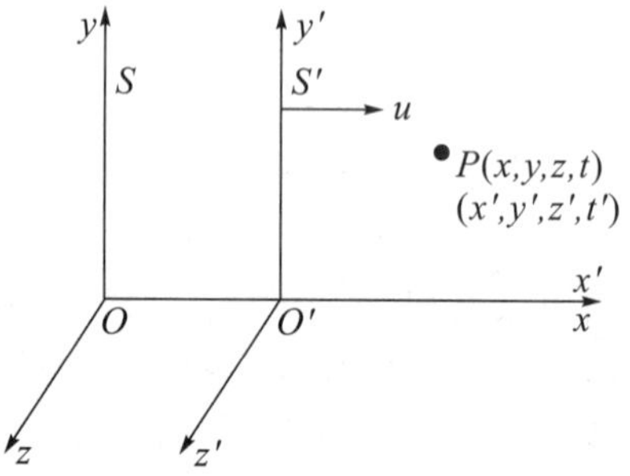

图5－3　洛伦兹变换

设有两个惯性系S和S'，其中惯性系S'沿xx'轴以速度u相对S系运动（图5－3），以两个惯性系的原点相重合的瞬时作为计时的起点。若有一个事件发生在点P，从惯性系S测得事件的坐标是x、y、z，时间是t；而从惯性系S'测得该事件的坐标是$x'y'z'$，时间是t'。注意，在伽利略变换中，$t=t'$，即事件发生的时间是与惯性系的选取无关的，这是被伽利略变换采纳的一条直接来自日常经验的定则，然而在狭义相对论中，却不能如此了。由狭义相对论的相对性原理和光速不变原理，可导出该事件在两个惯性系S和S'中的时空坐标变换式如下

$$\begin{cases} x'=\dfrac{x-ux}{\sqrt{1-\beta^2}}=\gamma(x-ut) \\ y'=y \\ z'=z \\ t'=\dfrac{t-\dfrac{ux}{c^2}}{\sqrt{1-\beta^2}}=\gamma\left(t-\dfrac{ux}{c^2}\right) \end{cases} \tag{5-9}$$

式中，$\beta=\dfrac{u}{c}$，$\gamma=\dfrac{1}{\sqrt{1-\beta^2}}$，$c$ 为光速。

从式（5－9）可解得 x、y、z 和 t，即逆变换为

$$\begin{cases} x=\dfrac{x'+ut'}{\sqrt{1-\beta^2}}=\gamma(x'+ut') \\ y=y' \\ z=z' \\ t=\dfrac{t'+\dfrac{ux'}{c^2}}{\sqrt{1-\beta^2}}=\gamma\left(t'+\dfrac{ux'}{c^2}\right) \end{cases} \tag{5-10}$$

式（5－9）和（5－10）都叫做洛伦兹变换式。

应当注意，在洛伦兹变换式中，t 和 t' 都依赖于空间的坐标，即 t 是 t' 和 x' 的函数，t' 是 t 和 x 的函数，这与伽利略变换式迥然不同。

可以看出，当 $u\ll c$ 时，$\gamma\rightarrow 1$，洛伦兹变换将回到伽利略变换，或者说伽利略变换是洛伦兹变换在低速情况下的近似。

按照洛伦兹变换，当 $u\rightarrow c$ 时，会因 $\gamma\rightarrow\infty$ 而导致不合理的结果，因此参考系的相对速度 u 不可能达到光速 c。由于参考系就是一些被选定的参照物体，所以实际物体相对任何参照系的速度，都不能达到光速，即真空中的光速是一切客观实体的速度极限。

* 关于洛伦兹变换式的导出

在图 5－3 中，S' 系和 S 系在 y'（y）和 z'（z）轴方向上相对静止。由于相对论效应只是相对运动的结果，所以有 $y'=y$ 和 $z'=z$，因此只讨论（x，t）和（x'，t'）之间的变换就可以了。

作为一个基本假设，我们认为空间是均匀和各向同性的，时间是均匀的，即同一个惯性系中的任何时空点都是等价的。例如在 S 系中沿 x 轴放置一把尺，在相对 S 系运动的 S' 系中测得这把尺的长度，由于空间的均匀性，测量结果应该与尺子在 S 系中沿 x 轴放置的具体位置无关。时空的这一基本性质，要求 S' 系和 S 系之间的时空变换只能是线性变换，即在变换关系式中只包含坐标和时间的一次项。如果变换是非线性的，例如是 $x'=x^2$，就破坏了空间的均匀性。设在 S 系中有一把尺子，一端坐标 $x_1=1$，另一端坐标 $x_2=2$，其长度为 $x_2-x_1=1$。由变换 $x'=x^2$ 可知，在 S' 系中 $x_1'=1$，$x_2'=4$，其长度为 $x_2'-x_1'=3$。如果在 S 系中把尺平移到 $x_1=3$ 和 $x_2=4$ 的位置，在 S 系中的尺长仍是 1，但按照变换 $x'=x^2$，在 S' 系中的尺长却由原来的 3 变成 $4^2-3^2=7$，可见非线性变换破坏了空间的均匀性。通过类似的讨论可知，非线性变换还将破坏空间的各向同性和时间的均匀性。因此，我们要寻找的新时空变换只能是一种线性变换。

此外，因为实验表明在低速情况下伽利略变换是正确的，所以，当 $u\ll c$ 时新变换必须能够回到伽利略变换。根据上面的讨论并参考低速下的伽利略变换，新变换的形式设为

$$x'=\gamma'(x-ut) \tag{1}$$

$$x=\gamma(x'+ut') \tag{2}$$

式中，γ' 和 γ 分别属于 S' 系和 S 系，它们是与参考系相对速度 u 有关的待定参数。

由爱因斯坦相对性原理可知，惯性系 S'和 S 是等价的，因此 $\gamma'=\gamma$，式（1）可简单写成

$$x' = \gamma(x - ut) \tag{3}$$

因为 γ 只与 u 有关，而与具体事件无关，所以，可用特定的事件来确定。我们从闪光的波前球面方程（5－7）和（5－8）出发来确定 γ。在式（5－7）和式（5－8）中，令 $y'=z'=0$ 和 $y=z=0$，得

$$t' = \frac{x'}{c}$$

$$t = \frac{x}{c}$$

把 $t'=\frac{x'}{c}$代入式（2），得

$$x = \gamma(x' + \frac{u}{c}x') = \gamma(1 + \frac{u}{c})x'$$

把式（3）代入上式，得

$$x = \gamma^2(1 + \frac{u}{c})(x - ut)$$

再把 $t=\frac{x}{c}$代入上式，得

$$x = \gamma^2(1 - \frac{u^2}{c^2})x$$

即得

$$\gamma = \frac{1}{\sqrt{1 - \frac{u^2}{c^2}}} \tag{4}$$

根号前面取正号是为了保证当 $u \ll c$ 时，$\gamma \to 1$，让式（3）能回到伽利略变换。上式给出了参数 γ 与参考系相对速度 u 的关系，有时把 γ 称为洛伦兹因子。

下面推导 t'和 t 之间的变换关系。由式（2）解出 t'，得

$$t' = \frac{1}{u}(\frac{x}{\gamma} - x')$$

把式（3）代入上式，得

$$t' = \frac{1}{u}\left[\frac{x}{\gamma} - \gamma(x - ut)\right] = \frac{\gamma}{u}\left[(\frac{1}{\gamma^2} - 1)x + ut\right]$$

再用 $(1-\frac{u^2}{c^2})$ 替换式中右边的$\frac{1}{\gamma^2}$，即得

$$t' = \gamma(t - \frac{u}{c^2}x) \tag{5}$$

式（5）就是 t'和 t 之间的变换关系。

这就从爱因斯坦相对性原理和光速不变原理出发，导出了狭义相对论的时空变换，即洛伦兹变换（5－9），（5－10）式。

［**例 1**］　一宇宙飞船相对地面以 $u=0.8c$ 的速度飞行，飞船上的观察者测得飞船长为 100m。一光脉冲从船尾传到船头，求地面上的观察者测得光脉冲从船尾发出和到达船

头这两个事件的空间间隔是多少？

解　设宇宙飞船为 S'系，地面为 S 系，S'相对 S 系以速度 $u=0.8c$ 作匀速直线运动。

事件 1：光脉冲从船尾发出。在 S'系和 S 系中的时空坐标分别记为（x_1'，t_1'）和（x_1，t_1）。

事件 2：光脉冲到达船头。在 S'系和 S 系中的时空坐标分别记为（x_2'，t_2'）和(x_2，t_2)。

由题设条件

$$x_2'-x_1'=100$$

$$t_2'-t_1'=\frac{x_2'-x_1'}{c}$$

由洛伦兹变换，求这两个事件在 S 系中的空间间隔

$$x_2-x_1=\frac{(x_2'-x_1')+u(t_2'-t_1')}{\sqrt{1-\frac{u^2}{c^2}}}=\frac{100+0.8\times 100}{\sqrt{1-0.8^2}}=300\quad \text{m}$$

即在地面上测量，光脉冲从船尾发出和到达船头这两个事件的空间间隔是 300m。

5.3　狭义相对论的时空观

下面首先讨论同时的相对性，它是狭义相对论时空观的基础，然后再讨论长度的收缩和时间的延缓。

5.3.1　同时的相对性

在牛顿力学中，时间是绝对的。如两事件在惯性系 S 中是被同时观察到的，那么在另一惯性系 S'中也是同时观察到的。但是狭义相对论则认为，这两个事件在惯性系 S 中观察时是同时的，但在惯性系 S'中观察，一般来说就不再是同时的了。这就是狭义相对论的同时的相对性。

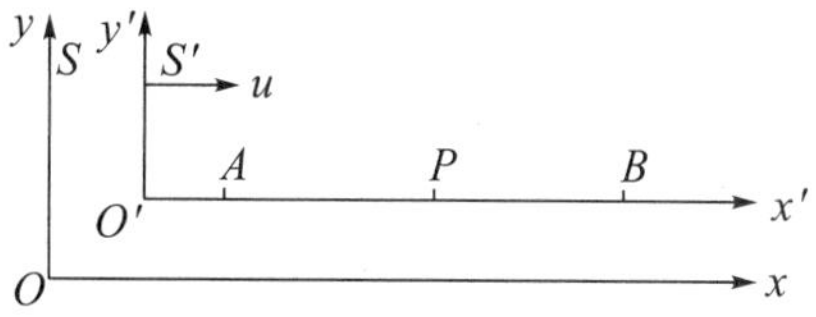

图 5－4　同时的相对性

设想 S'系随一车厢以速度 u 沿 Ox 轴作直线运动（图 5－4）。在车厢正中间的 P 点有一灯，把灯点亮，这时光将同时向车厢两端 A 和 B 传去。现在要问：分别从地面上静止的惯性系 S 和随车厢一起运动的惯性系 S'来看，光到达 A 和 B 的先后顺序各如何？对 S'来说，由光速不变原理得知，光向 A 和 B 传播的速度相同。因此，光应同时到达 A 和 B。可是对 S 来说，因为车厢的 A 端以速度 u 向光（P 发出的光，而不是 P）接近，而 B 端以速度 u 离开光，所以光到达 A 端要比到达 B 端早一些。也就是说，从 S 来看，由 P 发出的光并不是同时到达 A 和 B 的。既然由 P 发出的光到达 A 和 B 这两个事件的同时性与所取的惯性系有关，那么就不应当有与惯性系无关的绝对时间，这就是同时的相对性。

同时的相对性也可由洛伦兹变换式求得。设在惯性系 S'中，不同地点 x_1' 和 x_2' 同时

发生两个事件，即 $\Delta t'=t_2'-t_1'=0$，$\Delta x'=x_2'-x_1'$。由式（5－10）可得

$$\Delta t=\frac{\Delta t'+\frac{u}{c^2}\Delta x'}{\sqrt{1-\beta^2}}$$

现在 $\Delta t'=0$，$\Delta x'\neq 0$，所以 $\Delta t\neq 0$，这表明不同地点发生的两个事件，对 S' 系的观察者来说是同时发生的，而对 S 系的观察者来说便不是同时发生的，“同时”具有相对意义。只有在 S' 中同一地点（$\Delta x'=0$）同时（$\Delta t'=0$）发生的两事件，S 系才会认为该两事件也是同时发生的。

相反，在 S 系不同地点同时发生的两事件，S' 系也不认为是同时发生的；只有 S 系同一地点同时发生的两事件，S' 系才认为也是同时发生的。可见，不同的惯性参考系各有自己的“同时性”；并且所有的惯性系都是“平等”的，这正是相对性原理所要求的。

尽管同时性具有相对性，但有因果关系的事物的时序仍具有绝对意义。在相对论中，一个时空点（x，y，z，t）表示一个事件。不同的事件时空点不相同。两个存在因果关系的事件，必定原因（设时刻 t_1）在先，结果（设时刻 t_2）在后，即 $\Delta t=t_2-t_1>0$。那么，是否对所有的惯性系都如此呢？结论是肯定的。因为，这两个有因果关系的事件必须通过某种物质或信息相联系。而相对论的结论之一是任何物质运动的速度 $v\leqslant c$。设在其他惯性系中观测，这两个事件的时间间隔为 $\Delta t'=t_2'-t_1'$。根据洛伦兹变换式 $\Delta t'=\gamma\left(\Delta t-\frac{u}{c^2}\Delta x\right)=\gamma\Delta t\left(1-\frac{u}{c^2}\frac{\Delta x}{\Delta t}\right)$。因联系有因果关系两事件的物质或信息的平均速率必须 $\bar{v}=\left|\frac{\Delta x}{\Delta t}\right|\leqslant c$，所以 $\left(1-\frac{u}{c^2}\frac{\Delta x}{\Delta t}\right)>0$，则 $\Delta t'$ 与 Δt 同号。说明时序不会颠倒，即因果关系不会颠倒。

5.3.2 长度的收缩

在伽利略变换中，两点之间的距离或物体的长度是不随惯性系而变的。例如长为 1m 的尺子，无论在运动的车厢里或者在车站上去测量，其长度都是 1m。那么，在洛伦兹变换中，情况又是怎样的呢？

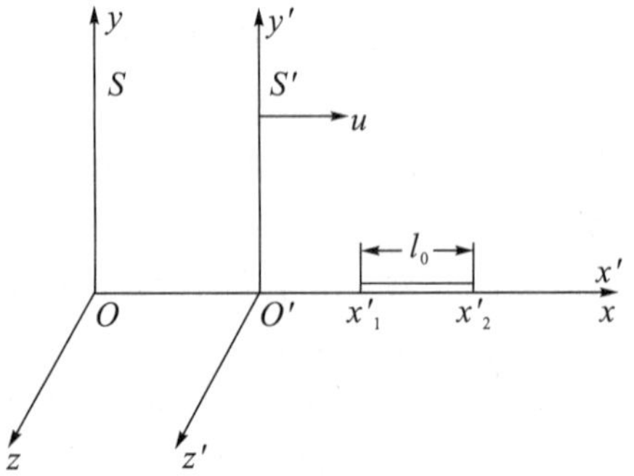

图 5－5　长度的收缩

设有两个观察者分别静止于惯性参考系 S 和 S' 中，S' 系以速度 u 相对 S 系沿 Ox 轴运动。一细棒静止于 S' 系中并沿 Ox' 轴放置，如图 5－5 所示。S' 系中观察者（同时或不同时）测得棒两端点的坐标为 x_1' 和 x_2'，则棒长为 $l'=x_2'-x_1'$。通常把观察者相对棒静止时所测得的棒长度称为棒的固有长度 l_0，在此处 $l'=l_0$。当两观察者相对静止时（即 S' 系相对 S 系的速度 u 为零），他们测得的棒长相等。但当 S' 系（以及相对 S' 系静止的棒）以速度 u 沿 xx' 轴相对 S 系运动时，在 S' 系中观察者测得棒长不变仍为 l'，而 S 系中的观察者则认为棒相对 S 系运动，考虑到测量运动棒的长度时棒两端的位置 x_1 和 x_2 必须同时记录，要使 $x_2-x_1=l$ 表示在 S 系中测得的棒长，就必须

有 $t_1=t_2$，利用洛伦兹变换式（5－9），有

$$x_1'=\frac{x_1-ut_1}{\sqrt{1-\beta^2}}$$

$$x_2'=\frac{x_2-ut_2}{\sqrt{1-\beta^2}}$$

式中，$t_1=t_2$。

将上两式相减，得

$$x_2'-x_1'=\frac{x_2-x_1}{\sqrt{1-\beta^2}}$$

即

$$l=l'\sqrt{1-\beta^2}=l_0\sqrt{1-\beta^2} \tag{5-11}$$

由于 $\sqrt{1-\beta^2}<1$，故 $l<l'$。这就是说，从 S 系测得运动细棒的长度 l，要比从相对细棒静止的 S' 系中所测得的长度 l' 缩短了 $\sqrt{1-\beta^2}$ 倍。物体的这种沿运动方向发生的收缩称为长度收缩或洛伦兹收缩。

我们知道，在经典物理学中棒的长度是绝对的，与惯性系的运动无关。而在狭义相对论中，同一根棒在不同的惯性系中测量所得的长度不同。物体相对观察者静止时，其长度的测量值最大；而当它相对于观察者以速度 u 运动时，在运动方向上物体长度要缩短，其测量值只有固有长度的 $\sqrt{1-\beta^2}$ 倍。

当 $u\ll c$ 时，$\beta\ll1$，式（5－11）可简化为 $l'\approx l$，与牛顿力学结论一致。这就是说，对于相对运动速度较小的惯性参考系来说，长度可以近似看做是一绝对量。在地球上宏观物体所达到的最大速度一般为若干千米每秒，此最大速度与光速之比的数量级为 10^{-5} 左右。在这样的速度下，长度的相对收缩，其数量级约为 10^{-10}，故可以忽略不计。

长度收缩效应只发生于物体的运动方向上，在垂直方向上不收缩。

长度收缩效应具有相对性，静止长度相同的两个物体，如果一个静止在作匀速直线运动的火车上，另一个静止在地面上，那么地面上的观察者和火车上的观察都认为静止在对方上的物体缩短了。

还应指出，长度收缩效应纯属时空的性质，与在热胀冷缩现象中所发生的那种实在收缩和膨胀是完全不同的两件事情。

［例 2］　设想有一光子火箭，相对地球以速率 $v=0.95c$ 作直线运动，若以火箭为参考系测得火箭长为 15m，问：以地球为参考系，此火箭有多长？

解　由式（5－11）有

$$l=15\sqrt{1-0.95^2}=4.68\ \text{m}$$

即从地球测得光子火箭的长度只有 4.68m。

5.3.3　时间的延缓

在狭义相对论中，如同长度不是绝对的那样，时间间隔也不是绝对的。设在 S' 系中有一只静止的钟，有两个事件先后发生在同一地点 x'，此钟记录的时刻分别为 t_1' 和 t_2'，于是在 S' 系中的钟所记录两事件的时间间隔为 $\Delta t'=t_2'-t_1'$，常称为固有时或原时 Δt_0。而 S 系中的钟所记录的时刻分别为 t_1 和 t_2，即钟所记录两事件的时间间隔为 $\Delta t=t_2-t_1$，

若 S' 系以速度 u 沿 xx' 运动，则根据洛伦兹变换式（5－10），可得

$$t_1 = \gamma(t_1' + \frac{x'u}{c^2})$$

$$t_2 = \gamma(t_2' + \frac{x'u}{c^2})$$

于是

$$\Delta t = t_2 - t_1 = \gamma(t_2' - t_1') = \gamma \Delta t'$$

或

$$\Delta t = \frac{\Delta t'}{\sqrt{1-\beta^2}} = \frac{\Delta t_0}{\sqrt{1-\beta^2}} \tag{5-12}$$

由式（5－12）可以看出，由于 $\sqrt{1-\beta^2} < 1$，故 $\Delta t > \Delta t'$。这就是说，在 S' 系中所记录的某一地点发生的两个事件的时间间隔，小于由 S 系所记录该事件的时间间隔。换句话说，S 系的钟记录 S' 系内某一地点发生的两个事件的时间间隔，比 S' 系的钟所记录该两事件的时间间隔要长些，这一效应称为时间延缓。如果用钟走得快慢来说明，由于 S' 系以速度 u 相对于 S 系运动，那么，S 系中的观察者把固定于 S 系中的钟与固定在 S' 系中的钟进行比较，将会发现 S' 系中的钟走慢了。

在经典物理学中，我们把发生两个事件的时间间隔，看做是量值不变的绝对量。与此不同，在狭义相对论中，发生两事件的时间间隔，在不同的惯性系中是不相同的。这就是说，两事件之间的时间间隔是相对的，它与惯性系有关。

只有在运动速度 $u \ll c$ 时，$\beta \ll 1$，式（5－12）才简化为 $\Delta t' \approx \Delta t$，与牛顿力学结论一致。也就是说，对于缓慢运动的情形来说，两事件的时间间隔近似为一绝对量。

时间延缓效应具有相对性。设有两个同样的钟，如果一个静止在作匀速直线运动的火车上，另一个静止在地面上，那么地面上的观察者和火车上的观察都认为对方的钟走得慢。

应该指出，运动的钟比静止的钟走得慢纯属时空的性质，而不是钟的结构发生了变化。运动钟和静止钟的结构完全一样，把它们放在一起时它们走得是一样快的。

如果用钟的指示代表事件发生的时间，那么时间延缓效应还可以说成是，在一个惯性系中观测，在另一个运动惯性系中发生的任何过程（包括物理、化学和生命过程）的节奏变慢。1951 年，美国斯坦福大学的海尔弗利克在分析大量实验数据的基础上提出，寿命可以用细胞分裂的次数乘以分裂的周期来推算。对于人来说细胞分裂的次数大约为 50 次，而分裂的周期大约是 2.4 年，照此计算，人的寿命应为 120 岁。因此，用细胞分裂的周期可以代表生命的过程的节奏。

设想有一对孪生兄弟，哥哥告别弟弟乘宇宙飞船去太空旅行。在各自的参考系中，哥哥和弟弟的细胞分裂周期是 2.4 年。但由于时间延缓效应，在地球上的弟弟看来，飞船上的哥哥的细胞分裂周期要比 2.4 年长，他认为哥哥比自己年轻。而飞船上的哥哥认为弟弟的细胞分裂周期变长，弟弟比自己年轻。假如飞船返回地球兄弟相见，到底谁年轻就成了难以回答的问题。

问题的关键是，时间延缓效应是狭义相对论的结果，它要求飞船和地球同为一个惯性系。要想保持飞船和地球同为一个惯性系，哥哥和弟弟就只能永别，不可能面对面地比较

谁年轻。这就是通常所说的孪生子佯谬。

如果飞船返回地球则在往返过程中有加速度，飞船就不是惯性系了。这一问题的严格求解要用到广义相对论，计算结果是，兄弟相见时哥哥确实比弟弟年轻。这种现象称为孪生子效应。

1971 年，美国空军用两组 Cs（铯）原子钟实验。发现绕地球一周的运动钟变慢了（203±10）ns，而按广义相对论预言运动钟变慢（184±23）ns，在误差范围内理论值和实验值一致，验证了孪生子效应。

［**例** 3］　在大气上层存在大量的称为 μ 子的基本粒子。μ 子不稳定，在相对其静止的参考系中平均经过 $\Delta\tau=2\times10^{-6}$ s 就自发地衰变成电子和中微子，这一时间称为 μ 子的固有寿命。尽管 μ 子的速率高达 $u=0.998c$，但按其固有寿命计算从产生到衰变它们只能平均走过 $0.998c\times2\times10^{-6}\text{s}\approx600\text{m}$ 的路程。一般产生 μ 子的高空离地面 8000m 左右，为什么在地面上的实验室可以检测到 μ 子呢?

解　在相对 μ 子静止的参考系中，μ 子的产生和衰变这两个事件是同地发生的，因此固有寿命 $\Delta\tau=2\times10^{-6}$ s，由于时间延缓效应，对地面参考系来说这两个事件的时间间隔，即 μ 子的运动寿命为

$$\Delta t=\frac{\Delta\tau}{\sqrt{1-\frac{u^2}{c^2}}}=\frac{2\times10^{-6}}{\sqrt{1-0.998^2}}=3\times10^{-5}\quad\text{s}$$

它大约是固有寿命的 16 倍，在地面上观测，μ 子在衰变前平均走的路程为

$$\Delta l=0.998c\times3\times10^{-5}\text{s}\approx9000\text{m}>8000\text{m}$$

这表明，μ 子可以到达地面。实际上，在地面上的实验室里可以检测到大量的 μ 子，这也是对时间延缓效应的一个实验验证。

5.4　相对论动力学基础

前几节讨论了相对论运动学。既然在高速情况下时空的性质变了，而物质的运动和时空的性质紧密相关，那么高速粒子的运动规律也会有相应的改变。这就是相对论动力学所要讨论的内容。

下面将根据新的实验事实，重新定义动量、质量和能量等一系列物理量，并确定它们在相互作用下的变化规律。因为实验表明在低速情况下牛顿力学是正确的，所以新定义的物理量在 $v\ll c$ 时必须趋于牛顿力学中的相应量；作为一般的原则，它们的变化规律还应该不违背能量守恒和动量守恒等基本守恒定律。

5.4.1　动量和质量

在相对论动力学中，仍按下式定义粒子的动量

$$\boldsymbol{p}=m\boldsymbol{v}\tag{5-13}$$

式中，$\boldsymbol{v}$ 代表粒子的速度，比例系数 m 仍认为是粒子的质量。并且，仍把动量的变化率与力的关系假定为

$$\boldsymbol{F}=\frac{\mathrm{d}\boldsymbol{p}}{\mathrm{d}t}\tag{5-14}$$

上面两式在形式上与牛顿力学没什么区别，但是在牛顿力学中质量 m 是一个与粒子的运动速率无关的常量 m_0，如果在相对论中仍然保留这一观念，就会有

$$\boldsymbol{F} = \frac{\mathrm{d}\boldsymbol{p}}{\mathrm{d}t} = m_0 \frac{\mathrm{d}\boldsymbol{v}}{\mathrm{d}t}$$

这样一来，在恒力的作用下粒子的加速度 $\frac{\mathrm{d}\boldsymbol{v}}{\mathrm{d}t}$ 恒定，只要时间足够长，速率可以无限增大甚至超过光速，这显然违背相对论的基本原理。因此，不应再把质量看成是与速率无关的恒量。

实验表明，粒子的质量 m 与粒子的运动速率 v 之间满足下面的关系

$$m = \gamma m_0 = \frac{m_0}{\sqrt{1 - \frac{v^2}{c^2}}} \tag{5-15}$$

式中，m_0 代表 $v=0$ 时的质量，称为静质量。上式称为质速关系，是相对论中的一个重要公式。有时也把上式中的质量 m 称为相对论性质量或动质量。

可以看出，当 $v \ll c$ 时，相对论性质量 m 趋于牛顿力学中的质量 m_0。一般来说，宏观物体的运动速度比光速小得多，其质量和静质量很接近，因而可以忽略其质量的改变。但是对于微观粒子，如电子、质子、介子等，其速度可以与光速很接近，这时其质量和静质量就显著的不同。例如，在加速器中被加速的质子，当其速度达到 $2.7 \times 10^8 \mathrm{m \cdot s^{-1}}$ 时，其质量已达

$$m = \frac{m_0}{\sqrt{1 - \left(\frac{2.7 \times 10^8}{3 \times 10^8}\right)^2}} = \frac{m_0}{\sqrt{1 - 0.81}} = 2.3 m_0$$

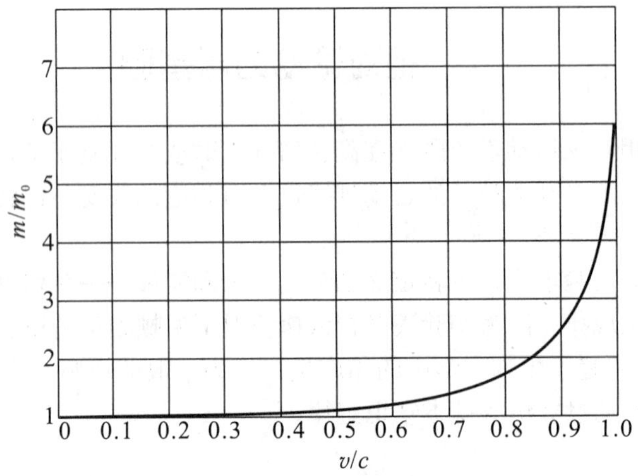

图 5－6 质量随速率的变化

在图 5－6 中，横坐标代表高速粒子的速率与光速的比值，纵坐标代表粒子的质量与其静质量的比值。由图 5－6 还可看出，当速率 v 很大时，质量 m 随 v 急剧增大，这时对粒子的加速变得十分困难，在粒子加速器的设计和运行中必须考虑到这一点。特别是，对于实物粒子（静质量不为零）来说，如果 v 达到 c，则 m 为无穷大，这是一个不合理也是

不可能的结果，因此实物粒子的运动速率不能达到光速。

按照质速关系式（5－15），粒子的动量应该表示为

$$\boldsymbol{p}=m\boldsymbol{v}=\frac{m_0\boldsymbol{v}}{\sqrt{1-\frac{v^2}{c^2}}} \tag{5－16}$$

式中，m_0 代表粒子的静质量，$\boldsymbol{v}$ 代表粒子的速度。

由式（5－13）和式（5－14）可知

$$\boldsymbol{F}=m\frac{\mathrm{d}\boldsymbol{v}}{\mathrm{d}t}+\frac{\mathrm{d}m}{\mathrm{d}t}\boldsymbol{v}=m\boldsymbol{a}+\frac{\mathrm{d}m}{\mathrm{d}t}\boldsymbol{v}$$

这说明，在高速运动的情况下粒子的加速度 $\boldsymbol{a}$ 与所受的力 $\boldsymbol{F}$ 在方向上不相同。只有当$\frac{\mathrm{d}m}{\mathrm{d}t}\to 0$ 时，$\boldsymbol{a}$ 的方向才趋于 $\boldsymbol{F}$ 的方向，即与牛顿运动定律的结论一致。

5.4.2　质能关系

在相对论中，仍然保留牛顿力学中的动能定理，即粒子动能的增加等于外力对粒子所做的功。其微分形式为

$$\mathrm{d}E_{\mathrm{k}}=\boldsymbol{F}\cdot\mathrm{d}\boldsymbol{r}$$

并且，仍然认为粒子静止时的动能等于零。

为了讨论方便，设静质量为 m_0 的粒子在沿 x 轴方向的外力 F 作用下从静止开始运动，当速度达到 v 时粒子的动能为 E_{k}，即

$$E_{\mathrm{k}}=\int_0^v F\mathrm{d}x$$

把 $f=\frac{\mathrm{d}(mv)}{\mathrm{d}t}$代入上式，得

$$\begin{aligned}E_{\mathrm{k}}&=\int_0^v\frac{\mathrm{d}(mv)}{\mathrm{d}t}\mathrm{d}x=\int_0^v v\mathrm{d}(mv)=\int_0^v v\mathrm{d}\Bigg(\frac{m_0v}{\sqrt{1-\frac{v^2}{c^2}}}\Bigg)\\&=\frac{m_0v^2}{\sqrt{1-\frac{v^2}{c^2}}}\Bigg|_0^v-\int_0^v\frac{m_0v\mathrm{d}v}{\sqrt{1-\frac{v^2}{c^2}}}=\frac{m_0v^2}{\sqrt{1-\frac{v^2}{c^2}}}+m_0c^2\sqrt{1-\frac{v^2}{c^2}}\Bigg|_0^v\\&=\frac{m_0v^2}{\sqrt{1-\frac{v^2}{c^2}}}+m_0c^2\sqrt{1-\frac{v^2}{c^2}}-m_0c^2\\&=\frac{m_0c^2}{\sqrt{1-\frac{v^2}{c^2}}}-m_0c^2=(m-m_0)c^2\end{aligned}$$

即

$$E_{\mathrm{k}}=mc^2-m_0c^2 \tag{5－17}$$

其中 m 代表粒子的动质量，m_0 代表静质量。上式就是相对论的动能公式。它表明，粒子的动能与运动所引起的粒子质量的增量成正比。比例系数为 c^2。

在 $v\ll c$ 的情况下，应用泰勒级数展开式可知

$$\frac{1}{\sqrt{1-\frac{v^2}{c^2}}} \approx 1+\frac{1}{2}\cdot\frac{v^2}{c^2}$$

把上式代入式（5－17），得

$$E_k=(m-m_0)c^2=\left(\frac{1}{\sqrt{1-\frac{v^2}{c^2}}}-1\right)m_0c^2\approx\frac{1}{2}m_0v^2$$

这说明，$v \ll c$ 时相对论的动能公式自然过渡到牛顿力学的动能公式。

把式（5－17）改写成

$$mc^2=E_k+m_0c^2$$

由于 E_k 代表动能，所以式中的 mc^2 和 m_0c^2 也都可以看成是能量。其中 m_0 代表静质量，因此把 m_0c^2 看成是静止粒子所包含的能量，称为静质能或静止能量。这样一来，mc^2 等于粒子的动能 E_k 和粒子的静质能 m_0c^2 之和，它代表粒子的能量或总能量。如果用 E 表示粒子的能量，则有

$$E=mc^2=\frac{m_0c^2}{\sqrt{1-\frac{v^2}{c^2}}} \tag{5－18}$$

这就是著名的质能关系。质能关系把质量和能量通过因子 c^2 联系起来：一个粒子的能量等于它的质量乘以 c^2，而粒子的动能则等于粒子的能量减去粒子的静质能。

在相对论诞生之前，能量守恒定律和质量守恒定律似乎彼此毫不相干。而在相对论中，能量和质量只差因子 c^2，因此在相互作用过程中体系的能量守恒也可以说成是质量守恒，于是能量守恒定律和质量守恒定律被统一为一个定律，但习惯上仍称为能量守恒定律。

［例 4］　粒子运动的速率多大时，它的动能等于静质能？

解　设粒子的静质量为 m_0，运动速度为 v，则粒子的动能为

$$E_k=(m-m_0)c^2=\left(\frac{m_0}{\sqrt{1-\frac{v^2}{c^2}}}-m_0\right)c^2$$

令动能等于静质能，即

$$\left(\frac{m_0}{\sqrt{1-\frac{v^2}{c^2}}}-m_0\right)c^2=m_0c^2$$

则有

$$\sqrt{1-\frac{v^2}{c^2}}=\frac{1}{2}$$

$$v=\sqrt{\frac{3}{4}}c=0.866c$$

因此，粒子的运动速率达到 $0.866c$ 时它的动能才等于静质能。

质能关系 $E=mc^2$ 为人类开发和利用能源指明了道路。一般来说，在核反应和化学反

应过程中，反应物质的静质量都要减少。在反应过程中，体系所减少的静质量 Δm 称为质量亏损。按质能关系，亏损的质量 Δm 转化成能量 Δmc^2，这就是反应释放出的能量。

任何物体都有静质能，按 m_0c^2 计算 1kg 物质所含的静质能约为 9×10^{16} J。如果这些能量全部释放出来，足以把 2 亿吨的水从零度加热到沸腾。但实际上能够释放的能量只占静质能的一小部分。核反应（核裂变、核聚变）释放的能量（核能）约占静质能的千分之一，而对于化学反应，例如汽油燃烧，所释放的化学能仅占静质能的 5×10^{-10} 左右。

［**例** 5］　在热核反应 ${}_1^2\mathrm{H}+{}_1^3\mathrm{H}\rightarrow{}_2^4\mathrm{He}+{}_0^1\mathrm{n}$ 中，各粒子的静质量分别为氘核（${}_1^2\mathrm{H}$）：$m_D=3.3437\times10^{-27}$ kg；氚核（${}_1^3\mathrm{H}$）：$m_\mathrm{T}=5.0049\times10^{-27}$ kg；氦核（${}_2^4\mathrm{He}$）：$m_\mathrm{He}=6.6425\times10^{-27}$ kg；中子（${}_0^1\mathrm{n}$）：$m_\mathrm{n}=1.6749\times10^{-27}$ kg；求这一热核反应所释放的能量。

解　在这个反应过程中，反应前后质量变化为

$$\begin{aligned}\Delta m &= (m_D+m_T)-(m_\mathrm{He}+m_\mathrm{n})\\ &= [(3.3437+5.0049)-(6.6425+1.6750)]\times10^{-27}\\ &= 3.11\times10^{-29}\quad \mathrm{kg}\end{aligned}$$

相应释放的能量为

$$\begin{aligned}\Delta E &= \Delta m_0c^2\\ &= (3.11\times10^{-29})\times(3\times10^8\,\mathrm{m\cdot s^{-1}})^2\\ &= 2.799\times10^{-12}\quad \mathrm{J}\end{aligned}$$

1kg 的这种燃料所释放的能量为

$$\frac{\Delta E}{m_D+m_T}=\frac{2.799\times10^{-12}}{(3.3437+5.0049)\times10^{-27}}=3.35\times10^{14}\quad \mathrm{J\cdot kg^{-1}}$$

这个结果相当于 1.15×10^4 t 优质煤所释放出的能量。

5.4.3　能量和动量的关系

前面已经给出，粒子的能量和动量的表达式分别为

$$E=\frac{m_0c^2}{\sqrt{1-\dfrac{v^2}{c^2}}}$$

和

$$\boldsymbol{p}=\frac{m_0\boldsymbol{v}}{\sqrt{1-\dfrac{v^2}{c^2}}}$$

由此可得粒子的能量和动量之间的关系为

$$E^2=p^2c^2+m_0^2c^4 \tag{5-19}$$

式（5－19）可用图 5－7 表示。

对于静质量为零的粒子，例如光子，把 $m_0=0$ 代入式（5－19），得

$$E=pc \tag{5-20}$$

这表明，静质量为零的粒子的能量简单地等于动量乘以光速 c。如果用 m 代表质量，v 代表速率，则式（5－20）可写成

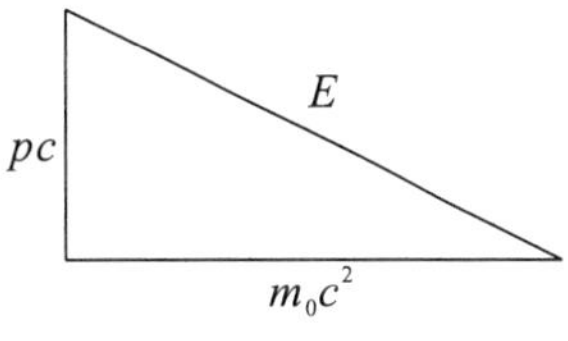

图 5－7　能量和动量关系

$$mc^2 = mvc$$

即得
$$v = c$$

因此，静质量为零的粒子只能以光速运动。

5.4.4 动量和能量守恒

通过前面的讨论，我们可以列出相对论性粒子的动力学方程如下

$$\boldsymbol{F} = \frac{\mathrm{d}\boldsymbol{p}}{\mathrm{d}t} \tag{5-21}$$

$$\boldsymbol{F} \cdot \boldsymbol{v} = \frac{\mathrm{d}E}{\mathrm{d}t} \tag{5-22}$$

式中，$\boldsymbol{F}$ 代表作用在粒子上的力，$\boldsymbol{v}$ 代表粒子的运动速度，$\boldsymbol{p}$ 和 E 分别代表粒子的动量和能量。方程（5－21）是牛顿第二定律的推广，即假定高速运动粒子的动量变化率也等于作用在粒子上的力。方程（5－22）表示，作用在粒子上力的功率等于粒子能量随时间的变化率。它可以这样得到：用 $\mathrm{d}t$ 去除动能定理 $\mathrm{d}E_\mathrm{k} = \boldsymbol{F}\mathrm{d}\boldsymbol{r}$ 的两边，得

$$\frac{\mathrm{d}E_\mathrm{k}}{\mathrm{d}t} = \boldsymbol{F} \cdot \frac{\mathrm{d}\boldsymbol{r}}{\mathrm{d}t} = \boldsymbol{F} \cdot \boldsymbol{v}$$

利用相对论动能公式 $E_\mathrm{k} = E - m_0c^2$，并假定粒子的静质量 m_0 不随时间变化，则有 $\frac{\mathrm{d}E}{\mathrm{d}t} = \boldsymbol{F} \cdot \boldsymbol{v}$，这就是方程（5－22）。

由动力学方程（5－21）和（5－22）可以看出，如果在某一过程中粒子不受外界影响，即 $\boldsymbol{F} = 0$，那么粒子的动量 $\boldsymbol{p}$ 和能量 E 都守恒。由此可见，相对论动力学保持了动量守恒和能量守恒定律继续成立。实验也表明，对于不受外界影响的粒子体系所经历的任意过程，包括不能用力的概念描述的过程，例如，高能粒子碰撞，裂变和衰变等过程，体系的动量和能量都是守恒的。

相对论的研究对象主要是不受外界影响的粒子体系，因此动力学方程的作用通常表现为动量和能量守恒的形式。而已知力求粒子运动的问题不占主要地位。应该强调的是，在动量和能量的守恒关系中，粒子的动量和能量必须表示成相对论的形式。

此外，对于高能粒子碰撞、裂变和衰变过程，一般测量的是反应前和反应后的能量。而反应前和反应后粒子相距都很远，因此通常总是忽略粒子间的相互作用势能。

［**例** 6］　在对撞机上可以实现两个粒子的对撞。如图 5－8 所示，设有两个静质量均为 m_0 的粒子，各以相同的动能 E_k 相向而行，对撞后形成复合粒子。求复合粒子的静质量 M_0。

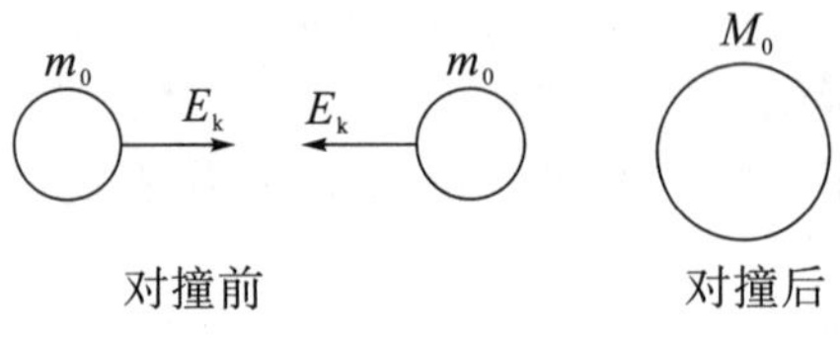

图 5－8

解　由动量守恒可知，对撞形成的复合粒子静止。碰撞前体系的总能量为 $2(E_\mathrm{k} +$

m_0c^2)，其中 E_k 和 m_0c^2 分别代表每个粒子的动能和静质能。因复合粒子静止，则碰撞后体系的能量为 M_0c^2。由能量守恒，有

$$2(E_k + m_0c^2) = M_0c^2$$

因此复合粒子的静质量为

$$M_0 = 2m_0 + \frac{2E_k}{c^2}$$

这说明，对撞可以使参加反应的粒子的动能全部转化成复合粒子的静质能。对于通过高能粒子碰撞产生新粒子的实验研究来说，对撞比靶粒子静止的碰撞更为有效。

上面我们叙述了狭义相对论的时空观和相对论力学的一些重要结论。狭义相对论的建立是物理学发展史上的一个里程碑，具有深远的意义。它揭示了空间和时间之间，以及时空和运动物质之间的深刻联系。这种相互联系，把牛顿力学中认为互不相关的绝对空间和绝对时间，结合成为一种统一的运动物质的存在形式。

与经典物理学比较，狭义相对论更客观、更真实地反映了自然的规律。目前，狭义相对论不但已经被大量的实验事实所证实，而且已经成为研究宇宙星体、粒子物理以及一系列工程物理（如反应堆中能量的释放、带电粒子加速器的设计）等问题的基础。

狭义相对论讨论的各个参考系都限于惯性系，它们彼此以高速作匀速相对运动。爱因斯坦于 1905 年后考虑：既然速度是相对的，加速度是否也是相对的呢？他想把相对论进一步扩展到有加速度的非惯性系中去，为此他花了八年时间，于 1913 年—1915 年间建立了广义相对论，把牛顿万有引力理论提高到新的场论的水平，为宇宙学的研究开辟了道路。

习　题

5-1　你认为可以把物体加速到光速吗？有人说光速是运动物体的极限速率，你能得出这一结论吗？

5-2　有人认为在相对光子静止的参考系中，光子是静止的。这样理解对吗？

5-3　前进中的一列火车的车头和车尾各遭到一次闪电轰击，据车上的观察者测定这两次轰击是同时发生的。试问，据地面上的观察者测定它们是否仍然同时？如果不同时，何处先遭到轰击？

5-4　设有两个参考系 S 和 S'，它们的原点在 $t=0$ 和 $t'=0$ 时重合在一起，有一事件，在 S' 系中发生在 $t'=8.0\times10^{-8}$ s，$x'=60$ m，$y'=0$，$z'=0$ 处，若 S' 系相对于 S 系以速率 $u=0.60c$ 沿 xx' 轴运动，问该事件在 S 系中的时空坐标为多少？

5-5　若从一惯性系中测得宇宙飞船的长度为其固有长度的一半，试问：宇宙飞船相对此惯性系的速度为多少？（以光速 c 表示）

5-6　半人马星座 α 星是离太阳系最近的恒星，它距地球 4.3×10^{16} m。设有一宇宙飞船自地球往返于半人马星座 α 星之间，若宇宙飞船的速率为 $u=0.999c$，按地球上时钟计算，飞船往返一次需多少时间？如以飞船上的时钟计算，往返一次的时间又为多少？

5-7　若一电子的总能量为 5.0MeV，求该电子的静能、动能、动量和速率。($m_0=9.1\times10^{-31}$ kg，1eV$=1.6\times10^{-19}$ J)

5－8　在电子的湮没过程中，一个电子和一个正电子相碰撞而消失，并产生电磁辐射，假定正、负电子在湮没前均静止，由此估算辐射的总能量 E。

5－9　把电子由静止加速到速率为 0.10c，需对它做多少功？而由 0.80c 加速到 0.9c 需要做多少功？

5－10　一火箭的固有长度为 L，相对于地面作匀速直线运动的速度为 v_1，火箭上有一个人从火箭的后端向火箭前端上的一个靶子发射一颗相对于火箭的速度为 v_2 的子弹，在火箭上测得子弹从射出到击中靶的时间间隔是（　　）。

(A) $\dfrac{L}{v_1+v_2}$

(B) $\dfrac{L}{v_2}$

(C) $\dfrac{L}{v_1-v_2}$

(D) $\dfrac{L}{v_1\sqrt{1-\left(\frac{v_1}{c}\right)^2}}$（$c$ 表示真空中的光速）

5－11　有一直尺固定在 K'系中，它与 OX'轴的夹角 $\theta'=45°$，如果 K'系以速度 u 沿 OX 方向相对于 K 系运动，K 系中观察者测得该尺与 OX 轴的夹角（　　）。

(A) 大于 45°

(B) 小于 45°

(C) 等于 45°

(D) 当 K'系沿 OX 正方向运动时大于 45°，而当 K'系沿 OX 负方向运动时小于 45°。

5－12　某核电站年发电量为 100 亿度，它等于 36×10^{15} J 的能量，如果这是由核材料的全部静质能转化产生的，则需要消耗的核材料的质量为（　　）。

(A) 0.4kg　　(B) 0.8kg

(C) 12×10^7 kg　　(D) $\frac{1}{12}\times10^7$ kg

第 6 章 气体动理论

物质的运动形式是多种多样的，前面研究了机械运动的最一般规律。本章和第 7 章将研究物质热运动的规律。热运动就是组成物质（固态、液态和气态）的大量分子、原子与温度有关的随机的机械运动。物质的物理性质（如固体的热膨胀、热传导，流体的内摩擦等）正是建立在这种热运动的基础上。本章是从物质的分子运动论出发，以气体为研究对象，运用统计方法，研究大量气体分子热运动的规律，并对气体的某些性质给予微观本质的解释。

6.1 气体的状态参量 平衡态 理想气体的状态方程

6.1.1 状态参量

在研究物体的机械运动时，用位置、速度等物理量来描述物体的机械运动状态。在研究大量气体分子的热运动时，我们用体积 V、温度 T、压强 P 来描述气体的状态。气体的体积、温度和压强这三个物理量，叫做气体的状态参量。

（1）体积 V——在容器中气体分子可能达到的空间的度量。应该注意，气体的体积并不等于分子本身体积的总和。体积的单位用立方米（m^3）或立方厘米（cm^3）表示，另外还常用升（L）表示，它们之间的换算关系为

$$1L = 1000cm^3 = 10^{-3}m^3$$

（2）温度 T——定量描述物体冷热程度的一个物理量。关于温度的本质 6.4 节将详细讨论。温度的数值表示方法叫做温标，在物理学中常用的是：热力学温标 T（叫做开尔文，符号 K）和摄氏温标 t（叫做摄氏度，符号℃）。它们的关系

$$T = (t + 273.15)K$$

式中，273.15K 是水的冰点的热力学温度，冰点的摄氏温度就是 0℃。

（3）压强 P——作用在容器器壁单位面积上的垂直作用力。如果 S 表示器壁上某一面积，f_n 表示垂直作用于器壁上的力，则气体的压强

$$P = \frac{f_n}{S}$$

在国际单位制中，压强的单位是帕斯卡（符号 Pa），按照压强的定义 $1Pa=1N \cdot m^{-2}$。有时还使用标准大气压（符号 atm）、厘米汞柱高（cmHg）和毫米汞柱高（mmHg）等单位。它们的换算关系是

$$1atm = 76cmHg = 1.013 \times 10^5 Pa$$

工业应用上也常使用工程大气压作为压强单位。1 工程大气压 =1 千克力/厘米^2 =

9.80665×10^4 帕。

6.1.2 平衡态

把一定质量的气体装在一定体积的容器里，经过一段时间后，气体各部分就出现相同的温度 T 和相同的压强 P，此时气体的各个状态参量都具有确定的数值，如果它与外界没有能量交换，内部也没有任何形式的能量转化，则气体的各个状态参量将长期保持均匀不变，这样的状态叫做平衡状态，简称平衡态。本章所讨论的气体状态都是指平衡态。

对于处在平衡态下的、质量为 M 的气体，它的状态可以用一组 P、V、T 值来表示。例如：（P_1，V_1，T_1）表示一个状态，（P_2，V_2，T_2）表示另一个状态。在以 P 为纵轴、V 为横轴的 $P-V$ 图上，气体的一个平衡态可以用一个确定的点来表示，如图 6－1 中的a(P_1，V_1，T_1) 点或 b(P_2，V_2，T_2) 点。当气体与外界交换能量时，它的状态就要发生变化。气体从一个状态连续变化到另一个状态所经历的过程称为状态变化过程。如果过程的每一个中间状态都无限接近平衡状态，这个过程就称为平衡过程。平衡过程可以用 $P-V$ 图上的一条连续曲线表示，例如，图 6－1 中的曲线 ab 表示状态 a 到状态 b 的一个平衡过程。

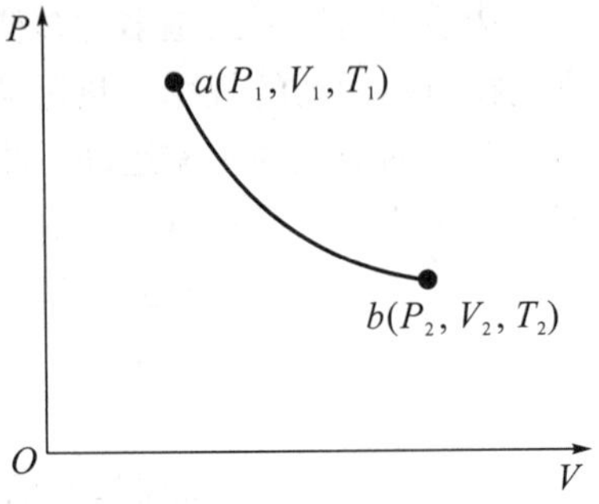

图 6－1　$P-V$ 图

6.1.3 理想气体的状态方程

实验表明，表征气体平衡状态的三个参量 P、V、T 之间存在着一定的关系，由这种关系建立的方程式称为气体的状态方程。在压强不太大（与大气压比较）和温度不太低（与室温比较）的条件下，一般气体遵守玻意耳-马略特定律、盖-吕萨克定律和查理定律。可以设想有这样一种气体，它在任何情况下都遵守上述三条实验定律，这种气体叫做理想气体。表征理想气体状态的几个参量之间的关系式叫做理想气体状态方程。对 1 摩尔理想气体，这个关系式为

$$PV = RT \tag{6-1}$$

质量为 m 的理想气体，则为

$$PV = \frac{m}{M}RT \tag{6-2}$$

式中，M 为气体的摩尔质量，R 为气体普适恒量。在国际单位制中，R 的量值为

$$R = 8.31 \quad \mathrm{J \cdot mol^{-1} \cdot K^{-1}}$$

6.2 分子运动论的基本概念

分子运动论是从物质微观结构出发来阐明热现象规律的一种理论。它的一些基本概念都是在大量实验事实的基础上总结出来的。主要有三条：

（1）一切物质都是由大量不连续的微观粒子——分子（或原子）组成；

（2）分子都在永不停息地作无规则热运动；

（3）分子间有相互作用力。这种相互作用力既有引力作用又有斥力作用，分子间的引力或斥力统称分子力。分子力与分子间距离 r 有关，其关系如图 6－2 所示，图中两条虚线分别表示斥力和引力随距离的变化情况，实线表示合力随距离的变化情况。从图可以看出：当 $r=r_0$ 时，合力 $f=0$，表示引力和斥力抵消，这个距离称为平衡距离（r_0），一般在 10^{-10}m 左右；当 $r>r_0$ 时，合力 $f<0$，表示引力起主要作用，随着分子间距离的增加，合力 f 先是增加，随后慢慢地减小；当 $r>10r_0$ 时，分子间的作用力就可以忽略不计。可见分子力的作用范围是极小的，分子力属短程力。当 $r<r_0$ 时，合力 $f>0$，表示斥力起主要作用，随分子间距离的减小，斥力急剧增大，这就是固体和液体难以压缩的原因。

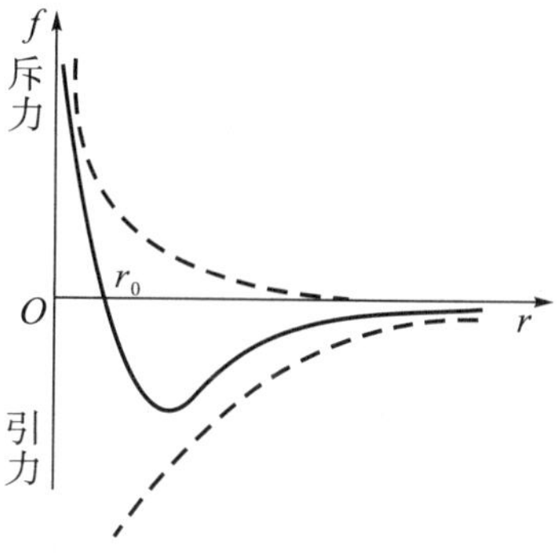

图 6－2　f—r 关系曲线

以上三条基本概念普遍适用于固体、液体、气体。从以上三条基本概念出发，并考虑大量粒子所遵循的统计规律，就可以给宏观现象以微观本质的解释。

6.3　理想气体的压强公式

本节中，我们从分子运动论的概念出发，用统计方法建立理想气体的压强与相应的微观量之间的关系。

6.3.1　理想气体的微观模型

为了便于分析和讨论气体的基本现象，常用一个简易的理想模型来描述气体分子。主要假定如下：①气体分子的大小与气体分子间的距离比较，可以忽略不计。所以气体分子可看做本身所占的体积不予考虑的小球，它们的运动规律遵守牛顿定律；②可把每个分子看做是完全弹性小球，它们相撞或与器壁相撞时，遵守能量守恒定律和动量守恒定律；③气体分子之间的平均距离相当大，所以除碰撞的瞬间外，分子间无相互作用。这样，气体就被看做是自由的，无规则地运动着的弹性小球的集合，这便是理想气体的微观模型。

6.3.2　统计假设

对于大量气体分子来说，当气体处于平衡态时，由于分子运动的杂乱性，因此分子沿各个方向运动的机会是相等的，没有任何一个方向的运动比其他方向的运动占有优势，即在任何一时刻沿各个方向运动的分子数目相等，所以任一时刻分子速度每一分量的平方对全体分子的平均值相等，即

$$\overline{v_x^2}=\overline{v_y^2}=\overline{v_z^2}$$

由于

$$v^2=v_x^2+v_y^2+v_z^2$$

等号两侧均取平均值，即

$$\overline{v^2}=\overline{v_x^2}+\overline{v_y^2}+\overline{v_z^2}$$

所以

$$\overline{v_x^2} = \overline{v_y^2} = \overline{v_z^2} = \frac{1}{3}\overline{v^2}$$

6.3.3 压强的定性解释

我们知道压强是作用在容器器壁单位面积上的正压力。气体对容器器壁的正压力是怎样产生的呢？分子运动论认为，它是大量气体分子对器壁不断碰撞的结果。容器内无规则运动的气体分子，在运动过程中不断地与器壁碰撞。就某一个分子来说，它对器壁的碰撞是断续的，每次给予器壁多大的冲量以及碰在什么地方都是偶然的。但是对大量分子整体来说，每一时刻都有巨大数量分子与器壁相碰，宏观上测量不到这种碰撞冲力的不连续性和分布的不均匀性，因而表现出一个恒定的持续作用力，分子数目越多，运动速度越大，压强也越大。这正好与雨点打在雨伞上的情况相仿。一个一个的雨点打到雨伞上是断断续续的，大量密集的雨点打到雨伞上就会使我们感到有一个均匀的持续向下的压力。气体在宏观上施于器壁的压强，就正是大量气体分子对器壁不断碰撞的结果，这就是对压强本质的定性解释。

6.3.4 压强的定量关系

为了计算方便起见，选择一个边长分别为 l_1、l_2、l_3 的长方形容器（图 6－3），并设容器中有 N 个同类分子，它们作不规则的运动，每个分子的质量都是 m，重力的影响可忽略不计。

在平衡状态下，器壁各处的压力完全相同，现在计算器壁 A_1 面所受的压力。

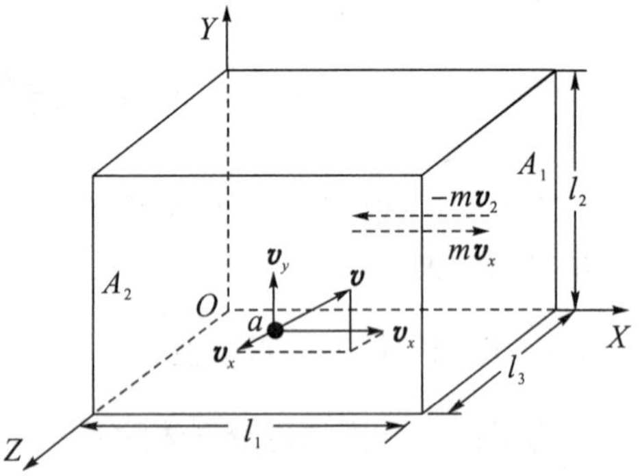

图 6－3 推导气体压强

首先考虑一个分子与 A_1 面碰撞而施于 A_1 面的冲量。设分子 a 的速度为$\boldsymbol{v}$，它在 X、Y、Z 三个方向上速度分量分别为 v_x、v_y 和 v_z。当分子 a 碰撞器壁 A_1 时，它将受到 A_1 沿 $-X$ 方向所施的作用力。因为碰撞是完全弹性的，所以就 X 方向的运动来看，分子 a 以速度 v_x 撞击 A_1 面，然后以速度 $-v_x$ 弹回。这样，每与 A_1 面碰一次，分子动量的改变为 $(-mv_x)-mv_x=-2mv_x$。按动量定理，这一动量分量的增量等于 A_1 面沿 $-X$ 方向的作用在分子 a 上的冲量。根据牛顿第三定律，a 分子每碰撞 A_1 面一次，给与 A_1 面的冲量是 $2mv_x$。a 分子连续两次与器壁 A_1 相碰所经历的时间间隔为$\frac{2l_1}{v_x}$，所以在 Δt 时间里，a 分子往返的次数也就是与 A_1 面碰撞的次数为$\frac{v_x\Delta t}{2l_1}$。因此在 Δt 时间里 a 分子给与 A_1 面的总冲量为 $2mv_x\frac{v_x\Delta t}{2l_1}$。同理，在 Δt 时间里，任一分子 i 在 A_1 面上作用的冲量总值都可记作 $2mv_{ix}\frac{v_{ix}\Delta t}{2l_1}$。在 Δt 时间里，容器中所有分子给与 A_1 面的总冲量为

$$I_x = \sum_{i=1}^{N} mv_{ix}^2 \frac{\Delta t}{l_1}$$

按冲量的定义 $I_x = f_x\Delta t$，即总冲量等于平均冲力与相应时间 Δt 的乘积，两者相等，

消去 Δt 后得 A_1 面受到的平均持续冲力为

$$\bar{f}_x = \sum_{i=1}^{N} \frac{m v_{ix}^2}{l_1}$$

A_1 面受到的压强为

$$P = \frac{\bar{f}_x}{l_2 l_3} = \frac{mN}{l_1 l_2 l_3} \frac{\sum v_{ix}^2}{N} = nm \overline{v_x^2} \tag{6-3}$$

式中，$n = \frac{N}{l_1 l_2 l_3}$，为单位体积内的分子数，称为分子数密度；

$\overline{v_x^2} = \frac{v_{1x}^2 + v_{2x}^2 + v_{3x}^2 + \cdots + v_{Nx}^2}{N}$，表示沿 X 轴分子速度分量平方的平均值。

将统计规律 $\overline{v_x^2} = \frac{1}{3}\overline{v^2}$，代入式（6－3）得

$$P = \frac{1}{3} nm \overline{v^2} \tag{6-4}$$

引入分子平均平动动能 $\overline{\varepsilon_k} = \frac{1}{2} m \overline{v^2}$，则上式为

$$P = \frac{2}{3} n \left(\frac{1}{2} m \overline{v^2}\right) = \frac{2}{3} n \overline{\varepsilon_k} \tag{6-5}$$

式（6－5）叫做理想气体的压强公式。由式（6－5）可见，气体作用于器壁的压强正比于单位体积内的分子数 n 和分子平均平动动能 $\overline{\varepsilon_k}$。单位体积内的分子数越多，压强越大；分子平均平动动能越大，压强也越大。压强是一个宏观量，可以从实验直接测得，而式（6－5）表明了宏观量压强 P 与大量分子微观量的统计平均值 $\overline{\varepsilon_k}$ 的关系。这个关系是一个统计规律，它是气体分子运动论的基本公式之一。

最后，有必要指出：上面计算的只是作用在 A_1 面上的压强，但可以分析得到，若计算长方形容器其他各面所受的压强，也应有同样的结果。即使是其他形状的容器，经过适当运算，也会得到一样的结论。

6.4　气体分子平均平动动能与温度的关系

由理想气体状态方程和压强公式可以得到气体的温度与分子平均平动动能之间的关系，从而说明温度这一宏观物理量的微观本质。

设一个分子的质量为 m_0 千克，m 千克气体的分子数为 N，1 摩尔气体的分子数为 N_A，1 摩尔气体的质量为 M，则有 $m = N \cdot m_0$ 和 $M = N_A \cdot m_0$。把它们代入理想气体的状态方程

$$PV = \frac{m}{M} RT$$

得

$$P = \frac{N}{V} \cdot \frac{R}{N_A} T$$

式中，$\frac{N}{V}$ 是单位体积中的分子数，用 n 表示。R 和 N_A 都是常数，两者的比值同样是个常

数，用 k 表示，叫做玻尔兹曼常数

$$k=\frac{R}{N_A}=\frac{8.31}{6.022\times10^{23}}=1.38\times10^{-23}\quad \mathrm{J\cdot K^{-1}}$$

因此，理想气体状态方程可改写为

$$P=nkT \tag{6-6}$$

它也是常用的重要关系式。

将上式和气体压强公式（6－5）比较，得

$$\overline{\varepsilon_k}=\frac{1}{2}m_0\overline{v^2}=\frac{3}{2}kT \tag{6-7}$$

式（6－7）表明，宏观量温度只与气体分子运动的平均平动动能有关。换言之，气体的温度是分子平动动能的量度。温度越高，表示物体内部分子热运动越剧烈。温度是大量气体分子热运动的集体表现，具有统计意义。式（6－7）是气体分子运动论的又一个基本公式。

根据气体分子平均平动动能的公式$\frac{1}{2}m_0\overline{v^2}=\frac{3}{2}kT$，可以求出给定气体在一定温度下，分子运动速度的平方的平均值。如果把这个平方的平均值开方，就可得出气体分子的方均根速率

$$\sqrt{\overline{v^2}}=\sqrt{\frac{3kT}{m_0}}=\sqrt{\frac{3RT}{m_0N_A}}=\sqrt{\frac{3RT}{M}} \tag{6-8}$$

式中，M 是给定气体的摩尔质量。由此可见，方均根速率和气体的热力学温度的平方根成正比，与气体的摩尔质量的平方根成反比。对于同一气体，温度愈高，方均根速率愈大。在同一温度下，气体的摩尔质量愈大，方均根速率愈小。

［例 1］　计算 $T=273\mathrm{K}$ 时氧气的方均根速率。

解　将 $M=0.032\mathrm{kg\cdot mol^{-1}}$ 和 $R=8.31\mathrm{J\cdot mol^{-1}\cdot K^{-1}}$代入式（6－8），得

$$\sqrt{\overline{v^2}}=\sqrt{\frac{3RT}{M}}=\sqrt{\frac{3\times8.31\times273}{0.032}}=461\quad \mathrm{m\cdot s^{-1}}$$

［例 2］　一容器内贮某种气体，其压强为 $P=1.0\mathrm{atm}$，温度 $t=27℃$。求：(1) 单位体积内的分子数；(2) 分子的平均平动动能。

解　(1) 由式（6－6），得

$$n=\frac{P}{kT}=\frac{1.01\times10^5}{1.38\times10^{-23}\times300}=2.42\times10^{25}\quad \mathrm{m^{-3}}$$

(2) 分子的平均平动动能：

$$\overline{\varepsilon_k}=\frac{3}{2}kT=\frac{3}{2}\times1.38\times10^{-23}\times300=6.21\times10^{-21}\quad \mathrm{J}$$

6.5　能量按自由度均分原理　理想气体的内能

本节将讨论分子热运动能量所遵循的统计规律——能量按自由度均分原理，并推算理想气体的内能。

6.5.1　自由度

所谓某一物体的自由度，就是决定这一物体在空间的位置所需要的最少独立坐标数目。

如果一个质点可以在空间自由运动，那么它的位置需要三个独立坐标来决定，例如 x、y、z，即自由质点有三个自由度。当质点的运动受到某种特殊的限制时，质点可以只有两个或一个自由度。例如在曲面上或平面上运动的质点就只有两个自由度，在曲线上或直线上运动的质点就只有一个自由度。如果把火车、轮船、飞机都看做质点，那么火车有一个自由度，轮船有两个自由度，飞机有三个自由度。

刚体除平动外还有转动。由于刚体的运动一般可以分解为质心的平动和绕通过质心轴的转动，所以刚体的位置可以这样来决定：①三个独立坐标 x、y、z 决定质心的位置；②两个独立坐标，如 α、β 决定转轴的方位（三个方向角 α、β、γ 中只有两个是独立的，因为 $\cos^2\alpha+\cos^2\beta+\cos^2\gamma=1$）；③一个独立坐标 φ 决定刚体绕轴 OA 的转动，如图 6－4 所示。因此，刚体有六个自由度，即三个平动自由度，三个转动自由度。当刚体的运动受到某种限制时，自由度的数目就要减少。例如门的转动，就只有一个自由度。

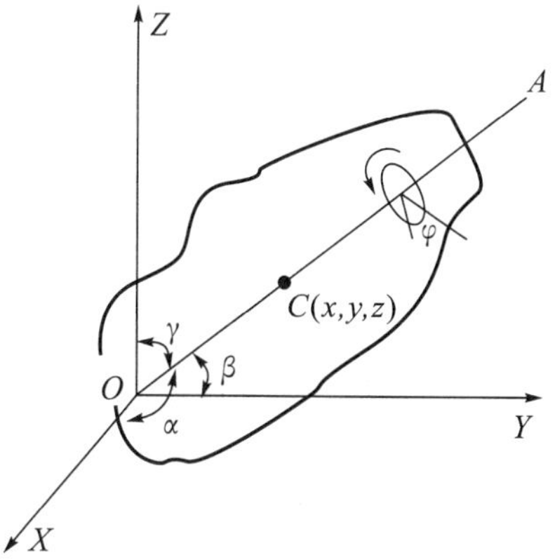

图 6－4　刚体的自由度

现在来研究气体分子自由度的问题。按气体分子的结构，可以分为单原子、双原子、三原子及多原子的分子。由于原子很小，单原子分子可以看做一质点；又因为气体分子不可能在一个固定的轨道或者平面上运动，因此单原子气体分子有三个自由度。双原子分子可看做是两个质点组成的直线，由于质心的位置需要三个独立坐标来决定，而两质点以连线为轴的转动是不存在的，因此刚性双原子分子是五个自由度。三个或三个以上原子组成的分子如果看做刚体，应有六个自由度，其中三个平动自由度，三个转动自由度。实际上，双原子分子或多原子分子不完全是刚性的，分子内部要发生振动。因此，除平动自由度和转动度外，还有振动自由度。但我们现在的讨论，一般没有声明要考虑振动时，就不用考虑振动自由度，而把气体分子视为刚性分子。

6.5.2　能量按自由度均分原理

在 6.4 小节中已经得出理想气体分子的平均平动动能为

$$\frac{1}{2}m\,\overline{v^2}=\frac{3}{2}kT$$

式中

$$\overline{v^2}=\overline{v_x^2}+\overline{v_y^2}+\overline{v_z^2}$$

那么分子的平均平动动能又可表示为

$$\frac{1}{2}m\,\overline{v^2}=\frac{1}{2}m\,\overline{v_x^2}+\frac{1}{2}m\,\overline{v_y^2}+\frac{1}{2}m\,\overline{v_z^2}$$

由于气体分子的运动是杂乱无章的，在平衡态下大量分子各方向运动的机会均等，因此有

$$\overline{v_x^2} = \overline{v_y^2} = \overline{v_z^2} = \frac{1}{3}\overline{v^2}$$

所以

$$\frac{1}{2}m\overline{v_x^2} = \frac{1}{2}m\overline{v_y^2} = \frac{1}{2}m\overline{v_z^2} = \frac{1}{3}(\frac{1}{2}m\overline{v^2}) = \frac{1}{2}kT \qquad (6-9)$$

式（6－9）表明，气体分子沿 x、y、z 三个方向运动的平均平动动能完全相等，可以认为分子的平均平动动能$\frac{3}{2}kT$是均匀地分配在每一个平动自由度上的。因为分子平动有三个自由度，所以相应于每一个平动自由度的平均动能是$\frac{1}{2}kT$。

这个结论是对平动来说的，但可以推广到转动和振动。在热平衡状态下，物质分子的每一个自由度都具有相同的平均动能，其大小等于$\frac{1}{2}kT$。分子能量按这样分配的原理称为能量按自由度均分原理。根据这一原理，如果气体分子有 i 个自由度，则气体分子的平均总动能为$\frac{i}{2}kT$。

6.5.3 理想气体的内能

气体分子除了各种运动的动能外，因为分子间有相互作用力，当分子间的距离改变时，分子力就作功，所以分子还具有相互作用势能。气体中所有分子的动能与势能的总和称为气体的内能。

对理想气体，分子间相互作用力可忽略不计，所以理想气体分子没有相互作用的势能。因此，理想气体的内能就是所有分子的各种运动动能的总和。假设分子有 i 个自由度，则分子的平均总动能为$\frac{i}{2}kT$，而 1 摩尔理想气体有 N_A 个分子，所以，1 摩尔理想气体的内能是

$$E_{mol} = N_A(\frac{i}{2}kT) = \frac{i}{2}RT \qquad (6-10)$$

质量为 M 千克，摩尔质量为 μ 千克/摩尔的理想气体的内能是

$$E = \frac{m}{M}\frac{i}{2}RT \qquad (6-11)$$

由式（6－11）看出，质量一定的理想气体，其内能完全取决于分子运动的自由度和气体的温度。

对于给定的理想气体，i 是一定的，其内能仅是温度的单值函数，即 $E=E(T)$，这是理想气体的一个重要性质。

［例 2］ 在室温 300K 下，1 摩尔氢气和 1 摩尔氮气的内能各是多少？1 克氢气和 1 克氮气的内能各是多少？温度升高 1K 时，1 摩尔氢气和 1 摩尔氮气的内能各增加多少？

解 氢气和氮气皆视为由刚性双原子分子组成的理想气体，$i=5$，因此 1 摩尔氢气和氮气的内能表达式相同

$$E_{N_2} = E_{H_2} = \frac{i}{2}RT = \frac{5}{2}\times 8.31\times 300 = 6.23\times 10^3 \quad \text{J}\cdot\text{mol}^{-1}$$

对 1 克气体：

$$E_{H_2}=\frac{m}{M}\cdot\frac{i}{2}RT=\frac{m}{M}\cdot\frac{5}{2}RT=\frac{1\times10^{-3}}{2\times10^{-3}}\times6.23\times10^{3}=3.12\times10^{3}\quad \text{J}$$

$$E_{N_2}=\frac{m}{M}\cdot\frac{i}{2}RT=\frac{m}{M}\cdot\frac{5}{2}RT=\frac{1\times10^{-3}}{28\times10^{-3}}\times6.23\times10^{3}=2.23\times10^{3}\quad \text{J}$$

由式（6－10）可以得出，当温度从 T 增加到 $T+\Delta T$ 时，1 摩尔理想气体内能的增量为

$$\Delta E=\frac{i}{2}R\Delta T$$

所以温度每升高 1K（$\Delta T=1\text{K}$）时，1 摩尔理想气体的内能增加 $\frac{i}{2}R$，因此

$$\Delta E_{H_2}=\Delta E_{N_2}=\frac{5}{2}R=20.8\quad \text{J}$$

6.6　气体分子的速率分布

在气体内部，气体分子以各种大小的速率，沿各个不同的方向运动，由于相互碰撞，每个分子的速度不断改变。因此，若在某一特定时刻，去考查某一特定分子，它的速度具有怎样的数值和方向，是完全偶然的。然而就大量分子的整体来说，在一定条件下，它的速率分布却遵从一完全确定的统计分布规律。在本节里，我们将简要研究这个规律。为了说明这个问题，我们先来分析一个研究气体分子速率的实验。

6.6.1　测定气体分子速率的实验

图 6－5 是测定气体分子速率分布的一种实验装置。全部装置放在高真空容器中。图中 A 是一只电炉，加热其中的水银，使其蒸发产生水银蒸汽。部分水银分子通过狭缝 S 后，形成一条很狭窄的分子射线束。B 和 C 是两个相距为 l 的共轴圆盘，盘上各开一个很窄的狭缝，两缝间有一个很小的夹角 θ，约为 2°左右（图上有意画得大一些）。D 是一个接受水银分子的显示屏。

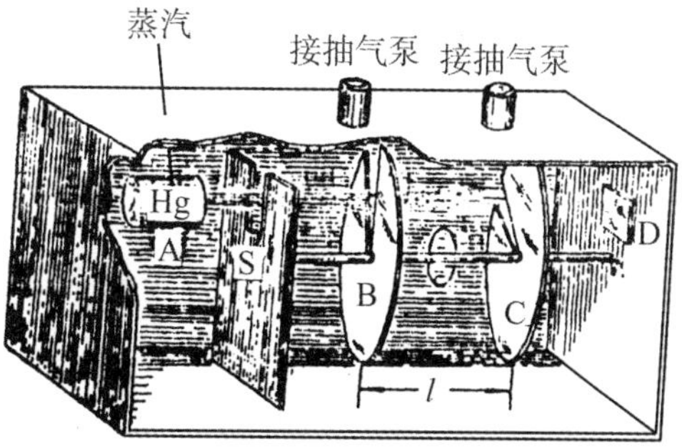

图 6－5　测定分子速率分布的一种实验装置

当 B、C 两圆盘以角速率 ω 转动时，圆盘每转一周，分子射线通过 B 盘一次。由于分子的速率不同，分子由 B 到 C 所需的时间也不一样，所以，并非所有通过 B 的分子都能通过 C 而射到显示屏 D 上。只有当分子速率 v 满足下列关系式的那些分子才能通过 C 而射到 D 上，即

$$\frac{l}{v}=\frac{\theta}{\omega}$$

或

$$v=\frac{\omega}{\theta}l$$

可见，圆盘 B 与 C 起了速率选择器的作用。当改变角速度 ω 时，可使不同速率的分子通过。考虑到 B 和 C 上的狭缝都具有一定的宽度，所以，当 ω 一定时，能通过 B、C 而射到

显示屏 D 上的分子，实际上是速率在 v 到 $v+\Delta v$ 区间内的分子。

当圆盘以不同的角速率 ω 转动时，从显示屏 D 上可测出每次沉积层的厚度。若每次转动的时间相同，则每次沉积层的厚度对应于各个不同速率区间的相对分子数。

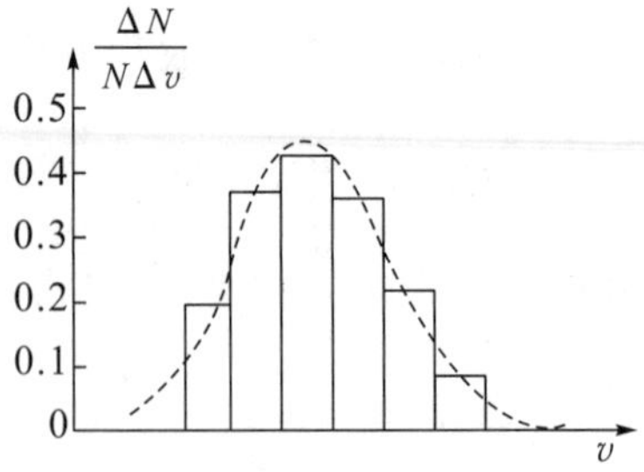

图 6－6　**分子速率分布**

图 6－6 是直接用实验结果作出的水银分子在 373K 时的速率分布情况。图中各矩形的面积表示分布在各个速率区间的相对分子数。

实验结果表明，在某个温度下，分布在不同速率区间内的相对分子数是不相同的。低速或高速运动的分子数较少，而多数分子以中等速率运动。这种运动速率分布情况，对处于任何温度下的任何一种气体来说，大体上都如此，这就是分子速率分布的规律。

6.6.2　气体分子的速率分布

设在平衡状态下的一定量气体的分子总数为 N，其中速率在 v 到 $v+\Delta v$ 区间的分子数为 ΔN，则$\frac{\Delta N}{N}$就表示速率在该一区间的相对分子数，即速率在此区间的分子数占总分子数的百分率。因为$\frac{\Delta N}{N}$越大，气体某一分子的速率在 v 到 $v+\Delta v$ 之间的可能性就越大，所以$\frac{\Delta N}{N}$也表示分子速率在该区间内的概率。从上面的实验结果可知，$\frac{\Delta N}{N}$与速率区间有关，对不同的速率区间，它的数值不同，如果 Δv 区间越大，$\frac{\Delta N}{N}$就越大。Δv 区间越小，速率分布的测量就越精确，图 6－6 中各方柱越窄，速率分布的阶跃或曲线逐渐趋近一光滑曲线。当 $\Delta v \to 0$ 时，则单位速率区间内的分子数$\frac{\Delta N}{\Delta v}$与总分子数 N 之比，即$\frac{\Delta N}{N\Delta v}$就变成 v 的一个连续函数。我们把这一函数叫做速率分布函数，并用 $f(v)$ 表示，于是有

$$f(v)=\lim_{\Delta v\to 0}\frac{\Delta N}{N\Delta v}=\frac{1}{N}\lim_{\Delta v\to 0}\frac{\Delta N}{\Delta v}=\frac{1}{N}\frac{\mathrm{d}N}{\mathrm{d}v}$$

或

$$\frac{\mathrm{d}N}{N}=f(v)\mathrm{d}v$$

式中，$\frac{\mathrm{d}N}{N}$表示在 v 附近 v 到 $v+\mathrm{d}v$ 速率区间内的相对分子数。麦克斯韦等人从理论上证明

$$\frac{\mathrm{d}N}{N}=4\pi\left(\frac{m}{2\pi kT}\right)^{3/2}\mathrm{e}^{-mv^2/2kT}v^2\mathrm{d}v \tag{6-12}$$

即速率分布函数为

$$f(v)=4\pi\left(\frac{m}{2\pi kT}\right)^{3/2}\mathrm{e}^{-mv^2/2kT}v^2 \tag{6-13}$$

式中，T 是气体的热力学温度，m 为分子质量，k 为玻尔兹曼常数，式（6－12）称为麦克斯韦速率分布规律。

函数 $f(v)$ 与 v 的关系可用曲线表示，如图 6－7，称为麦克斯韦速率分布曲线。在速率区间 v 到 $v+\Delta v$ 内曲线下的窄条面积为

$$f(v)\Delta v=\frac{\Delta N}{N\Delta v}\Delta v=\frac{\Delta N}{N}$$

即是说，这个面积等于分布在 v 到 $v+\Delta v$ 内的分子数的百分率。与此类似，在速率区间 v_1 到 v_2 内的曲线下方面积等于分布在此区间内的分子数的百分率。曲线下的总面积等于分布在 0 到∞区间的分子数的百分率，因为全部分子都分布在 0 到∞区间内，这个百分率应等于 1，因曲线下的总面积为 $\int_0^{\infty} f(v)\,\mathrm{d}v$，故有

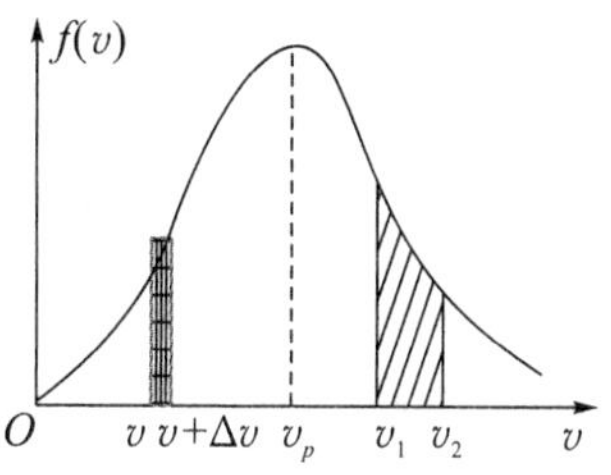

图 6－7　$f(v)$ ～v 关系曲线

$$\int_0^{\infty} f(v)\mathrm{d}v=1$$

这是分布函数所必须满足的条件，称为分布函数的归一化条件。

式（6－13）表明，分子的速率分布与温度有关。不同的温度有不同的分布曲线。图 6－8 给出了同一种气体在三种不同温度下的分布曲线。不难看出，温度升高时，曲线的最高点向速率增大的方向迁移，这是因为温度愈高，分子的运动程度愈加剧烈，速率大的分子数目就相应地增多。实验数据表明，随着温度的升高，曲线将变得较为平坦，这是与归一化条件相一致的。

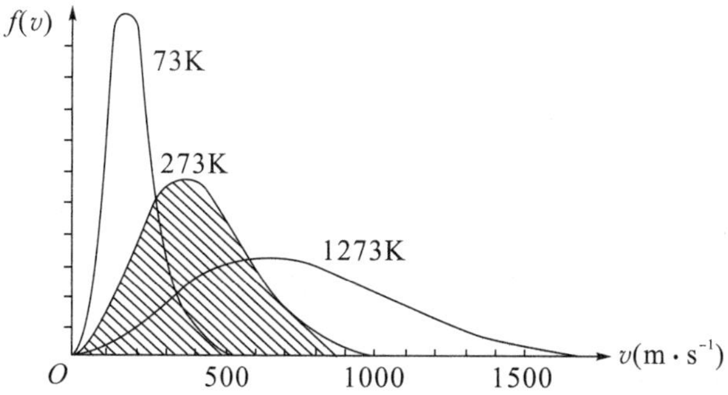

图 6－8　不同温度下的速率分布曲线

6.6.3　三种速率

利用麦克斯韦的速率分布函数可推导出有关分子热运动的三种速率，现只将其推导结果与物理意义简述如下：

（1）最概然速率 v_p

在速率分布曲线中有一个 $f(v)$ 的最大值，与这个最大值相应的速率 v_p 叫做最概然速率，如图 6－8 所示。它的物理意义是，在一定温度下，速率在 v_p 附近单位速率区间内的相对分子数最多。也就是说，分子分布在 v_p 附近的概率最大。v_p 的大小为

$$v_p=\sqrt{\frac{2kT}{m}}=\sqrt{\frac{2RT}{M}}\approx 1.41\sqrt{\frac{RT}{M}} \tag{6-14}$$

(2) 平均速率 $\bar{v}$

在平衡状态下，气体分子速率有大有小，所有分子的速率的算术平均值，叫做平均速率。设速率为 v_1 的分子有 ΔN_1 个，速率为 v_2 的分子有 ΔN_2 个……总分子数 N 是各种速率的分子数之和，即 $N=\Delta N_1+\Delta N_2+\cdots$ 按平均速率定义，则有

$$\bar{v}=\frac{v_1\Delta N_1+v_2\Delta N_2+\cdots}{N}=\frac{\sum_i v_i\Delta N_i}{N}$$

可以证明气体分子的平均速率 $\bar{v}$ 为

$$\bar{v}=\sqrt{\frac{8kT}{\pi m}}=\sqrt{\frac{8RT}{\pi M}}\approx 1.60\sqrt{\frac{RT}{M}} \tag{6-15}$$

(3) 方均根速率 $\sqrt{\overline{v^2}}$

它也是表达分子热运动的一种统计平均值，即将分子速率平方，求出其平均值，然后取此平均值的平方根，亦即

$$\sqrt{\overline{v^2}}=\sqrt{\frac{v_1^2\Delta N_1+v_2^2\Delta N_2+\cdots}{N}}=\sqrt{\frac{\sum_i v_i^2\Delta N_i}{N}}$$

$\sqrt{\overline{v^2}}$ 由下式决定：

$$\sqrt{\overline{v^2}}=\sqrt{\frac{3kT}{m}}=\sqrt{\frac{3RT}{M}}\approx 1.73\sqrt{\frac{RT}{M}}$$

这就是前面讲过的式（6－8）。

气体分子的上述三种速率 v_p、$\bar{v}$、$\sqrt{\overline{v^2}}$ 都与 $\sqrt{T}$ 成正比，与 $\sqrt{M}$ 成反比，即温度越高三者都越大；质量越大，三者都越小。在室温下，它们的数量级为几百米每秒，三者相比较，方均根速率最大，平均速率次之，最概然速率为最小（见图 6－9）。这三种速率分别应用于不同的场合。例如，在讨论速率分布时，要了解哪一种速率的分子所占的百分比最高，要用到最概然速率；在计算分子的平均平动动能时，要用到方均根速率；而在计算分子运动的平均自由程时，就要用到平均速率。

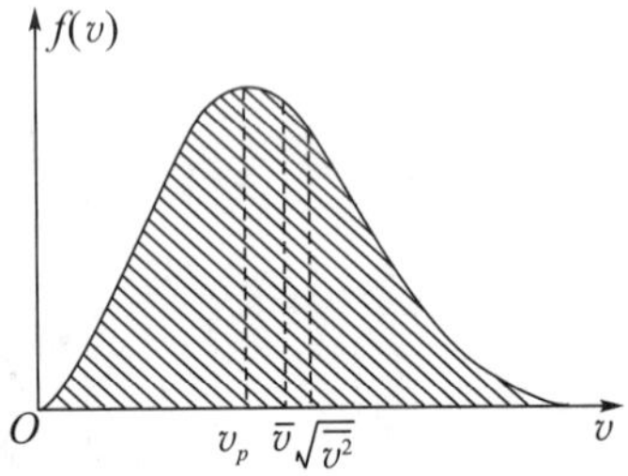

图 6－9　三种速率

*6.7　真实气体

前面讲过，真实气体只是在温度不太低、压力不太高的条件下，才近似遵守理想气体的状态方程。在 $P-V$ 图上，理想气体的等温线是等轴双曲线。真实气体的等温线，并非都是等轴双曲线。研究真实气体的等温线，就可以了解理想气体偏离实际的情况从而对真实气体的性质得到进一步的认识。

1869 年，安德鲁对二氧化碳的等温变化做了详细的实验研究，画出二氧化碳在不同温度下的等温线，如图 6－10 所示。图中以压强为纵坐标，单位为 atm，以比容（单位质量的气体所占的容积）为横坐标，单位为 $m^3\cdot kg^{-1}$。

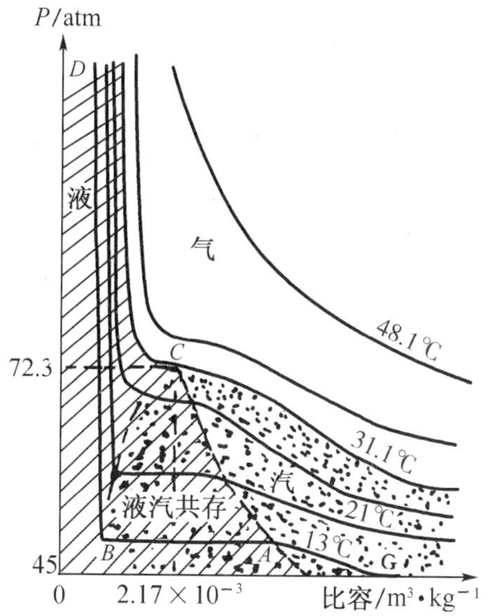

图 6－10　CO_2 的实验等温线

观察图 6－10 中的等温线得知，当温度比较高时，例如 48.1℃，二氧化碳的等温线与理想气体的等温线没有什么两样，但是在温度较低时区别就很显著。以 13℃的等温线为例，在曲线 *GA* 部分，体积随压力增加而减小，与理想气体的等温线相似。在 *A* 点处，即压强为 49 个大气压时，二氧化碳开始液化。在从 *A* 点到 *B* 点的液化过程中体积虽然在减小，但压力却保持不变，*AB* 是一条平直线，在 *B* 点处二氧化碳全部液化。通常把接近液化的气体叫做蒸汽，等温线的平直部分就是液汽共存的范围。在这一范围内的汽体叫做饱和蒸汽，相应的压强叫做饱和蒸汽压。自 *B* 点以后，如果继续压缩，由于液体的压缩性很小，所以压强 *P* 将随着体积的微小下降而直线上升。相应地，21℃的等温线，形式上与 13℃的等温线相似，只是平直部分较短，而饱和蒸汽压较高。温度如果继续升高，平直部分逐步缩短，到了 31.1℃时便缩成一点，这时二氧化碳不再液化。31.1℃以上的等温线逐渐接近于双曲线，温度越高，区别越小。由此可见，二氧化碳气体只有在高温或低压下才近似地遵守理想气体的状态方程。其他真实气体的等温线大体上与二氧化碳的等温线相似。

当等温线的平直部分正好缩成一拐点时的温度，称为临界温度，以 T_k 表示，与临界温度相对应的等温线称为临界等温线。所谓临界温度，就是在这个温度以上，压强无论怎样加大，气体不再液化。31.1℃为二氧化碳的临界温度，而 31.1℃的等温线为二氧化碳的临界等温线。临界等温线上的拐点称为临界点。临界点的压强称为临界压强，以 P_k 表示，相应的体积称为临界比容，以 V_k 表示。上述三个物理量称为气体的临界恒量。不同气体有不同的临界恒量。

临界等温线把 *P*－*V* 图分成上下两个不同的区域。上面只可能是气体状态；下面又可分作三个区域，参看图 6－10，不同等温线上开始液化和液化终了的各点，可以连成虚曲线 *ACB*。虚线 *AC* 的右边完全是气体状态，在 *ACB* 虚线以内是汽液共存的区域，虚线 *BC* 的左边完全是液体状态。

习　题

6－1　气体在平衡态时有何特征？当气体处于平衡态时还有分子运动吗？实际上能不能达到平衡状态？

6－2　（1）什么叫做理想气体？在宏观上，它是怎样定义的？在微观上，又是怎样认识的？

（2）一定质量的气体，当温度不变时，气体的压强随体积的减小而增大（玻意耳定律）；当体积不变时，压强随温度的升高而增大（查理定律）。从宏观上说，这两种变化同样是使压强增大，从微观上说，它们是否有区别？哪些是共同之处？哪些是具体过程中的差异之处？

6－3　题6－3图中的 a、c 曲线是 1000mol 氢气的等温线，其中压强 $P_1=20\times10^5\,\text{Pa}$，$P_2=4\times10^5\,\text{Pa}$，在 a 点，氢气的体积 $V_1=2.5\,\text{m}^3$，试求：

（1）该等温线的温度；

（2）氢气在 b 点和 d 点两状态的温度 T_b 和 T_d。

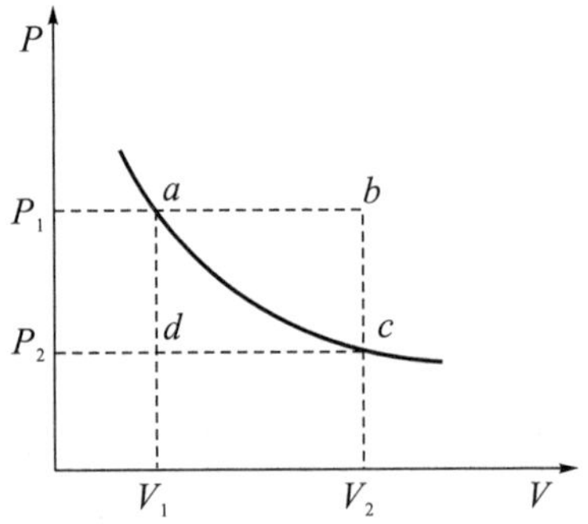

题6－3图

6－4　水银气压计中混进了一个空气泡，因此它的读数比实际的气压要小一些。当精确的气压计的水银柱为 0.768m 时，它的水银柱只有 0.748m 高，此时管中水银面到管顶的距离为 0.080m。试问：此气压计的水银柱为 0.734m 高时，实际的气压应是多少？（把空气看做理想气体，并设温度不变）

6－5　两瓶不同种类的气体，它们的温度和压强相同，但体积不同。问：

（1）单位体积内的分子数是否相同？

（2）单位体积内气体的质量是否相同？

（3）单位体积内气体分子的总平动动能是否相同？

6－6　（1）在一个具有活塞的容器中盛有一定量的气体。如果压缩气体并对它加热，使它的温度从 27℃升到 177℃，体积减小一半，求气体压强变化多少？

（2）这时气体分子的平均平动动能变化多少？分子的方均根速率变化多少？

6－7　分子的平均平动动能 $\overline{\varepsilon_k}=\frac{3}{2}kT$，这是对气体中大量分子而言的，只对其中某一分子而言可以吗？但如果容器中就只有几个、几十个或几百个分子，上式对其中某一分子而言还有什么意义吗？对这些分子全体而言上式还有什么意义吗？

6－8　计算在 400K 温度下，氢分子和氧分子的方均根速率和平均平动动能。

6－9　在温度为 127℃时，1mol 氧气中具有的分子平动总动能和分子转动总动能各为多少？

6－10　说明下列各式的物理意义：

（1）$\frac{1}{2}kT$；　　　　（2）$\frac{3}{2}kT$；

(3) $\frac{i}{2}RT$；　　　　　(4) $\frac{M}{m}RT$。

6－11　容器中贮有某种气体，如果容器漏气，则容器内气体分子的平均动能是否会变化？气体的内能是否变化（设漏气过程中温度保持不变）？

6－12　1mol 氮气，其分子热运动平动动能的总和为 3.75×10^3J，求氮气的温度。

6－13　一容器内贮有气体，压强为 1.33Pa，温度为 300K。问：在单位容积中有多少分子？这些分子的总平动动能是多少？

6－14　气体分子的平均速率、最概然速率和方均根速率的物理意义有什么区别？它们和温度有什么关系？它们与摩尔质量（M）又有什么关系？

6－15　两种不同的理想气体，若它们分子的平均速率相同，则它们的方均根速率是否相同？分子的平均平动动能是否相同？

6－16　利用麦克斯韦速率分布律，得出气体分子速率分布曲线如题 6－16 图所示。

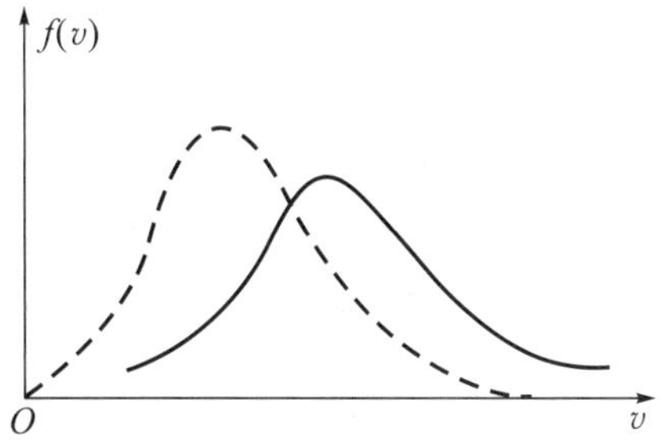

题 6－16 图

(1) 若图中曲线是在同一温度下作出来的氢气和氧气分子的速率分布曲线，试回答实线表示哪种气体分子的速率分布？

(2) 若曲线表示同一种气体在不同温度（$T_2>T_1$）下的速率分布，试回答实线表示什么温度下的速率分布。

6－17　两容器内分别盛有氢气和氦气，若它们的温度和质量分别相等，则（　　）。

(A) 两种气体分子的平均平动动能相等；

(B) 两种气体分子的平均动能相等；

(C) 两种气体分子的平均速率相等；

(D) 两种气体的内能相等。

6－18　关于温度的意义，有下列几种说法：

(1) 气体的温度是分子平均平动动能的量度；

(2) 气体的温度是大量气体分子热运动的集体表现，具有统计意义；

(3) 温度的高低反映物质内部分子运动剧烈程度的不同；

(4) 从微观上看，气体温度表示每个气体分子的冷热程度；

上述说法中正确的是（　　）。

(A) (1)、(2)、(4)　　　　(B) (1)、(2)、(3)

(C) (2)、(3)、(4)　　　　(D) (1)、(3)、(4)

第 7 章　热力学基础

热力学的研究对象是热现象及热运动的规律。热力学从能量观点出发，从宏观上分析研究在物质状态变化过程中，热功转换的关系和条件。本章主要讨论热力学第一定律、第二定律及其应用。

7.1　内能　功　热量

在热力学中通常把所研究的物体（气体、液体或固体）称为热力学系统，简称系统，而把与系统发生作用的环境称为外界。

热力学系统的能量依赖于系统的状态。这种取决于系统状态的能量称之为热力学系统的内能，简称内能。在第 6.5 节中，我们曾讲到理想气体的内能 $E=\frac{m}{M}\frac{i}{2}RT$ 是温度 T 的单值函数，即 $E=f(T)$。对实际气体来说，由于分子间相互作用力不能忽略，因此分子间存在势能，这种势能与分子间的距离有关，也就是与气体体积 V 有关，所以实际气体的内能是气体的温度 T 及体积 V 的函数，即 $E=f(T,V)$。总之，气体的内能是气体状态的单值函数。当气体状态确定了，气体的内能也随之确定。当气体的状态改变时，气体的内能也发生相应的变化。不仅气体的内能是状态的单值函数，像液体、固体等热力学系统的内能也是系统状态的函数。

无数事实证明，改变系统的内能有两个途径：①对系统作功；②向系统传递热量。例如，一杯水，可以通过加热，用传递热量的方法使它从某一温度升高到另一温度；也可用搅拌作功的方法，使它升高到同一温度，从而使系统（一杯水）内能的增量相同。前者是通过传递热量来完成的，后者是通过外界作功来完成的。两者的方法虽然不同，但是导致了相同的状态变化。可以看出，作功和传递热量是等效的。过去，习惯上，以焦耳作为功的单位，以卡作为热量的单位。根据著名的焦耳热功当量实验，得出热功之间的当量式，即 1 卡 =4.186 焦耳。在国际单位制中，功和热量都用焦耳作单位。

应该指出，作功和传递热量虽有其等效的一面，但在本质上仍然存在着区别。作功是通过物体作宏观位移来完成的，所起的作用是物体的有规则运动与系统内分子无规则运动之间的转换，从而改变系统的内能。传递热量则是通过分子之间的相互作用来完成的，所起的作用是系统外物体的分子无规则运动与系统内分子无规则运动之间的交换，从而改变系统的内能。

7.2 热力学第一定律

7.2.1 热力学第一定律

根据7.1节讨论，向系统传递热量或对它作功，都能使系统的状态或内能发生变化。在很多状态变化过程中，作功和传热是同时存在的。如果有一系统，外界对系统所传递的热量为Q，系统对外界作功为W，同时系统从内能为E_1的初状态改变到内能为E_2的末状态，即内能的增量为E_2-E_1，那么由能量守恒和转换定律得

$$Q=(E_2-E_1)+W \tag{7-1a}$$

式（7－1a）就是热力学第一定律的数学表示式。热力学第一定律说明：外界传递给系统的热量，一部分使系统的内能增加，另一部分用于系统对外作功。显然，热力学第一定律就是包括热现象在内的能量守恒和转换定律。

在式（7－1a）中我们规定：系统从外界吸热时，Q为正值；系统向外界放热时，Q为负值。系统对外作功时，W为正值；外界对系统作功时，W为负值。系统内能增加时，(E_2-E_1)为正值；内能减少时，(E_2-E_1)为负值。在运算时，式（7－1）中的Q、(E_2-E_1)及W三个量的单位必须一致，在国际单位制中，它们的单位都是焦耳。

对状态的微小变化过程，热力学第一定律的数学表达式可写成

$$\mathrm{d}Q=\mathrm{d}E+\mathrm{d}W \tag{7-1b}$$

历史上，有人曾企图制造一种机器，使系统经过状态变化后，又回到原始状态$(E_2-E_1=0)$，同时在这过程中无需外界任何能量供给而能不断地对外作功。这种机器叫第一类永动机。经过多次尝试，终归失败。这类尝试的失败导致热力学第一定律的发现，而第一定律则明确指出这类永动机是不可能制成的。

7.2.2 准静态过程中功的计算

现在我们研究系统在一状态变化过程中所做的功。我们假设过程进行得无限的缓慢，使系统所经历的每一中间状态都无限地接近于平衡状态，这种过程就是第6章已讲的平衡过程（也叫做准平衡过程或准静态过程），在本章中有关计算功和热量的过程均假设为平衡过程。

设有一汽缸，其中气体的压力为P，活塞的面积为S（图7－1），当活塞无摩擦地移动一微小距离$\mathrm{d}l$时，气体所做的功为

$$\mathrm{d}W=f\mathrm{d}l=PS\mathrm{d}l=P\mathrm{d}V$$

式中，$\mathrm{d}V$是气体体积的微小增量。当气体由体积为V_1的状态Ⅰ变到体积为V_2的状态Ⅱ时，其状态变化过程可用$P-V$图上一光滑曲线表示。如图7－2，功$P\mathrm{d}V$可用图上画有阴影的窄条面积表示，气体从状态Ⅰ变到状态Ⅱ所做的总功等于曲线下面所有这样的窄条面积的总和，即面积ⅠⅡV_2V_1，用积分表示为

$$W=\int_{V_1}^{V_2}P\mathrm{d}V \tag{7-2}$$

显然这个功与过程曲线形状有关，也就是与过程有关，所以气体所做的功不仅与气体的

初、末状态有关，而且还与气体所经历的过程有关，功是一个过程量。

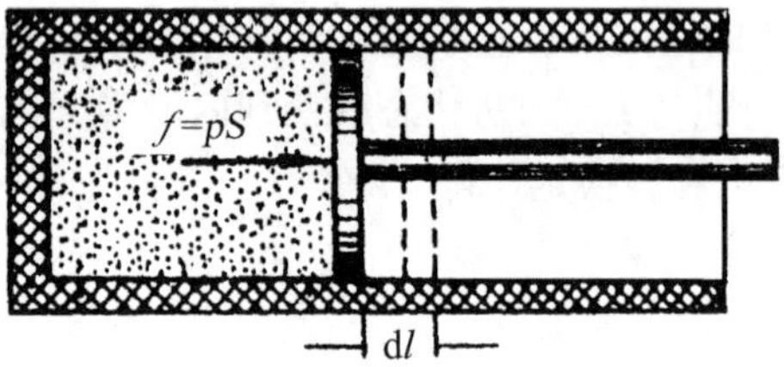

图 7－1　气体膨胀时所做的功

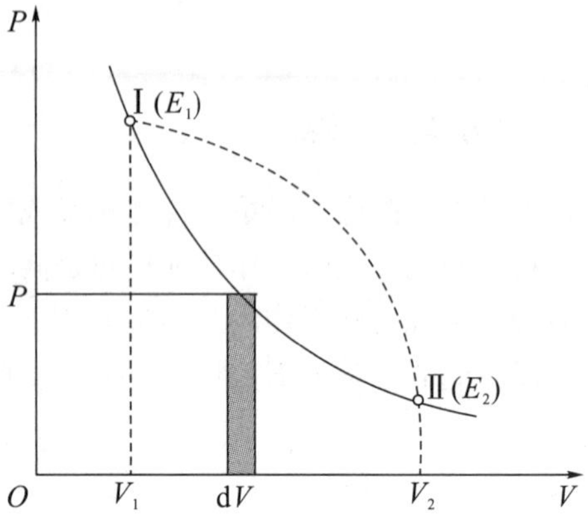

图 7－2　气体膨胀作功

将式（7－2）代入式（7－1）得气体在从状态Ⅰ变化到状态Ⅱ的过程中从外界吸取的热量为

$$Q = (E_2 - E_1) + \int_{V_1}^{V_2} P\,\mathrm{d}V \tag{7-3}$$

由于内能的改变与过程无关，而作功与过程有关，所以气体吸收的热量与气体所经历的过程有关。

在气体状态微小的变化过程中，热力学第一定律（7－1b）为

$$\mathrm{d}Q = \mathrm{d}E + P\,\mathrm{d}V \tag{7-4}$$

7.3　热力学第一定律对理想气体等值过程的应用

气体状态变化过程多种多样，反映在 $P-V$、$P-T$ 或 $V-T$ 图上是各种形状的曲线，其中最简单过程是下述的等值过程。

7.3.1　等体过程

气体等体过程的特征是气体体积保持不变，即 V 为恒量，$\mathrm{d}V=0$。

等体过程在 $P-V$ 图上是一条平行于 P 轴的直线（图 7－3），这条直线称为等体线。

在等体过程中，由于气体的体积 V 是恒量，气体不对外作功，即 $\mathrm{d}W=P\mathrm{d}V=0$。由热力学第一定律，有

$$(\mathrm{d}Q)_V = \mathrm{d}E \tag{7-5a}$$

对有限的等体过程，则有

$$Q_V = E_2 - E_1 \tag{7-5b}$$

上式表明，在等体过程中，外界传给气体的热量，全部用来增加气体的内能，而系统没有对外作功。

7.3.2　等压过程

等压过程的特征是系统的压强保持不变，即 P 为恒量，$\mathrm{d}P=0$。

等压过程在 $P-V$ 图上是一条平行于 V 轴的直线（图 7－4），这条直线称为等压线。

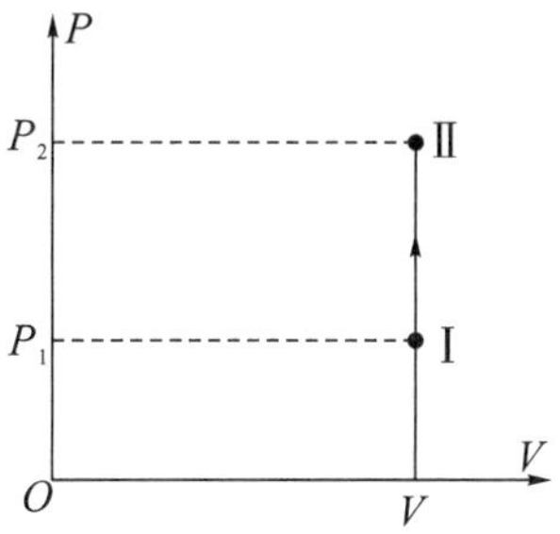

图 7－3　等体过程

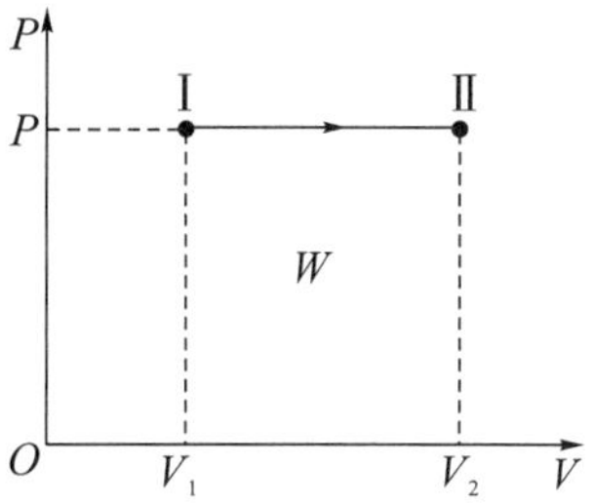

图 7－4　等压过程

现在我们来计算气体体积增加 $\mathrm{d}V$ 时所做的功 $\mathrm{d}W$。根据理想气体的状态方程

$$PV=\frac{m}{M}RT$$

如果气体的体积从 V 增加到 $V+\mathrm{d}V$，温度从 T 增加到 $T+\mathrm{d}T$，那么气体所做的功

$$\mathrm{d}W=P\mathrm{d}V=\frac{m}{M}R\mathrm{d}T \tag{7－6}$$

根据热力学第一定律，得

$$(\mathrm{d}Q)_P=\mathrm{d}E+\frac{m}{M}R\mathrm{d}T$$

当气体从状态Ⅰ（P，V_1，T_1）等压地变为状态Ⅱ（P，V_2，T_2）时，气体对外作功（图 7－4）为

$$W_P=\int_{V_1}^{V_2}P\mathrm{d}V=P(V_2-V_1)=\frac{m}{M}R(T_2-T_1)$$

所以，在整个过程中外界向气体所传递的热量为

$$Q_P=(E_2-E_1)+\frac{m}{M}R(T_2-T_1) \tag{7－7}$$

式（7－7）表明，在等压过程中，气体所吸取的热量一部分转换为内能的增量（E_2-E_1），一部分转换为对外所做的功$\frac{m}{M}R(T_2-T_1)$。

7.3.3　等温过程

等温过程的特征是系统的温度保持不变，即 T 为恒量，$\mathrm{d}T=0$。

等温过程在 $P-V$ 图上是一条双曲线（图 7－5），这条双曲线称为等温线。

由于理想气体的内能只取决于温度，因此，在等温过程中，理想气体的内能保持不变，亦 $\mathrm{d}E=0$。

现在计算等温过程中理想气体所做的功以及它所吸收的热量。在微小变化时，根据热力学第一定律，$(\mathrm{d}Q)_T=\mathrm{d}W=P\mathrm{d}V$。$P$ 是变量，服从理想气体状态方程，即

$$P = \frac{m}{M}RT\frac{1}{V}$$

因此

$$(\mathrm{d}Q)_T = P\mathrm{d}V = \frac{m}{M}RT\frac{\mathrm{d}V}{V}$$

当理想气体从状态Ⅰ(P_1, V_1, T)等温地变为状态Ⅱ(P_2, V_2, T)时(图 7-5),气体从恒温热源吸取热量 Q_T,而对外作功 W,由于内能不变,Q_T 和 W 的量值相等,即

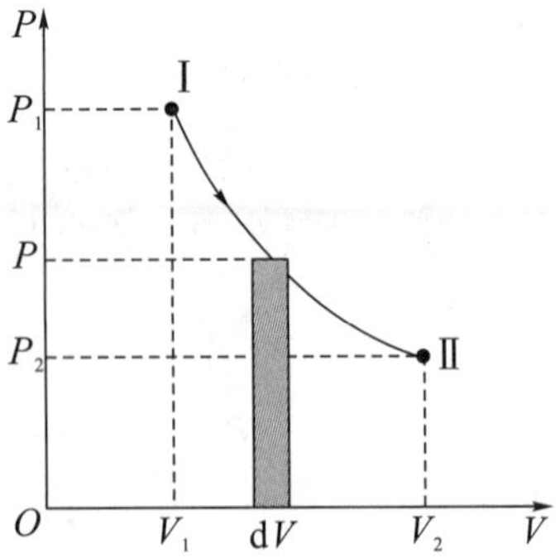

图 7-5 等温过程

$$Q_T = W_T = \int_{\mathrm{I}}^{\mathrm{II}}\mathrm{d}W = \int_{V_1}^{V_2}\frac{m}{M}RT\frac{\mathrm{d}V}{V} = \frac{m}{M}RT\ln\frac{V_2}{V_1} \tag{7-8a}$$

应用 $P_1V_1 = P_2V_2$ 的关系式,上式也可写成

$$Q_T = W_T = \frac{m}{M}RT\ln\frac{P_1}{P_2} \tag{7-8b}$$

可见在等温膨胀过程中,由于理想气体的内能不变,所以它吸取的热量全部转换为对外所做的功。在等温压缩时,外界对理想气体所做的功,全部转换为传给恒温热源的热量。

7.4 气体的热容量

我们知道,向一物体传递热量,物体温度要升高。热量的计算公式为

$$Q = mc(T_2 - T_1)$$

式中,m 是物体的质量,c 是比热容,T_1 及 T_2 为传热前后物体的温度,mc 称为该物体的热容。

如果取 1mol 的物体,即取 $m = M$,相应的热容量 mc 称为摩尔热容量,用大写字母 C 来表示,它的物理意义是:1mol 的物质,当温度升高 1K 时所吸取的热量。

因为吸取的热量与过程有关,所以在不同的过程中,摩尔热容量的数值不同。最常用的是等体过程和等压过程的摩尔热容量。

7.4.1 等体摩尔热容量

设有 1mol 的气体,在等体过程中吸取热量 $(\mathrm{d}Q)_V$,温度升高 $\mathrm{d}T$,则气体的等体摩尔热容量为

$$C_V = \frac{(\mathrm{d}Q)_V}{\mathrm{d}T}$$

由于等体过程中 $(\mathrm{d}Q)_V = \mathrm{d}E$,所以

$$C_V = \frac{\mathrm{d}E}{\mathrm{d}T}$$

对于理想气体,1mol 气体的内能为

$$E = \frac{i}{2}RT$$

代入上式得

$$C_V=\frac{dE}{dT}=\frac{\frac{i}{2}RdT}{dT}=\frac{i}{2}R \tag{7-9}$$

式中，i 为气体分子的自由度；R 为普适气体恒量。

理想气体的定体摩尔热容量只是分子自由度的函数，而与气体的温度无关。对于单原子理想气体，$i=3$，$C_V\approx12.5\text{J}\cdot\text{mol}^{-1}\cdot\text{K}^{-1}$；对于刚性双原子理想气体，$i=5$，$C_V\approx20.8\text{J}\cdot\text{mol}^{-1}\cdot\text{K}^{-1}$；对刚性多原子分子 $i=6$，$C_V\approx24.9\text{J}\cdot\text{mol}^{-1}\cdot\text{K}^{-1}$。

应当指出，对于理想气体，由于内能只与温度有关，所以$\frac{m}{M}$mol 的理想气体，在不同状态变化过程中，如果温度的增量 dT 相同，那么气体吸取的热量和所做的功虽然随过程不同而异，但是气体的内能增量却是相同的，都可以用 $dE=\frac{m}{M}C_VdT$ 来计算。

7.4.2 定压摩尔热容量

设 1mol 的气体，在等压过程中，吸取热量 $(dQ)_P$，温度升高 dT，则气体的定压摩尔热容量为

$$C_P=\frac{(dQ)_P}{dT}$$

由于在等压过程中 $(dQ)_P=dE+PdV$，所以

$$C_P=\frac{dE+PdV}{dT}=\frac{dE}{dT}+P\frac{dV}{dT}$$

对于 1mol 理想气体，因 $dE=C_VdT$，$PdV=RdT$，代入上式得

$$C_P=C_V+R \tag{7-10}$$

式（7－10）叫做迈耶公式，说明理想气体的定压摩尔热容量比定体摩尔热容量大一个恒量 $R=8.31\text{J}\cdot\text{mol}^{-1}\cdot\text{K}^{-1}$。也就是说，在等压过程中，温度升高 1K 时，1mol 的理想气体要比等体过程中多吸收 8.31J 的热量，用来对外作功。因 $C_V=\frac{i}{2}R$，代入式（7－10）得

$$C_P=\frac{i}{2}R+R=\frac{i+2}{2}R \tag{7-11}$$

在实际应用中，常用到 C_P 与 C_V 的比值，用 γ 表示，称为热容比，有

$$\gamma=\frac{C_P}{C_V}=\frac{i+2}{i} \tag{7-12}$$

对于理想气体可算出单原子气体的 $C_P\approx20.8\ \text{J}\cdot\text{mol}^{-1}\cdot\text{K}^{-1}$，$\gamma=1.67$；刚性双原子气体 $C_P\approx29.1\ \text{J}\cdot\text{mol}^{-1}\cdot\text{K}^{-1}$，$\gamma=1.40$；刚性多原子气体的 $C_P\approx33.2\text{J}\cdot\text{mol}^{-1}\cdot\text{K}^{-1}$，$\gamma=1.33$。$C_P$、$C_V$ 和 γ 都只与分子的自由度有关，而与气体的温度无关。

表 7－1 列举了在常温常压下几种气体摩尔热容量的实验值。从表中可以看到：①对各种气体来说，两种摩尔热容之差（C_P-C_V）都接近 R；②对单原子和双原子的气体来说，C_P、C_V 和 γ 的实验值与理论值相近，说明经典热容量理论能近似地反映客观事实。但对分子结构复杂的气体即三原子以上的气体来说，理论值与实验值有较大偏离。根据量

子力学建立的热容量理论，则能更准确地给出与实验相符合的理论值。

［例 1］ 一定量理想气体，压强为 1atm，体积为 $44.8m^3$。等压压缩到体积为 $22.4m^3$，问：气体作功为多少焦耳？

解 对等压过程有

$$W_P = P(V_2 - V_1) = 1 \times (22.4 - 44.8) = -22.4 \quad \text{atm} \cdot \text{m}^3$$
$$= -22.4 \times 1.013 \times 10^5 \text{ J} = -2.2 \times 10^6 \quad \text{J}$$

负号表示气体对外作负功，即外界对气体作功。

表 7－1 标准状态下气体摩尔热容的实验值

（C_P、C_V 的单位为 $\text{J} \cdot \text{mol}^{-1} \cdot \text{K}^{-1}$）

	气 体	C_P	C_V	$C_P - C_V$
单原子气体	氦	20.9	12.5	8.4
	氩	21.2	12.5	8.7
双原子气体	氢	28.8	20.4	8.4
	氮	28.6	20.4	8.2
	一氧化碳	29.4	21.2	8.1
	氧	28.9	21.0	8.1
多原子气体	水蒸汽	36.2	27.8	8.4
	甲烷	35.6	27.2	8.4
	氯仿	72.0	63.7	8.3
	乙醇	87.5	79.2	8.2

［例 2］ 4kg 氧气由 20℃升高到 100℃，问：在等容过程中和等压过程中各吸收多少热量？

解 对氧气有 $M = 32 \times 10^{-3} \text{kg} \cdot \text{mol}^{-1}$，$i = 5$

$$C_V = \frac{i}{2}R = \frac{5}{2} \times 8.31 = 20.8 \quad \text{J} \cdot \text{mol}^{-1} \cdot \text{K}^{-1}$$

$$C_P = \frac{i+2}{2}R = \frac{7}{2} \times 8.31 = 29.1 \quad \text{J} \cdot \text{mol}^{-1} \cdot \text{K}^{-1}$$

（1）等体过程 因为质量为 M 的气体的摩尔数为$\frac{m}{M}$，故由定体摩尔热容量定义，当气体的温度由 T_1 升高到 T_2 时吸取的热量为

$$Q_V = \frac{m}{M}C_V(T_2 - T_1) = \frac{4}{32 \times 10^{-3}} \times 20.8 \times 80 = 2.08 \times 10^5 \quad \text{J}$$

（2）等压过程 因为质量为 M 的气体的摩尔数为$\frac{m}{M}$，故由定压摩尔热容量定义，当气体的温度由 T_1 升到 T_2 时吸取的热量为

$$Q_P = \frac{m}{M}C_P(T_2 - T_1) = \frac{4}{32 \times 10^{-3}} \times 29.1 \times 80 = 2.91 \times 10^5 \quad \text{J}$$

7.5 绝热过程

在不与外界作热量交换的条件下，系统的状态变化过程叫绝热过程。它的特征是

$dQ=0$。例如，气体在具有绝热套的汽缸中进行膨胀，就可以看做是绝热过程；当气体迅速膨胀时，来不及和外界交换热量，这一过程也可看做是绝热过程。

下面讨论绝热过程中功和内能的转换关系。绝热过程中，因为热量 Q 为零，所以热力学第一定律为

$$0=(E_2-E_1)+W_Q$$

即

$$W_Q=-(E_2-E_1)=-\frac{m}{M}C_V(T_2-T_1)$$

从上式可以看出，在绝热过程中，气体对外作功是由内能的减少来完成的。当气体绝热膨胀对外作功时，体积增大、温度降低，而压力必然减小，所以在绝热过程中，气体的体积、温度和压力三个状态参量都同时改变。

可以证明，对于理想气体的绝热过程，在 P、V 和 T 三个参量中，任意两个量之间的关系为

$$PV^{\gamma}=\text{恒量}$$
$$V^{\gamma-1}T=\text{恒量}$$
$$P^{\gamma-1}T^{-\gamma}=\text{恒量}$$

式中，$\gamma=\dfrac{C_P}{C_V}$，以上三式叫做绝热方程。在具体应用时，可在三个方程中任取一个，其结果都是一样的。

当气体作绝热变化时，在 $P-V$ 图上，P 与 V 的关系曲线叫绝热线。图 7－6 中的实线表示绝热线，虚线表示同一气体的等温线。可以证明，绝热线比等温线更陡。

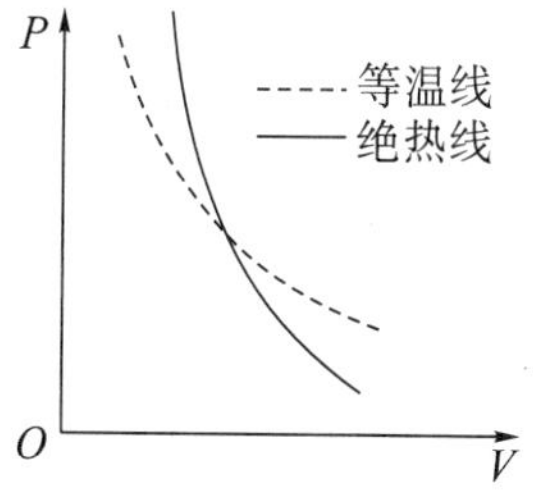

图7－6　等温线与绝热线比较

［**例** 3］　设有 8×10^{-3}kg 的氧气，体积为 $0.41\times10^{-3}\text{m}^3$，温度为 27℃。如氧气作绝热膨胀，膨胀后的体积为 $4.1\times10^{-3}\text{m}^3$，问：气体作功多少？如氧气作等温膨胀，膨胀后的体积也是 $4.1\times10^{-3}\text{m}^3$，问：这时气体作功又是多少？

解　氧气的质量 $M=8\times10^{-3}$kg，摩尔质量 $M=32\times10^{-3}$kg，原来温度为 $T_1=273+27=300$K，令 T_2 为氧气绝热膨胀后的温度，则

$$W_Q=-\frac{m}{M}C_V(T_2-T_1)$$

求所做的功必须先求出温度 T_2，根据绝热方程

$$V_1^{\gamma-1}T_1=V_2^{\gamma-1}T_2$$

得

$$T_2=T_1\left(\frac{V_1}{V_2}\right)^{\gamma-1}$$

以 $T_1=300$K，$V_1=0.41\times10^{-3}\text{m}^3$，$V_2=4.1\times10^{-3}\text{m}^3$ 及 $\gamma=1.40$ 代入上式，得

$$T_2=300\times\left(\frac{1}{10}\right)^{1.40-1}=119\ \text{K}$$

对氧分子而言，$C_V=20.8\text{J}\cdot\text{mol}^{-1}\cdot\text{K}^{-1}$，于是

$$W_Q=\frac{m}{M}C_V(T_1-T_2)=\frac{1}{4}\times20.8\times181=941\ \text{J}$$

如氧气作等温膨胀，则气体等温膨胀所做的功为

$$W_T = \frac{m}{M}RT_1\ln\frac{V_2}{V_1} = \frac{1}{4}\times 8.31\times 300\times \ln 10 = 1435\ \text{J}$$

7.6 循环过程

在生产技术上需要将热与功之间的转换持续地进行下去，这就需要利用循环过程。系统经过一系列状态变化过程以后，又回到原来状态的过程叫做循环过程，简称循环。在 $P-V$ 图上，循环过程用一条封闭的曲线表示（图 7－7）。

因为内能是状态的单值函数，所以工作物质（在技术上常把系统叫做工作物质）经过一个循环过程以后，它的内能没有改变，而在任一个循环过程中，系统所做的净功都等于 $P-V$ 图上所示循环所包围的面积，这是循环过程的重要特征。

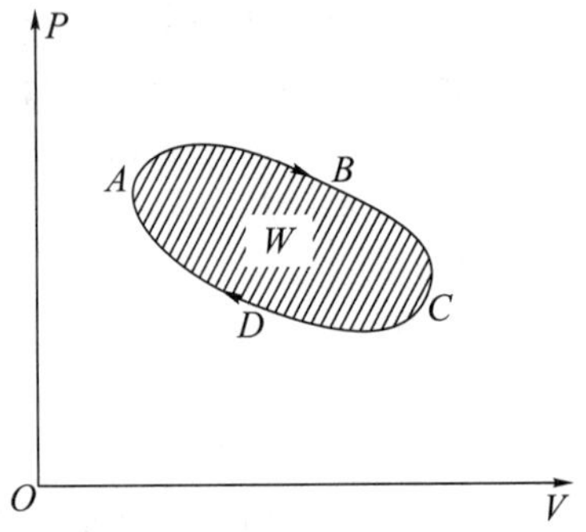

图 7－7 循环过程

按过程进行的方向不同，可把循环过程分为两类：在 $P-V$ 图上按顺时针方向进行的循环叫做正循环，在 $P-V$ 图上按逆时针方向进行的循环叫做逆循环。工作物质作正循环的机器叫做热机（如蒸汽机、内燃机），它是把热转变为功的机器。工作物质作逆循环的机器叫做致冷机，它是利用外界作功获得低温的机器。

图 7－8 是热机的示意图。一热机经过一个正循环后，它的初态和终态相同，故其内能不变，即 $\Delta E=0$，因此它从高温热源所吸收的热量 Q_1，一部分用来对外作功 W，另一部分则向低温热源放出。用 Q_2 表示向低温热源放出的热量值（绝对值），根据热力学第一定律，应有

$$W = Q_1 - Q_2$$

通常把

$$\eta = \frac{W}{Q_1} = \frac{Q_1 - Q_2}{Q_1} = 1 - \frac{Q_2}{Q_1} \tag{7-13}$$

叫做循环效率或热机效率。实际上，Q_2 不可能等于零，所以热机的效率总是小于 1 的。

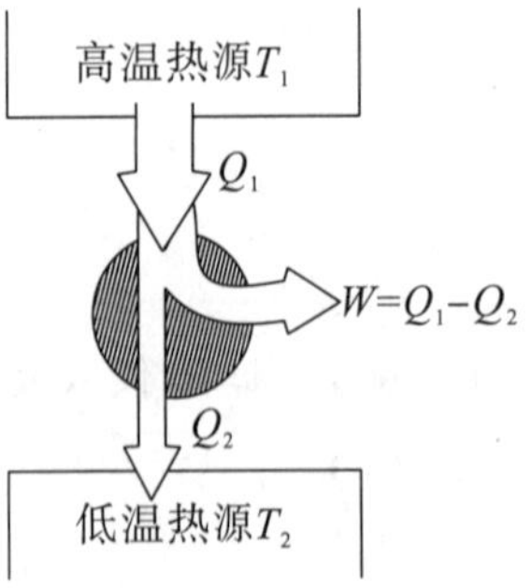

图 7－8 热机工作原理

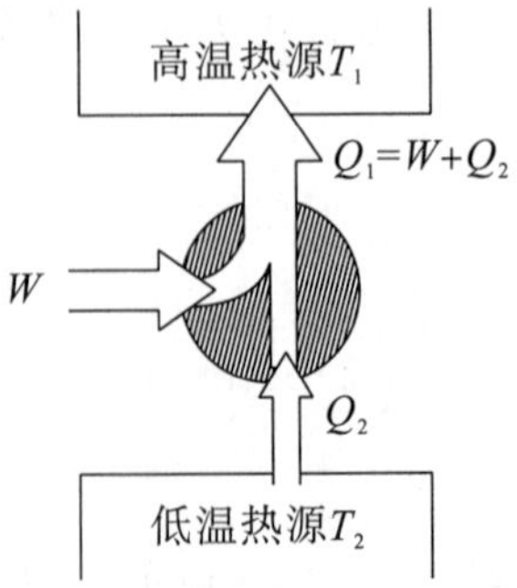

图7－9 致冷机工作原理

图 7－9 是致冷机的示意图，它从低温热源吸取热量 Q_2 并把热量 Q_1（绝对值）放出给高温热源。为了实现这一点，外界必须对致冷机的工作物质作功 W（绝对值）。于是当致冷机完成一个循环后，由热力学第一定律应有 $Q_1=W+Q_2$ 或 $W=Q_1-Q_2$。这就是说，经历一个逆循环后，由于外界对它作功，可把热量由低温热源传递到高温热源，这就是致冷机的工作原理。下面将阐述的第二定律表明，为了从低温热源拿走热量 Q_2，外界不消耗功 W 是不行的（否则，热量就会自动从低温热源流向高温热源了，这是违背我们经验的）。因而我们关心的是，外界消耗单位功能从低温热源取走多少热量。

$$e=\frac{Q_2}{W}=\frac{Q_2}{Q_1-Q_2} \tag{7-14}$$

e 叫做致冷机的致冷系数。

7.7　卡诺循环

卡诺循环的研究，在热力学中是十分重要的。这种循环过程是 1824 年法国青年工程师卡诺对热机的效率进行理论研究时提出的，曾为热力学第二定律的确立起了重要的作用。

卡诺循环是以理想气体为工作物质，由两个等温过程和两个绝热过程组成，在 $P-V$ 图上用两条等温线和两条绝热线表示。如图 7－10 所示，曲线 AB 和 CD 是温度为 T_1 和 T_2 的两条等温线，曲线 BC 和 DA 是两条绝热线。我们先讨论以 A 为起点沿曲线 $ABCDA$ 进行的正循环。作这种正循环的热机又称卡诺热机。

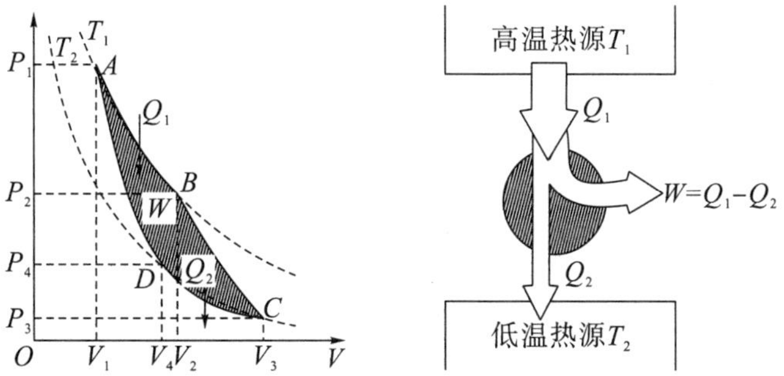

（a）$P-V$ 图　　（b）工作示意

图 7－10　卡诺正循环

在经历一个循环后，理想气体回到原先的状态，其内能不变，但要对外作功，并与热源间有能量传递。由热力学第一定律可求得在四个过程中，气体的内能、对外作功和传递热量间关系如下：

（1）在 AB 的等温膨胀过程中，气体的内能不变，它从温度为 T_1 的高温热源吸收的热量 Q_1 等于它对外所做的功 W_1，即

$$Q_1=W_1=\frac{m}{M}RT_1\ln\frac{V_2}{V_1} \tag{1}$$

（2）在 BC 的绝热膨胀过程中，气体不吸收热量，对外作功 W_2 等于气体减少的内

能，即

$$W_2 = -\Delta E = \frac{M}{\mu}C_V(T_1 - T_2)$$

（3）在 CD 的等温压缩过程中，气体内能不变，它向温度为 T_2 的低温热源放出的热量 Q_2 等于外界对气体所做的功（$-W_3$），即

$$-W_3 = -Q_2 = \frac{m}{M}RT_2\ln\frac{V_4}{V_3}$$

即

$$Q_2 = \frac{m}{M}RT_2\ln\frac{V_3}{V_4} \tag{2}$$

（4）在 DA 的绝热压缩过程中，气体不吸收热量，外界对气体作功（$-W_4$），等于气体增加的内能，即

$$-W_4 = \Delta E = \frac{m}{M}C_V(T_1 - T_2)$$

由以上四式可得理想气体经历一个卡诺循环后所做的净功为

$$W = W_1 + W_2 - W_3 - W_4 = Q_1 - Q_2$$

这个净功就是图 7－10（a）中循环所包围的面积。

由理想气体的绝热方程 $TV^{\gamma-1}$＝恒量，可得

$$T_1V_2^{\gamma-1} = T_2V_3^{\gamma-1}$$

$$T_1V_1^{\gamma-1} = T_2V_4^{\gamma-1}$$

上两式相除有

$$\frac{V_2}{V_1} = \frac{V_3}{V_4}$$

把它们代入式（1）和式（2），化简后，有

$$\frac{Q_1}{T_1} = \frac{Q_2}{T_2}$$

把它带入 $\eta = 1 - \frac{Q_2}{Q_1}$，得卡诺热机效率为

$$\eta = 1 - \frac{T_2}{T_1} = \frac{T_1 - T_2}{T_1} \tag{7－15}$$

从式（7－15）可以看出，要完成一次循环必须有高温和低温两个热源，而卡诺热机的效率只与两个热源的温度有关，高温热源的温度越高，低温热源的温度越低，则卡诺热机的效率越高。

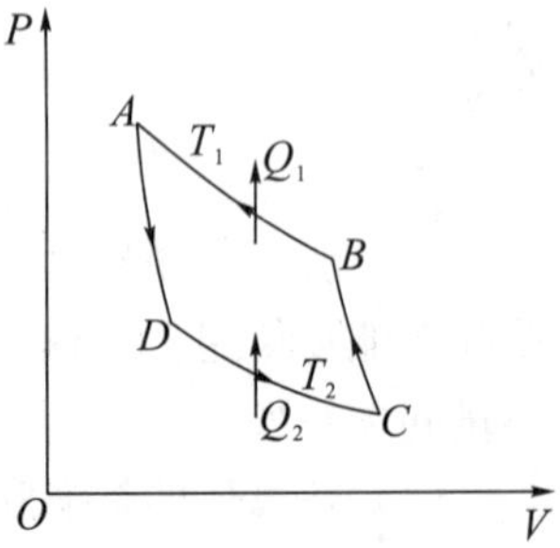

图 7－11　卡诺逆循环

下面讨论图 7－11 所示由两个绝热过程和两个等温过程组成的卡诺逆循环，即卡诺致冷机。气体从低热源 T_2 中吸取热量 Q_2，同时还接受外界对它所做的功 W。根据热力学第一定律，气体向高温热源 T_1 放出热量 $Q_1 = Q_2 + W$。

与推导正循环方法相似有 $\frac{Q_1}{T_1} = \frac{Q_2}{T_2}$，所以由致冷系数表达式（7－14）可得卡诺致冷机的致冷系数为

$$e = \frac{Q_2}{Q_1 - Q_2} = \frac{T_2}{T_1 - T_2} \tag{7-16}$$

［**例** 4］　一卡诺热机从 473K 的高温热源吸热，向 273K 的低温热源放热。若从高温热源吸热 418.6J，问：作功多少？

解　对卡诺热机 $\eta = 1 - \frac{T_2}{T_1}$，而一般热机 $\eta = \frac{W}{Q_1}$，所以

$$W = Q_1\left(1 - \frac{T_2}{T_1}\right) = 418.8 \times \left(1 - \frac{273}{473}\right) = 177.0 \quad \text{J}$$

［**例** 5］　今有 10mol 的单原子分子理想气体，作如图 7－12 所示的循环过程。若 $V_a = \frac{1}{2}V_b$，ab 为等温过程，其温度 $T = 300\text{K}$，bc 为等压过程，ca 为等体过程。试求：（1）c 点的温度 T_c；（2）在每个过程中吸收的热量；（3）循环过程的效率。

解　（1）由理想气体状态方程 $\frac{P_1V_1}{T_1} = \frac{P_2V_2}{T_2}$，因为 b、c 两点压强相同，设均为 P，且 $V_c = V_a$，故有

$$\frac{PV_a}{T_c} = \frac{PV_b}{T_b}$$

即　　$T_c = \frac{V_a}{V_b}T_b = \frac{1}{2} \times 300 = 150 \quad \text{K}$

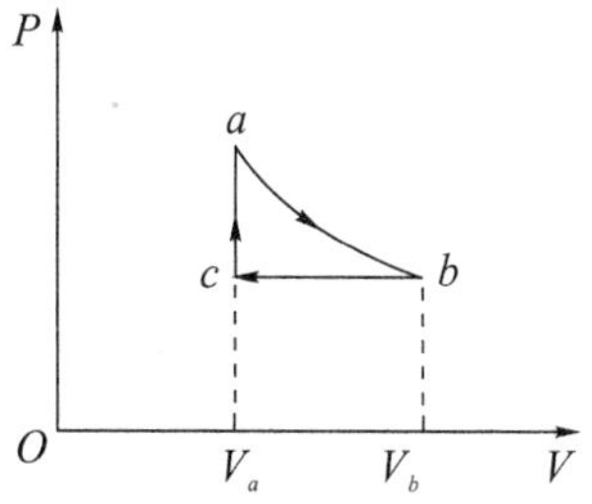

图 7－12

（2）ab 为等温过程：

$$Q_{ab} = W_{ab} = \frac{m}{M}RT\ln\frac{V_b}{V_a} = 10 \times 8.31 \times 300 \times \ln 2 = 17202 \quad \text{J}$$

bc 为等压过程：

$$Q_{bc} = \frac{m}{M}C_P(T_c - T_b) = 10 \times \frac{5}{2} \times 8.31 \times (150 - 130) = -31200 \quad \text{J}$$

ca 为等体过程：

$$Q_{ca} = \frac{m}{M}C_V(T_a - T_c) = 10 \times \frac{3}{2} \times 8.31 \times (300 - 150) = 18750 \quad \text{J}$$

（3）循环效率 $\eta = \frac{Q_1 - Q_2}{Q_1} = 1 - \frac{Q_2}{Q_1}$，在题中所给循环中

$$\eta = 1 - \frac{|Q_{bc}|}{Q_{ab} + Q_{ca}} = 1 - \frac{31200}{17202 + 18750} = 1 - \frac{31200}{35920} \approx 14\%$$

7.8　热力学第二定律

为了提高热机效率，从热机循环效率的公式 $\eta = \frac{W}{Q_1} = 1 - \frac{Q_2}{Q_1}$ 可以看出，向低温热源放出的热量 Q_2 越少，效率 η 就越大。当 $Q_2 = 0$ 时，效率就可达到 100％，这就是说如果在一个循环中，只从单一热源吸收的热量使之完全变为功，循环的效率就可达到 100％。但是长期实践表明，这种效率的热机是无法实现的。在这个基础上，1851 年开尔文提出：任何循环工作的热机，只从单一热源吸收热量，使之完全变成有用功，而不产生其他影响是不可能的，这就是热力学第二定律的开尔文表述。应该注意，这里指的是循环工作的热

机。如果工作物质所进行的不是循环过程，那么使一个热源冷却作功而不放出热量是完全可能的。例如在气体等温膨胀中，气体只从一个热源吸热、全部转变为功而不放出任何热量。但如果只是这样作功，工作物质不可能回到初始状态。

从一个热源吸热并将热全部变为功的热机，叫做第二类永动机。这种永动机并不违背热力学第一定律，即不违背能量守恒定律。如果这种机器能制造成功，使它从海水吸热而作功，那么海水温度只要降低 0.01K，所做的功就可供全世界所有工厂使用一千多年。但是我们无法制造出这种热机。现在看来，这只是一种幻想，因为第二类永动机违反了热力学第二定律。

大量的客观实践一再指明：热量不可能自动地从低温物体传向高温物体，这叫做热力学第二定律的克劳修斯表述。这里要注意的是“自动”二字，因为依靠作逆循环的致冷机，由外界作功，是可以把热量从低温物体传向高温物体的，冰箱就是一个实际例子。可以证明，热力学第二定律的两种表述是一致的。

热力学第一定律说明在任何过程中能量必须守恒，热力学第二定律却说明并非所有能量守恒的过程均能实现。热力学第二定律指出自然界中自发的过程是有方向的，某一方向的过程可以实现，而另一方向的过程不能实现，它是独立于热力学第一定律的规律。在热力学中，第一定律和第二定律相辅相成，缺一不可。

*7.9 热传导

热传导是物体间能量转移的一种基本方式，它通过物体中相邻分子间的连续碰撞来实现能量的转移。由于固体中的热能转移主要以热传导方式进行，因此，下面以固体为例来讨论热传导的宏观规律。当然，在液体和气体中同样存在热传导现象。

如图 7－13，设一块厚度为 d，面积为 S 的均匀固体平板的上下表面都与 XOY 平面平行，T_1 和 T_2 分别为两表面的温度，而且 $T_2<T_1$。两表面温度的差别将在固体内形成一定的非平衡温度分布。设在平行于表面的任意层位置的温度为 $T=T(Z)$，其大小由 T_1 沿 Z 轴正方向逐渐降低到 T_2。相邻层之间都会发生从高温到低温的热传导。

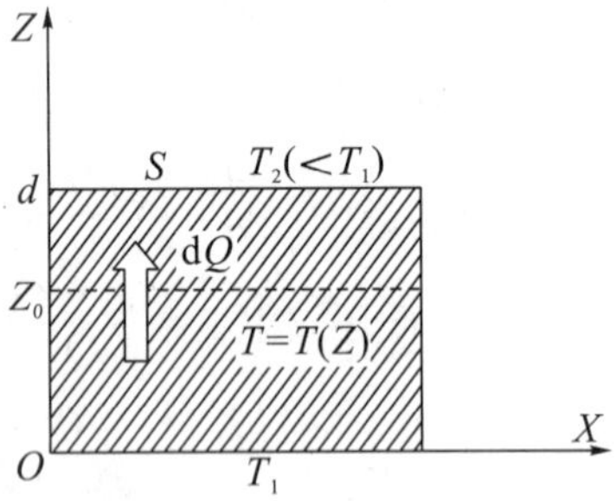

图 7－13 热传导

实验表明，在 $Z=Z_0$ 平面处，通过 S 面积，在 $\mathrm{d}t$ 时间内传过的热量 $\mathrm{d}Q$ 可由下式表示

$$\mathrm{d}Q=-\kappa\left(\frac{\mathrm{d}T}{\mathrm{d}Z}\right)_{Z_0}S\mathrm{d}t \tag{7-17}$$

式中，$\left(\frac{\mathrm{d}T}{\mathrm{d}Z}\right)_{Z_0}$ 为 $Z=Z_0$ 处的温度梯度，即此处的温度沿 Z 方向的空间变化率。κ 为导热系数，单位为 J/s·m·K 或 W/m·K，其数值大小决定于材料的种类和温度。表 7－2 给出了一些常用物质在常温下的导热系数。从表 7－2 看出不同材料的导热系数差别很大。导热性能好（κ 大）的物质称为导热体，如金属；导热性能差（κ 小）的物质称为绝热体，如空气和木材。然而即使是最好的绝热体，也会有一定的热量被传导。

表 7－2　一些常用物质在常温下的导热系数 κ

物质	κ（W/m·K）	物质	κ（W/m·K）
银	430	玻璃	0.8
铜	400	水	0.6
铝	240	人体（肥胖者）	0.2
铁	80	木头（松木）	0.12
钢	50	隔热材料	0.040
混凝土	1.2	空气	0.025

式（7－17）中的负号表示热传导的方向。当$\frac{\mathrm{d}T}{\mathrm{d}Z}<0$，即温度沿 Z 轴方向降低时，$\mathrm{d}Q>0$，表示热量沿 Z 轴正方向传递（图 7－13 就表示这种情况）。如果$\frac{\mathrm{d}T}{\mathrm{d}Z}>0$，即温度沿 Z 轴方向升高时，$\mathrm{d}Q<0$，表示热量沿 Z 轴负方向传递。可见，不管哪种情况，热能总是从高温部分传向低温部分。因此，式（7－17）中负号是热力学第二定律在热传导过程中的具体表现。

单位时间内通过导热体横截面积 S 的热量称为热流量，用 P 表示，即

$$P=\frac{\mathrm{d}Q}{\mathrm{d}t}=-\kappa S\left(\frac{\mathrm{d}T}{\mathrm{d}Z}\right)_{Z_0}$$

热流量的单位为瓦特（W）。

如果温度在固体板内均匀地由 T_1 变为 T_2，即温度梯度$\frac{\mathrm{d}T}{\mathrm{d}Z}=\frac{T_2-T_1}{d}$为常量，则热流量可表示为

$$P=\frac{\kappa S}{d}\Delta T \tag{7－18}$$

式中，$\Delta T=T_1-T_2>0$。

可见，对于一定形状的导热物体，热流量与温度差成正比，即

$$P=G\Delta T \tag{7－19}$$

式中，$G=\frac{\kappa S}{d}$称为热导，单位为 W/K，即物体的热导与其导热横截面积 S 成正比，与热传导距离 d 成反比，其比例系数即为导热系数 κ。

热导的倒数称为热阻，用 R 表示，即

$$R=\frac{1}{G}=\frac{d}{\kappa S} \tag{7－20}$$

热阻的单位为 K/W。

在实际生活和工作中，通常遇到的是多层材料中的传热，如两块绝热材料叠放在一起（图 7－14）。热阻为 R_1 的材料与较高温度 T_1 相接触，热阻 R_2 的材料与较低温度 T_2 相接触。两层材料间的温度 T'介于 T_1 和 T_1 之间。

根据式（7－18）和式（7－20）得知，通过 R_1 和 R_2 的热流量分别为

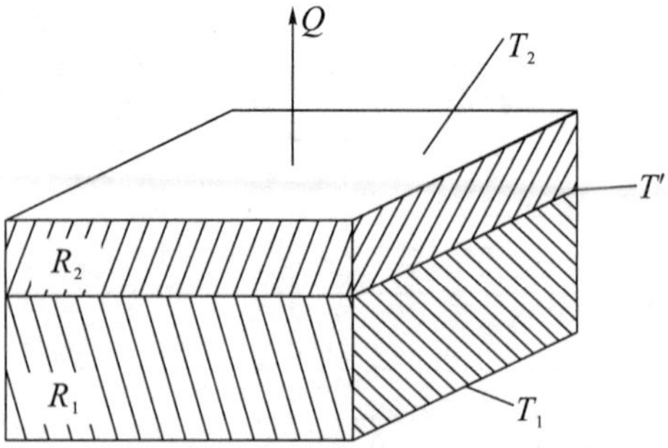

图 7－14　热阻串联

$$P_1 = \frac{T_1 - T'}{R_1}$$

或 $$T_1 - T' = R_1 P_1$$

$$P_2 = \frac{T' - T_2}{R_2}$$

或 $$T' - T_2 = R_2 P_2$$

将两式相加得到

$$\Delta T = T_1 - T_2 = R_1 P_1 + R_2 P_2$$

在稳恒热流情况下，所有通过 R_1 的热量都通过 R_2，即 $P_1 = P_2 = P$，P 为通过两层绝缘体的热流量，于是得到

$$\Delta T = (R_1 + R_2)P = RP \tag{7－21}$$

式中，$R = R_1 + R_2$ 为两层绝缘体的总热阻。

一般，热阻分别为 R_1，R_2，…，R_n 的 n 层板叠在一起时的总热阻为

$$R = R_1 + R_2 + \cdots + R_n = \sum R_i \tag{7－22}$$

通过式（7－21）及式（7－22）可计算通过 n 层材料的热流量。

［**例** 6］　在需要保温的房间，通常安装双层玻璃窗以增大窗户的热阻。设窗户面积为 $2m^2$，所用玻璃厚度为 5mm，试计算：（1）单层玻璃窗的热阻；（2）若空气夹层厚度为 10mm，计算双层玻璃窗的总热阻；（3）若室外温度为 6.0℃，现需使室内温度保持在 6.8℃，试计算利用单层和双层窗户时，室内所需安装的保温热源功率各为多少？假设其他各种热源可以忽略。

解　从表 7－2 可查得玻璃和空气的热导系数分别为 $\kappa = 0.8\text{W/m·K}$ 和 $\kappa' = 0.025\text{W/m·K}$。

（1）单层玻璃窗的热阻为

$$R_1 = \frac{d}{\kappa S} = \frac{5 \times 10^{-3}}{0.8 \times 2} = 0.03 \quad \text{K/W}$$

（2）空气层的热阻为

$$R' = \frac{d'}{\kappa' S} = \frac{1 \times 10^{-2}}{0.025 \times 2} = 0.200 \quad \text{K/W}$$

双层窗的总热阻为

$$R_2 = 2R_1 + R' = 0.206 \quad \text{K/W}$$

（3）由 $P = G\Delta T = \dfrac{\Delta T}{R}$ 得

$$P_1 = \frac{\Delta T}{R_1} = \frac{6.8 - 6.0}{0.003} = 267 \quad \text{W}$$

$$P_2 = \frac{\Delta T}{R_2} = \frac{6.8 - 6.0}{0.206} = 3.9 \quad \text{W}$$

可见，在所述条件下，用单层玻璃窗时，所需提供的保温热源功率为 267W；若改用双层玻璃窗，则只需 3.9W 的保温热源。

习　　题

7－1　怎样区别内能和热量？下面两种说法是否正确？

（1）物体的温度愈高，则热量愈多；

（2）物体的温度愈高，则内能愈大。

7－2　就理想气体回答下面问题：

（1）一系统能否吸收热量，仅使其内能变化；

（2）一系统能否吸收热量，不使其内能变化；

（3）对应于某一状态的内能，能否直接测量其数值？

7－3　两条等温线能否相交？能否相切？两条绝热线能否相交或相切？

7－4　一条等温线和一条绝热线有可能相交两次吗？

7－5　一系统由题 7－5 图中 a 态沿 abc 到达 c 态时，吸收了 350J 的热量，同时对外作 126J 的功。

（1）如果沿 adc 进行，则系统作功 42J，问：这时系统吸收了多少热量？

（2）当系统由 c 态沿曲线 ca 返回 a 态时，如果是外界对系统作功 84J，问：这时系统是吸热还是放热？热量传递是多少？

7－6　如题 7－6 图所示，一定量的空气开始在状态 A，压强为 2atm，体积为 $2.0\times10^{-3}\text{m}^3$，沿直线 AB 变化到状态 B 后，压强为 1atm，体积变为 $3.0\times10^{-3}\text{m}^3$。求此过程中气体所做的功。

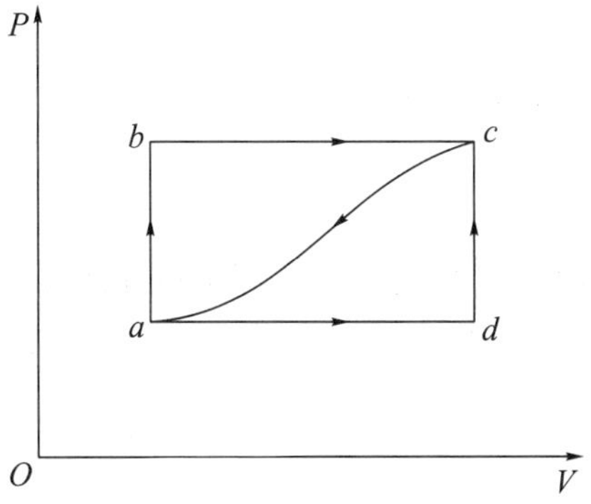

题 7－5 图

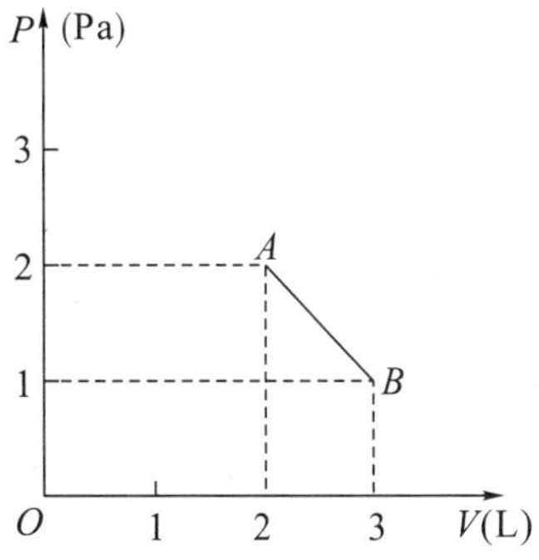

题 7－6 图

7－7　1mol 氧气，①由 A 等温地变到 B；②由 A 等体地变到 C，再由 C 等压地变到 B；③由 A 等压地变到 D，再由 D 等体地变到 B。已知数据如题 7－7 图所示。试分别计算三种情况下氧气的 ΔE、W 和 Q。

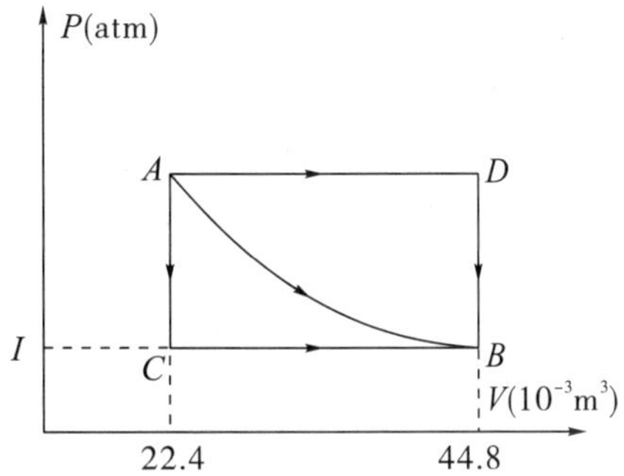

题 7－7 图

7－8　压强为 1Pa，体积为 $1.0\times10^{-3}\text{m}^3$ 的氧气由 0℃加热到 100℃。问：

（1）当压强不变时，需要多少热量？

（2）体积不变时，需要多少热量？

（3）在等压或等体过程中各做多少功？

7－9　质量 $m=0.1$kg 的氧气，从 283K 升高到 333K，如果变化的过程是在下列情况下进行的：①体积不变；②压强不变；③绝热变化。分别求它们的内能变化及作的功。

7－10　将 0.1L 的氢气在 1Pa 下绝热压缩，体积变为 0.02L，求压缩时气体所做的功。

7－11　根据热力学第一定律及绝热过程的特征（$dQ=0$），推导绝热过程方程。

7－12　0.32kg 的氧作如题 7－12 图 *abcda* 的循环，设 $V_2=2V_1$，求循环效率。

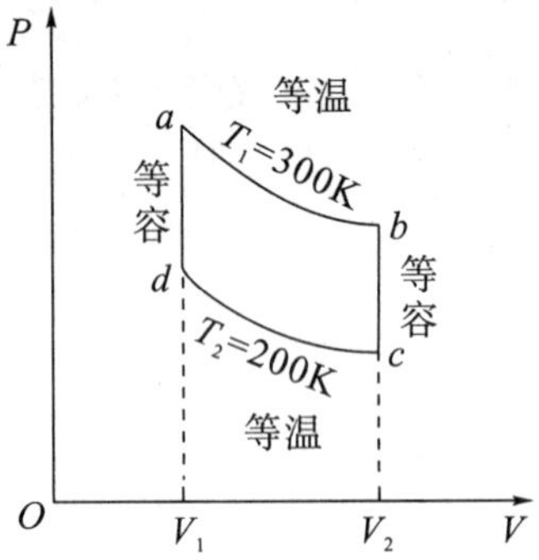

题 7－12 图

7－13　一卡诺热机的低温热源温度为 7℃，效率为 40%，若要将其效率提高到 50%，求高温热源的温度需提高多少度？

7－14　用一卡诺循环的致冷机从 7℃的热源中提取 1000J的热传向 27℃的热源，需要作多少功？从－173℃向 27℃呢？

7－15　有人说，因为在循环过程中系统对外作的净功在数值上等于 $P-V$ 图中封闭曲线所包围的面积，所以封闭曲线包围的面积越大，循环效率就越高。对吗？

7－16　“理想气体和单一热源接触作等温膨胀时，吸收的热量全部用来对外作功。”对此说法，有如下几种评论，哪种是正确的（　　）。

（A）不违反热力学第一定律，但违反热力学第二定律；

（B）不违反热力学第二定律，但违反热力学第一定律；

（C）不违反的热力学第一定律，也不违反热力学第二定律；

（D）违反热力学第一定律，也违反热力学第二定律

7－17　甲说：“由热力学第一定律可证明任何热机的效率都不可能等于 1。”乙说：“热力学第二定律可表述为效率等于 100%的热机不可能制造成功。”丙说：“由热力学第一定律可证明任何卡诺循环的效率都等于 $1-\frac{T_2}{T_1}$。”丁说：“由热力学第一定律可证明理想气体卡诺热机（可逆的）循环的效率等于 $1-\frac{T_2}{T_1}$。”对以上说法，有如下几种评论，哪种是正确的（　　）。

（A）甲、乙、丙、丁全对；

（B）甲、乙、丙、丁全错；

（C）甲、乙、丁对，丙错；

（D）乙、丁对，甲、丙错。

*7－18　铝棒一端保持温度 220℃，另一端保持为 0℃，棒长 2m，直径为 1cm，求沿这根棒的热流量。

*7－19　一块 8cm 厚的绝热材料板，其面积为 1.2m×2.4m，板一侧的温度为 22℃，另一侧的温度为 4℃，求通过这块绝热板的热流量。材料的导热系数为 0.035W/m・K。

*7－20　一间屋子铺有 1.6cm 厚、250m^2 的木质胶合板，

(1) 求此板的热导是多少？

(2) 此板的热阻是多少？(利用表 7－2)。

*7－21　将导热系数为 0.035W/m·K 的一个 10cm 厚的隔热层放在导热系数为 0.05W/m·K，厚 5cm 的隔层上面。

(1) 组合层 1m^2 的热导是多少？

(2) 每一层及组合后的热阻分别是多少？

第 8 章　真空中的静电场

电磁运动是物质的又一种基本运动形式，在日常生活和生产实践中，从照明、动力直到计量、通信等几乎各个领域都离不开电和磁。此外，电磁运动的基本知识又是一系列重要学科如电工学、无线电电子学、自动控制和物质结构等的重要基础。可见，“电磁学”的规律在现代科学技术中占有极其重要的地位。

本章讨论真空中相对于观察者为静止的电荷或带电物体，在其周围所激发的电场（即静电场）的基本性质和规律。

我们将分别从电场对电荷施力和电荷在电场中移动时电场力对电荷作功这两个方面进行讨论，分别引入电场强度和电势这两个重要物理量来描述电场的特点；讨论反映静电场基本性质的高斯定理及场强环流定理；介绍电场强度和电势这两个量之间的关系。

8.1　电荷　库仑定律

8.1.1　电荷

两个不同材料的物体（如丝绢与玻璃棒）互相摩擦后，都能吸引羽毛、纸片等轻物。我们说这两个物体带了电，成了带电体，具有电荷。电荷只有两种：一种是负电荷，以“－”号表示，如电子带的电荷就是负电荷；另一种是正电荷，以“＋”号表示，如质子（即氢原子核）带的电荷就是正电荷。电荷与电荷之间有相互作用力，同号电荷互相排斥，异号电荷互相吸引。

物体所带电荷数量的多少，叫做电量。国际单位制中电量的单位为库仑，符号为 C。物体通常是由分子、原子组成的；而原子又由一个带正电的原子核和一定数目的绕核运动的电子组成；原子核又由带正电的质子和不带电的中子组成。一个质子所带的电量和一个电子所带的电量的数值相等，也就是说，如果用 e 代表一个质子的电量，则一个电子的电量就是 $-e$。实验证明，电荷的量值是不连续的，电荷的基本单元即一个质子或一个电子所带电量的绝对值 e，一切物体所带的电量都只能是这个基本电荷的整数倍。测量表明，这个基本电荷的量值为

$$e = 1.60217733 \times 10^{-19}\,\mathrm{C}$$

实验证明：在孤立系统中，电荷既不能被创造，也不能被消灭，它们只能从一个物体转移到另一个物体，或者从物体的一部分转移到另一部分，这叫做电荷守恒定律。它是一切宏观、微观过程所普遍遵从的重要基本定律之一。

8.1.2　库仑定律

若带电体的大小远比问题中所涉及的距离小得多时，在处理问题时可把此带电体的大小、形状忽略，而把它看做一个点（具有质量、电量的点），则此带电体叫点电荷。

实验指出：真空中两点电荷 q_1 和 q_2 之间的相互作用力的大小跟 q_1 与 q_2 的乘积成正比，而跟它们之间的距离 r 的平方成反比；作用力的方向沿着它们的连线，同号电荷相斥，异号电荷相吸（见图 8－1），这就是真空中的库仑定律。相互作用力的大小为

$$F = k\frac{q_1 q_2}{r^2} \tag{8－1a}$$

式中，k 为一比例系数，其数值和单位决定于 q、F、r 等量的单位，可由实验确定。

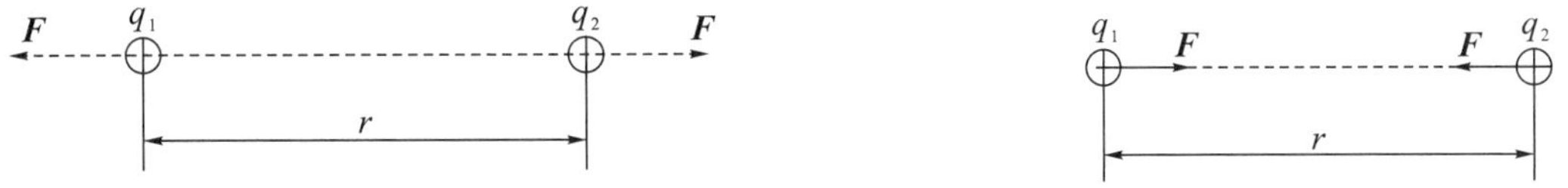

图 8－1

若要把作用力的大小和方向都同时表示出来，那就必须把库仑定律写成矢量形式。如图 8－2 所示，用 $\boldsymbol{F}_{21}$ 表示 q_2 受 q_1 的作用力；$\boldsymbol{r}_{21}$ 表示 q_2 相对于 q_1 的位置矢量（矢径），则真空中两个点电荷之间的相互作用力的大小和方向可用矢量式表示为

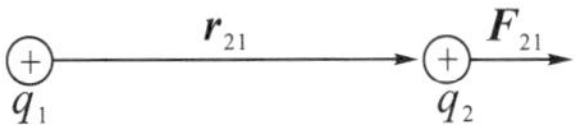

图 8－2

$$\boldsymbol{F}_{21} = k\frac{q_1 q_2}{r_{21}^3}\boldsymbol{r}_{21} \tag{8－1b}$$

同理

$$\boldsymbol{F}_{12} = k\frac{q_1 q_2}{r_{12}^3}\boldsymbol{r}_{12}$$

如果 q_1 与 q_2 同号，从式（8－1a）可见，$\boldsymbol{F}_{21}$与 $\boldsymbol{r}_{21}$同号，即 $\boldsymbol{F}_{21}$的方向与 $\boldsymbol{r}_{21}$的方向相同。同理 $\boldsymbol{F}_{12}$的方向与 $\boldsymbol{r}_{12}$的方向相同。这表明 $\boldsymbol{F}_{21}$与 $\boldsymbol{F}_{12}$为斥力。如果 q_1 与 q_2 异号，从式（8－1b）可见，$\boldsymbol{F}_{21}$与 $\boldsymbol{r}_{21}$异号，$\boldsymbol{F}_{21}$的方向与 $\boldsymbol{r}_{21}$的方向相反。同理，$\boldsymbol{F}_{12}$的方向与 $\boldsymbol{r}_{12}$的方向相反，这表明 $\boldsymbol{F}_{12}$与 $\boldsymbol{F}_{21}$为引力。

为了文字简洁，我们也可以将公式（8－1a）中力和矢径的脚标省去，统一写成

$$\boldsymbol{F} = k\frac{q_1 q_2}{r^3}\boldsymbol{r} \tag{8－1c}$$

或

$$\boldsymbol{F} = k\frac{q_1 q_2}{r^2}\boldsymbol{r}_0 \tag{8－1d}$$

虽然式（8－1c）、式（8－1d）中，$\boldsymbol{F}$ 和 $\boldsymbol{r}$ 都没有注明脚标，但在使用它的时候，我们必须十分清楚 $\boldsymbol{F}$ 和 $\boldsymbol{r}$ 的含义。式中 $\boldsymbol{r}_0$ 是沿矢径 $\boldsymbol{r}$ 方向的单位矢量。

前曾指出，库仑定律式（8－1a）中的比例系数 k 所取的数值和单位，决定于 q、$\boldsymbol{F}$、$\boldsymbol{r}$ 等量的单位，在国际单位制中，电量的单位为库仑，距离的单位为米，力的单位为牛顿，这时 k 的数值和单位为

$$k = 8.9755 \times 10^9 \text{N} \cdot \text{m}^2 \cdot \text{C}^{-2} \approx 9.0 \times 10^9 \text{N} \cdot \text{m}^2 \cdot \text{C}^{-2}$$

在实际问题中，直接用到库仑定律的机会很少，常用的却是从它推出来的其他公式。为了使这些常用公式的形式简单些，这里我们宁可使库仑定律中的比例系数复杂些，令比例系数 k 表示为

$$k = \frac{1}{4\pi\varepsilon_0}$$

式中，ε_0 叫做真空电容率，它的大小和单位为

$$\varepsilon_0 = \frac{1}{4\pi k} = 8.8542 \times 10^{-12} \quad \text{C}^2 \cdot \text{N}^{-1} \cdot \text{m}^{-2}$$
$$= 8.8542 \times 10^{-12} \text{F} \cdot \text{m}^{-1} \approx 8.85 \times 10^{-12} \quad \text{F} \cdot \text{m}^{-1}$$

把 $k = \frac{1}{4\pi\varepsilon_0}$ 代入式（8－1c）和式（8－1d），可将真空中库仑定律写成如下形式

$$\boldsymbol{F} = \frac{1}{4\pi\varepsilon_0} \frac{q_1 q_2}{r^3} \boldsymbol{r} \tag{8-1e}$$

或

$$\boldsymbol{F} = \frac{1}{4\pi\varepsilon_0} \frac{q_1 q_2}{r^2} \boldsymbol{r}_0 \tag{8-1f}$$

［**例 1**］　在氢原子中，电子与质子的距离约为 5.29×10^{-11}m，问：核吸引电子的力多大？

解　由于质子的半径 $r_p \approx 10^{-15}$m，电子的半径 $r_e < 10^{-24}$m，故电子与质子之间的距离约为它们本身直径的 10^4 倍以上，故电子与质子都可看成为点电荷。质子带的电荷为 $+e$，电子带的电荷为 $-e$，故它们之间的电力为引力，由库仑定律式（8－1f），此电力的大小为

$$f_e = \frac{1}{4\pi\varepsilon_0} \frac{e^2}{r^2} = 9.0 \times 10^9 \times \frac{(1.60 \times 10^{-19})^2}{(5.29 \times 10^{-11})^2} = 8.23 \times 10^{-8} \quad \text{N}$$

8.2　静电场　电场强度

8.2.1　静电场

两个电荷并不直接接触，但它们之间却有相互作用力，这种作用力是怎样传递的呢？围绕着这个问题，在历史上曾有过长期的争论，一种观点认为电荷之间的作用是“超距作用”，即一个电荷所受到的电性力是由另一个电荷直接给与的，既不需要中间物质进行传递，也不需要时间，而是从一个电荷立即到达另一个电荷，即

$$\text{电荷} \rightleftharpoons \text{电荷}$$

另一种观点认为这种作用是通过它们的电场来进行的，每个电荷的周围存在着电场，电荷 q_1 施于 q_2 的力是通过 q_1 的电场作用到 q_2 上的，q_2 施于 q_1 的力是通过 q_2 的电场作用到 q_1 上的，即

$$\text{电荷 } q_1 \rightleftharpoons \text{电场} \rightleftharpoons \text{电荷 } q_2$$

因此，电荷间的相互作用力叫做电场力。

后来，人们通过反复研究，终于弄清了后一种观点是正确的，在任何电荷周围都将激发电场，电荷的相互作用是通过电场对电荷的作用来实现的。

场是一种特殊的物质，它和物质的另一种形态——实物——一样具有动量和能量。存在于静止电荷周围的电场叫静电场。

本章及下章讨论静电场，静电场的主要表现是：

（1）位于电场中的任何带电体都将受到电场对它的作用力（电场力）。

（2）带电体在电场中移动时，电场力要对它作功，表明电场具有能量。

（3）位于电场中的导体和电介质要与电场相互作用。

我们正是根据静电场的以上表现来研究静电场的性质。

8.2.2　电场强度

现在我们就利用电荷在电场中所受的力来定量地描述电场。设想一带电体 Q 在空间建立起一个电场，我们把 Q 称为场源电荷，为了研究 Q 所产生的电场在空间的分布情况，可引入一个试验电荷 q_0，通过测量电场对它的作用力来研究电场。试验电荷应满足两个要求：①试验电荷必须是点电荷；②它的电量应足够小，以至把它放进电场中对原有电场几乎没有什么影响。

如图 8－3 所示，将试验电荷 q_0 引入电场中后，我们发现它在不同位置上所受作用力 $\boldsymbol{F}$ 的大小和方向一般是不同的，这说明电场中各点的性质一般是不同的；在电场中同一位

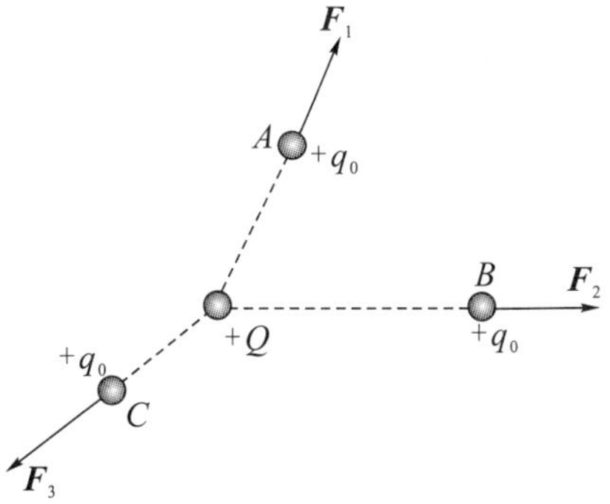

图 8－3　试验电荷在电场中不同位置受电场力的情况

置上，$\boldsymbol{F}$ 的大小与试验电荷的电量 q_0 成正比，$\boldsymbol{F}$ 的方向与试验电荷是正电荷还是负电荷有关（对于这两种情形，$\boldsymbol{F}$ 的方向恰好相反）。但是 $\boldsymbol{F}$ 与 q_0 的比值$\dfrac{\boldsymbol{F}}{q_0}$，无论其大小和方向都与 q_0 无关。从这些结果可以看出，试验电荷在电场中各处所受到的作用力确实能反映出电场的分布情况，而比值$\dfrac{\boldsymbol{F}}{q_0}$的大小和方向与 q_0 无关这一事实正说明这个比值反映了试验电荷所在处电场本身的物理性质。我们把比值$\dfrac{\boldsymbol{F}}{q_0}$称为电场强度，简称场强，用符号 $\boldsymbol{E}$ 表示，即

$$\boldsymbol{E} = \frac{\boldsymbol{F}}{q_0} \tag{8-2}$$

式（8－2）是电场强度的定义式。如果 q_0 为单位正电荷，则 $\boldsymbol{E}=\boldsymbol{F}$。由此可见，电场中某点电场强度的大小等于单位正电荷在该点所受的电场力的大小，其方向与正电荷在该点受到的电场力的方向一致。力是矢量，因而电场强度也是矢量。

在国际单位制中，场强的单位为牛顿/库仑，符号为 $\mathrm{N\cdot C^{-1}}$；场强的单位亦为伏特/米，符号为 $\mathrm{V\cdot m^{-1}}$。两者是一样的，不过 $\mathrm{V\cdot m^{-1}}$ 较 $\mathrm{N\cdot C^{-1}}$ 使用得更普遍些。

如果知道了电场中某点的场强 $\boldsymbol{E}$，又知道放于该点的电荷 q，根据式（8－2）可以很容易计算出电荷 q 所受的电场力，即

$$\boldsymbol{F}=q\boldsymbol{E} \tag{8-3}$$

从式（8－3）可以看出，作用在电荷上的电场力的方向与电荷的符号有关。当 $q>0$ 时，电场力的方向与场强方向相同；当 $q<0$ 时，电场力的方向与场强方向相反。

8.3　场强迭加原理　电场强度的计算

现在我们根据式（8－2）来计算几种特殊情形下的场强。

8.3.1　点电荷的场强

取一点电荷 Q，求距离点电荷为 r 处 P 点的场强。

按库仑定律，设在距点电荷 Q 为 r 处之 P 点有一试验电荷 q_0，则按库仑定律公式（8－1f），作用在 q_0 上的力 $\boldsymbol{F}$ 等于

$$\boldsymbol{F}=\frac{1}{4\pi\varepsilon_0}\frac{Qq_0}{r^2}\boldsymbol{r}_0$$

式中，$\boldsymbol{r}_0$ 是从场源电荷 Q 指向场点 P 的矢径 $\boldsymbol{r}$ 方向的单位矢量。

根据定义，该点的场强是

$$\boldsymbol{E}=\frac{\boldsymbol{F}}{q_0}=\frac{1}{4\pi\varepsilon_0}\frac{Q}{r^2}\boldsymbol{r}_0 \tag{8-4}$$

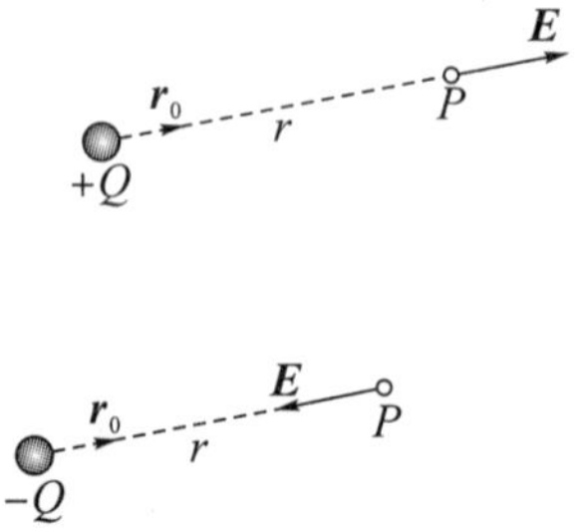

图 8－4　静电场 E 的方向

由上式可以看出，场强 $\boldsymbol{E}$ 只与产生电场的电荷 Q 的量值及它到场点的距离有关。

若 Q 是正电荷（即 $Q>0$），$\boldsymbol{E}$ 的方向与 $\boldsymbol{r}_0$ 的方向相同；若 Q 是负电荷（即 $Q<0$），则 $\boldsymbol{E}$ 的方向与 $\boldsymbol{r}_0$ 的方向相反（图 8－4）。

8.3.2　点电荷系电场的场强　场强的迭加原理

若场强是由若干个点电荷 Q_1，Q_2，…，Q_n 所产生的，这些电荷称为点电荷系。根据实验结果，电场力也满足力的独立作用原理，所以作用在场中某点 P 处试验电荷 q_0 上的力 $\boldsymbol{F}$，等于各个电荷所产生的力 $\boldsymbol{F}_1$，$\boldsymbol{F}_2$，…，$\boldsymbol{F}_n$ 的矢量和。

$$\boldsymbol{F}=\boldsymbol{F}_1+\boldsymbol{F}_2+\cdots+\boldsymbol{F}_n$$

由式（8－2）得出场强 $\boldsymbol{E}$ 等于

$$\boldsymbol{E}=\frac{\boldsymbol{F}}{q_0}=\frac{\boldsymbol{F}_1}{q_0}+\frac{\boldsymbol{F}_2}{q_0}+\cdots+\frac{\boldsymbol{F}_n}{q_0}$$

上式右方各项代表电荷 Q_1，Q_2，…，Q_n 在该点所产生的场强 $\boldsymbol{E}_1$，$\boldsymbol{E}_2$，…，$\boldsymbol{E}_n$，所以

$$\boldsymbol{E}=\boldsymbol{E}_1+\boldsymbol{E}_2+\cdots+\boldsymbol{E}_n=\sum_{i=1}^{n}\boldsymbol{E}_i \tag{8-5}$$

由此可见，点电荷系在某一点所产生的场强等于每一个点电荷单独存在时在该点分别产生的场强的矢量和，这便是场强的迭加原理。

［**例** 2］　电偶极子的场强。

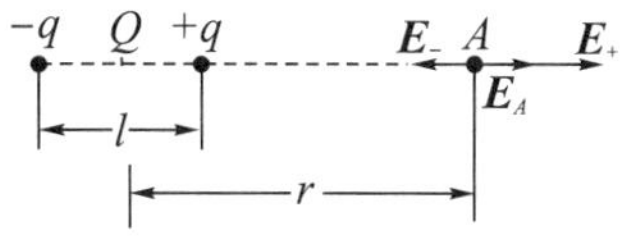

(a) 电偶极子轴线上一点的场强

图 8－5

有两个电量相等、符号相反，相距为 l 的点电荷 $+q$ 和 $-q$，它们在空间要产生电场。若场点 P 到这两个点电荷的距离比 l 大得多时，这两个点电荷系称为电偶极子。从 $-q$ 指向 $+q$ 的矢量 $\boldsymbol{l}$ 称为电偶极子的轴，$q\boldsymbol{l}$ 称为电偶极子的电偶极矩（简称电矩），用符号 $\boldsymbol{p}$ 表示，有 $\boldsymbol{p}=q\boldsymbol{l}$。为了便于计算，这里只求轴线上及对称面上的场强，求：(1) 电偶极子轴线延长线上一点的电场强度；(2) 电偶极子轴线的中垂面上一点的电场强度。

解　(1) 如图 8－5 (a) 所示，设所求点 A 与 l 的中点 O 的距离为 r，$r\gg l$，$+q$ 和 $-q$ 到 A 点的距离分别为 $r-\dfrac{l}{2}$ 和 $r+\dfrac{l}{2}$。$+q$ 和 $-q$ 在 A 点产生的场强大小分别为

$$E_+=\frac{1}{4\pi\varepsilon_0}\frac{q}{\left(r-\dfrac{l}{2}\right)^2}$$

$$E_-=\frac{1}{4\pi\varepsilon_0}\frac{q}{\left(r+\dfrac{l}{2}\right)^2}$$

$\boldsymbol{E}_+$ 和 $\boldsymbol{E}_-$ 同在一直线上，而方向相反。因此，求 $\boldsymbol{E}_+$ 和 $\boldsymbol{E}_-$ 的矢量和就可简化为求它们的代数和，故总场强大小为

$$E_A=E_+-E_-=\frac{q}{4\pi\varepsilon_0}\left[\frac{1}{\left(r-\dfrac{l}{2}\right)^2}-\frac{1}{\left(r+\dfrac{l}{2}\right)^2}\right]=\frac{1}{4\pi\varepsilon_0}\frac{2qrl}{\left(r^2-\dfrac{l^2}{4}\right)^2}$$

因为 $r\gg l$，所以

$$E_A\approx\frac{1}{4\pi\varepsilon_0}\frac{2ql}{r^3}$$

$\boldsymbol{E}_A$ 的方向向右，即 $\boldsymbol{E}$ 与 $\boldsymbol{l}$ 同方向，亦即 $\boldsymbol{E}$ 与 $\boldsymbol{p}$ 同方向，所以有

$$\boldsymbol{E}_A=\frac{1}{4\pi\varepsilon_0}\frac{2\boldsymbol{p}}{r^3}$$

若 A 点在 $-q$ 的一侧，也有此结果，由读者自己证明。

(2) 如图 8－5 (b) 所示，设所求点 B 与 l 的中点 O 的距离为 r，$r\gg l$。$+q$ 和 $-q$ 到 B 点的距离都是 $\sqrt{r^2+\dfrac{l^2}{4}}$，$+q$ 和 $-q$ 在 B 点产生的场强大小相等，即

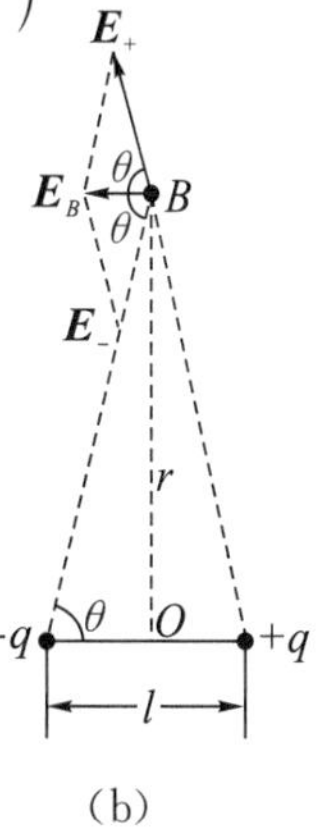

(b)

图 8－5

$$E_+ = E_- = \frac{1}{4\pi\varepsilon_0}\frac{q}{r^2 + \frac{l^2}{4}}$$

但 $\boldsymbol{E}_+$ 和 $\boldsymbol{E}_-$ 的方向不同，所以由图 8－5（b）可知，B 点处合场强的大小为

$$E_B = E_+ \cos\theta + E_- \cos\theta$$

因为

$$\cos\theta = \frac{\frac{l}{2}}{\sqrt{r^2 + \frac{l^2}{4}}}$$

所以总场强大小为

$$E_B = \frac{1}{4\pi\varepsilon_0}\frac{ql}{\left(r^2 + \frac{l^2}{4}\right)^{3/2}}$$

因为 $r \gg l$，故 $\left(r^2 + \frac{l^2}{4}\right)^{3/2} \approx r^3$，所以上式可写为

$$E_B \approx \frac{1}{4\pi\varepsilon_0}\frac{ql}{r^3}$$

$\boldsymbol{E}_B$ 的方向向左，与 $\boldsymbol{p}$ 的方向相反，所以有

$$\boldsymbol{E}_B \approx -\frac{1}{4\pi\varepsilon_0}\frac{\boldsymbol{p}}{r^3}$$

8.3.3 连续分布电荷的场强

利用场的迭加原理，我们可以得到如下计算电荷连续分布的电荷系的场强。这只是计算场强的一种方法，还有其他的方法，以后我们再陆续介绍。

我们可把带电体携带的电荷看成许多极小的电荷元 $\mathrm{d}q$ 的集合，每一电荷元 $\mathrm{d}q$ 在距离为 r 处所产生的场强为

$$\mathrm{d}\boldsymbol{E} = \frac{1}{4\pi\varepsilon_0}\frac{\mathrm{d}q}{r^2}\boldsymbol{r}_0 \tag{8-6}$$

其中，$\boldsymbol{r}_0$ 是由电荷元所在处指向该点的矢径 $\boldsymbol{r}$ 方向的单位矢量。

整个带电体所产生的场强是

$$\boldsymbol{E} = \frac{1}{4\pi\varepsilon_0}\int_V \frac{\rho \mathrm{d}V}{r^2}\boldsymbol{r}_0 \tag{8-7a}$$

如果 ρ 代表此带电体的电荷体密度，$\mathrm{d}V$ 为电荷元 $\mathrm{d}q$ 的体积元，则 $\mathrm{d}q = \rho q V$。于是式（8－7a）亦可写成

$$\boldsymbol{E} = \frac{1}{4\pi\varepsilon_0}\int_V \frac{\rho \mathrm{d}V}{r^2}\boldsymbol{r}_0 \tag{8-7b}$$

顺便指出，对于电荷连续分布的线带电体和面带电体来说，电荷元 $\mathrm{d}q$ 分别为 $\mathrm{d}q = \lambda \mathrm{d}l$ 和 $\mathrm{d}q = \sigma \mathrm{d}S$，$\lambda$ 为电荷线密度，σ 为电荷面密度，由式（8－7a）可得它们的场强分别为

$$\boldsymbol{E}=\frac{1}{4\pi\varepsilon_0}\int_l\frac{\lambda\mathrm{d}l}{r^2}\boldsymbol{r}_0\qquad \boldsymbol{E}=\frac{1}{4\pi\varepsilon_0}\int_S\frac{\sigma\mathrm{d}S}{r^2}\boldsymbol{r}_0$$

［**例** 3］　一半径为 a 的圆环，均匀带电，设电荷的线密度为 λ，求轴线上离环心距离为 x 的 P 点的电场强度。

解　设在环上取一小段 $\mathrm{d}l$，如图 8－6 所示，则 $\mathrm{d}l$ 上的电荷为

$$\mathrm{d}q=\lambda\mathrm{d}l$$

由式（8－6），在 P 点的场强的大小为

$$\mathrm{d}E=\frac{1}{4\pi\varepsilon_0}\frac{\lambda\mathrm{d}l}{x^2+a^2}$$

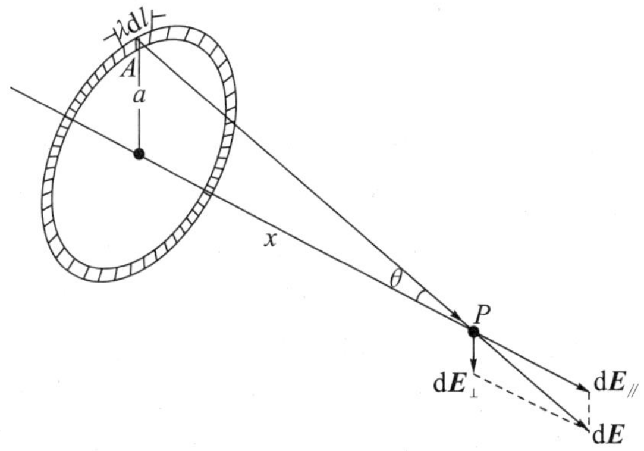

图 8－6　求带电圆环轴上一点的场强

$\mathrm{d}\boldsymbol{E}$ 的方向沿着$\overrightarrow{AP}$的方向，由于圆环上各小段电荷在 P 点的场强 $\mathrm{d}\boldsymbol{E}$ 的方向不同，我们把 $\mathrm{d}\boldsymbol{E}$ 分解为平行于轴线的分量 $\mathrm{d}\boldsymbol{E}_{/\!/}$，与垂直于轴线的分量 $\mathrm{d}\boldsymbol{E}_{\perp}$。对于任一直径两端的小段电荷 $\lambda\mathrm{d}l$ 在 P 点的电场强度 $\mathrm{d}\boldsymbol{E}$ 而言，它们的垂直分量 $\mathrm{d}\boldsymbol{E}_{\perp}$ 大小相等方向相反，相互抵消，故总场强 $\boldsymbol{E}$ 的大小即为 $\mathrm{d}\boldsymbol{E}_{/\!/}$ 的代数和

$$E=\int\mathrm{d}E_{/\!/}=\int\mathrm{d}E\cos\theta=\frac{1}{4\pi\varepsilon_0}\frac{\lambda x}{(x^2+a^2)^{\frac{3}{2}}}\int_0^{2\pi a}\mathrm{d}l$$

$$=\frac{1}{4\pi\varepsilon_0}\frac{2\pi a\lambda x}{(x^2+a^2)^{3/2}}=\frac{1}{4\pi\varepsilon_0}\frac{qx}{(x^2+a^2)^{3/2}}$$

由上式可以看出：①当 $x=0$ 时，即环心处的场强 $E=0$；②当 $x\gg a$ 时，即当 P 点远离圆环时，上式可近似地写作

$$E\approx\frac{1}{4\pi\varepsilon_0}\frac{2\pi a\lambda}{x^2}=\frac{1}{4\pi\varepsilon_0}\frac{q}{x^2}$$

式中，$q=2\pi a\lambda$，为环上的总电量。

由上式可知，远离圆环处的场与点电荷产生的场相同。从这个例子可进一步看出点电荷这一概念的相对性。

［**例** 4］　求电偶极子在均匀电场中受到的作用。

解　由于电场是均匀的，所以电偶极子的两个点电荷所在点的场强相同。

图 8－7 中 $+q$ 与 $-q$ 所受电场的力 $\boldsymbol{F}_1$ 与 $\boldsymbol{F}_2$ 由式(8－3)得：$\boldsymbol{F}_1=q\boldsymbol{E}$，$\boldsymbol{F}_2=-q\boldsymbol{E}$。此两力大小相等（$F_1=F_2=F$）、方向相反且作用不在同一直线上，所以此两力构成一个力

矩 $\boldsymbol{M}$。$\boldsymbol{M}$ 的大小为

$$M = Fl\sin\theta = qEl\sin\theta = pE\sin\theta$$

式中，θ 为 $\boldsymbol{p}$ 与 $\boldsymbol{E}$ 之间的夹角。此力矩使电偶极子转动，当电偶极子的电矩方向与电场方向正交时，$\theta=\frac{\pi}{2}$，$M=pE$，电偶极子所受力矩最大；当电偶极子转到它的电矩方向和场强方向相同时，$\theta=0$，$M=0$，电偶极子不再转动。

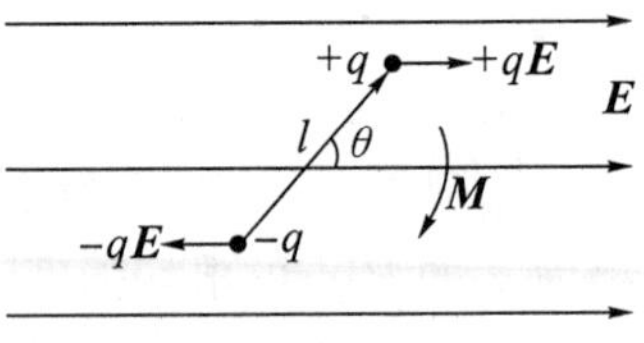

图 8－7

8.4　电场线　电通量

8.4.1　电场线

为了形象地描述电场，我们引入电场线这个辅助概念。在电场中描绘一系列的线，使其每一条线上的任一点的切线方向与该点的场强方向一致，这样一些线称为电场线，简称 $\boldsymbol{E}$ 线。图 8－8 表示一条电场线的一段，图上 P、Q 两点的切线的方向，也就是在 P 点和 Q 点的场强 $\boldsymbol{E}_P$ 和 $\boldsymbol{E}_Q$ 的方向。

应该注意，电场线仅仅是一种直观性的辅助概念，并不是在电场中真正存在着这些线。另外，在一般情况下，电场线也不是电荷运动的轨迹。因为电场线上任一点的切线方向只表示电荷所受力的方向，而不是电荷运动的速度方向。

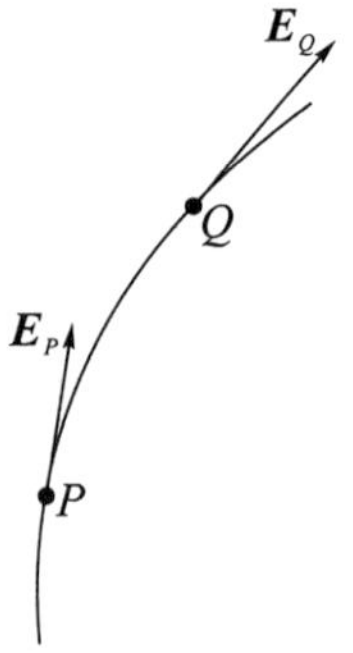

图 8－8

图 8－9（a）、（b）、（c）、（d）分别表示点电荷、两个点电荷电场的电场线。

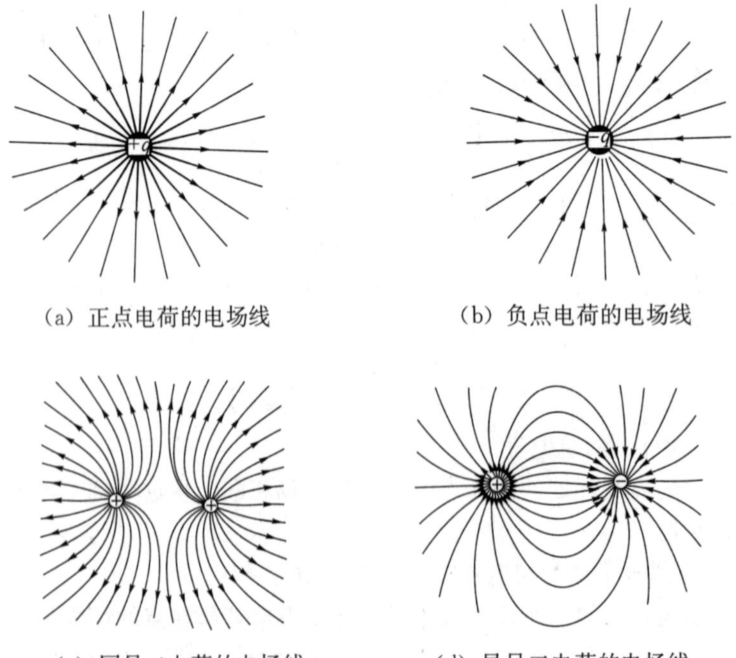

（a）正点电荷的电场线　　（b）负点电荷的电场线

（c）同号二电荷的电场线　　（d）异号二电荷的电场线

图 8－9

静电场的电场线有如下特点：①电场线总是始于正电荷，止于负电荷，不形成闭合曲线；②任何两条电场线都不能相交，这是因为电场中每一点处的电场强度只能有一个确定的方向。

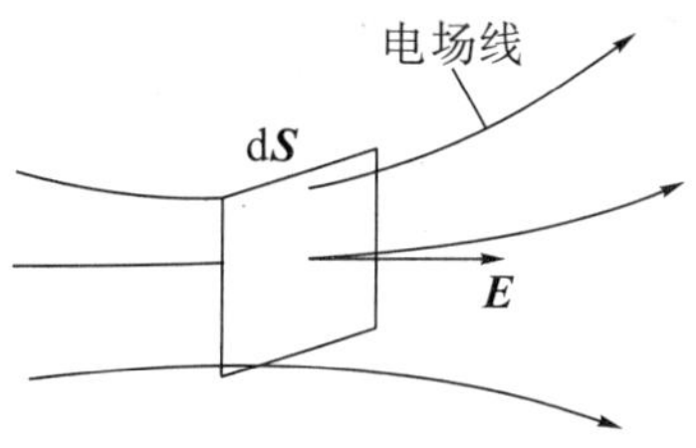

图 8－10　电场线密度与电场强度

为了不仅使电场线表示出 $\boldsymbol{E}$ 的方向而且电场线在空间的密度分布还能表示电场强度的大小，我们对电场线密度作如下规定：如图 8－10，在电场中经过任一点作一面积元 ΔS（ΔS 取得很小，在 ΔS 范围内的电场可视为均匀的），并与该点的场强 $\boldsymbol{E}$ 垂直，通过 ΔS 可以画出 ΔN 条电场线，并使其满足下面的关系，即

$$\frac{\Delta N}{\Delta S} = E \tag{8-8}$$

这就是说，使通过垂直于 $\boldsymbol{E}$ 的单位面积的电场线条数等于该点的场强大小。$\frac{\Delta N}{\Delta S}$也叫做电场线密度。

8.4.2　电通量

在电场中，通过任一给定面积的电场线总数，称为通过该面积的电通量，常以符号 Φ_e 表示，下面我们来计算在均匀电场和非均匀电场中通过某一给定面积上的电通量。

先讨论匀强电场的情况。

在匀强电场中，电场线是一系列均匀分布的平行直线（图 8－11a），作一面积为 S 并与 $\boldsymbol{E}$ 的方向相垂直的假想平面，则通过此平面的电通量，根据式（8－8）则得

$$\Phi_e = ES \tag{8-9}$$

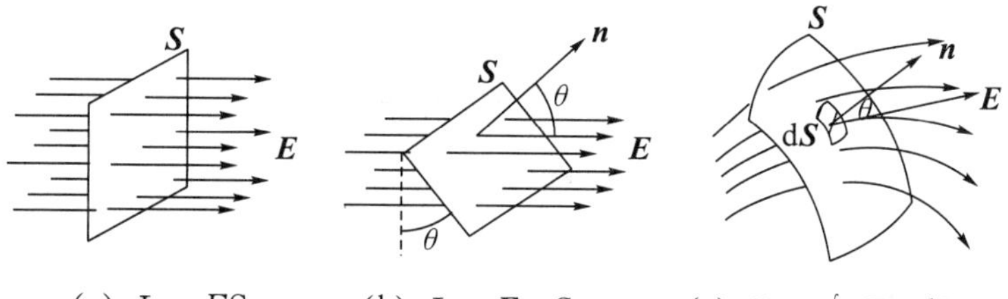

（a）$\Phi_e = ES$　　（b）$\Phi_e = \boldsymbol{E} \cdot \boldsymbol{S}$　　（c）$\Phi_e = \int_S \boldsymbol{E} \cdot \mathrm{d}\boldsymbol{S}$

图 8－11　电场强度量的计算

如果平面不与 $\boldsymbol{E}$ 垂直，设平面的法线 $\boldsymbol{n}$ 与 $\boldsymbol{E}$ 的方向成 θ 角（图 8－11（b）），那么通过这一平面的电通量为

$$\Phi_e = ES\cos\theta = \boldsymbol{E} \cdot \boldsymbol{S} \tag{8-10}$$

式（8－10）中，当 $\theta < \frac{\pi}{2}$ 时，$\cos\theta > 0$，则通过平面 S 的电通量为正；当 $\theta > \frac{\pi}{2}$ 时，$\cos\theta < 0$，则通过平面 S 的电通量为负。

如果电场是非均匀的，而且面 S 不是平面，而是任意曲面（图 8－11（c））。对这种情况，我们可以把曲面分成无限多个面积元 dS，每个面积元 dS 都可看成是一个小平面，而且在面积元 dS 上，$\boldsymbol{E}$ 也可以看成处处相等。设 dS 的法线 $\boldsymbol{n}$ 与该处 $\boldsymbol{E}$ 成 θ 角，于是，

通过面积元 dS 的电通量为

$$d\Phi_e = E dS\cos\theta = \boldsymbol{E} \cdot d\boldsymbol{S} \tag{8-11}$$

所以通过曲面 S 的电场强度通量 Φ_e，就等于通过面 S 上所有面积元 dS 电通量的总和，即

$$\Phi_e = \int_S d\Phi_e = \int_S E\cos\theta dS = \int_S \boldsymbol{E} \cdot d\boldsymbol{S} \tag{8-12}$$

如果曲面 S 为一闭合曲面，则上式为

$$\Phi_e = \oint_S E\cos\theta dS = \oint_S \boldsymbol{E} \cdot d\boldsymbol{S} \tag{8-13}$$

对于闭合曲面，我们通常规定由内向外的方向为面积元法线的正方向，因此当电场线由曲面内向外穿出，则电通量为正$\left(\theta<\frac{\pi}{2}\right)$；如果电场线由外向内穿入曲面，则电通量为负$\left(\theta>\frac{\pi}{2}\right)$。

［**例** 5］　点电荷在球心，求通过球面的电通量。

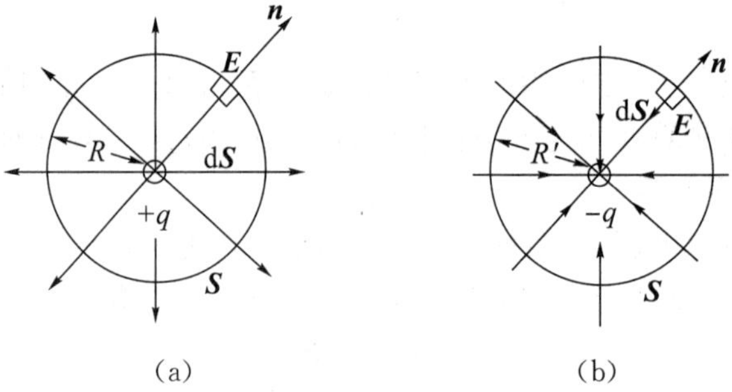

图 8—12

解　在图 8—12 中，由式（8—13）得所求的电通量：

$$\Phi_e = \oint_S E\cos\theta dS = \oint_S \frac{q}{4\pi\varepsilon_0 R^2}\cos\theta dS$$

式中，q 为点电荷电量的大小，R 是球面 S 的半径。

若点电荷是正电荷，则 $\boldsymbol{E}$ 与球面法线 $\boldsymbol{n}$ 同方向，$\cos\theta=1$，于是

$$\Phi_e = \frac{q}{4\pi\varepsilon_0 R^2}\oint_S dS = \frac{q}{4\pi\varepsilon_0 R^2} \cdot 4\pi R^2 = \frac{q}{\varepsilon_0}$$

可见，$\Phi_e>0$，是正通量，从图 8—12（a）也可看出，电场线从正点电荷发出，是穿出球面。若点电荷是负电荷，则 $\boldsymbol{E}$ 与 $\boldsymbol{n}$ 反方向，$\cos\theta=-1$，按上面的方法计算得：$\Phi_e=-\frac{q}{\varepsilon_0}$，可见，在此情况下 $\Phi_e<0$，是负通量，电场线穿入球面终止于负电荷（图8—12(b)）。综合两种情况，可以看出通过球面的电通量等于该球面包围的电量的代数值除以 ε_0。

8.5　高斯定理及其应用

8.5.1　真空中的高斯定理

把 8.4 节中例题的结果推广到任意闭合曲面包围任意点电荷组，得真空中的高斯定理：在真空中，通过任一闭合曲面的电通量等于该曲面所包围的所有电荷的电量的代数和除以 ε_0。其数学表示式为

$$\Phi_e = \oint_s \boldsymbol{E} \cdot \mathrm{d}\boldsymbol{S} = \frac{1}{\varepsilon_0}\sum_{i=1}^{n} q_i \qquad (8-14)$$

式中，$\sum_{i=1}^{n} q_i$ 为闭合曲面 S 包围的所有电荷的电量的代数和。在高斯定理中，我们常把所选取的闭合曲面称作高斯面。

应当指出，在高斯定理表达式（8－14）的右端 $\sum_{i=1}^{n} q_i$ 中，只是闭合曲面所包围的电荷，而左端的场强却是空间中所有电荷（无论在闭合曲面 S 之内，还是在 S 之外）的电场强度的总和。换句话说，闭合曲面外的电荷在这里的作用，只是改变空间各处的场强，因而调整了通过各面积元的电场强度通量，但是它不能改变通过整个闭合曲面的电场强度总通量，闭合曲面外的电荷对通过闭合曲面的电场强度总通量的贡献等于零。通过闭合曲面的电场强度的总通量仅和曲面内包围的电荷有关，而与闭合曲面的形状无关，也与曲面电荷的分布情况无关。

应当指出，高斯定理虽然是在库仑定律的基础上得出的，但它的应用范围比库仑定律更广泛。库仑定律只适用于静电场，而高斯定理不但适用于静电场，对变化电场也是适用的，它是电磁场理论的基本方程之一。

8.5.2　高斯定理应用举例

当电场具有一定的对称性时，就可以应用高斯定理来计算场强 E。现在举几个例子来说明。

［**例** 6］　求均匀带电球面内外的电场分布，设球面半径为 R，电量为 Q。

解　由于电荷 Q 均匀分布在球面上，即电荷分布是球对称的，所以场强 $\boldsymbol{E}$ 的分布也是球对称的。因此，在电场空间中任意点 P 的电场强度 $\boldsymbol{E}$ 的方向都沿径矢，而 $\boldsymbol{E}$ 的大小则仅依赖于从球心到场点 P 的距离 r。这就是说，在同一球面上各点场强的大小相等。

如图 8－13（b）所示，设 P_1 为带电球面外一点，通过 P_1 作一半径为 r_1 的球形高斯面 S_1，由高斯定理式（8－14）可得

$$\Phi_e = \oint_{S_1} \boldsymbol{E}_1 \cdot \mathrm{d}\boldsymbol{S} = \oint_{S_1} E_1 \mathrm{d}S = E_1 \oint_{S_1} \mathrm{d}S = E_1 4\pi r_1^2 = \frac{Q}{\varepsilon_0}$$

故

$$E_1 = \frac{1}{4\pi\varepsilon_0}\frac{Q}{r_1^2} \qquad (r_1 > R) \qquad (1)$$

上式表明均匀带电球面在其外部产生的电场强度，与等量电荷全部集中在球心时产生的电

场强度相等。

如图 8－13（a）所示，设 P_2 为带电球面内一点，过 P_2 作一半径为 r_2 的球形高斯面 S_2，由于高斯面内无电荷，所以由高斯定律可得

$$\Phi_e = \oint_{S_1} \boldsymbol{E}_2 \cdot \mathrm{d}\boldsymbol{S} = E_2 4\pi r_2^2 = 0$$

有
$$E_2 = 0 \qquad (r_2 < R) \tag{2}$$

上式表明，均匀带电球面内部的电场强度为零。

由式（1）和式（2）可作如图 8－13（c）的 $E \sim r$ 曲线。从曲线上可以看出球面内的场强为零，球面外的场强与 r^2 成反比，球面上两侧的场强有跃变。

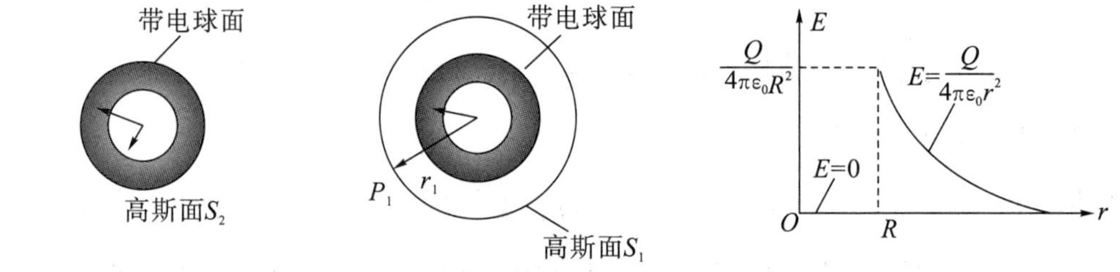

（a）高斯面在带电球面内部，$\sum q_i = 0$　（b）高斯面在带电球面外部，$\sum q_i = Q$　（c）均匀带电球面 E 随 r 变化曲线

图 8－13

［例 7］　求无限长均匀带电直线的电场分布。

设有一无限长均匀带电直线，单位长度上的电荷，即电荷线密度为 λ，场点 P 距直线的距离为 r。

解　由于带电直线无限长，且电荷分布是均匀的，所以其产生电场的场强沿垂直于该直线的径矢方向，而且在距直线等距离处各点的场强 $\boldsymbol{E}$ 的大小相等。这就是说，无限长均匀带电直线的电场是柱对称的。如图 8－14 所示，我们选择圆柱面作为高斯面，圆柱面半径为 r，长度为 h，两个底面垂直于柱轴。

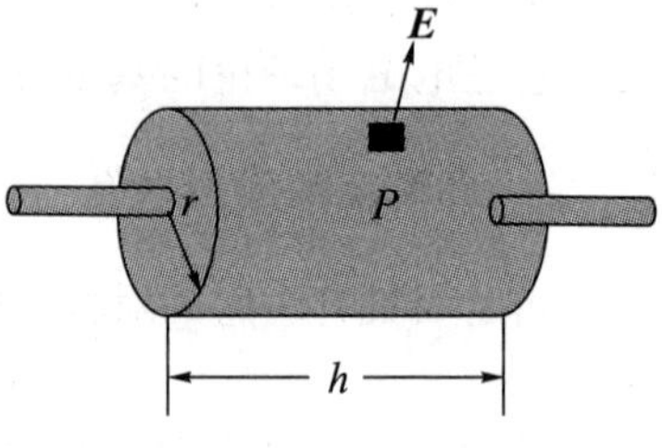

图 8－14

由于场强 $\boldsymbol{E}$ 与两个底面的法线垂直，所以通过圆柱两个底面的电场强度通量为零，而通过圆柱侧面的电场强度通量为 $E2\pi rh$，又因此高斯面所包围的电量为 λh，所以，根据高斯定理有

$$E2\pi rh = \frac{\lambda h}{\varepsilon_0}$$

由此可得

$$E = \frac{\lambda}{2\pi\varepsilon_0 r}$$

即无限长均匀带电直线外一点的场强，与该点距带电直线的垂直距离 r 成反比，与电荷线密度 λ 成正比。对于带正电的长直线来说，$\boldsymbol{E}$ 的方向垂直于直线向外；对于带负电的长直线来说，$\boldsymbol{E}$ 的方向垂直于直线向内。

［**例 8**］　求无限大均匀带电平面的电场分布。

设有一无限大的均匀带电平面，它单位面积上所带的电量，即电荷面密度为 σ，场点 P 距该平面的距离为 r。

解　由于带电平面为无限大，其上的电荷均匀分布。因此，电场分布对该平面也应具有面对称性，即在带电平面两侧距平面等远的点，场强大小均相等，方向与平面垂直并指向两侧（图 8－15（a））。根据电场分布的面对称性，如图 8－15（b）所示，我们取闭合圆柱面为高斯面，它的侧面与带电平面垂直，两底面与带电平面平行，并对带电平面对称。圆柱长为 $2r$，底面积为 S。因为电场线皆与圆柱的侧面相切，所以侧面的电场强度通量为零，而通过两底面的电场线都和底面垂直，方向向外，设底面上的场强大小为 E，则通过两底面的电场强度通量为 $2ES$，这也是通过整个高斯面的电场强度通量，高斯面所包围的总电荷为 σS，根据高斯定理得

$$2ES = \frac{1}{\varepsilon_0}\sigma S$$

所以

$$E = \frac{\sigma}{2\varepsilon_0} \tag{1}$$

即无限大均匀带电平面的场强 E 与场点到平面的距离无关，而且场强的方向与带电平面垂直，所以无限大均匀带电平面的电场为均匀电场。

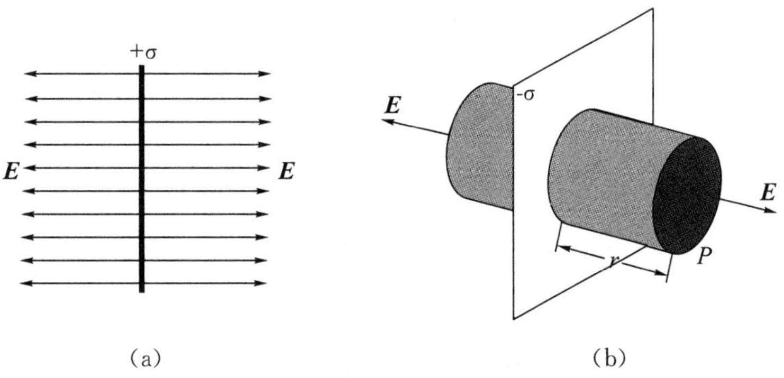

图 8－15

如果电场是由两块相互平行的无限大均匀带电平面产生的，两平面的电荷面密度分别为 $+\sigma$ 和 $-\sigma$。两面间任一点 Q 的场强 $\boldsymbol{E}$ 为带正电的平面在 Q 点的场强 $\boldsymbol{E}_+$ 与带负电的平面在 Q 点产生的场强 $\boldsymbol{E}_-$ 的矢量相加，如图 8－16 所示。$\boldsymbol{E}$ 的方向是垂直两平面而从正电指向负电，E 的大小为

$$E = \frac{\sigma}{2\varepsilon_0} + \frac{\sigma}{2\varepsilon_0} = \frac{\sigma}{\varepsilon_0} \tag{2}$$

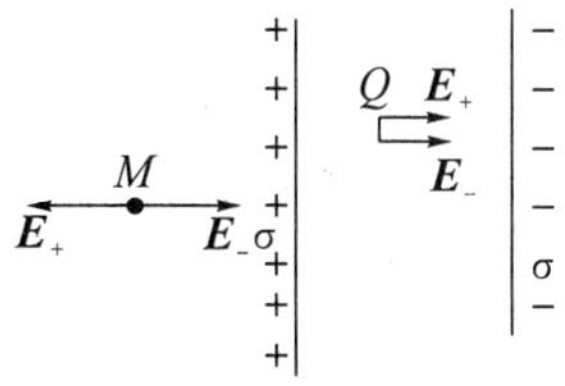

图 8－16

两面外任一点 M 的场强，如图 8－16 所示，$\boldsymbol{E}_+$ 与 $\boldsymbol{E}_-$ 两个大小相等方向相反的矢量相加，结果为零。由此可见，两块带等量异号电荷的无限大均匀带电平面所产生的电场是匀强电场，而且电场全部集中在两平面之间，这是一种常用的、重要的电场。例如，当平板电容器带电时，极板间的电场就可近似地看成是这样一种电场。

从上面所举例子可以看出，用高斯定理求解电场时，比直接用积分法求解要简单得多，但是要求电场具有一定的对称性，如球对称、面对称与轴对称。还须注意，根据电场不同的对称性，选取合适的高斯面，才有可能利用高斯定理求解。例如，在例 1 中就不能选取圆柱状高斯面，在例 2 及例 3 中，也不能选取球形高斯面。

8.6 静电力作功的特性

前面我们从电荷在电场中受力作用出发，引入描述电场的物理量——电场强度 $\boldsymbol{E}$，这一节我们将进一步从电场力对电荷作功出发来研究电场的性质。我们将得到静电场力对电荷作功具有与路径无关的特性，从而引出电势能和电势。

8.6.1 静电力作功的特性

设点电荷 q 位于固定点 O 点，试验电荷 q_0 在 q 的电场中从 a 点经过任意路径 acb 到达 b 点（图 8－17）。考虑试验电荷的一无限小位移 $\mathrm{d}l$，并设在该无限小位移中 q_0 与 q 之间的距离，由 r 改变到 $r+\mathrm{d}r$。于是，在这一无限小位移中电场力 $\boldsymbol{F}$ 所作的元功为

$$\begin{aligned}\mathrm{d}W &= \boldsymbol{F}\cdot\mathrm{d}\boldsymbol{l} = q_0\boldsymbol{E}\cdot\mathrm{d}\boldsymbol{l}\\ &= q_0E\mathrm{d}l\cos\theta = q_0E\mathrm{d}r\\ &= \frac{q_0q}{4\pi\varepsilon_0r^2}\mathrm{d}r\end{aligned}$$

当试验电荷从 a 到 b 时，电场力所做的功

$$W_{ab} = q_0\int_a^b\boldsymbol{E}\cdot\mathrm{d}\boldsymbol{l} = \frac{q_0q}{4\pi\varepsilon_0}\int_{r_a}^{r_b}\frac{1}{r^2}\mathrm{d}r = \frac{q_0q}{4\pi\varepsilon_0}\left(\frac{1}{r_a}-\frac{1}{r_b}\right) \tag{8－15}$$

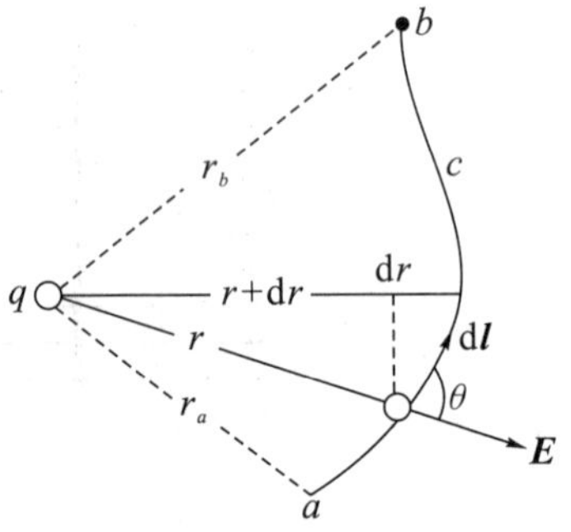

图 8－17

式中，r_a 与 r_b 分别为试验电荷 q_0 的起点和终点到点电荷 q 的距离。

由式（8－15）可知，在点电荷 q 的电场中移动试验电荷 q_0 时，电场力所做的功只与试验电荷的电量及其起点和终点的位置有关，而与路径无关。

这一结论对于任何静电场都成立，因为任意的电荷分布，包括连续分布在内，总可看做是许多点电荷的组合，试验电荷在这样的场中移动时，电场力所做的功也就等于各个点电荷的电场力所作功的代数和，已知每个点电荷的电场力所做的功都与路径无关，所以它们的代数和也与路径无关。

8.6.2 静电场的环路定理

如前所述，试验电荷在任何静电场中移动时，电场力所做的功只与试验电荷的电量及其起点、终点的位置有关，而与路径无关。这个结论也可以换成另一说法：当路径为闭合路径（起点和终点重合）时，静电场力作的功为零。在静电场中，试验电荷 q_0 沿闭合路径移动一周，电场力作的功可表示为

$$W = \oint_l q_0 \boldsymbol{E} \cdot \mathrm{d}\boldsymbol{l} = q_0 \oint_l \boldsymbol{E} \cdot \mathrm{d}\boldsymbol{l}$$

于是有

$$q_0 \oint_l \boldsymbol{E} \cdot \mathrm{d}\boldsymbol{l} = 0$$

由于试验电荷 q_0 不为零，所以上式成立的充分和必要条件是

$$\oint_l \boldsymbol{E} \cdot \mathrm{d}\boldsymbol{l} = 0 \tag{8-16}$$

在这些式子中，“$\oint_l$”表示沿闭合路径 l 的线积分。$\boldsymbol{E}$ 沿任意闭合路径的线积分常叫做 $\boldsymbol{E}$ 的环流，故上式也可以说成是静电场中电场强度 $\boldsymbol{E}$ 的环流为零。它是静电场中的一条重要定律，叫做静电场的环路定理。

静电场力作功的性质，与力学中讨论过的万有引力、弹性力作功的性质一样，都是与路径无关的。因此，静电场力与万有引力、弹性力一样，也都是保守力，静电场也是保守力场。

8.7　电势能　电势　电势差

8.7.1　电势能

静电场和重力场相似，都是保守力场，所以就像在重力场中引入重力势能那样，在静电场中可以引入电势能。我们知道重力所做的功等于重力势能的改变量；同样，电场力所做的功等于电势能的改变量。如果以 E_{Pa} 和 E_{Pb} 分别表示试验电荷 q_0 在电场中点 a 和点 b 处的电势能，则试验电荷从 a 移到 b，静电场力对它作的功为

$$W_{ab} = E_{Pa} - E_{Pb}$$

或

$$q_0 \int_a^b \boldsymbol{E} \cdot \mathrm{d}\boldsymbol{l} = E_{Pa} - E_{Pb} \tag{8-17}$$

电势能和重力势能一样，也是一个相对量，式（8－17）仅表明了 q_0 在电场中 a、b 两点间的电势能的差值。若要问 q_0 在静电场中任一点的电势能是多少，则必须首先确定一个作为参考的“零点”。原则上势能零点可任取，但为了方便起见，在求 q_0 在有限大小带电体所激发的电场中的电势能时，通常选择 q_0 在无限远处的电势能为零，亦即令 $E_{P\infty}=0$，这时 q_0 在电场中任一点 a 处的电势能为

$$E_{Pa} = W_{a\infty} = q_0 \int_a^{\infty} \boldsymbol{E} \cdot \mathrm{d}\boldsymbol{l} \tag{8-18}$$

即 q_0 在电场中 a 点的电势能 E_{Pa} 在数值上等于 q_0 从 a 点处移到无限远时电场力所做的功。

不过，在求 q_0 在无限大带电体所激发的电场中的电势能时，则不便于选 $E_{P\infty}=0$。这时可视方便，在电场中任选一点作为电势能零点。

值得注意的是，选择不同的电势能零点，q_0 在场中某点的电势能的绝对值不同，但 q_0 在该场中任意两点间的电势能差值则与零点的选择无关，有确定的值。而确定 q_0 在场

中某两点间的电势能之差值比确定 q_0 在场中某点的电势能值更具有实际意义。

最后还应指出，电势能和重力势能一样是属于一定系统的，电势能是电场和试验电荷 q_0 这一系统所共同具有的。

8.7.2 电势

由式（8－18）可知，电荷 q_0 在电场中某给定点 a 处的电势能与 q_0 的大小成正比，但比值$\frac{E_{Pa}}{q_0}$只决定于场源电荷分布以及场中给定点 a 的位置，而与 q_0 的大小无关，所以这一比值是描述电场中给定点电场性质的物理量，称为电势。我们用 V_a 表示场中 a 点的电势，得

$$V_a = \frac{E_{Pa}}{q_0} = \int_a^{\infty} \boldsymbol{E} \cdot \mathrm{d}\boldsymbol{l} \tag{8-19}$$

即电场中某点的电势在数值上等于放在该点处的单位正电荷的电势能，也等于单位正电荷从该点移到无限远处时电场力所做的功。电势是标量，其值可正可负。

在国际单位制中，电势的单位是焦耳，用符号 V 表示。如果有 1 库仑电量的电荷在某点处具有 1 焦耳的电势能，这点的电势就是 1 伏特。

8.7.3 电势差

电场中点 a 和 b 两点间的电势差，又常叫电压，用符号 U_{ab} 表示。根据电势定义，点 a 和 b 的电势分别为

$$V_a = \int_a^{\infty} \boldsymbol{E} \cdot \mathrm{d}\boldsymbol{l} \qquad V_b = \int_b^{\infty} \boldsymbol{E} \cdot \mathrm{d}\boldsymbol{l}$$

因此点 a 和点 b 两点间的电势差为

$$U_{ab} = V_a - V_b = \int_a^{b} \boldsymbol{E} \cdot \mathrm{d}\boldsymbol{l} \tag{8-20}$$

即静电场中 a、b 两点的电势差 U_{ab}，在数值上等于把单位正电荷从点 a 移到点 b 时，静电场力所做的功。因此，如果知道了 a、b 两点间的电势差 U_{ab}，就可以很方便地求得把电荷 q 从点 a 移到点 b 时，静电场力所做的功 W_{ab}，根据式（8－20）有

$$W_{ab} = q\int_a^{b} \boldsymbol{E} \cdot \mathrm{d}\boldsymbol{l} = qU_{ab} = q(V_a - V_b) \tag{8-21}$$

这表明静电场力所做的功只与始点和终点间的电势差以及电量 q 有关。式（8－21）是一个常用的公式，必须注意式中各量的含义。

前面已经说过，电势的数值与零电势点的选择有关，但在实际应用中需要用到的是两点间的电势差，而电势差的数值是不因零电势点的不同选择而异的，因此，为了方便起见，我们常取大地的电势为零，电场中某点和大地的电势差就是这点的电势。在电子仪器中，常取机壳或公共地线的电势为零，各点的电势值就等于它们与公共地线（或机壳）之间的电势差。只要测出这些电势差的数值，就很容易判定仪器工作是否正常。

8.8 电势的计算

当场源电荷的分布状况已知时，便可设法求出电场中各点的电势分布。

8.8.1　点电荷电场中的电势

设有一点电荷 q，试求距 q 为 r 远的场点 P 的电势（图 8－18）。

根据式（8－19）和式（8－15），点 P 的电势为

$$V=\int_r^{\infty}\boldsymbol{E}\cdot\mathrm{d}\boldsymbol{l}=\frac{q}{4\pi\varepsilon_0}\left(\frac{1}{r}-\frac{1}{r_{\infty}}\right)=\frac{q}{4\pi\varepsilon_0}\frac{1}{r} \tag{8-22}$$

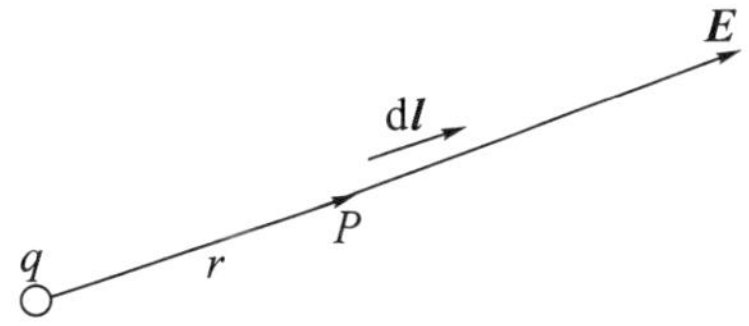

图 8－18　计算点电荷电场的电势

由式（8－22）可见，在正电荷产生的电场中，各点的电势都是正值，离点电荷越远，电势越低，在无限远点处电势为零；在负电荷产生的电场中，各点的电势都是负值，离点电荷越远，电势越高，在无限远点处电势为零。

8.8.2　点电荷系电场的电势　电势的叠加原理

如果电场是由点电荷系 q_1，q_2，…，q_n 所产生的，那么，根据场强的迭加原理，总场强 $\boldsymbol{E}$ 是各个点电荷单独存在时所产生的场强 $\boldsymbol{E}_1$，$\boldsymbol{E}_2$，…，$\boldsymbol{E}_n$ 的矢量和，因此电场中任一点 P 的电势为

$$V=\int_P^{\infty}\boldsymbol{E}\cdot\mathrm{d}\boldsymbol{l}=\int_P^{\infty}\boldsymbol{E}_1\cdot\mathrm{d}\boldsymbol{l}+\int_P^{\infty}\boldsymbol{E}_2\cdot\mathrm{d}\boldsymbol{l}+\cdots+\int_P^{\infty}\boldsymbol{E}_n\cdot\mathrm{d}\boldsymbol{l}$$

即

$$V=V_1+V_2+\cdots+V_n$$

式中，V_1，V_2，…，V_n 分别为各点电荷单独存在时在 P 点产生的电势。由于 $V_1=\frac{q_1}{4\pi\varepsilon_0 r_1}$，$V_2=\frac{q_2}{4\pi\varepsilon_0 r_2}$，…，$V_n=\frac{q_n}{4\pi\varepsilon_0 r_n}$，式中 r_1，r_2，…，r_n 分别为 P 点到 q_1，q_2，…，q_n 的距离。

因此有

$$V=\sum_{i=1}^{n}\frac{q_i}{4\pi\varepsilon_0 r_i} \tag{8-23}$$

上式表明，点电荷系所激发的电场中某点的电势，等于各点电荷单独存在时在该点建立的电势的代数和。这一结论叫做静电场的电势叠加原理，式（8－23）是它的数学表达式。

8.8.3　电荷连续分布电场中的电势

如果电场是由连续分布的电荷所产生，可以将连续分布的电荷看成是由许多电荷元 $\mathrm{d}q$ 所组成的。每个电荷元所产生的电势为

$$\mathrm{d}V=\frac{\mathrm{d}q}{4\pi\varepsilon_0 r}$$

式中，r 是电荷元到所考虑点的距离。

整个连续分布电荷所产生的电势为

$$V=\int\mathrm{d}V=\int\frac{\mathrm{d}q}{4\pi\varepsilon_0 r} \tag{8-24}$$

［**例** 9］　求电偶极子的电场中的电势分布。

解　设场点 P 离 $+q$ 和 $-q$ 的距离分别为 r_+ 和 r_-，P 离偶极子中点 O 的距离为 r

(图 8－19)。

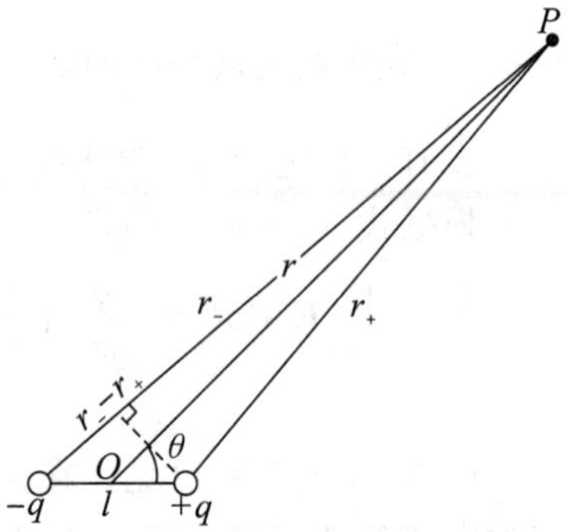

图 8－19 计算电偶极子的电势

根据电势迭加原理，P 点的电势为

$$V=V_{+}+V_{-}=\frac{q}{4\pi\varepsilon_0 r_{+}}+\frac{-q}{4\pi\varepsilon_0 r_{-}}=\frac{q(r_{-}-r_{+})}{4\pi\varepsilon_0 r_{+}r_{-}}$$

对于 $r\gg l$ 的情况，应有

$$r_{+}r_{-}\approx r^2 \qquad r_{-}-r_{+}\approx l\cos\theta$$

θ 为 OP 连线与 l 之间夹角，将这些关系代入上式，即可得

$$V=\frac{ql\cos\theta}{4\pi\varepsilon_0 r^2}=\frac{p\cos\theta}{4\pi\varepsilon_0 r^2}=\frac{\boldsymbol{p}\cdot\boldsymbol{r}}{4\pi\varepsilon_0 r^3}$$

[**例** 10] 一半径为 R 的均匀带电细圆环，所带总电量为 q，求在圆环轴线上任意点 P 的电势。

解 图 8－20 中以 x 表示从环心到 P 点的距离，以 $\mathrm{d}q$ 表示在圆环上任一电荷元。由式 (8－24) 可得 P 点的电势为

$$V=\int\frac{\mathrm{d}q}{4\pi\varepsilon_0 r}=\frac{1}{4\pi\varepsilon_0 r}\int q\,\mathrm{d}q=\frac{q}{4\pi\varepsilon_0 r}=\frac{q}{4\pi\varepsilon_0(R^2+x^2)^{1/2}} \qquad (8-25)$$

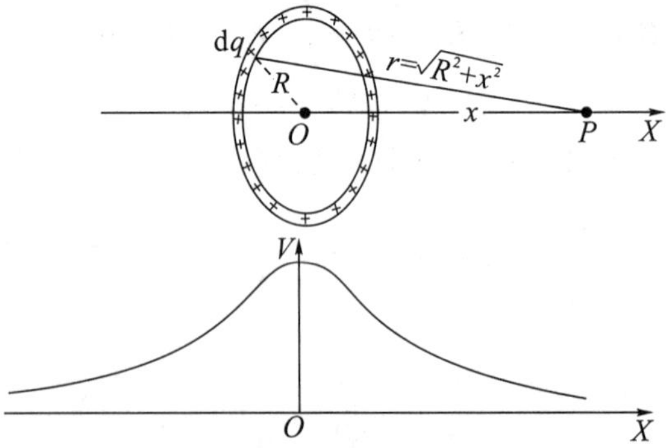

图 8－20 均匀带电圆环轴线上的电势分布

当 P 点位于环心 O 处时，$x=0$，则

$$V=\frac{q}{4\pi\varepsilon_0 R}$$

[**例** 11] 一电荷面密度为 σ 的均匀带电圆盘，半径为 R，求在圆盘轴线上与盘心相距为 x 处 P 点的电势。

解 如图 8－21 所示，把圆盘分成许多个小圆环，图中画出了一个半径为 y、宽为 $\mathrm{d}y$ 的小圆环，该圆环所带的电量为

$$\mathrm{d}q=\sigma 2\pi y\mathrm{d}y$$

利用例 2 的结果，即式 (8－25)，可得此圆环在 P 点产生的电势为

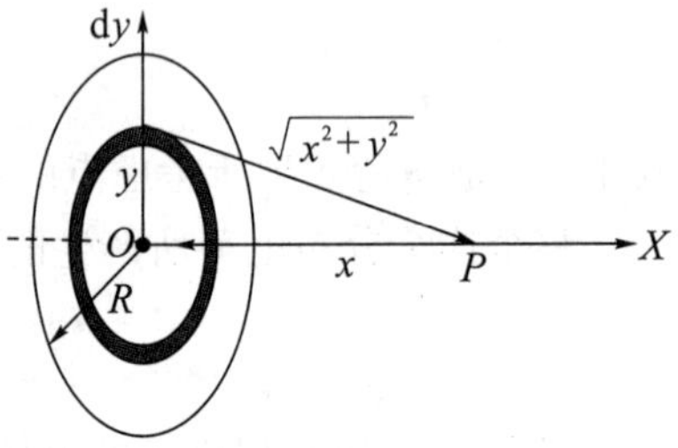

图 8－21

$$dV=\frac{1}{4\pi\varepsilon_0}\frac{1}{\sqrt{x^2+y^2}}\sigma 2\pi y\,dy$$

对圆盘而言，y 是从 0 变到 R，而 x 是一常量，因此，对上式求积分，可得圆盘在 P 点的电势为

$$V=\frac{\sigma}{2\varepsilon_0}\int_0^R\frac{y\,dy}{\sqrt{x^2+y^2}}=\frac{\sigma}{2\varepsilon_0}(\sqrt{x^2+R^2}-x)$$

当 $x\gg R$ 时，$\sqrt{x^2+R^2}\approx x+\frac{R^2}{2x}$，所以

$$V\approx\frac{\sigma}{2\varepsilon_0}\frac{R^2}{2x}=\frac{1}{4\pi\varepsilon_0}\frac{\sigma\pi R^2}{x}=\frac{1}{4\pi\varepsilon_0}\frac{Q}{x}$$

式中，$Q=\sigma\pi R^2$ 为圆盘所带的总电量，由这个结果可以看出，在离圆盘很远处，可以把整个带电圆盘看成一个点电荷。

［**例** 12］　均匀带电球面的电势，设球面总带电量为 q，半径为 R。

解　此题可以用电势的定义公式（8－19）来计算。为此，先算出场强分布，由高斯定理可求得

$$E=\begin{cases}\dfrac{q}{4\pi\varepsilon_0 r^2} & (r>R)\\ 0 & (r<R)\end{cases}$$

方向沿矢径，因此计算电势时可取沿矢径积分。

当 $r>R$ 时，球外任一点 P 的电势为

$$V=\int_P^{\infty}\boldsymbol{E}\cdot d\boldsymbol{l}=\int_r^{\infty}\frac{q}{4\pi\varepsilon_0 r^2}dr=\frac{q}{4\pi\varepsilon_0 r}\qquad(r>R)$$

上式表明，一个均匀带电球面在球面外一点电势，与将球面电荷全部集中于球心时的电势相同。

当 $r<R$ 时，积分要分两段：由 P 到球表面（$r=R$ 处）的一段内，$E=0$，对积分无贡献；只有由 $r=R$ 处到∞的一段对积分有贡献，即

$$V=\int_P^{\infty}\boldsymbol{E}\cdot d\boldsymbol{l}=\int_r^R\boldsymbol{E}_{内}\cdot d\boldsymbol{l}+\int_R^{\infty}\boldsymbol{E}_{外}\cdot d\boldsymbol{l}$$

$$=\int_R^{\infty}\frac{q}{4\pi\varepsilon_0}dr=\frac{q}{4\pi\varepsilon_0 R}\qquad(r<R)$$

这表明，带电球面内各处的电势均相等，球内为一等势体。均匀带电球的内、外电势分布曲线如图 8－22 所示。

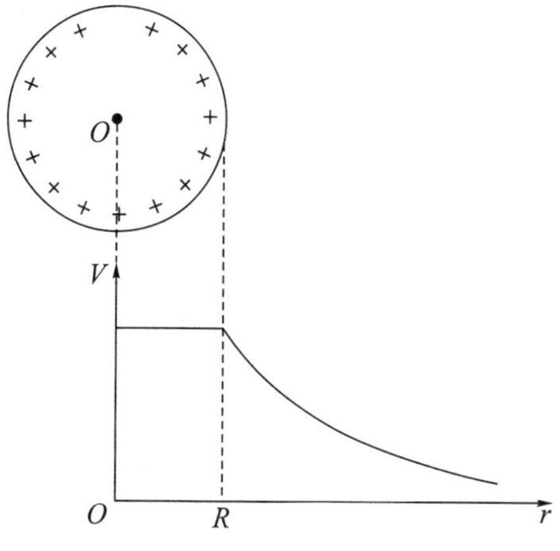

图 8－22

8.9　等势面　场强与电势的关系

8.9.1　等势面

在 8.4 节中，我们曾用电场线来描绘电场中场强分布的情况，使我们对电场有了一个

比较形象、直观的认识。同样，我们也可用图示的方法来描绘电场中各点电势分布的情况，这就是本节要介绍的等势面图。

在一般情况下，静电场中各点的电势是逐点变化的。例如在点电荷产生的电场中电势 $V=\dfrac{q}{4\pi\varepsilon_0 r}$ 随距离 r 而变。但是，与 q 等距离的各点处电势值相等，我们把这些电势相等的点构成的面叫做等势面。所以在点电荷的电场中等势面是一系列以 q 为中心的同心球面，如图 8－23 所示。

我们知道，点电荷的电场中电场线是由点电荷沿径向发出或向点电荷汇聚的一系列直线，很明显，它的电场线和等势面处处正交。

下面来验证，在任何静电场中，从上述特例所得到的结论是普遍成立的。根据式（8－21）$W_{ab}=q_0(V_a-V_b)$ 可知，当电荷沿等势面移动时，电场力不作功。设一试验电荷 q_0 沿等势面作一任意位移元 $\mathrm{d}\boldsymbol{l}$（图 8－24），于是电场力作功 $q_0E\cos\theta\mathrm{d}l=0$，$\theta$ 是场强 $\boldsymbol{E}$ 与位移元 $\mathrm{d}\boldsymbol{l}$ 之间的夹角。因为 q_0、E、$\mathrm{d}l$ 都不等于零，所以应该有 $\cos\theta=0$，即 $\theta=\dfrac{\pi}{2}$。这就是说 $\boldsymbol{E}$ 与 $\mathrm{d}\boldsymbol{l}$ 垂直，$\mathrm{d}\boldsymbol{l}$ 是等势面的切面上任一位移元，$\boldsymbol{E}$ 与等势面的切面上任一位移元都垂直，故必与等势面正交，也就是电场线和等势面正交。此外，式（8－21）也表明，电荷在电场力的推动下由 a 点向 b 点运动时，由于电场力作正功（$W_{ab}>0$），若 q_0 为正，则 $V_a>V_b$，即在电场力推动下，正电荷从电势高的地方向电势低的地方运动。由此我们可以得出结论：在任何静电场中，电场强度（或电场线）总是垂直于等势面，并指向电势减小的方向。

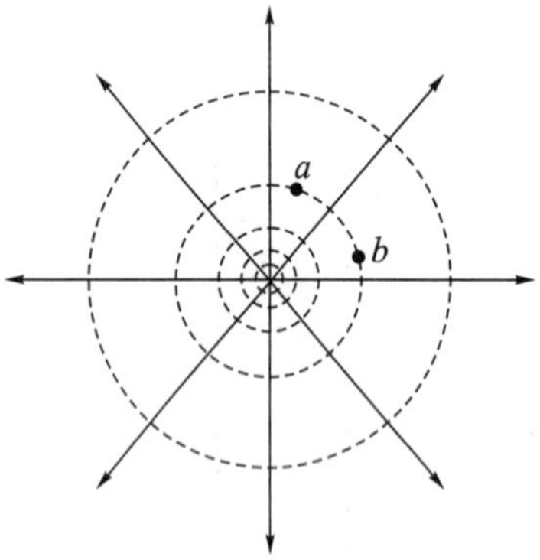

图 8－23

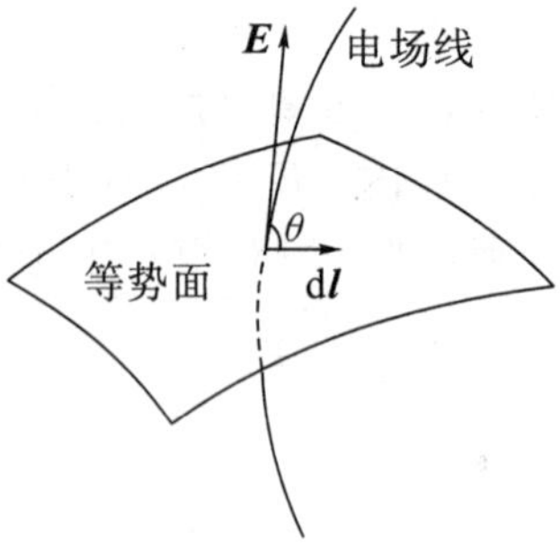

图 8－24

8.9.2 等势面画法的规定

前面曾用电场线的疏密程度来表示电场的强弱，这里我们也可以用等势面的疏密程度来表示电场的强弱。为此，对等势面的画法作这样的规定：电场中任意两个相邻等势面之间的电势差都相等。按照这个规定画出来的等势面图表明，等势面较密集的地方场强大，较稀疏的地方场强小。图 8－25 是考虑了上述规定画出来的一些带电体系的等势面和电场线示意图，图中实线表示电场线，虚线表示等势面。

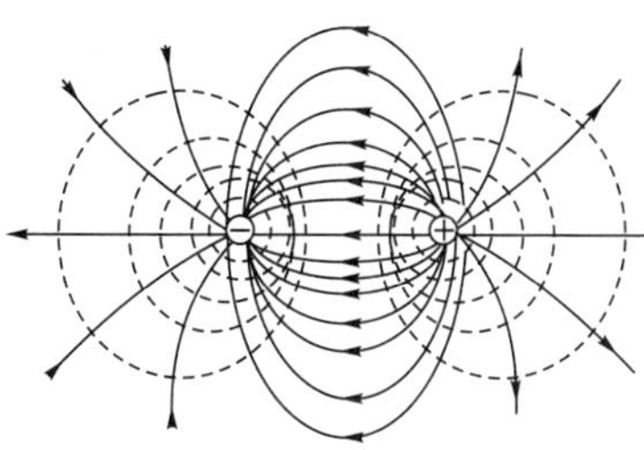

(a) 等量异号点电荷

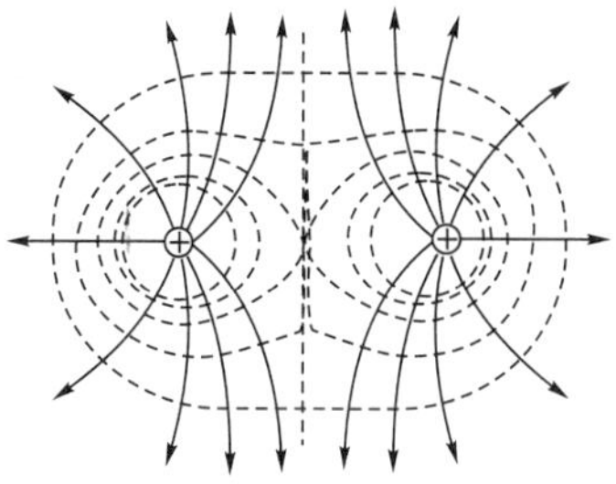

(b) 等量同号电荷

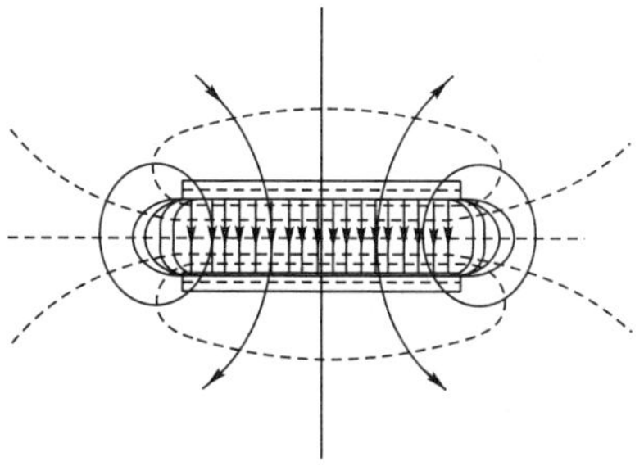

(c) 等量异号带电平板

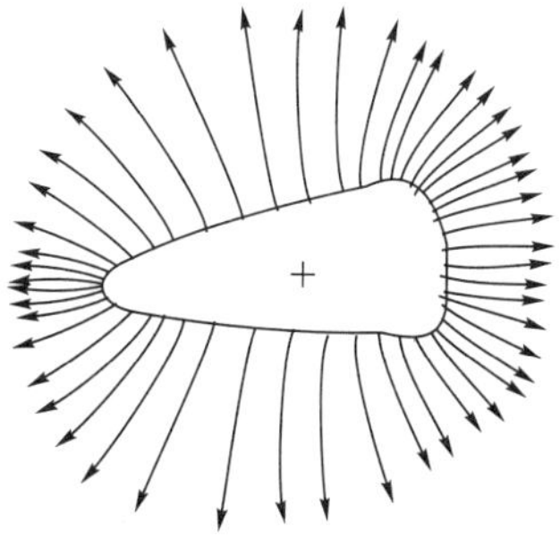

(d) 不规则形状的带电体

图 8－25

8.9.3　场强与电势的关系

前面我们从电荷在电场中要受到电场力的作用这一方面，引进了电场强度这个描述电场的物理量。上面又从电荷在电场中移动时电场力要对它作功这一方面，引进了电势这个描述电场的物理量。既然两者都是用来描述同一事物——电场，所以它们之间应该有一定的联系，式（8－20）已指明了它们之间的积分形式关系，下面我们就来寻求场强与电势之间的微分形式关系。

在静电场中取相距为 Δl 的两点 a 和 b，它们的电势分别为 V_a 和 V_b，且 $V_b = V_a + \Delta V$。如果 a、b 两点非常靠近，则它们之间的场强可以认为是不变的，设 $\Delta \boldsymbol{l}$ 与 $\boldsymbol{E}$ 之间的夹角为 θ（图 8－26），由式（8－20），得

$$V_a - V_b = \boldsymbol{E} \cdot \mathrm{d}\boldsymbol{l} = E \Delta l \cos\theta$$

因为 $V_a - V_b = -\Delta V$，$E\cos\theta = E_l$ 为场强 $\boldsymbol{E}$ 在 $\Delta \boldsymbol{l}$ 上的分量，所以有

$$-\Delta V = E_l \Delta l$$

或

$$E_l = -\frac{\Delta V}{\Delta l} \qquad (8-26)$$

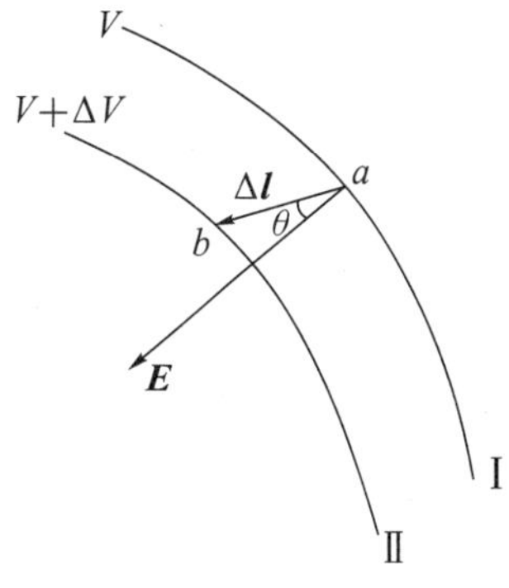

图 8－26

从式（8－26）可以看出，电场强度的单位为 $\mathrm{V \cdot m^{-1}}$。

从式（8－26）还可以看出，对于一定的 ΔV，若取 $\Delta \boldsymbol{l}$

的方向为等势面的法线方向，则沿等势面的法线方向，E_l 大处，Δl 短；E_l 小处，Δl 长。这表明等势面密集处的场强大，等势面稀疏处的场强小，所以从等势面的分布可以定性地看出电场的强弱分布情况。

若把 Δl 取得很小，则 $\frac{\Delta V}{\Delta l}$ 的极限值可写作

$$\lim_{\Delta l \to 0} \frac{\Delta V}{\Delta l} = \frac{\partial V}{\partial l}$$

这里写成偏导数，是因为电势 V 一般还是其他方向坐标的函数。于是，式（8－26）为

$$E_l = -\frac{\partial V}{\partial l} \tag{8-27}$$

$\frac{\partial V}{\partial l}$ 是电势沿 $\boldsymbol{l}$ 方向的方向导数。式（8－27）表明，电场中某一点的场强沿任一方向的分量，等于这一点的电势沿该方向的方向导数的负值，这就是场强与电势的关系。

如果把 X 轴、Y 轴和 Z 轴三个正方向，分别取作 $\Delta \boldsymbol{l}$ 的方向，从式（8－27），就可得到场强在这三个方向上的分量分别为

$$E_x = -\frac{-\partial V}{\partial x} \quad E_y = -\frac{\partial V}{\partial y} \quad E_z = -\frac{\partial V}{\partial z} \tag{8-28}$$

由于电势 V 是标量，与矢量 $\boldsymbol{E}$ 相比，比较容易计算，所以在实际工作中，通常是先计算 V，然后再用式（8－28）来求 $\boldsymbol{E}$。

［**例** 13］　根据 8.8 节例 2 中得出的在均匀带电细圆环轴线上任一点的电势公式（8－25）

$$V = \frac{q}{4\pi\varepsilon_0 (R^2 + x^2)^{1/2}}$$

求轴线上任一点的场强。

解　由于均匀带电细圆环的电荷分布对于轴线是对称的，所以轴线上各点的场强在垂直于轴线方向的分量为零，因而轴线上任一点的场强方向沿 X 轴。由式（8－27）

$$E = E_x = -\frac{\partial V}{\partial x} = -\frac{\partial}{\partial x}\left[\frac{q}{4\pi\varepsilon_0 (R^2 + x^2)^{1/2}}\right] = \frac{qx}{4\pi\varepsilon_0 (R^2 + x^2)^{3/2}}$$

这一结果与 8－3 节中例 2 的结果相同，显然本题所用的方法要简便些。

习　题

8－1　两个点电荷带电分别为 q，$2q$，它们相距为 l，将第三个点电荷放在何处，它所受的合力才是零？

8－2　三个相同的点电荷放置在等边三角形的三个顶点上，在此三角形的中心应放置电量为多少的点电荷，才能使作用在每一点电荷上的合力为零？

8－3　电子以 $5.0\times10^6 \mathrm{m \cdot s^{-1}}$ 的速率进入场强为 $1.0\times10^3 \mathrm{V \cdot m^{-1}}$ 的匀强电场中，若电子的初速度方向与场强方向一致，问：电子作什么运动？经过多少时间停止？在这段时间内电子经过的距离是多少？

8－4　相距 0.2m、带电量均为 1.0×10^{-8}C 的两个异号点电荷，在它们连线中点处

的场强为多大？

8－5　有一边长为 a 的正六角形，六个顶点都放有电荷，试计算如题 8－5 图所示的四种情形下，在六角形中点处的场强。

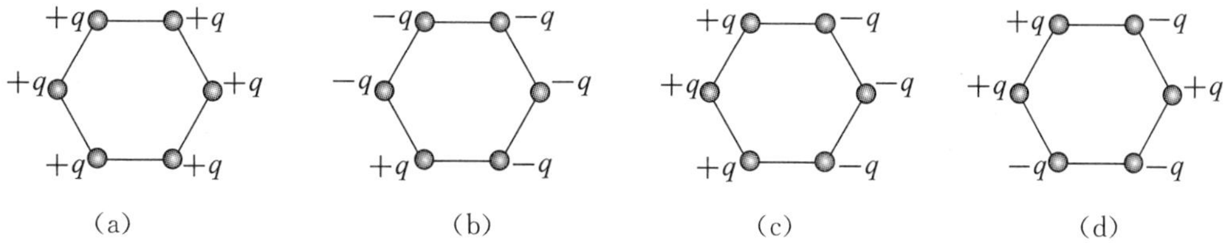

题 8－5 图

8－6　若电量 Q 均匀地分布在长为 L 的细棒上，求证：

(1) 在棒的延长线上，离棒中心为 a 处的场强为

$$E=\frac{1}{\pi\varepsilon_0}\frac{Q}{4a^2-L^2}$$

(2) 在棒的垂直平分线上，离棒为 a 处的场强为

$$E=\frac{1}{2\pi\varepsilon_0}\frac{Q}{a\sqrt{L^2+4a^2}}$$

若棒为无限长时（即 $L\to\infty$），将结果与无限长直导线的场强相比较。

8－7　用场强迭加原理求证无限大均匀带电板外一点的场强大小为 $E=\frac{\sigma}{2\varepsilon_0}$。（提示：把无限大平板分成一个个圆环或一条条细长线，然后进行积分。）

8－8　一半径为 R 的半球面，均匀地带有电荷，电荷面密度为 σ。求球心处电场强度的大小。

8－9　设匀强电场的场强 $\boldsymbol{E}$ 与半径为 R 半球面的轴平行。试计算通过此半球面的 $\boldsymbol{E}$ 通量。

8－10　边长为 b 的立方盒子的表面，分别平行于 xy、yz 和 xz 平面，盒子的一角为坐标原点，现在在此区域内存在电场 $\boldsymbol{E}=200\boldsymbol{i}+300\boldsymbol{j}$。试求穿过各表面的 $\boldsymbol{E}$ 通量。

8－11　在匀强电场中有一个半径为 R 的假想圆柱面，其轴线与场强 $\boldsymbol{E}$ 平行。求通过这个闭合曲面的 $\boldsymbol{E}$ 通量。

8－12　两个均匀带电的同心球面，分别带有电荷 q_1 和 q_2，其中 q_1 为内球面所带的电量，q_2 为外球面所带的电量。又知两球面之间的电场强度为 $\frac{3000}{r^2}\,\mathrm{V\cdot m^{-1}}$ 且方向沿半径向内；球外的电场强度为 $\frac{2000}{r^2}\,\mathrm{V\cdot m^{-1}}$，方向沿半径向外；试求 q_1 和 q_2 各等于多少？

8－13　两个带有等量异号电荷的无限长同轴圆柱面，半径分别为 R_1 和 R_2 $(R_2>R_1)$，单位长度上的电量为 τ。求离轴线为 r 处的电场强度：(1) $r<R_1$；(2) $R_1<r<R_2$；(3) $r>R_2$。

8－14　有两块非常靠近的平行平板，面积均为 $2\times10^{-2}\,\mathrm{m^2}$，带异号电荷，它们之间的电场可认为是匀强电场，场强大小为 $5.0\times10^4\,\mathrm{V\cdot m^{-1}}$，求这两板所带的电量。

8－15　在题 8－5 图所指出的四种情形下，求：

（1）正六角形中点的电势；

（2）把试验电荷 q_0 从无限远移到六角形的中点时，电场力所做的功。

8－16　如题 8－16 图所示，$AB=2l$，$\overset{\frown}{OCD}$是以 B 为中心，l 为半径的半圆，A 点有一个正电荷 $+q$，B 点有一负电荷 $-q$。

（1）把单位正电荷从 O 点沿$\overset{\frown}{OCD}$移到 D 点，电场力对它作了多少功？

（2）把单位负电荷从 D 点沿 AB 的延长线移到无限远去，电场力对它作了多少功？

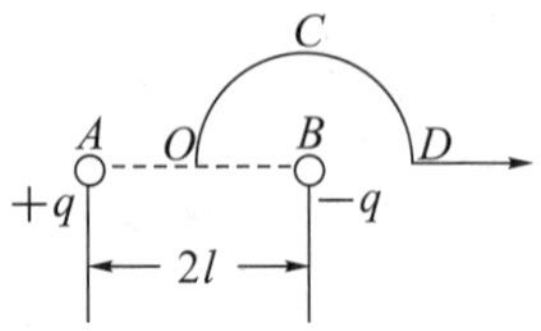

题 8－16 图

8－17　真空中一"无限大"均匀带电平面，其电荷面密度 σ（>0），在平面附近有一质量为 m、电量为 q（>0）的粒子。试求当带电粒子在电场力作用下从静止开始垂直于平面方向运动一段距离 l 时的速率，设重力的影响可忽略不计。

8－18　一圆盘半径 $R=8.0\times10^{-2}$m，均匀带电，电荷面密度 $\sigma=2\times10^{-5}$C·m^{-2}。

（1）求轴线上任一点的电势；

（2）从电场强度和电势的关系，求轴线上任一点的场强；

（3）计算离盘心为 0.10m 处的电势和场强。

8－19　两共轴长直圆柱面（$R_1=0.03$m，$R_2=0.10$m）带有等量异号的电荷，两者的电势差为 450V。求：

（1）圆柱面单位长度上带电量多少？

（2）两圆柱面之间的电场强度分布？

8－20　一均匀带电球面，电荷面密度为 σ，球面内电场强度处处为零，球面上面元 dS 是一个带电量为 σdS 的电荷元，其在球面内各点产生的电场强度（　　）。

（A）处处为零　　　　（B）不一定都为零

（C）处处不为零　　　（D）无法判定

8－21　设有一"无限大"均匀带正电荷的平面，取 X 轴垂直带电平面，坐标原点在带电平面上，如题 8－21 图所示，则其周围空间各点的电场强度 $\boldsymbol{E}$ 随距离平面的位置坐标 X 变化的关系曲线为（规定场强方向沿 X 轴正向为正，反之为负）：

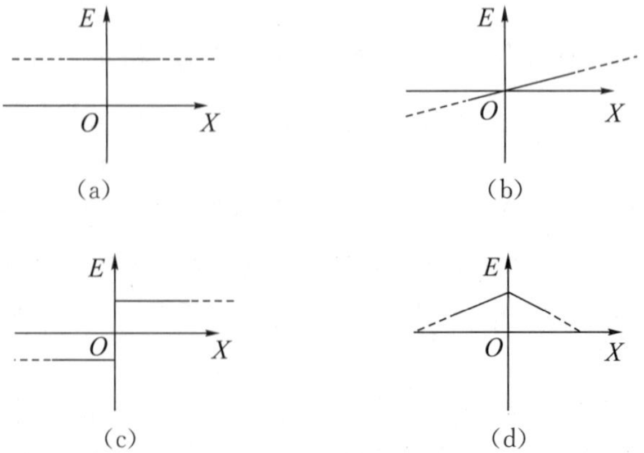

题 8－21 图

8－22　在空间有一非均匀电场，其电场线分布如题 8－22 图所示。在电场中作一半径为 R 的闭合球面 S，已知通过球面上某一面元 ΔS 的电场强度通量为 $\Delta\Phi_e$，则通过该球面其余部分的电场强度通量为（　　）。

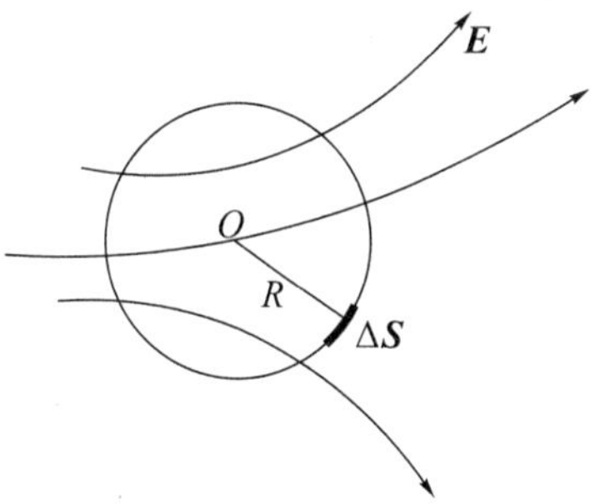

题 8－22 图

(A) $-\Delta\Phi_e$　　(B) $\dfrac{4\pi R^2}{\Delta S}\Delta\Phi_e$

(C) $\dfrac{4\pi R^2-\Delta S}{\Delta S}\Delta\Phi_e$　　(D) 0

8－23　根据高斯定理的数学表达式 $\oint_S \boldsymbol{E}\cdot \mathrm{d}\boldsymbol{S}=\dfrac{1}{\varepsilon_0}\sum_{i=1}^{n} q_i$ 可知下述各种说法中，正确的是（　　）。

(A) 闭合面内的电荷代数和为零时，闭合面上各点场强一定为零；

(B) 闭合面内的电荷代数和不为零时，闭合面上各点场强一定处处不为零；

(C) 闭合面内的电荷代数和为零时，闭合面上各点场强不一定处处为零；

(D) 闭合面上各点场强均为零时，闭合面内一定处处无电荷。

第 9 章　静电场中的导体和电介质

在第 8 章中，我们只讨论了真空中的电场，而实际上，在电场中总有导体或电介质（绝缘体）存在。本章讨论静电场中导体和电介质的性质，以及它们对电场的影响。主要内容有：以导体的静电平衡条件为基础对静电场中的导体进行研究，介质的极化现象和相对电容率 ε_r 的物理意义，有介质时的高斯定理，电容器的性质和电容串联、并联的计算，电场的能量等。

9.1　静电场中的导体

9.1.1　导体的静电平衡条件

本节所讨论的导体指的是金属导体。金属导体所以能导电，是由于它内部有大量的自由电子可以自由地移动。将导体放在外电场中，导体内的自由电子就要相对于导体发生宏观的定向运动，引起导体上电荷的重新分布。经过短暂的时间，导体上电荷的分布就保持不变，我们把这种状态称为导体的静电平衡状态。导体上的电荷因外电场的作用而重新分布的现象，我们称为静电感应。

因为在静电平衡状态下，导体内没有电荷的宏观运动，所以，当导体处于静电平衡状态时，在导体内的场强一定处处为零。还有，当导体处于静电平衡时，在导体表面上的场强一定要与表面垂直，假若不垂直，则场强沿表面将有切向分量，自由电子受到该切向分量相应电场力的作用，将沿表面运动，这样就不是静电平衡的状态了。综上所述，导体静电平衡的条件是：

（1）导体内部任何一点的场强为零；

（2）在导体表面上任何一点场强垂直于导体表面。

导体静电平衡的条件也可以用电势来表述：在静电平衡时，导体上各点的电势相等，即导体的表面是一等势面，整个导体是一等势体。证明如下：因为导体内的 $\boldsymbol{E}=\boldsymbol{0}$，导体内任意两点 a、b 的电势差

$$U_{ab}=\int_a^b \boldsymbol{E}\cdot \mathrm{d}\boldsymbol{l}=0$$

即 $V_a=V_b$，所以导体内所有各点的电势相等。至于导体表面，由于静电平衡时，导体表面的电场强度与表面垂直，因此导体表面任意两点 a、b 的电势差亦应为零，即

$$U_{ab}=\int_a^b \boldsymbol{E}\cdot \mathrm{d}\boldsymbol{l}=\int_a^b E\cos\frac{\pi}{2}\mathrm{d}l=0$$

故静电平衡时，导体表面为一等势面。并且导体表面的电势与导体内部的电势是相等的，

否则就仍会发生电荷的定向运动。

那么，在外电场的作用下，导体是怎样达到静电平衡状态的呢？我们举一个简单的例子来说明这一过程。

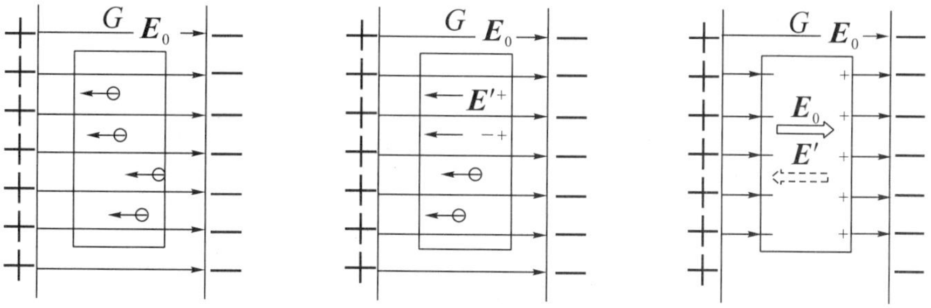

(a) 金属刚放入电场时　(b) 金属中场强不等于零时　(c) 静电平衡时，导体内部场强为零

图 9－1

如图 9－1 所示，在匀强电场 $\boldsymbol{E}_0$ 中放入一块金属板 G，在电场力作用下，金属板内部的自由电子将逆着外电场的方向运动，使得 G 的两个侧面出现了等量异号的电荷。于是，这些电荷在金属板的内部建立起一个附加电场，其场强 $\boldsymbol{E}'$ 和原来的场强 $\boldsymbol{E}_0$ 的方向相反。这样，金属板内部的场强就是 $\boldsymbol{E}_0$ 和 $\boldsymbol{E}'$ 这两个场强的迭加。开始时 $E'<E_0$。金属板内部的场强不为零，自由电子会不断地向左移动，从而使 E' 增大。这个过程一直延续到金属板内部处处 $\boldsymbol{E}'=-\boldsymbol{E}_0$ 时，即导体内部的场强等于零时为止。这时，导体上没有电荷作定向运动，导体处于静电平衡状态。

9.1.2　静电平衡时导体上电荷的分布

应用静电场的基本性质，可以证明达到静电平衡后导体中电荷分布的一些特点。

首先，在达到静电平衡时电荷只分布在导体的表面，即导体内部不存在未抵消的净电荷。如图 9－2，在导体内围绕任一点 P 作一闭合曲面 S，由导体的静电平衡条件知道面 S 上各点的场强都等于零，因此通过这闭合曲面的电通量

$$\Phi_e=\oint_S E\cos\theta \mathrm{d}S=0$$

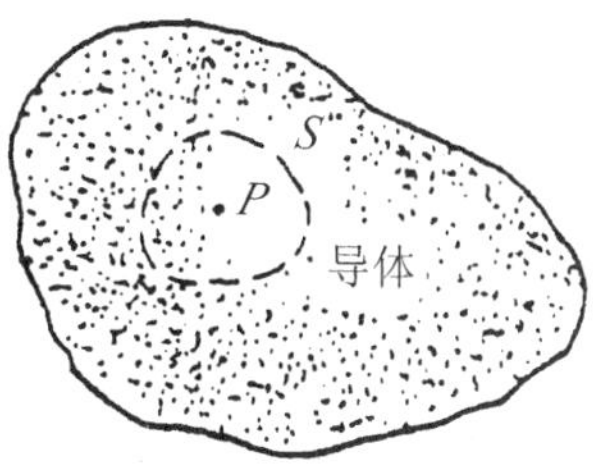

图 9－2

根据高斯定理，闭合曲面 S 内的总电荷必须为零。由于 P 点是导体内任意的一点，而且 S 面可以任意小，所以导体内任何一点都没有净电荷，电荷只能分布在导体表面上。

如果导体内有空腔，那么，当空腔内没有其他带电体时，我们可以证明，在静电平衡下：①导体空腔的内表面上处处没有电荷，电荷只分布在外表面上；②空腔内没有电场，如图 9－3 所示。证明如下：如图 9－3 (a)，我们在导体空腔内、外表面之间作闭合曲面 S 包围内表面。于是依同理可知闭合曲面内电荷的代数和为零，但腔内无带电体，故内表面上电荷的代数和为零。然而在空腔内表面上是否有可能出现符号相反的正、负电荷，而净电荷为零的情况呢？(图 9－3 (b)) 我们设想，如果在空腔内表面点 A 附近出现 $+q$，而在空腔内表面点 B 附近出现 $-q$。这样，在空腔内就要有始于正电荷，而终于负电荷的

电场线。也就是说，空腔内的场强不等于零。这时场强沿由 A 至 B 的线积分 $\int_A^B \boldsymbol{E}\cdot \mathrm{d}\boldsymbol{l}$ 也将不等于零。于是，在 A、B 两点之间就存在电势差。显然，这是与导体静电平衡条件相违背的。所以，在这种情况下，只能是空腔内表面处处没有电荷，即电荷分布在外表面上，空腔内没有电场存在。

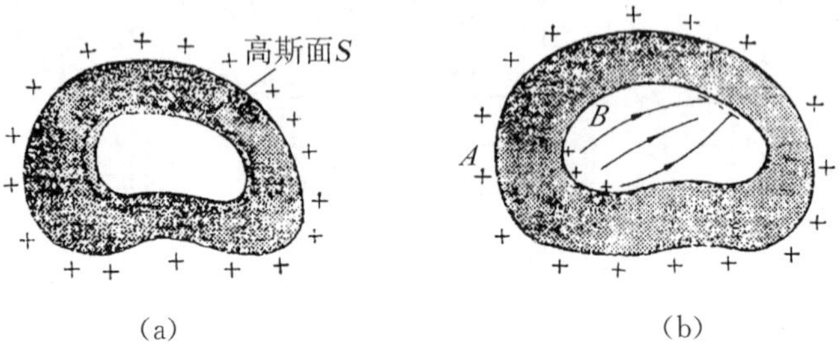

图 9－3

当导体空腔内有其他带电体时，按照高斯定理容易证明，在静电平衡状态下，导体空腔内表面所带电荷与腔内电荷的代数和为零。如图 9－4，若腔内有一物体带电为 $+q$，则腔的内表面带电为 $-q$。

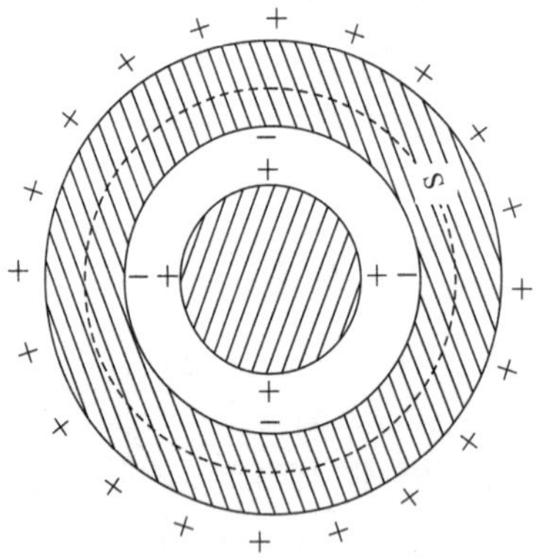

图 9－4

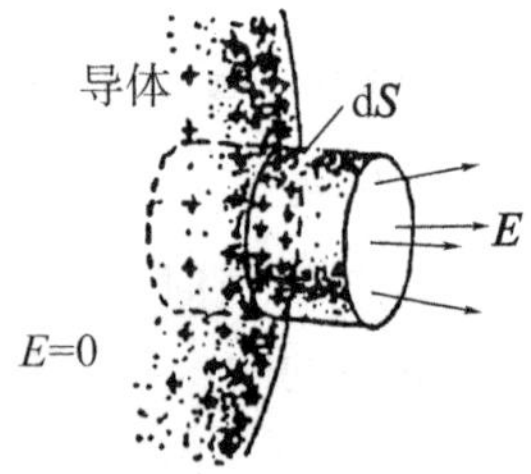

图 9－5

9.1.3 带电导体表面附近的场强

通过上面的讨论可知，在静电平衡的条件下，导体所带的电荷都分布在导体的表面上。那么，导体表面的电荷面密度 σ 与其邻近处的场强有什么关系呢？图 9－5 表示一放大了的导体表面，设在某一面积元 $\mathrm{d}S$ 上，电荷分布可认为是均匀的，电荷面密度为 σ，其表面附近的场强 $\boldsymbol{E}$ 垂直于 $\mathrm{d}S$，且可看成大小处处相等。作一柱形高斯面包围此面积元 $\mathrm{d}S$，在左边底面上，由于场强处处为零，所以通过它的电场强度通量为零；在侧面上，不是场强为零，就是场强与侧面的法线垂直，所以穿过侧面的电场强度通量为零；在右边底面上，$\boldsymbol{E}$ 与 $\mathrm{d}S$ 面垂直，通过它的电场强度通量为 $E\mathrm{d}S$，此高斯面包围的电量为 $\sigma\mathrm{d}S$。根据高斯定理，有

$$EdS = \frac{\sigma dS}{\varepsilon_0}$$

所以

$$E = \frac{\sigma}{\varepsilon_0} \tag{9-1}$$

由此可见，带电导体处于静电平衡时，导体表面之外邻近表面处的场强 $\boldsymbol{E}$，在数值上等于该处导体表面电荷面密度的 ε_0 分之一。当表面带正电时，$\boldsymbol{E}$ 的方向垂直表面向外；当表面带负电时，$\boldsymbol{E}$ 的方向垂直表面指向导体。

9.1.4　面电荷密度与导体表面曲率的关系

式（9－1）只给出了导体表面上每一点电荷的面密度与附近场强之间的关系。那么，导体表面上的电荷究竟是怎样分布的呢？实验表明，它与导体的形状以及导体附近有什么样的其他带电体有关。对孤立带电导体来说，电荷的分布有如下的规律：在孤立导体上电荷面密度的大小与表面的曲率有关，导体表面突出而尖锐的地方（曲率较大），电荷就比较密集，即电荷的面密度 σ 较大；表面较平坦的地方（曲率较小），σ 较小；表面凹进去的地方（曲率为负），σ 更小。与此相对应，在尖端附近场强最大，平坦的地方次之，凹进去的地方最弱（见图 9－6）。

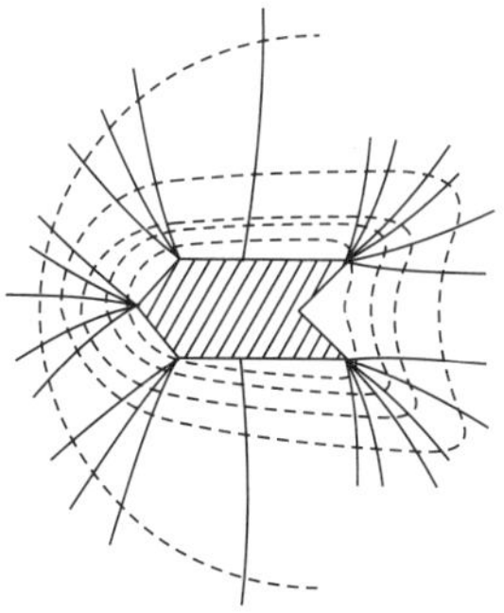

图 9－6

9.1.5　尖端放电

对于表面具有突出尖端的带电导体，在尖端处的电荷面密度很大，场强也很大。当场强大到超过空气的击穿场强时，空气被电离，其与导体尖端上电荷符号相反的离子被吸引到尖端，与尖端上的电荷中和，使导体上的电荷消失，这种现象称为尖端放电。天气阴暗时，在高压输电线上也可以看到尖端放电，这时在高压输电线的表面隐隐地笼罩着一层光晕，称为电晕，由于在电晕放电时，输电线上有大量电荷向周围的介质中流散，从而增加了高压输电中的能量损耗，因此，高压输电线表面应做得光滑，其半径也不能过小。此外，一些高压设备的电极常做成光滑的球面，也是为了避免尖端放电。

在输电过程中，电晕放电是有害的，但在另一些情况中，却可利用电晕放电中产生的离子和电子使周围的固体或液体微粒带电，然后根据实际需要用电场来控制这些带电微粒的运动，工业上的静电除尘和静电喷漆等装置就是根据这一原理设计的，下面我们以静电除尘为例来说明。

图 9－7 是装在烟囱内的静电除尘装置示意图。在烟囱中央装有一细金属丝，紧贴烟囱内壁侧安装一金属圆筒，它们分别与高压电源的负极和正极相连。这样，在烟囱中就形成一个以金属丝为轴的径向电场，且在金属丝附近的电场最强，当场强大到空气的击穿场强时，在金属丝表面将出现电晕放电，空气分子被电离成带正电的正离子和带负电的电子。因为金属丝相对于烟囱壁的

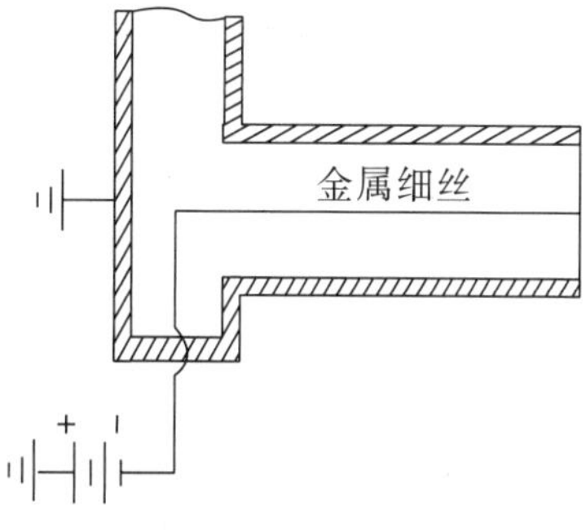

图 9－7　静电除尘装置

电势为负，则电离出来的电子将被斥离金属丝，这些电子将被吸附在空气中的氧分子上而使氧分子成为带负电的离子，它们在径向电场作用下将向着烟囱壁运动，因而在金属丝和烟囱壁之间就出现一股微弱的离子流，当烟囱内有烟——带有固体微粒的气流通过时，这些氧离子又将被吸附在烟粒上，使烟粒成为带负电的粒子。这些带负电的烟粒在离开烟囱前即已被径向电场推到烟囱壁上，失去负电荷而成为中性的固体微粒，然后靠自身重量或用振动方法使其下落，并被收集起来，这就是静电除尘的简单原理。

9.1.6 静电屏蔽

前面讲过，在静电平衡状态下，当导体空腔内没有带电物体时，空腔内部没有电场，电荷分布在导体的外表面上。因此，当用导体壳包围不带电物体时，不论壳外有无电场，壳内总是没有电场。这样，壳内区域就不会受到壳外静电场的影响，这叫做静电屏蔽，如图 9－8（a）、（b）、（c）所示。

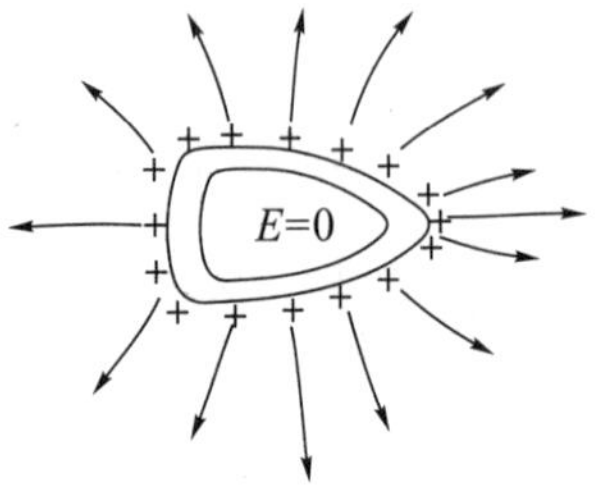

(a)

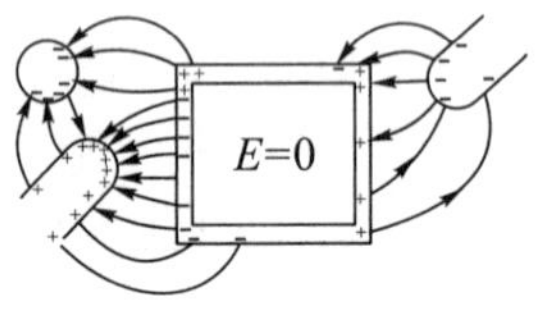

(b)

(c) 导体球壳引入匀强电场

图 9－8

静电屏蔽现象在实际中有重要的应用，例如为了使一些精密的电磁测量仪器不受外界电场的干扰，通常在仪器外面加金属罩或金属网。

为了使一个带电体不影响外界，可以把带电体放在接地的金属壳或金属网内，其原理如图 9－9 所示。图中表示，当金属壳未接地时，如果壳内物体带正电，那么，由于静电感应，金属壳内、外表面出现等量异号的电荷，因此，壳内的带电体对壳外要产生影响（图 9－9（a））。如果把外壳接地，则由于壳内带电体的存在而在外表面产生的感应电荷将流入地下（图 9－9（b））。这样，壳内带电体对外界的影响就全部消除了，这也是静电屏蔽，即导体壳屏蔽了腔内带电体对外界的影响。因此，在高压场所的周围加上一圈接地的金属网，就可以保证网外的安全。

综上所述，一个接地的空腔导体可以隔离内、外静电场的影响，这就是静电屏蔽的根据。在实际工作中，常用编织得相当紧密的金属网来代替金属壳体。

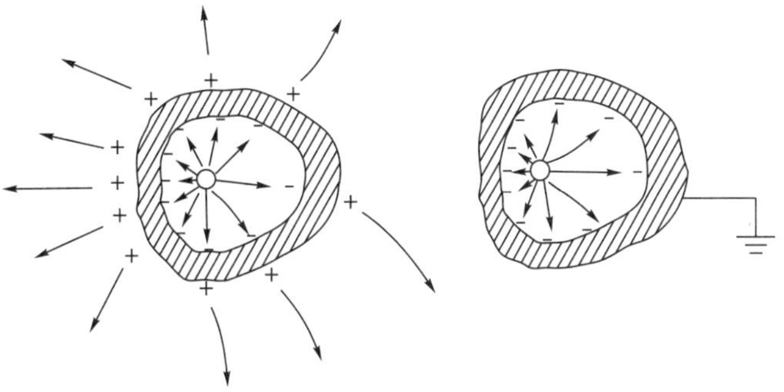

(a)　　　　(b)

图 9-9

利用在静电平衡下导体是等势体以及静电屏蔽的原理，我国工人和工程技术人员通过反复实践，摸索出了一套高压带电作业的新技术。作业人员穿戴用金属丝网制成的手套、帽子、衣裤和鞋袜连成一体的工作服，通常叫做屏蔽服（或称均压服），穿上后相当于用金属网把人体屏蔽起来，使到达人体的电场大大减弱，电场引起的感应电流也只在屏蔽服上流通，这样就避免了对人体的危害。穿上屏蔽服的作业人员，可以利用绝缘软梯逐渐进入强电场区。在带手套的手与高压线相接触的瞬间，手套与高压线之间发生火花放电，此后，人和高压线的电势就保持相等，作业人员就可以在不停电的情况下安全地在高压输电线上进行检修等作业。

［**例 1**］　图 9-10 为一半径为 r 的导体小球，放在内外半径分别为 R_1 与 R_2 的导体球壳内，球壳与小球同心，设小球与球壳分别带有电荷 q 与 Q。试求：

（1）小球的电势 V_r，球壳内表面及外表面的电势 V_r 与 V_{R_2}；

（2）小球与球壳的电势差；

（3）若球壳接地，再求电势差。

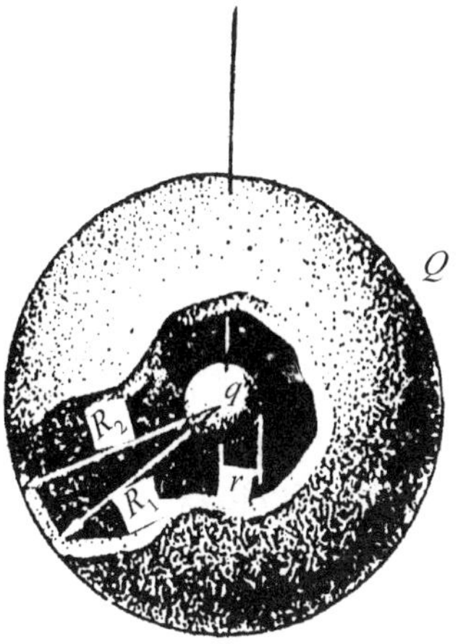

图 9-10　带电小球悬在大球中

解　（1）首先我们来分析两球体上的电荷是怎样分布的。小球表面上有电荷 q 均匀分布着，这电荷 q 将在球壳内表面感应出 $-q$，在外表面感应出 $+q$，而电荷 Q 只能分布在球壳的外表面上，所以球壳内表面的电荷为 $-q$，外表面的总电量为 $q+Q$。

根据电势迭加原理及 8.8 节例 4 中关于球面的电势，我们可以分别求得小球及球壳内外表面的电势如下：

$$V_r=\frac{1}{4\pi\varepsilon_0}\left(\frac{q}{r}-\frac{q}{R_1}+\frac{q+Q}{R_2}\right)$$

$$V_{R_1}=\frac{1}{4\pi\varepsilon_0}\left(\frac{q}{R_1}-\frac{q}{R_1}+\frac{q+Q}{R_2}\right)=\frac{1}{4\pi\varepsilon_0}\frac{q+Q}{R_2}$$

$$V_{R_2}=\frac{1}{4\pi\varepsilon_0}\left(\frac{q}{R_2}-\frac{q}{R_2}+\frac{q+Q}{R_2}\right)=\frac{1}{4\pi\varepsilon_0}\frac{q+Q}{R_2}$$

从这结果可以看出，球壳内外表面是等势的。

（2）两球体的电势差为

$$V_r - V_R = \frac{1}{4\pi\varepsilon_0}\left(\frac{q}{r} - \frac{q}{R_1}\right)$$

（3）若外球接地，则球壳外表面上的电荷消失，两球的电势分别为

$$V_r = \frac{1}{4\pi\varepsilon_0}\left(\frac{q}{r} - \frac{q}{R_1}\right)$$

$$V_{R_1} = V_{R_2} = 0$$

两球体的电势差为

$$V_r - V_R = \frac{q}{4\pi\varepsilon_0}\left(\frac{1}{r} - \frac{1}{R_1}\right)$$

由上面的结果可以看出，不论外球壳接地与否，两球体的电势差保持不变，而且当 q 为正时，小球的电势总比外球壳的电势高；当 q 为负时，小球的电势总低于外球壳的电势。如果用一根导线把两球连接起来，那么，不论 q 是正是负，也不论 Q 存在与否，电荷 q 总是要全部流到外球上去。

［**例** 2］　有一块大金属平板，面积为 S，带有总电量 Q，今在其近旁平行地放置第二块大金属平板，此板原来不带电。求静电平衡时，金属板上的电荷分布及周围空间的电场分布。如果把第二块金属板接地，情况又如何？（忽略金属板的边缘效应）

解　由于静电平衡时导体内部无净电荷，所以电荷只能分布在两金属板的表面上。不考虑边缘效应，这些电荷都可当作是均匀分布的。设四个表面上的面电荷密度分别为 σ_1、σ_2、σ_3 和 σ_4，且均大于零，如图 9－11 所示。

由电荷守恒定律可知

$$\sigma_1 + \sigma_2 = \frac{Q}{S}$$

$$\sigma_3 + \sigma_4 = 0$$

由于板间电场与板面垂直，且板内的电场为零，所以选一个两底分别在两个金属板内而侧面垂直于板面的封闭面作为高斯面，则通过此高斯面的电通量为零。根据高斯定律就可以得出

$$\sigma_2 + \sigma_3 = 0$$

在金属板内一点 P 的场强应该是四个带电面的电场的迭加，若设向右为正，因而有

$$E_P = \frac{\sigma_1}{2\varepsilon_0} + \frac{\sigma_2}{2\sigma_0} + \frac{\sigma_3}{2\varepsilon_0} - \frac{\sigma_4}{2\varepsilon_0}$$

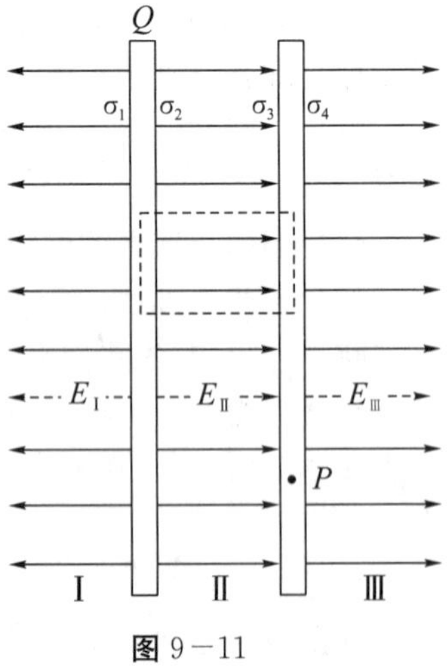

图 9－11

由于静电平衡时，导体内各处场强为零，所以 $E_p = 0$，因而有

$$\sigma_1 + \sigma_2 + \sigma_3 - \sigma_4 = 0$$

将此式和上面三个关于 σ_1、σ_2、σ_3 和 σ_4 的方程联立求解，可得电荷分布的情况为

$$\sigma_1 = \frac{Q}{2S} \qquad \sigma_2 = \frac{Q}{2S} \qquad \sigma_3 = -\frac{Q}{2S} \qquad \sigma_4 = \frac{Q}{2S}$$

根据场强迭加原理，可求得电场的分布如下：

在Ⅰ区，$E_{\mathrm{I}}=\dfrac{Q}{2\varepsilon_0 S}$方向向左；

在Ⅱ区，$E_{\mathrm{II}}=\dfrac{Q}{2\varepsilon_0 S}$方向向右；

在Ⅲ区，$E_{\mathrm{III}}=\dfrac{Q}{2\varepsilon_0 S}$方向向右。

如果把第二块金属板接地（图 9－12），它就与地这个大导体连成一体，金属板右表面上的电荷就会分散到更远的地球表面上而使得这金属表面上的电荷实际上消失，因而

$$\sigma_4=0$$

第一块金属板上的电荷守恒仍给出

$$\sigma_1+\sigma_2=\frac{Q}{S}$$

由高斯定律仍可得

$$\sigma_2+\sigma_3=0$$

为了使得金属板内 P 点的电场为零，又必须有

$$\sigma_1+\sigma_2+\sigma_3=0$$

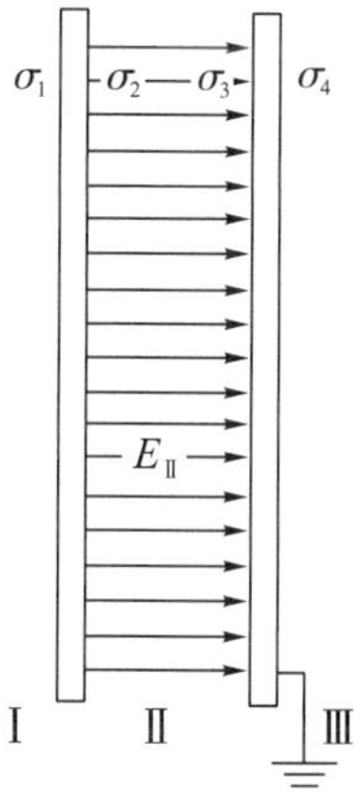

图 9－12

以上四个方程式给出

$$\sigma_1=0 \qquad \sigma_2=\frac{Q}{S} \qquad \sigma_3=-\frac{Q}{S} \qquad \sigma_4=0$$

和未接地前相比，电荷分布改变了。这一变化是负电荷通过接地线从地里跑到第二块金属板上的结果。这负电荷的电量一方面中和了金属板右表面上的正电荷（这是正电荷跑入地球的另一种说法），另一方面又补充了左表面上的负电荷使其面密度增加一倍。同时第一块板上的电荷全部移到了右表面上，只有这样，才能使两导体内部的场强为零而达到静电平衡状态。

这时的电场分布可根据上面求得的电荷分布求出为

$$E_{\mathrm{I}}=0; \qquad E_{\mathrm{II}}=\frac{Q}{\varepsilon_0 S}\text{，向右；} \qquad E_{\mathrm{III}}=0$$

9.2　电容和电容器

电容是电学中一个重要的物理量。这一节我们先讨论孤立导体的电容，然后讨论电容器及其电容，最后讨论电容器的联接。

9.2.1　孤立导体的电容

所谓“孤立”导体，就是说在这导体附近没有其他物体，实际上也就是其他物体对它的影响可以略去的导体。

实验和理论都证明，当孤立导体带电时，导体的电势 V 和它所带电量成正比，而比值$\dfrac{Q}{V}$是一个与导体所带电量无关的物理量，叫做孤立导体的电容，即

$$C=\frac{Q}{V}$$

例如，在真空中，有一半径为R、带电量为Q的孤立球形导体，它的电势为

$$V=\frac{1}{4\pi\varepsilon_0}\frac{Q}{R} \tag{9-2}$$

其电容则为$C=4\pi\varepsilon_0 R$。可见，孤立导体球的电容正比于球的半径R，从这个特例及今后要计算出的许多结果都证明，导体的电容只与它的形状和大小有关，而和它是否带电以及带电多少无关。

大小、形状各不相同的孤立导体，电容各不相同，从式（9－2）可见，要使它们具有相同的电势，必须给予它们不相等的电量。或者说，要使它们的电势升高同一量值，所需的电量也不同，电容大的导体，所需电量较大。

电容的单位是法拉，如果导体所带电量为1C，相应的电势为1V时，这导体的电容即为1法拉，记作F。即

$$1\text{F}=\frac{1\text{C}}{1\text{V}}$$

在实用中，法拉的单位太大，常用微法（μF）、皮法（pF）等作为电容的单位，它们之间的关系为

$$1\text{F}=10^6\mu\text{F}=10^{12}\text{pF}$$

9.2.2 电容器及其电容

当导体的周围有其他物体存在时，这导体的电容就会受到影响。因此，我们有必要设计一种导体组合，使这种导体组合的电容不受其他物体的影响，并使它的电容数值较大而几何尺寸并不过大，电容器就是这样的组合。电容器可以储存电荷，以后将看到电容器还可以储存能量。常用的电容器是由中间夹有电介质的两块金属板构成的，这两块金属板常称作电容器的两个电极或极板。电容器电容的定义为：当电容器两极板分别带有等值异号电荷$+Q$和$-Q$时，一个极板上所带电量的绝对值Q与两板间相应的电势差V_A-V_B的比值，即

$$C=\frac{Q}{V_A-V_B} \tag{9-3}$$

电容器在实际中（主要在交流电路、电子电路中）有着广泛的应用。实际的电容器种类繁多（见图9－13）。按两金属板间所用电介质来区分，有空气电容器、云母电容器、

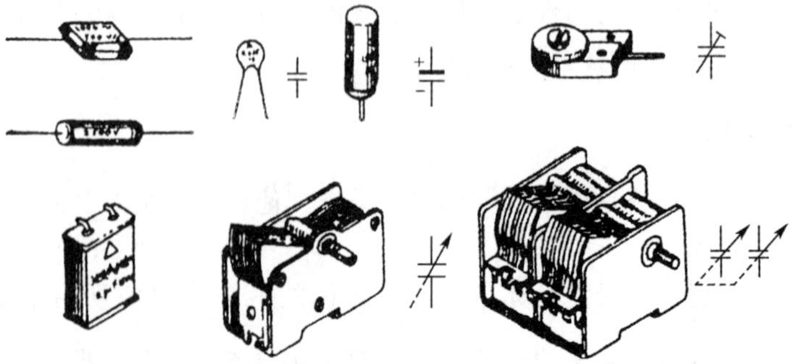

图9－13

纸质电容器、油浸纸介电容器、陶瓷电容器、电解电容器、聚四氟乙烯电容器、钛酸钡电容器等；按其容量可变与否来分，有可变电容器、半可变或微调电容器、固定电容器等。

9.2.3　电容的计算

下面我们计算几种处于真空中的电容器的电容，至于电介质对电容的影响，将在下节述及。

9.2.3.1　平行板电容器

平行板电容器由大小相同的两块平行极板组成，每块板的面积为 S，两极板内表面间距离为 d，并设 $S \gg d^2$，如图 9－14。

设 A、B 两板分别带有 $+Q$ 和 $-Q$ 的电荷，于是两板的电荷面密度分别为 $\pm\sigma = \pm\dfrac{Q}{S}$。两板间的场强由 8－5 节例 3 中的式 (2) 可知，为

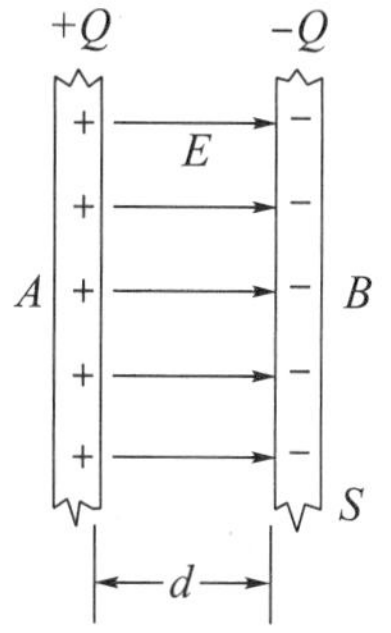

图 9－14　平板电容器

$$E = \frac{\sigma}{\varepsilon_0}$$

由于两板间为均匀电场，故两极板间的电势差为

$$V_A - V_B = Ed = \frac{\sigma}{\varepsilon_0}d$$

由电容器的电容的定义得知平行板电容器的电容为

$$C = \frac{Q}{V_A - V_B} = \frac{\sigma S}{\dfrac{\sigma d}{\varepsilon_0}} = \frac{\varepsilon_0 S}{d} \tag{9-4}$$

可见，平板电容器的电容与极板的面积成正比，与极板间的距离成反比。由此可见，电容 C 的大小与电容器是否带电无关，只与电容器本身的结构形状有关。

9.2.3.2　圆柱形电容器

圆柱形电容器是由半径分别为 r 和 R 的同轴圆柱导体 A 和 B 所构成，外圆筒的壁厚很小，可略去不计，并且圆柱体的长度 l 比半径 R 大得多。

如图 9－15 所示，因为 $l \gg R$，所以可把 A、B 两圆柱面间的电场看成是无限长圆柱面的电场。设内、外圆柱各带有 $+Q$ 和 $-Q$ 的电量，则单位长度上的电量，即电荷线密度 $\lambda = \dfrac{Q}{l}$，应用 8.5 节例 2 中的结果式 (1)，两圆柱面间的场强大小为

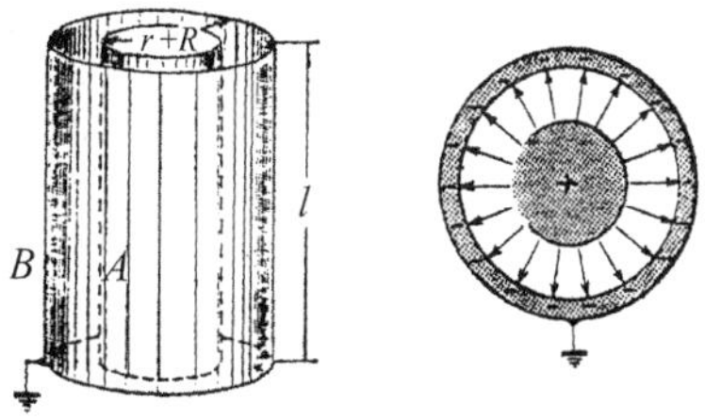

图 9－15

$$E = \frac{\lambda}{2\pi\varepsilon_0 r} = \frac{Q}{2\pi\varepsilon_0 l}\frac{1}{r}$$

场强方向垂直于圆柱轴线。于是，两圆柱间的电势差为

$$V_A - V_B = \int_r^R \boldsymbol{E}\cdot d\boldsymbol{l} = \int_r^R \frac{Q}{2\pi\varepsilon_0 l}\frac{dr}{r} = \frac{Q}{2\pi\varepsilon_0 l}\ln\frac{R}{r}$$

根据式（9－3），得圆柱形电容器的电容为

$$C=\frac{Q}{V_A-V_B}=\frac{2\pi\varepsilon_0 l}{\ln\dfrac{R}{r}} \tag{9-5}$$

可见，圆柱越长，电容 C 越大；两圆柱间的间隙越小，电容 C 也越大。而电容 C 的大小与电容器是否带电无关。

9.2.4 电容器的串联、并联

在实际工作中有两种情形要把电容器作适当的联接：①现有电容器电容的大小不适用；②现有电容器的耐压程度不够。什么叫做耐压程度？电容器两极板间的绝缘体（电介质）在通常情况下是不导电的，但当电容器两极板间的电压降（即电势差）足够大时，绝缘体将要失去它的绝缘性能，这时电流可以沿绝缘体中某一路径通过，这种现象称为击穿。即是说，如果加在电容器上的电压降太大，电容器就有被击穿的危险。通常电容器上写明了能够承受的电压，如果不超过这个电压，就没有被击穿的危险，所以这个电压是一个保险电压，同时也说明电容器的耐压程度。

连接电容器的基本方法有并联和串联两种，分述如下：

9.2.4.1 电容器的并联

电容器的并联接法是将每个电容器的一端联接在一起，另一端也联接在一起（图 9－16）。

如将其接上电源显然每个电容器两端的电势差（电压降）都相等，而每个电容器带的电量却不相同。如图 9－17，设有两个电容 C_1、C_2 并联，接在电压为 U 的电源上，C_1、C_2 上的电量分别为 Q_1、Q_2，根据式（9－3），有

$$Q_1=C_1U \qquad Q_2=C_2U$$

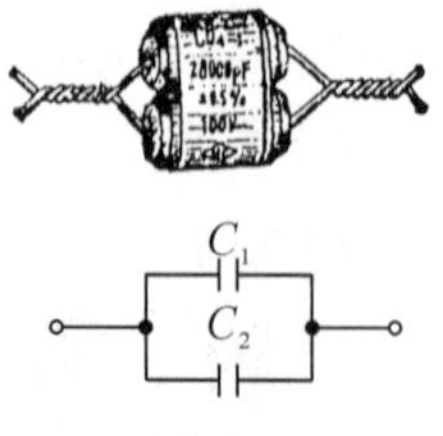

图 9－16　电容器的并联

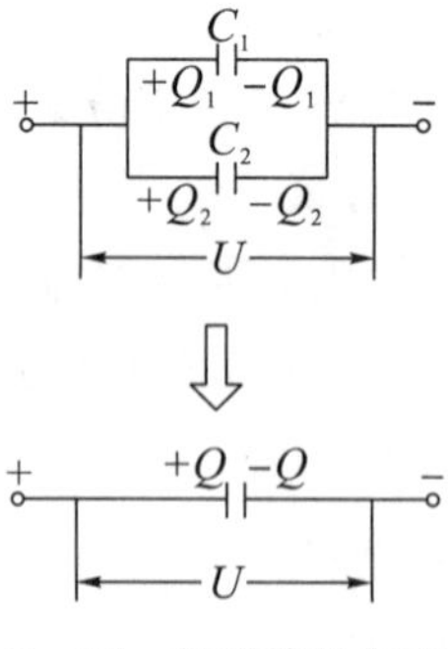

图 9－17　并联等效电容

两电容器上总电量 Q 为

$$Q=Q_1+Q_2=(C_1+C_2)U$$

若用一个电容器来等效地代替这两个电容器，使它在电压降为 U 时，所带电量也为 Q，那么这个电容器的电容 C 为

$$C=\frac{Q}{U}$$

与 $Q=(C_1+C_2)U$ 比较可得

$$C=C_1+C_2$$

这说明，当几个电容器并联时，其等效电容等于这几个电容器电容之和。

可见，并联电容器组的等效电容较电容器组中任何一个电容都要大，但各电容器上的电压降总是相等的。

9.2.4.2　电容器的串联

几个电容器的极板首尾相接联成一串（图 9－18），这种联接叫做串联。设加在串联电容器组上的电压为 U，则两端的极板分别带有 $+Q$ 和 $-Q$ 的电荷（图 9－19）。

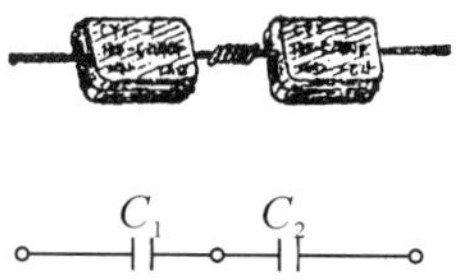

图 9－18　电容器的串联

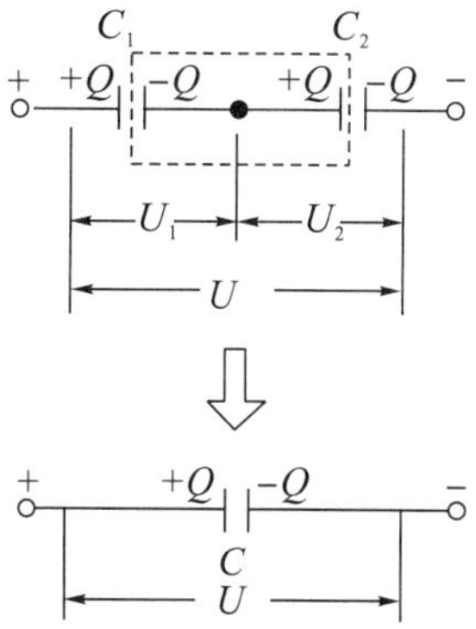

图 9－19　串联等效电容

由于静电感应使虚线框内的两块极板所带的电荷分别为 $-Q$ 和 $+Q$。显然，串联电容器组中每个电容器极板上所带的电量是相等的。根据式（9－3）可求得每个电容器的电压降为

$$U_1=\frac{Q}{C_1}\qquad U_2=\frac{Q}{C_2}$$

而总电压降 U 为各电容器上的电压降 U_1、U_2 的和，即

$$U=U_1+U_2=\left(\frac{1}{C_1}+\frac{1}{C_2}\right)Q$$

如果用一个电容为 C 的电容器来等效地代替串联电容器组，使它两端的电压降为 U 时，它所带的电量也为 Q，则有

$$U=\frac{Q}{C}\tag{9-6}$$

上式与 $U=\left(\frac{1}{C_1}+\frac{1}{C_2}\right)Q$ 比较，可得

$$\frac{1}{C}=\frac{1}{C_1}+\frac{1}{C_2}\tag{9-7}$$

这说明，串联电容器组等效电容的倒数等于电容器组中各电容倒数之和。

如果在式（9－7）中，$C_1=C_2$，则有

$$C=\frac{C_1}{2}$$

所以串联电容器组的等效电容比电容器组中任何一个电容都小，但每一电容器上的电压降总小于总电压降。

［**例** 3］　平行板电容器由两块相距为 0.50×10^{-3} m 的薄金属板 A、B 所组成，这电

容器放在金属盒 KK'内（盒对电容器起屏蔽作用），如图 9－20（a）所示。设金属盒上、下两内壁与 A、B 分别相距 0.25×10^{-3} m：（1）问：这电容器放入盒内与不放入盒内相比，电容改变多少（不计边缘效应）?（2）如果盒中电容器的一个极板与金属盒连接，问：这电容器的电容改变了多少?

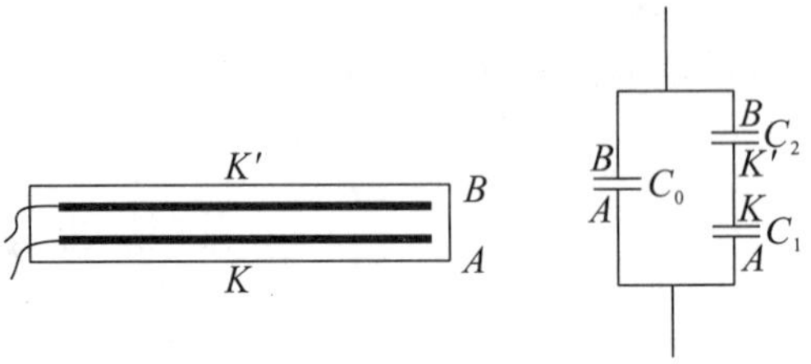

（a）　　　　（b）

图 9—20

解　（1）设原来 A 板及 B 板构成的电容器的电容为 C_0，其值应为 $C_0=\varepsilon_0 S/d$。当这电容器放入金属盒 KK'中并接通电源充电后，金属盒 KK'将由于静电感应而产生感应电荷。设电容器的 A 板带正电，B 板带负电，则盒与 A 板相近的 K 内表面由于感应而带上负电荷，与 B 板相近的 K 内表面感应上正电荷。这就使 A 板与 K 表面形成一个电容器 C_1；B 板与 K'表面形成一个电容器 C_2；可以看出，C_0 与 C_1 是正极板相联，C_0 与 C_2 是负极板相联，故这两对电容器都是并联；而 C_1 和 C_2 是 KK'相联，即正负极板相联，故是串联（这里请读者注意判断电容器串联、并联的主要依据）。因此等效电路如图 9－20（b）所示。

$$C_1=C_2=\frac{\varepsilon_0 S}{\frac{d}{2}}=\frac{2\varepsilon_0 S}{d}$$

总等效电容为

$$C'=C_0+\left(\frac{1}{C_1}+\frac{1}{C_2}\right)^{-1}=C_0+\frac{\varepsilon_0 S}{d}=2C_0=\frac{2\varepsilon_0 S}{d}$$

可见将电容器放入金属盒 KK'中后，其电容比原来的电容增加了一倍。

（2）若电容器一极板 B 与盒相联，即 $C_2=0$，这时相当于 C_0 与 C_1 并联，其等效电容

$$C''=C_0+C_1=3C_0$$

可见这时的电容比原来的电容增加了两倍。

9.3　静电场中的电介质

9.3.1　电介质对电容器的影响

上面我们指出，电容器的电容量除与它的结构、形状有关，还与极板间的电介质有关。设 C_0 及 C 分别表示电容器两极板间为真空时及充满电介质时的电容，实验指出，$C>C_0$，即

$$\frac{C}{C_0}=\varepsilon_r>1 \tag{9-8}$$

ε_r 与所充电介质有关，称为电介质的相对电容率，式（9－8）可写为

$$C=\varepsilon_r C_0 \tag{9-9}$$

即电容器两极板间充满电介质时的电容等于两极板间为真空时的电容的 ε_r 倍。由式（9－9）及式（9－4）、式（9－5）得充满电介质时的平行板电容器和圆柱形电容器的电容公式。

平行板电容器

$$C=\frac{\varepsilon_r\varepsilon_0 S}{d}=\frac{\varepsilon S}{d} \tag{9-10}$$

柱形电容器

$$C=\frac{2\pi\varepsilon_r\varepsilon_0 l}{\ln\frac{R}{r}}=\frac{2\pi\varepsilon l}{\ln\frac{R}{r}} \tag{9-11}$$

其中，$\varepsilon=\varepsilon_r\varepsilon_0$ 称为电介质的电容率。由式（9－8）知，ε_r 为两个电容的比值，故为一无单位的纯数，因此电介质的电容率 ε 的单位与真空的电容率 ε_0 的单位相同，在真空中 $\varepsilon_r=1$。除真空外，各种电介质的 ε_r 都大于1。

表9－1列出了一些电介质的 ε_r 的数值。

表9－1　几种电介质的相对电容率

电 介 质	ε_r	电 介 质	ε_r
空气（1大气压，0℃）	1.000585	变压器油	2.2～2.5
石 蜡	2.0～2.3	聚氯乙烯	3.1～3.5
纯 水	80	云 母	3～6
甘 油	56	玻 璃	5～10

为什么把电介质放在电容器两极板间，能使电容增大呢？这要从它的微观结构谈起。

9.3.2　两种电介质

理想的电介质是不导电的，电介质的分子中正负电荷束缚得很紧，无自由电子存在，这是电介质与导体的根本区别。

从物质的电结构来看，每个分子都是由带负电的电子与带正电的原子核组成的。一般地说，正、负电荷在分子中都不集中于一点，但在比起分子线度大得多的地方来看，组成分子的全部负电荷相当于一个位于某一位置的负电荷，这个位置可能随时间而变，它对时间的平均位置称为这个分子的负电荷“中心”。例如一个电子作匀速圆周运动时，它的“重心”就是这个圆的中心。同样，每个分子的全部正电荷也有一个“中心”。每个分子正、负电荷的“中心”可能不在同一点上，因此，这样的分子的电效应，相当于一个电偶极子。对于不同的电介质，由于分子结构不同，在外电场中所受的影响不同，实验指出，由中性分子构成的电介质可以分为两类。

一类电介质，如 H_2、N_2、CH_4 等气体，它们的分子在没有外电场作用时，每个分子的正、负电荷的“中心”重合，因而分子的电矩等于零，这类分子称为无极分子。

另一类电介质，如 SO_2、H_2S、NH_3 等气体分子，水、硝基苯、酯类、有机酸等液体分子，它们的分子在没有外电场的作用时，每个分子的正、负电荷的“中心”不重合，它

们之间有一固定的距离，其大小不容易受外电场的作用而改变，这类分子，称为有极分子，和它等效的电偶极子称为固有偶极子，它的电偶极矩，也叫做分子的固有电矩，通常用 $\boldsymbol{p}$ 表示，它的方向由负电荷中心指向正电荷中心。

9.3.3 电介质的极化

实验指出，当均匀电介质置于外电场中时，电介质的表面将出现电荷，由于有极分子与无极分子的电结构不同，它们的极化过程也不同。下面分别讨论这两种电介质在静电场中的极化过程。

9.3.3.1 无极分子电介质的极化

无极分子在受到外电场作用时，分子的正、负电荷的“中心”产生相对的位移，位移大小与场强成正比，这种过程称为位移极化。因此这类分子可以比拟为由弹性力联系着的两个异号电荷，和它等效的电偶极子称为弹性偶极子，当外电场撤去时，正、负电荷“中心”复行重合，这时分子又呈电中性状态。由于电子的质量比原子核小得多，所以在外电场作用下，主要是电子位移。从而上面讲的无极分子的极化机理，常常称为电子位移极化。

对于电介质的整体而言，在外电场作用下，由于每个分子都成为一个电偶极子，它们的电矩 $\boldsymbol{p}$ 的方向沿着外电场 $\boldsymbol{E}$ 的方向（如图 9－21），所以在和外电场垂直的两个表面上分别出现正电荷与负电荷。这种电荷不能离开电介质，所以称为极化电荷，亦称束缚电荷。这种在外电场作用下介质表面产生极化电荷的现象叫做电介质的极化现象。

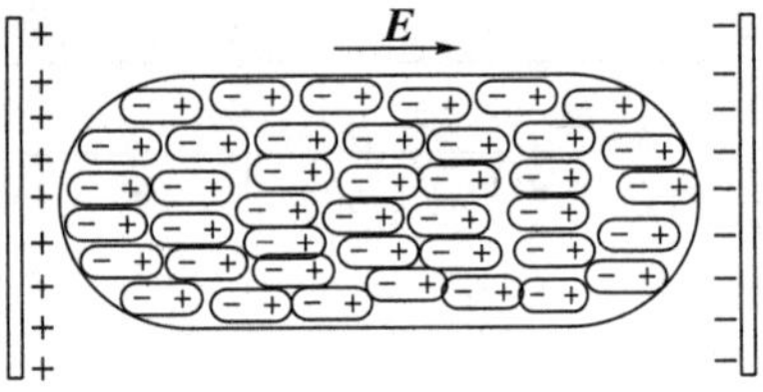

图 9－21　无极分子的极化

9.3.3.2 有极分子电介质的极化

对于有极分子来说，即使没有外电场，每个分子也等效于一个电偶极子。但由于分子的热运动，分子电矩的方向是杂乱的，所以就整体来说，每一部分都是中性的，对外不产生电场。

当有外电场时，每个分子电矩都受到力矩的作用，使分子电矩转向外电场的方向。但因分子的热运动，这种转向是微小的，并不能使所有的分子都很整齐地按照外电场的方向排列起来。外电场愈强，分子电矩排列就愈整齐，这种极化过程称为取向极化。对整个电介质来说，在垂直于电场方向的两个面上也产生极化电荷，如图 9－22 所示。撤去外电场后，由于分子的热运动，使它们的排列又变得杂乱无章，电介质又成为电中性状态。

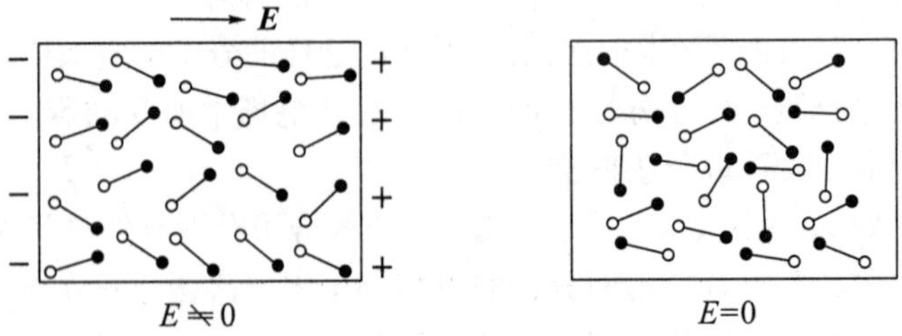

图 9－22　有极分子的极化

必须指出，在有极分子取向极化时，同时也发生电子位移极化，但是对有极分子的电介质来说，其主要的极化机理是取向极化。

综上所述，在静电场中，两种电介质极化的微观机理是不相同的，但在客观上都表现为在电介质表面上出现极化电荷，即产生极化现象，所以在静电场情形我们不需要把这两类电介质分开讨论。

9.3.4　压电效应及其应用

到现在为止，我们所研究的电介质的极化现象都是由外电场引起的，但某些晶体，如石英、电气石、洛息盐及压电陶瓷等，即使没有外电场存在，在机械力的作用下发生形变时也会发生极化，这个现象称为压电效应。能产生压电效应的晶体叫做压电晶体。

除了压电效应外，还有一种相反的现象，称为逆压电效应，或叫做电致收缩效应，即当电压加于压电体时，压电体将发生形变。

压电效应实际上是机械能和电能相互转换的效应，当前已广泛应用于近代技术中，这方面的例子有：

9.3.4.1　压电晶体振荡器

它是将机械振动变为同频率的电振荡的器件。该器件由夹在两个电极之间的压电晶片构成。由于压电晶片的机械振动有一个确定的固有频率，所以它对频率非常敏感。石英晶体振荡器是目前应用最多的一种压电晶体振荡器，广泛应用于通信和精密电子设备、小型电子计算机、微处理机以及石英钟表内作为时间或频率的标准。有恒温控制的石英晶体振荡器的频率稳定度可达 10^{-13}量级，可作为原子频率标准而用于原子钟内。有一种新式无线电话机也利用了压电晶片。

9.3.4.2　电声换能器

利用逆压电效应可以把电能转换成声能，因此可利用压电晶体制成扬声器、耳机、蜂鸣器等。这方面特别重要的是制成超声发生器，它可以将相应频率的电振荡转变成频率高于 20000Hz 的超声波。目前这种超声波已广泛应用于海洋探测、固体探伤、医疗检查（B超）、清洗、治疗疾病等各方面。

9.3.4.3　压力传感器

在科学和工农业生产等各方面，常需要把检测到的非电量信息变换成电量，以便于放大、运算、传递、记录和显示，这样的变换器叫做传感器。利用石英和压电陶瓷材料就可作成实现热电转换的热敏传感器（可作温度计），或实现光－电转换的光敏传感器（可作红外探测器）等。

9.3.4.4　压电高压发生器

输入压电元件的电振动能量由于电致收缩可以转换成机械振动能。此振动能还可通过正压电效应转换成电能，从而获得高电压输出。这种获得高电压的方法可用来做成引燃装置，如汽车火花塞、打火机、炮弹和手榴弹的引爆压电雷管等，还可用来作红外夜视仪和手提 X 光机中的高压电源等。

1986 年获得诺贝尔物理学奖的扫描隧道显微镜中也巧妙地利用了压电晶体的电致收缩效应。这种显微镜是一种极精确地显示材料样品表面原子排列情况的仪器，它的探头在样品表面上要一步一步地作极微小的移动，这种微小的移动就是靠压电晶片的一次次电致收缩来实现的。这种移动的每一步可以只有 0.01μm～0.1μm。压电晶片还被做成三足式的，以便能改变移动的方向。

9.4 电介质中的高斯定理

上节中讨论了电介质极化的描述及其微观机制。在这个基础上本节着重讨论电介质中的电场及其基本规律。

9.4.1 电介质中的电场

从上节看到，当电介质受到外电场作用而极化时，电介质上出现极化电荷。极化电荷和自由电荷一样也要产生电场，所以电介质中的电场是自由电荷产生的外电场与极化电荷产生的附加电场的迭加，电介质中电场的合场强 $\boldsymbol{E}$ 等于没有电介质时的场强 $\boldsymbol{E}_0$ 与极化电荷产生的附加场强 $\boldsymbol{E}'$ 的矢量和

$$\boldsymbol{E} = \boldsymbol{E}_0 + \boldsymbol{E}' \tag{9-12}$$

以平行板电容器为例求电介质中的场强。设平行板电容器带有电荷 Q_0，当两极板间为真空时场强为 $\boldsymbol{E}_0$，电势差为 U_0，电容为 C_0，当充满相对电容率为 ε_r 的电介质时场强为 $\boldsymbol{E}$，电势差为 U，电容为 C，由电容器定义

$$C_0 = \frac{Q_0}{U_0} \qquad C = \frac{Q_0}{U}$$

由此得

$$\frac{C}{C_0} = \frac{U_0}{U}$$

但 $U_0 = E_0 d$，$U = Ed$，上式可改写为

$$\frac{C}{C_0} = \frac{E_0}{E} \tag{9-13}$$

又根据式（9－8），这两个电容值之间有如下关系：

$$\varepsilon_r = \frac{C}{C_0} \tag{9-14}$$

比较式（9－13）和式（9－14），得

$$E = \frac{E_0}{\varepsilon_r} \tag{9-15}$$

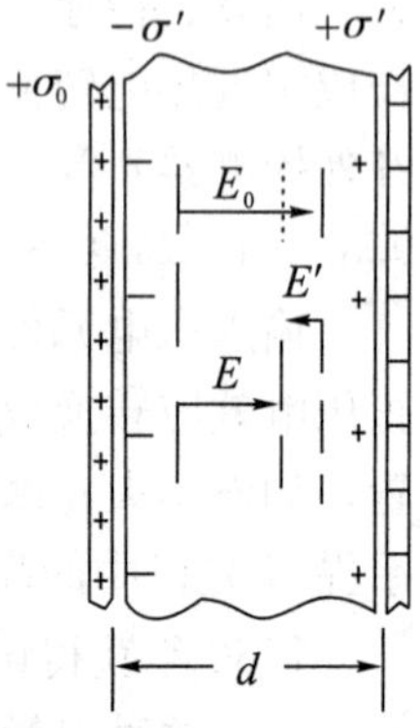

图 9－23

式（9－15）表明，在充满均匀的各向同性的电介质的平行板电容器中，电介质中的场强削弱为真空中的场强的 ε_r 分之一，很明显，这是由于电介质极化后电介质上极化电荷产生的场强 $\boldsymbol{E}'$ 的方向与自由电荷产生的场强 $\boldsymbol{E}_0$ 的方向相反，从而把 $\boldsymbol{E}_0$ 部分地抵销了，如图 9－23，所以电介质中合场强的大小为

$$E = E_0 - E' \tag{9-16}$$

电介质极化越强烈，极化电荷产生的场强 E' 越大，E 就越比 E_0 小，即 ε_r 是从数量上反映了电介质在外电场中极化的程度，它是在使用电介质时常要用到的一个重要物理量。

设极板上的自由电荷面密度为 $\pm\sigma_0$，电介质表面上的极化电荷面密度为 $\pm\sigma'$，则由8.5节例 8 中的式（2）可知

$$E_0=\frac{\sigma_0}{\varepsilon_0}\qquad E'=\frac{\sigma'}{\varepsilon_0}$$

代入式（9－16）得

$$E=\frac{\sigma_0}{\varepsilon_0}-\frac{\sigma'}{\varepsilon_0}=\frac{\sigma_0-\sigma'}{\varepsilon_0}\tag{9-17}$$

又由式（9－15）

$$E=\frac{E_0}{\varepsilon_r}=\frac{\sigma_0}{\varepsilon_r\varepsilon_0}=\frac{\sigma_0}{\varepsilon}\tag{9-18}$$

合并式（9－17）和式（9－18）可求得

$$\sigma'=\left(1-\frac{1}{\varepsilon_r}\right)\sigma_0=\frac{\varepsilon-\varepsilon_0}{\varepsilon}\sigma_0\tag{9-19}$$

此式给出电介质表面上的极化电荷面密度 σ' 与电容器极板上的自由电荷面密度 σ_0 之间的数量关系。

最后我们来说明一下 9.3 节中所提出的问题，即为什么把电介质放入电容器的两极板间，能使电容增大的问题。

我们知道，当极板上的自由电荷 Q_0 给定时，从式（9－15）可知，电容器极板间充以相对电容率为 ε_r 的电介质，极板间的电场强度 E 要比自由电荷产生的电场强度小，即 $E<E_0$。与此同时，由 $U=Ed$ 可知，极板间的电压 U 将随 E 的减小而降低。此外，由 $C=\frac{Q_0}{U}$ 可以知道，当 U 降低时，电容器的电容 C 就将有相应的增加，这就是电容器两极板间放入电介质后，其电容增加的道理。

9.4.2　电介质中的高斯定理

在前一章中我们只讨论了真空中的静电场，我们从真空中的库仑定律推出了真空中的高斯定理，现在我们要把这条定理推广到有电介质存在时的情况。

在电场中作一闭合曲面 S，根据真空中的高斯定理，通过这闭合曲面的电通量等于这曲面所包围的电荷的 ε_0 分之一，即

$$\oint_S \boldsymbol{E}\cdot \mathrm{d}\boldsymbol{S}=\frac{1}{\varepsilon_0}\sum Q\tag{9-20}$$

此处 $\sum Q$ 应理解为该闭合曲面内一切正、负电荷的代数和。在有电介质存在的电场中，曲面 S 内既可能有自由电荷又可能有极化电荷，$\sum Q$ 应是闭合曲面内一切自由电荷与极化电荷的代数和，为具体起见，将上式写为

$$\oint_S \boldsymbol{E}\cdot \mathrm{d}\boldsymbol{S}=\frac{1}{\varepsilon_0}\left(\sum Q_0+\sum Q'\right)\tag{9-21}$$

式中，$\sum Q_0$ 和 $\sum Q'$ 分别表示 S 面内自由电荷的代数和与极化电荷的代数和。

在实际问题中，自由电荷比较容易受实验条件的直接控制和观测，而极化电荷则不然。因此，我们希望在式（9－21）中消去极化电荷，让式中右边只包含自由电荷。为此，

我们仍来研究平行板电容器两极板间充满相对电容率为 ε_r 的电介质时的电场。

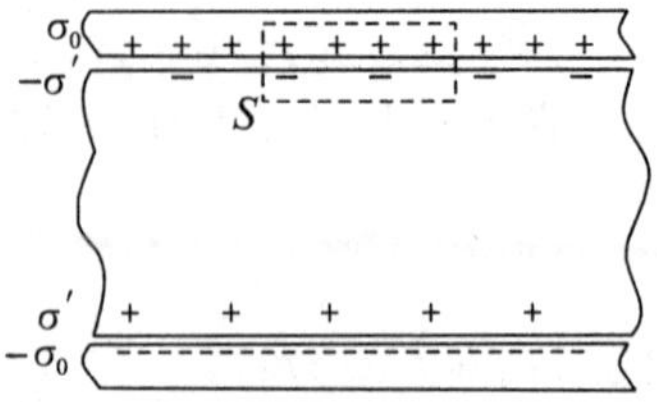

图 9－24

设平行板电容器两极板所带的自由电荷的面密度分别为 $\pm\sigma_0$，电场引起电介质的极化，从而在靠近电容器两极板的两个表面上分别产生极化电荷，面密度为 $\pm\sigma'$，如图 9－24 所示。作柱形的闭合高斯面 S，其上、下底面与极板平行，上底面在正极板内，下底面在电介质内，设 A 为上底面或下底面的面积，则在闭合曲面 S 内的自由电荷 $Q_0=\sigma_0 A$，极化电荷 $Q'=-\sigma' A$，由高斯定理式（9－21）得

$$\oint_S \boldsymbol{E}\cdot \mathrm{d}\boldsymbol{S}=\frac{1}{\varepsilon_0}(\sigma_0 A-\sigma' A) \tag{9-22}$$

根据式（9－19）电介质表面的极化电荷面密度 σ' 与电容器极板上的自由电荷面密度 σ_0 有如下关系

$$\sigma'=\left(1-\frac{1}{\varepsilon_r}\right)\sigma_0$$

故曲面 S 内的极化电荷与自由电荷有如下关系

$$\sigma' A=\left(1-\frac{1}{\varepsilon_r}\right)\sigma_0 A \tag{9-23}$$

由此

$$\sigma_0 A-\sigma' A=\frac{\sigma_0 A}{\varepsilon_r}=\frac{Q_0}{\varepsilon_r} \tag{9-24}$$

代入式（9－22）得

$$\oint_S \boldsymbol{E}\cdot \mathrm{d}\boldsymbol{S}=\frac{Q_0}{\varepsilon_0\varepsilon_r} \tag{9-25}$$

由此可写为

$$\oint_S \varepsilon_0\varepsilon_r \boldsymbol{E}\cdot \mathrm{d}\boldsymbol{S}=Q$$

或

$$\oint_S \varepsilon \boldsymbol{E}\cdot \mathrm{d}\boldsymbol{S}=Q_0 \tag{9-26}$$

我们把电介质的电容率与电场强度的乘积 $\varepsilon\boldsymbol{E}$ 定义为电位移 $\boldsymbol{D}$（通常称作 $\boldsymbol{D}$ 矢量），即

$$\boldsymbol{D}=\varepsilon\boldsymbol{E}$$

则式（9－26）化为

$$\oint_S \boldsymbol{D}\cdot \mathrm{d}\boldsymbol{S}=Q_0 \tag{9-27}$$

式（9－27）就是电介质中的高斯定理，它虽然是从平行板电容器这一特殊情况推出来的，但它是普遍适用的，是静电场的基本规律之一。

在国际单位制中，电位移的单位是 $\mathrm{C\cdot m^{-2}}$，这也就是电荷面密度的单位。引入电位移 $\boldsymbol{D}$ 后，高斯定理式（9－27）右边只包含自由电荷，所以用式（9－27）来处理电介质中的电场的问题就可以不必考虑极化电荷。但要注意 $\boldsymbol{D}$ 只是一个辅助物理量，真正有物理意义的是电场强度 $\boldsymbol{E}$。如果把一试验电荷 q_0 放到电场中去，决定它受力的是电场强度

$\boldsymbol{E}$ 而不是电位移 $\boldsymbol{D}$。引入 $\boldsymbol{D}$ 后，初看起来电介质上的极化电荷似乎被忽略了，但事实上因子 ε 已经把极化电荷的影响考虑进去了。正如我们用电场线来描述 $\boldsymbol{E}$ 矢量场一样，我们也可以用电位移线来描述 $\boldsymbol{D}$ 矢量场，在有电介质的静电场中作电位移线，线上每一点的切线方向就是该点电位移 $\boldsymbol{D}$ 的方向，并规定电位移线的密度等于该点电位移 $\boldsymbol{D}$ 的大小，则通过任意面积 S 的电位移线数为 $\int_S \boldsymbol{D}\cdot \mathrm{d}\boldsymbol{S}$ ，称为通过该面的电位移通量。这样，电介质中的高斯定理式（9－27）可叙述如下：

在任何电场中，通过任意一个闭合曲面的电位移通量等于该面所包围的自由电荷的代数和，其数学表达式为

$$\oint_S \boldsymbol{D}\cdot \mathrm{d}\boldsymbol{S} = \sum_{i=1}^{n}(Q_0)_i \tag{9-28}$$

9.4.3　高斯定理应用举例

［**例** 4］　设一半径为 R 的金属球带电为 Q，浸在均匀无限的介质中（电容率为 ε），求球外任一点的场强。

解　由于场具有球对称，同时自由电荷的分布为已知，所以用介质中的高斯定理解本题最方便。

如图 9－25，通过离球心为 r 处的 P 点作一闭合球面，由高斯定理知

$$\oint_S \boldsymbol{D}\cdot \mathrm{d}\boldsymbol{S} = Q$$

因为

$$D\cdot 4\pi r^2 = Q$$

$$D = \frac{Q}{4\pi r^2}$$

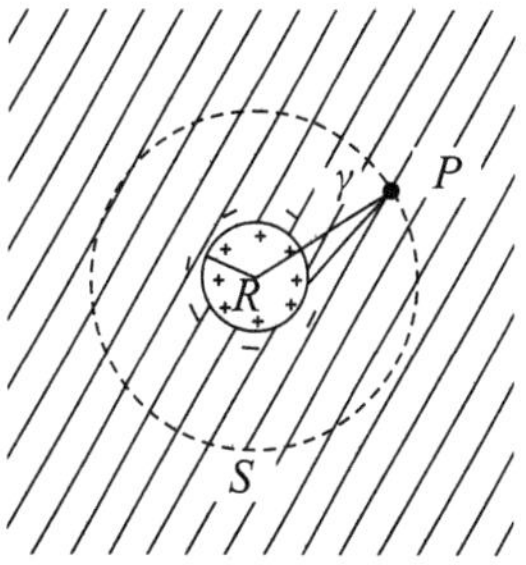

图 9－25　**在无限均匀介质中的带电球**

所以 P 点的场强等于

$$E = \frac{D}{\varepsilon} = \frac{Q}{4\pi\varepsilon r^2} = \frac{Q}{4\pi\varepsilon_0\varepsilon_r r^2}$$

［**例** 5］　平行板电容器的两极板之间充以两层电介质，如图 9－26，这两层介质的相对电容率分别为 ε_{r1} 与 ε_{r2}，厚度是 d_1 与 d_2，且 $d_1+d_2=d$。设极板上的面电荷密度为 $\pm\sigma_0$，试求：(1) 每层介质中的电场强度；(2) 若极板的面积为 S，求这电容器的电容。

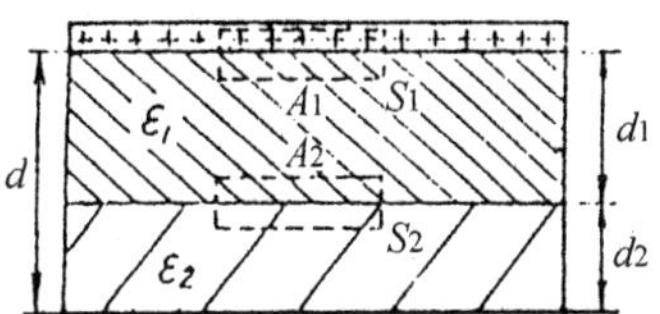

图 9－26

解　(1) 由本节的讨论知，电位移通量只与自由电荷的分布有关，与束缚电荷无关，在本题中自由电荷的分布为已知，而且具有面对称的性质，因此可以用电介质中的高斯定理分别求出两层介质中的电位移，再由 $\boldsymbol{D}$ 与 $\boldsymbol{E}$ 的关系求出 $\boldsymbol{E}$ 来。

设在介质 ε_1 与正极板间取一柱形闭合面，使上底面在金属极板内，下底面在介质内，如图 9－26 中的 S_1，考虑到在导体极板内场强 $E=0$，故 $D=0$，在闭合面 S_1 的侧面上，电位移矢量 $\boldsymbol{D}$ 的方向垂直于侧面的法线方向，故没有电位移线进出此侧面，只有 S_1 底面通过的电位移通量为 D_1A_1，由高斯定理得

$$D_1A_1 = \sigma_0 A_1$$

即

$$D_1 = \sigma_0$$

所以

$$E_1 = \frac{D_1}{\varepsilon_{r1}\varepsilon_0} = \frac{\sigma_0}{\varepsilon_{r1}\varepsilon_0}$$

同理，在两介质的界面处取高斯面 S_2 得

$$D_2A_2 - D_1A_2 = 0$$

即

$$D_1 = D_2$$

所以

$$E_2 = \frac{D_2}{\varepsilon_{r2}\varepsilon_0} = \frac{\sigma_0}{\varepsilon_{r2}\varepsilon_0}$$

$\boldsymbol{E}_1$，$\boldsymbol{E}_2$ 的方向都是垂直向下的。

(2) 两板间的电势差等于两层电介质的电势差之和，每层介质的电势差等于这层介质的厚度与场强的乘积，所以

$$V_1 - V_2 = E_1 d_1 + E_2 d_2 = \frac{\sigma_0}{\varepsilon_0}\left(\frac{d_1}{\varepsilon_{r1}} + \frac{d_2}{\varepsilon_{r2}}\right)$$

所以电容器的电容

$$C = \frac{Q}{V_1 - V_2} = \frac{\varepsilon_0 S}{\left(\frac{d_1}{\varepsilon_{r1}} + \frac{d_2}{\varepsilon_{r2}}\right)}$$

上面两个例子告诉我们，当电场具有一定的对称性时，为了求介质中的场强 $\boldsymbol{E}$，我们常常用介质中的高斯定理先求出 $\boldsymbol{D}$，然后通过 $\boldsymbol{D}$ 与 $\boldsymbol{E}$ 的关系求 $\boldsymbol{E}$，这样的方法比直接求 $\boldsymbol{E}$ 要简便得多。

9.5 带电电容器的能量　电场的能量

9.5.1 带电电容器的能量

电容器不带电时没有能量，当它带了电时就具有能量，这可用以下实验来证明。将电容器 C、电源及灯泡 L 连接如图 9－27，将开关 K 掷向 1 使电容器充电，然后将 K 掷向 2 使它放电，就看见灯泡 L 发光、发热，这光能和热能显然是从充了电的电容器释放出来的，所以说带电电容器具有能量。

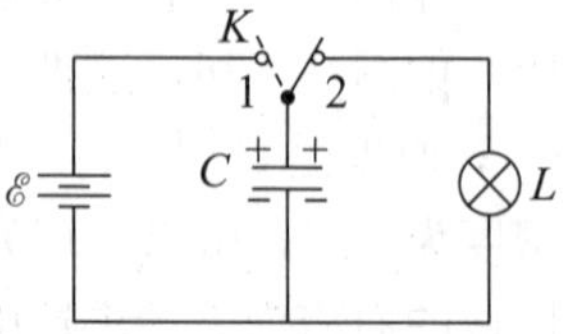

图 9－27

现在来计算电容器的能量，因为电容器的能量和电容器的充电过程无关，所以我们可以想象一种充电过程使计算方便。我们假设电容器的电荷是逐次把小量正电荷从负极板 B 移到正极板 A 积累起来的（图 9－28），这样在电容器充电的过程中两极板上所带的电荷总是等值异号的。假设电容器的电容为 C，当电容器电荷为 q 时，其电势差为

$$V_A - V_B = \frac{q}{C}$$

这时如果把正电荷 $\mathrm{d}q$ 从负极板移到正极板，则外力所做的功（反抗静电场力所做的

功）为

$$dW = (V_A - V_B)dq = \frac{q}{C}dq$$

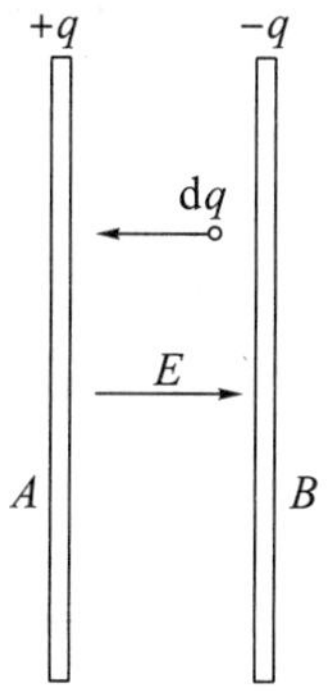

图 9－28

所以，当电容器电荷从零增加到 Q 时，外力所作的总功为

$$W = \int_0^Q \frac{1}{C}q\,dq = \frac{1}{2}\frac{Q^2}{C}$$

根据 $Q=C\ (V_A-V_B)$，有

$$W = \frac{1}{2}C(V_A - V_B)^2$$

因为外力所做的功全部转化为电容器贮藏的电能，所以带电电容器的能量 W_e 为

$$W_e = \frac{1}{2}\frac{Q^2}{C} = \frac{1}{2}C(V_A - V_B)^2 \tag{9-29}$$

此式对任何电容器都适用，而不一定是平行板电容器。

9.5.2　电场的能量

对于极板面积为 S、极板间距离为 d 的平行板电容器，若不计边缘效应，则电场所占有的空间体积为 Sd，此电容器贮藏的能量为

$$W_e = \frac{1}{2}C(V_A - V_B)^2 = \frac{1}{2}\frac{\varepsilon S}{d}(Ed)^2 = \frac{1}{2}\varepsilon E^2 Sd \tag{9-30}$$

仔细看来，式（9－29）和式（9－30）的物理意义是不同的。式（9－29）表明，电容器之所以贮藏有能量是因为在外力作用下将电荷 Q 从一个极板移至另一极板，因此电容器能量的携带者是电荷。而式（9－30）却表明，外力作功的情况，使原来没有电场的电容器的两极板间建立了有确定场强的静电场，因此电容器能量的携带者就是电场。我们知道，静电场的场强是不变化的，而且静电场总是伴随着电荷而产生，所以在静电场范围内，上述两种观点是等效的，没有区别的。

对于变化的电磁场来说，情况就不如此了。我们知道电磁波是变化的电场和磁场在空间的传播，电磁波不仅含有电场能量而且含有磁场能量。由于在电磁波的传播过程中，并没有电荷伴随着传播，所以不能说电磁波能量的携带者是电荷，而只能说电磁波能量的携带者是电场和磁场。因此，如果某一空间具有电场，那么该空间就具有电场能量。电场强度是描述电场性质的物理量，电场的能量应以电场强度来表述。基于上述理由，我们说式（9－30）比式（9－29）更具有普遍的意义。式（9－30）为电容器的电场能量公式。单位体积电场内所具有的电场能量为

$$w_e = \frac{1}{2}\varepsilon E^2 \tag{9-31}$$

式（9－31）表明，电场的能量密度与场强的平方成正比。场强越大，电场的能量密度也越大。式（9－31）虽然是从平板电容器这个特例中求得的，但可以证明，这是一个普遍适用的公式，对非均匀电场仍成立。但这时能量密度逐点改变，故计算非均匀电场中的电场能量时，要用下面的积分

$$W_e = \int_V w_e\,dV = \int_V \left(\frac{1}{2}\varepsilon E^2\right)dV \tag{9-32}$$

我们知道，物质与运动是不可分的，凡是物质都在运动，都具有能量，电场具有能量，表明电场的确是一种物质。

［例 6］　设原子核可以看做是均匀体密度分布的带电球体，试计算它的静电能（亦称库仑能），已知原子核的半径为 R，总电量为 Q。

解　由高斯定理可得核内外场强

$$E=\begin{cases}\dfrac{1}{4\pi\varepsilon_0}\dfrac{Q}{R^3}r & (r<R)\\[2mm] \dfrac{1}{4\pi\varepsilon_0}\dfrac{Q}{r^2} & (r>R)\end{cases}$$

代入式（9－32），因为原子核总是处在真空中，故得该核的静电能为

$$W_e=\int_V\left(\frac{1}{2}\varepsilon_0E^2\right)\mathrm{d}V=\int_0^R\frac{\varepsilon_0}{2}\left(\frac{1}{4\pi\varepsilon_0}\frac{Qr}{R^3}\right)^2 4\pi r^2\mathrm{d}r$$

$$+\int_R^\infty\frac{\varepsilon_0}{2}\left(\frac{1}{4\pi\varepsilon_0}\frac{Q}{r^2}\right)^2 4\pi r^2\mathrm{d}r=\frac{1}{4\pi\varepsilon_0}\frac{3}{5}\frac{Q^2}{R}$$

［例 7］　如图 9－15 所示的圆柱形电容器，若带电量为 Q，求两极板间的电场能量。

解　图 9－29 为圆柱形电容器的横截面，在距离轴线为 ρ 处的场强大小为

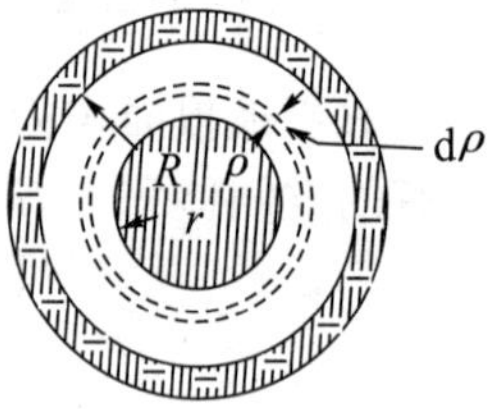

图 9－29

$$E=\frac{Q}{2\pi\varepsilon l}\frac{1}{\rho}$$

所以电场的能量密度为

$$\omega_e=\frac{1}{2}\varepsilon E^2=\frac{Q^2}{8\pi^2\varepsilon l^2}\frac{1}{\rho^2}$$

在圆柱形电容器中，取一半径为 ρ，厚为 $\mathrm{d}\rho$ 的体积元，其体积为

$$\mathrm{d}V=2\pi\rho l\,\mathrm{d}\rho$$

在此体积元中，各处的场强大小可看做处处相等，所以电场能量密度也处处相等，它具有的电场能量为

$$\mathrm{d}W_e=w_e\mathrm{d}V=\frac{Q^2}{8\pi^2\varepsilon l^2}\frac{1}{\rho^2}2\pi\rho l\,\mathrm{d}\rho=\frac{Q^2}{4\pi\varepsilon l}\frac{\mathrm{d}\rho}{\rho}$$

整个的电场能量可从对 $\mathrm{d}W_e$ 求积分得出，即

$$W_e=\int_V\mathrm{d}W_e=\frac{Q^2}{4\pi\varepsilon l}\int_r^R\frac{\mathrm{d}\rho}{\rho}=\frac{Q^2}{4\pi\varepsilon l}\ln\frac{R}{r}$$

把上式与式（9－29）比较，可得圆柱形电容器的电容量为

$$C=\frac{2\pi\varepsilon l}{\ln\dfrac{R}{r}}$$

此结果与式（9－11）完全一致。

*9.6　静电的应用

在生产实践和科学研究中，静电现象已获得广泛的应用。除前面已经讲过的外，下面再简单介绍几种应用静电的装置。

9.6.1　静电植绒

我们知道，像绒毛、烘制过的茶叶、种子等本身虽不带电，但在电场中都要被极化，这些极化后的绒毛等在电场中要受到电场力的作用，而向场强的方向运动，静电植绒就是利用这个原理设计的。它的装置大致如图 9－30。金属网接高压直流电源（约 40kV～50kV）的负极，其下的金属板接在电源的正极上并接地。因此在金属板与金属网之间便形成了很强的电场，将预先涂有胶合剂图案的纺织品慢慢从两极间穿过，当绒毛从网中落下时便带了电，而且电荷大部分集中在其尖端上，因此在电场作用下以很大的速度垂直插入纺织品内，落在有胶合剂的地方便被牢固地粘住，经干燥器烘干后即成为具有所需图案的纺织品了。

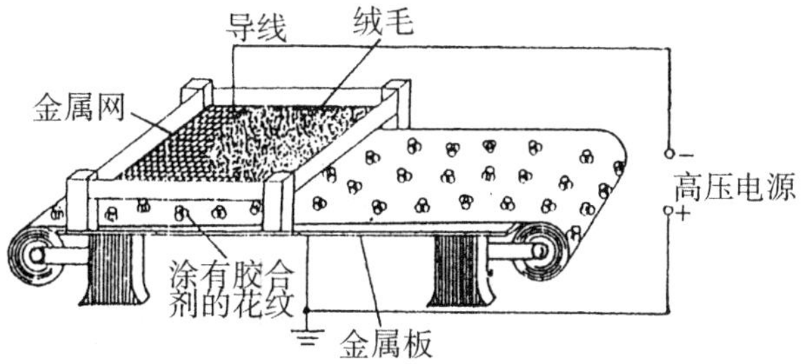

图 9－30　静电植绒

像静电检茶、静电选种等都是利用这个原理进行的。

9.6.2　静电喷漆

静电喷漆是一种利用静电场对带电粒子有作用力的性质来进行喷漆的新技术。

图 9－31 是一种旋杯式静电喷漆装置的示意图。它的主要部分是一个在电动机带动下作高速旋转的金属铝杯（叫做喷杯），它的中心有一输送油漆的孔道。工作时将工件接地，喷杯接负高压（通常为 60kV～120kV），在工件与喷杯间形成电场，从喷杯喷出的油漆，由于喷杯的高速旋转而雾化，且带有负电荷。这些带负电荷的油漆粒子在电场力作用下，加速向工件表面飞去，最后吸附在工件表面上形成光亮的油漆层。

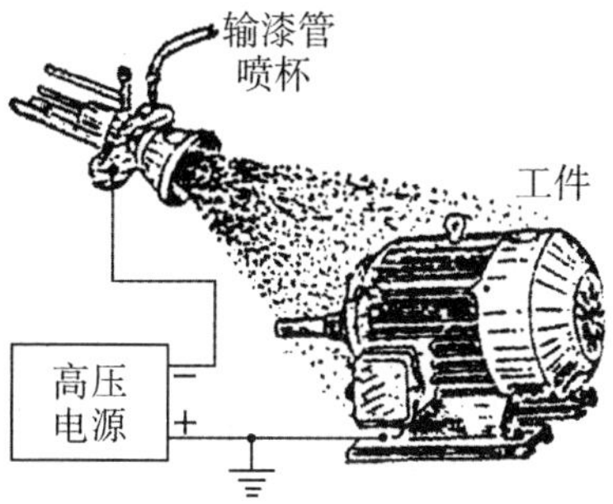

图 9－31　静电喷漆

静电喷漆的特点在于漆雾受电场的作用被局限在较小的范围内，不致造成漆雾弥漫的工作环境，此外，由于强电场的吸引作用，能使油漆牢固地吸附于工件表面上，使用静电喷漆，不仅提高了工效，减少油漆的消耗，保证了漆膜的质量，同时也可减少了油漆对环境的污染。

9.6.3　静电加速器

静电加速器是加速电子、质子等带电粒子的一种装置。它的优点是加速电压准确而稳定。目前，除用于研究原子核物理之外，在医学、生物等方面也获得很多应用。静电加速器的加速电压是靠静电起电机产生的。

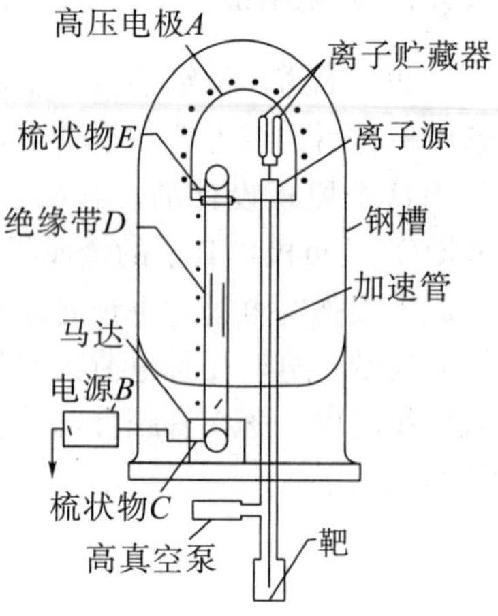

图 9－32　静电起电机

在 9.1 节中讲述过，空腔导体上电荷分布在外表面上，因此如将电荷带到导体腔内部，电荷将全部传到外表面上，利用这一原理我们可以将电荷不断地由电势较低的导体一次一次地传递给另一电势较高的空腔导体，使后者电势不断增高。范德格喇夫静电起电机就是利用这一原理获得了高压，它的构造大致如图 9－32 所示，其中用一个光滑的金属空腔 A 作高压电极，在它的下方有一直流高压电源 B，它的正极接到一梳状物 C（一排针尖组成）上，这梳状物的尖端对准绝缘带 D，由于尖端放电效应，梳状物的尖端附近空气中的正离子被排斥，喷射到绝缘带上，依靠电动机的转动，将带电的绝缘带带进金属腔内，在腔内有一与导体电极 A 相连的另一梳状物 E，由于静电感应作用使梳状物带负电，电极 A 带正电，通过尖端放电效应，梳状物上的负电与绝缘带上的正电荷中和，因而使金属空腔带正电，当绝缘带不停地转动时，正电荷就被不断地加到金属空腔上，使电极的电势不断增高，直到在单位时间内，从电极向各方向（如经过周围的气体和绝缘柱）漏去的电荷，与收集来的电荷相等时，电极达到一稳定的高电压。为了能使较小半径的金属电极得到较高的电势，将静电起电机放在钢槽中，使槽中充满绝缘性能良好的气体，如氮加二氯二氟化碳等。设高压电极对地的电容为 C，当它上面积累的电量为 Q 时，它对地的电压为 $U=\dfrac{Q}{C}$。由于高压电极对地的电容很小，一般只有几十到几百皮法，所以只要高压电极带有一定的电量（如 10^{-4}C），就可得到几兆伏的电压。利用这么高的电压对质子、电子等带电粒子加速，便可获得具有几兆电子伏能量的粒子。

习　题

9－1　点电荷 $+q$ 处在导体球壳的中心，壳的内外半径分别为 R_1 和 R_2，试求：$r<R_1$，$R_1<r<R_2$，$r>R_2$ 三个区域的电场强度和电势。

9－2　把一厚度为 d 的无限大金属板置于电场强度 $\boldsymbol{E}_0$ 的匀强电场中，$\boldsymbol{E}_0$ 与板面垂直，试求金属板两表面的电荷面密度。

9－3　导体球 A 半径 $R_1=1.0$cm，带电量 $q=2.0\times10^{-7}$C，导体球 B 的半径 $R_2=2.0$cm，原来不带电，两球相距很远，现在用导线将它们连接起来，如题 9－3 图所示，求：

（1）用导线连接起来后，每个球的带电量；

（2）每个球的电荷密度；

（3）电势。

9－4　如题 9－4 图所示，一无限长圆柱形导体，半径为 a，单位长度带有电量 λ_1，其外有一共轴的无限长导体圆筒，内外半径分别为 b 和 c，单位长度带有电量 λ_2，求：

（1）圆筒内外表面上每单位长度的电量；

（2）$r<a$，$a<r<b$，$b<r<c$，$r>c$ 四个区域的电场强度。

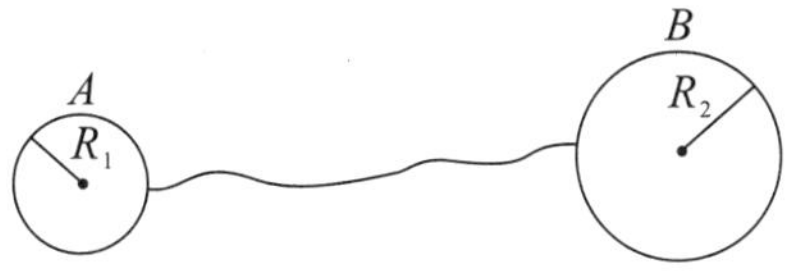

题 9－3 图

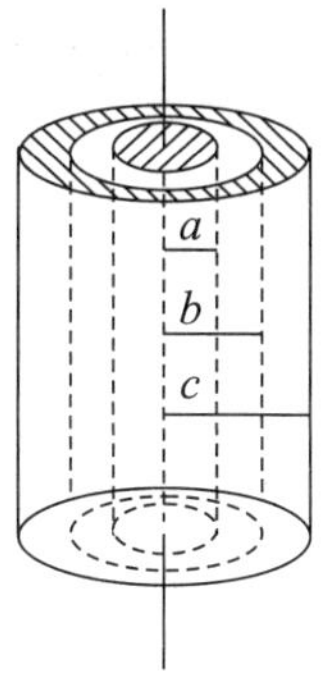

题 9－4 图

9－5　三个平行金属板 A、B 和 C，面积都是 $200\mathrm{cm}^2$，A、B 相距 4.0mm，A、C 相距 2.0mm，B、C 两板都接地，如题 9－5 图所示。如果 A 板带正电 $3.0\times10^{-7}\mathrm{C}$，略去边缘效应：

（1）求 B 板和 C 板上感应电荷各为多少？

（2）以地为电势零点，求 A 板的电势。

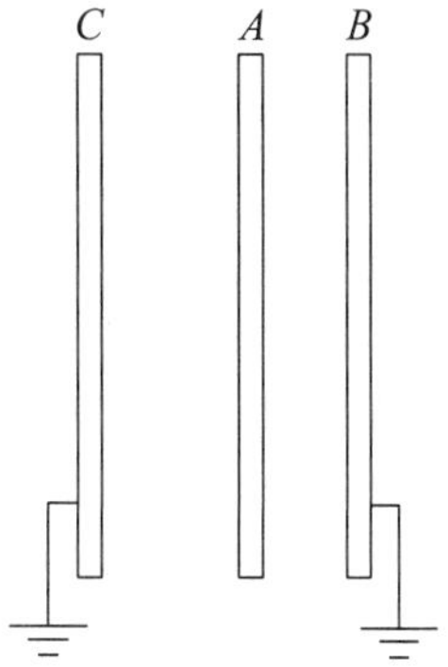

题 9－5 图

9－6　作近似计算时，把地球当作半径为 $6.40\times10^6\mathrm{m}$ 的孤立球体。问：

（1）其电容为多少？

（2）已知地球携带负电荷，在地面处的场强是 $100\mathrm{V\cdot m^{-1}}$，地球的总电量为多少？

（3）地球表面的电势是多少？

9－7　一个耐压 6V、电容为 $100\mu\mathrm{F}$ 的电解电容器，在电压为 3V 的直流电源上充电后，带电量为多少？

9－8　两极板间距离为 0.5mm 的空气平板电容器，若使它的电容为 1F，这个电容器的极板面积要多大？从本题的答案可以看出，F 是一个很大的单位，所以电容器的电容以 $\mu\mathrm{F}$ 或 pF 为单位。

9－9　一平行板电容器，圆形极板的半径为 8.0cm，极板间距为 1.0mm，中间介质的相对电容率 ε_r 为 5.5，如果对它充电到 100V，问：它带多大的电量？

9－10　一球形电容器是由半径为 R 和 r 的两个同心球面构成（$R>r$），试证其电容为

$$C=\frac{4\pi\varepsilon_0 Rr}{R-r}$$

9－11　如题 9－11 图所示，一平板电容器充以两种介质，每种介质各占一半体积，试证其电容为

$$C=\frac{\varepsilon_0 S}{d}\left(\frac{\varepsilon_{r1}+\varepsilon_{r2}}{2}\right)$$

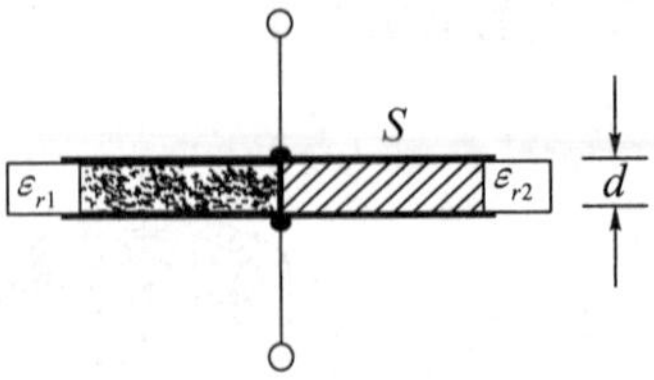

题 9－11 图

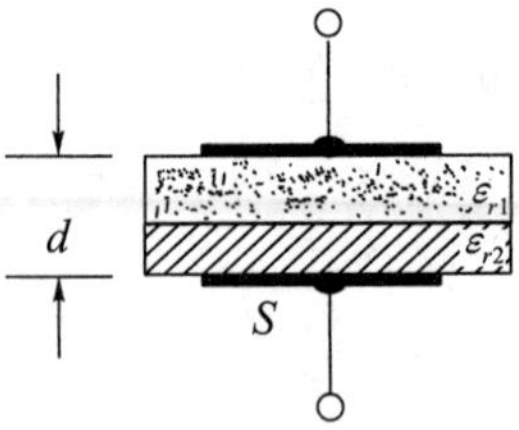

题 9－12 图

9－12　如题 9－12 图所示，一平板电容器充以两种厚度相等的电介质，试证其电容为

$$C=\frac{2\varepsilon_0 S}{d}\left(\frac{\varepsilon_{r1}\varepsilon_{r2}}{\varepsilon_{r1}+\varepsilon_{r2}}\right)$$

9－13　若 $C_1=10\mu\text{F}$、$C_2=5\mu\text{F}$、$C_3=4\mu\text{F}$、$U=100\text{V}$，求如题 9－13 图所示电容器组的等效电容和各电容器上的电压。

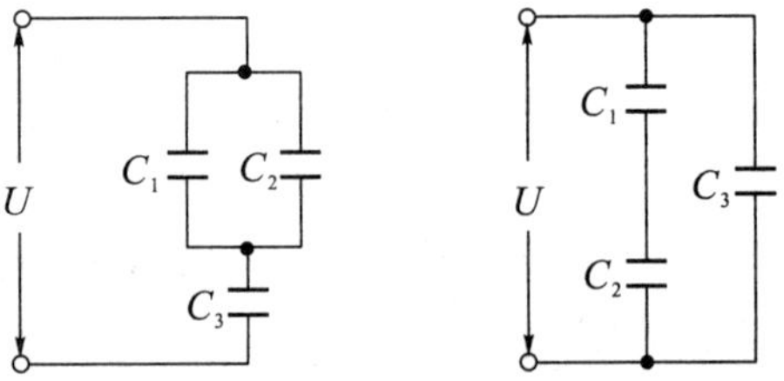

题 9－13 图

9－14　一电容器由 7 片银箔组成，银箔的面积均为 $6.0\times10^{-4}\text{m}^2$，银箔之间由厚为 0.1mm 的云母片（$\varepsilon_r=6$）隔开。奇数银箔联在一起，偶数银箔联在一起，构成两个极。问：这个电容器的电容是多少?

9－15　平板电容器的极板面积 $S=2.0\times10^{-2}\text{m}^2$，极板间充满两层介质，一层厚度 $d_1=2.0\times10^{-3}\text{m}$，相对电容率 $\varepsilon_{r1}=5$；另一层厚度为 $d_2=3.0\times10^{-3}\text{m}$，相对电容率$\varepsilon_{r2}=2$。

（1）计算此电容器的电容量；

（2）如以 3800V 的电压加在电容器极板上，求极板的电荷面密度、极板间电位移矢量和介质内场强的大小。

9－16　一平板电容器充电后，极板上电荷面密度为 $\sigma_0=4.5\times10^{-6}\text{C}\cdot\text{m}^{-2}$，现将两极板与电源断开，然后再把相对电容率为 $\varepsilon_r=2$ 的电介质放在两极板之间，此时电介质中的 $\boldsymbol{D}$ 和 $\boldsymbol{E}$ 各为多少?

9－17　在一半径为 a 的长直导线的外面，套有内半径为 b 的同轴薄圆筒，它们之间充以相对电容率为 ε_r 的电介质。设沿轴线单位长度上，导线的电荷密度为 λ，圆筒的电荷密度为 $-\lambda$，试求介质中的 $\boldsymbol{D}$ 和 $\boldsymbol{E}$。

9－18　圆柱形电容器内外半径分别为 R_1 和 R_3，长为 L，其间充满相对电容率分别为 ε_{r1}、ε_{r2}的两层均匀介质，介质交界面半径为 R_2，如题 9－18 图所示，试计算其电容。

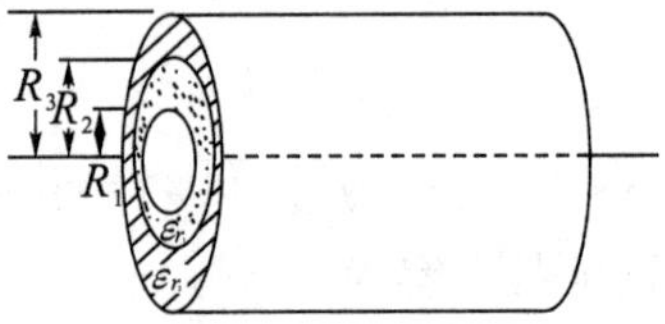

题 9－18 图

9－19　半径都为 a 的两根平行长直导线相距为 d（$d\gg a$）：

（1）设两导线每单位长度上分别带电 $+\lambda$ 和 $-\lambda$，求两导线的电势差；

（2）求此导线组每单位长度的电容。

9－20　平行板电容器两板间充满某种介质，板间距 $d=2\text{mm}$，电压 600V，如果断开电源后抽出介质，则电压升高到 1800V。求：

（1）介质的相对电容率；

（2）介质上的极化电荷面密度；

（3）极化电荷产生的电场强度。

9－21　在半径为 R 的金属球外有一层半径为 R' 的均匀介质层，设电介质的相对电容率为 ε_r，金属球带电量为 Q，求：

（1）介质层内外的电场强度；

（2）介质层内外的电势；

（3）金属球的电势。

9－22　两个电容器 $C_1=6.0\mu\text{F}$，$C_2=9.0\mu\text{F}$，在串联和并联两种情况下充电到 1500V 时，求每个电容器上分配的电量、电压和总能量。

9－23　一平板电容器有两层介质，相对电容率分别为 $\varepsilon_{r1}=4$ 和 $\varepsilon_{r2}=2$，厚度分别为 $d_1=2\text{mm}$ 和 $d_2=3\text{mm}$，极板面积为 $S=50\text{cm}^2$，两极板间电压为 $U=200\text{V}$。

（1）计算每层介质中电场强度的大小；

（2）计算每层介质中的电场能量密度；

（3）计算每层介质中的总电场能量；

（4）用电容器的能量公式来计算总能量。

9－24　一平板电容器的电容为 10pF，充电到带电量为 $1.0\times10^{-8}\text{C}$ 后，断开电源。

（1）计算极板间的电势差和电场能量；

（2）若把两板拉到原距离的两倍，计算拉开前后电场能量的改变，并解释其原因。

9－25　两个同心金属球壳，内球壳半径为 R_1，外球壳半径为 R_2，中间是空气，构成一个球形空气电容器，设内外球壳上分别带有电荷 $+Q$ 和 $-Q$，求：

（1）电容器的电容；

（2）电容器储存的能量。

9－26　有两个大小不相等的金属球，大球直径是小球的两倍，大球带电，小球不带电，两者相距很远，今用细长导线将两者相连，在忽略导线的影响下，则大球与小球的带电之比为（　　）。

（A）1　　（B）2　　（C）$\dfrac{1}{2}$　　（D）0

9－27　一"无限大"均匀带电平面 A，其附近放一与它平行的有一定厚度的"无限大"平面导体板 B，如题 9－27 图所示。已知 A 上的电荷面密度为 $+\sigma$，则在导体板 B 的两个表面 1 和 2 上的感应电荷面密度为（　　）。

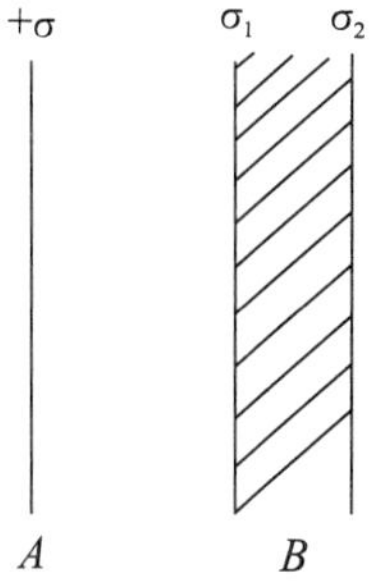

题 9－27 图

（A）$\sigma_1=-\sigma$，$\sigma_2=+\sigma$

（B）$\sigma_1=-\dfrac{1}{2}\sigma$，$\sigma_2=+\dfrac{1}{2}\sigma$

（C）$\sigma_1=\dfrac{1}{2}\sigma$，$\sigma_2=\dfrac{1}{2}\sigma$

(D) $\sigma_1=-\sigma$，$\sigma_2=0$

9－28　三块互相平行的导体板，相互之间的距离 d_1 和 d_2 比板面积线度小得多，外面两板用导线连接，中间板上带电，设左右两面上电荷面密度分别为 σ_1 和 σ_2，如题 9－28 图所示。则比值 $\frac{\sigma_1}{\sigma_2}$ 为（　　）。

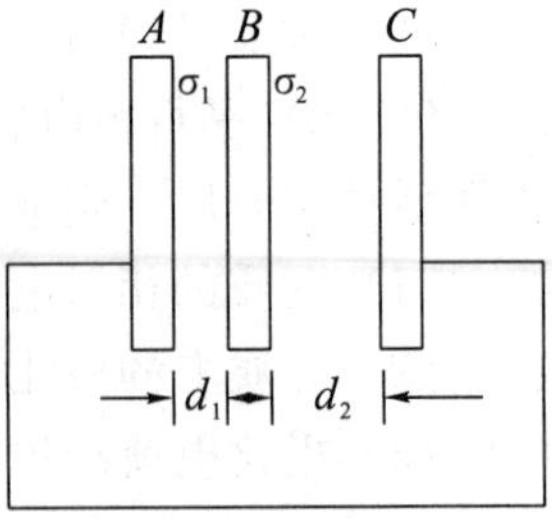

题 9－28 图

(A) $\frac{d_1}{d_2}$　　(B) $\frac{d_2}{d_1}$　　(C) 1　　(D) $\frac{d_2^2}{d_1^2}$

9－29　C_1 和 C_2 两空气电容器如题 9－29 图，把它们串联成一电容器组，若在 C_1 中插入一电介质板，则（　　）。

(A) C_1 的电容增大，电容器组总电容减小

(B) C_1 的电容增大，电容器组总电容增大

(C) C_1 的电容减小，电容器组总电容减小

(D) C_1 的电容减小，电容器组总电容增大

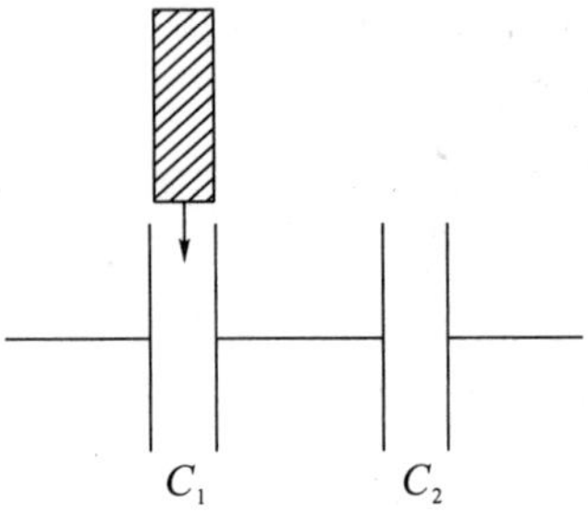

题 9－29 图

第 10 章　稳恒电流和电动势

我们知道，导体处于静电平衡状态时，其内部各点的场强为零。如果导体内部的场强不为零，那么导体内的自由带电粒子就要在电场力的作用下发生定向运动，带电粒子的定向运动便形成电流。不随时间变化的电流称为稳恒电流。本章着重介绍描述稳恒电流的基本物理量及其所遵从的基本规律，同时还将讨论电源的电动势及一段含源电路的欧姆定律。

10.1　欧姆定律的微分形式

10.1.1　电流

电荷有规则地移动形成电流。前面提到的导体中的自由带电粒子在电场力作用下发生定向运动形成的电流，通常称为传导电流。除此之外，还有一种电流是电子或离子，甚至是宏观带电物体，在空间作机械运动时所形成的，这种电流通常称为运流电流。本章主要讨论传导电流。

传导电流存在的条件是：①导体内有可移动的电荷；②导体两端有电势差。这两个条件缺一不可。

电流的强弱用电流强度来描述，电流强度定义为单位时间内通过导体任一横截面的电量。若在 Δt 时间内，流过导体任一横截面的电量为 Δq，按上述定义，电流强度 I 为

$$I = \frac{\Delta q}{\Delta t} \tag{10-1a}$$

如果导体中电流强度不随时间而变化，这种电流叫做稳恒电流，也叫做直流电。

当导体内的电流强度随时间而变化时，我们可用瞬时电流强度 i 来表示它，即

$$i = \lim_{\Delta t \to 0} \frac{\Delta q}{\Delta t} = \frac{\mathrm{d}q}{\mathrm{d}t} \tag{10-1b}$$

电流强度是标量，但按习惯，我们规定正电荷流动的方向为电流的方向，这并不改变电流强度的标量性质，所谓电流强度的方向仅意味着指明正电荷是沿哪个方向穿过导体截面的。这里需注意的是，在金属中作定向运动的电荷是自由电子，在电场力作用下这些自由电子运动的方向正好与正电荷运动的方向相反，即金属中的电流方向与电子实际运动方向相反。

在国际单位制中，规定电流强度为基本量，其单位为安培，用符号 A 表示。小量电流可用毫安（mA）或微安（μA）表示

$$1A = 1C \cdot s^{-1}$$
$$1mA = 10^{-3}A$$
$$1\mu A = 10^{-6}A$$

10.1.2 电流密度

稳恒电流通过粗细均匀的导体时，电流在每一截面上是均匀分布的，但当电流通过粗细不均匀或大块导体时，情况就不同了。在图 10－1 中，图（a）表示粗细不均匀导体中的电流分布情况，图（b）表示一个半球形接地电极附近电流的分布情况，图（c）表示电阻法勘探矿床时大地中电流的分布情况。从这些例子看出，电流通过粗细不均匀或大块导体时，导体中电流的分布可以是不均匀的，在这种情况下只有电流强度标量概念是不能够描述导体中电流的分布情况的，为了描述电流分布情况需要引入电流密度矢量概念。

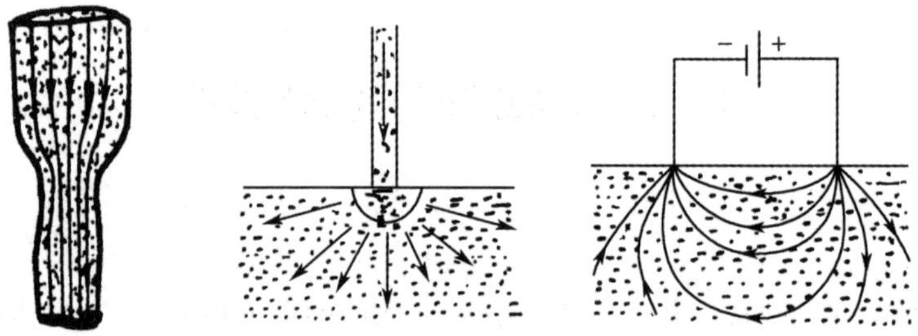

(a)　　(b)　　(c)

图 10－1

设想在电流通过的导体某点取一垂直于电场强度 E 的面积元 dS（图 10－2（a）），如果通过 dS 的电流为 dI，则

$$j = \frac{dI}{dS} \tag{10-2}$$

j 称为该点的电流密度。电流密度为一矢量，其方向为场强 $\boldsymbol{E}$ 的方向。

式（10－2）也可写成

$$dI = j\,dS$$

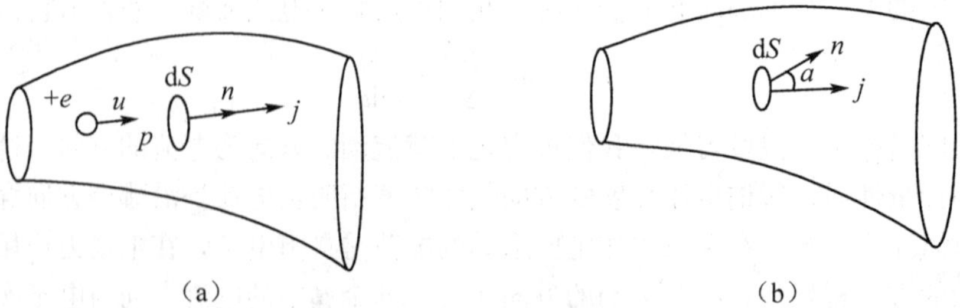

(a)　　(b)

图 10－2　电流密度矢量

如果面积元 dS 的法线方向 n 与电流密度 j 的方向成 α 角（图 10－2（b）），那么上式应写成

$$dI = j\,dS\cos\alpha$$

$dS\cos\alpha$ 为面积元矢量在电流密度方向的分量，故上式可写成如下标积形式

$$dI = \boldsymbol{j}\cdot d\boldsymbol{S} \tag{10-3a}$$

由上式可得通过任意面积的电流强度为

$$I = \int dI = \int_S \boldsymbol{j}\cdot d\boldsymbol{S} \tag{10-3b}$$

电流密度的单位为安·米$^{-2}$（A·m^{-2}）。

10.1.3　欧姆定律的微分形式

由于电荷的流动是由电场力推动的，因此，电流密度矢量 $\boldsymbol{j}$ 的分布与电场强度矢量 $\boldsymbol{E}$ 的分布应有密切的关系。现在，我们用一段导体的欧姆定律 $I=\frac{V_A-V_B}{R}$ 来导出 $\boldsymbol{j}$ 和 $\boldsymbol{E}$ 的关系。

设想在导体中沿电流方向取一极小的圆柱体 AB，设其长度为 dl，截面积为 dS，A、B 两端的电势分别为 V 和 $V+dV$（图 10－3），根据欧姆定律，由 A 向 B 通过截面 dS 的电流为

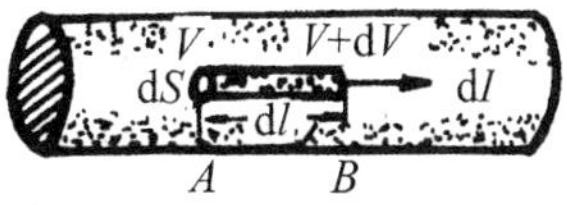

图 10－3　欧姆定律微分形式的推导

$$dI = \frac{V_A - V_B}{R} = -\frac{dV}{R}$$

式中，R 为圆柱体 AB 的电阻，设导体的电阻率为 ρ，则 $R=\rho\frac{dl}{dS}$，代入上式，得

$$dI = -\frac{1}{\rho}\frac{dV}{dl}dS$$

所以

$$\frac{dI}{dS} = -\frac{1}{\rho}\frac{dV}{dl}$$

因为$\frac{dI}{dS}=j$，又根据场强与电势的关系 $-\frac{dV}{dl}=E$，上式可写成

$$j = \frac{E}{\rho} = \sigma E$$

式中，$\sigma=\frac{1}{\rho}$是导体的电导率。由于电流密度和场强都是矢量，并且它们的方向相同，故

$$\boldsymbol{j} = \frac{1}{\rho}\boldsymbol{E} = \sigma\boldsymbol{E} \tag{10-4}$$

这就是欧姆定律的微分形式。它表明导体中某点的电流密度决定于该点的电场强度 $\boldsymbol{E}$ 导体的电导率，它比一段均匀导体的欧姆定律能够更为细致地描写导体的导电规律。而且，欧姆定律的微分形式对于非稳恒电流的情况也是适用的。因此，它比 $I=\frac{V_A-V_B}{R}$ 应用更加普遍。

［**例 1**］　长度为 $L=1.00$m 的圆柱形电容器，内外两个极板的半径分别为 $r_A=5.00\times10^{-2}$m，$r_B=1.00\times10^{-1}$m，所充电介质的漏电电阻率为 $\rho=1.00\times10^{9}\Omega\cdot$m。设两极板所加电压 $V_A-V_B=1000$V，求：

（1）介质的漏电电阻值。

（2）漏电流的电流密度 j。

（3）介质内各点处的场强 $\boldsymbol{E}$。

解　（1）如图 10－4，取 r 到 $r+\mathrm{d}r$ 的圆柱形薄层介质，相应的电阻值为

$$\mathrm{d}R=\rho\frac{\mathrm{d}r}{S}=\frac{\rho\mathrm{d}r}{2\pi rL}$$

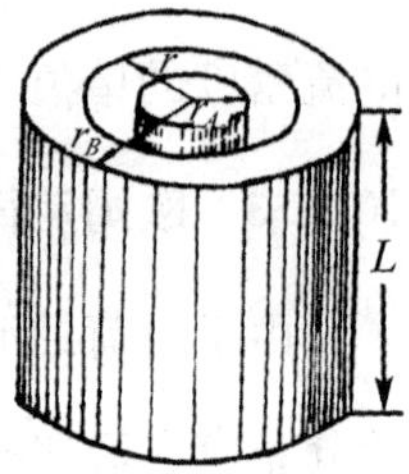

图 10－4

对于从内到外的一系列圆柱形薄层来说，各层相应的电阻是相互串联的，因此可求得介质的漏电电阻值为

$$R=\int\mathrm{d}R=\int_{r_A}^{r_B}\frac{\rho}{2\pi L}\frac{\mathrm{d}r}{r}=\frac{\rho}{2\pi L}\ln\frac{r_B}{r_A}$$

代入数据后，得

$$R=\frac{1.00\times10^9}{2\pi\times1.00}\ln2=1.10\times10^8\quad\Omega$$

（2）由题意知，漏电电流是从内极板流向外极板，且沿径向对称分布的。若设漏电流的总电流强度为 I，而在距离圆柱轴线 r 处，总电流强度 I 所通过的截面面积为 $S=2\pi rL$，则该处电流密度 j 的大小应为

$$j=\frac{I}{S}=\frac{I}{2\pi rL}$$

由欧姆定律可求得漏电总电流强度

$$I=\frac{V_A-V_B}{R}=\frac{2\pi L(V_A-V_B)}{\rho\ln\frac{r_B}{r_A}}=\frac{1000}{1.10\times10^8}=9.06\times10^{-6}\quad\mathrm{A}$$

将 I 值代入，求得漏电的电流密度值

$$j=\frac{V_A-V_B}{\rho\ln\frac{r_B}{r_A}}\frac{1}{r}=1.44\times10^{-6}\frac{1}{r}\quad\mathrm{A\cdot m^{-2}}$$

式中，r 以米计，可见漏电流的密度值是与 r 成反比的。

（3）应用欧姆定律的微分形式，可求得介质中各点处场强的大小为

$$E=\rho j=\frac{V_A-V_B}{\ln\frac{r_B}{r_A}}\frac{1}{r}=1.44\times10^3\frac{1}{r}\quad\mathrm{V\cdot m^{-1}}$$

式中，r 以米计，可见 $\boldsymbol{E}$ 的大小也是与 r 值有关的，$\boldsymbol{E}$ 和 $\boldsymbol{j}$ 的方向都是沿径向向外的。

10.2　电源　电动势

10.2.1　电源

要在电路中维持稳恒电流，就必须在电路两端保持恒定的电势差。如果不能满足这个条件，那么电路中将不能维持稳恒的电流。例如图 10－5 所示的情况中，用导线将充电的平板电容器两极板 A、B 连接起来，A 板上的正电荷在静电力的作用下沿着导线流向 B 板，导线中有电流通过，但这种电流是不稳恒的。这是由于 A 板上的正电荷不断流走，

B 板上负电荷逐渐和流过来的正电荷中和，于是两极板间的电势差随之减少，直到两板的电势差为零时，电流也就停止了。

假如，我们能够不断地把正电荷从电势低的负极板 B，沿着另一途径（如两极板间）送回到电势高的正极板 A 上去（或把负电荷从正极板经两极板间送回到负极板上去），使两极板上电荷的数量保持不变，维持两极板的电势差恒定，那么，在电路中便可形成稳恒的电流（图 10－6）。但是，要完成上述过程，依靠静电力显然是不行的，因为在静电力的作用下，正电荷只能从高电势向低电势的方向移动。因此，必须依靠某种与静电力本质上不同的非静电力，才能把正电荷由低电势移向高电势，能够提供这种非静电力的装置，就叫做电源。常用的电池就是一种电源，电池中的非静电力起源于化学作用。显然，电源维持恒定电流时，电源中的非静电力将不断作功，从而把已经流到低电势的正电荷不断地送回高电势处，所以电源是一种能够不断地把其他形式的能量转变为电能的装置。

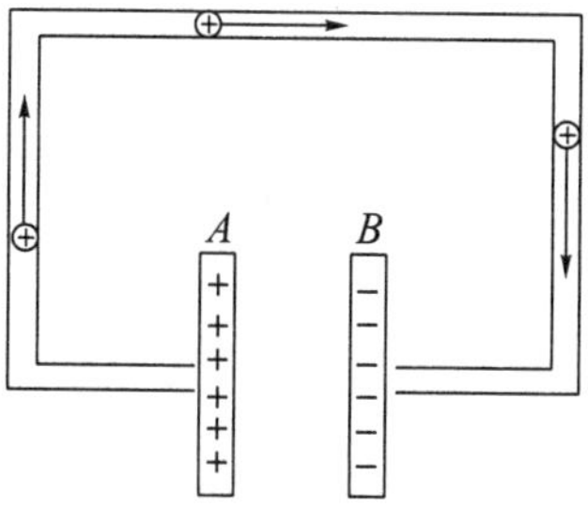

图 10－5　电容器的放电

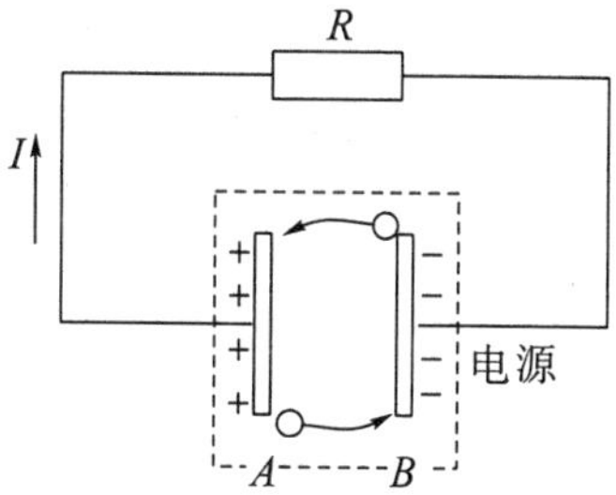

图 10－6　电源非静电力的作用

电源有两个电极，电势高的为正极，电势低的为负极。在电路中，电源以外的电路叫做外电路，电源以内的电路叫做内电路，内电路与外电路连接而成闭合电路，在电源的作用下，电荷在闭合电路中持续不断地流动，形成稳恒电流。

10.2.2　电源电动势

为了反映各种电源中非静电力克服静电力作功的能力，我们引入电源电动势的概念。一个电源的电动势 $\mathscr{E}$ 定义为把单位正电荷从负极通过电源内部送回正极时，电源的非静电力所做的功。设电源中单位正电荷所受的非静电力为 $\boldsymbol{E}'$，则电源电动势可表示为

$$\mathscr{E}=\int_{-}^{+}\boldsymbol{E}'\cdot\mathrm{d}\boldsymbol{l} \tag{10-5}$$

由于在外电路中 $\boldsymbol{E}'$ 为零，所以电源电动势又可定义为单位正电荷绕闭合回路一周时，电源中的非静电力所做的功。因此，电源电动势又可以表示为

$$\mathscr{E}=\oint_{L}\boldsymbol{E}'\cdot\mathrm{d}\boldsymbol{l} \tag{10-6}$$

式（10－6）具有更大的普遍性。以后我们将会遇到在整个闭合回路上都有非静电力的情形，那时，将无法区分“电源内部”和“电源外部”，但我们可用式（10－6）表示整个闭合回路的电动势。

一个电源的电动势具有确定的数值，它与外电路的性质以及外电路是否接通等都没有关系。

电源的电动势是表征电源本身特点的一个物理量。电动势与电势一样，也是标量，单位也相同，为了显示电源中电动势的作用，通常给电动势标明一个方向，规定自负极经过电源内部到正极的方向为电动势的方向。

10.3 有电动势的电路

10.3.1 闭合电路的欧姆定律

设闭合电路由一电源及一电阻 R 连接，如图 10－7 所示。电源的电动势为 $\mathscr{E}$，内阻为 r。如果电路中电流为 I，则在 t 时间内通过电路任一截面的电量为

$$q = It$$

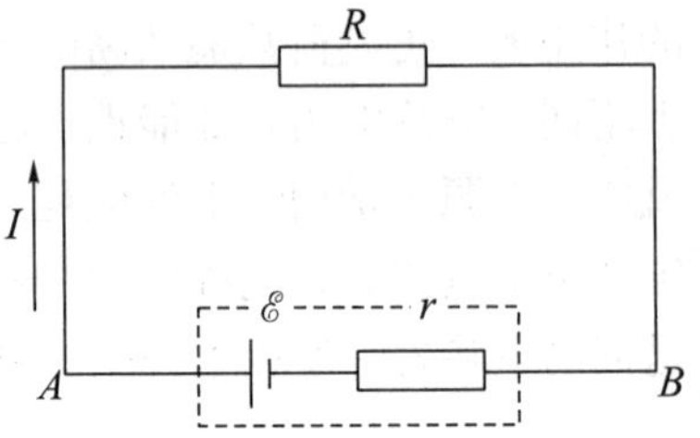

图 10－7 简单的闭合电路

这时电源所做的功为 $\mathscr{E}q = \mathscr{E}It$，这个功全部变为电路上放出的焦耳热，根据能量守恒与转换定律，这两者应相等。在外电路上的焦耳热为 I^2Rt，在内电路上的焦耳热为 I^2rt，故得

$$\mathscr{E}It = I^2Rt + I^2rt$$

由此

$$\mathscr{E} = IR + Ir \tag{10-7}$$

$$I = \frac{\mathscr{E}}{R + r} \tag{10-8}$$

即电路上的电流等于电动势除以电路上的总电阻，这就是闭合电路的欧姆定律。

根据一段均匀电路的欧姆定律 $V_A - V_B = IR$，代入式（10－7），得

$$\mathscr{E} = V_A - V_B + Ir \tag{10-9}$$

$V_A - V_B$ 为外电路的电压降，称为电源的端电压。上式表示，当电路上有电流通过时，电源的端电压小于它的电动势，当电源断开时，$I = 0$，上式化为

$$\mathscr{E} = V_A - V_B \tag{10-10}$$

即在开路时，电源的端电压等于电源的电动势。

如果一闭合电路中有多个电源和多个电阻，如图 10－8 所示，则闭合电路的欧姆定律可以用以下普遍形式表示

$$I = \frac{\sum \mathscr{E}}{\sum R} \tag{10-11}$$

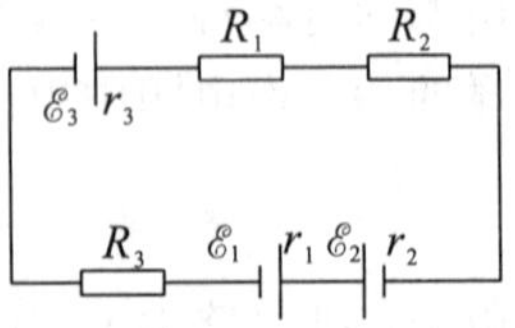

图 10－8 有多个电源和电阻的闭合电路

式中，$\sum \mathscr{E}$ 表示电路中各电源电动势的代数和；$\sum R$ 表示电路中各内外电阻的总和。

在各电源的电动势及各电阻值均已知的情况下，用式（10－11）求该电路的电流时，要注意 $\mathscr{E}$ 的正负。通常我们先在电路中假设一个电流的方向，然后规定：当电动势的方向（负极指向正极）与电流方向相同时，$\mathscr{E}$ 取正值；反之，则 $\mathscr{E}$ 取负值。由这样的规定计算出的 I 值若为正，表示电流的实际流向与假设的方向相同；若计算的 I 值为负，表示电流的实际流向与假设的方向相反。

10.3.2　一段含源电路的欧姆定律

在电路的计算中，我们经常遇到整个电路中一段含源电路的端电压的计算问题，现在我们用计算电势降落的方法来处理这类问题。

图 10－9 所示的是复杂电路的一部分，其中 ACB 是一段含有电源的电路，电路上有电阻 R_1 及 R_2，电源 $\mathscr{E}_1$ 及 $\mathscr{E}_2$，从 A 点到 B 点的电势降等于每个电阻上和电源上的电势降的代数和。但是电路中实际的电流方向一时无法确定，为此，我们可以假设电流的方向如图 10－9 所示。在电路 ACB 上，从 A 到 C，经 $\mathscr{E}_1$ 的正极到负极，电压降为 $\mathscr{E}_1$（不考虑电源内阻），在电阻 R_1 上的电压降为 I_1R_1。从 C 到 B，由于所选定的顺序方向（即 C 到 B 的方向）和电流 I_2 方向相反，所以在电阻 R_2 上的电压降为 $-I_2R_2$，经电源 $\mathscr{E}_2$ 的负极到正极，电压降为 $-\mathscr{E}_2$，所以，ACB 这段电路上总的电压降为

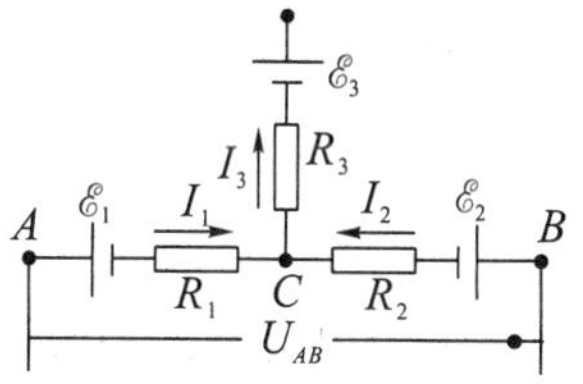

图 10－9　**一段复杂的含源电路**

$$V_A - V_B = \mathscr{E}_1 + I_1R_1 - I_2R_2 - \mathscr{E}_2$$

上式表示，一段含源电路上的电压降等于该段电路上各电源和各电阻上电压降的代数和，写成普遍的形式为

$$V_A - V_B = \sum \mathscr{E} + \sum IR \qquad (10-12)$$

这就是一段含源电路的欧姆定律。

在应用式（10－12）计算一段含源电路二端的电势差时，要记住，当我们所选定的顺序方向（例如前面的 $A \to C \to B$）是由电源的正极到负极时，该电源提供的电势降落为正，$\mathscr{E}$ 取正值，反之，$\mathscr{E}$ 取负值；当我们所选定的顺序方向在电阻上与电流方向一致时，该电阻提供的电势降落 IR 取正值，反之，IR 取负值，至于顺序方向的选定则是任意的。还需注意的是，式（10－12）中左端为起点的电势减末点的电势。

［**例** 2］　有电路如图 10－10，求：

（1）电流强度 I；

（2）A、C 两点间电势差。

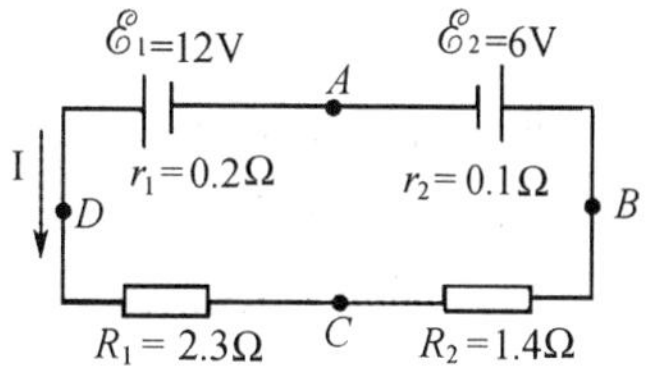

图 10－10

解　在电路中假设电流 I 的方向如图 10－10。

（1）由闭合电路的欧姆定律式（10－11），得

$$I = \frac{\sum \mathscr{E}}{\sum R} = \frac{\mathscr{E}_1 - \mathscr{E}_2}{r_1 + r_2 + R_1 + R_2} = \frac{12-6}{0.2+0.1+2.3+1.4} = 1.5 \quad \text{A}$$

（2）把 A、C 看成是电路 ADC 的两端，应用一段含源电路的欧姆定律式（10－12）于此电路，得

$$V_A - V_C = \sum \mathscr{E} + \sum IR = -\mathscr{E}_1 + I(r_1 + R_1)$$
$$= -12 + 1.5 \times (0.2 + 2.3) = -8.25 \quad \text{V}$$

“－”号表示 C 点的电势高于 A 点的电势，即 $V_C - V_A = 8.25\text{V}$。

［**例** 3］　有一段含源电路如图 10－11，分别就下列两种情形：

（1）$V_a - V_b = 5\text{V}$；

(2) $V_a - V_b = 20\text{V}$。

求：①电流方向及电流强度 I；

②电源 $\mathscr{E}$ 的端电压。

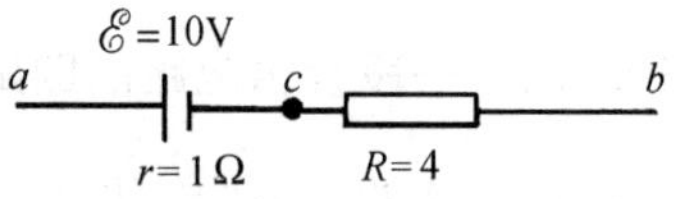

图 10－11

解 (1) $V_a - V_b = 5\text{V}$ 情形

①假设电流方向为从 a 到 b 方向，由一段含源电路的欧姆定律式（10－12），得

$$5 = 10 + I(1+4)$$

$$I = \frac{5-10}{5} = -1 \quad \text{A}$$

“－”号表示电流方向与假设方向相反，即为 ba 方向。

②$V_a - V_c = Ir + \mathscr{E} = (-1) \times 1 + 10 = 9 \quad \text{V}$

(2) $V_a - V_b = 20\ \text{V}$ 情形

①仍然假设电流方向为 ab 方向，由式（10－12），得

$$20 = 10 + I(1+4)$$

$$I = \frac{20-10}{5} = 2 \quad \text{A}$$

为正表示电流方向与假设方向相同，即 ab 方向。

②$V_a - V_c = Ir + \mathscr{E} = 2 \times 1 + 10 = 12 \quad \text{V}$

习　题

10－1　表皮破损后的人体，其最低电阻约为 800Ω，若有 0.05A 的电流流过人体，人就有生命危险。求最低的危险电压。（国家规定照明用电的安全电压为 36V）

10－2　如题 10－2 图所示，一个半径为 r_0 的半球状电极与大地接触，大地的电阻率为 ρ。假定电流通过这种接地电极均匀地向无穷远处流散，试求这种情况下的接地电阻。

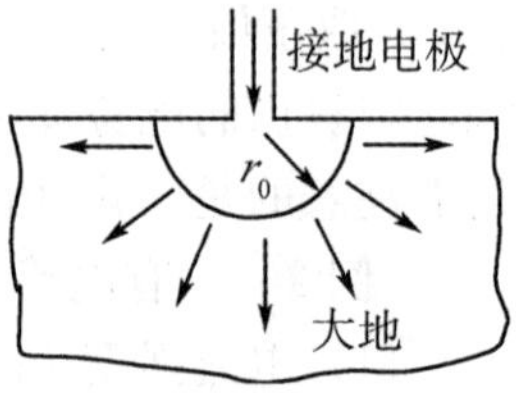

题 10－2 图

10－3　一根铜线和一根铁线长度均为 l，直径均为 d，把两者串联起来，并在这复合导线两端之间加上电势差 U。假设 $l = 10\text{m}$，$d = 2.0\text{mm}$，$U = 100\text{V}$，试计算：

(1) 每根导线两端之间的电势差；

(2) 每根导线中的电流密度；

(3) 每根导线中的电场强度。

已知在 20℃时，$\rho_{铜} = 1.7 \times 10^{-8}\ \Omega \cdot \text{m}$，$\rho_{铁} = 1.0 \times 10^{-7}\ \Omega \cdot \text{m}$。

10－4　一共轴电缆，其长 $l = 10\text{m}$，内半径 $R_1 = 1\text{mm}$，外半径 $R_2 = 8\text{mm}$，中间充以电阻率为 $10^{12}\ \Omega \cdot \text{m}$ 的介质。若保持电缆的两圆柱面之间的电势差为 600V，求：

(1) 介质的漏电电阻值；

(2) 漏电电流的大小。

10－5　如题 10－5 图所示，$\mathscr{E}_1 = \mathscr{E}_2 = 2\text{V}$，内阻 $r_1 = r_2 = 0.1\Omega$，$R_1 = 5\Omega$，$R_2 = 4.8\Omega$。试求：

(1) 电路中的电流；

(2) 两电源的端电压。

10－6　如题 10－6 图所示的电路中，$\mathscr{E}_1=6\text{V}$，$\mathscr{E}_2=2\text{V}$，$R_1=1\Omega$，$R_2=2\Omega$，$R_3=3\Omega$，$R_4=4\Omega$，求：

(1) 通过各电阻的电流；

(2) A、B 两点的电势差 U_{AB}。

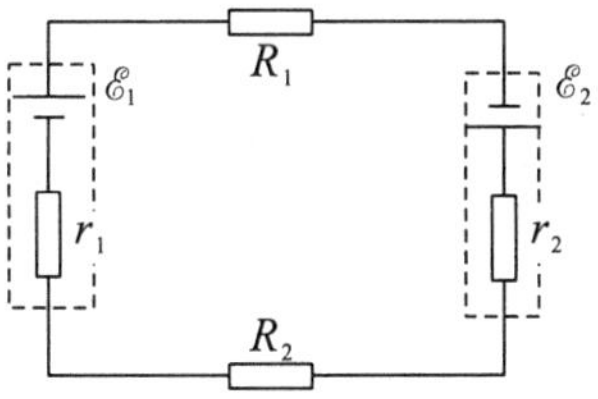

题 10－5 图

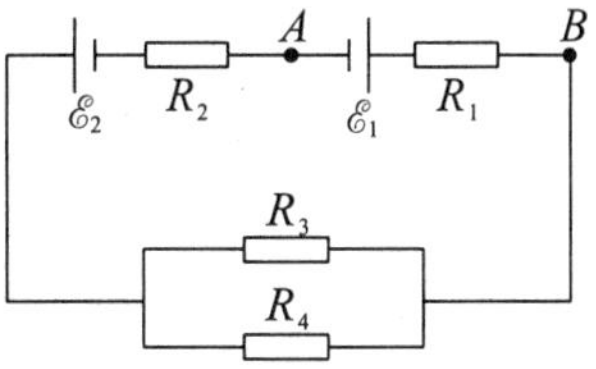

题 10－6 图

10－7　如题 10－7 图所示的电路中，已知 $\mathscr{E}_1=24\text{V}$，$r_1=2\Omega$，$\mathscr{E}_2=6\text{V}$，$r_2=1\Omega$，$R_1=2\Omega$，$R_2=1\Omega$，$R_3=3\Omega$。试求：

(1) 电路中的电流强度 I；

(2) a、b、c 各点的电势；

(3) ab 两点间的电势差。

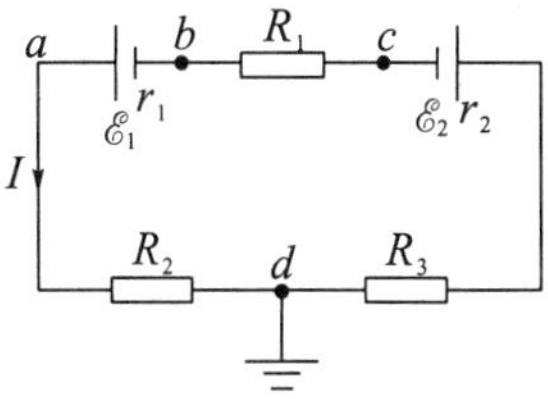

题 10－7 图

10－8　如题 10－8 图所示的电路中，已知 $\mathscr{E}_1=12.0\text{V}$，$\mathscr{E}_2=\mathscr{E}_3=6.0\text{V}$，$R_1=R_2=R_3=3.0\Omega$，电源的内阻可略去不计。求：

(1) a、b 两点间的电势差；

(2) a、c 两点间的电势差；

(3) b、c 两点间的电势差。

10－9　如题 10－9 图所示，$\mathscr{E}_1=12\text{V}$，$\mathscr{E}_2=10\text{V}$，$\mathscr{E}_3=8\text{V}$，$r_1=r_2=r_3=1\Omega$，$R_1=2\Omega$，$R_2=3\Omega$，求：

(1) a、b 两点间的电势差；

(2) c、d 两点间的电势差。

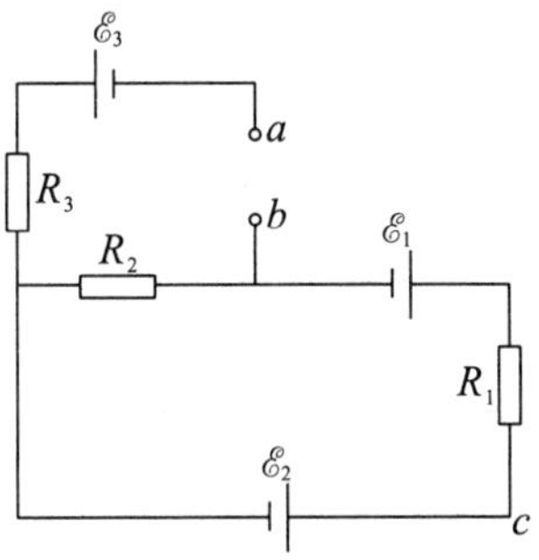

题 10－8 图

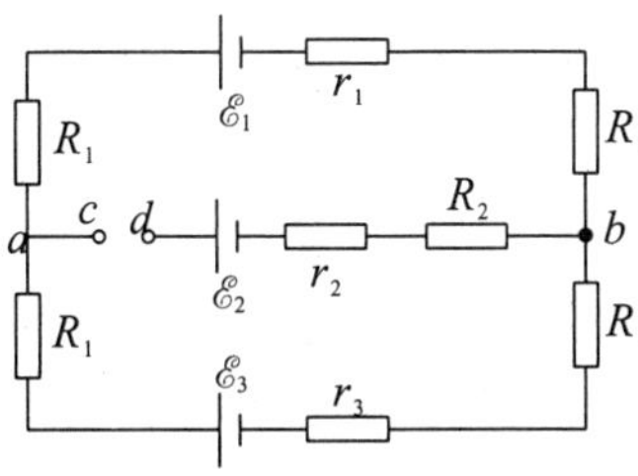

题 10－9 图

第 11 章 稳恒磁场

通过第 8 章、第 9 章的学习，我们已经清楚了静止电荷周围静电场的性质和规律。如果电荷运动，那么在它的周围除存在电场外，还存在磁场，磁场和电场类似也是物质的一种形式。当运动电荷形成稳恒电流时，在它周围空间将形成稳恒的磁场（或叫静磁场）。本章将研究真空中稳恒磁场的基本性质和规律。主要内容有：描述磁场的基本物理量——磁感强度，电流产生磁场的基本规律——毕奥萨伐尔定律，反映磁场性质的基本方程——磁场的高斯定理和安培环路定理，磁场对电流、运动电荷及载流线圈的作用，以及带电粒子在电场和磁场中运动的举例。

11.1 磁场 磁感强度

11.1.1 基本磁现象 磁场

早在春秋战国时期（公元前六七世纪），我国就发现了磁铁（Fe_3O_4），在《管子·地数篇》、《山海经·北山经》等这一时期的著作中已有磁石吸铁的记载。指南针是我国古代的四大发明之一，11 世纪北宋科学家沈括在《梦溪笔谈》中就有关于指南针的记载。沈括还发现了地磁偏角，他的发现比欧洲早四百年。12 世纪初我国已有关于指南针用于航海的记载，可见我国是最早认识磁现象的国家之一。

天然磁铁和人造磁铁的性质概括如下：

（1）磁铁具有磁性，即能吸引铁、钴、镍等金属。磁铁的两端吸力最强，称为磁极。

（2）磁体有指示南北的性质，即若将一条形磁铁自由悬挂，它将沿南北指向，指北的一端称为 N 极（指北极），指南的一端称为 S 极（指南极）。

（3）磁极之间有相互作用，同极相斥，异极相吸。

（4）磁铁不存在单一的磁极。

人们对磁学的研究直到 19 世纪 20 年代才得以迅速发展。1820 年奥斯特发现放在载流直导线附近的磁针，受到力的作用而发生偏转，如图 11－1（a）；1820 年安培发现放在磁铁附近的载流导线及载流线圈，受到力的作用而运动，如图 11－1（b）和 11－1（c）；同时还发现载流直导线之间，亦有相互作用力，如图 11－1（d）。在图 11－2 中，电子射线管周围无磁场时，电子束走直线；当电子射线管周围加上磁场后，电子射线束将发生偏转。

人们对上述实验分析后认识到，不论是永磁铁或通电线圈显示的磁性，实质上都是运动电荷（电流）产生；同时运动电荷（电流）又会受到磁力的作用。按照场的观点，与电荷周围会产生电场类似，运动电荷（电流）周围会激发磁场，磁场的性质则表现为对运动的电荷（电流）有力的作用。即上述磁铁和磁铁、电流和磁铁、电流和电流之间的相互作用，都可统一归结为是通过磁场来传递的，可用图 11－3 表示。

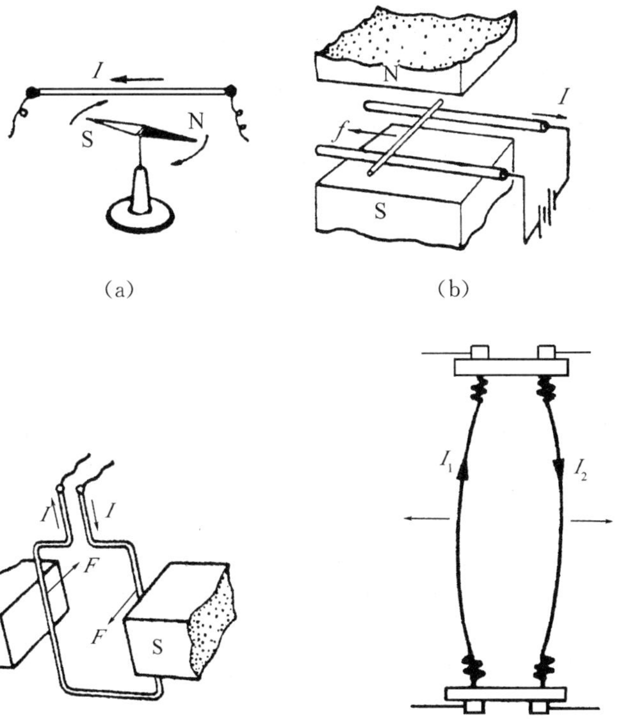

（a）　（b）

（c）　（d）

图 11－1

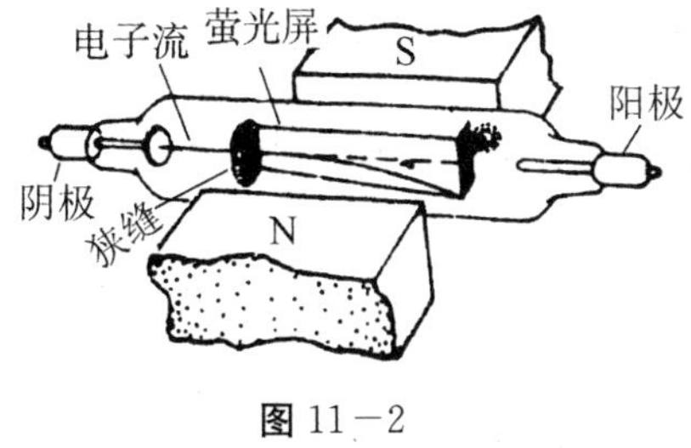

图 11－2

图 11－3

磁场和电场一样，具有质量、动量和能量，是客观存在的一种物质形式。应该注意，无论电荷静止还是运动，它们周围空间都有电场存在，因而它们之间都有库仑相互作用。但只有运动的电荷周围空间才有磁场存在，因而它们之间才存在磁的相互作用。

11.1.2　磁感强度

观察和实验表明，磁场与电场类似也有强弱和方向的特性。通常规定，磁场中某点的磁场方向是小磁针在该处受磁力后静止时北极（N 极）所指的方向。下面我们来研究运动电荷在磁场中受力的情况，设把运动速度为$\boldsymbol{v}$ 、带电量为 q 的点电荷放入磁场中，任意

时刻运动电荷 q 在磁场中受的力用 $\boldsymbol{F}$ 表示，实验可得出如下结果：

（1）$\boldsymbol{F} \perp \boldsymbol{v}$，即作用在运动电荷上的磁力 $\boldsymbol{F}$ 的方向，总是与电荷的速度方向垂直。

（2）$F \propto q$，即磁力的大小正比于运动电荷的电量。

（3）$F \propto v$，即磁力的大小正比于运动电荷的速率。

（4）运动电荷在磁场中所受的磁力，随电荷的速度方向与磁场方向之间的夹角的改变而变化，当电荷的速度方向与磁场方向一致时（图 11－4（a）），它不受磁力作用，即 $F=0$，而当电荷的速度方向与磁场方向垂直时（图 11－4（b）），它所受的磁力最大，即 $F=F_{max}$，一般情形，$0<F<F_{max}$。

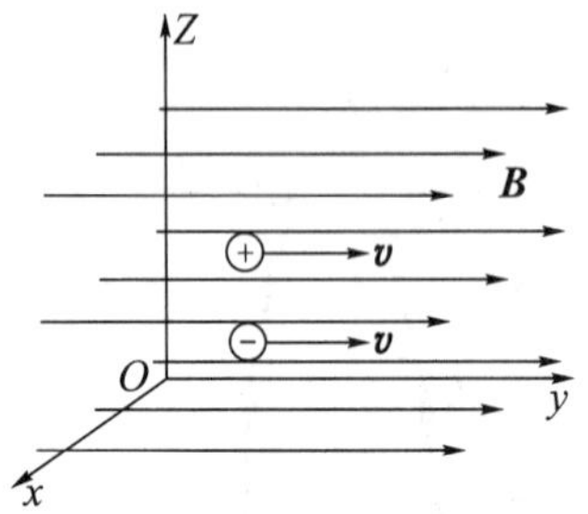

（a）$\boldsymbol{v} /\!/ \boldsymbol{B}$，$F=0$

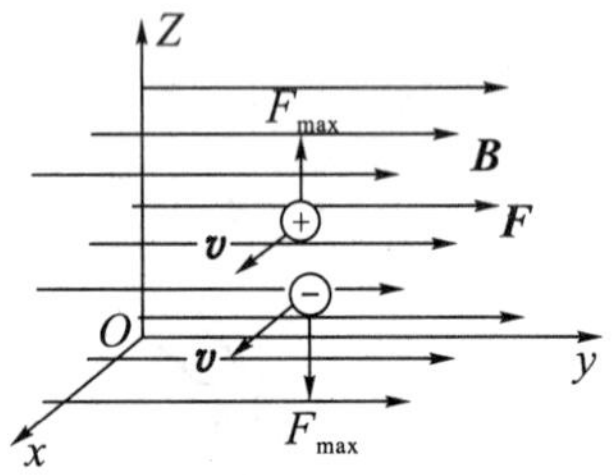

（b）$\boldsymbol{v} \perp \boldsymbol{B}$，$F=F_{max}$

图 11－4　运动电荷在磁场中受的磁场力与电荷速度方向有关

根据以上实验结果，我们可以定义磁感强度 $\boldsymbol{B}$ 这个物理量来描述磁场的强弱和方向，$\boldsymbol{B}$ 的大小、方向规定如下：

（1）在磁场中某点，若正电荷的速度方向与该点的小磁针 N 极指向相同时，它所受的磁力为零，我们就把此时正电荷的速度方向规定为该点的磁感强度 $\boldsymbol{B}$ 的方向。

（2）当正电荷速度的方向与磁场方向垂直时，它所受的最大磁力 F_{max} 与电荷的电量 q 和速度的大小 v 的乘积成正比，但在磁场中某一点来说，比值 $\frac{F_{max}}{qv}$ 是一定的。对于磁场中不同的点，这个比值则有不同的确定值。我们把这个比值规定为磁场中某点磁感强度 $\boldsymbol{B}$ 的大小，即

$$B=\frac{F_{max}}{qv} \tag{11-1}$$

如同用 $E=\frac{F}{q}$ 来描述电场的强弱一样，我们用 $B=\frac{F_{max}}{qv}$ 来描述磁场的强弱。但须注意 $\boldsymbol{B}$ 的大小和方向是分别定义的，这与电场强度 $\boldsymbol{E}=\frac{\boldsymbol{F}}{q}$ 不同。

由定义我们知道，磁感强度是矢量，不仅描述了磁场的强弱，也描述了磁场的方向。而且，只要空间某处有运动电荷（或电流），整个空间都弥漫了磁场。因此，对磁场进行定量描述的磁感强度 $\boldsymbol{B}$ 一般来说应该是空间位置的一个矢量函数。

在国际单位制（SI 制）中，$\boldsymbol{B}$ 的单位是牛顿/库仑・米/秒（$N \cdot s \cdot C^{-1} \cdot m^{-1}$），称为特斯拉（T），即

$$1T=\frac{1N}{1C \times 1m \cdot s^{-1}}=1N \cdot A^{-1} \cdot m^{-1}$$

在实用中还常用另一个单位——高斯（G），它与特斯拉的换算关系是

$$1G = 10^{-4}T$$

地球的磁场是随位置而变化的，赤道的地磁磁感强度约为 3×10^{-4}T，地球两极地磁的磁感强度约为 6×10^{-4}T。一般永磁体的磁场约为 10^{-2}T，而大型电磁铁能产生 2T 的磁场。近年来，由于超导材料的新发展，已能取得 40T 的强磁场。

11.2　毕奥－萨伐尔定律　运动电荷的磁场

11.2.1　毕奥－萨伐尔定律

毕奥－萨伐尔定律（以下简称毕－萨定律）揭示了真空中电流元产生磁场的规律（如图 11－5 所示），其数学表达式如下：

$$d\boldsymbol{B} = \frac{\mu_0}{4\pi}\frac{I d\boldsymbol{l} \times \boldsymbol{r}}{r^3} = \frac{\mu_0}{4\pi}\frac{I d\boldsymbol{l} \times \boldsymbol{r}_0}{r^2} \qquad (11-2)$$

式中，$I d\boldsymbol{l}$ 表示载流导线上的电流元，r 表示电流元到空间任意点 P（场点）的距离，$\boldsymbol{r}_0$ 表示电流元 $I d\boldsymbol{l}$ 到 P 点的单位矢量，$\boldsymbol{r}_0 = \frac{\boldsymbol{r}}{r}$。

式（11－2）表明，电流元 $I d\boldsymbol{l}$ 产生在空间任意点 P 处的磁场 $d\boldsymbol{B}$ 的大小与 r^2 成反比，与 $I d\boldsymbol{l}\times\boldsymbol{r}_0$ 大小成正比。$d\boldsymbol{B}$ 的方向垂直于 $I d\boldsymbol{l}$ 和 $\boldsymbol{r}_0$ 决定的平面，与 $I d\boldsymbol{l}\times\boldsymbol{r}_0$ 平行，即由 $I d\boldsymbol{l}$ 经小于 180°的角转向 $\boldsymbol{r}_0$ 时右螺旋前进的方向。式中$\frac{\mu_0}{4\pi}$为比例系数，其值与单位制的选取有关，μ_0 叫做真空的磁导率，如式中各量用国际单位制，其大小规定为 $\mu_0 = 4\pi\times10^{-7}N\cdot A^{-2}$

式（11－2）是 $d\boldsymbol{B}$ 的矢量表达式，若仅写出其大小为

$$dB = \frac{\mu_0}{4\pi}\frac{I dl \sin\theta}{r^2}$$

式中，θ 表示 $I d\boldsymbol{l}$ 与 $\boldsymbol{r}_0$ 的夹角。

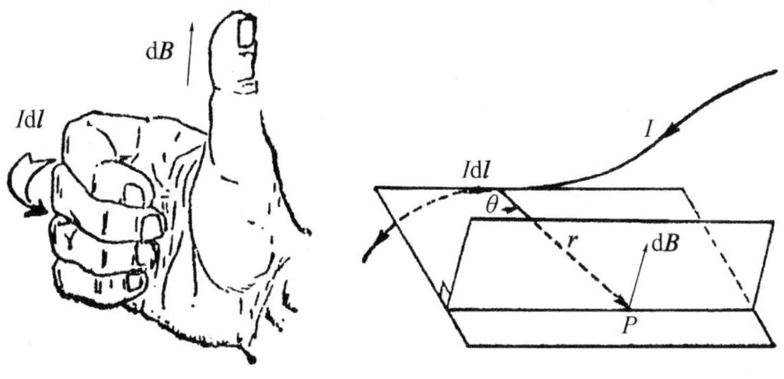

图 11－5　电流元的磁感强度

毕－萨定律描述的是电流元产生磁场的规律，而实际上单独的电流元是不存在的。我们往往需要求出载流导线在空间任意点的磁场。回想一下，在静电场中，利用场强叠加原

理来计算任意带电体在某点的电场强度 $\boldsymbol{E}$ 时，我们曾把带电体分成无限多个电荷元 dq，每个电荷元可看为点电荷，写出每个电荷元在该点的电场强度 $d\boldsymbol{E}$，而所有电荷元在该点的 $d\boldsymbol{E}$ 的叠加，即为此带电体在该点的电场强度 $\boldsymbol{E}$。与此相类似，场的叠加原理对磁场同样成立，故可以把一载流导线看成是由许多电流元 $Id\boldsymbol{l}$ 连接而成。这样，任意载流导线在磁场中某点所产生的磁感强度 $\boldsymbol{B}$，就是由这导线上的所有电流元在该点所产生的 $d\boldsymbol{B}$ 的叠加，即为

$$\boldsymbol{B}=\int_L d\boldsymbol{B}=\int_L \frac{\mu_0 I}{4\pi}\frac{d\boldsymbol{l}\times\boldsymbol{r}}{r^3}=\int_L \frac{\mu_0 I}{4\pi}\frac{d\boldsymbol{l}\times\boldsymbol{r}_0}{r^2} \tag{11-3}$$

从式（11－2）看出，任何电流元 $Id\boldsymbol{l}$ 都是产生磁场的源，有电流元 $Id\boldsymbol{l}$，空间任意场点就有 $d\boldsymbol{B}$；若空间存在有限的电流，则由式（11－3）表示所有的电流都产生磁感强度，式中 L 表示对所有的电流的积分。

另外，因不存在单独的电流元，故毕－萨定律不能由实验直接证明。但是，由这个定律出发得出的结果与实验符合得很好。

11.2.2 毕－萨定律应用举例（求 $\boldsymbol{B}$ 方法之一）

这里介绍已知电流分布来求磁感强度 $\boldsymbol{B}$ 的一种方法。它的基本原理就是毕－萨定律和场的叠加原理。

有了式（11－2）和式（11－3），原则上就可以求出任意载流导线产生的磁场。但是，因为积分是矢量积分，事实上，我们仅对简单的、规整的载流导线能比较方便地求出其磁感强度。为帮助初学者掌握，特介绍毕－萨定律求 $\boldsymbol{B}$ 的步骤如下：

（1）任意地取一电流元 $Id\boldsymbol{l}$，不能取在载流导线的两端或中心、坐标原点等特殊位置。

（2）写出 $Id\boldsymbol{l}$ 产生的 $d\boldsymbol{B}$，$d\boldsymbol{B}=\dfrac{\mu_0}{4\pi}\dfrac{Id\boldsymbol{l}\times\boldsymbol{r}_0}{r^2}$ 或分别写出 $d\boldsymbol{B}$ 的大小和方向。

（3）将 $\boldsymbol{B}=\int d\boldsymbol{B}$ 矢量积分化为标量积分。可将 $d\boldsymbol{B}$ 分解为 dB_x，dB_y（二维时），然后得出 $B_x=\int dB_x$，$B_y=\int dB_y$。若载流导线对任意场点 P 有对称性，应进行对称分析，可能 B_x、B_y 中其中之一为零，则只需对剩下不为零的一式积分即可（仅仅当所有 $d\boldsymbol{B}$ 都在同一方向时，可直接积分，此步骤方可省略）。

（4）完成积分。完成积分又分为统一变量，写出积分上下限，积分和代入积分限四小步。当 $\boldsymbol{B}$ 在全空间不是同一连续函数时，还需写出 $\boldsymbol{B}$ 的自变量的取值范围。

（5）讨论。以利加深理解和得到一些有用的结论。

［**例 1**］ 载流长直导线的磁场。设有一载流长直导线 CD 放在真空中，通过导线的电流为 I，试求此长直导线周围空间任意场点 P 的磁感强度 $\boldsymbol{B}$。已知点 P 与长直导线间的垂直距离为 a。

按上面列出的步骤，求解如下：

（1）取 Idz，如图 11－6 所示，在载流长直导线上任取一电流元 Idz。

（2）写 $d\boldsymbol{B}$，根据毕－萨定律，此电流元在点 P 所产生的磁感强度 $d\boldsymbol{B}$ 的大小为

$$\mathrm{d}B=\frac{\mu_0}{4\pi}\frac{I\mathrm{d}z\sin\theta}{r^2}$$

式中，θ 为电流元 $I\mathrm{d}z$ 与矢径 $\boldsymbol{r}$ 之间的夹角。$\mathrm{d}\boldsymbol{B}$ 的方向垂直于电流元 $I\mathrm{d}z$ 和矢径 $\boldsymbol{r}$ 所组成的平面（即沿以 O 点为圆心，以 a 为半径，垂直于 Z 轴的平面内所作的圆周的切线方向）。由于各电流元产生的 $\mathrm{d}\boldsymbol{B}$ 都沿此方向。故 P 点 $\boldsymbol{B}$ 的大小等于各电流元的磁感强度之和，即

$$B=\int_{\overline{CD}}\mathrm{d}B=\int_{\overline{CD}}\frac{\mu_0}{4\pi}\frac{I\mathrm{d}z\sin\theta}{r^2}$$

（3）省略。

（4）完成积分。统一变量，先认识变量，当电流元 $I\mathrm{d}z$ 在载流导线上移动时，z、r、θ 都在变，故 z、r 和 θ 都是变量，因此在进行积分运算时，必须把它们用同一个参量来表示。现在取矢径 $\boldsymbol{r}$ 与点 P 到直导线的垂线 $\overline{PO}$ 之间的夹角 β 为自变量，有

$$\sin\theta=\cos\beta,\quad r=a\sec\beta,\quad z=a\tan\beta$$

且

$$\mathrm{d}z=a\sec^2\beta\mathrm{d}\beta$$

把这些关系代入前式，且由图 11－6 可知积分的上下限为 β_1 和 β_2，得

$$B=\int_{\beta_1}^{\beta_2}\frac{\mu_0}{4\pi}\frac{Ia\sec^2\beta\cos\beta\mathrm{d}\beta}{a^2\sec^2\beta}=\frac{\mu_0 I}{4\pi a}\int_{\beta_1}^{\beta_2}\cos\beta\mathrm{d}\beta$$

即

$$B=\frac{\mu_0 I}{4\pi a}(\sin\beta_2-\sin\beta_1)\qquad(11-4)$$

（5）讨论

①式（11－4）中 β_1 是从 PO 转到电流起点 C 时 PO 与 PC 之间的夹角；β_2 是从 PO 转到电流的终点 D 时，PO 与 PD 之间的夹角。当角 β 的旋转方向与电流方向相同时，β 取正值；当角 β 的旋转方向与电流的方向相反时，β 取负值。图 11－6 中的 β_1 和 β_2 均为正值。以后，凡遇载流直导线的磁场，均可将式（11－4）作公式用。

②当载流导线是一无限长的直导线，即 $\beta_1=-\frac{\pi}{2}$，$\beta_2=\frac{\pi}{2}$，则由式（11－4）可得

$$B=\frac{\mu_0 I}{2\pi a}\qquad(11-5)$$

③如果 P 点是在半无限长直载流导线的端点的垂直平面上，我们有 $\beta_1=0$，$\beta_2=\frac{\pi}{2}$，那么 P 点的磁感强度大小为

$$B=\frac{\mu_0 I}{4\pi a}\qquad(11-6)$$

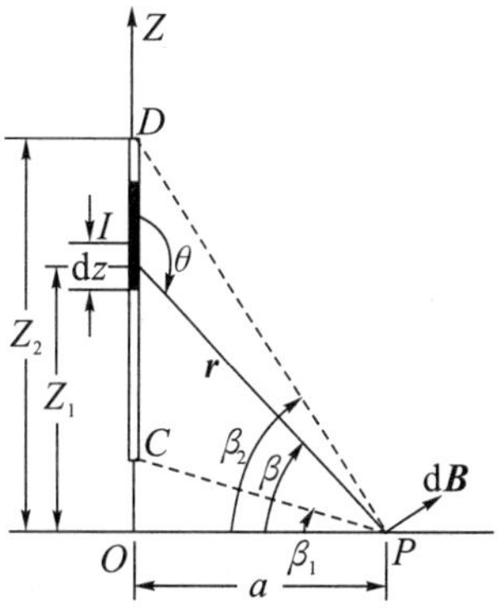

图 11－6

④ 若 P 点是直导线上的（或足线上的）一点，即 $\beta_1=0$ 或 $\pm\pi$，$\beta_2=0$ 或 $\pm\pi$，都有 $B=0$。

［例 2］　圆形载流导线在轴线上的磁场。如图 11－7，有一半径为 a，电流为 I 的圆

线圈，试计算其轴线上距圆平面为 x 的任意场点 P 的磁感强度 $\boldsymbol{B}$（注意，空间任意一点都有 $\boldsymbol{B}$，仅仅是轴线上的 $\boldsymbol{B}$ 容易求而已）。

下面仍按步骤求解：

（1）取 $I\mathrm{d}\boldsymbol{l}$，如图 11－7 所示。

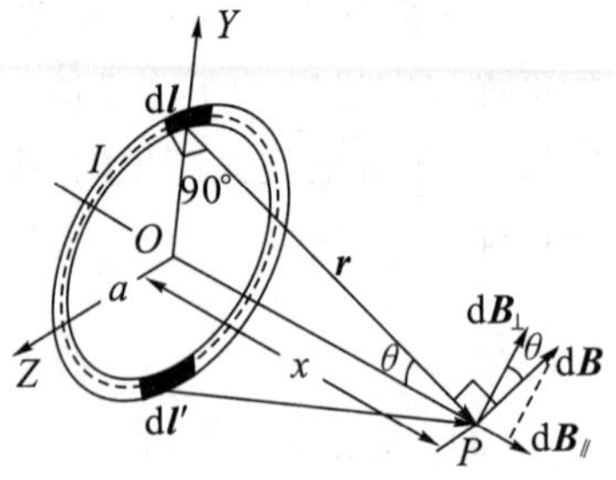

图 11－7

（2）$I\mathrm{d}\boldsymbol{l}$ 产生的 $\mathrm{d}\boldsymbol{B}$，$\mathrm{d}\boldsymbol{B}=\frac{\mu_0}{4\pi}\frac{I\mathrm{d}\boldsymbol{l}\times\boldsymbol{r}_0}{r^2}$，因为电流元 $I\mathrm{d}\boldsymbol{l}$ 与场点 P 的矢径 $\boldsymbol{r}$ 夹角恒为 $\frac{\pi}{2}$，故 $\mathrm{d}\boldsymbol{B}$ 的大小

$$\mathrm{d}B=\frac{\mu_0}{4\pi}\frac{I\mathrm{d}l\sin 90^\circ}{r^2}=\frac{\mu_0}{4\pi}\frac{I\mathrm{d}l}{r^2}$$

方向垂直于 $I\mathrm{d}\boldsymbol{l}$ 与 $\boldsymbol{r}$ 决定的平面。

（3）由于圆上任一电流元 $I\mathrm{d}\boldsymbol{l}$ 在 P 点产生的 $\mathrm{d}\boldsymbol{B}$ 如图 11－7，又可对称地取电流元 $I\mathrm{d}\boldsymbol{l}'$，在 P 点产生 $\mathrm{d}\boldsymbol{B}'$，$\mathrm{d}\boldsymbol{B}$ 和 $\mathrm{d}\boldsymbol{B}'$的和平行于 X 轴。由于载流导线的几何对称性，我们知道，各对称的电流元产生的 $\mathrm{d}\boldsymbol{B}_\perp$ 都互相抵消，$\mathrm{d}\boldsymbol{B}_{/\!/}$ 方向一致，所以 P 点的磁感强度 $\boldsymbol{B}$ 的方向与轴线平行，$\boldsymbol{B}$ 的大小则等于 $\mathrm{d}B_{/\!/}$ 的代数和，即

$$B=\oint \mathrm{d}B_{/\!/}=\oint \mathrm{d}B\sin\theta$$

式中，θ 为 r 与轴线的夹角。

（4）当 $I\mathrm{d}\boldsymbol{l}$ 在载流圆形导线上移动时，r、θ 都不变，故 r、θ 可提出至积分号外（尽管 P 点是轴上任意一点，当 P 点在 x 轴上移动时，r、θ、x 又都是变量），故

$$B=\frac{\mu_0}{4\pi}\oint\frac{I\mathrm{d}l}{r^2}\sin\theta=\frac{\mu_0 I\sin\theta}{4\pi r^2}\int_0^{2\pi a}\mathrm{d}l=\frac{\mu_0 I\sin\theta}{4\pi r^2}2\pi a$$

因为 $r^2=a^2+x^2$，$\sin\theta=\frac{a}{r}=\frac{a}{(a^2+x^2)^{1/2}}$，化简得

$$B=\frac{\mu_0 I a^2}{2(a^2+x^2)^{3/2}} \tag{11－7}$$

方向指向 X 轴正向。这就是圆形载流导线轴线上的点的磁感强度。

（5）讨论。在圆心，即 $x=0$ 处，由式（11－7）得出其磁感强度为

$$B_0=\frac{\mu_0 I}{2a} \tag{11－8}$$

B_0 也可以从毕－萨定律直接得到。设有一段圆心角为 θ 的圆弧导线，通过电流 I，半径为 a，如图 11－8 所示。

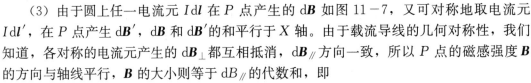

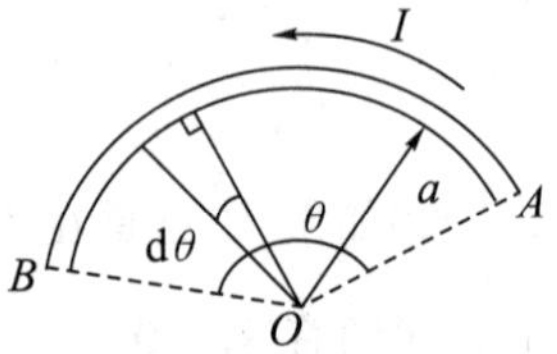

图 11－8

弧上任一电流元 $I\mathrm{d}l$ 在圆心 O 的磁场

$$\mathrm{d}B=\frac{\mu_0 I\mathrm{d}l}{4\pi a^2}$$

其方向垂直图面向外。显然各段电流元在 O 点的磁场方向都相同，所以

$$B_0=\int\mathrm{d}B=\int\frac{\mu_0 I\mathrm{d}l}{4\pi a^2}=\int_0^\theta\frac{\mu_0 I\mathrm{d}\theta}{4\pi a}$$

由此得

$$B_0 = \frac{\mu_0 I\theta}{4\pi a} = \frac{\mu_0 I}{2a}\left(\frac{\theta}{2\pi}\right) \tag{11-9}$$

当 $\theta = 2\pi$ 时，$B_0 = \frac{\mu_0 I}{2a}$，与式（11－8）相同。

应用上述结果，根据场的叠加原理，可以计算出由直线电流和圆弧电流所组成的任意形状的载流导线的磁场分布。

［**例** 3］　一无限长直导线被弯成如图 11－9 的形状。半圆环半径是 R。半无限长直导线 BA 和半圆面垂直，半无限长直导线 CD 则在半圆平面上。若 $R=10\text{cm}$，$I=4\text{A}$。求圆心 O 的磁感强度 $\boldsymbol{B}$。

解　O 点的磁感强度是直线电流①和③及半圆电流②在该点产生的磁场的迭加，即

$$\boldsymbol{B}_O = \boldsymbol{B}_1 + \boldsymbol{B}_2 + \boldsymbol{B}_3$$

直线电流③的延长线过 O 点，据毕－萨定律，其在 O 处的磁场为零，即 $\boldsymbol{B}_3=0$。半圆弧电流②在 O 点的场

$$B_2 = \frac{\mu_0 I}{4R}$$

$\boldsymbol{B}_2$ 的方向由毕－萨定律判知为垂直于半圆面水平向左，如图 11－9 所示。直线电流①在 O 点的场

$$B_1 = \frac{\mu_0 I}{4\pi R}$$

$\boldsymbol{B}_1$ 的方向由毕－萨定律判知为在半圆面内竖直向下，如 11－9 图所示。可见 $\boldsymbol{B}_1$ 和 $\boldsymbol{B}_2$ 互相垂直，所以

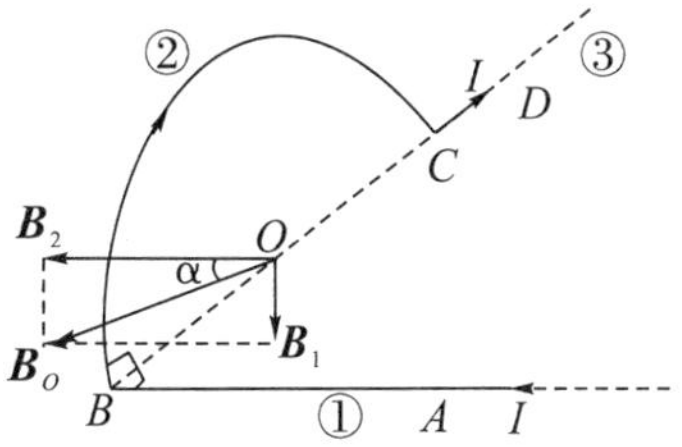

图 11－9

$$B_O = \sqrt{B_1^2 + B_2^2} = \frac{\mu_0 I}{4R}\sqrt{1+\frac{1}{\pi^2}} = \frac{\mu_0 I}{4\pi R}\sqrt{\pi^2+1}$$

$$= 10^{-7} \times \frac{4}{0.1}\sqrt{\pi^2+1} \approx 1.3\times 10^{-5} \quad \text{T}$$

如设 $\boldsymbol{B}_O$ 的方向与 $\boldsymbol{B}_2$ 的夹角是 α，则

$$\alpha = \arctan\frac{B_1}{B_2} = \arctan\left(\frac{1}{\pi}\right) \approx 17°39'$$

［**例** 4］　如图 11－10（a）所示，有两根导线沿半径方向接到铁环的 a、b 两点上，并与很远处的电源相接，求环中心 O 处的磁感强度。

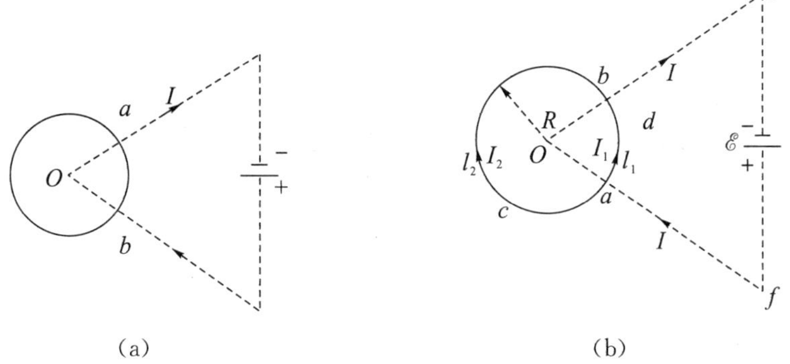

图 11－10

解 图 11－10（b）中点 O 的磁感强度可视作由$\overline{ef}$、$\overline{be}$、$\overline{fa}$三载流直导线以及$\overset{\frown}{acb}$、$\overset{\frown}{adb}$两载流圆弧共同产生。由于电源距铁环很远，而$\overline{be}$、$\overline{fa}$两直导线的延长线又通过点 O，则有

$$B_{ef}=0 \text{ 及 } B_{be}=B_{fa}=0$$

而铁环圆弧$\overset{\frown}{adb}$在点 O 产生的磁感强度 $\boldsymbol{B}_1$ 的方向垂直纸面向外，大小为

$$B_1=\frac{\mu_0 I_1}{2R}\frac{l_1}{2\pi R}=\frac{\mu_0 I_1}{4\pi R^2}l_1$$

铁环圆弧$\overset{\frown}{acb}$在点 O 产生的磁感强度 $\boldsymbol{B}_2$ 的方向垂直纸面向里，大小为

$$B_2=\frac{\mu_0 I_2}{2R}\frac{l_2}{2\pi R}=\frac{\mu_0 I_2}{4\pi R^2}l_2$$

圆弧$\overset{\frown}{adb}$和$\overset{\frown}{acb}$组成并联电路，设它们的电阻分别为 R_1 及 R_2，则 $I_1R_1=I_2R_2$。考虑到 $R_1=\frac{\rho l_1}{S}$，$R_2=\frac{\rho l_2}{S}$，则有

$$I_1l_1=I_2l_2$$

因此，点 O 的磁感强度为

$$B=B_1-B_2=\frac{\mu_0}{4\pi R^2}(I_1l_1-I_2l_2)=0$$

11.2.3 运动电荷的磁场

我们知道，电流就是带电粒子的定向运动。因而，电流产生磁场实质上就是运动电荷产生磁场。那么，电流元和运动电荷之间定量的关系如何呢？

如图 11－11 所示，设有一电流元 $I\mathrm{d}\boldsymbol{l}$，其横截面积为 S，在此电流元中，每单位体积内有 n 个作定向运动的电荷（这里讨论正电荷），每个电荷的电量均为 q，且定向运动速度均为 $\boldsymbol{v}$。在此电流元中，电流密度为 $j=nqv$。因此，电流元为

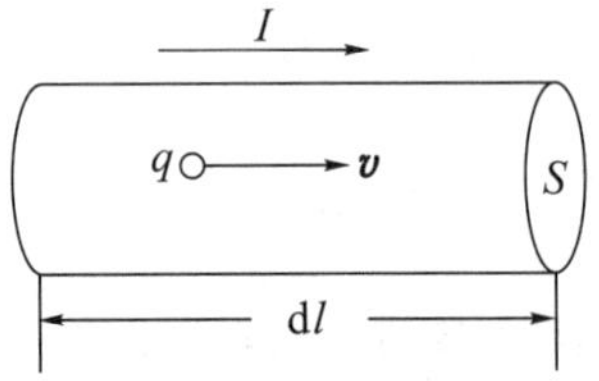

图 11－11

$$I\mathrm{d}l=jS\mathrm{d}l=nS\mathrm{d}lqv$$

于是，毕奥－萨伐尔定律

$$\mathrm{d}\boldsymbol{B}=\frac{\mu_0 I\mathrm{d}\boldsymbol{l}\times\boldsymbol{r}_0}{4\pi r^2}$$

可写成

$$\mathrm{d}\boldsymbol{B}=\frac{\mu_0}{4\pi}\frac{nS\mathrm{d}lq\,\boldsymbol{v}\times\boldsymbol{r}}{r^3}$$

式中，$S\mathrm{d}l=\mathrm{d}V$ 为电流元的体积，$n\mathrm{d}V=\mathrm{d}N$ 为电流元中作定向运动的电荷数。那么，以速度 $\boldsymbol{v}$ 运动的电荷，在距它为 r 处一点 P 产生的磁感强度则为

$$\boldsymbol{B}=\frac{\mathrm{d}\boldsymbol{B}}{\mathrm{d}N}=\frac{\mu_0}{4\pi}\frac{q\,\boldsymbol{v}\times\boldsymbol{r}}{r^3} \tag{11-10}$$

显然，$\boldsymbol{B}$ 的方向垂直于 $\boldsymbol{v}$ 和 $\boldsymbol{r}$ 的平面。当 q 为正电荷时，$\boldsymbol{B}$ 的方向为矢积 $\boldsymbol{v}\times\boldsymbol{r}$ 的方向，如图 11－12（a）所示。当 q 为负电荷时，$\boldsymbol{B}$ 的方向与矢积 $\boldsymbol{v}\times\boldsymbol{r}$ 的方向相反，如图 11－12（b）所示。

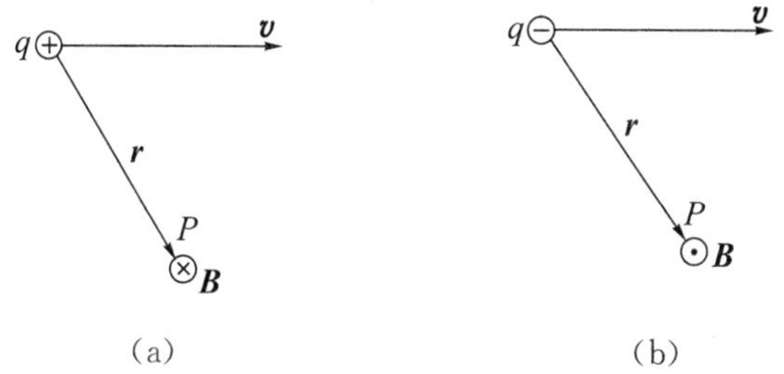

图 11－12　运动电荷的磁场方向

11.3　磁通量　磁场的高斯定理

11.3.1　磁感线

与静电场中用电场线来形象地描述静电场整体分布类似，在磁场中我们也引入一些假想的曲线——磁感线来形象地表示磁场的整体分布情况。我们规定：磁感线（或称 B 线）上每一点的切线方向与该点的磁感强度的方向一致，通过某点垂直于 B 的单位面积上的磁感线条数等于该点磁感强度 B 的大小。这样，磁感线的方向和疏密可以形象地表示出空间各点磁场的方向和强弱。

磁感线的形状可由铁屑显示出来。如果在垂直于长直载流导线的玻璃（或纸板）上撒上一些铁屑（在磁场中磁化后，铁屑可视为小磁针），它们在磁场中会形成如图 11－13（a）所示的分布情况。载流长直导线的磁感线的回转方向和电流方向之间的关系遵从右手螺旋法则：右手握住导线，使大拇指伸直并指向电流方向，这时其他四指弯曲的方向，就是磁感线的回旋方向，如图 11－13（b）所示。

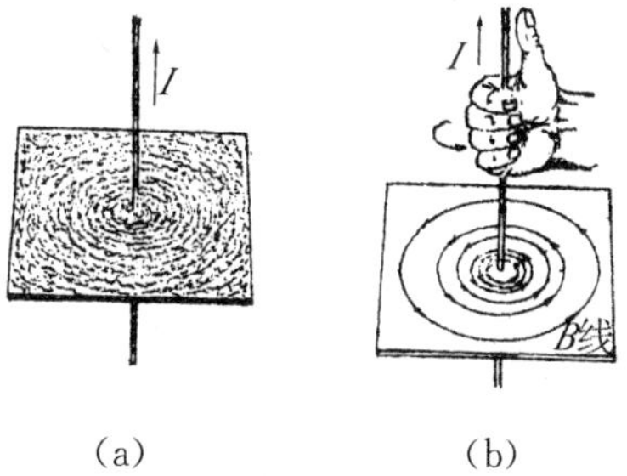

图 11－13　载流长直导线的磁感线

圆形电流和载流长直螺线管的磁感线的形状也可由铁屑显示出来，如图 11－14 所示。它们的磁感线的方向，也遵从右手螺旋法则。不过这时是用右手握住螺线管（或圆电流），使四指弯曲的方向沿着电流的方向，而伸直大拇指的指向就是螺线管内（或圆电流中心处）磁感线的方向。

从载流导线磁感线的图形可以总结出磁感线的共同特点是：

（1）磁场中任意两条磁感线不相交。这与电场线一样，是因为磁场中某点的磁场方向是唯一确定的。

（2）载流导线周围的磁感线都是围绕电流的闭合曲线，或两端伸向无穷远处，无起点，也无终点。这与静电场中的电场线不同。静电场中的电场线总是起始于正电荷，终止于负电荷，不形成闭合线。

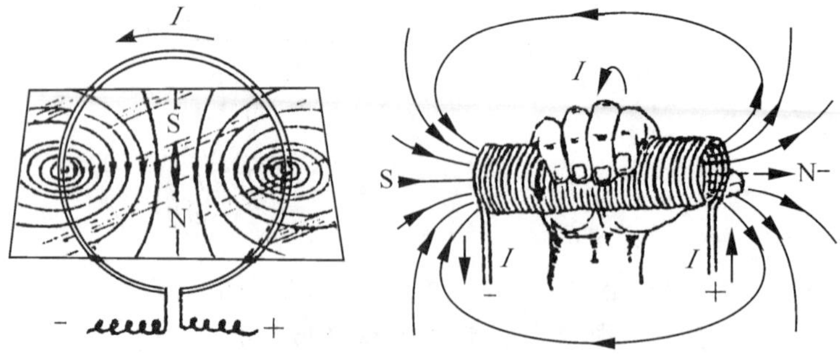

(a)　　　　　　(b)

图 11－14　圆电流和载流长直螺线管的磁感线

11.3.2　磁通量　磁场中的高斯定理

我们定义，通过磁场中某一曲面的磁感线数叫做通过此曲面的磁通量，简称磁通，用符号 Φ_m 表示。

磁通的含义究竟是什么，下面作更具体的定量的简述。

首先在均匀磁场中，取一面积为 S 的平面，如图 11－15 所示（规定面积矢量 $\boldsymbol{S}=S\boldsymbol{n}$，$\boldsymbol{n}$ 表示该平面的单位法线矢量）。设 $\boldsymbol{n}$ 与 $\boldsymbol{B}$ 之间的夹角为 θ，因面 $\boldsymbol{S}$ 在垂直于 $\boldsymbol{B}$ 方向的投影为 $S_\perp=S\cos\theta$，所以，按照上述磁通量的定义，有

$$\Phi_m = BS\cos\theta = \boldsymbol{B}\cdot\boldsymbol{S} \tag{11－11}$$

当 $\theta=0°$，即平面的单位法线矢量 $\boldsymbol{n}$ 与 $\boldsymbol{B}$ 的方向一致时，通过平面 $\boldsymbol{S}$ 的磁通量最大，$\Phi_m=BS$。当 $\theta=90°$，即平面的单位法线矢量 $\boldsymbol{n}$ 与 $\boldsymbol{B}$ 垂直时，通过平面 $\boldsymbol{S}$ 的磁通量为零，$\Phi_m=0$。

再来看在不均匀磁场中，通过任意曲面 $\boldsymbol{S}$ 的磁通量怎样计算呢？由上一段叙述，我们已经知道了在均匀磁场中，通过任一平面的磁通量的计算方法。虽然现在磁场已不再是均匀磁场，面也不再是平面，但若我们在有限的曲面 $\boldsymbol{S}$ 上任取一无限小的面积元 $\mathrm{d}\boldsymbol{S}$，如图 11－16 所示，在这要多小有多小的面元 $\mathrm{d}\boldsymbol{S}$ 上，$\boldsymbol{B}$ 可看做不变的，$\mathrm{d}\boldsymbol{S}$ 也可看为平面。若面积元所在处的磁感强度 $\boldsymbol{B}$ 与面元单位法线矢 $\boldsymbol{n}$ 之间的夹角为 θ，则通过面积元 $\mathrm{d}\boldsymbol{S}$ 的磁通量为

$$\mathrm{d}\Phi_m = B\mathrm{d}S\cos\theta = \boldsymbol{B}\cdot\mathrm{d}\boldsymbol{S} \tag{11－12}$$

（注意，$\mathrm{d}\Phi_m=\boldsymbol{B}\cdot\mathrm{d}\boldsymbol{S}$，而不是 $\boldsymbol{S}\cdot\mathrm{d}\boldsymbol{B}$）上式中 $\mathrm{d}S\cos\theta$ 为面积元 $\mathrm{d}\boldsymbol{S}$ 在垂直于 $\boldsymbol{B}$ 方向的投影。而通过某一有限曲面的磁量 Φ_m 就等于通过这些面积元 $\mathrm{d}S$ 上的磁通量 $\mathrm{d}\Phi_m$ 的总和，即

$$\Phi_m = \int_S \mathrm{d}\Phi_m = \int_S B\cos\theta\mathrm{d}S = \int_S \boldsymbol{B}\cdot\mathrm{d}\boldsymbol{S} \tag{11－13}$$

下面讨论通过任一闭合曲面的磁通量。对于闭合曲面，我们规定，单位法向矢量 $\boldsymbol{n}$ 的方向垂直于曲面向外。照此规定，磁感线从曲面内穿出时，磁通量是正的 $\left(\theta<\frac{\pi}{2}，\cos\theta>0\right)$，而当磁感线从曲面外穿入时，磁通量是负的 $\left(\theta>\frac{\pi}{2}，\cos\theta<0\right)$。由于

磁感线是闭合的，因此对任意一闭合曲面来说，有多少条磁感线进入闭合曲面，就一定有多少条磁感线穿出闭合曲面，也就是说，通过任意闭合曲面的磁通量必等于零，即

$$\oint_S B\cos\theta \mathrm{d}S = 0$$

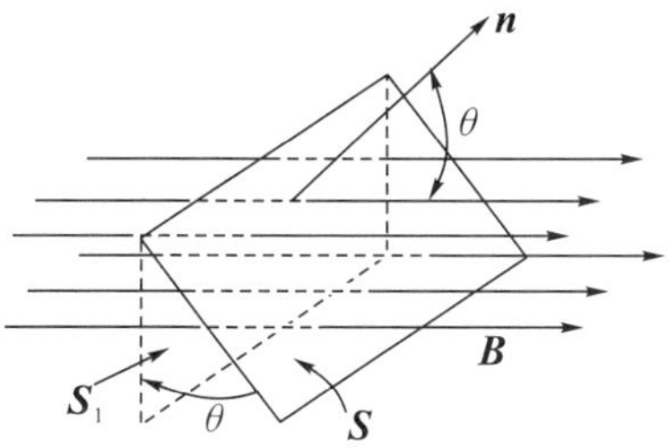

图 11－15　磁通量

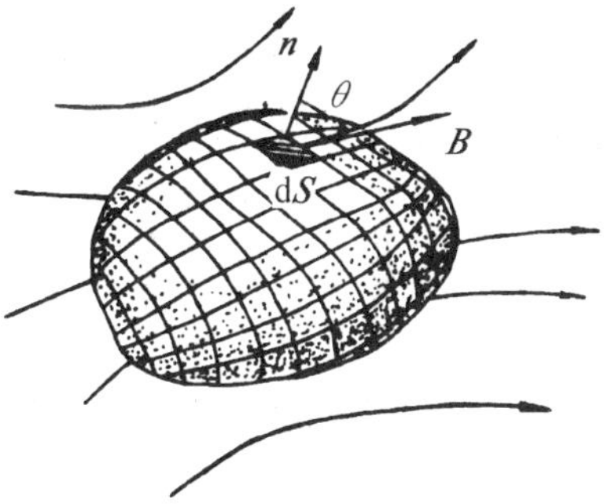

图 11－16　曲面的磁通量

或

$$\oint_S \boldsymbol{B} \cdot \mathrm{d}\boldsymbol{S} = 0 \qquad (11-14)$$

上述结论也叫做磁场的高斯定理。上式不仅对稳恒磁场成立，对变化磁场也成立。它是表明磁场性质的重要定理。式（11－14）和静电场中的高斯定理（$\oint_S \boldsymbol{E} \cdot \mathrm{d}\boldsymbol{S} = \sum q/\varepsilon_0$）在形式上相似，但两者有着本质上的区别。通过任意闭合曲面的电场强度通量可以不为零，反映了电场线起于正电荷，止于负电荷，静电场是有源场的性质。而通过任意闭合曲面的磁通量必为零。反应了磁感线形成闭合线，磁场为无源场的特性。也说明不存在类似正、负电荷那样的磁单极。

在国际单位制中，B 的单位是特斯拉，S 的单位是 m^2，Φ_m 的单位名称为韦伯，其代号为韦（Wb）。

$$1\mathrm{Wb} = 1\mathrm{T} \times 1\mathrm{m}^2$$

［**例** 5］　$B = 0.1\mathrm{T}$ 的均匀磁场中，有一半径 $R = 1\mathrm{m}$ 的球面被一平面截去了一部份，如图 11－17 所示。求通过球面剩余部分 S 的磁通量。

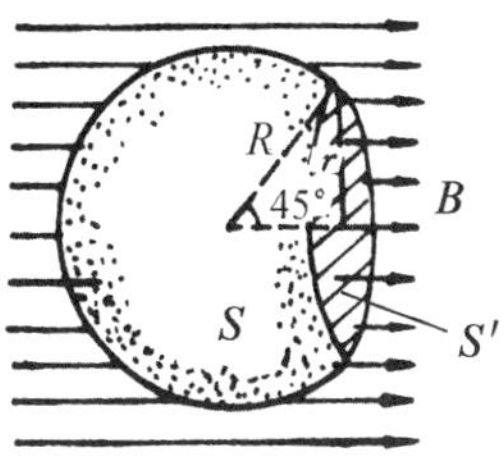

图 11－17

解　根据高斯定理，通过由 $\boldsymbol{S}$ 面和半径 r 的圆面 $\boldsymbol{S}'$ 组合成的闭合曲面的磁通量

$$\oint \boldsymbol{B} \cdot \mathrm{d}\boldsymbol{S} = \int_S \boldsymbol{B} \cdot \mathrm{d}\boldsymbol{S} + \int_{S'} \boldsymbol{B} \cdot \mathrm{d}\boldsymbol{S} = 0$$

即

$$\int_S \boldsymbol{B} \cdot \mathrm{d}\boldsymbol{S} = -\int_{S'} \boldsymbol{B} \cdot \mathrm{d}\boldsymbol{S}$$

而

$$\int_{S'} \boldsymbol{B} \cdot \mathrm{d}\boldsymbol{S} = B\pi r^2$$

故

$$\Phi_m = \int_S \boldsymbol{B} \cdot \mathrm{d}\boldsymbol{S} = -B\pi r^2$$

负号表示对假想的闭合曲面有磁感线通过 S 面穿入。

［**例** 6］　顶点都在坐标轴上，边长 a 为 50cm 的等边三角形 ABC（平面 S）处在 B 为 0.50T 的均匀磁场中，$\boldsymbol{B}$ 和平面 XOY 平行且与 Y 轴正方向的夹角是 30°，如图 11－18 所示。图中 $AO=BO=CO$，求通过平面 S 的磁通量 Φ。

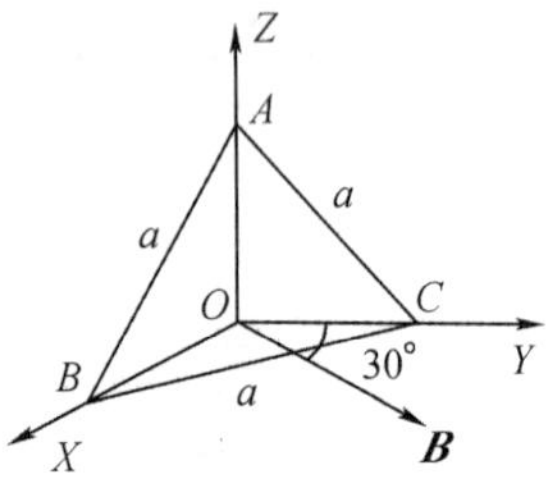

图 11－18

解　据式（11－11），通过 S 面的磁通量

$$\Phi_m = \boldsymbol{B} \cdot \boldsymbol{S}$$

把 $\boldsymbol{B}$ 沿 X 方向和 Y 方向分解为 $\boldsymbol{B}_x$、$\boldsymbol{B}_y$，即

$$\boldsymbol{B} = \boldsymbol{B}_x + \boldsymbol{B}_y$$

但

$$\boldsymbol{B}_x = B_x\boldsymbol{i} = B\sin 30°\boldsymbol{i} = \frac{B}{2}\boldsymbol{i}$$

$$\boldsymbol{B}_y = B_y\boldsymbol{j} = B\cos 30°\boldsymbol{j} = \frac{\sqrt{3}}{2}B\boldsymbol{j}$$

于是

$$\Phi_m = (\boldsymbol{B}_x + \boldsymbol{B}_y) \cdot \boldsymbol{S} = \boldsymbol{B}_x \cdot \boldsymbol{S} + \boldsymbol{B}_y \cdot \boldsymbol{S} = B_x S_{x\perp} + B_y S_{y\perp}$$

式中，$S_{x\perp}$ 和 $S_{y\perp}$ 分别是平面 S 在 YOZ 平面和 XOZ 平面内的投影，分别为

$$S_{x\perp} = \left(\frac{\sqrt{2}}{2}a\right)^2 \times \frac{1}{2} = \frac{a^2}{4}$$

$$S_{y\perp} = \left(\frac{\sqrt{2}}{2}a\right)^2 \times \frac{1}{2} = \frac{a^2}{4}$$

所以

$$\Phi_m = \frac{B}{2} \times \frac{a^2}{4} + \frac{\sqrt{3}}{2}B \times \frac{a^2}{4} = \frac{a^2}{8}B(1+\sqrt{3})$$

$$= \frac{1}{8} \times 0.50^2 \times 0.50 \times 2.732 = 4.3 \times 10^{-2} \quad \text{Wb}$$

11.4　安培环路定理

11.4.1　安培环路定理

我们知道，静电场中电场强度的环流为 0，即 $\oint_L \boldsymbol{E} \cdot \mathrm{d}\boldsymbol{l} = 0$，这说明静电力是保守力，静电场是保守场。那么，稳恒磁场中的磁感强度 $\boldsymbol{B}$ 沿任意闭合路径的积分 $\oint_L \boldsymbol{B} \cdot \mathrm{d}\boldsymbol{l}$ 又等于多少呢？

现在，我们就一最简单的特例来进行研究，设真空中有一无限长载流直导线，如图

11－19 所示，取一平面与载流直导线垂直，并以这平面与导线的交点 O 为圆心，在平面上作一半径为 R 的圆周，与静电场中取回路类似，取此圆周作回路，且规定回路的绕行方向为逆时针方向。又由式（11－5）可知，在此回路上任意一点的磁感强度 $\boldsymbol{B}$ 的大小均为 $B=\mu_0 I/2\pi R$，且 B 的方向与线元 $\mathrm{d}l$ 的方向处处相同，则

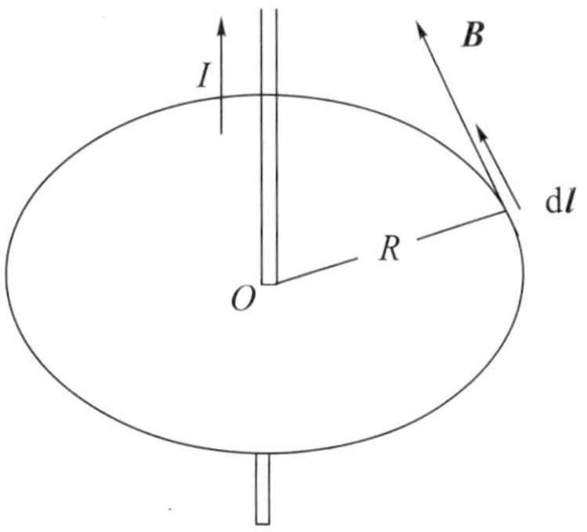

图11－19　无限长载流导线 B 的环流

$$\oint_L \boldsymbol{B}\cdot \mathrm{d}\boldsymbol{l}=\oint_L B\cos\theta \mathrm{d}l=\oint_L \frac{\mu_0 I}{2\pi R}\mathrm{d}l=\frac{\mu_0 I}{2\pi R}\oint_L \mathrm{d}l$$

积分 $\oint_L \mathrm{d}l$ 等于半径为 R 的圆周长，即 $2\pi R$，所以

$$\oint \boldsymbol{B}\cdot \mathrm{d}\boldsymbol{l}=\mu_0 I \qquad (11-15)$$

此式表明，$\oint_L \boldsymbol{B}\cdot \mathrm{d}\boldsymbol{l}$ 等于此闭合路径所包围的电流与真空磁导率 μ_0 的乘积。

应当指出，在式（11－15）中，积分回路 L 的绕行方向是与电流的流向成右手螺旋关系。若绕行方向不变，电流反向，则

$$\oint_L \boldsymbol{B}\cdot \mathrm{d}\boldsymbol{l}=\oint_L B\cos(180^\circ)\mathrm{d}l=-\mu_0 I=\mu_0(-I)$$

这时可以认为，对回路 L 来讲，电流流向是负的。

式（11－15）是从特例得出的，如果 $\boldsymbol{B}$ 的积分是沿任意闭合路径，而且其中不止一个电流（图 11－20），且这些电流也不一定沿直导线，也可证明，在真空中任一闭合路径上，磁感强度 $\boldsymbol{B}$ 在线元 $\mathrm{d}\boldsymbol{l}$ 上的分量沿该闭合路径的积分 $\oint_L \boldsymbol{B}\cdot \mathrm{d}\boldsymbol{l}$（即 B 的环流）的值等于 μ_0 乘以该闭合路径所包围的各电流的代数和，即

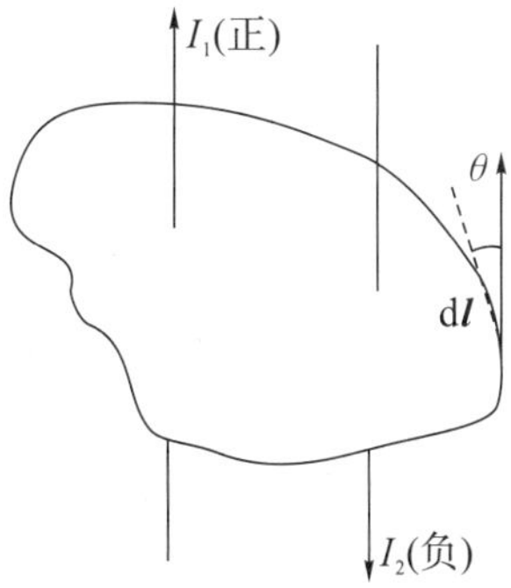

图 11－20　安培环路定律

$$\oint_L \boldsymbol{B}\cdot \mathrm{d}\boldsymbol{l}=\mu_0\sum_{i=1}^{n} I_i \qquad (11-16)$$

这就是真空中的安培环路定理。它是稳恒磁场的基本定律之一。上式中若电流流向与积分回路成右螺旋关系时，电流取正值；反之取负值。

注意安培环路定理仅对稳恒磁场成立，变化磁场则不成立。这与磁场的高斯定理不同，磁场的高斯定理对稳恒或变化的磁场均成立。

安培环路定理反映了磁场的基本性质。由 $\oint_L \boldsymbol{B}\cdot \mathrm{d}\boldsymbol{l}=\mu_0\sum_{i=1}^{n} I_i$ 知道，磁场中 $\boldsymbol{B}$ 的环流一般是不等于零的，故稳恒电流的磁场的基本性质与静电场是不同的，静电场是保守场 $\oint \boldsymbol{E}\cdot \mathrm{d}\boldsymbol{l}=0$，磁场是非保守场。

在式（11－16）中，$\sum_{i=1}^{n} I_1$ 是指对回路内电流求代数和，表明回路内的电流对环流 $\oint_L \boldsymbol{B}\cdot \mathrm{d}\boldsymbol{l}$ 才有贡献，而回路外的电流对环流 $\oint_L \boldsymbol{B}\cdot \mathrm{d}\boldsymbol{l}$ 无贡献。应当注意在 $\oint_L \boldsymbol{B}\cdot \mathrm{d}\boldsymbol{l}$ 中，$\boldsymbol{B}$ 是回路上各点的磁感强度，它是由回路内、外所有电流共同产生的。故当 $\boldsymbol{B}$ 的环流为零

时，只意味着回路内电流代数和为 0，并不意味着闭合路径上各点的磁感强度也为零。

正如在静电场中我们用高斯定理 $\left(\oint_S \boldsymbol{E}\cdot \mathrm{d}\boldsymbol{S} = \frac{1}{\varepsilon}\sum_{i=1}^{n} q_i\right)$ 可以求得电荷对称分布时的电场强度。类似地，在稳恒磁场中，我们也可用安培环路定理 $\left(\oint_L \boldsymbol{B}\cdot \mathrm{d}\boldsymbol{l} = \mu_0 \sum_{i=1}^{n} I_i\right)$ 来求某些有对称性分布的电流的磁感强度。

11.4.2 安培环路定律的应用（求 *B* 方法之二）

这里介绍已知电流分布求 **B** 的第二种方法。此方法的基本原理是安培环路定理。此方法的适用范围是电流分布具有高度的对称性（当然，若电流分布无对称性，环路定理仍成立，只不过不能用其求 **B**。说得更具体一点就是：若在磁场中能选取一个闭合路径 L，在 L 上，**B** 虽未知但 $B\cos\theta$ 的值都相同（θ 表示 **B** 与 d$\boldsymbol{l}$ 的夹角）；或者在 L 的某部分 L_1 上，$B\cos\theta$ 的值未知但相同，在另一部分 L_2，$B\cos\theta = 0$，那么有

$$\oint_L \boldsymbol{B}\cdot \mathrm{d}\boldsymbol{l} = B\cos\theta \oint_L \mathrm{d}l = \mu_0 \sum_{i=1}^{n} I_i$$

或

$$\oint_L \boldsymbol{B}\cdot \mathrm{d}\boldsymbol{l} = B\cos\theta \int_{L_1} \mathrm{d}l = \mu_0 \sum_{i=1}^{n} I_i$$

则 L 上或 L_1 上每一点的磁感强度的值，通过上面的方程式就容易算出。事实上，当电流分布具有某种对称性，磁场也具有某种对称分布时，可产生上述的情况。

11.4.2.1 载流长直螺线管内中部的磁感强度

螺线管的磁场的分布与管上各匝线圈绕得疏密和螺线管的长度有关，对于绕得比较密集的直螺线管，它的磁感线分布如图 11－21 所示。由图可以看出，在螺线管内中部，从管壁到管轴的区域里，磁感线可看成是趋于与管轴平行；而管外中部贴近外管壁的区域磁场较弱，磁感强度几乎为零。

当螺线管绕得很密，且其长度 L 比直径 d 大得多时（$L \gg d$），可将它当成无限长的螺线管。图 11－22 是一个密绕的无限长螺线管中间的一段，在单位长度上绕有 n 匝线圈，通过的电流为 I。管内的磁感强度 **B** 的方向处处与管轴平行，且大小均相等；在管外贴近管壁处的磁感强度为零。

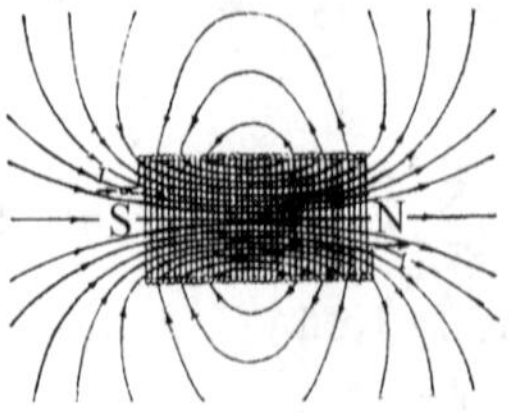

图11－21　较密绕载流直螺线管的磁场

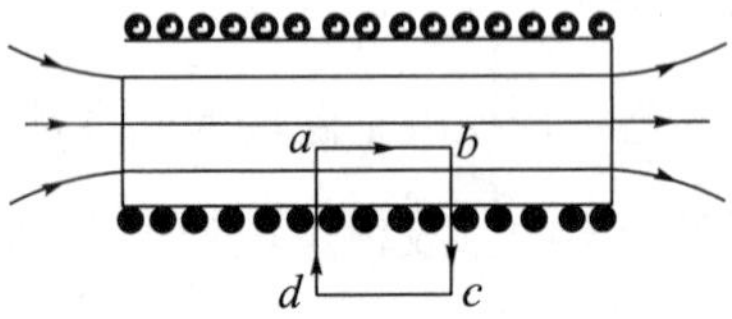

图 11－22　密绕长直载流螺线管内中部的磁场

于是，在远离螺线管两端的区域取一矩形闭合路径 $abcda$。磁感强度 **B** 沿此闭合路径的积分，可以分四段进行，即

$$\oint_L \boldsymbol{B}\cdot \mathrm{d}\boldsymbol{l} = \int_{ab} \boldsymbol{B}\cdot \mathrm{d}\boldsymbol{l} + \int_{bc} \boldsymbol{B}\cdot \mathrm{d}\boldsymbol{l} + \int_{cd} \boldsymbol{B}\cdot \mathrm{d}\boldsymbol{l} + \int_{da} \boldsymbol{B}\cdot \mathrm{d}\boldsymbol{l}$$

在线段 cd 及线段 bc 和 da 的管外部分各点上 $B=0$，bc 和 da 管内部分上虽然 $B\neq0$，但因 $\boldsymbol{B}$ 矢量与路径垂直，$\theta=90°$，$\cos\theta=0$，故沿这三段的积分值均为零。因而

$$\oint \boldsymbol{B}\cdot \mathrm{d}\boldsymbol{l}=\int_a^b \boldsymbol{B}\cdot \mathrm{d}\boldsymbol{l}=B\int_a^b \mathrm{d}l=B\int_a^b \mathrm{d}l=B\,\overline{ab}$$

由于螺线管上每单位长度有 n 匝线圈，而通过每匝线圈的电流为 I，其流向与回路 $abcda$ 构成右螺旋关系，故取正值，所以闭合路径 $abcda$ 所包围的总电流为 $\overline{ab}nI$。根据安培环路定理，可得

$$\oint_L \boldsymbol{B}\cdot \mathrm{d}\boldsymbol{l}=B\,\overline{ab}=\mu_0\,\overline{ab}nI$$

故

$$B=\mu_0 nI \tag{11-17}$$

上式表明，无限长载流螺线管内中部，任意点磁感强度的大小与通过螺线管的电流和单位长度线圈的匝数成正比。

式（11－17）虽是从无限长螺线管得出来的，但对长直密绕螺线管中部各点磁场仍然适用。若管长为 l，总匝数为 N，那么式（11－17）可以写成

$$B=\mu_0\frac{N}{l}I$$

对于长直载流螺线管两端的磁感强度，由毕－萨定律可以算得它们的值均恰好等于管内中部的一半，即 $B=\frac{1}{2}\mu_0 nI$

11.4.2.2　空心载流环形螺线管内的磁场

图 11－23（a）为一环形螺线管。环上的线圈绕得很密集，环外的磁场是很微弱的，磁场几乎全部集中在螺线管内。管内的磁感线形成同心圆，在同一条磁感线上，磁感强度 $\boldsymbol{B}$ 的大小相等，方向处处和环面平行。如图 11－23（b）所示。

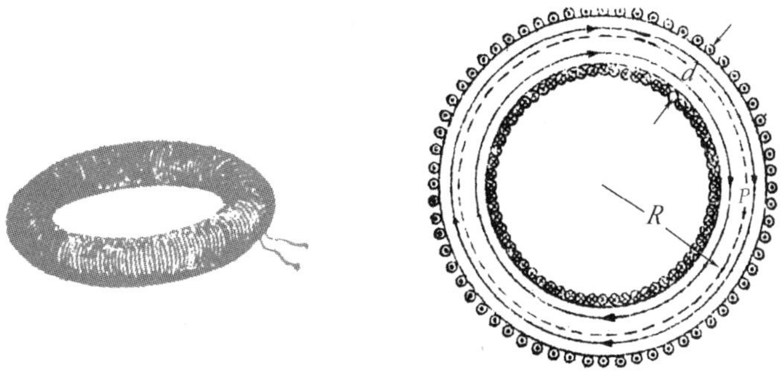

（a）环形螺线管　　（b）环形螺线管内的磁场

图 11－23

现选取任一条磁感线作闭合回路 L，半径为 R。由于闭合路径上各点的磁感强度方向都和该点 $\mathrm{d}\boldsymbol{l}$ 一致，且各点 $\boldsymbol{B}$ 的值相等。圆形闭合路径内电流的流向和此圆形闭合路径构成右螺旋关系。这样，根据安培环路定理有

$$\oint_L \boldsymbol{B}\cdot \mathrm{d}\boldsymbol{l}=B2\pi R=\mu_0 NI$$

式中，N 为环形螺线管的总匝数。从上式可得

$$B=\frac{\mu_0 NI}{2\pi R} \tag{11-18}$$

从式（11－18）可以看出，环形螺线管内的横截面上各点的磁感强度是不同的。如果 L 表示环形螺线管中心线的闭合路径的长度，那么，圆环中心线处一点的磁感强度为

$$B=\mu_0\frac{NI}{L} \tag{11-19}$$

当环形螺线管中心线的直径比线圈的直径大得多，即 $2R\gg d$ 时，管内的磁场可近似地看成是均匀的，管内任意点的磁感强度均可用式（11－19）表示。

11.4.2.3　无限长载流圆柱体的磁场

设截面半径为 R 的圆柱形导体中，电流 I 沿着轴向流动，电流在截面积上的分布是均匀的，如图 11－24（a）所示。如果圆柱形导体很长，那么在导体的中部，磁场的分布是对称的。磁感线是在垂直于圆柱轴线的平面上，以轴为心的同心圆。

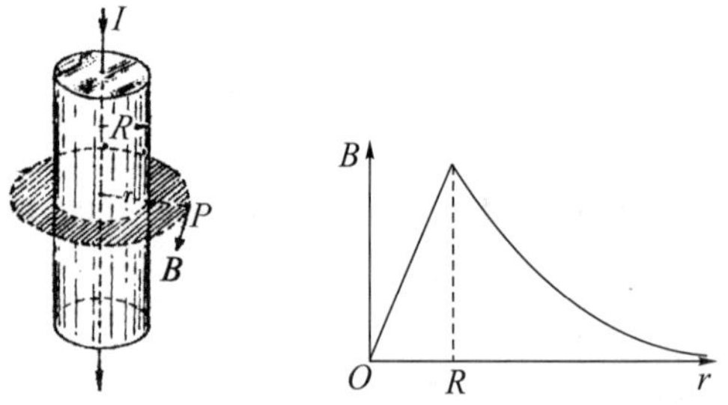

（a）　　　　（b）

图 11－24　无限长载流圆柱体的磁场

先看圆柱体外的磁感强度。设 P 点是圆柱体外任意一点，P 到轴距离为 r，且 $r>R$。通过 P 的磁感线被选为回路 L。在回路 L 上，$\boldsymbol{B}$ 大小相等，方向都沿圆形回路 L 的切向，根据安培环路定理有

$$B2\pi r=\mu_0 I$$

$$B=\frac{\mu_0}{2\pi}\frac{I}{r}(r>R) \tag{11-20}$$

由式（11－20）可看出，无限长圆柱体电流外部的磁感强度和无限长直线电流的磁感强度相同。

当 $r<R$ 时，作回路 L'，根据安培环路定理，有

$$B2\pi r=\mu_0\frac{1}{\pi R^2}\pi r^2$$

$$B=\frac{\mu_0 I}{2\pi R^2}r \qquad (r<R) \tag{11-21}$$

由式（11－21）知，在圆柱体内，磁感强度 $\boldsymbol{B}$ 的大小与离轴线的距离 r 成正比；而在圆柱体外，B 与 r 成反比。图 11－24（b）表示了 $B\sim r$ 的上述关系。

总结以上几例，可得出用安培环路定理求 $\boldsymbol{B}$ 的步骤如下：

(i) 对电流及磁场分布进行对称性分析，形成一个清晰的场分布情况的概念。

(ii) 作出回路 L，包括其绕行方向。使 $B\cos\theta$ 在 L 上或 L 的某段上未知但为常数，另外段上为零。

(iii) 先分别计算出环流 $\oint \boldsymbol{B} \cdot \mathrm{d}\boldsymbol{l}$ 及 $\sum_i I_i$，再由安培环路定理得出 $\boldsymbol{B}$。若 $\boldsymbol{B}$ 在全空间有多个表达式，还应写出各表达式成立的范围。

11.5 运动电荷在磁场中所受的力——洛仑兹力

前面几节我们讨论了运动电荷及稳恒电流产生磁场的规律。下面几节将讨论运动电荷、电流及载流线圈在磁场中受力的规律。

首先讨论磁场对运动电荷的作用。设电量为 q 的正电荷以速度 $\boldsymbol{v}$ 在磁场中运动，$\boldsymbol{v}$ 与磁感强度 $\boldsymbol{B}$ 之间成任意角度 θ，如图 11－25（a）所示。取如图所示的坐标轴，设速度 $\boldsymbol{v}$ 在 XY 平面，$\boldsymbol{B}$ 沿 Y 轴正向。这样可把速度 $\boldsymbol{v}$ 分解为两个分量：沿磁场方向的分量 $v_{/\!/} = v_y = v\cos\theta$ 和垂直于磁场方向的分量 $v_{\perp} = v_x = v\sin\theta$。由 11.1 节磁感强度的定义讨论中知道，当运动电荷的速度方向与 $\boldsymbol{B}$ 的方向一致时电荷所受的磁力为零；当电量为 q 的正电荷以速度 $v_{\perp}$ 垂直于磁感强度 $\boldsymbol{B}$ 运动时，它受到的磁力可由式（11－1）得到

$$F_{\max} = Bqv_{\perp}$$

所以只需考虑速度 $\boldsymbol{v}$ 垂直于磁场的分量 $v\sin\theta$。则运动电荷所受的磁力为

$$F = Bqv_{\perp} = Bqv\sin\theta \tag{11-22}$$

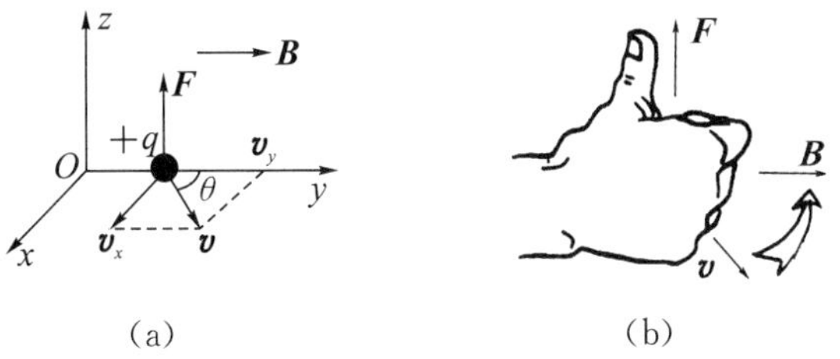

图 11－25 洛仑兹力

考虑到 $\boldsymbol{F}$、$\boldsymbol{v}$、$\boldsymbol{B}$ 三者间的方向关系，可以把式（11－22）改写成矢量式

$$\boldsymbol{F} = q\boldsymbol{v} \times \boldsymbol{B} \tag{11-23}$$

这个力叫做洛仑兹力。洛仑兹力 F 的方向垂直于运动电荷的速度 $\boldsymbol{v}$ 和磁感强度 $\boldsymbol{B}$ 所组成的平面，如图 11－25（b）所示，符合右手螺旋法则：以右手四指由 $\boldsymbol{v}$ 经小于 180°的角弯向 $\boldsymbol{B}$，这时大拇指的指向就是运动正电荷所受的洛仑兹力的方向。由（11－23）式可看出，当 q 为正时，$\boldsymbol{F}$ 的方向即为 $\boldsymbol{v} \times B$ 的方向；当 q 为负时，$\boldsymbol{F}$ 的方向即 $-\boldsymbol{v} \times \boldsymbol{B}$ 的方向。

［**例 7**］ 如图 11－26，放射性元素镭所发出的射线进入强磁场 $\boldsymbol{B}$ 后，分成三束射线，向右偏转的叫 β 射线，向左偏转的叫 α 射线，不偏转的叫 γ 射线。试分析这三种射线中的粒子是否带电，带正电还是负电？

解 由 $\boldsymbol{F} = q\boldsymbol{v} \times \boldsymbol{B}$ 知，$q = 0$，$\boldsymbol{F} = 0$，即不带电荷的粒子不受磁力，所以不会偏转，由此推知 γ 射线中的粒子不带电。

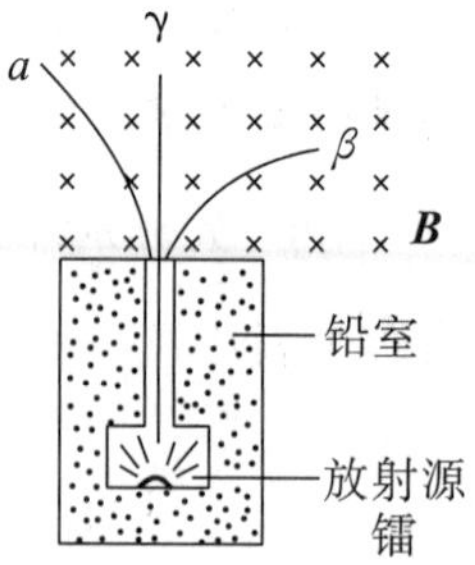

图 11－26

若设 α 射线带负电，则由 $\boldsymbol{F}=q\boldsymbol{v}\times\boldsymbol{B}$ 可知，粒子应该受到向右方向的作用力，即 α 粒子应向右边偏转，这与题设条件矛盾，所以 α 射线的粒子必带正电。

同理可知，β 射线的粒子带负电。

该例说明，已知带电粒子在磁场中的运动轨迹，由洛仑兹力公式可以判定带电粒子带电的性质。1932 年美国物理学家安德逊正是用这一原理，分析了宇宙射线穿过云雾室中的铅板后的带电粒子径迹的照片，发现了正电子。(是通常电子的反粒子)。

［**例** 8］ 有一个质子沿着与磁场相垂直方向运动，在某点的速率是 $3.1\times10^{7}\mathrm{m\cdot S^{-1}}$。由实验测得这时质子所受的磁力为 $7.4\times10^{-12}\mathrm{N}$。求该点磁感强度的大小。

解 质子电量 $q=1.6\times10^{-19}\mathrm{C}$，据式（11－23），注意到 $\boldsymbol{v}\perp\boldsymbol{B}$，得

$$F=qvB$$

所以

$$B=\frac{F}{qv}=\frac{7.4\times10^{-12}}{1.6\times10^{-19}\times3.1\times10^{7}}=1.5\quad\mathrm{T}$$

11.6 载流导线在磁场中所受的力——安培力

载流导线在磁场中受的磁场力，实际上就是形成电流的运动电荷在磁场中所受到的洛仑兹力的叠加。

设载有电流 I 的导线处在某一磁场中。金属导线中的电流，可视为正电荷沿电流的方向运动所形成。若正电荷载流子的漂移速度是 $\boldsymbol{v}$，它受的洛仑兹力由式（11－23）给出为

$$\boldsymbol{F}=q\boldsymbol{v}\times\boldsymbol{B}$$

在载流导线上任取一长为 $\mathrm{d}l$，横截面积是 S 的电流元 $I\mathrm{d}\boldsymbol{l}$，其方向是电流在 $\mathrm{d}\boldsymbol{l}$ 上的流动方向，如图 11－27 所示。在 $\mathrm{d}l$ 小范围内，磁场可视为均匀的，所以在这一小段 $\mathrm{d}l$ 内的每一个运动电荷受力是一样的。设导线单位体积内的载流子数是 n，则 $\mathrm{d}l$ 内的载流子数 $\mathrm{d}N==nS\mathrm{d}l$。于是电流元 $I\mathrm{d}\boldsymbol{l}$ 受力为

$$\mathrm{d}\boldsymbol{F}=\mathrm{d}Nq\boldsymbol{v}\times\boldsymbol{B}=nSq\mathrm{d}l\boldsymbol{v}\times\boldsymbol{B}$$

注意到 $\boldsymbol{v}$ 和 $I\mathrm{d}\boldsymbol{l}$ 方向是相同的，故

$$\mathrm{d}\boldsymbol{F}=\mathrm{d}Nq\boldsymbol{v}\times\boldsymbol{B}=nSq\mathrm{d}l\boldsymbol{v}\times\boldsymbol{B}$$

以 $I=nSqu$ 代入得

$$\mathrm{d}\boldsymbol{F}=I\mathrm{d}\boldsymbol{l}\times\boldsymbol{B}\qquad(11-24)$$

式（11－24）称为安培定律。这就是电流元 $I\mathrm{d}\boldsymbol{l}$ 在磁场中所受的磁场力，通常叫安培力。安培力的大小由式（11－24）知

$$\mathrm{d}F=IB\mathrm{d}l\sin\theta$$

θ 表示 $I\mathrm{d}\boldsymbol{l}$ 与 $\boldsymbol{B}$ 间小于 180°的夹角。$\mathrm{d}\boldsymbol{F}$ 垂直于 $I\mathrm{d}\boldsymbol{l}$ 和 $\boldsymbol{B}$ 所决定的平面，且 $\mathrm{d}\boldsymbol{F}$ 的方向与矢量 $I\mathrm{d}\boldsymbol{l}\times\boldsymbol{B}$ 方向一致。如图 11－27 所示。

由力的叠加原理知道，任意有限长载流导线所受的安培力，等于各电流元所受安培力

的矢量叠加，即

$$F = \int_L dF = \int_L I dl \times B \tag{11-25}$$

如果有一长为 L，通以电流为 I 的直导线，放在磁感强度为 $\boldsymbol{B}$ 的均匀磁场中，如图 11－28，由式（11－25）可求得此载流导线所受力的大小为

$$F = IlB\sin\theta \tag{11-26}$$

力 $\boldsymbol{F}$ 的方向垂直于直导线和磁感强度所组成的平面。

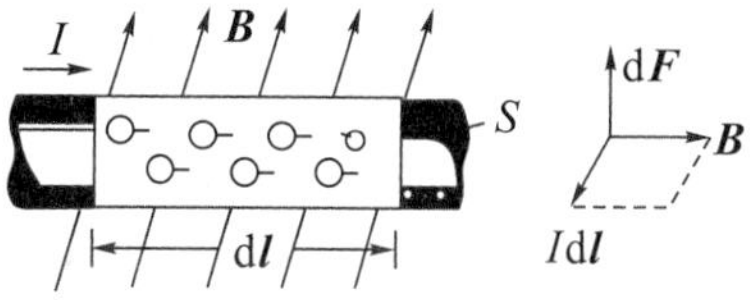

图 11－27

由式（11－26）可以看出，当 $\theta=0°$，即通过导线的电流流向和 $\boldsymbol{B}$ 的方向相同时，载流导线所受的力为零；当 $\theta=90°$，即电流流向和 $\boldsymbol{B}$ 的方向垂直时，载流导线所受的力最大，为 $F=ILB$。

把式（11－25）用于求均匀磁场中，直载流导线所受的力，非常简单。但我们往往会遇到非均匀磁场或非直线的平面载流导线等情形，此时式（11－25）的积分较复杂，这与前面所遇到的所有的矢量积分一样，需将 $\mathrm{d}\boldsymbol{F}$ 分解为 $\mathrm{d}F_x$、$\mathrm{d}F_y$（二维），再作积分 $F_x = \int \mathrm{d}F_x, F_y = \int \mathrm{d}F_y$。若载流导线，磁场有对称性，还需进行对称分析，得出 F_x、F_y 中之一为 0，则对另一分量积分即可。

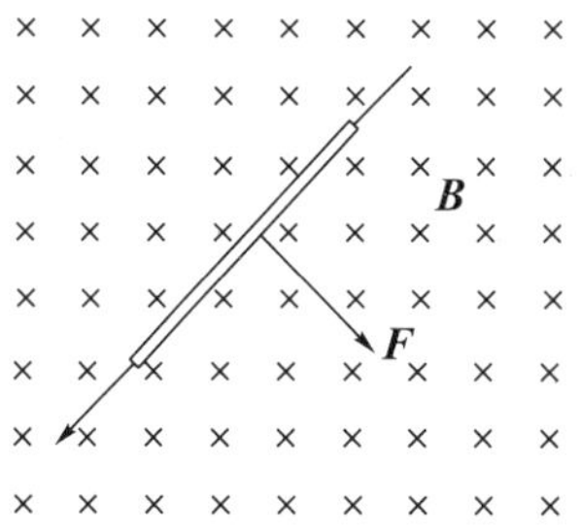

图 11－28　均匀磁场中载流直导线所受的力

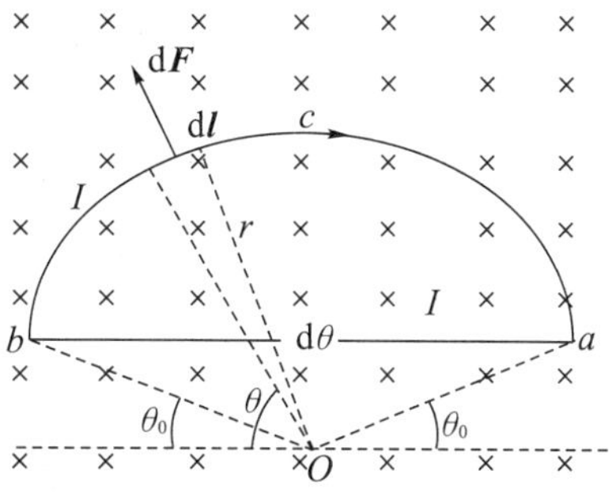

图 11－29

［**例** 9］　如图 11－29 所示，通有电流 I 的导体闭合回路，放在磁感强度为 $\boldsymbol{B}$ 的均匀磁场中，回路的平面与磁感强度 $\boldsymbol{B}$ 垂直。若回路的电流为 I，其流向为顺时针。问磁场作用在整个回路的力为多少？

解　整个回路可看成由导线 ab 和 bca 组成。由式（11－26）可知，作用在导线 ab 上的力的大小为

$$F_1 = BI\,\overline{ab}$$

其方向铅直向下。

在导线 bca 上取一线元 $\mathrm{d}\boldsymbol{l}$。由式（11－24）知作用在此线元上的力为 $\mathrm{d}\boldsymbol{F}_2$，即

$$\mathrm{d}\boldsymbol{F}_2 = I\mathrm{d}\boldsymbol{l} \times \boldsymbol{B}$$

$\mathrm{d}\boldsymbol{F}_2$ 的方向为 $\mathrm{d}\boldsymbol{l} \times \boldsymbol{B}$ 的方向，如图 11－29 所示，$\mathrm{d}\boldsymbol{F}_2$ 的大小为

$$\mathrm{d}F_2 = BI\mathrm{d}l$$

考虑到导线 bca 上各线元所受的力不在同一方向上。故导线 bca 所受的力为各线元所受力的矢量和。我们将电流元 $I\mathrm{d}\boldsymbol{l}$ 所受的力分解成水平和铅直两个分量 $\mathrm{d}F_{2x}$ 和 $\mathrm{d}F_{2y}$。由于导

线 bca 为一圆弧，弧上所有线元在水平方向受力的总和为零，即 $F_{2x}=\int \mathrm{d}F_{2x}=0$，而在铅直方向上受力的方向均铅直向上，于是，圆弧上所有线元在铅直方向受的力为

$$F_{2y}=\int \mathrm{d}F_{2y}=\int \mathrm{d}F_2\sin\theta=\int BI\mathrm{d}l\sin\theta$$

从 11－29 图中可以看到 $\mathrm{d}l=r\mathrm{d}\theta$，上式可写成

$$F_{2y}=BIr\int \sin\theta\mathrm{d}\theta$$

从 11－29 图中还可以看出，θ 的上、下限可这样规定：在弧的一端 b 点处 $\theta=\theta_0$，在弧的另一端 a 点处 $\theta=180°-\theta_0$。于是，上式的积分为

$$F_{2y}=BIr\int_{\theta_0}^{180°-\theta_0}\sin\theta\mathrm{d}\theta=BIr[\cos\theta_0-\cos(180°-\theta_0)]=BI(2r\cos\theta_0)$$

式中，$2r\cos\theta_0=\overline{ab}$，于是上式为

$$F_{2y}=BI\,\overline{ab}$$

显然，$\boldsymbol{F}_1$ 和 $\boldsymbol{F}_{2y}$ 不仅大小相等，而且方向相反，它们的总和为零。这就是均匀磁场作用在整个载流平面闭合导体回路上的合力为零。此结论对其他形状的载流平面闭合导体回路也是正确的。

11.7 载流线圈在均匀磁场中受到的磁力矩

设一刚性矩形载流线圈 $abcd$，其边长分别为 l_1 和 l_2，电流为 I，并处在磁感强度为 $\boldsymbol{B}$ 的均匀磁场中。线圈平面法线方向与 $\boldsymbol{B}$ 的夹角是 θ，并且 ab 边和 cd 边都和磁场垂直，如图 11－30 所示。

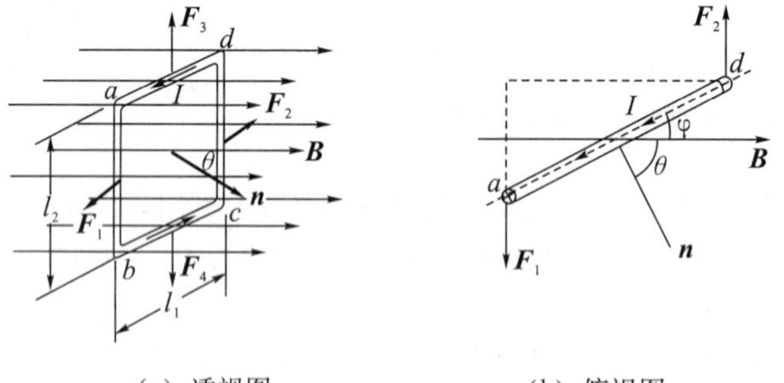

(a) 透视图　　　　(b) 俯视图

图 11－30　矩形载流线圈在均匀磁场中所受的磁力矩

由式（11－26）知，bc、da 边所受安培力的大小分别为

$$F_3=IBl_1\sin(\pi-\varphi)=IBl_1\sin\varphi$$

$$F_4=BIl_2\sin\varphi$$

由于 F_3、F_4 大小相等，方向相反，并且在同一直线上，故合力为 0，合力矩也为 0。

而 ab、cd 两段所受安培力的大小分别是

$$F_1=IBl_2\qquad F_2=IBl_2$$

它们大小相等，方向相反，但不在一条直线上，故合力虽为 0，但合力矩却不为 0。由图

11−30 可看出力矩大小为

$$M = f_2 l_1 \cos\varphi = IBl_1 l_2 \cos\varphi = IBS\cos\varphi$$

式中，S 为平面线圈面积，夹角 $\varphi=\frac{\pi}{2}-\theta$。

对 N 匝线圈，力矩大小为

$$M = NISB\sin\theta$$

力矩的方向垂直 ad 指向上。

我们定义平面载流线圈的磁矩

$$\boldsymbol{P}_m = NI\boldsymbol{S} = NIS\boldsymbol{n} \qquad (11-27)$$

磁矩是矢量。它的大小是线圈匝数与每匝中的电流及线圈所围面积的乘积。它的方向与载流线圈的法线方向 $\boldsymbol{n}$ 一致。$\boldsymbol{P}_m$ 或 $\boldsymbol{n}$ 的方向与电流 I 由右螺旋关系决定：四指沿 I 的流向弯曲，大拇指指向 $\boldsymbol{P}_m$ 或 $\boldsymbol{n}$ 方向。磁矩是表示载流线圈特征的一个物理量。

若用矢量式表示载流线圈在磁场中所受到的磁力矩，则有

$$\boldsymbol{M} = \boldsymbol{P}_m \times \boldsymbol{B} \qquad (11-28)$$

式（11−28）虽然是从矩形载流线圈推导出来的，但在均匀磁场中，任意形状的平面载流线圈受到的磁力矩都为线圈的磁矩叉乘磁感强度 $\boldsymbol{B}$，图 11−31 是它们的俯视示意图。

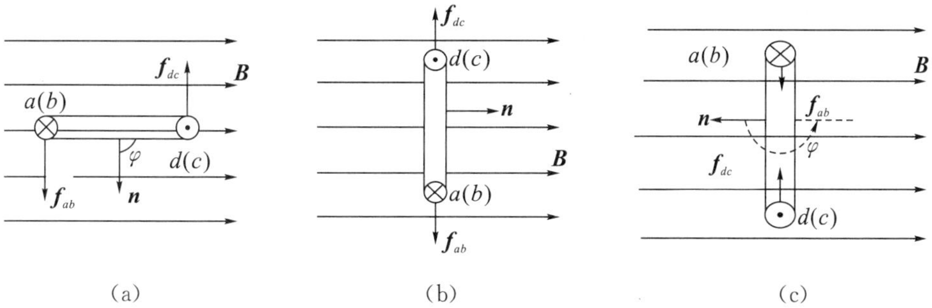

图 11−31

式（11−28）指出，当载流平面线圈及匀强磁场都给定后，线圈所受力矩 $\boldsymbol{M}$ 大小仅与 $\sin\varphi$ 成正比。现讨论以下三种情况：

(i) $\varphi=\frac{\pi}{2}$，即线圈平面与磁场方向平行，这时 $\sin\varphi=1$，线圈所受力矩最大，$M=ISB$。这一磁力矩有使 φ 减小的趋势，如图 11−31（a）所示。

(ii) $\varphi=0$，这时 $\sin\varphi=0$，$M=0$。线圈平面与磁场方向垂直，线圈处于稳定平衡状态。如果外界扰动使线圈稍有偏转，就会有磁场的力矩使它回到原来的平衡位置，如图 11−31（b）所示。

(iii) $\varphi=\pi$，这时 $\sin\varphi=0$，$M=0$，但线圈是处于非稳定平衡状态，如图 11−31（c）所示。一旦外界扰动使线圈稍稍偏离这一平衡位置，磁场的力矩就会使它继续转动而远离这一平衡位置。

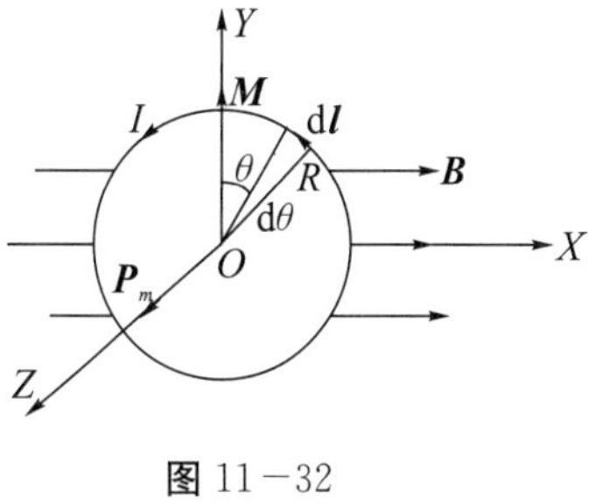

图 11−32

［例 10］　如图 11−32 所示，半径为 0.20m，电流为 20A 的圆形载流线圈，放在均匀磁场中，磁感强度的大小

为 0.08T，方向沿 X 轴正向。求线圈受的磁力矩。

解 从图中可以看出，此线圈的磁矩 $\boldsymbol{P}_m$ 为

$$\boldsymbol{P}_m = IS\boldsymbol{k} = I\pi R^2\boldsymbol{k}$$

而磁感强度 $\boldsymbol{B}$ 为

$$\boldsymbol{B} = B\boldsymbol{i}$$

所以，根据式（11－28）得

$$\boldsymbol{M} = \boldsymbol{P}_m \times \boldsymbol{B} = I\pi R^2\boldsymbol{k} \times B\boldsymbol{i} = IB\pi R^2\boldsymbol{j}$$

11.8 带电粒子在电场和磁场中的运动举例

11.8.1 霍耳效应

通常把可作定向运动的带电粒子叫做载流子。在金属导体中，载流子是带负电的自由电子，而在半导体中，载流子是带正电的空穴或带负电的电子。下面将讨论在具有载流子的导体或半导体中同时加上电场和磁场而出现的霍耳效应。

如图 11－33 所示，把一块宽为 b、厚为 d 的半导体薄片放在磁感强度为 $\boldsymbol{B}$ 的磁场中。如果在薄片的纵向通入一定的电流 I，那么在薄片的横向两端间就会出现一定的电势差。这一现象就叫霍耳效应。这个电势差叫做霍耳电压。如果撤去磁场，或者撤去电流，那么霍耳电压也就随之消失。霍耳电压的形成，可以用带电粒子在磁场中运动时受到洛仑兹力的作用来解释。

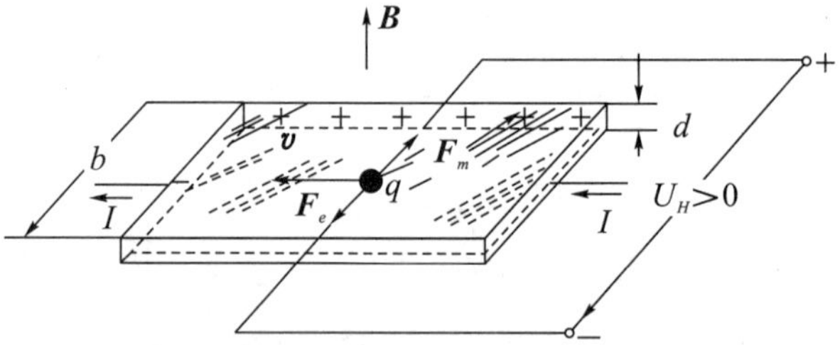

图 11－33 正载流子的霍耳效应

在图 11－33 中，设一半导体薄片中的载流子带正电。当薄片中通过电流 I 时，电荷运动的方向与电流的方向相同，令正电荷 q 都以平均速率 v 运动。这些电荷在磁场中所受洛仑兹力 $\boldsymbol{F}_m$ 的大小为

$$F_m = qvB \qquad (11-29)$$

方向为 $\boldsymbol{v} \times \boldsymbol{B}$。因此在薄片里侧表面上积累有正电荷，外侧表面上积累有负电荷。随着电荷的积累，在两侧表面之间出现了电场强度为 $\boldsymbol{E}$ 的电场，使电荷 q 受到一个与洛仑兹力方向相反的电场力 $\boldsymbol{F}_e$ 的作用。电荷在薄片的两个侧面上不断积累，$\boldsymbol{F}_e$ 也不断增大。当电场力增大到正好等于洛仑兹力时，就达到了动态平衡。动态平衡时薄片两侧面积累的电荷所产生的电场叫做霍耳电场，其场强用 $\boldsymbol{E}_H$ 表示，两侧面间的霍耳电压用 U_H 表示。霍耳电场对运动电荷的作用的大小为

$$\boldsymbol{F}_e = q\boldsymbol{E}_H$$

它与洛仑兹力在数值上相等，即

$$qE_H = qvB$$

于是有

$$E_H = vB$$

由于电场是匀强电场，所以电场和电压之间的数值关系为

$$E_H = \frac{U_H}{b}$$

由上式可写为

$$\frac{U_H}{b} = vB$$

上式给出了霍耳电压 U_H，磁感强度 B 以及电荷运动速度 v 之间的关系。但是实际上易测量的是电流 I，而不是电荷运动速度 v，因此有必要对上式进行变换。我们知道电荷运动速度 v 和电流密度 j 之间具有一定的关系。设电荷数密度为 n（即单位体积中的电荷数），每个电荷的电量为 q，那么电流密度为

$$j = nqv$$

而电流 I 又等于电流密度乘截面积，即

$$I = jbd$$

因此

$$v = \frac{I}{nqbd}$$

把它代入$\frac{U_H}{b} = vB$，得到

$$\frac{IB}{nqbd} = \frac{U_H}{b}$$

于是得到霍耳电压为

$$U_H = \frac{IB}{nqd}$$

对于一定材料，电荷密度 n 和电量 q 都是一定的。由上式可见，霍耳电压 U_H 与电流 I 和磁感强度 B 成正比，而与薄片的厚度 d 成反比。比例系数$\frac{1}{nq}$叫做霍耳系数，用 R_H 表示，即

$$R_H = \frac{1}{nq}$$

代入上式，得

$$U_H = R_H \frac{IB}{d} \qquad (11-30)$$

由霍耳系数 $R_H = \frac{1}{nq}$中可以看出，R_H与电荷数密度 n 成反比。在金属导体中，由于自由电子的数密度很大，因而金属导体的霍耳系数很小，相应的霍耳电压也就很弱。在半导体中，电荷数密度则低得多，因而半导体的霍耳系数比金属导体大得多，所以半导体能产生很强的霍耳效应。

以上我们讨论了载流子带正电的情况。如果载流子带负电，则产生的霍耳电压是负的，如图 11－34 所示。所以从霍耳电压的正负，可以判断载流子带的是正电还是负电。

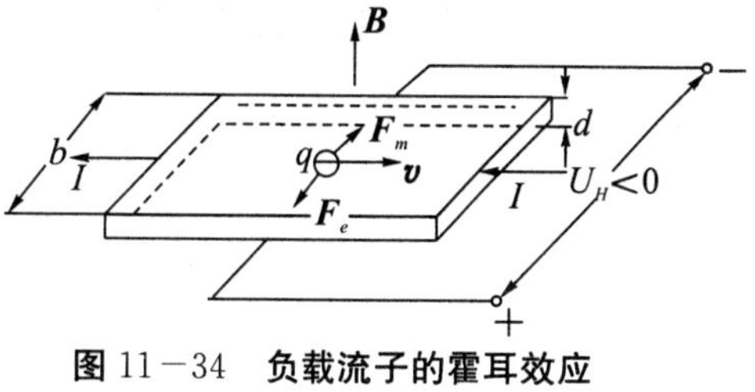

图 11－34　**负载流子的霍耳效应**

利用半导体的霍耳效应制成的霍耳元件，

在生产和科研中应用很广。霍耳元件是一个四端元件（即有四个抽头），如图 11－35 所示，其中两个端输入控制电路（图 b 中的 1，2 两端），另外两个端输出霍耳电势差（图 b 中的 3，4 两端）。它是由 N 型锗片制成的，也有用锑化铟、砷化铟制成的。

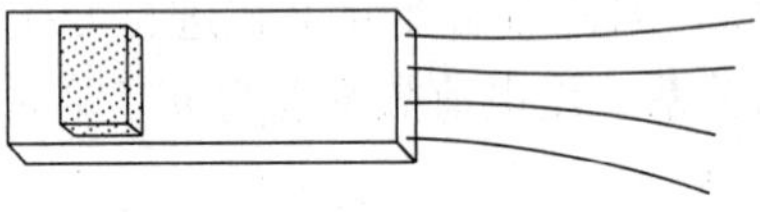

(a)

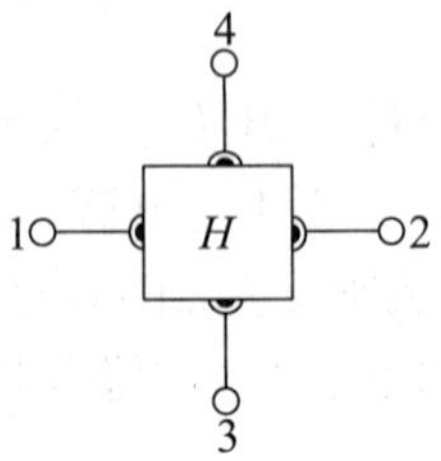

(b)

图 11－35　霍耳元件

当霍耳元件做成后，R_H、d 都是一定的，由式（11－30）得：$U_H \propto BI$，利用这一关系，可测强磁场或大电流。

（1）磁场测量。从霍耳效应公式可知，当霍耳元件通以稳恒电流 I，若待测磁场垂直于器件的表面，并测出了霍耳电位差 U_H，就可求得磁感强度 B。我国生产的 CT—2 型、CT—3 型高斯计就是利用这个原理制成的。用这一方法可测高达七、八万高斯的超导线圈内的强磁场。

（2）几千至数万安培的强大直流电流的测量。通电导线周围存在磁场，而这磁场大小和导线中的电流成正比，利用霍耳元件测出磁场，从而可求得导线中的电流的大小。图 11－36 为测量强大电流的原理图。将霍耳元件放在待测电流 I_x 流径的导线旁边，控制电流端 1、2，通以稳恒已知电流 I，测出电势差 U_H 的大小，即可间接测出导线中的电流大小了。这种方法特别适宜于检测强大电流，其优点是不需要断开待测电流，不消耗电源功率，对被测回路无影响，没有其他磁场干扰。

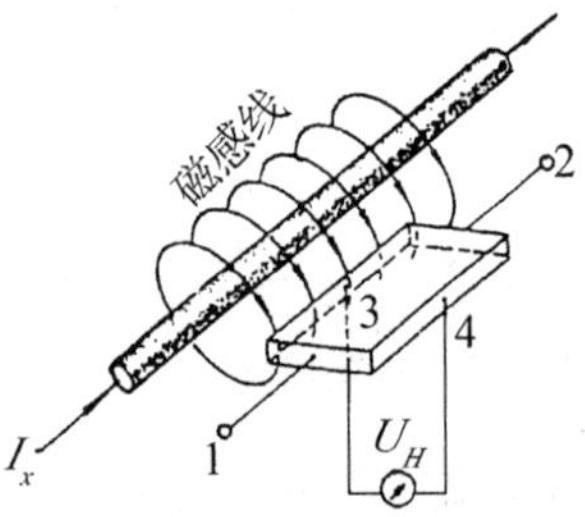

图11－36　霍耳元件测大电流

霍耳元件也可测交变电流，但此时产生的霍耳电位差也是交变的，所以输出端 3、4 应接交流电表。

在导电流体中也会产生霍耳效应。磁流体发电的原理就是依赖于导电流体的霍耳效应的。如图 11－37 所示。高速流动的导电流体中的正负带电粒子在磁场洛仑兹力作用下向

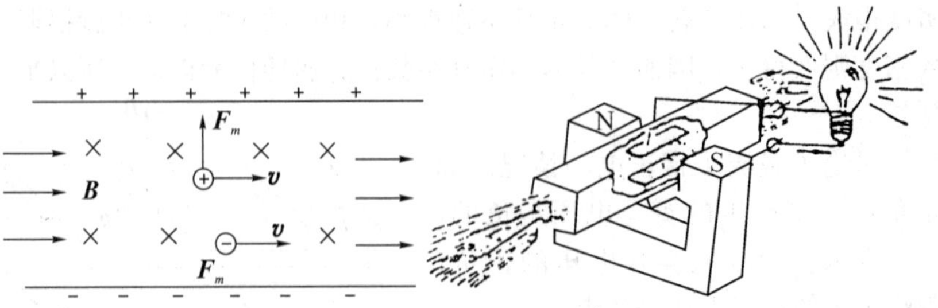

图 11－37

相反方向偏转，结果使两侧极板间产生电势差。如果不断提供高温高速的导电流体，便能在电极上连续输出电能。这就是磁流体发电的基本原理。磁流体发电具有热效率高，污染少和启动迅速等特点，许多国家正积极开展研究，目前已经从实验室规模向实用阶段发展。

［**例** 11］　有一宽为 0.50cm，厚为 0.10mm 的薄片银导体，当片中通以 2A 的电流，且有 0.80T 的磁场垂直薄片时，试求产生的霍耳电位差为多大？（银的密度是 10.5g/cm³）。

解　银的原子量为 108，故在 1cm³ 体积中的原子数为

$$n = 6 \times 10^{23} \frac{10.5}{108} \approx 6 \times 10^{22} \quad \mathrm{cm}^{-3}$$

因为银是单价原子，单位体积的原子数等于载流子数。在 SI 制中，载流子数 n 为

$$n = 6 \times 10^{28} \mathrm{m}^{-3}$$

根据式（11－30）可求出霍耳电位差

$$U_H = R_H \frac{IB}{d} = \frac{1}{nq} \frac{IB}{d}$$

$$= \frac{2 \times 0.80}{6 \times 10^{23} \times 1.6 \times 10^{-19} \times 0.10 \times 10^{-3}} \approx 1.7 \times 10^{-6} \quad \mathrm{V}$$

可见，对于良导体，霍耳电势是非常小的。

11.8.2　质谱仪

质谱仪是分析同位素的一种仪器，它是应用带电粒子在磁场和电场中运动的原理作成的一种装置。

图 11－38（a）是质谱仪的示意图。狭缝挡板 S_1、S_2 之间有加速电场。设初速不同的离子组成的粒子流垂直于挡板射入狭缝 S_1，经电场加速到 S_2，并通过狭缝 S_2 进入 P_1、P_2 两极板组成的速度选择器。P_1、P_2 间有垂直于板面且由 P_1 指向 P_2 的均匀电场，电场强度是 $\boldsymbol{E}$，在电场的区域还同时存在垂直于纸面向外的均匀磁场，磁感强度是 $\boldsymbol{B}$。设离子带正电 q，在选择器里它同时受到的电场力和磁场力分别为

$$\boldsymbol{F}_e = q\boldsymbol{E} \qquad \boldsymbol{F}_m = q\boldsymbol{v} \times \boldsymbol{B}$$

所受合力 $\boldsymbol{F} = \boldsymbol{F}_e + \boldsymbol{F}_m$，$\boldsymbol{F}_e$ 和 $\boldsymbol{F}_m$ 的方向都在纸面内，分别向右向左（如图 11－38 所示），合力的大小 $F = qvB - qE$，该式指出，所有 $F \neq 0$ 即 $v \neq \frac{E}{B}$ 的离子都要向左或向右偏转而坠落在 P_1 或 P_2 板上。但对 $F = 0$，即 $v = \frac{E}{B}$ 的离子，将保持匀速直线运动而通过狭缝 S_3，因而这种装置叫做速度选择器。

通过 S_3 的离子进入只有磁感强度 $\boldsymbol{B}'$ 的磁场区域，磁场方向垂直纸面向外（与射入其中的粒子的运动方向垂直），于是粒子在 $\boldsymbol{B}'$ 区域内作匀速圆周运动。设离子质量为 m，因而有

$$qvB' = m \frac{v^2}{R}$$

或

$$m = \frac{qB'R}{v}$$

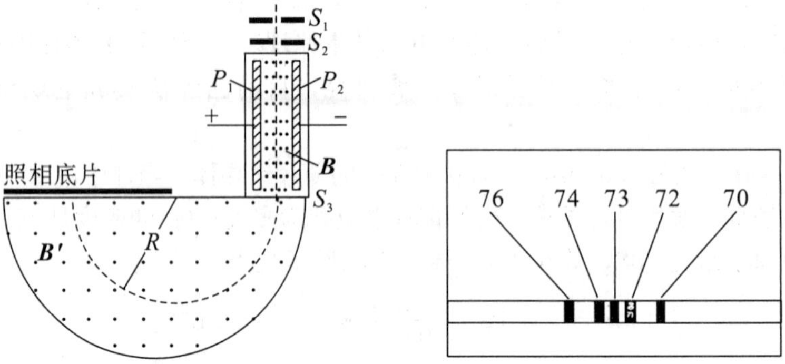

（a）质谱仪的示意图　　（b）锗的质谱

图 11－38

若式中 q、B'、v 都已知，那么质量 m 与轨道半径 R 成正比，质量不同，轨道半径将不同。

如果离子中有不同质量的同位素，那么轨道半径的差异导致最后射到照相底片上的位置不相同。在照相底板上就形成若干线状的细条纹，称为质量谱线。从条纹位置可得知轨道半径大小，从而算出相应的质量。所以这种仪器叫质谱仪。图 11－38（b）中的照相底片上表示的是锗的同位素 ^{70}Ge，^{72}Ge……的质谱。

质谱仪的应用之一，是通过对岩石中的铅的各种同位素含量的测定，可确定岩石的年代。因经过长时期后放射性铀—238 衰变为铅—206，铀—235 衰变为铅—207，钍—232 衰变为铅—208，故用化学分析测出矿石样品中铀、钍、铅的含量，同时用质谱仪分析出铅的三种同位素的含量，知道这三种放射性同位素的衰变速率，可以估算出矿石的年代。用这种方法，人们已估算出地球、月球和其他一些天体的年龄。例如，算出地球的年龄为 4.55×10^9 年。

11.8.3　回旋加速器

电量为 q、质量为 m 的粒子，以速度 $\boldsymbol{v}$ 沿垂直于磁场的方向进入一匀强磁场 $\boldsymbol{B}$，如图 11－39 所示，电荷在洛仑兹力作用下将在 $\boldsymbol{F}$ 与 $\boldsymbol{v}$ 组成的平面内作匀速圆周运动，设圆周的半径为 R，有

$$qvB = m\frac{v^2}{R}$$

故

$$R = \frac{mv}{qB} \tag{11-31}$$

可见，在确定的磁场中，带电粒子所作圆周运动的半径 R 与运动速率成正比。应用角速度 $\omega = v/R$ 与回转频率 $f = \omega/2\pi$，改写可得

$$f = \frac{qB}{2\pi m} \qquad 或 \qquad T = \frac{2\pi m}{qB} \tag{11-32}$$

由式（11－32）知，当磁场 $\boldsymbol{B}$ 一定时，回转频率 f 与电荷运动的速率及圆周运动的半径 R 无关，这是带电粒子在磁场中作圆周运动的一个显著特征。回旋加速器就是根据

这个特征设计制造的。

图 11－40 是一回旋加速器原理图，它的主要部分是两个金属半圆形盒 D_1 和 D_2 作为电极，放在高真空的容器中。然后将它们放在电磁铁所产生的强大均匀磁场 $\boldsymbol{B}$ 中，磁场方向与半圆形盒 D_1 和 D_2 的平面垂直。当两电极间加上高频交变电压时，两电极缝隙之间就产生高频交变电场 $\boldsymbol{E}$，致使极缝间电场的方向在相等的时间间隔内迅速地交替改变。如果有一带正电的粒子，从极缝间的粒子源 O 中释放出来，那么，这个粒子在电场力的作用下，被加速而进入半盒 D_1，这时粒子的速率为 v_1。由于盒内无电场，且磁场的方向垂直于粒子的运动方向，所以粒子在盒内作匀速圆周运动。经时间 t 后，粒子到达 A 点，这时恰好交变电压改变符号，即极缝间的电场改变方向，所以粒子又会在电场力的作用下加速进入盒 D_2，使粒子的速率由 v_1 增加至 v_2，轨道半径也相应地增大。但是，正如式（11－32）所表示的那样，尽管粒子的速率增大，周期却是不变的，所以当粒子到达 B 点时，电场的方向恰又改变，粒子又被加速。这样，带正电的粒子，在交变电场和均匀磁场的作用下，继续不断地被加速，沿着螺旋形的平面轨道运动，直到粒子到达半圆形电极的边缘，通过铝箔覆盖着的小窗，被引出加速器。

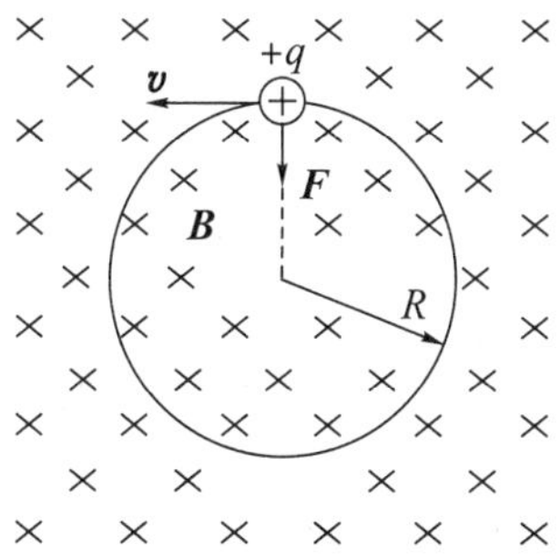

图 11－39

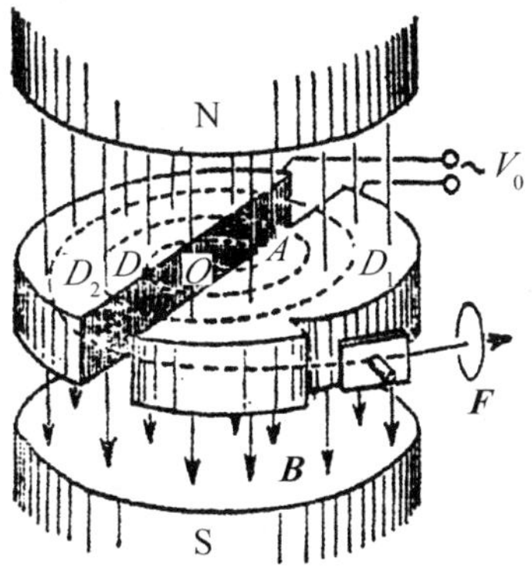

图 11－40　回旋加速器原理图

根据式（11－31）可知，当粒子到达半圆盒的边缘时，粒子的轨道半径即为盒的半径 R_0，此时粒子的速率为

$$v=\frac{qBR_0}{m} \tag{11-33}$$

粒子的动能为

$$E_k=\frac{1}{2}mv^2=\frac{q^2B^2R_0^2}{2m} \tag{11-34}$$

从上式可以看出，某一带电粒子在回旋加速器中所获得的动能，与电极半径的平方成正比，与磁感强度 $\boldsymbol{B}$ 的大小的平方成正比。

习　题

11－1　为什么不把作用于正运动电荷上的磁力的方向定义为磁感强度的方向？

11－2　如题 11－2 图所示，两根长直导线互相平行地放置，导线内通以流向相同、大小

都为 $I=10\text{A}$ 的电流。求图中 a、b 两点的磁感强度 $\boldsymbol{B}$ 的大小和方向。(图中 $r=0.02\text{m}$)

11－3　如题 11－3 图所示，实线为通以电流 I 的导线，导线由三部分组成，AB 部分为 1/4 圆周，圆心在 O 点，半径为 a，导线其余部分为伸向无穷远的直线，求 O 点的磁感强度 $\boldsymbol{B}$。

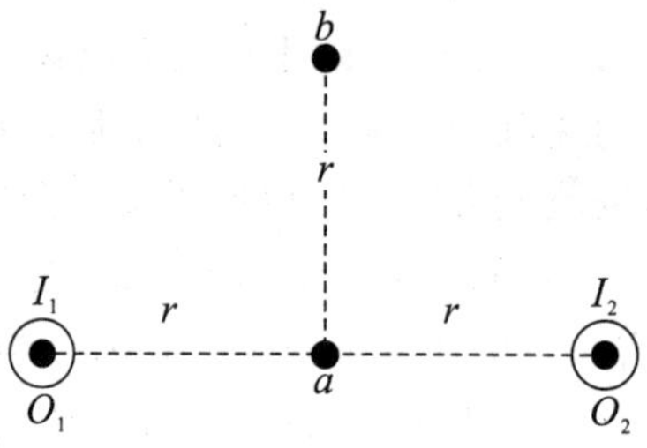

题 11－2 图

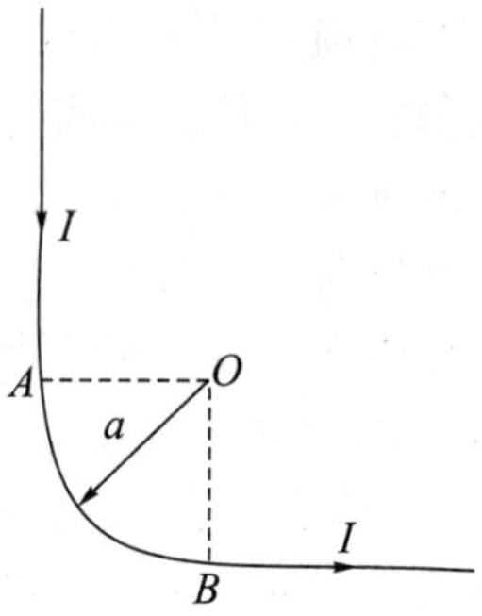

题 11－3 图

11－4　如题 11－4 图所示，计算图中点 O 的磁感强度。

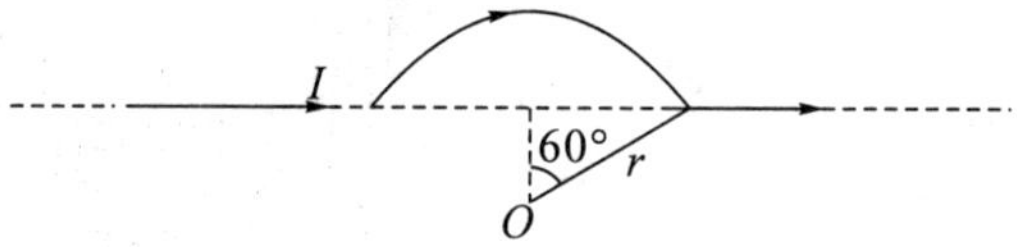

题 11－4 图

11－5　如题 11－5 图所示，一宽为 a 的薄长金属板，其电流为 I。试求在薄板的平面上，距板的一边为 a 的点 P 的磁感强度。

11－6　如题 11－6 图所示，一通有稳恒电流 I 的闭合线圈，方向如图。试分别求出磁感强度沿图中 5 条闭合曲线的环路积分（积分方向为曲线中箭头所示）。

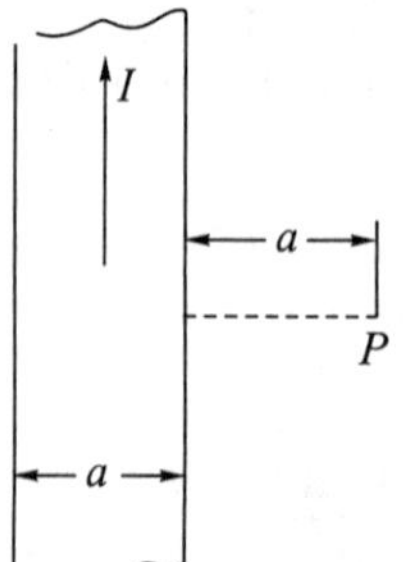

题 11－5 图

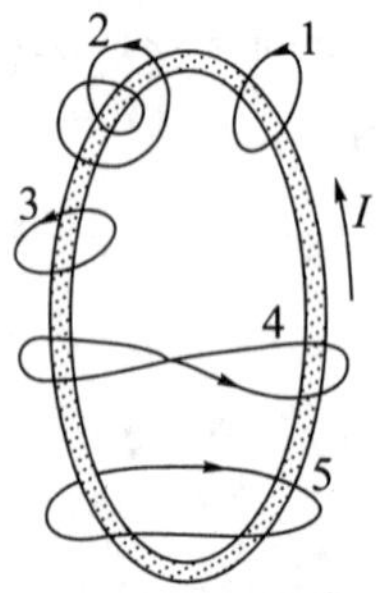

题 11－6 图

11－7　如题 11－7 图所示，载流长直导线的电流为 I，试求通过矩形面积 $CDEF$ 的磁通量。

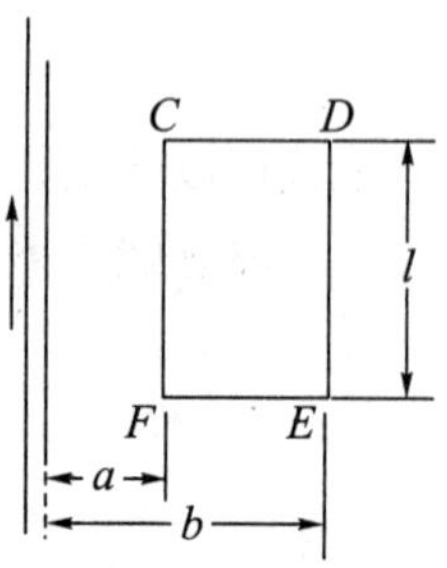

题 11－7 图

11－8　一内半径为 R_1，外半径为 R_2 的长直圆柱形导体，导体的磁性可不考虑。导体通以稳恒电流 I，电流密度是均匀的。试求下面三个区域里的磁感强度：

(1) $r<R_1$；(2) $R_1<r<R_2$；(3) $r>R_2$。

11－9　有一同轴电缆，其尺寸如题 11－9 图所示。两导体中的电流均为 I，但电流的流向相反。导体的磁性可不考虑。试计算以下各处的磁感强度：

(1) $r<R_1$；　(2) $R_1<r<R_2$；

(3) $R_2<r<R_3$；(4) $r>R_3$。

画出 $B(r)$ 图线。

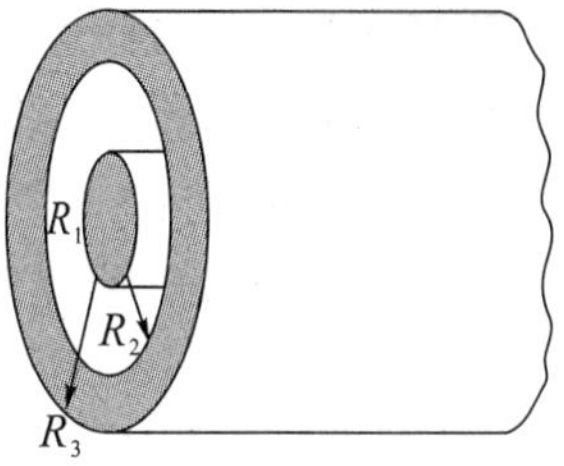

题 11－9 图

11－10　螺线管长 0.50m，总匝数 $N=2000$，问当通以 1A 的电流时，求管内中央部分的磁感强度 B 为多少？

11－11　试计算空心环形螺线管内的磁感强度。已知总匝数为 $N=1000$，电流 $I=1\text{A}$，$R=0.1\text{m}$，$d=2\times10^{-2}\text{m}$。

11－12　已知地面上空某处地磁场磁感强度 $B=0.40\times10^{-4}\text{T}$，方向向北。若宇宙射线中有一速率 $v=5\times10^{7}\text{m}\cdot\text{s}^{-1}$ 的质子，垂直地通过该处，求：

(1) 洛仑兹力的方向；

(2) 洛仑兹力的大小，并与该质子受到的万有引力相比较（质子的质量 $M=1.67\times10^{-27}\text{kg}$，$e=1.6\times10^{-19}\text{C}$，$G=6.67\times10^{-11}\text{N}\cdot\text{m}^2\cdot\text{kg}^{-2}$）。

11－13　在霍耳效应实验中，宽 1.0cm、长 4.0cm，厚 1.0×10^{-3}cm 的导体，沿长度方向载有 3A 的电流，当磁感强度 B=1.5T 的磁场垂直地通过该薄导体时，产生 1.0×10^{-5}V 的横向霍耳电压（在宽度两端）。试求：

(1) 载流子的漂移速率；

(2) 每立方厘米载流子的数目；

(3) 假如载流子是电子。当电流方向水平向右磁场方向垂直纸面向里时，作图画出霍耳电压的极性。

11－14　利用霍耳元件可以测量磁感强度。设一霍耳元件用金属材料制成，其厚度为 0.15mm，电荷数密度为 10^{24}m^{-3}。将霍耳元件放入待测磁场中，霍耳电压为 $42\mu\text{V}$ 时，测得电流为 10mA。求此待测磁场的磁感强度。

11－15　如题 11－15 图所示，一根长直导线载有电流 $I_1=30\text{A}$，矩形回路载有电流 $I_2=20\text{A}$。试计算作用在回路上的合力。已知 $a=0.01\text{m}$，$b=0.08\text{m}$，$l=0.12\text{m}$。

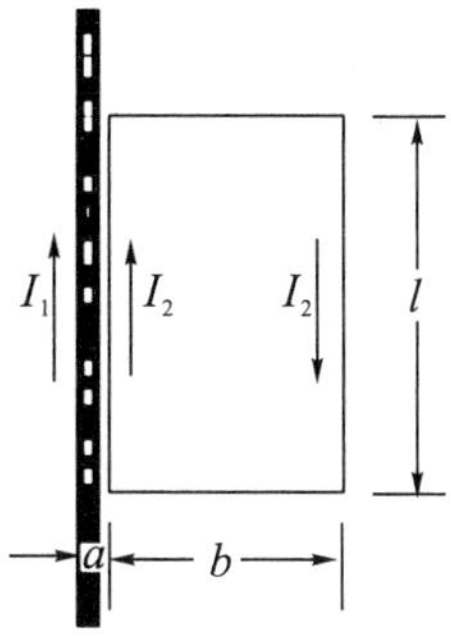

题 11－15 图

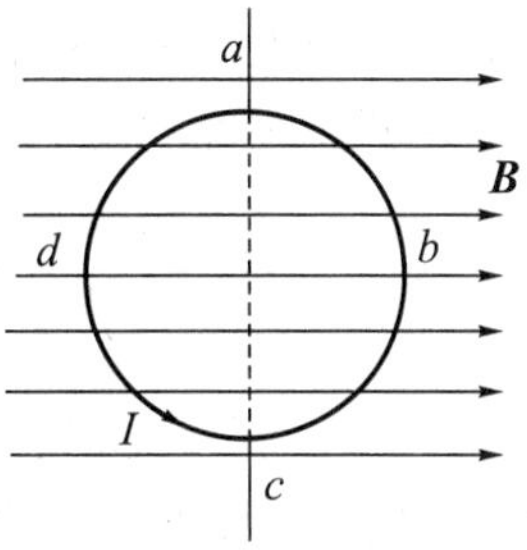

题 11－16 图

11－16　如11－16图所示，半径$R=0.20\text{m}$的圆形线圈，通以电流$I=10\text{A}$，位于$B=1\text{T}$的均匀磁场中，线圈平面与磁场方向平行。线圈为刚性，且无其他力作用。试求：

（1）线圈上a、b、c、d各处1cm长电流元所受的力（把该电流元似近看成直线）；

（2）半圆abc所受合力；

（3）线圈$abcda$所受的力矩。

11－17　边长为l的正方形线圈，分别用如题11－17图所示的两种方式通以电流I（其中ab、cdd与正方形共面），在这两种情况下，线圈在其中心产生的磁感强度的大小分别为（　　）。

（A）$B_1=0$　　$B_2=0$

（B）$B_1=0$　　$B_2=\dfrac{2\sqrt{2}\mu_0 I}{\mu l}$

（C）$B_1=\dfrac{2\sqrt{2}\mu_0 I}{\pi l}$　　$B_2=0$

（D）$B_1=2\sqrt{2}\dfrac{\mu_0 I}{\pi l}$　　$B_2=2\sqrt{2}\dfrac{\mu_0 I}{\pi l}$

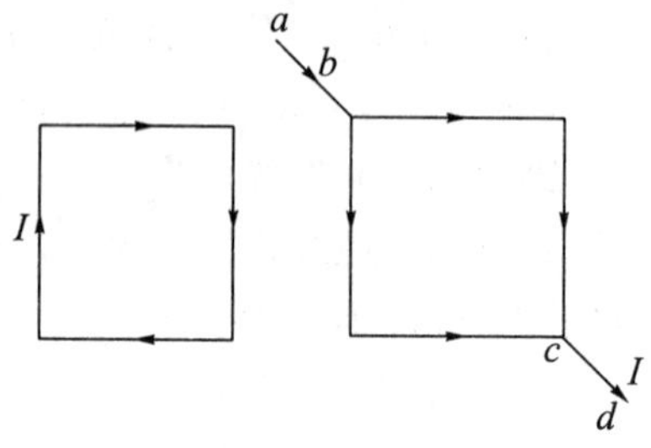

题11－17图

11－18　通有电流I的无限长直导线弯成如题图11－18图所示的三种形状，则P、Q、O各点磁感强度的大小B_P、Bq、B_O间的关系为（　　）。

（A）$B_P>B_Q>B_O$　　　　（B）$B_Q>B_P>B_O$

（C）$B_Q>B_O>B_P$　　　　（D）$B_O>B_Q>B_P$

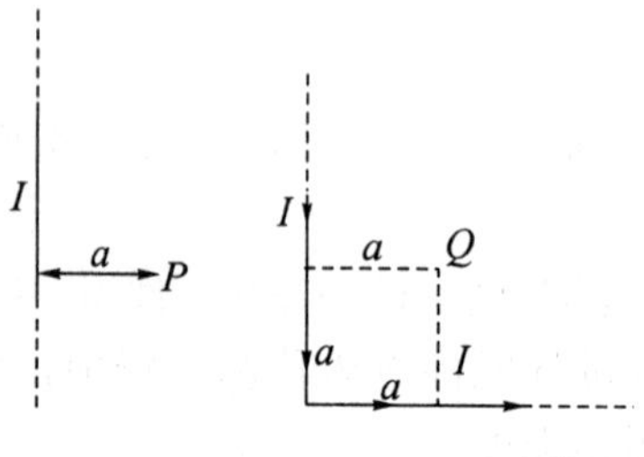

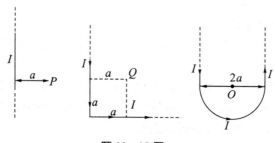

题11－18图

11－19　在半径为R的长直金属圆柱体内部挖去一个半径为r的长直圆柱体，两柱体轴线平行，其间距为a，如题11－19图所示。今在此导体上通以电流I，电流在截面上均匀分布，则空心部分轴线上O点的磁感强度的大小为（　　）。

（A）$\dfrac{\mu_0 I}{2\pi a}\ \dfrac{a^2}{R^2}$　　（B）$\dfrac{\mu_0 I}{2\pi a}\ \dfrac{a^2-r^2}{R^2}$

（C）$\dfrac{\mu_0 I}{2\pi a}\ \dfrac{a^2}{R^2-r^2}$　　（D）$\dfrac{\mu_0 I}{2\pi a}\left(\dfrac{a^2}{R^2}-\dfrac{r^2}{R^2}\right)$

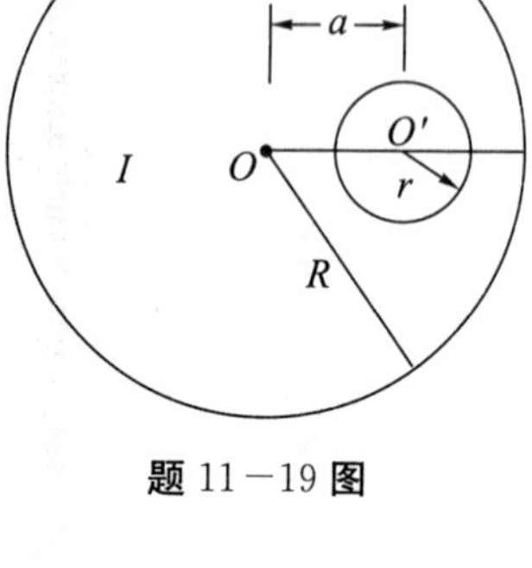

题11－19图

11－20　有两个半径相同的圆环形载流导线A、B，它们可以自由转动和移动，把它们放在相互垂直的位置上，如题 11－20 图所示，将发生以下哪一种运动（　　）。

（A）A、B 均发生转动和平动，最后两线圈电流同方向并紧靠在一起。

（B）A 不动，B 在磁力作用下发生转动和平动。

（C）A、B 都在运动，但运动的趋势不能确定。

（D）A 和 B 都在转动，但不平动。最后两线圈磁矩同方向平行。

11－21　一半径为 a 的无限长直载流导线，沿轴向均匀地流有电流 I。若作一个半径为 $R=5a$，高为 l 的柱形曲面，已知此柱形曲面的轴与载流导线的轴平行且相距 $3a$（如题 11－21 图），则 $\boldsymbol{B}$ 在圆柱侧面 S 的积分 $\int_S \boldsymbol{B} \cdot \mathrm{d}\boldsymbol{S}=$__________________。

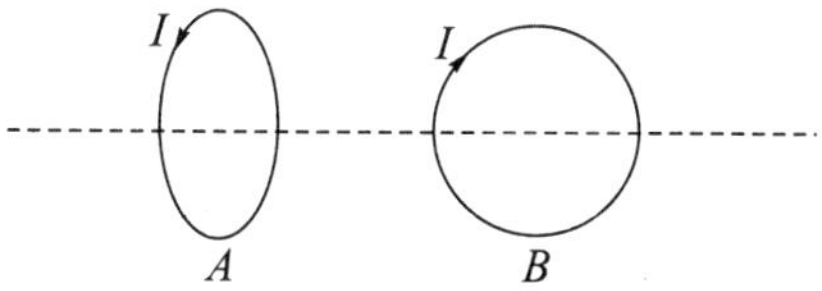

题 11－20 图

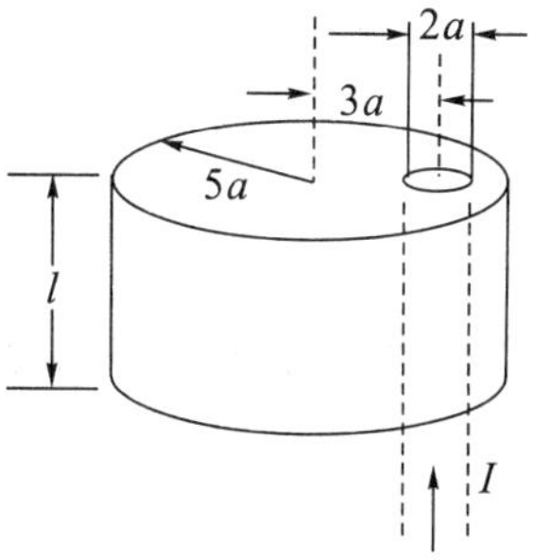

题 11－21 图

11－22　截面积为 S，截面形状为矩形的直的金属条中通有电流 I。金属条放在磁感强度为 $\boldsymbol{B}$ 的匀强磁场中，$\boldsymbol{B}$ 的方向垂直于金属条的左、右侧面（如题 11－22 图所示）。在图示情况下金属条上侧面将积累________________电荷，载流子所受的洛仑兹力 $F_m=$____________。（注：金属中单位体积内载流子数为 n）

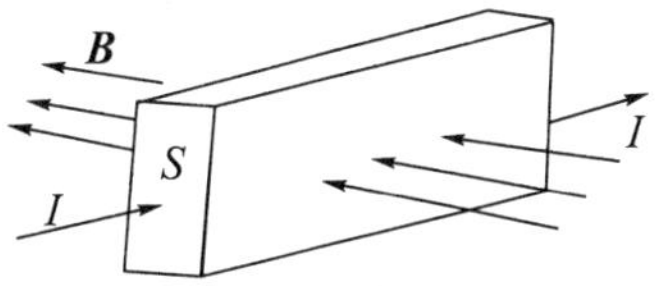

题 11－22 图

第 12 章　磁介质

通过十一章的学习，我们知道了真空中磁场的性质和规律。这一章将讨论介质与磁场的相互作用。本章主要内容有：磁介质的分类，磁化现象，磁场强度，磁场中的安培环路定理，铁磁质以及磁性材料的应用。

12.1　磁介质　磁化现象

12.1.1　磁介质对磁场的影响和磁介质的分类

在静电场中，电介质中的电场强度 $\boldsymbol{E}$ 等于真空中的电场强度 $\boldsymbol{E}_0$ 和因电介质极化而产生的附加电场强度 $\boldsymbol{E}'$ 之矢量和，即 $\boldsymbol{E}=\boldsymbol{E}_0+\boldsymbol{E}'$。类似，在磁场中的介质也要磁化而影响原磁场。故磁介质中的磁感强度 $\boldsymbol{B}$ 也应等于真空中的磁感强度 $\boldsymbol{B}_0$ 和介质因磁化而产生的附加磁感强度 $\boldsymbol{B}'$ 的矢量和，即

$$\boldsymbol{B}=\boldsymbol{B}_0+\boldsymbol{B}' \tag{12-1}$$

但需注意，介质在磁场中磁化比在电场中极化情况要复杂得多。

实验表明，若真空中的磁感强度为 $\boldsymbol{B}_0$，则均匀磁介质充满整个磁场空间后，磁介质中的磁感强度 $\boldsymbol{B}$ 与 $\boldsymbol{B}_0$ 是成正比的，令

$$\boldsymbol{B}=\mu_r\boldsymbol{B}_0 \tag{12-2}$$

μ_r 反映了介质对磁场的影响，μ_r 是由磁介质性质所决定的系数，称为磁介质的相对磁导率，称

$$\mu=\mu_0\mu_r \tag{12-3}$$

为磁介质的导磁系数或磁导率。μ 的单位与真空中的磁导率 μ_0 的单位相同。

物质（磁介质）按相对磁导率 μ_r 的值可以分为三类：μ_r 略小于 1（也即 $\boldsymbol{B}'/\!/-\boldsymbol{B}_0$，$|\boldsymbol{B}'|<|\boldsymbol{B}_0|$）的物质叫做抗磁质，如隋性气体，某些金属（铜、汞、铋等）和非金属（硅、磷、硫等），此外，几乎所有的有机化合物均属抗磁质；μ_r 略为大于 1（也即 $\boldsymbol{B}'/\!/\boldsymbol{B}_0$，$|\boldsymbol{B}'|<|\boldsymbol{B}_0|$）的物质叫做顺磁质，如过渡金属元素以及它们的化合物、稀土元素、碱金属等；$\mu_r\gg1$（也即 $\boldsymbol{B}'/\!/\boldsymbol{B}_0$ 且 $|\boldsymbol{B}'|\gg|\boldsymbol{B}_0|$）的物质叫做铁磁质，如铁、钴、镍及其合金等。某些物质的 μ_r 值见表 12－1。

由式（12－2）可知，在无限大均匀磁介质中的毕—萨定律应为

$$\mathrm{d}\boldsymbol{B}=\frac{\mu}{4\pi}\frac{I\mathrm{d}\boldsymbol{l}\times\boldsymbol{r}}{r^3}=\frac{\mu}{4\pi}\frac{I\mathrm{d}\boldsymbol{l}\times\boldsymbol{r}_0}{4r^2}$$

12.1.2　顺磁质与抗磁质的磁化

用 μ_r 的值已把磁介质分为三类，各类磁介质磁化的机理各不相同。这里将讨论抗磁

质和顺磁质在外磁场 $\boldsymbol{B}_0$ 中的磁化现象（铁磁质磁化将在后面讨论）。

表 12－1　磁介质的相对磁导率

抗磁质		顺磁质		铁磁质	
物 质	μ_r-1	物 质	μ_r-1	物 质	μ_r-1
氢	-0.063×10^{-6}	氮	0.013×10^{-6}	铸铁	200～400
铜	-8.8×10^{-6}	氧	1.9×10^{-6}	铸钢	500～2200
岩盐	-12.6×10^{-6}	铝	23×10^{-6}	硅钢	7000（最大）
铋	-176×10^{-6}	铂	360×10^{-6}	坡莫合金	100000（最大）

物质（磁介质）分子中的任何一个电子除绕原子核运动外，还有自旋运动，这些运动对外都要产生磁效应。若把分子看成一个整体，则分子中各个电子对外产生的磁效应的总合，可用一等效圆电流（分子电流）来表示。这个分子电流具有一定的磁矩，叫做分子磁矩，以符号 $\boldsymbol{P}_m$ 表示。对抗磁质来讲，在无外磁场（$\boldsymbol{B}_0=0$）作用时，它的每个分子的磁矩为零。所以介质中的任何一部分对外不显磁性；对顺磁质来讲，其中每一个分子虽有一定的磁矩，但在无外磁场作用时，由于分子的热运动，各分子磁矩排列方向是无规则的，因而介质内任一体积元中的各分子磁矩的矢量和 $\boldsymbol{P}_m=0$，所以对外也不显磁性。

在有外磁场 $\boldsymbol{B}_0$ 作用下，磁介质分子中的电子及分子磁矩又会发生什么变化呢？为简化起见，先看下面例题。

［**例 1**］　设电子绕原子核以角速度 ω_0 作半径为 $\boldsymbol{R}$ 的圆周运动，(1) 求该电子绕核运动的磁矩；(2) 若外磁场 $\boldsymbol{B}_0$ 沿 ω_0 的方向（如图 12－1）作用于该电子，试求电子绕核转动角速度的改变量（设绕核半径仍为 R）和附加的磁矩 $\Delta\boldsymbol{P}_m$。

解　(1) 电子以 ω_0 作半径为 R 的圆运动相当于在电子运动的反方向上有电流强度为 $I=ef=\dfrac{e\omega}{2\pi}$，半径为 R 的圆形电流，故该电子磁矩大小为

$$P_m=IS=\frac{e\omega}{2\pi}\cdot\pi R^2=\frac{eR^2}{2}\omega_0$$

因磁矩方向与 ω_0 的方向相反，故

$$\boldsymbol{P}_m=-\frac{eR^2}{2}\boldsymbol{\omega}_0$$

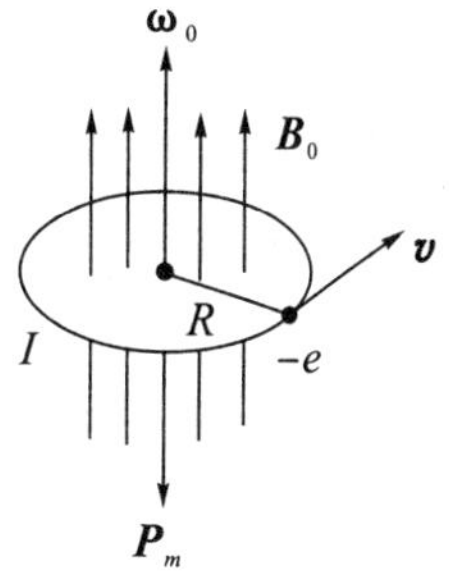

图 12－1

(2) 在 $\boldsymbol{B}_0=0$ 情况下，电子仅受原子核的库仑力 $\boldsymbol{F}_e$ 而作圆周运动，有

$$F_e=mR\omega_0^2$$

式中，m 为电子的质量。

在 $\boldsymbol{B}_0\neq0$ 情况下，电子除受库仑力 $\boldsymbol{F}_e$ 作用外，还受洛仑兹力 $\boldsymbol{F}_m$ 作用，且 $\boldsymbol{F}_e$ 与 $\boldsymbol{F}_m$ 同向，又设电子作圆周运动的半径 R 不变，对电子有

$$F_e+F_m=mR(\omega_0+\Delta\omega)^2$$

$\Delta\omega$ 是电子受洛仑兹力作用后角速度的增量，又

$$F_m=eB_0v=eB_0R(\omega_0+\Delta\omega)\approx eB_0R\omega_0$$

于是

$$eB_0R\omega_0 = mR(2\omega_0\Delta\omega + \Delta\omega^2)$$

忽略高阶小项 $\Delta\omega^2$ 后，有

$$\Delta\omega = \frac{e}{2m}B_0$$

该结果表明，因外磁场 $\boldsymbol{B}_0$ 的作用使电子绕核的角速度增加 $\Delta\omega$，这相当于在电子运动的反方向产生了一附加的电流 $\Delta I = \frac{e\Delta\omega}{2\pi}$，因而产生一个与外磁场 $\boldsymbol{B}_0$ 方向相反的附加磁矩

$$\Delta\boldsymbol{P}_m = -\frac{e^2}{4\pi m}\boldsymbol{B}_0 \cdot \pi R^2 = -\frac{e^2R^2}{4m}\boldsymbol{B}_0$$

请读者探讨一下若外磁场 $\boldsymbol{B}_0$ 的方向与电子角速度 $\boldsymbol{\omega}_0$ 的方向相反，由类似的计算是否也可得到附加磁矩 $\Delta\boldsymbol{P}_m$ 的方向仍与外磁场 $\boldsymbol{B}_0$ 的方向相反的结论。

可以证明：不论电子原来的运动方向如何，在外磁场 $\boldsymbol{B}_0$ 的作用下产生的附加磁矩 $\Delta\boldsymbol{P}_m$ 的方向总和外磁场 $\boldsymbol{B}_0$ 的方向相反，即 $\Delta\boldsymbol{P}_m /\!/ \boldsymbol{B}_0$。这一结论可用来解释抗磁质的磁化现象。在抗磁质中，无 $\boldsymbol{B}_0$ 时，每个分子的分子磁矩本身为零，所以只有在外磁场 $\boldsymbol{B}_0$ 的作用下，才有附加磁矩 $\Delta\boldsymbol{P}_m$。可见，抗磁质在外场中产生的附加磁矩 $\Delta\boldsymbol{P}_m$ 是产生磁效应的唯一原因。在抗磁质内任取一个体积元 ΔV，则在这个体积元内，各分子的附加磁矩 $\Delta\boldsymbol{P}_m$ 的矢量和 $\sum\Delta\boldsymbol{P}_m$ 将有一定的量值，且 $\sum\Delta\boldsymbol{P}_m$ 与 $\boldsymbol{B}_0$ 反向，由 $\sum\Delta\boldsymbol{P}_m$ 产生的 $\boldsymbol{B}'$ 就应与 $\boldsymbol{B}_0$ 反向，对外界就显现抗磁性，这就是抗磁质的磁化现象的解释。

在顺磁质中，无 $\boldsymbol{B}_0$ 时，每个分子有一定的分子磁矩 $\boldsymbol{P}_m$，当外磁场 $\boldsymbol{B}_0$ 作用时，一方面产生附加磁矩 $\Delta\boldsymbol{P}_m$，另一方面外磁场 $\boldsymbol{B}_0$ 对各分子磁矩有取向的作用（有使 $\boldsymbol{P}_m$ 的方向和 $\boldsymbol{B}_0$ 一致的趋势），但由于 $\Delta\boldsymbol{P}_m$ 比 $\boldsymbol{P}_m$ 小得多，以致 $\Delta\boldsymbol{P}_m$ 可略去不计。因此顺磁质在外磁场 $\boldsymbol{B}_0$ 作用下的磁化过程实际上是 $\boldsymbol{B}_0$ 使各分子磁矩的方向大致沿外磁场 $\boldsymbol{B}_0$ 方向排列的过程。这时，磁介质内任一体积元 ΔV 中的分子磁矩的矢量和 $\sum\Delta\boldsymbol{P}_m$ 将有一定的量值，且 $\sum\Delta\boldsymbol{P}_m$ 与 $\boldsymbol{B}_0$ 趋于一致，由 $\sum\Delta\boldsymbol{P}_m$ 产生的 $\boldsymbol{B}'$ 就与 $\boldsymbol{B}_0$ 平行，对外显现顺磁性，这就是顺磁质的磁化现象的解释。

12.2　磁场强度　磁介质中的安培环路定理

12.2.1　磁场强度

由式（12－1）知道，有介质的磁场中，磁介质中的磁感强度 $\boldsymbol{B}$ 应等于真空中的磁感强度 $\boldsymbol{B}_0$ 与介质磁化后产生的磁感强度 $\boldsymbol{B}$ 的矢量和，而 $\boldsymbol{B}$ 有时与 $\boldsymbol{B}_0$ 同向（顺磁质），有时又与 $\boldsymbol{B}_0$ 反向（抗磁质）。可见，讨论磁介质中的磁场是一个比较复杂的问题，故引入一个辅助物理量：磁场强度 $\boldsymbol{H}$。在均匀各向同性的磁介质存在的磁场中，对各点的磁感强度 $\boldsymbol{B}$ 和磁场强度 $\boldsymbol{H}$ 有如下关系

$$\boldsymbol{B} = \mu\boldsymbol{H} \tag{12-4}$$

$\boldsymbol{H}$ 在国际单位制中的单位为安培/米（$\mathrm{A \cdot m^{-1}}$），而 $\boldsymbol{B}$ 的单位则为特斯拉，因而 $\boldsymbol{B}$ 和 $\boldsymbol{H}$（如同 $\boldsymbol{E}$ 和 $\boldsymbol{D}$ 一样）是不同的两个物理量，不能混淆。

12.2.2　磁介质中的安培环路定理

为抓住主要矛盾，省去繁琐的推导，下面直接给出磁介质中的安培环路定理（有兴趣、有余力的同学可查阅《物理学》中册，马文蔚主编，第四版 P188～192)：

$$\oint_L \boldsymbol{H} \cdot \mathrm{d}\boldsymbol{l} = \sum_i I_i \tag{12-5}$$

式（12－5）表明：在稳恒磁场中，磁场强度 $\boldsymbol{H}$ 沿任何闭合回路 L 的线积分等于此回路所包围的传导电流的代数和。这就是磁介质中的安培环路定理。

下面以充满了均匀磁介质的无限长载流直螺线管为例，用磁介质中的安培环路定理来求 B。如图 12－2 所示，取回路 L 为矩形回路 $abcd$，下面计算 $\boldsymbol{H}$ 沿 L 回路的线积分，因为

$$\oint_L \boldsymbol{H} \cdot \mathrm{d}\boldsymbol{l} = \int_{\overline{ab}} \boldsymbol{H} \cdot \mathrm{d}\boldsymbol{l} + \int_{\overline{bc}} \boldsymbol{H} \cdot \mathrm{d}\boldsymbol{l} + \int_{\overline{cd}} \boldsymbol{H} \cdot \mathrm{d}\boldsymbol{l} + \int_{\overline{da}} \boldsymbol{H} \cdot \mathrm{d}\boldsymbol{l}$$

而

$$\boldsymbol{B} = \mu \boldsymbol{H}$$

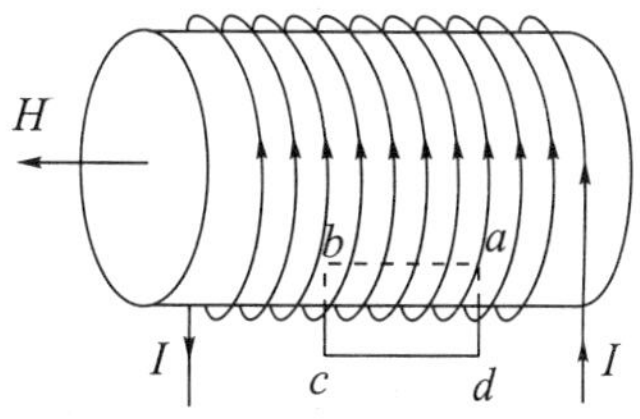

图 12－2

如图 $\boldsymbol{H}$ 的方向与回路 L 上 ab 的方向相同，则

$$\int_{\overline{ab}} \boldsymbol{H} \cdot \mathrm{d}\boldsymbol{l} = H\,\overline{ab}$$

由于在管外的 $\boldsymbol{B}=0$，因而 $\boldsymbol{H}=0$，故

$$\int_{\overline{cd}} \boldsymbol{H} \cdot \mathrm{d}\boldsymbol{l} = 0$$

又由于积分路径 bc 和 da 上的管内 H 方向与路径垂直，$\cos\theta=0$，管外 $\boldsymbol{H}=0$，所以

$$\int_{\overline{bc}} \boldsymbol{H} \cdot \mathrm{d}\boldsymbol{l} = \int_{\overline{da}} \boldsymbol{H} \cdot \mathrm{d}\boldsymbol{l} = 0$$

于是

$$\oint_{\overline{ab}} \boldsymbol{H} \cdot \mathrm{d}\boldsymbol{l} = H\,\overline{ab}$$

由式（12－5）

$$\oint_L \boldsymbol{H} \cdot \mathrm{d}\boldsymbol{l} = \sum_i I_i$$

故

$$H = nI \qquad B = \mu nI$$

对于有高度对称性分布的传导电流和磁介质，可由式（12－5）求出磁场强度 $\boldsymbol{H}$ 后，再由 $\boldsymbol{B}=\mu\boldsymbol{H}$ 来确定磁介质中的磁感强度 $\boldsymbol{B}$。因此在磁介质中引入 $\boldsymbol{H}$ 后，对处理磁介质中的磁场问题提供了方便，正如在电介质中引入电位移矢量 $\boldsymbol{D}$ 后，对处理电介质中的静电场问题带来了方便一样。

磁介质中的高斯定理形式与以前相同，仍为

$$\oint_S \boldsymbol{H} \cdot \mathrm{d}\boldsymbol{S} = 0$$

需要指出，$\boldsymbol{B}=\mu\boldsymbol{H}$ 和磁介质中的安培环路定理式（12－5）以及高斯定理表达式，是处理稳恒磁场的三个基本方程式，在磁学中具有重要意义。

［**例** 2］　设有一根无限长的直圆柱形铜导线，外包一层相对磁导率为 μ_r（$\mu_r>1$）的圆筒形磁介质，导线半径为 R_1，磁介质的外半径为 R_2，导线内有电流 I 通过，电流均匀分布，如图 12－3 所示，求：(1) 介质内外的磁场强度分布，并画出 H—r 图（r 是磁场中某点到圆柱轴线的距离）。(2) 介质内外的磁感强度分布，并画出 B—r 图。

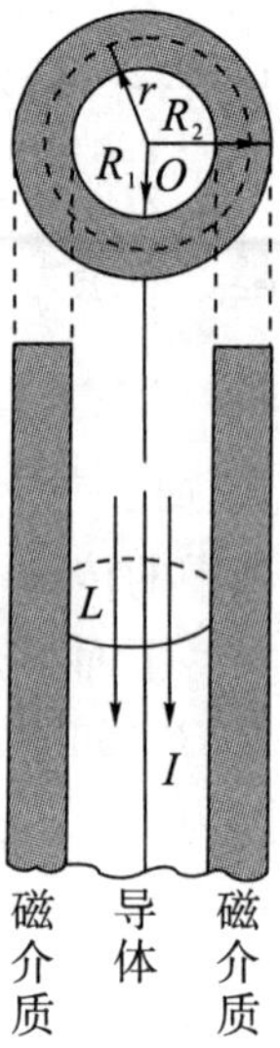

图 12－3

解　(1) 求 H—r 关系

由 $\boldsymbol{B}=\mu\boldsymbol{H}$ 可知磁场强度 $\boldsymbol{H}$ 线与 $\boldsymbol{B}$ 线形状相同，故用安培环路定理求解，选择回路 L 为以圆柱轴线为圆心，r 为半径的圆周，方向如图 12－3 所示。$\boldsymbol{H}$ 的环路积分为

$$\oint_L \boldsymbol{H}\cdot \mathrm{d}\boldsymbol{l}=H2\pi r$$

当 $0\leqslant r\leqslant R_1$ 时　$$\sum_i I_i=\frac{I}{\pi R_1^2}\pi r^2=\frac{I}{R_1^2}r^2$$

故　$$H_1=\frac{Ir}{2\pi R_1^2}\quad 0\leqslant r\leqslant R_1$$

当 $r\geqslant R_1$ 时　$$\sum_i I_i=I$$

故 $H_1=\dfrac{Ir}{2\pi r}$（$r>R_1$），画出 H—r 曲线如图 12－4 (a) 所示。

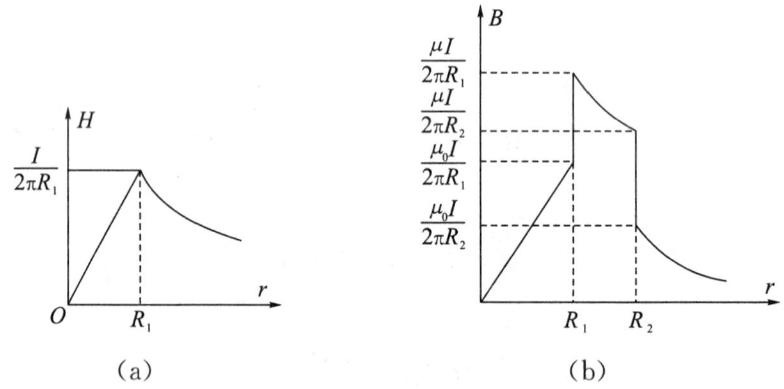

图 12－4

(2) 求 B—r 关系

当 $0\leqslant r\leqslant R_1$ 时，在铜导线内 $\mu=\mu_0$，由上面有

$$B_1=\mu H_1=\frac{\mu_0 Ir}{2\pi R_1^2}$$

当 $R_1<r<R_2$ 时，在磁介质内 $\mu=\mu_0\mu_r$，由上面有

$$B_2=\mu H_2=\mu_0\mu_r\frac{I}{2\pi r}$$

当 $r>R_2$ 时，在磁介质外 $\mu=\mu_0$，有

$$B_1=\mu_0 H_2=\frac{\mu_0 I}{2\pi r}$$

画出 $B-r$ 曲线，如图 12－4（b）所示。可见，在边界 $r=R_1$ 和 $r=R_2$ 处，磁感强度 B 不连续。

12.3　铁磁质

顺磁质与抗磁质的 μ_r 均接近于 1，铁磁质的相对磁导率 μ_r 却很大（见表 12－1），从几十到数万倍不等。即是说，在外磁场 $\boldsymbol{B}_0$（或 $\boldsymbol{H}$）的作用下，铁磁质磁化产生的附加磁感强度 $\boldsymbol{B}$ 也相当大，在数值上比 $\boldsymbol{B}_0$ 大几十到数万倍，坡莫合金达十万倍。

铁磁质的 μ_r 值不仅很大，而且它的导磁系数 μ（及 μ_r）不是常量（顺磁质、抗磁质的 μ 均为常量），μ 与它内部存在的磁场强度 $\boldsymbol{H}$ 有复杂的关系。而且，当外磁场 $\boldsymbol{H}$ 撤消后，磁介质仍保留部分磁性。通过了解铁磁质的磁化曲线和磁滞回线便可以进一步认识铁磁质的这些特性。

12.3.1　磁化曲线

因对所有的磁介质都有 $\boldsymbol{B}=\mu\boldsymbol{H}$，而对一切抗磁质和顺磁质而言，它们的导磁系数 μ 是常量，故顺磁质和抗磁质的 $B-H$ 函数图线（即磁化曲线）均是直线。然而对铁磁质来讲，μ 不再是常量，故 $B-H$ 图线不再是直线。图 12－5（a）是从实验中得出的某种铁磁质的开始磁化时的 $B-H$ 曲线，也叫起始磁化曲线。当 H 从零开始增大时，B 也逐渐增大（曲线 0～1 段）；H 再继续增大时，B 急剧上升（曲线 1～2 段）；在曲线 2～3 段中，B 值随 H 的增大又缓慢下来，到达 a 点后，再增大 H 时，B 几乎不再增加了，这时的磁感强度 B_m 叫做饱和磁感强度。因 $B=\mu H$，故 $\mu=B/H$。由 $B-H$ 曲线上每一点的 B 和 H 的比值，可得到该 H 值下的铁磁质的导磁系数 μ，它是随 H 的变化而变化的，其 $\mu-H$ 曲线，如图 12－5（b）。可见 μ 为随 H（也就是随传导电流 I）而变的函数。

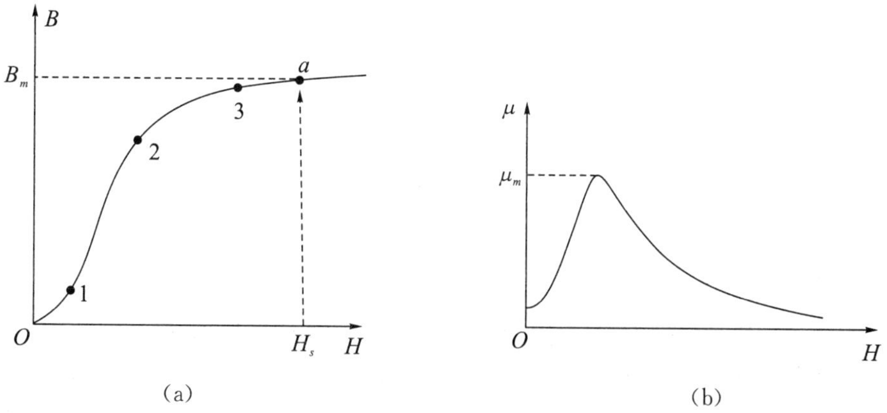

图 12－5

在铁磁质的 $B-H$ 曲线中，若已知 B、H 中的任一个量，就可以从曲线上找出相应的另一个量。因此，$B-H$ 曲线在变压器、电磁铁等的设计中具有重要的意义。

12.3.2 磁滞回线

图 12－5（a）只是铁磁质的起始磁化曲线，当 B 达到饱和值 B_m 后，若再逐渐减小 H 的值，则 B 的值也随之减小，但 B 并不沿着 aO 曲线下降，而是沿着另一条曲线 ab 下降，如图 12－6，这表明磁化过程是不可逆过程。当 H 逐渐减小到零时，$B=B_r\neq 0$，B_r 叫铁磁质的剩磁，即在外磁场停止作用后，铁磁质仍保留一定的磁性（利用铁磁质的这一特性可制永磁体）。将 H 反方向增加，当 H 达到定值 $-H_c$ 时，$B=0$，H_c 叫做矫顽力，反映铁磁质保持剩磁状态的能力。反向磁场继续增加到 $-H_s$ 时，铁磁质反向磁化达到饱和状态 $-B_m$，以后反向磁场减小到 $H=0$，再使正向磁场增加到 H_s，形成闭合曲线，如图 12－6 所示。

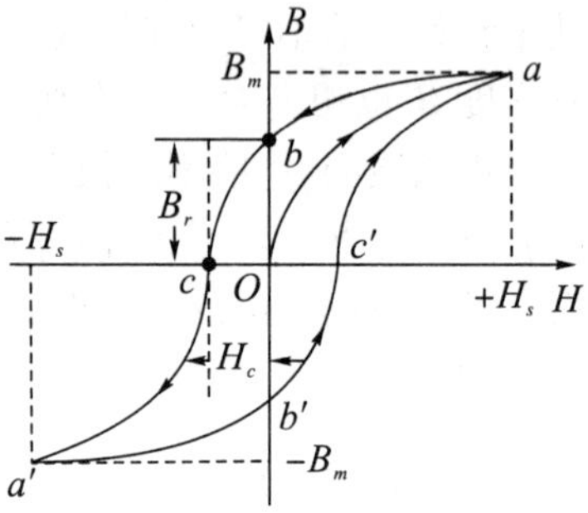

图 12－6

由图可以看出，B 的变化总是落后于 H 的变化，例如 $H=0$ 时，$B=B_r\neq 0$，只有当 $H=-H_c$ 时，$B=0$。这种现象叫做磁滞，是铁磁质的重要特性之一。图 12－6 中的闭合曲线 $abca'b'c'a$ 叫做磁滞回线。由此知道铁磁质的 μ 还是 H 的多值函数。

应当指出，各种不同的铁磁性物质的磁滞回线有很大差异。图 12－7 是三种铁磁材料的磁滞回线。

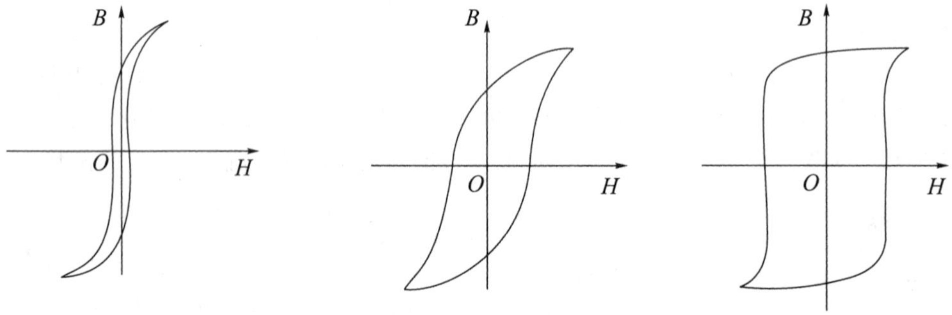

（a）软磁材料　　（b）硬磁材料　　（c）矩磁铁氧体材料

图 12－7　不同铁磁质的磁滞回线

12.3.3 磁畴

铁磁质磁化时所出现的上述特性，是与铁磁质的结构密切相关的。实验理论均表明，在铁磁质内部存着许多小区域（体积为 10^{-3}mm^3，含有 $10^{12}\sim 10^{15}$ 个原子），每个小区域内的分子磁矩已完全自发地排列整齐，这种小区域叫做磁畴。无外磁场作用时，各个磁畴的磁矩取向杂乱无章地排列，因而它们产生的磁场相互抵消，对外不显磁性，如图 12－8（a）所示。在外磁场 $\boldsymbol{H}$ 中，当 $\boldsymbol{H}$ 较小时，与 $\boldsymbol{H}$ 方向夹角较小的磁畴逐渐扩展自己的范围，即畴壁运动，如图 12－8（b）所示。

当 $\boldsymbol{H}$ 增大时，磁畴的自发磁化方向逐渐转向 $\boldsymbol{H}$ 的方向，即磁畴转向，如图 12－8（c）所示，当 $\boldsymbol{H}$ 继续增大时，所有的磁畴都沿 $\boldsymbol{H}$ 方向整齐排列，即达到饱和磁化，如图

12－8（d）所示。由于各个磁畴的磁性较强，因而磁化后产生的附加磁感强度 B 也就较大。由于各个磁畴之间存在着某种阻碍它们改变方向的“摩擦”，因而在外磁场停止作用后，原磁畴的排列就部分地保留下来，这就是宏观上表现的剩磁和磁滞现象。在铁磁质磁化时，磁畴在变化过程中要克服磁畴间的“摩擦”而消耗一部分能量，它将使铁磁质发热。这就是所谓的磁滞损耗。

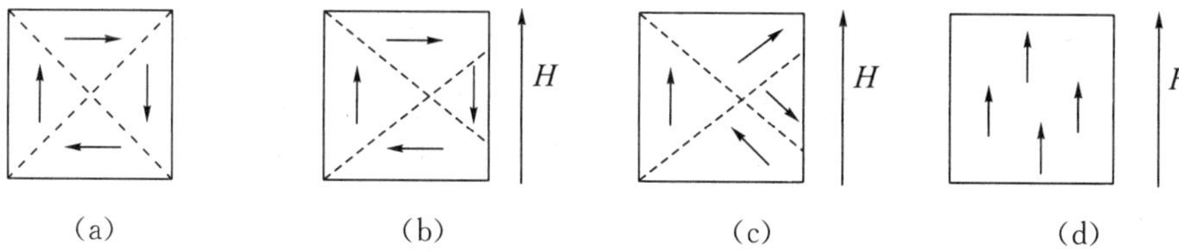

图 12－8

实验表明，铁磁质有一临界温度叫居里温度（或叫居里点），在此温度之上，铁磁质变为顺磁质。铁的居里点是 1040K，镍的居里点是 631K，钴的居里点是 1388K。用磁畴的观点解释为，当铁磁质达到临界温度时，磁畴全部被瓦解，于是铁磁质就变为顺磁质。

12.3.4　强磁性材料

强磁性材料在电工设备和科学研究中的应用非常广泛，按它们的化学成分和性能的不同，可以分为金属磁性材料和非金属磁性材料（铁氧体）两大族。

12.3.4.1　金属磁性材料

金属磁性材料是指由金属合金或化合物制成的磁性材料，绝大部分是以铁、镍或钴为基础，再加入其他元素经过高温熔炼、机械加工和热处理而制成。这种磁性材料的特点是导电率高，在高温、低频、大功率等条件下，它有广泛的应用。但在高频范围，由于导电率高，它的应用受到限制。金属磁性材料还可分为硬磁、软磁和压磁材料等。

软磁材料的特点是相对磁导率 μ_r 和饱和磁感强度 B_m 一般都比较大，但矫顽力 H_c 比硬磁质小得多。磁滞回线所包围的面积很小，磁滞特性不显著（图 12－7a）所示。软磁材料在磁场中很容易被磁化。由于它的矫顽力很小，所以也容易去磁。因此，软磁材料常用于制造电磁铁、变压器、交流电动机、交流发电机中的铁芯。表 12－2 列出几种软磁材料的性能。

表 12－2　几种软磁材料的性能

铁磁材料	μ（最大值）	B_m（T）	H_c（$A\cdot m^{-1}$）	居里点（℃）
工程纯铁（含 0.1%杂质）	20×10^3	2.15	7	770
78 坡莫合金	100×10^3	1	4	580
硅钢（热轧）	8×10^3	1.95	4.8	690

硬磁材料又称永磁材料，它的特点是剩磁 B_r 和矫顽力 H_c 都比较大，磁滞回线所包围的面积大，磁滞特性非常显著（图 12－7b）。所以把硬磁材料放在外磁场中充磁后，仍能保留较强的磁性，并且这种剩余磁性不易被消除，因此硬磁材料适宜于制造永磁体。在各种电表及其他一些电器设备中，常用永磁铁产生稳定的磁场。表 12－3 列出几种硬磁材

料的性能。

表 12－3　几种硬磁材料的性能

硬磁材料	B_r（T）	H_c（$A\cdot m^{-1}$）
A_1Ni_2	0.6	3.6×10^4
碳钢（含碳 0.9%）	1.0	0.4×10^4
A_1Ni_5	1.2	5.2×10^4

压磁材料具有强的磁致伸缩的性能。所谓磁致伸缩是指铁磁性物体的形状和体积在磁场变化时也会发生变化，特别是改变了物体在磁场方向上的长度。当交变磁场作用在铁磁性物体上时，它随着磁场的增强，可以伸长，或者缩短，如钴钢是伸长，而镍则缩短。不过长度的变化十分微小，约为其原长的十万分之一。利用磁致伸缩及逆效应可以完成电磁振荡和机械振荡的互相转换。磁致伸缩在技术上有重要的应用，如作为机电换能器用于钻孔、清洗，也可作为声电换能器用于探测海洋深度、鱼群等。

12.3.4.2　非金属磁性材料——铁氧体

铁氧体，又叫铁淦氧，是一族化合物的总称，它由三氧化二铁（Fe_2O_3）和其他二价的金属氧化物（如 NiO、ZnO、MnO）等的粉末混合烧结而成。由于它的制造工艺过程类似陶瓷，所以又叫做磁性瓷。

铁氧体的特点是不仅具有高磁导率，而且有很高的电阻率。它的电阻率约在 $10^4\Omega\cdot m\sim10^{11}\Omega\cdot m$ 之间，有的则高达 $10^{14}\Omega\cdot m$，比金属磁性材料的电阻率（约为 $10^{-7}\Omega\cdot m$）要大得多。所以铁氧体涡流损失小，常用于高频技术中。图 12－7（c）是矩磁铁氧体的磁滞回线。从图中可以看出回线近似矩形。在电子计算机中就是利用矩形铁氧体的矩形回线特点作记忆元件。只有正向和反向两个稳定状态可代表“0”和“1”，故可作二进制记忆元件。此外，电子技术中也广泛利用铁氧体作为天线和电感中的磁芯。

习　　题

12－1　螺绕环中心周长 $l=10$cm，环上线圈匝数 N＝200 匝，线圈中通电电流 I＝100mA，求

（1）管内磁感强度 $\boldsymbol{B}_0$ 和磁场强度 $\boldsymbol{H}_0$。

（2）若管内充满相对磁导率 $\mu_r=4200$ 的磁性物质，则管内的 B 和 H 是多少？

12－2　电流沿一空心的无限长圆柱形金属管流动。试证明：

（1）管内的磁场强度等于零；

（2）管外的磁场强度和电流在与管轴重合的细导线中流动时所产生的磁场强度一样。

12－3　电流沿一无限长圆柱形导体轴线方向流动，设该导体的半径为 R，磁导率为 μ，且设电流 I 在垂直于圆柱轴线的横截面上均匀分布，求：

（1）导体内任一点的磁感强度 B 为多少？

（2）导体外任一点的磁感强度 B 为多少？

12－4　在生产中，为测试某种磁性材料的相对磁导率 μ_r，常将这种材料做成截面为矩形的环形样品，然后用漆包线绕成一环形螺线管。设圆环的平均周长为 0.10m，横截面

积为 $0.5\times10^{-4}\,m^2$，线圈的匝数为 200 匝。当线圈通以 0.1A 的电流时测得穿过圆环横截面积的磁通为 $6\times10^{-5}\,Wb$，计算此时该材料的相对磁导率 μ_r。

12－5　磁介质有三种，用相对磁导率 μ_r 表征它们各自的特性时，哪个正确(　　)。

(A) 顺磁质 $\mu_r>0$，抗磁质 $\mu_r<0$，铁磁质 $\mu_r>>1$。

(B) 顺磁质 $\mu_r>1$，抗磁质 $\mu_r=1$，铁磁质 $\mu_r>>1$。

(C) 顺磁质 $\mu_r>1$，抗磁质 $\mu_r<1$，铁磁质 $\mu_r>>1$。

(D) 顺磁质 $\mu_r>0$，抗磁质 $\mu_r<0$，铁磁质 $\mu_r>1$。

12－6　题 12－6 图为三种不同的磁介质的 B—H 关系曲线，其中虚线表示的是 $B=\mu_0 H$ 的关系。说明 a、b、c 各代表哪一类磁介质的 B—H 关系曲线：

a 代表__________________的 B—H 关系曲线。

b 代表__________________的 B—H 关系曲线。

c 代表__________________的 B—H 关系曲线。

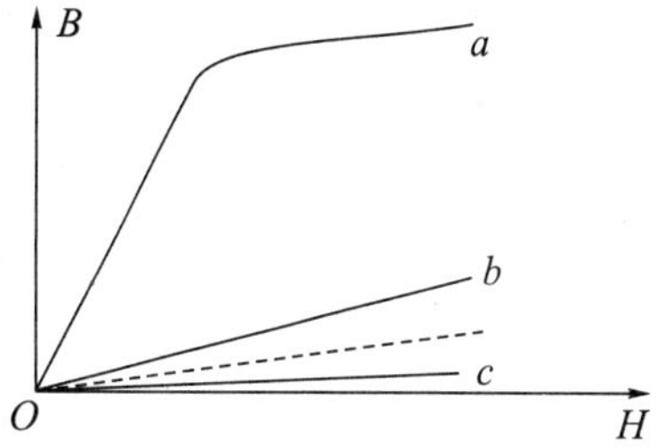

题 12－6 图

第 13 章　电磁感应

前面分别讨论了静止电荷周围的电场和稳恒电流所激发的磁场的性质及其基本规律。既然电流能够激发磁场，那么，磁场能不能产生电流呢？人们经过长期的实践和研究，直到 1831 年，英国物理学家法拉第用实验回答了这个问题。法拉第从实验中发现：当通过闭合导体回路所包围面积的磁通量发生变化时，回路中就要产生电流。这种电流称为感应电流，这种现象叫做电磁感应现象。电磁感应的发现在科学和实用上都有特别重要的意义。

13.1　电磁感应定律

13.1.1　楞次定律

1834 年，俄国物理学家楞次从分析电磁感应实验中总结了判断感应电流方向的规律：闭合线圈中感应电流产生的磁场总是反抗原磁通的变化。这个规律叫做楞次定律。

应该注意，感应电流的磁场所反抗的不是原来磁通量本身，而是原磁通量的变化。下面以图 13－1 的磁铁插入或抽出闭合线圈的实验为例来说明这一点，如图 13－1（a）所示，当磁铁插入时，穿过闭合线圈的原磁通量向增加方向变化，感应电流产生的磁场（用虚线表示）就与原磁场反向，以反抗原磁通量的增加；又如图 13－1（b）所示，当磁铁抽出时，穿过闭合线圈的原磁通量向减少方向变化，感应电流产生的磁场（用虚线表示）与原磁场方向相同，以反抗原磁通量的减少。从而可判断得感应电流 I_i 的方向在两种情况下是不同的。

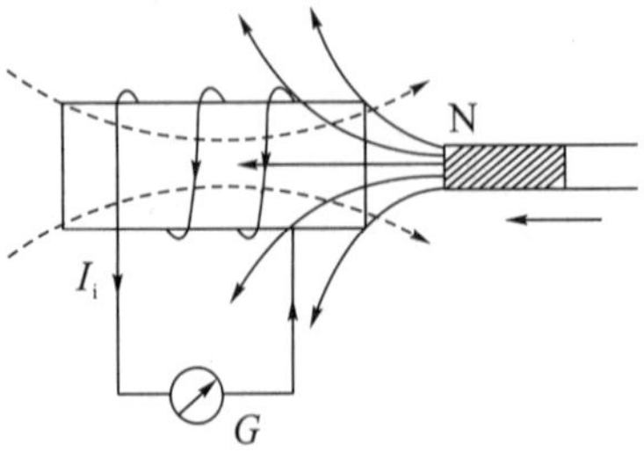

(a)

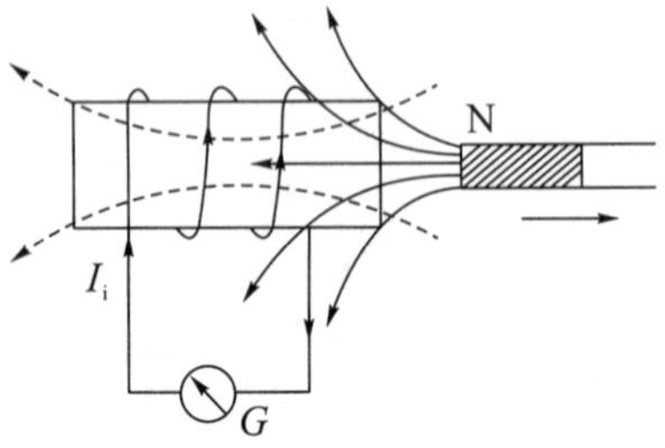

(b)

图 13－1

楞次定律是符合能量转化和守恒定律的。在图 13－1 所示的实验中，可以看出，感应电流所产生的作用是反抗磁铁的运动，因此要继续移动磁铁，则需外力作功。而外力所做的功转化为感应电流流过回路时所产生的焦耳热，这符合能量守恒和转化规律。假如感应电流的方向与楞次定律的结论相反，则只要外力把磁铁稍微向线圈中插一点，感应电流就产生一个吸引它的磁场，使它动得更快，于是更增大了感应电流，这又会进一步加速磁铁的运动。这样，只要外力在最初的微小移动中作一点点功，线圈中就能获得不断增大的电能，而且磁铁也能获得不断增大的动能，这显然是不可能的，因为它是违背能量守恒和转换定律的。因此，可以认为楞次定律就是能量转化和守恒定律在电磁感应现象中的具体表现。

13.1.2　法拉第电磁感应定律

电磁感应所直接产生的应是感应电动势而不是感应电流。无论导体回路是否闭合，都有感应电动势产生，只有当导体回路闭合时，才会产生感应电流。法拉第分析了大量结果，将感应电动势的大小和方向统一用一个表达式写出来，称为法拉第电磁感应定律：无论什么原因使通过回路的磁通量发生改变时，回路中产生的感应电动势 $\mathscr{E}_i$ 与磁通量的时间变化率$\frac{\mathrm{d}\Phi}{\mathrm{d}t}$的负值成正比。即

$$\mathscr{E}_i \propto -\frac{\mathrm{d}\Phi}{\mathrm{d}t} \qquad \text{或} \qquad \mathscr{E}_i = -k\frac{\mathrm{d}\Phi}{\mathrm{d}t}$$

式中，k 是比例系数，它的数值决定于式中各量所用的单位。在国际单位制中，Φ 的单位是韦伯（Wb）；t 的单位是秒（s）；$\mathscr{E}_i$ 的单位是伏特（V），则可取 $k=1$。

上式可写为

$$\mathscr{E}_i = -\frac{\mathrm{d}\Phi}{\mathrm{d}t} \tag{13-1}$$

式中，负号代表感应电动势的方向，此式仅用于单匝线圈组成的回路。如果回路是由 N 匝线圈串联而成，那么当磁通量变化时，每匝线圈中都将产生感应电动势，显然 N 匝线圈中的总电动势就等于各匝所产生的电动势之和。假定穿过每匝线圈的磁通量是相同的，设为 Φ，则为

$$\mathscr{E}_i = -\frac{\mathrm{d}\Phi}{\mathrm{d}t} - \frac{\mathrm{d}\Phi_2}{\mathrm{d}t} - \cdots - \frac{\mathrm{d}\Phi_N}{\mathrm{d}t} = -N\frac{\mathrm{d}\Phi}{\mathrm{d}t}$$

即

$$\mathscr{E}_i = -\frac{\mathrm{d}(N\Phi)}{\mathrm{d}t} \tag{13-2}$$

式中，$N\Phi$ 称为线圈的磁通链数或全磁通。若每匝线圈的磁通量不同，则应该用磁通量的总和 $\sum_{i=1}^{N}\Phi_i$ 来代替 $N\Phi$。

如果闭合回路中电阻为 R，则回路中的感应电流为

$$I_i = \frac{\mathscr{E}_i}{R} = -\frac{1}{R}\frac{\mathrm{d}(N\Phi)}{\mathrm{d}t} \tag{13-3}$$

式（13－1）至式（13－3）中的负号是楞次定律的数学表示。由于电动势和磁通量都是标量，它们的“方向”（即它们的正负）都是相对于某一选定方向而言的。因此，为了描述电动势的方向，我们在使用式（13－1）至式（13－3）时，必须先规定回路的绕行方向；

然后按照右手螺旋法则确定此回路的正法线 $\boldsymbol{n}$ 的方向（即四指沿回路的绕行方向，大拇指指向就是 $\boldsymbol{n}$ 的方向）；见图 13－2，这样再确定磁通量 Φ 的正负（当磁感强度 $\boldsymbol{B}$ 与 $\boldsymbol{n}$ 成锐角时，则穿过回路的 $\boldsymbol{B}$ 通量 Φ 为正值，$\boldsymbol{B}$ 与 $\boldsymbol{n}$ 成钝角时，Φ 为负值）；从而使变化率的正负也有了确定的意义。最后由法拉第电磁感应定律确定 $\mathscr{E}_i$ 或 I_i 的“方向”，如果 $\frac{\mathrm{d}\Phi}{\mathrm{d}t}>0$，由式（13－1），则 $\mathscr{E}_i$（或 I_i）<0，即感应电动势（或感应电流）的方向与回路绕行方向相反，如图 13－2（a）、（d）所示；如果 $\frac{\mathrm{d}\Phi}{\mathrm{d}t}<0$，由式（13－1），则 $\mathscr{E}_i$（或 I_i）>0，则感应电动势（或感应电流）的方向与回路绕行方向相同，如图 13－2（b）、（c）所示。显然，按上述方法确定的感应电动势的方向与楞次定律所确定的方向完全一致。

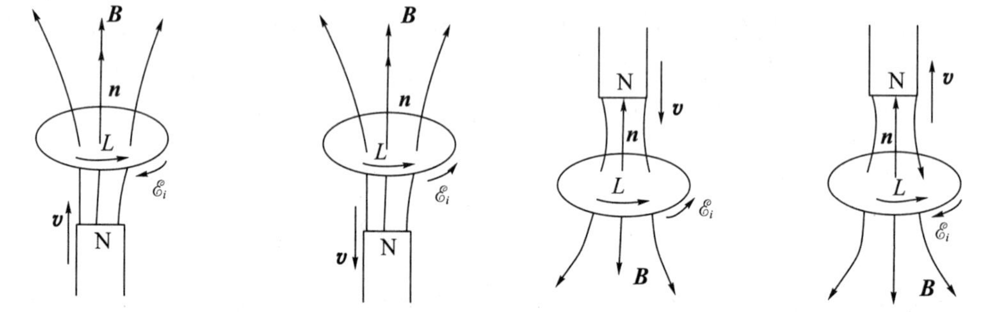

(a) $\Phi>0$，$\frac{\mathrm{d}\Phi}{\mathrm{d}t}>0$，$\mathscr{E}_i<0$　(b) $\Phi>0$，$\frac{\mathrm{d}\Phi}{\mathrm{d}t}<0$，$\mathscr{E}_i>0$　(c) $\Phi<0$，$\frac{\mathrm{d}\Phi}{\mathrm{d}t}<0$，$\mathscr{E}_i>0$　(d) $\Phi<0$，$\frac{\mathrm{d}\Phi}{\mathrm{d}t}>0$，$\mathscr{E}_i<0$

图 13－2　**用公式** $\mathscr{E}_i=-\frac{\mathrm{d}\Phi}{\mathrm{d}t}$ **确定** $\mathscr{E}_i$ **的“方向”**

［**例** 1］　将一个面积为 $100\mathrm{cm}^2$ 的环形线圈放入磁感强度 $B=1\mathrm{Wb}\cdot\mathrm{m}^{-2}$ 的均匀磁场中。设线圈导线的电阻为 $R=10\Omega$，线圈平面与 B 的方向垂直，如图 13－3 所示，当在 0.01s 内取消磁场时，求线圈中出现的感应电动势的大小和方向以及在这段时间内通过线圈导线任一横截面的电量。

解　设选如图 13－3 所示的绕行方向，则线圈正法线方向 $\boldsymbol{n}$ 向上。故 $\cos\theta=1$，穿过环形线圈的 $\boldsymbol{B}$ 的通量为

$$\Phi = BS\cos\theta = BS$$

因在 0.01s 内取消磁场，即

$$\Phi_1 = BS \qquad \Phi_2 = 0$$

因此磁通量的改变量 $\Delta\Phi=\Phi_2-\Phi_1=-BS$。根据式（13－1），线圈中的感应电动势为

$$\mathscr{E}_i = -\frac{\Delta\Phi}{\Delta t} = \frac{1\times100\times10^{-4}}{0.01} = 1 \quad \mathrm{V}$$

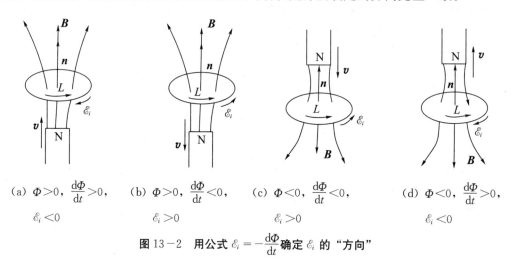

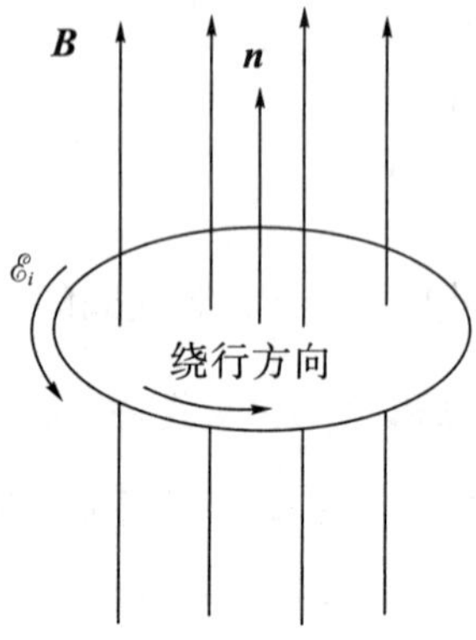

图 13－3

由以上计算可见，因为 $\frac{\Delta\Phi}{\Delta t}<0$，得 $\mathscr{E}_i>0$，表明感应电动势的方向与所选回路绕行方向相同，如图 13－3 所示。

由式（13－3），环形线圈中的感应电流为

$$I_i = -\frac{1}{R}\frac{\mathrm{d}\Phi}{\mathrm{d}t}$$

那么，在 0.01s 这段时间内通过线圈导线任一横截面的感应电量为

$$q = \int_{t_1}^{t_2} I_i \mathrm{d}t = -\int_{\Phi_1}^{\Phi_2} \frac{1}{R}\mathrm{d}\Phi = \frac{1}{R}(\Phi_1 - \Phi_2)$$

$$= \frac{BS}{R} = \frac{1 \times 100 \times 10^{-4}}{10} = 10^{-3}\quad \mathrm{C}$$

可见，在一段时间内通过线圈导线任一横截面的电量跟通过此线圈磁通量的变化量成正比，而跟磁通量的变化快慢无关。因此，若已知回路电阻，只要测得感应电量，就可算出磁通量，常用的磁通计就是根据这个原理而设计的。

13.2　动生电动势和感生电动势

由法拉第电磁感应定律知道，不论什么原因，只要穿过回路的磁通量发生变化，即 $\frac{\mathrm{d}\Phi}{\mathrm{d}t} \neq 0$，回路中就要产生感应电动势。磁通量 $\Phi = \int \boldsymbol{B} \cdot \mathrm{d}\boldsymbol{S}$ 发生变化，可归结为两种原因，一种是磁场不变化，导体在磁场中运动，即 S 或 θ 变，由这种原因产生的感应电动势叫做动生电动势；另一种导体不动，而磁场变化，即 $\boldsymbol{B}$ 变化，由这种原因产生的感应电动势叫做感生电动势。下面就来讨论这两种电动势。

13.2.1　动生电动势

我们就一特例来进行研究，其结论普遍成立。如图 13－4 所示，在磁感强度为 $\boldsymbol{B}$ 的均匀磁场中，有一长为 L 的导线 $\overline{ab}$ 以速度 $\boldsymbol{v}$ 向右运动，且 $\boldsymbol{v}$ 与 $\boldsymbol{B}$ 垂直。导线内每个自由电子都受到洛仑兹力 $\boldsymbol{F}_m$ 的作用，由式（11－23）有

$$\boldsymbol{F}_m = (-e)\,\boldsymbol{v} \times \boldsymbol{B}$$

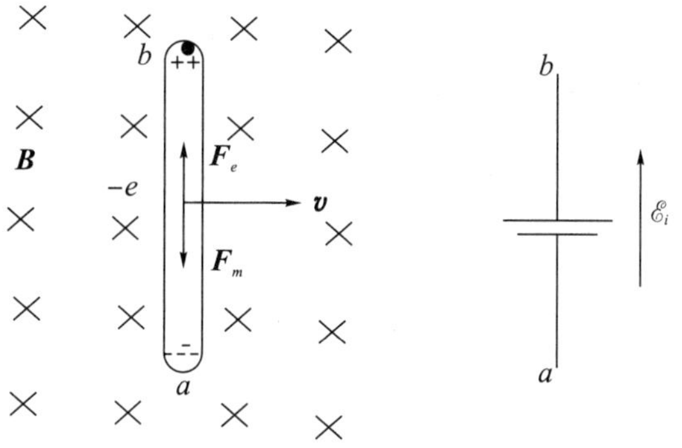

图 13－4　动生电动势

故 $\boldsymbol{F}_m$ 的方向与 $\boldsymbol{v} \times \boldsymbol{B}$ 的方向相反，即由 b 指向 a。这个力是非静电力，它驱使电子沿导线由 b 向 a 移动，致使 a 端带负电，b 端带正电，从而在导线内产生静电场。当作用在电子上的静电场力 $\boldsymbol{F}_e$ 与洛仑兹力 $\boldsymbol{F}_m$ 相平衡时（即 $\boldsymbol{F}_e + \boldsymbol{F}_m = 0$），$a$、$b$ 两端间有稳定的电势差。可见，洛仑兹力是使在磁场中运动的导体产生电动势的非静电力，如以 $\boldsymbol{E}_k$ 表示非

静电场强，则有

$$\boldsymbol{E}_k = \frac{\boldsymbol{F}_m}{-e} = \boldsymbol{v} \times \boldsymbol{B}$$

$\boldsymbol{E}_k$ 的方向与$\boldsymbol{v} \times \boldsymbol{B}$ 的方向相同。由电动势的定义可得，在磁场中运动导线$\overline{ab}$所产生的动生电动势为

$$\mathscr{E}_i = \int_a^b \boldsymbol{E}_k \cdot \mathrm{d}\boldsymbol{l} = \int_a^b (\boldsymbol{v} \times \boldsymbol{B}) \cdot \mathrm{d}\boldsymbol{l} \qquad (13-4)$$

式（13－4）可用于计算任意形状的导线在非均匀磁场中运动所产生的动生电动势。

考虑上述特例中$\boldsymbol{v}$ 与$\boldsymbol{B}$ 垂直，且矢积$\boldsymbol{v} \times \boldsymbol{B}$ 的方向与 d$\boldsymbol{l}$ 的方向相同，上式为

$$\mathscr{E}_i = \int_o^L vB\mathrm{d}l = vBL$$

导线$\overline{ab}$上动生电动势的方向是由 a 指向 b（图 13－4），上式只能用于计算在均匀磁场中导线以恒定速度垂直磁场运动时所产生的动生电动势。

［**例** 2］　在磁感强度为 B 的均匀磁场中，一根长度为 L 的铜棒以角速度 ω 在与磁场方向垂直的平面上绕棒的一端 O 作匀速转动（图 13－5），试求在铜棒两端的感应电动势。

解 1　在铜棒上取一线元 d$\boldsymbol{l}$，运动的速度为$\boldsymbol{v}$，且$\boldsymbol{v}$、$\boldsymbol{B}$、d$\boldsymbol{l}$ 相互垂直（图 13－5）。于是，由式（13－4）得 dl 两端的动生电动势为

$$\mathrm{d}\mathscr{E}_i = (\boldsymbol{v} \times \boldsymbol{B}) \cdot \mathrm{d}\boldsymbol{l} = Bv\mathrm{d}l$$

把铜棒看成是由许多线元 d$\boldsymbol{l}$ 组成，每小段的线速度$\boldsymbol{v}$ 都与$\boldsymbol{B}$ 垂直，且 $v = l\omega$。于是铜棒两端之间的动生电动势为

$$\mathscr{E}_i = \int_L \mathrm{d}\mathscr{E}_i = \int_0^L Bv\mathrm{d}l = \int_0^L B(\omega l)\mathrm{d}l = \frac{1}{2}B\omega L^2$$

动生电动势的方向由 O 指向 a，O 端带负电，a 端带正电。

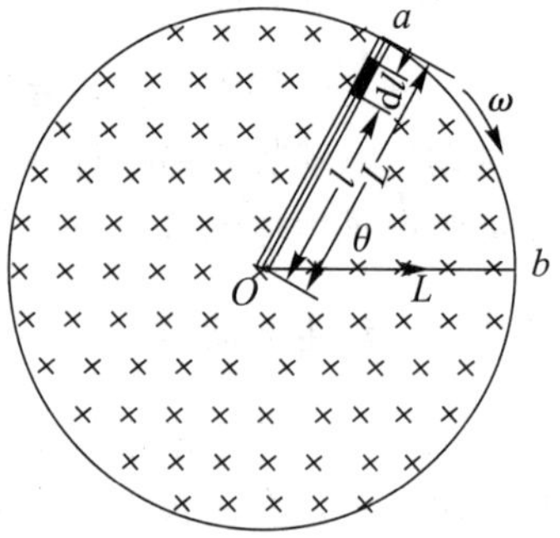

图 13－5

解 2　此动生电动势也可由法拉第电磁感应定律来求。设在某一时刻，铜棒的位置为 Oa（图 13－5）。取回路为 $aOba$，并设绕行方向为逆时针方向。这样，穿过 $aOba$ 扇形面积 S 的磁通量为

$$\Phi = -BS$$

而

$$S = \frac{L^2}{2}\theta$$

所以

$$\mathscr{E}_i = -\frac{\mathrm{d}\Phi}{\mathrm{d}t} = \frac{1}{2}BL^2\frac{\mathrm{d}\theta}{\mathrm{d}t} = -\frac{1}{2}B\omega L^2$$

上式第三个等号后出现负号，是因为 θ 随时间在减小，也即$\frac{\mathrm{d}\theta}{\mathrm{d}t} = -\omega$。上式的结果就是铜棒两端之间的动生电动势。负号表示 $\mathscr{E}_i$ 方向与绕行方向相反。即从 O 到 a 的方向。可以看出，这与前一种方法得到的结果完全一致。

［**例** 3］　一载有电流强度 $I = 5.0$A 的长直导线，旁边有一个与它共面的矩形线圈，

长 $L=20\mathrm{cm}$，$a=10\mathrm{cm}$，$b=20\mathrm{cm}$，如图 13－6 所示。设线圈共有 $N=100$ 匝，以 $v=3.0\mathrm{m\cdot s^{-1}}$ 的速度离开直导线。求线圈里感应电动势的大小和方向。

解　由长直载流导线的磁感强度公式有

$$B=\frac{\mu_0 I}{2\pi r}$$

$\boldsymbol{B}$ 的方向在线圈 $ABCD$ 所在区域由纸外指向纸里。设导线回路 $ABCD$ 的绕行方向为顺时针向，任意时刻 t 穿过线圈的磁通量为

$$\Phi=\int_S \boldsymbol{B}\cdot \mathrm{d}\boldsymbol{S}=\int_{a+vt}^{b+vt}\frac{\mu_0 I}{2\pi r}L\,\mathrm{d}r=\frac{\mu_0 IL}{2\pi}\ln\frac{b+vt}{a+vt}$$

由式（13－2）得

$$\mathscr{E}_i=-N\frac{\mathrm{d}\Phi}{\mathrm{d}t}=\frac{NL\mu_0 Iv(b-a)}{2\pi(a+vt)(b+vt)}$$

令 $t=0$，并代入数据，则得线圈刚离开直导线时的感应电动势为

$$\begin{aligned}\mathscr{E}_i&=\frac{NL\mu_0}{2\pi}\,\frac{Iv(b-a)}{ab}\\&=\frac{10^2\times 0.2\times 4\pi\times 10^{-7}\times 5.0\times 3.0\times(0.20-0.10)}{2\pi\times 0.10\times 0.20}\\&=3.0\times 10^{-4}\quad \mathrm{V}\end{aligned}$$

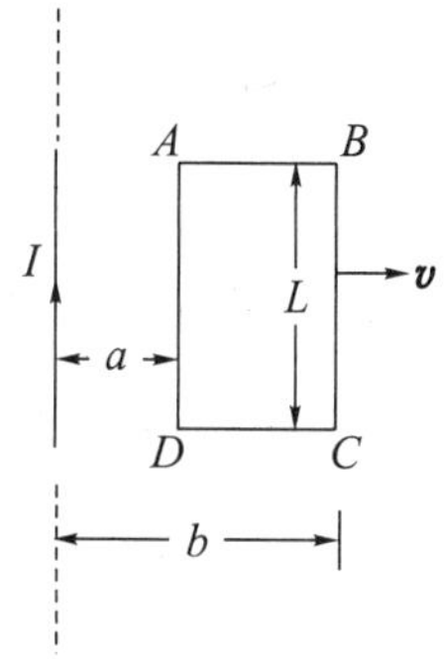

图 13－6

$\mathscr{E}_i>0$，说明感应电动势的方向与绕行方向一致，为顺时针方向。用楞次定律也可得出这一结果。此题也可由 $\mathscr{E}_i=\int_L(\boldsymbol{v}\times\boldsymbol{B})\cdot\mathrm{d}\boldsymbol{l}$ 求得，留给读者自己练习。

由上看出，动生电动势可用两种方法计算。第一种方法，由 $\mathscr{E}_i=\int_L(\boldsymbol{v}\times\boldsymbol{B})\cdot\mathrm{d}\boldsymbol{l}$ 计算；第二种方法，由 $\mathscr{E}_i=-\frac{\mathrm{d}\Phi}{\mathrm{d}t}$ 计算。

13.2.2　感生电动势涡旋电场

13.2.2.1　感生电动势　涡旋电场

在电磁感应现象中，当导体回路固定不动，仅由磁场变化时，导体回路的磁通量也会变化，则在回路中将产生感应电动势，如图 13－7 所示。前面已讲过，这种由于回路不动，而磁场变化引起的感应电动势称为感生电动势。

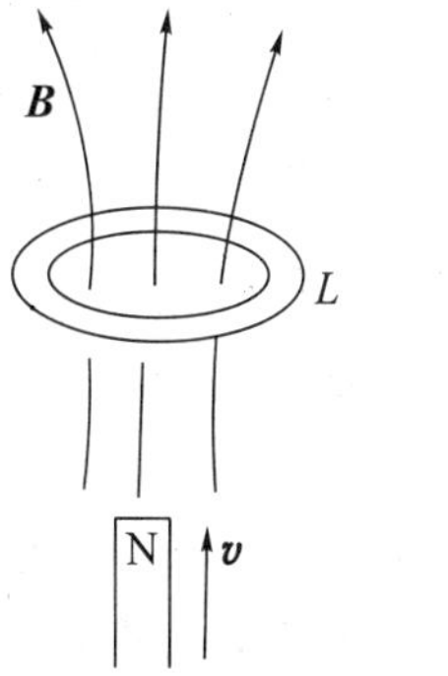

图 13－7　变化磁场产生感生电动势

实验指出，感生电动势完全跟导体的种类和性质无关，跟回路所在处的温度、压强及物理状态无关，显然，产生感生电动势的原因，不能像动生电动势一样用洛仑兹力来说明。麦克斯韦分析了这种电磁感应现象的特殊性，提出不仅静止电荷可以产生静电场，当空间的磁场发生变化时也会产生一种电场，这种电场叫做感生电场，又叫涡旋电场。感生电场也是一种非静电场。正是这种非静电场对电荷的非静电力作用，使导体内产生了感生电动势。

设用 $\boldsymbol{E}_k$ 表示感生电场的场强，按电动势的定义及法拉第电磁感应定律，可得感生电动势为

$$\mathscr{E}_i = \oint_L \boldsymbol{E}_k \cdot \mathrm{d}\boldsymbol{l} = -\frac{\mathrm{d}\Phi}{\mathrm{d}t} \tag{13-5a}$$

因穿过任意闭合回路 L 所包围的面积 S 的磁通量 Φ 为

$$\Phi = \int_S \boldsymbol{B} \cdot \mathrm{d}\boldsymbol{S}$$

则式（13－5a）可写成

$$\mathscr{E}_i = \oint_L \boldsymbol{E}_k \cdot \mathrm{d}\boldsymbol{l} = -\frac{\mathrm{d}}{\mathrm{d}t}\int_S \boldsymbol{B} \cdot \mathrm{d}\boldsymbol{S} \tag{13-5b}$$

式中，$\mathrm{d}\boldsymbol{S}$ 表示 S 面上任一面积元，右边表示对闭合回路 L 所围面积 S 求积分。当环路不变动时（即 L 和 S 静止），便可以将对时间的微商和对曲面的积分这两个运算调换次序。又因为 $\boldsymbol{B}$ 既是坐标 x、y、z 的函数，又是时间 t 的函数，则偏导数$\frac{\partial \boldsymbol{B}}{\partial t}$表示同一点（$x$、$y$、$z$ 为常数）的 $\boldsymbol{B}$ 随 t 的变化率，所以可将$\frac{\mathrm{d}\boldsymbol{B}}{\mathrm{d}t}$写成$\frac{\partial \boldsymbol{B}}{\partial t}$，即

$$\mathscr{E}_i = \oint_L \boldsymbol{E}_k \cdot \mathrm{d}\boldsymbol{l} = -\frac{\mathrm{d}}{\mathrm{d}t}\int_s \boldsymbol{B} \cdot \mathrm{d}\boldsymbol{S}$$

式（13－5a）、（13－5b）、（13－5c）不仅表明感生电动势的大小，也表明它的“方向”，式中负号的含义与法拉第电磁感应定律中的类似。

13.2.2.2　涡旋电场的性质

我们之所以把感生电场又叫做涡旋电场，那是因为随时间变化的磁场而产生的这种非静电场，它本身具有涡旋性质。麦克斯韦认为，即使没有任何导体存在，只要磁场发生变化，在变化磁场的周围空间就有涡旋电场存在。涡旋电场 $\boldsymbol{E}_k$ 和静电场 $\boldsymbol{E}$ 的共同点是对电荷都有力的作用。涡旋电场 $\boldsymbol{E}_k$ 与静电场 $\boldsymbol{E}$ 的区别在于：静电场是由静止电荷激发的，而涡旋电场是由变化磁场激发的；静电场的电场线起始于正电荷终止于负电荷，单位正电荷在静电场中沿闭合回路运动一周电场力作功为零，即 $\oint \boldsymbol{E} \cdot \mathrm{d}\boldsymbol{l} = 0$，这表明静电场是无旋场（或保守力场）。而感生电场的电场线跟磁场中的磁感线相类似，是无头无尾的闭合曲线，单位正电荷在感生电场中沿闭合路线运动一周感生电场力作的功不为零，而如式（13－5a）所示，即 $\boldsymbol{E}_k$ 的环流不为零，这表明感生电场是涡旋场，而不是保守力场。

［**例** 4］　图 13－8 表示一半径为 R 的圆柱形空间内存在垂直于纸面向里的均匀磁场 $\boldsymbol{B}$，当 $\boldsymbol{B}$ 以$\frac{\mathrm{d}B}{\mathrm{d}t}$的变化率增加时，求空间各点涡旋电场的场强 $\boldsymbol{E}_k$。

解　在图中以 O 为圆心，以 r 为半径作一圆形回路，选回路的绕行方向为顺时针向，则回路所包围的磁通量 $\Phi = B\pi r^2$，由于磁通量随时间在变化，故在回路上各点都有涡旋电场存在。由涡旋电场的对称性及它的电场线是闭合的特点可知，回路上各点处涡旋场强大小相等，方向跟回路相切，由式（13－5a）得

$$\oint_L \boldsymbol{E}_k \cdot \mathrm{d}\boldsymbol{l} = -\frac{\mathrm{d}\Phi}{\mathrm{d}t}$$

可求得各点处的 $\boldsymbol{E}_k$。

对 $r<R$ 的区域，因 $\Phi = B\pi r^2$，于是上式为

$$\oint_L E_k \cos 0^\circ \mathrm{d}l = -\frac{\mathrm{d}\Phi}{\mathrm{d}t}$$

$$E_k 2\pi r = -\pi r^2 \frac{\mathrm{d}B}{\mathrm{d}t}$$

$$E_k = -\frac{1}{2} r^2 \frac{\mathrm{d}B}{\mathrm{d}t}$$

故式中负号表明涡旋电场 $\boldsymbol{E}_k$ 的方向为逆时针的切线方向，$\boldsymbol{E}_k$ 有反抗磁场变化的作用（如图 13－9 所示）。

对 $r>R$ 的区域，因圆柱形空间外无磁场，故对于 $r>R$ 的任意回路，总有 $\Phi = B\pi R^2$，则可得

$$E_k 2\pi r = -\frac{\mathrm{d}\Phi}{\mathrm{d}t} = -\pi R^2 \frac{\mathrm{d}B}{\mathrm{d}t}$$

故

$$E_k = -\frac{1}{2} \frac{R^2}{r} \frac{\mathrm{d}B}{\mathrm{d}t}$$

式中，负号表示 $\boldsymbol{E}_k$ 线仍沿逆时针方向转向。

以上计算结果表明：$\boldsymbol{E}_k$ 与 $\frac{\mathrm{d}B}{\mathrm{d}t}$ 有关，而与 $\boldsymbol{B}$ 无关。在 $r<R$ 时，$\boldsymbol{E}_k$ 与 r 成正比；在 $r>R$ 时，$\boldsymbol{E}_k$ 与 r 成反比；在 $r=R$ 时，二者给出相同的结果，即 $E_k = -\frac{1}{2}R\frac{\mathrm{d}B}{\mathrm{d}t}$。图 13－9是 $\boldsymbol{E}_k$ 随 r 变化的函数曲线。

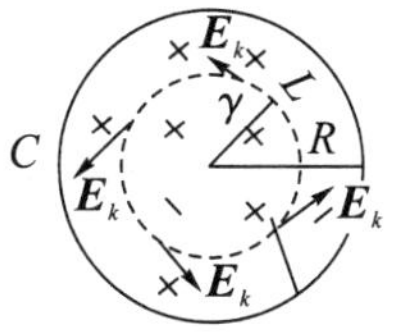

图 13－8

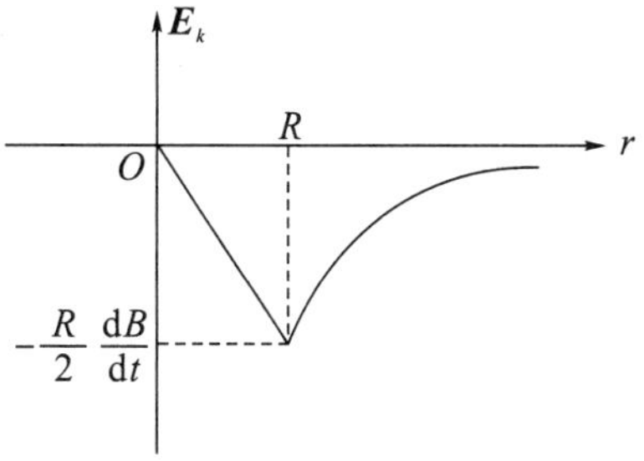

图 13－9

［例 5］　如图 13－10 所示，有一半径为 10cm 的圆柱形空间充满了磁感强度为 $\boldsymbol{B}$ 的均匀磁场，B 的方向垂直纸面向里，其量值以 $100\mathrm{Gs}\cdot\mathrm{s}^{-1}$ 的恒定速率减小。有等腰梯形金属框放在图示位置。已知 $AB=R$，$CD=\frac{R}{2}CD$。求金属框的总电动势 $\mathscr{E}_i$。

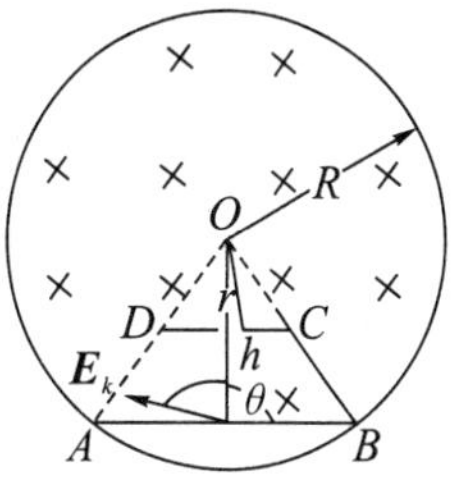

图 13－10

分析　由式（13－5a）可看出，本题可用 $\mathscr{E}_i = \oint_L \boldsymbol{E}_k \cdot \mathrm{d}\boldsymbol{l}$ 及 $\mathscr{E}_i = -\frac{\mathrm{d}\Phi}{\mathrm{d}t}$ 两种方法求解。请有兴趣，有余力的读者用 $\mathscr{E}_i = \oint_L \boldsymbol{E}_k \cdot \mathrm{d}\boldsymbol{l}$ 由积分方法求解。下面用法拉第电磁感应定律 $\mathscr{E}_i = -\frac{\mathrm{d}\Phi}{\mathrm{d}t}$ 求解。

解　对于回路 $ADCBA$，设面积为 S

$$S = \frac{1}{2}\left(R + \frac{R}{2}\right) \times \frac{1}{2}h = \frac{3\sqrt{3}}{16}R^2$$

仍设其绕行方向为顺时针向，则整个梯形金属框的总电动势的方向也为顺时针转向。

$$\mathscr{E}_i=-\frac{\mathrm{d}\Phi}{\mathrm{d}t}=-S\frac{\mathrm{d}B}{\mathrm{d}t}=-\frac{3\sqrt{3}}{16}R^2\frac{\mathrm{d}B}{\mathrm{d}t}=\frac{3\sqrt{3}}{16}10^{-4}=3.2\times10^{-5}\quad\text{V}$$

$\mathscr{E}_i>0$，$\mathscr{E}_i$ 的方向也为顺时针方向。

13.2.3 涡旋电场的应用

13.2.3.1 感应加热

当大块导体与磁场有相对运动或处在变化的磁场中时，在这块导体中也会激起感应电流。这种在大块导体内流动的感应电流，叫做涡电流，简称涡流。因为金属块的电阻很小，所以不大的感应电动势就能形成很大的涡流，由于涡流很大，因而释放出大量的焦耳热，这就是感应加热的原理。感应加热已广泛应用于有色金属的特种合金的冶炼、焊接及真空技术方面。然而在很多情况下涡电流发热却是有害的。例如变压器和电机中的铁芯，由于处在交变磁场中，因此铁芯因涡流而发热。这不仅浪费了电能，而且发热会使铁芯温度升高引起导线绝缘材料性能下降，甚至造成事故。为此我们常用增大铁芯的电阻来减小涡电流，如把铁芯做成层状，用薄层的绝缘材料把各层隔开。更有效的是用粉末状的铁芯，各粉末间相互绝缘。在高频变压器中，常用粉末状铁芯。

13.2.3.2 电子感应加速器

前面讲到，即使空间没有导体存在，变化的磁场也要在空间产生涡旋电场，电子感应加速器正是利用这种涡旋电场来对电子进行加速的一种装置。如图 13－11 所示，图中斜线部分分别是圆形电磁铁的 N 极和 S 极。在两磁极中间装有一个环形真空室。电磁铁在频率约每秒数十周的强大交变电流的激励下，便在环形真空室区域内产生交变磁场，这交变磁场又在环形真空室内产生很强的涡旋电场。由电子枪注入环形真空室中的电子既在磁场中受到洛仑兹力 f_m 的作用而在环形真空室内沿圆形轨道运动，同时又在涡旋电场的作用下沿轨道切线方向得以加速。只要磁感强度按一定的规律变化，就有可能使电子在速度不断增加的过程中，仍然绕一定的圆形轨道运动，从而不断受到涡旋电场的加速而获得很大的能量。再由偏转装置引出，射到预先准备好的靶上加以利用。

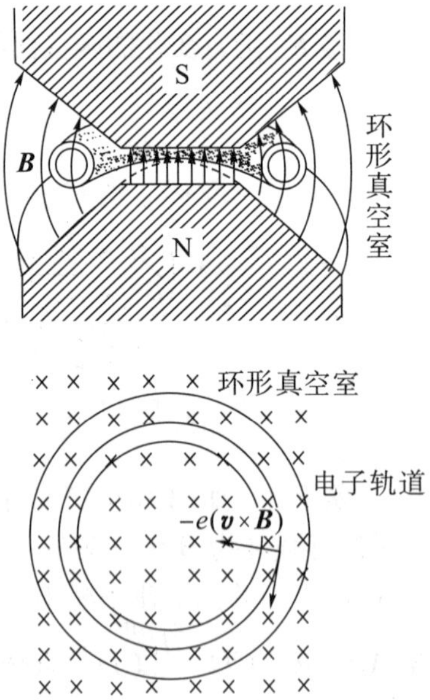

图 13－11 电子感应加速器原理图

一般小型电子感应加速器可把电子加速到数十万电子伏特，大型加速器可把电子加速到数百 MeV（MeV 表示兆电子伏特）。一个 100MeV 的电子感应加速器中，电磁铁的重量达 100T 以上，交变电流的功率近 500kW，环形真空室的直径约 1.5m，在被加速的过程中电子经过的路径超过 1000km，电子可被加速到接近光速 0.999986C。电子感应加速器的制成，有力地证明了麦克斯韦提出的涡旋电场论点的正确性。

电子感应加速器主要用于核物理研究。利用被加速的电子来轰击各种靶子，可产生人工 γ 射线。由于电子感应加速器容易制造，造价较低，调整使用都很方便，因此近年来还用不大的电子感应加速器来产生硬 X 射线，作工业上探伤或医学治疗癌症之用。

13.3　自感与互感

由电磁感应定律知道，只要穿过回路面积的磁通量发生变化，就会有电磁感应现象产生。由于磁场变化，而在回路中产生的感应电动势叫感生电动势。在实际问题中，磁场的变化往往是由电流的变化引起的。下面就自感和互感现象来讨论感生电动势与电流变化的直接关系。

如图 13－12 所示，有电路 1 和电路 2。显然，穿过电路 1 的磁通量 Φ_1 可看为两部分组成：

一是电路 1 中的电流 I_1 所产生的穿过电路 1 的磁通量 Φ_{11}；二是电路 2 中的电流 I_2 所产生的穿过电路 1 的磁通量 Φ_{12}。故有

$$\Phi_1 = \Phi_{11} + \Phi_{12}$$

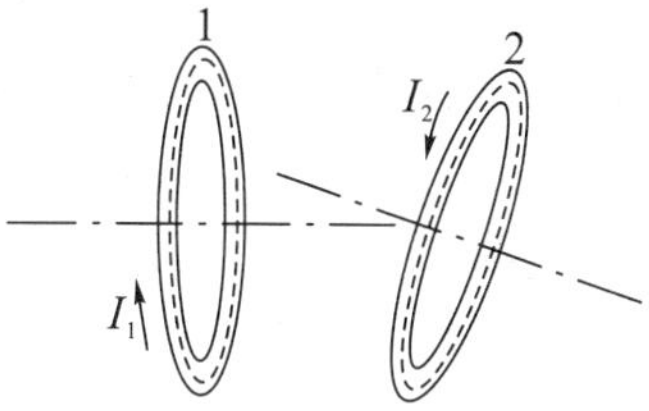

图 13－12　两个靠近的通有电流的电路

当电流 I_1、I_2 中任意一个发生变化时，Φ_1 都要发生变化，由电磁感应定律在电路 1 中将产生感生电动势 $\mathscr{E}_i$，有

$$\mathscr{E}_i = -\frac{\mathrm{d}\Phi_1}{\mathrm{d}t} = -\frac{\mathrm{d}\Phi_{11}}{\mathrm{d}t} - \frac{\mathrm{d}\Phi_{12}}{\mathrm{d}t} \tag{13-6}$$

式中，$-\frac{\mathrm{d}\Phi_{11}}{\mathrm{d}t}$为电路 1 自身电流发生变化而在电路 1 中所引起的感应电动势，叫做自感电动势。$\frac{\mathrm{d}\Phi_{12}}{\mathrm{d}t}$为电路 2 中电流发生变化而在电路 1 中所引起的感应电动势，叫做互感电动势。同样，回路 2 中的感生电动势也分为自感电动势和互感电动势。

一般情况下应同时考虑自感和互感两种效应。如果周围的电路离得较远或影响很弱，则可以只考虑电路的自感效应。如果电路的自感效应很弱，就可以只考虑周围电路对它的互感效应。下面分别讨论自感与互感效应。

13.3.1　自感

首先考虑单匝线圈回路。设回路的电流强度为 I，根据毕—萨定律，电流 I 在空间各处激起的磁感强度是与 I 成正比的，因此，通过回路自身面积的磁通量也与 I 成正比，即

$$\Phi = LI \tag{13-7}$$

式中，L 是由回路的几何形状、大小及周围磁介质的磁导率等决定的比例系数，称为该回路的自感系数，简称自感。式（13－7）说明，回路的自感在量值上等于回路中通有单位电流时，通过自身回路的磁通量的大小。

当回路的自感系数为 L，通过回路的电流为 I 时，根据法拉第电磁感应定律，回路中的自感电动势可写为

$$\mathscr{E}_L = -\frac{\mathrm{d}\Phi}{\mathrm{d}t} = -\frac{\mathrm{d}(LI)}{\mathrm{d}t} = -\left(L\frac{\mathrm{d}I}{\mathrm{d}t} + I\frac{\mathrm{d}L}{\mathrm{d}t}\right)$$

如果回路的几何形状、大小以及周围磁介质的磁导率都不变，这时 L 将为一恒量，即

$\frac{dL}{dt}=0$　于是有

$$\mathscr{E}_L = -L\frac{dI}{dt} \tag{13-8}$$

式中，负号的意义与法拉第电磁感应定律中的负号的意义相同，是楞次定律的数学表示，它指出自感电动势将反抗回路中电流的改变。也就是说，当原电流增加时，自感电动势（因而自感电流）与原电流的方向相反，反抗原电流的增加；当原电流减少时，自感电动势（因而自感电流）与原电流的方向相同，反抗原电流的减少。

式（13－8）表明，自感电动势 $\mathscr{E}_L$ 与自感系数 L 成正比。故回路的自感系数越大，自感电动势也越大，因而自感电流也越大，改变这回路中的电流也越不容易。这说明，在回路中激起的自感应，具有使回路中的原有电流保持不变的性质。自感越大，保持回路中原有电流的能力越强。回路中自感应的这种特性与物体的惯性有些相似，质量是惯性的量度，自感系数可视为回路的"电磁惯性"的量度。

上面讨论了单匝线圈回路的情形，对于有 N 匝线圈的回路，若通过每一线圈的磁通量都是 Φ，在线圈的形状、大小和磁介质的磁导率都不变时，N 匝线圈回路中的自感电动势应变为

$$\mathscr{E}_L = -\frac{d(N\Phi)}{dt} = -L\frac{dI}{dt}$$

这时

$$N\Phi = LI \tag{13-9}$$

这表明，对于匝数为 N 的线圈，其自感系数在量值上等于通有单位电流时线圈的磁通链数。

自感系数的单位，可以根据式（13－8）

$$L = -\frac{\mathscr{E}_L}{\frac{dI}{dt}}$$

来决定。在国际单位制中，若回路中电流强度的变化率为 1A/s，而产生的电动势为 1V 时，则该回路的自感系数即为 1 亨利，或简称亨（H）。由于亨利这个单位比较大，一般常用毫亨利（mH）或微亨利（μH）等较小的单位。即

$$1\text{mH} = 10^{-3}\text{H}$$
$$1\mu\text{H} = 10^{-6}\text{H}$$

实际中线圈的自感往往是由实验来测定，但在简单情况下，也可由式（13－9）及式（13－8）来计算。由式（13－9）计算自感的步骤如下：

(i) 设线圈中通有电流 I；

(ii) 计算出 I 在线圈内产生的磁场 $\boldsymbol{B}$ 分布；

(iii) 求出穿过线圈的磁通链 $N\Phi$；

(iv) 由 $L=\frac{N\Phi}{I}$ 得 L（结果与 I 无关）。

［**例** 6］　有一长直密绕螺线管，长度为 l，横截面积为 S，线圈的总匝数为 N，管中介质的磁导率为 μ。试求其自感系数。

解　(i) 设螺线管每匝线圈通有电流 I。

(ii) 管内磁场均匀，磁感强度大小为

$$B=\mu\frac{N}{l}I$$

B 的方向与螺线管的轴线平行。

(iii) 穿过螺线管所有各匝的磁通链为

$$N\Phi=NBS=N\left(\mu\frac{N}{l}I\right)s=\mu\frac{N^2}{l}IS$$

(iv) 由 $N\Phi=LI$，得 $L=\dfrac{N\Phi}{I}=\mu\dfrac{N^2}{l}S$

设螺线管单位长度上线圈的匝数为 n，螺线管的体积为 V，有

$$n=\frac{N}{l}\qquad V=lS$$

代入前式，得

$$L=\mu n^2V$$

由此可见，螺线管的自感系数 L 与它的体积 V、单位长度上线圈匝数 n 的平方和管内介质的磁导率 μ 成正比，而与 I 无关。为了得到自感系数较大的螺线管，通常采用较细的导线制成绕组，以增加单位长度上线圈的匝数；通常在管内充以磁导率大的磁介质以增加自感。

13.3.2　互感

若两相邻回路的形状、大小、位置和周围磁介质的磁导率都不变，则由毕—萨定律可知，I_1 在空间任何一点激发的磁感强度都与 I_1 成正比，因此由 I_1 产生的通过回路 2 的磁通量 Φ_{21} 也与 I_1 成正比，如图 13－13 所示。有

$$\Phi_{21}=M_{21}I_1$$

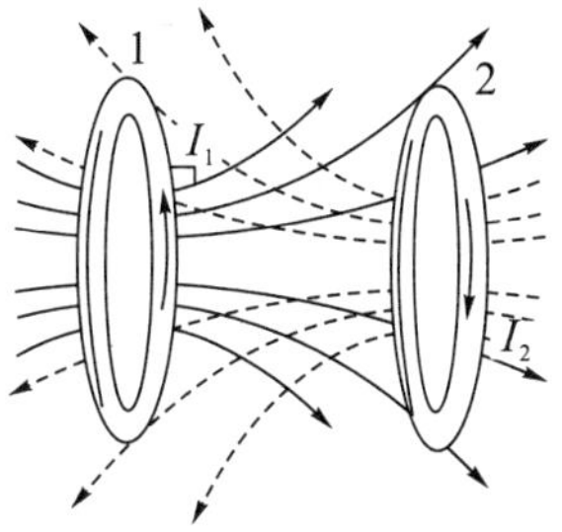

图 13－13　互感

同理也有

$$\Phi_{12}=M_{12}I_2$$

式中，M_{21} 和 M_{12} 是比例系数，它们由两个相邻回路的形状、大小、相对位置以及周围磁介质的磁导率决定。实验和理论都证明，$M_{12}=M_{21}=M$，M 称为两回路的互感系数，简称互感。于是

$$\Phi_{21}=MI_1\tag{13－10a}$$

$$\Phi_{12}=MI_2\tag{13－10b}$$

可见，互感系数在量值上等于其中一个回路通有单位电流时，通过另一回路面积的磁通量。

根据法拉第电磁感应定律，回路 1 中的变化电流 I_1 在回路 2 中激起的感应电动势为

$$\mathscr{E}_{21}=-\frac{\mathrm{d}\Phi_{21}}{\mathrm{d}t}=-M\frac{\mathrm{d}I_1}{\mathrm{d}t}\tag{13－11a}$$

同理，回路 2 中的变化电流 I_2 在回路 1 中激起的感应电动势为

$$\mathscr{E}_{12}=-\frac{\mathrm{d}\Phi_{12}}{\mathrm{d}t}=-M\frac{\mathrm{d}I_2}{\mathrm{d}t}\tag{13－11b}$$

上述我们所讨论的均是单匝线圈回路。如果我们所考虑的是匝数分别为 N_1 和 N_2 的两线圈，电流强度也分别为 I_1、I_2，通过每一匝线圈的磁通量也分别为 Φ_{12} 和 Φ_{21}，那么，在这两回路中激起的感应电动势应分别为

$$\mathscr{E}_{21} = -N_2 \frac{\mathrm{d}\Phi_{21}}{\mathrm{d}t} = -M \frac{\mathrm{d}I_1}{\mathrm{d}t} \tag{13-11c}$$

$$\mathscr{E}_{12} = -N_1 \frac{\mathrm{d}\Phi_{12}}{\mathrm{d}t} = -M \frac{\mathrm{d}I_2}{\mathrm{d}t} \tag{13-11d}$$

同时有

$$\left.\begin{aligned} N_2\Phi_{21} &= MI_1 \\ N_1\Phi_{12} &= MI_2 \end{aligned}\right\} \tag{13-12}$$

如果 $I_1 = I_2 = 1$ 单位时，则 $N_2\Phi_{21} = N_1\Phi_{12} = M$，即两个多匝线圈的互感系数，在量值上等于其中一个通有单位电流时穿过另一个线圈的磁通链数。

互感系数的单位，可由式（13－11）决定，其单位与自感系数的单位是相同的。

互感的应用很广泛，在电工和电子技术方面的应用尤为常见。例如变压器、感应圈等，就应用了互感的原理。但在有些情况下，产生互感也是有害处的。例如在无线电设备中，有时就会由于导线或各部件间的互感而妨碍设备的正常工作，对这种互感就要设法避免。

互感系数通常是利用实验方法来测定。但对于较简单的情况，可用式（13－11）和式（13－12）来计算。由式（13－12）计算的步骤如下：

(i) 设一个回路中有电流 I_1。

(ii) 求出 I_1 产生的磁感强度 $\boldsymbol{B}_1$ 的分布。

(iii) 求出由于 I_1 引起的穿过另一回路的磁通链 $N_2\Phi$。

(iv) 由 $M = \dfrac{N_2\Phi}{I_1}$ 得 M（结果与 I_1 无关）。

［**例 7**］　如图 13－14 所示，C_1、C_2 表示两共轴无限长直密绕螺线管，长均为 l，截面积均为 S，分别有 N_1、N_2 匝线圈。螺线管内磁介质的磁导率为 μ，试求：(1) 这两螺线管的互感系数 M；(2) 这两螺线管的互感系数与自感系数的关系。

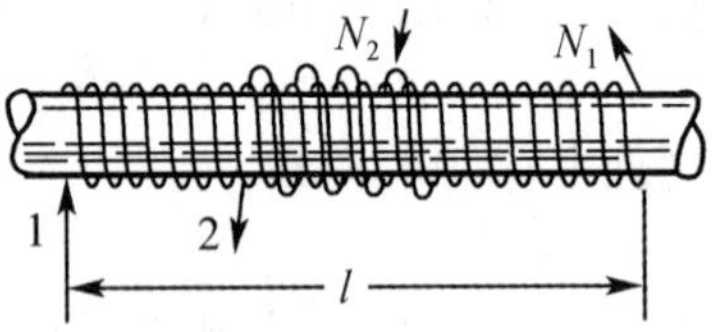

图 13－14

解　(1) (i) 设 C_1 线圈中通有电流 I_1。

(ii) 于是管内磁感强度 $B = \mu \dfrac{N_1 I_1}{l}$

(iii) 通过每匝线圈的磁通量 $\Phi = BS = \mu \dfrac{N_1 I_1}{l} S$，因通过 C_2 每匝线圈的磁通量都为 Φ，故通过 C_2 的磁通链数为　$N_2\Phi = \mu \dfrac{N_1 N_2 I_1}{l} S$

(iv) 根据互感的定义 $M = \dfrac{N_2\Phi}{I_1}$，得

$$M = \mu \frac{N_1 N_2}{l} S$$

(2) 由于通过 C_1 线圈自身的磁通链数为

$$N_1\Phi = \mu \frac{N_1^2 I_1}{l} S$$

又根据自感系数的定义　$L_1 = \dfrac{N_1\Phi}{I_1}$，得

$$L_1 = \mu \frac{N_1^2 S}{l}$$

同理

$$L_2 = \mu \frac{N_2^2 S}{l}$$

因此，再由式 $M = \mu \dfrac{N_1 N_2}{l} S$ 可得

$$M^2 = L_1 L_2 \qquad 即 \qquad M = \sqrt{L_1 L_2}$$

需要指出，只有像上述那样耦合的线圈，才有 $M = \sqrt{L_1 L_2}$ 的关系。在一般情况下，则是 $M = k\sqrt{L_1 L_2}$，而 $0 < k < 1$，k 称为耦合系数，k 值取决于两线圈的相对位置。在上述情况，$k = 1$，这称为完全耦合。

13.4　磁场能量

磁场与电场一样，也是具有能量的。下面从长直螺线管中的磁场的建立与消失过程中的能量转换关系来研究磁场的能量。

如图 13－15 所示，当电键 K 合上 1 时，则线圈中的电流由零逐渐增大，于是在线圈中逐渐建立了磁场。当电流由 0 增大时，在线圈中会激起自感电动势 $\mathscr{E}_L$。这时的自感电动势 $\mathscr{E}_L$ 将反抗电流增长。因此，电源将克服自感电动势作功，即电源将有一部分能量因克服自感电动势作功而转换为线圈中磁场的能量。

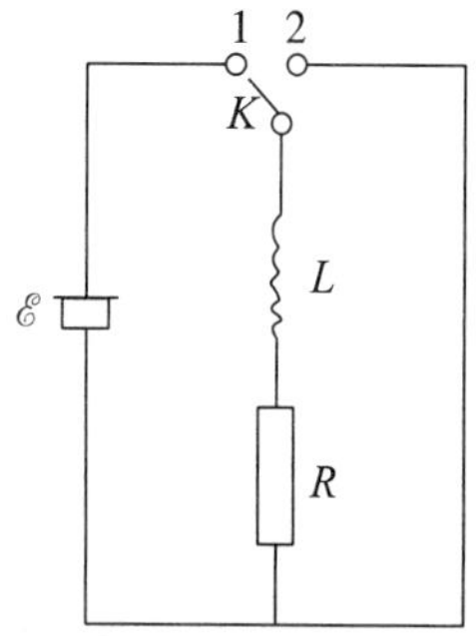

图 13－15

当然，电源还要消耗一部分能量于电阻 R 上转换为热能。当电路中的电流达到稳定值 $I = \mathscr{E}/R$ 后，K 如断开 1 合上 2，则电路中的电流由 I 逐渐减小，线圈中的磁场也逐渐消失。在电流减小的过程中，线圈中将产生与电流同方向的自感电动势，以反抗电流的减小。这时自感电动势将在电路中作正功，向电路供应能量。即线圈中的磁场能量逐渐转换为电能，然后又在电路的电阻上转换为热能。即是说，磁场在建立过程中电源克服线圈的自感电动势所做的功，变为磁能储于线圈中；而磁场在消失过程中，自感电动势对电路做的功是由磁场能量转化而来的。

现在来定量地计算磁场能量。在线圈中的电流由零逐渐增大到稳定值 I 的过程中，设某一时刻的电流为 i，则自感电动势为

$$\mathscr{E}_L = -L\frac{\mathrm{d}i}{\mathrm{d}t}$$

在 $\mathrm{d}t$ 时间内电源克服自感电动势所做的功为

$$\mathrm{d}A = -\mathscr{E}_L i\,\mathrm{d}t = Li\,\mathrm{d}i$$

当电流从零增加到 I 时，电源所做的功为

$$A = \int_0^I Li\mathrm{d}i = \frac{1}{2}LI^2$$

这功转换为线圈中的磁场能量。线圈中电流由 I 逐渐消失的过程中自感电动势做的功为

$$A = \int \mathscr{E}_L i\mathrm{d}t = \int -L\frac{\mathrm{d}i}{\mathrm{d}t}i\mathrm{d}t = \int_I^0 -Li\mathrm{d}i = \frac{1}{2}LI^2$$

这功是线圈中磁场能量转换来的。现用 W_m 表示磁场能量，则有

$$W_m = \frac{1}{2}LI^2 \tag{13-13}$$

式（13－13）即是线圈中的磁场能量与线圈内的电流和自感系数的关系式。

设所考虑的线圈是密绕的长直螺线管，则自感系数 $L=\mu n^2V$，螺线管内的磁感强度 $B=\mu nI$，于是管内的磁场能量为

$$W_m = \frac{1}{2}LI^2 = \frac{1}{2}\mu n^2V\left(\frac{B}{\mu n}\right)^2 = \frac{B^2}{2\mu}V$$

磁场能量的体密度为

$$w_m = \frac{W_m}{V} = \frac{B^2}{2\mu} = \frac{1}{2}BH = \frac{\mu}{2}H^2 \tag{13-14}$$

式（13－14）虽然是从均匀磁场（载流长直螺线管）这种特殊情况下推导出的，但对非均匀磁场仍适用。在非均匀磁场中，对任一体积元 $\mathrm{d}V$ 内的 B 和 H 可看做是均匀的，因此体积元 $\mathrm{d}V$ 内的磁场能量密度仍为式（13－14）所示，而体积元 $\mathrm{d}V$ 内的磁场能量为

$$\mathrm{d}W_m = w_m\mathrm{d}V = \frac{1}{2}BH\mathrm{d}V$$

在体积 V 内的磁场能量则为

$$W_m = \int \mathrm{d}W_m = \int_V \frac{1}{2}BH\mathrm{d}V$$

V 表示磁场存在的空间。

［**例** 8］　试求同轴电缆的磁能和自感。如图 13－16 所示，同轴电缆中金属芯线的半径为 R_1，共轴金属圆筒的半径为 R_2，中间充以磁导率为 μ 的磁介质。若芯线与圆筒分别和电池两极相接，芯线与圆筒上的电流大小相等、方向相反。如略去金属芯线内的磁场，求此同轴电缆芯线与圆筒之间单位长度上的磁能和自感系数。

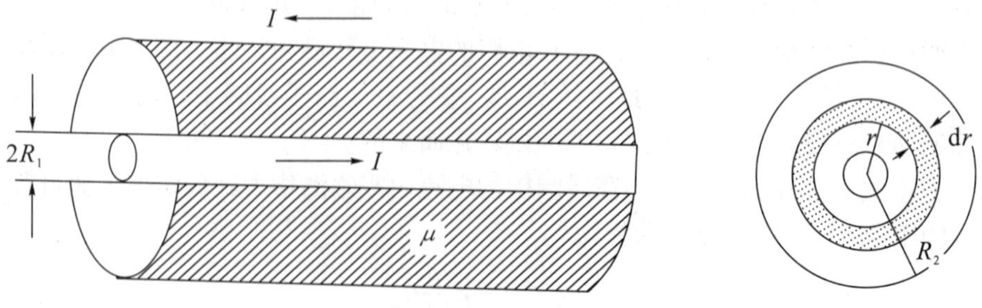

图 13－16

解　由题意知，同轴电缆芯线内的磁场强度可视为零，又由安培环路定理已求得电缆外部的磁场强度亦为零，这样，只在芯线与圆筒之间存在磁场。由安培环路定理可求得，

在电缆内距轴线为 r 处的磁场强度为

$$H=\frac{I}{2\pi r}$$

在芯线与圆筒之间，磁场的能量密度为

$$w_m=\frac{1}{2}\mu H^2=\frac{\mu}{2}\left(\frac{I}{2\pi r}\right)^2=\frac{\mu I^2}{8\pi^2 r^2}$$

磁场的总能量为

$$W_m=\int_v W_m \mathrm{d}V=\frac{\mu I^2}{8\pi^2}\int_V \frac{1}{r^2}\mathrm{d}V$$

对于单位长度的电缆，$\mathrm{d}V=2\pi r\mathrm{d}r\times 1=2\pi r\mathrm{d}r$，代入上式，得单位长度同轴电缆的磁场能量为

$$W_m=\frac{\mu I^2}{8\pi^2}\int_{R_1}^{R_2}\frac{2\pi r}{r^2}\mathrm{d}r=\frac{\mu I^2}{4\pi}\ln\frac{R_2}{R_1}$$

由磁能公式 $W_m=\frac{1}{2}LI^2$，可得单位长度同轴电缆的自感系数为 $L=\frac{\mu}{2\pi}\ln\frac{R_2}{R_1}$。

13.5　位移电流　电磁场基本方程的积分形式

自从 1820 年奥斯特发现电现象与磁现象之间的联系以后，由于安培、法拉第、亨利等人的工作，电磁学的理论有了很大发展. 到了 19 世纪 50 年代，电磁技术也有了明显的进步，各种各样的电流计、电压计制造出来了，发电机、电动机和弧光灯已从实验室步人生活和生产领域，有线电报也从实验室的研究走向社会。这时，在电磁学范围内已建立了许多定律、定理和公式，然而，人们迫切地企盼能像经典力学归纳出牛顿运动定律和万有引力定律那样，也能对众多的电磁学定律进行归纳总结，找出电磁学的基本方程。正是在这种情况下，麦克斯韦总结了从库仑到安培、法拉第以来电磁学的全部成就，并发展了法拉第的场的思想，针对变化磁场能激发电场以及变化电场能激发磁场的现象，提出了有旋电场和位移电流的概念，从而于 1864 年底归纳出电磁场的基本方程，即麦克斯韦电磁场的基本方程。在此基础上，麦克斯韦还预言了电磁波的存在，并指出电磁波在真空中的传播速度为

$$c=\frac{1}{(\mu_0\varepsilon_0)^{1/2}}$$

其中，ε_0 和 μ_0 分别是真空电容率和真空磁导率。

将 ε_0 和 μ_0 的值代入上式，可得电磁波在真空中的传播速度为 $3\times10^8\mathrm{m\cdot s^{-1}}$，这个值与光速是相同的。过后不久，赫兹从实验中证实了麦克斯韦关于电磁波的预言，赫兹的实验给予麦克斯韦电磁理论以决定性支持. 麦克斯韦理论奠定了经典电动力学的基础，也为电工技术、无线电技术和现代通讯和信息技术的发展开辟了广阔前景. 至今，麦克斯韦电磁理论对宏观、高速和低速的情况都仍能适用. 顺便指出，现代量子理论认为带电体之间的电磁作用是相互交换光子的结果，从而使人们对麦克斯韦电磁理论的理解又前进了一步（限于课程教学要求，对这个问题就不作进一步说明了）。

13.5.1 位移电流 全电流安培环路定理

在 12.2.2 中，我们曾讨论了在恒定电流磁场中的安培环路定理

$$\oint_L \boldsymbol{H} \cdot \mathrm{d}\boldsymbol{l} = I = \int_S \boldsymbol{j} \cdot \mathrm{d}\boldsymbol{S}$$

这个定理表明，磁场强度沿任一闭合回．路的环流等于此闭合回路所围传导电流的代数和。在非恒定电流的情况下，这个定律是否仍可适用呢？讨论这个问题可以先从电流连续性的问题谈起。

在一个不含有电容器的闭合电路中，传导电流是连续的。这就是说，在任一时刻，流过导体上某一截面的电流是与流过任何其它截面的电流是相等的。但在含有电容器的电路中情况就不同了。无论电容器被充电还是放电，传导电流都不能在电容器的两极板之间流过，这时传导电流不连续了。

如图 13－17（a）所示，电容器在放电过程中，电路导线中的电流 I 是非恒定电流，它随时间而变化。如图 13－17（b）所示，若在极板 A 的附近取一个闭合回路L，则以此回路 L 为边界可作两个曲面S_1 和 S_2。其中 S_1 与导线相交，S_2 在两极板之间，不与导线相交；S_1 和 S_2 构成一个闭合曲面。现以曲面 S_1，作为衡量有无电流穿过 L 所包围面积的依据，则由于它与导线相交，故知穿过 L 所围面积即 S_1 面的电流为 I，所以由安培环路定理有

$$\oint_L \boldsymbol{H} \cdot \mathrm{d}\boldsymbol{l} = I$$

而若以曲面 S_2 为依据，则没有电流通过 S_2，于是由安培环路定理便有

$$\oint_L \boldsymbol{H} \cdot \mathrm{d}\boldsymbol{l} = 0$$

这就突出表明，在非恒定电流的磁场中，磁场强度沿回路 L 的环流与如何选取以闭合回路L 为边界的曲面有关。选取不同的曲面，环流有不同的值。这说明，在非恒定电流的情况下，安培环路定理是不适用的，必须寻求新的规律。

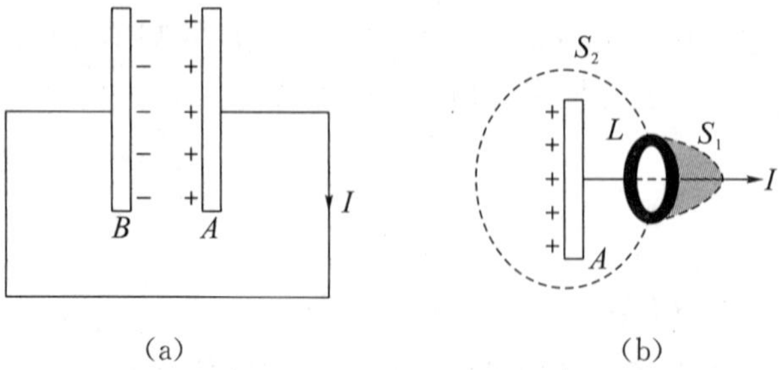

图 13－17 含有电容的电路中，传导电流不连续

在科学史上，解决这类问题一般有两条途径：一是在大量实验事实的基础上。提出新概念，建立与实验事实相符合的新理论；另一是在原有理论的基础上，提出合理的假设，对原有的理论作必要的修正，使矛盾得到解决，并用实验检验假设的合理性．而在科学发展的一定阶段上，往往循第二条途径。麦克斯韦提出位移电流的假设，就是为修正安培环路定理，使之也适合非恒定电流的情形而作的。

在图 13－18 的电容器放电电路中，设某一时刻电容器的板 A 上有电荷 $+q$，其电荷面密度为 $+\sigma$；板 B 上有电荷 $-q$，其电荷面密度为 $-\sigma$。当电容器放电时，设正电荷由板 A 沿导线向板 B 流动，则在 $\mathrm{d}t$ 时间内通过电路中任一截面的电荷为 $\mathrm{d}q$，而这个 $\mathrm{d}q$ 也就是电容器极板上失去（或获得）的电荷。所以，极板上电荷对时间的变化率 $\mathrm{d}q/\mathrm{d}t$ 也即是电路中的传导电流。若板的面积为 S，则极板内的传导电流为

$$I_c = \frac{\mathrm{d}q}{\mathrm{d}t} = \frac{\mathrm{d}(S\sigma)}{\mathrm{d}t} = S\frac{\mathrm{d}\sigma}{\mathrm{d}t}$$

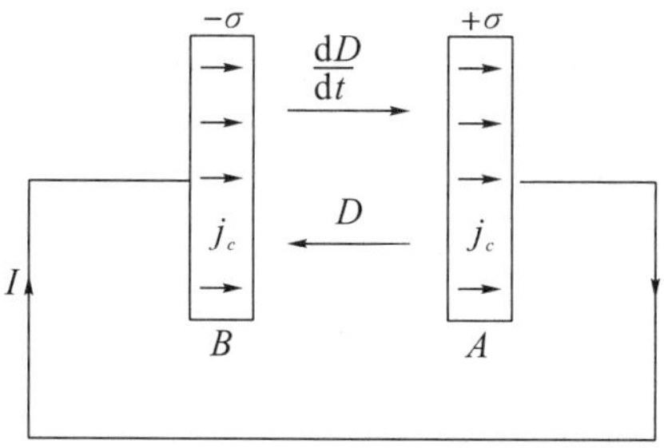

图 13－18　位移电流

传导电流密度为

$$j_c = \frac{\mathrm{d}\sigma}{\mathrm{d}t}$$

至于在电容器两板之间的空间（真空或电介质）中，由于没有自由电荷的移动，传导电流为零，即对整个电路来说，传导电流是不连续的。

但是，在电容器的放电过程中，板上的电荷面密度 σ 随时间变化的同时，两板间电场中电位移矢量的大小 $D=\sigma$ 和电位移通量 $\Phi_D=SD$ 也随时间而变化。它们随时间的变化率分别为

$$\frac{\mathrm{d}D}{\mathrm{d}t} = \frac{\mathrm{d}\sigma}{\mathrm{d}t}, \qquad \frac{\mathrm{d}\Phi_D}{\mathrm{d}t} = S\frac{\mathrm{d}\sigma}{\mathrm{d}t} \tag{13-15}$$

从上述结果可以明显看出：板间电位移矢量随时间的变化率 $\mathrm{d}\boldsymbol{D}/\mathrm{d}t$ 在数值上等于板内传导电流密度；板间电位移通量随时间的变化率 $\mathrm{d}\Phi_D/\mathrm{d}t$，在数值上等于板内传导电流。并且当电容器放电时，由于板上电荷面密度 σ 减小，两板间的电场减弱，所以，$\mathrm{d}\boldsymbol{D}/\mathrm{d}t$ 的方向与 $\boldsymbol{D}$ 的方向相反. 在图 13－18 中，$\boldsymbol{D}$ 的方向是由右向左的，而 $\mathrm{d}\boldsymbol{D}/\mathrm{d}t$ 的方向则是由左向右，恰与板内传导电流密度的方向相同。因此，可以设想，如果以 $\mathrm{d}\boldsymbol{D}/\mathrm{d}t$ 表示某种电流密度，那么，它就可以代替在两板间中断了的传导电流密度，从而保持了电流的连续性。

麦克斯韦把电位移 $\boldsymbol{D}$ 的时间变化率 $\mathrm{d}\boldsymbol{D}/\mathrm{d}t$ 称为位移电流密度 $\boldsymbol{j}_d$；电位移通量 ψ 的时间变化率 $d\Phi_D/\mathrm{d}t$ 称为位移电流 I_d，有

$$\boldsymbol{j}_d = \frac{\partial \boldsymbol{D}}{\partial t} \qquad I_d = \frac{\partial \Phi_D}{\partial t} \tag{13-16}$$

麦克斯韦并假设位移电流和传导电流一样，也会在其周围空间激起磁场。这样，按照麦克斯韦位移电流的假设，在有电容器的电路中，在电容器极板表面中断了的传导电流，可以

由位移电流继续下去，两者一起构成电流的连续性。

就一般性质来说，麦克斯韦认为电路中可同时存在传导电流 I_c 和位移电流 I_d，那么，它们之和为

$$I_S = I_c + I_d$$

I_s 叫做全电流。于是，在一般情况下，安培环路定理可修正为

$$\oint_L \boldsymbol{H} \cdot \mathrm{d}\boldsymbol{l} = I_S = I_c + \frac{\mathrm{d}\Phi_D}{\mathrm{d}t} \tag{13-17}$$

或

$$\oint_L \boldsymbol{H} \cdot \mathrm{d}\boldsymbol{l} = \int_S (\boldsymbol{j}_c + \frac{\partial \boldsymbol{D}}{\partial t}) \cdot \mathrm{d}\boldsymbol{S} \tag{13-18}$$

这就表明，磁场强度 $\boldsymbol{H}$ 沿任意闭合回路的环流等于穿过此闭合回路所围曲面的全电流，这就是全电流安培环路定理. 从式（13－17）可以看出传导电流和位移电流所激发的磁场都是有旋磁场. 所以，麦克斯韦关于位移电流假设的实质就是认为变化的电场要激发有旋磁场。应当强调指出，在麦克斯韦的位移电流假设基础上所导出的结果，都与实验符合得很好。

［**例** 9］　有一半径为 $R=3.0\text{cm}$ 的圆形平行平板空气电容器. 现对该电容器充电，使极板上的电荷随时间的变化率，即充电电路上的传导电流 $I_c=\mathrm{d}Q/\mathrm{d}t=2.5\text{A}$。若略去电容器的边缘效应，求（1）两极板间的位移电流；（2）两极板间离开轴线的距离为 $r=2.0\text{cm}$ 的点 P 处的磁感强度。

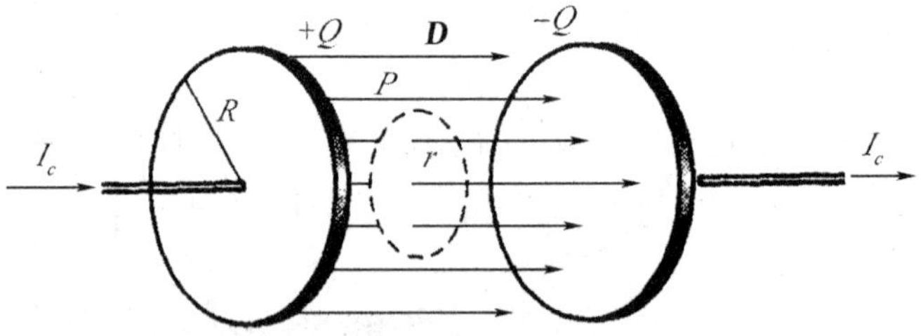

图 13－19

解　（1）两极板间的位移电流就等于电路上的传导电流。

（2）在如图 8－27 所示的图上，以半径，作一平行于两极板平面的圆形回路。由于电容器内两极板间的电场可视为均匀电场，其电位移为 $D=\sigma$，所以，穿过以 r 为半径的圆面积的电位移通量为

$$\Phi_D = D(\pi r^2) = \sigma\pi r^2$$

考虑到 $\sigma=\dfrac{Q}{\pi r^2}$，上式可写成

$$\Phi_D = \frac{r^2}{R^2}Q$$

这样，由式（8－17）即得，通过圆面积的位移电流为

$$I_d = \frac{\mathrm{d}\Phi_D}{\mathrm{d}t} = \frac{r^2}{R^2}\frac{\mathrm{d}Q}{\mathrm{d}t} \tag{1}$$

此外，由于电容器内两极板间没有传导电流，即 $I_c=0$，所以由全电流安培环路定

理有

$$\oint_L \boldsymbol{H} \cdot \mathrm{d}\boldsymbol{l} = I_d$$

考虑到极板间磁场强度 $\boldsymbol{H}$ 对轴线的对称性，故圆形回路上各点的 $\boldsymbol{H}$ 的大小均相同，其方向均与回路上各点相切，于是，$\boldsymbol{H}$ 沿上述圆形回路的积分为

$$\oint_L \boldsymbol{H} \cdot \mathrm{d}\boldsymbol{l} = H(2\pi r) \tag{2}$$

于是由式（1）和式（2）便有

$$H = \frac{r}{2\pi R^2} \frac{\mathrm{d}Q}{\mathrm{d}t}$$

另外，考虑到电容器两极板间为空气，且略去边缘效应，所以有 $B = \mu_0 H$。于是可得两极板间与轴线相距为 r 的点 P 处的磁感强度为

$$B = \frac{\mu_0 r}{2\pi R^2} \frac{\mathrm{d}Q}{\mathrm{d}t} \tag{3}$$

将已知数据分别代入式（1）和式（3）可得通过上述圆面积的位移电流和距轴线为 r 的点 P 处的磁感强度的值各为

$$I_d = 1.1\mathrm{A}, \qquad B = 1.11 \times 10^{-5}\ \mathrm{T}$$

13.5.2　电磁场　麦克斯韦电磁场方程的积分形式

至此，我们先后介绍了麦克斯韦关于有旋电场和位移电流这两个假设。前者指出变化磁场要激发有旋电场，后者则指出变化电场要激发有旋磁场。这两个假设揭示了电场和磁场之间的内在联系. 存在变化电场的空间必存在变化磁场，同样，存在变化磁场的空间也必存在变化电场. 这就是说，变化电场和变化磁场是密切地联系在一起的，它们构成一个统一的电磁场整体. 这就是麦克斯韦关于电磁场的基本概念。

在研究电现象和磁现象的过程中，我们曾分别得出静止电荷激发的静电场和恒定电流激发的恒定磁场的一些基本方程，即

（1）静电场的高斯定理

$$\oint_S \boldsymbol{D} \cdot \mathrm{d}\boldsymbol{S} = \int_V \rho \mathrm{d}V = q$$

（2）静电场的环流定理

$$\oint_L \boldsymbol{E} \cdot \mathrm{d}\boldsymbol{l} = 0$$

（3）磁场的高斯定理

$$\oint_S \boldsymbol{B} \cdot \mathrm{d}\boldsymbol{S} = 0$$

（4）安培环路定理

$$\oint_L \boldsymbol{H} \cdot \mathrm{d}\boldsymbol{l} = \int_S \boldsymbol{j} \cdot \mathrm{d}\boldsymbol{S} = I_c$$

麦克斯韦在引入有旋电场和位移电流两个重要概念后，将静电场的环流定理修改为

$$\oint_L \boldsymbol{E} \cdot \mathrm{d}\boldsymbol{l} = -\frac{\mathrm{d}\Phi_m}{\mathrm{d}t} = -\int_S \frac{\partial \boldsymbol{B}}{\partial t} \cdot \mathrm{d}\boldsymbol{S}$$

将安培环路定理修改为

$$\oint_L \boldsymbol{H} \cdot \mathrm{d}\boldsymbol{l} = I_c + I_d = \int_S (\boldsymbol{j}_c + \frac{\partial \boldsymbol{D}}{\partial t}) \cdot \mathrm{d}\boldsymbol{S}$$

使它们能适用于一般的电磁场。麦克斯韦还认为静电场的高斯定理和磁场的高斯定理不仅适用于静电场和恒定磁场，也适用于一般电磁场。于是，得到电磁场的四个基本方程，即

$$\oint_L \boldsymbol{D} \cdot \mathrm{d}\boldsymbol{S} = \int_V \rho \mathrm{d}V = q \tag{13-19a}$$

$$\oint_L \boldsymbol{E} \cdot \mathrm{d}\boldsymbol{l} = -\int_V \frac{\partial \boldsymbol{B}}{\partial t} \cdot \mathrm{d}\boldsymbol{S} \tag{13-19b}$$

$$\oint_L \boldsymbol{B} \cdot \mathrm{d}\boldsymbol{S} = 0 \tag{13-19c}$$

$$\oint_L \boldsymbol{H} \cdot \mathrm{d}\boldsymbol{l} = \int_S (\boldsymbol{j} + \frac{\partial \boldsymbol{D}}{\partial t}) \cdot \mathrm{d}\boldsymbol{S} \tag{13-19d}$$

这四个方程就是麦克斯韦方程组的积分形式。

应当指出，除上述积分形式的麦克斯韦方程组外，还相应地有四个微分形式的方程，这里不作介绍。

麦克斯韦方程组的形式既简洁又优美，全面地反映了电场和磁场的基本性质，并把电磁场作为一个整体，用统一的观点阐明了电场和磁场之间的联系。因此，麦克斯韦方程组是对电磁场基本规律所作的总结性、统一性的简明而完美的描述。麦克斯韦电磁理论的建立是 19 世纪物理学发展史上又一个重要的里程碑. 正如爱因斯坦所说："这是自牛顿以来物理学所经历的最深刻和最有成果的一项真正观念上的变革"。所以人们常称麦克斯韦是电磁学上的牛顿。

习　题

13－1　一导线 ab 弯成如题 13－1 图所示的形状（其中 cd 是一半圆，半径 $r=0.10\mathrm{m}$，ac 和 db 两段的长度均为 $l=0.10\mathrm{m}$），在 $B=0.50\mathrm{T}$ 的均匀磁场中绕轴线 ab 转动，转速 $n=60\mathrm{rev}\cdot\mathrm{s}^{-1}$。设电路的总电阻（包括电表 M 的内阻）为 1000Ω，求导线中的感应电动势和感应电流，它们的最大值各是多大?

13－2　一正方形线圈，边长为 l，以匀速 v 通过一约束在正方形区域（边长为 $2l$）内的匀强磁场，如题 13－2 图所示。线圈的位置由线圈中心所在位置的坐标 x 来表示。试在 $x=-2l$ 到 $x=+2l$ 范围内，将线圈中的感应电动势 $\mathscr{E}$ 的量值按 $\mathscr{E}$—x 曲线图示出来，作图时把顺时针指向的感应电动势记作正值，逆时针指向的感应电动势记作负值。

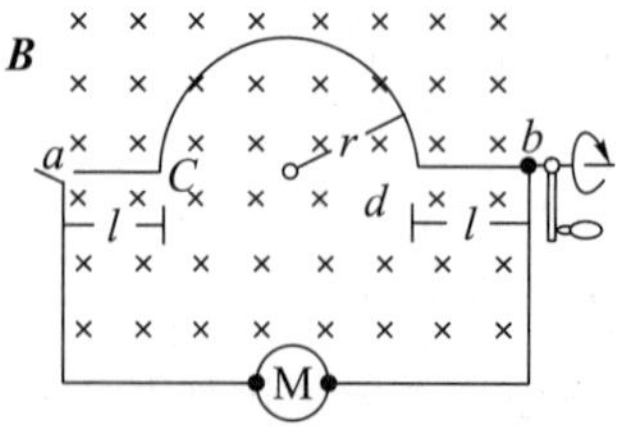

题 13－1 图

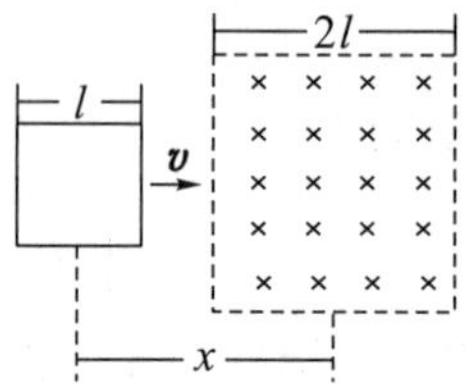

题 13－2 图

13－3　如题 13－3 图所示，金属杆 AB 以匀速 $v=2\text{m}\cdot\text{s}^{-1}$ 平行于一长直导线移动，此导线通有电流 $I=40\text{A}$。问：此杆中的感应电动势为多大？杆的哪一端电势较高？

13－4　在半径为 R 的圆柱空间中存在着均匀磁场，$\boldsymbol{B}$ 的方向与柱的轴线平行。如题 13－4 图所示，有一长为 l 的金属棒放在磁场中，设 $\boldsymbol{B}$ 的大小变化率为 $\frac{\mathrm{d}B}{\mathrm{d}t}$，试证：棒上感应电动势的大小为 $\mathscr{E}=\frac{\mathrm{d}B}{\mathrm{d}t}\frac{1}{2}\sqrt{R^2-\left(\frac{l}{2}\right)^2}$

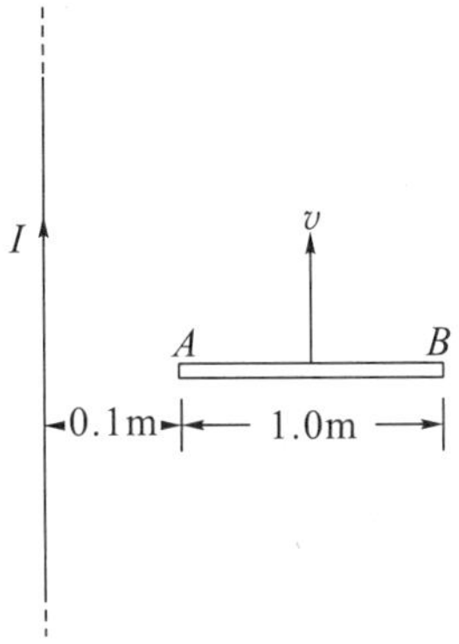

题 13－3 图

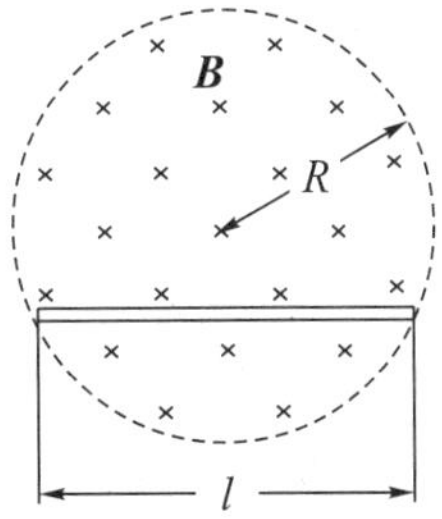

题 13－4 图

13－5　如题 13－5 图所示，在虚线圆内的所有点上，磁感强度 B 为 0.5T，方向垂直纸面向里，且每秒钟减少 0.1T。虚线圆内有一半径为 10cm 的同心导电圆环，求：

（1）导电圆环电阻在 2Ω 时圆环中的感应电流；

（2）圆环上任意两点 a、b 间的电位差；

（3）圆环被切断，两断分开很小一段距离，两端的电位差。

题 13－5 图

13－6　两根平行长直导线，横截面半径都是 a，中心相距为 d，属于同一回路。设两导线内部的磁通量都可略去不计，证明这样一对导线长 l 一段的自感为

$$L=\frac{\mu_0 l}{\pi}\ln\frac{d-a}{a}$$

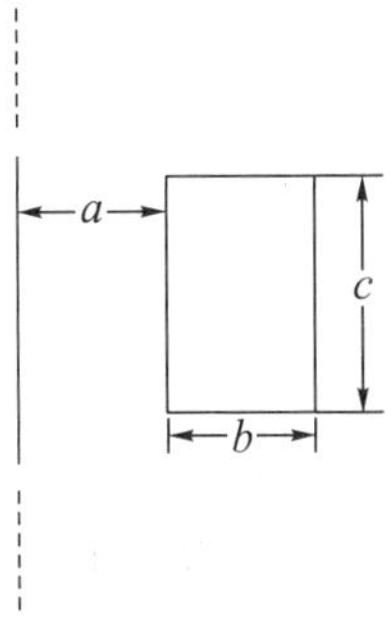

13－7　在无限长直导线近旁，放置一长方形平面线圈，线圈的一边与导线平行，如题 13－7 图所示。求其互感系数 M。

13－8　一圆形线圈 C_1 由 50 匝表面绝缘的细导线绕成，圆面积 $S=4.0\text{cm}^2$。将此线圈放在另一个半径为 $R=20\text{cm}$ 的圆形大线圈 C_2 的中心，两者同轴。大线圈由 100 匝表面绝缘的导线绕成。求这两个线圈的互感系数 M。

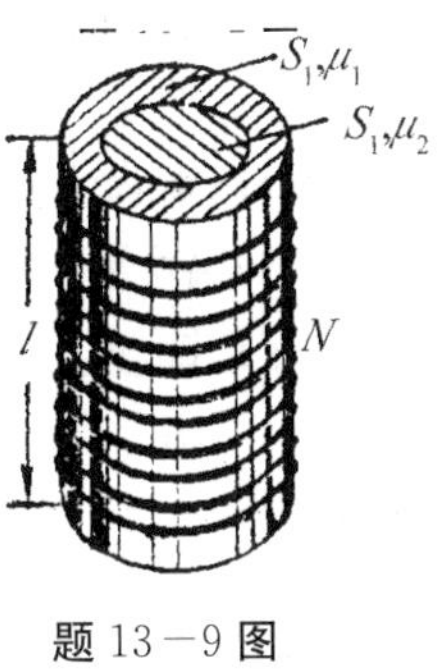

题 13－9 图

13－9　如题 13－9 图所示，螺线管的管心是两个套在一起的同轴圆柱体，其截面积分别为 S_1 和 S_2，磁导率分别为 μ_1 和 μ_2，管长为 l，匝数为 N，求螺线管的自感系数（设管的截面很小）。

13－10　一螺线管的自感系数为 0.10H，通过它的电流为 4A，试求它储藏的磁场能量。

13－11　一无限长直导线，截面各处的电流密度相等，总电流为 I。试证：每单位长度导线内所储藏的磁能为 $\mu I^2/16\pi$。

13－12　在真空中，若一均匀电场中的电场能量密度与－0.50T 的均匀磁场中的磁场能量密度相等，该电场的电场强度为多少？

13－13　在无限长的载流直导线附近放置一矩形闭合线圈，开始时线圈与导线在同一平面内，且线圈中两条边与导线平行，当线圈以相同的速率作如题 13－13 图所示的三种不同方向的平动时，线圈中的感应电流（　　）。

(A) 以情况Ⅰ中为最大。

(B) 以情况Ⅱ中为最大。

(C) 以情况Ⅲ中为最大。

(D) 以情况Ⅰ和Ⅱ中相同。

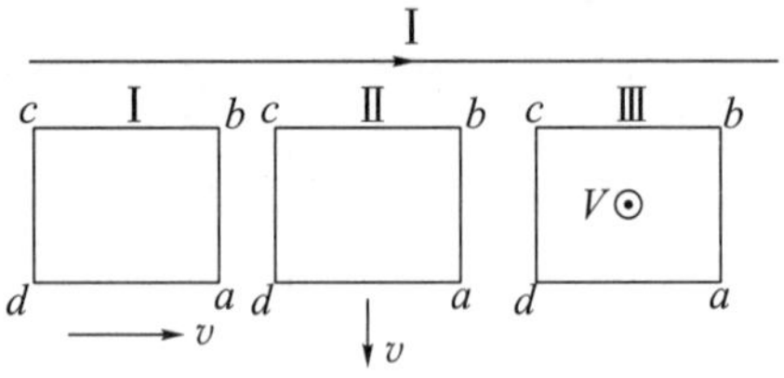

题 13－13 图

13－14　如题 13－14 图所示，一矩形金属线框，以速度 v 从无场空间进一均匀磁场中，然后又从磁场中出来，到无场空间中。不计线圈的自感，下面哪一条曲线正确地表示了线圈中的感应电流对时间的函数关系？（从线圈刚进入磁场时刻开始计时，I 以顺时针方向为正）

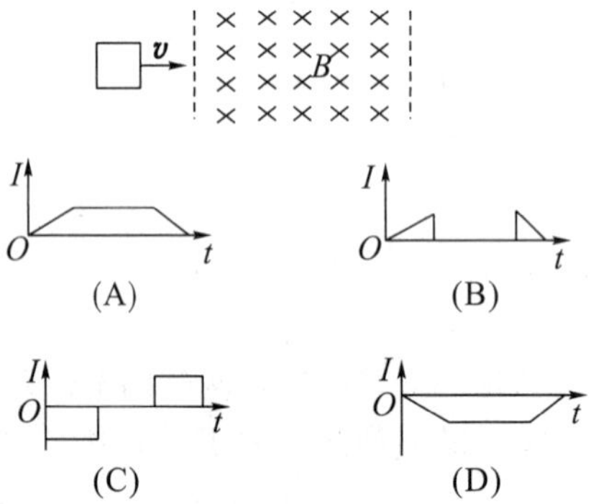

题 13－14 图

13－15　圆铜盘水平放置在均匀磁场中，$\boldsymbol{B}$ 的方向垂直盘面向上。当铜盘绕通过中心垂直于盘面的轴沿图示方向转动时（　　）。

(A) 铜盘上有感应电流产生，沿着铜盘转动的相反方向流动。

(B) 铜盘上有感应电流产生，沿着铜盘转动的方向流动。

(C) 铜盘上产生涡流。

(D) 铜盘上有感应电动势产生，铜盘边缘处电势最高。

(E) 铜盘上有感应电动势产生，铜盘中心处电势最高。

13－16　真空中两根很长的相距为 $2a$ 的平行直导线与电源组成闭合回路如题 13－16 图所示。已知导线中的电流强度为 I，求在两导线正中间某点 P 处的磁能密度。（　　）

(A) $\dfrac{1}{\mu_0}\left(\dfrac{\mu_0 I}{2\pi a}\right)^2$　　(B) $\dfrac{1}{2\mu_0}\left(\dfrac{\mu_0 I}{2\pi a}\right)^2$　　(C) $\dfrac{1}{2\mu_0}\left(\dfrac{\mu_0 I}{\pi a}\right)^2$　　(D) 0

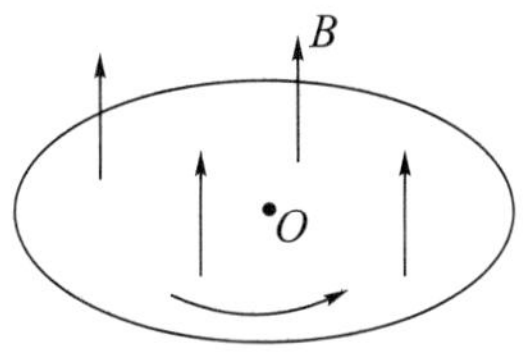

题 13－15 图

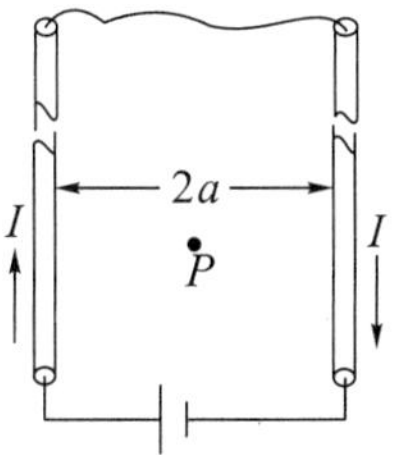

题 13－16 图

13－17　如题 13－17 图所示，电量 Q 均匀分布在一半径为 R，长为 L（$L \gg R$）的绝缘长圆筒上。一单匝矩形线圈的一个边与圆筒的轴线重合。若筒以角速度 $\omega = \omega_0 (1 - t/t_0)$ 线性减速旋转，则线圈中的感应电流为多少?

13－18　如题 13－18 图所示，有一根无限长直导线绝缘地紧贴在矩形线圈的中心轴 OO' 上，则直导线与矩形线圈间的互感系数为多少?

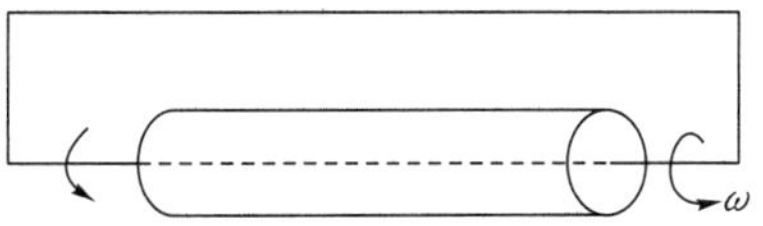

题 13－17 图

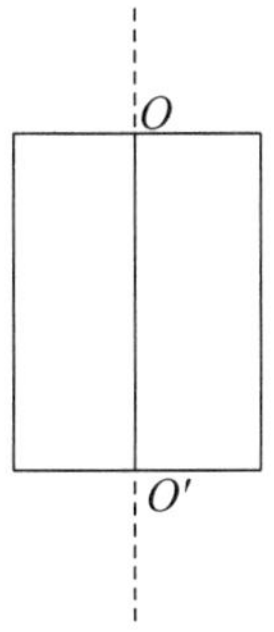

题3－18 图

13－19　设有半径 $R = 0.02\text{m}$ 的平行平板电容器。两板之间为真空，板间距离 $d = 0.50\text{cm}$，以恒定电流 $I = 2.0\text{A}$ 对电容器充电，求位移电流密度（忽略平板电容器边缘效应，设电场是均匀的）。

第 14 章　机械振动

振动是物质运动的基本形式之一。在人类的日常生活中振动现象处处可见，例如，钟表里摆轮的运动，汽缸内活塞的运动，机器开动时各部分的微小颤动以及一切发声体的运动都属于振动。物质结构内部中的分子和原子也在不停地振动。物体在一定位置附近作来回往复的运动称为机械振动。

除机械振动以外，自然界还存在各种各样的振动，如交变电流、交变电磁场等等，尽管它们在本质上和机械振动有所不同，但它们所遵循的变化规律和机械振动是极为相似的。因此，从广义上讲一个物理量在某一恒定的数值附近作往复变化的过程，都可以称为振动，都可以用和机械振动相同的方法来研究。

正因为振动现象的普遍性，所以研究机械振动规律也是研究其他振动以及波动、波动光学、无线电技术等的基础，在科学研究和生产技术中有着广泛的应用。

振动现象中最简单和最基本的振动是简谐运动。任何复杂的振动都可以看成是若干个简谐运动的合成，所以研究振动的基本出发点就是研究简谐运动的基本规律。本章将讨论简谐运动的基本规律，以及简谐运动的合成等问题，并简要介绍阻尼振动、受迫振动和共振现象等。

14.1　简谐运动

为了研究问题的方便，我们先建立一个理想的模型——弹簧振子，并由此说明简谐运动的运动规律。

14.1.1　弹簧振子

如图 14－1 所示，我们将轻弹簧的左端固定，右端系有一质量为 m 的物体，放在光滑的水平面上。这样，在竖直方向上物体受到的重力和平面对它的支持力相互平衡，在水平方向上忽略摩擦，物体将只受到弹簧的作用力。设弹簧为原长时，物体所在位置为坐标原点，物体所受弹性力的大小为零，我们称此位置为物体的平衡位置。将物体拉至 B 点，由于此时弹簧被拉长，便存在一个指向平衡位置的弹性力作用在物体上。撤去外力后，物体在弹性力的作用下将返回平衡位置。当物体回到平衡位置时，虽然弹簧的作用力等于零，但由于物体存在速度，在惯性作用下，在平衡位置处并不停止，而是继续向左方运动，从而压缩弹簧，使物体仍然受到一个指向平衡位置的弹性力，阻止物体向左运动，直至物体运动到速度为零的 C 点，此后在弹性力的作用下，物体又将向右运动，返回平衡位置。以后的物体运动和物体向左运动是类似的。这样，在弹性力和惯性的作用下，物体在平衡位置附近作往复的运动，物体和弹簧就组成了一个振动系统。

在上述的振动系统中，为了简化所讨论的问题，可作出两点假设：(1) 把物体视为作平动的刚体，即把它当作一个质点；(2) 忽略弹簧的质量，这样的弹簧称为轻弹簧。这样由物体和轻弹簧组成的振动系统，叫作弹簧振子。虽然，这是理想化了的模型，但它却反映了某些振动系统的主要特征。下面我们将以弹簧振子为例，来讨论简谐运动的运动学规律。

14.1.2　简谐运动的基本规律

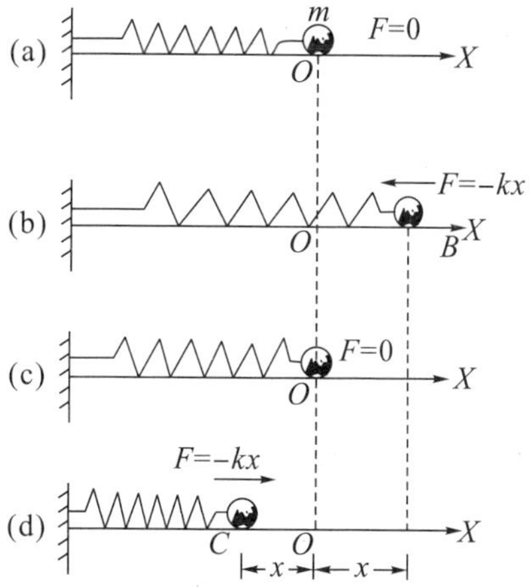

图 14－1　弹簧振子

如图 14－1，设物体在 X 轴上运动，取它的平衡位置 O 处为坐标原点，规定向右为正。设任意时刻 t 物体的位移为 x（即弹簧的伸长为 x）。根据胡克定律，物体所受的弹性力为

$$F = -kx \tag{14-1}$$

式中，k 是弹簧的劲度系数，而负号表示力的方向和物体位移的方向相反。换句话说，物体所受的弹性力总是指向平衡位置，它显然是一种回复力。设物体的质量为 m，根据牛顿定律，它在 t 时刻的加速度 a 是

$$a = \frac{F}{m} = -\frac{k}{m}x$$

由于 k 和 m 都是正的恒量，将它们的比值用另一个常数 ω 的平方来表示，即令

$$\frac{k}{m} = \omega^2$$

代入上式，可得

$$a = -\omega^2 x \tag{14-2}$$

或

$$\frac{\mathrm{d}^2 x}{\mathrm{d}t^2} + \omega^2 x = 0 \tag{14-3}$$

只要在弹性限度内，上式总是成立的。由此我们可以概括出弹簧振子中物体的运动学特征，即物体的加速度 a 与它离开平衡位置的位移 x 成正比，方向和位移相反。我们把具有这种特征的运动称为简谐运动。式（14－3）就是简谐运动所满足的微分方程式，即为简谐运动的定义式。

由上面的讨论可知，物体如作简谐运动，则它受到的作用力，必须是与位移成正比而反向，这就是物体作简谐运动的动力学特征。

根据微分方程的理论，式（14－3）的解为

$$x = A\cos(\omega t + \varphi) \tag{14-4a}$$

式中，ω 是和振动系统有关的常量，在弹簧振子系统中 $\omega = \sqrt{\frac{k}{m}}$；$A$ 和 φ 是积分常数，它们的意义我们将在下一节讨论。

由于 $\cos(\omega t + \varphi) = \sin\left(\omega t + \varphi + \frac{\pi}{2}\right)$，所以，如令 $\varphi' = \varphi + \frac{\pi}{2}$，则式（14－4a）可改写为

$$x = A\sin(\omega t + \varphi') \tag{14-4b}$$

式（14－4a）和式（14－4b）都是微分方程式（14－3）的解，在描述简谐运动时是完全等价的，它们都是简谐运动的运动方程。可见，物体作简谐运动时，位移是时间的正弦或余弦函数。本章我们用余弦函数表示简谐运动。

总之，物体作简谐运动的基本特征是“物体所受的力（或物体的加速度）与物体的位移成正比，而方向相反”，其运动方程为 $x = A\cos(\omega t + \varphi)$。

推而广之，若任一物理量 ψ（如电流、电压、温度、压力等）随时间的变化满足与上述类似的方程，即 ψ 满足

$$\frac{d^2\psi}{dt^2} + \omega^2\psi = 0$$

则必有 $\psi = \psi_0\cos(\omega t + \varphi)$，即该物理量 ψ 作简谐运动（或振荡）。由此可见，研究简谐运动的规律具有普遍的意义。

14.1.3 简谐运动的振动曲线

将简谐运动的运动方程 $x = A\cos(\omega t + \varphi)$ 对时间求一阶导数和二阶导数，可分别得到物体作简谐运动时的振动速度 v 和振动加速度 a

$$v = \frac{dx}{dt} = -\omega A\sin(\omega t + \varphi) \tag{14-5}$$

$$a = \frac{d^2x}{dt^2} = -\omega^2 A\cos(\omega t + \varphi) \tag{14-6}$$

由此可见，物体作简谐运动时，其位移、速度、加速度都是时间的正弦或余弦函数。根据正弦函数或余弦函数的特点，说明物体作简谐运动时，不仅位移随时间作周期性变化，而且其速度、加速度也随时间作周期性变化。

以式（14－4）、式（14－5）、式（14－6）中的 x、v、a 为纵轴，时间 t 为横轴，我们可以作出 $x \sim t$、$v \sim t$、$a \sim t$ 的振动曲线，如图（14－2）所示。

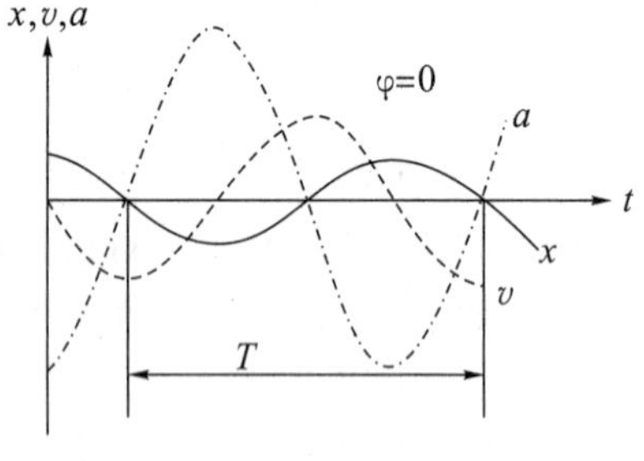

图 14－2 振动曲线图

振动曲线直观地表示了物体相对平衡位置的位移、速度、加速度随时间的变化情况，它们都是时间的周期函数，也反映了 A、T 的物理意义。也就是说，每隔一定的时间其值就要重复一次，充分反映了简谐运动的特点就在于时间的周期性。

应该指出，位移、速度、加速度随时间变化的步调是不一致的。当位移最大时，速度为零，加速度的绝对值最大；当位移为零时，速度的绝对值最大，而加速度为零。关于这一点，结合前面讨论的弹簧振子的模型是不难理解的。

14.2 简谐运动的振幅、周期、频率和相位

简谐运动的振幅、周期、频率和相位是描述简谐运动的基本物理量，我们将结合简谐

运动方程来阐明它们各自的物理意义和确定方法。

14.2.1　振幅

简谐运动方程式（14－4a）中的 A 称为振幅，因余弦的绝对值不能大于 1，故位移的绝对值的最大值为 A，所以，振幅 A 是振动物体离开平衡位置的最大位移的绝对值。

物体作简谐运动时，位移总是在平衡位置附近 $x=+A$ 和 $x=-A$ 之间作周期性变化。振幅不仅反映了振动的强弱，也反映了振动的周期性。

14.2.2　周期和频率

简谐运动的基本性质是运动的周期性，物体作一次完全振动所需的时间称为周期，以 T 表示。在 SI 制中周期的单位是秒（s）。周期反映了振动在时间上的周期性。物体在任意时刻 t 的位移与在（$t+T$）时刻的位移完全相同，即经过一个周期振动的位移重复原来的数值，用数学表示，可写成 $x(t)=x(t+T)$，即

$$x=A\cos(\omega t+\varphi)=A\cos[\omega(t+T)+\varphi]$$

又因余弦函数的周期是 2π，则

$$x=A\cos(\omega t+\varphi)=A\cos[(\omega t+\varphi)+2\pi]$$

比较上面两个等式的右端，我们有

$$\omega T=2\pi$$

即

$$T=\frac{2\pi}{\omega} \tag{14-7}$$

周期的倒数称为频率，即单位时间内物体作完全振动的次数，以 ν 表示。在 SI 制中频率的单位是赫兹（Hz），表示为 s^{-1}，它反映了振动的快慢程度。用 ν 表示频率，利用周期和频率互为倒数的关系，则

$$\nu=\frac{1}{T}=\frac{\omega}{2\pi} \tag{14-8}$$

由此可知

$$\omega=2\pi\nu \tag{14-9}$$

式中，ω 称为振动的角频率（或圆频率）。

角频率在数值上是频率的 2π 倍，角频率的单位为 $rad\cdot s^{-1}$（常简记为 s^{-1}）。到这里常数 ω 的物理意义才算明确了，它反映了振动的周期性。ω 是由振动系统的物理性质所决定，所以 T 和 v 也只由系统的性质所决定。

对弹簧振子而言，角频率 $\omega=\sqrt{\frac{k}{m}}$，将其代入周期和频率的表达式中，可得到

$$T=2\pi\sqrt{\frac{k}{m}} \tag{14-10}$$

$$\nu=\frac{1}{2\pi}\sqrt{\frac{k}{m}} \tag{14-11}$$

对于给定的弹簧振子，m 和 k 是一定的，所以作简谐运动的弹簧振子的周期和频率完全由其本身的固有性质决定，与初始条件无关。这种由振动系统固有性质所决定的周期和频

率又称为固有周期和固有频率。对其他作简谐运动的系统，也可得到类似的结论，不过由于振动系统的性质不同，所以，周期和频率的具体表达式也有所不同。例如，单摆的角频率 $\omega=\sqrt{\dfrac{g}{l}}$，它的周期为 $T=2\pi\sqrt{\dfrac{l}{g}}$。

14.2.3 相位和初相位

在力学中，物体在某一时刻的运动状态，可以用位矢和速度来描述，下面我们将看到，对振幅和角频率给定的情况下，作简谐运动的物体的运动状态完全由“相位”这个物理量来确定。简谐运动方程式（14－4a）中的（$\omega t+\varphi$）称为振动在 t 时刻的相位（或相位角）。由简谐运动方程式（14－4a）和速度方程式（14－5）可知，当振幅 A 和角频率 ω 一定时，振动物体在任何时刻的位置和速度均取决于相位（$\omega t+\varphi$），一定的相位对应振动物体在一定时刻的运动状态（位矢和速度）。例如，当图 14－1 中的弹簧振子作振动时，相位 $\omega t+\varphi=\dfrac{\pi}{2}$，由运动方程式（14－4a）和速度方程式（14－5）可知，$x=0$，$v=-\omega A$，表示物体在平衡位置处，以速度 ωA 向 X 轴负向运动；当相位 $\omega t+\varphi=\dfrac{3}{2}\pi$ 时，$x=0$，$v=\omega A$，即物体在平衡位置处，但以速度 ωA 向 X 轴的正向运动。这里，速度 v 的正或负表示物体的运动方向。由此可见，不同的相位反映了不同的运动状态，相位是表示物体简谐运动状态的物理量。在简谐运动中，相位的概念是非常重要的。

初始时刻（即 $t=0$）的相位 φ 称为初相位（简称初相），它表示振动的物体在 $t=0$ 时刻的运动状态，即 φ 的数值决定了物体在初始时刻的位置和速度。

如果已知一个简谐运动的振幅 A，角频率 φ（或 ν，或 T）和初相 φ，就可以具体地写出振动的运动方程式，这三个量 A、ω（或 ν，或 T）、φ 是描述简谐运动的特征量。研究简谐运动，首先需要确定这三个特征量。

事实上，由简谐运动方程式（14－4a）和 ω、ν、T 之间的关系，可以得到下面的三个完全等价的简谐运动方程

$$\begin{cases} x=A\cos(\omega t+\varphi) \\ x=A\cos\left(\dfrac{2\pi}{T}t+\varphi\right) \\ x=A\cos(2\pi\nu t+\varphi) \end{cases}$$

三个方程是一致的，并可以相互转换，其中，ω（或 ν、T）由振动系统的性质得到，而 A、φ 则由振动物体的初始状态（即 $t=0$ 时，物体的运动状态）决定。

14.2.4 振幅 A 和初相 φ 的确定

对于给定的一个振动系统（ω 已知），如果初始条件已知，即 $t=0$ 时刻的物体的初位移 x_0 和初速度 v_0 为已知，那么，振幅 A 及初相 φ 就可以确定。因为

$$x=A\cos(\omega t+\varphi)$$
$$v=-\omega A\sin(\omega t+\varphi)$$

令 $t=0$，有

$$\begin{cases} x_0 = A\cos\varphi \\ v_0 = -\omega A\sin\varphi \end{cases}$$

则

$$A = \sqrt{x_0^2 + (\frac{v_0}{\omega})^2} \tag{14-12}$$

$$\varphi = \arctan(-\frac{v_0}{\omega x_0}) \tag{14-13}$$

上述结果表明，振动的振幅和初相是由初始条件确定。换句话说，对同一振动系统，因初始条件不同，可以有不同的振幅和初相。

必须指出，由式（14－13）来确定的初相 φ 值，在 0 到 2π 之间有两个值，应取哪一个值，需由初始条件 $x_0 = A\cos\varphi$ 和 $v_0 = -\omega A\sin\varphi$ 去判断，只有同时满足初始条件 x_0 及 v_0（尤其要注意其运动方向）的初相 φ，才是符合题设条件的正确值。换句话说，初相的确定可按如下步骤进行：首先，由 $\cos\varphi = \frac{x_0}{A}$ 决定初相 φ 的两个可能取值，再由 $\sin\varphi = -\frac{v_0}{A\omega}$ 的正负性，选出满足题设条件的 φ 值。而 v_0 的正负性将由初始时刻来确定：向正方向运动取正号，向负方向运动取负号来确定。

［**例** 1］　如图 14－3 所示，一弹簧振子放置在光滑的水平面上，已知弹簧的劲度系数为 $k = 1.60\text{N}\cdot\text{m}^{-1}$，物体的质量为 $m = 0.4\text{kg}$，试求在下列两种情况下开始计时的简谐运动方程。

（1）将物体从平衡位置向右移到 $x = 0.1\text{m}$ 处静止后释放；

（2）物体位于平衡位置右侧 $x = 0.1\text{m}$ 处，且向左以 $0.2\text{m}\cdot\text{s}^{-1}$ 速度运动。

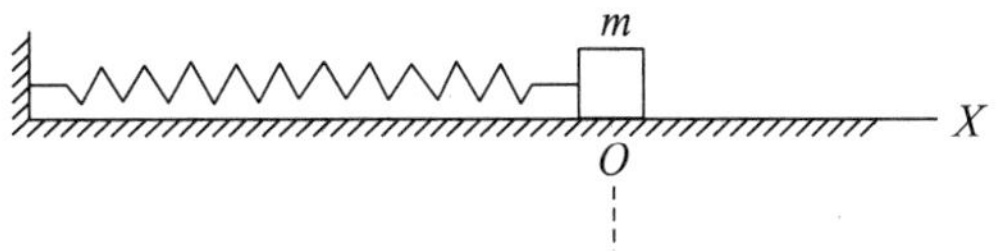

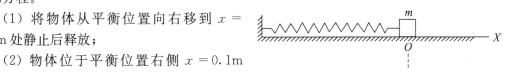

图 14－3

解　设物体的平衡位置为坐标原点，并规定向右为正。由于物体作简谐运动，可设其振动方程为 $x = A\cos(\omega t + \varphi)$，根据已知条件来确定式中的 A、ω 及 φ。

因为 $\omega = \sqrt{\frac{k}{m}}$，依题意 $k = 1.60\text{N}\cdot\text{m}^{-1}$，$m = 0.4\text{kg}$，则 $\omega = \sqrt{\frac{1.60}{0.40}} = 2.0\ \ \text{rad}\cdot\text{s}^{-1}$

（1）又根据初始条件 $t = 0$ 时，$x_{01} = 0.10\text{m}$，$v_{01} = 0$，有

$$A_1 = \sqrt{x_{01}^2 + (\frac{v_{01}}{\omega})^2} = x_{01} = 0.10\ \ \text{m}$$

$$\cos\varphi_1 = \frac{x_{01}}{A_1} = \frac{0.1}{0.1} = 1\quad 故\ \varphi_1 = 0$$

于是谐振动方程为

$$x = 0.10\cos 2.0t\ \text{m}$$

（2）由第二种情况的初始条件 $t = 0$ 时，$x_{02} = 0.1\text{m}$，$v_{02} = -0.2\ \text{m}\cdot\text{s}^{-1}$有

$$A_2 = \sqrt{x_{02}^2 + (\frac{v_{02}}{\omega})^2} = \sqrt{(0.10)^2 + (\frac{-0.20}{2.0})^2} = 0.141\ \ \text{m}$$

$$\cos\varphi_2 = \frac{x_{02}}{A_2} = \frac{0.10}{0.141} = \frac{\sqrt{2}}{2}\qquad \varphi_2 = \pm\frac{\pi}{4}$$

因 $\sin\varphi=-\frac{v_{02}}{\omega A_2}>0$，所以符合题意的 $\varphi_2=\frac{\pi}{4}$，故谐振动方程为

$$x=0.141\cos(2.0t+\frac{\pi}{4})\quad \text{m}$$

可见，对给定的振动系统，当初始条件不同时，虽然角频率 ω 不变，但振幅和初相却不同，从而运动方程的具体形式也不同。

［**例** 2］　在电梯的天花板上系着一轻弹簧，其劲度系数 $k=20\text{N}\cdot\text{m}^{-1}$，弹簧的另一端系有一质量为 0.2kg 的重物，如图 14－4 所示，当电梯以速度 $v_0=2\text{m}\cdot\text{s}^{-1}$ 匀速下降时，突然停电不动，若忽略弹簧质量，试求：电梯突然停电后，重物将如何运动？并求出重物的运动方程。

解　当电梯突然停电不动时，由于惯性，重物将离开其平衡位置，以后，重物在重力和弹性力的共同作用下运动。

取如图 14－5 所示的坐标系 OX，坐标原点 O 为重物的平衡位置，竖直向下为正方向，重物相对 O 点位移为 x 时，受两个力作用，一个是向上的弹性力 T_2，另一个是向下的重力 mg，由牛顿第二定律

$$mg-T_2=m\frac{d^2x}{dt^2}g$$

又

$$T_2=k(x_1+x),\quad mg=kx_1$$

所以

$$\frac{d^2x}{dt^2}+\frac{k}{m}x=0$$

令

$$\omega^2=\frac{k}{m}$$

则

$$\frac{d^2x}{dt^2}+\omega^2x=0$$

说明电梯突然停电不动后，电梯内弹簧系着的物体将作简谐运动。

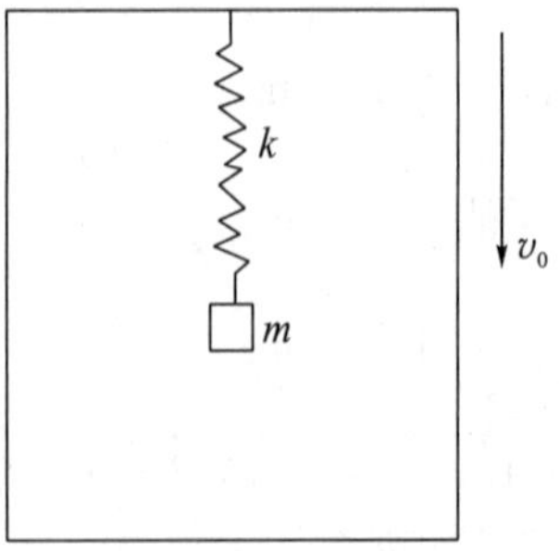

图 14－4

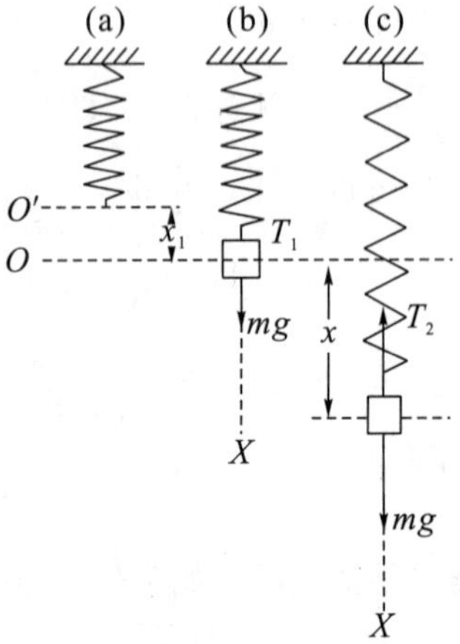

图 14－5

设振动方程为 $x=A\cos(\omega t+\varphi)$

其中

$$\omega=\sqrt{\frac{k}{m}}=\sqrt{\frac{20}{0.2}}=10\quad \text{rad}\cdot\text{s}^{-1}$$

设电梯突然停电不动时为初始时刻，则 $t=0$ 时，$x_0=0$，$v_0=2\quad \text{m}\cdot\text{s}^{-1}$

所以
$$A=\sqrt{x_0^2+\left(\frac{v_0}{\omega}\right)^2}=\sqrt{0+\left(\frac{2}{10}\right)^2}=0.2\quad \text{m}$$

又因

$$\cos\varphi=\frac{x_0}{A}=0,\quad \varphi\text{ 取}\frac{\pi}{2}\text{或}\frac{3}{2}\pi$$

$$\sin\varphi=-\frac{v_0}{\omega A}<0,\quad \varphi\text{ 应取}\frac{3}{2}\pi$$

故运动方程 $x=0.2\cos\left(10t+\frac{3}{2}\pi\right)$ m

［例 3］ 如图 14－6 所示，一根长为 l 的不可伸长的细绳上端固定，下端悬挂质量为 m 的小球，这一系统称为单摆。若使小球稍微移动而偏离平衡后释放，小球即在一竖直平面内在平衡位置附近来回摆动。试分析小球的运动规律，证明当偏角 θ 很小时（$\theta<5°$），小球的运动是简谐运动，并求其周期和频率。

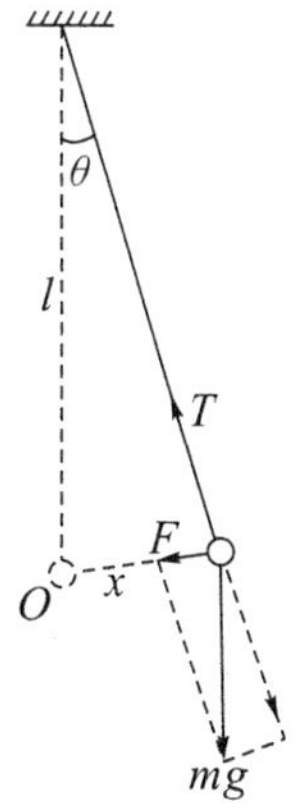

图 14－6 单摆

解 当单摆对平衡位置的角位移为 θ 时，作用于小球的合外力为 $\boldsymbol{T}+m\boldsymbol{g}$，切向分量为 $F=-mg\sin\theta$，因为 θ 很小时，$\sin\theta\approx\theta$，

故有
$$m\frac{\mathrm{d}v}{\mathrm{d}t}=F\approx-mg\theta$$

因为切线加速度$\frac{\mathrm{d}v}{\mathrm{d}t}$和角加速度$\frac{\mathrm{d}^2\theta}{\mathrm{d}t^2}$的关系为$\frac{\mathrm{d}v}{\mathrm{d}t}=l\frac{\mathrm{d}^2\theta}{\mathrm{d}t^2}$，上式可写成

$$\frac{\mathrm{d}^2\theta}{\mathrm{d}t^2}=-\frac{g}{l}\theta$$

令
$$\omega^2=\frac{g}{l}$$

故
$$\frac{\mathrm{d}^2\theta}{\mathrm{d}t^2}+\omega^2\theta=0$$

该式与弹簧振子的微分方程式具有类似的形式，因此单摆在偏角很小时的运动是简谐运动，其振动周期为

$$T=\frac{2\pi}{\omega}=2\pi\sqrt{\frac{l}{g}}$$

角频率为

$$\omega=\sqrt{\frac{l}{g}}$$

频率为

$$\nu=\frac{1}{2\pi}\sqrt{\frac{g}{l}}$$

上式表明单摆的周期或频率也完全决定于振动系统本身的性质，即由重力加速度 g 和摆

长 l 来决定。

［**例** 4］　如图 14－7 所示，质量为 m 的比重计放在密度 ρ 的液体之中，已知比重计由下端的球体和圆管（直径为 d）组成，今用手指沿竖直方向将比重计下压后放手，任其运动。试证明，若不计液体的粘滞力，比重计的运动是简谐运动，并求其周期。

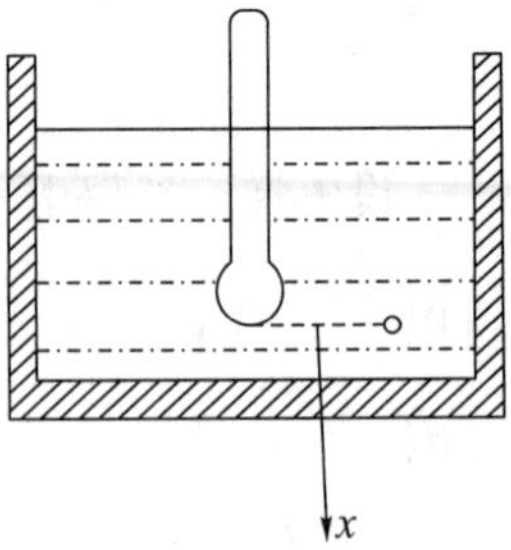

图 14－7

解　以比重计平衡时的底部为坐标原点 O，竖直向下为 x 轴的正方向，比重计浸在液体中的体积在平衡时为 V，由阿基米德定律，有浮力和重力平衡

$$mg = \rho V g \tag{1}$$

若下压后，比重计浸入液体的深度将比手压前增加 x，放手时比重计的浮力为

$$F = \left[V + \pi\left(\frac{d}{2}\right)^2 x\right]\rho g \tag{2}$$

所以，合外力为 $mg - \left[V + \pi\left(\frac{d}{2}\right)^2 x\right]\rho g$

由牛顿定律

$$mg - \left[V + \pi\left(\frac{d}{2}\right)^2 x\right]\rho g = m\frac{\mathrm{d}^2 x}{\mathrm{d}t^2} \tag{3}$$

联立式（1），式（3），并化简，得

$$\frac{\mathrm{d}^2 x}{\mathrm{d}t^2} = -\frac{\pi d^2 \rho g}{4m} x \tag{4}$$

令

$$\omega^2 = \frac{\pi d^2 \rho g}{4m}$$

则式（4）改写为

$$\frac{\mathrm{d}^2 x}{\mathrm{d}t^2} + \omega^2 x = 0 \quad 或 \quad a = -\omega^2 x$$

可见比重计在放手后任一时刻，加速度与位移成正比，且方向始终相反，所以其运动为简谐运动，其振动周期为

$$T = 2\pi\sqrt{\frac{4m}{\pi d^2 \rho g}}$$

14.3　简谐运动的旋转矢量表示法

为了便于研究简谐运动，本节介绍一种较为直观的研究简谐运动的方法——旋转矢量表示法。如图 14－8（a）所示，设有一长度等于振幅 A 的矢量$\overrightarrow{OM}=\boldsymbol{A}$，当 $t=0$ 时，矢量 $\boldsymbol{A}$ 的矢端在 M_0 点，它与 OX 轴的夹角为 φ。设想矢量 $\boldsymbol{A}$ 在图平面上绕 O 点按逆时针方向，以与振动角频率 ω 数值相同的角速度匀速旋转。我们称矢量 $\boldsymbol{A}$ 为旋转矢量。

当旋转矢量 $\boldsymbol{A}$ 绕 O 点旋转时，它的端点 M 在以 O 点为圆心，$\boldsymbol{A}$ 的大小为半径的圆周上作匀速率圆周运动，这个圆叫参考圆。M 点在 OX 轴上的投影点 P 在直径 BC（$BC=2A$）上作往复的周期性运动，任意时刻 t，P 点的运动方程为

$$x = A\cos(\omega t + \varphi) \tag{14-14}$$

此式与式（14－4a）相同，可见旋转矢量 **A** 的端点在 OX 轴上的投影点 P 的运动是简谐运动。其中，角速度 ω 表示角频率，φ 表示振动的初相位，矢量 **A** 以角速度 ω 旋转一周，即为物体在 OX 轴上作一次完全振动。

在旋转矢量图上，不但可以确定作简谐运动的物体的位移，也可以确定它的速度和加速度。

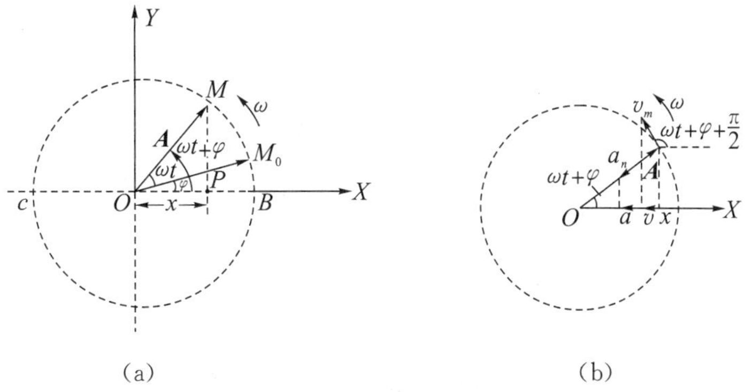

图 14－8　旋转矢量图

如图 14－8（b），由于作匀速圆周运动的物体的速率是 $v_m = \omega A$，t 时刻它在 OX 轴上的投影为 $v = -v_m \sin(\omega t + \varphi) = -\omega A\sin(\omega t + \varphi)$，这正是式（14－5）给出的简谐运动的速度公式。作匀速圆周运动的物体的向心加速度 $a_n = \omega^2 A$，t 时刻它在 OX 轴上的投影为 $a = -a_n \cos(\omega t + \varphi) = -\omega^2 A\cos(\omega t + \varphi)$，这也正是式（14－6）给出的简谐运动的加速度公式。

正是由于匀速圆周运动和简谐运动的上述关系，我们在研究简谐运动时，常常借助于匀速圆周运动来方便地描述简谐运动，这种方法叫简谐运动的旋转矢量法（或矢量图法）。值得注意的是，旋转矢量本身并不作简谐运动，而是旋转矢量的端点在 OX 轴上的投影点作简谐运动。

旋转矢量法是研究简谐运动的一种直观的方法，在讨论简谐运动及其合成时较为方便，特别是分析运动的相位和相位差时，借助矢量图很容易看出。在式（14－14）中的 $(\omega t + \varphi)$ 称为 t 时刻振动的相位。在矢量图中，$(\omega t + \varphi)$ 是 t 时刻振幅矢量和 OX 轴的夹角。对于一个确定的简谐运动，一定的相位就对应一定时刻的运动状态（即位置和速度）。因此，在描述简谐运动时，常常直接用相位来表示某一时刻的运动状态。例如：当 $\omega t + \varphi = 0$，即相位为零时的状态，表示物体在正的极大位移处而速度为零；当 $\omega t + \varphi = \frac{\pi}{2}$，即相位为 $\frac{\pi}{2}$ 的状态，表示物体过平衡位置且向 OX 轴负向运动；而 $\omega t + \varphi = \frac{3}{2}\pi$ 的状态为物体过平衡位置且向 OX 轴正向运动。

因此，通过矢量图，可避免一些烦琐的计算，直接确定某时刻的相位，并有助于进一步理解在简谐运动中，相位这个量的物理意义。

下面举例说明旋转矢量法在研究简谐运动中的应用。

［**例** 5］　用旋转矢量法绘 $x \sim t$ 曲线，已知简谐运动的运动方程 $x = A\cos\omega t$（设初相

$\varphi=0$）。选取 OX 轴如图 14－9 所示，在 $t=0$ 时刻，$\boldsymbol{A}$ 与 OX 轴的夹角为 $\varphi=0$，此时 $\boldsymbol{A}$ 的端点在 OX 轴上的投影点为 M_0，且与位移时间曲线如图 14－9（b）上的 P_0 点对应，当矢量 $\boldsymbol{A}$ 逆时针转到 M_1、M_2、M_3、…位置时，其端点在 OX 轴上的投影点分别与 $x\sim t$ 图上的 P_1、P_2、P_3、…点对应，从而获得 $x\sim t$ 曲线，如图 14－9（b）所示。

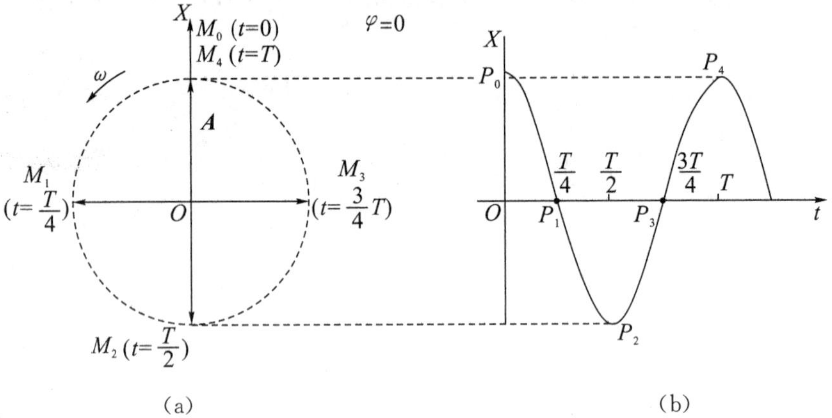

图 14－9　**旋转矢量图及简谐运动的时间位移图**

［**例** 6］　用旋转矢量法研究两个简谐运动的相位及相位差。

设在 OX 轴上有两个同频率的简谐运动，其运动方程分别为

$$x_1=A_1\cos(\omega t+\varphi_1)$$
$$x_2=A_2\cos(\omega t+\varphi_2)$$

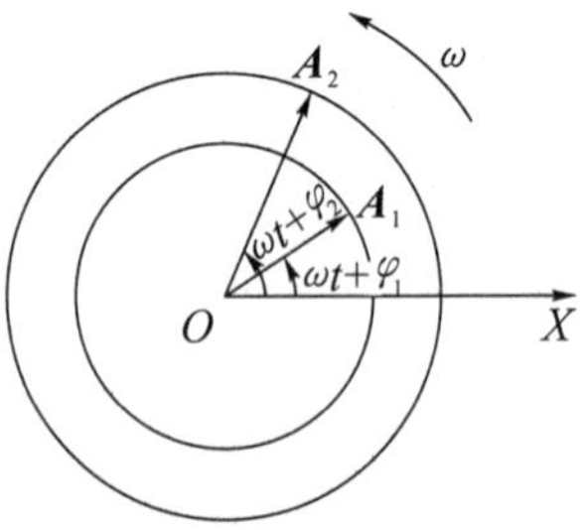

图 14－10

按照旋转矢量法可知，相位的几何意义是指旋转矢量图中，t 时刻旋转矢量 $\boldsymbol{A}$ 和 OX 轴的夹角等于该时刻振动的相位。因此，如图 14－10 所示，旋转矢量 $\boldsymbol{A}_1$、$\boldsymbol{A}_2$ 和 OX 轴的夹角分别为（$\omega t+\varphi_1$）和($\omega t+\varphi_2$)，这也就是两个振动在 t 时刻所分别对应的相位。

将上述两个简谐运动的相位加以比较，可知两个同方向同频率的简谐运动在任意时刻 t 的相位差为

$$\Delta\varphi=(\omega t+\varphi_2)-(\omega t+\varphi_1)=\varphi_2-\varphi_1$$

即在同方向同频率的情况下，两个简谐运动的相位差就等于它们的初相差。

利用两简谐运动的相位差，我们可以比较两个同方向同频率的简谐运动的步调是否一致。若相位差（初相差）为零或 2π 的整数倍，即 $\Delta\varphi=2k\pi$ 时，由于 $A_1\neq A_2$，两简谐运动的位移、速度一般不同，但它们能同时达到各自的最大位移，同时通过平衡位置，两振动的步调相同，我们称两简谐运动同相位或同步；若相位差为 π 的奇数倍，即 $\Delta\varphi=(2k+1)\pi$ 时，则当一个振动达到正的最大位移时，另一振动在负的最大位移，两者虽同时通过平衡位置，但运动方向恰好相反，两振动的步调相反，我们称两简谐运动是反相位的。

一般情况下，两简谐运动不见得正好同相或反相，对此，我们常用“超前”、“落后”

来反映它们步调上的差异。若两简谐运动的相位差 $\Delta\varphi=\varphi_2-\varphi_1>0$，则称振动（2）比振动（1）相位超前 $\Delta\varphi$，或者说振动（1）比振动（2）相位落后 $\Delta\varphi$。

另一方面，若使振幅、初相都不同的两简谐运动达到同一特殊位置的状态（例如，$x=0$，向同一方向运动；或最大位移处），由于初相不同，所需的时间也不同。即两简谐运动要达到同一特殊位置的运动状态要求它们的相位必须相同，即 $\omega t_1+\varphi_1=\omega t_2+\varphi_2$，因为 $\varphi_1\neq\varphi_2$，所以 $t_1\neq t_2$。

则
$$\Delta t=t_2-t_1=-\frac{\varphi_2-\varphi_1}{\omega}=-\frac{\Delta\varphi}{\omega}$$

即
$$\Delta t=-\frac{\Delta\varphi}{\omega} \tag{14-15}$$

上式表明，两个同方向同频率的简谐运动，如果初相不同，要达到同一特殊位置的运动状态（相位相同），初相差和时间差之间的关系，这说明两个同方向同频率的简谐运动的振动步调上的差异。式(14－15)中的负号表示到达同一特殊状态，相位超前的振动所需的时间少，而相位落后的振动所需的时间多，二者的时间差的大小为 $|\Delta t|=\left|\frac{\Delta\varphi}{\omega}\right|$。为方便起见，我们考虑两简谐运动的振幅相同的情形。

设两个同方向同频率的简谐运动

$$x_1=A_1\cos(\omega t+\varphi_1) \tag{1}$$
$$x_2=A_2\cos(\omega t+\varphi_2) \tag{2}$$

若振幅相同，$A_1=A_2=A$，且初相 $\varphi_2>\varphi_1$，按旋转矢量法可得如下的振动曲线 $x\sim t$，如图 14－11。

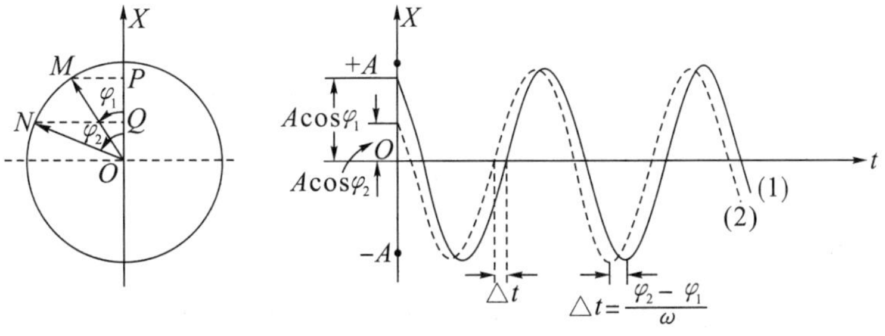

(a)　　　　(b)

图 14－11　两个同方向同频率不同初相的简谐运动

由于振动（2）始终比振动（1）超前 $\Delta\varphi=\varphi_2-\varphi_1$，所以在 $x\sim t$ 的振动图上，振动（2）（Q 点的振动，用虚线表示）与振动（1）（P 点的振动，用实线表示）相比较，总是一个在前，另一个在后。如果把实线沿 t 轴向左移动 $\Delta t=\frac{\varphi_2-\varphi_1}{\omega}$，就与虚线相重合。这表明，对取某一确定的运动状态（比如最大位移 A）的时刻，Q 点总是比 P 点“提前”Δt，也就是 Q 点的振动的步调在时间上比 P 点超前 Δt，在相位上超前 $\Delta\varphi$。

［**例** 7］　两质点作同方向，同频率的简谐运动，它们的振幅相等，当质点 1 在 $x_1=\frac{A}{2}$处向左运动时，质点 2 在 $x_2=-\frac{A}{2}$处向右运动，如图 14－12（a)，试用旋转矢量法求

两质点的相位差。

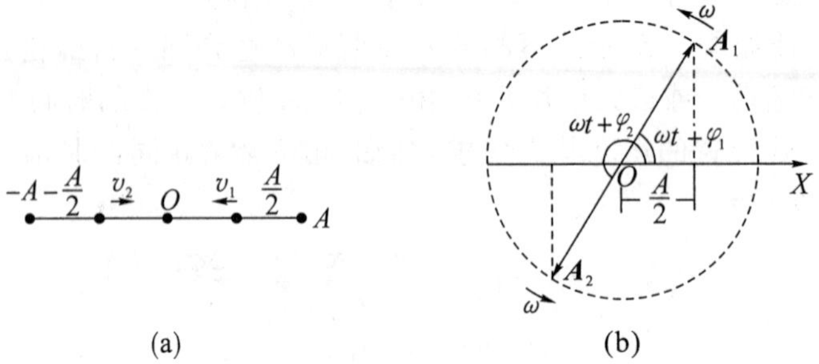

图 14－12

解 设两质点的振动方程为

$$x_1 = A\cos(\omega t + \varphi_1)$$
$$x_2 = A\cos(\omega t + \varphi_2)$$

作旋转矢量 $\boldsymbol{A}_1$ 和 $\boldsymbol{A}_2$，它们的模都为 A，与 OX 轴正向的夹角分别为 $\omega t+\varphi_1$ 和 $\omega t+\varphi_2$，如图 14－12（b），则 $\boldsymbol{A}_1$ 和 $\boldsymbol{A}_2$ 的端点在 X 轴上的投影点的运动就表示两质点的简谐运动。

由图 14－12 中可以看出，对质点 1，有

$$\frac{A}{2} = A\cos(\omega t + \varphi_1)$$

相位为 $$\omega t+\varphi_1=\frac{1}{3}\pi \text{（因为质点 1 向负向运动）}$$

对质点 2，有

$$-\frac{A}{2} = A\cos(\omega t + \varphi_2)$$

相位为 $$\omega t+\varphi_2=\frac{4}{3}\pi \text{（因为质点 2 向正向运动）}$$

所以两质点的相位差为

$$\Delta\varphi = (\omega t+\varphi_2)-(\omega t+\varphi_1) = \frac{4}{3}\pi-\frac{1}{3}\pi=\pi$$

也就是说，质点 2 的振动比质点 1 的振动超前 π，或者说二者反相。

14.4 简谐运动的能量

当一个系统振动时，它的振动量包括动能和势能。我们以弹簧振子为例，说明简谐运动的能量规律。因不考虑弹簧的质量，所以系统的动能就是物体的动能。而系统的势能就是弹簧形变后的弹性势能。

设物体的质量为 m，某时刻 t 物体作简谐运动时的速度为 v，则其动能为

$$E_k = \frac{1}{2}mv^2 = \frac{1}{2}m\omega^2A^2\sin^2(\omega t+\varphi) \tag{14-16}$$

该时刻物体的位移为 x，振子的势能为

$$E_p = \frac{1}{2}kx^2 = \frac{1}{2}kA^2\cos^2(\omega t + \varphi) \tag{14-17}$$

可见，振动系统的动能和势能都随时间作周期性变化，且当物体的位移最大时，势能达到最大值，这时动能为零；当物体的位移为零时，势能为零，这时动能达到最大值。

弹簧振子系统的总能量等于动能和势能之和，即

$$E = E_k + E_p = \frac{1}{2}m\omega^2A^2\sin^2(\omega t + \varphi) + \frac{1}{2}kA^2\cos^2(\omega t + \varphi)$$

因 $\omega^2 = \frac{k}{m}$，即 $k = m\omega^2$，代入上式，得

$$E = \frac{1}{2}m\omega^2A^2[\sin^2(\omega t + \varphi) + \cos^2(\omega t + \varphi)]$$

即

$$E = \frac{1}{2}m\omega^2A^2 = \frac{1}{2}kA^2 \tag{14-18}$$

上式表明，在振动过程中，动能和势能不断地相互转换，但总能量保持不变，振动系统的机械能守恒。

从式（14－18）还可看出，对一个给定的弹簧振子系统，其 m 和 k 以及 ω 都是确定的。如果振幅 A 不同，其总能量 E 也不同，振动的总能量与振幅的平方成正比。振动系统的总能量反映了振动的强度。

此外，虽然振子的动能 E_k 和势能 E_p 不断地随时间而变化，但它们在一个周期 T 内对时间的平均值与时间 t 无关，由平均值的定义知

$$\bar{E}_k = \frac{1}{T}\int_0^T E_k \mathrm{d}t = \frac{1}{T}\int_0^T \frac{1}{2}A^2\sin^2(\omega t + \varphi)\mathrm{d}t = \frac{1}{4}kA^2$$

$$\bar{E}_p = \frac{1}{T}\int_0^T E_p \mathrm{d}t = \frac{1}{T}\int_0^T \frac{1}{2}A^2\cos^2(\omega t + \varphi)\mathrm{d}t = \frac{1}{4}kA^2$$

可见，振子的动能和势能在一个周期内对时间的平均值相等且等于总机械能的一半，这个结果对其他简谐运动系统也适用。

14.5 简谐运动的合成

在实际问题中，常常会遇到一个质点同时参与几个振动的情形。例如：当有两个声波同时传播到空间某点时，该点的空气质点就同时参与两个振动，这时质点的运动，实际上就是两个振动的合成。振动的合成一般比较复杂，我们只研究几种较为简单和特殊的情况。

14.5.1 两个同方向、同频率的简谐运动的合成

设两个在同一直线 OX 轴上的同频率的简谐运动，振幅分别为 A_1、A_2，初相分别为 φ_1、φ_2，在任意时刻 t，两振动的运动方程为

$$x_1 = A_1\cos(\omega t + \varphi_1)$$

$$x_2 = A_2\cos(\omega t + \varphi_2)$$

既然两振动都在 OX 轴上，所以合振动仍在同一直线 OX 轴上，且为上述两分振动的位

移的代数和，即

$$x = x_1 + x_2 = A_1\cos(\omega t + \varphi_1) + A_2\cos(\omega t + \varphi_2)$$

为简单起见，利用旋转矢量法计算这两个简谐运动的合成问题。如图 14－13 所示，设矢量 $\boldsymbol{A}_1$、$\boldsymbol{A}_2$ 分别表示两分振动的旋转矢量，它们均以相同的角速度 ω 绕 O 点作逆时针旋转，$t=0$ 时，它们与 OX 轴的夹角分别为 φ_1、φ_2，φ_1 和 φ_2 就表示两振动的初相。两个矢量 $\boldsymbol{A}_1$、$\boldsymbol{A}_2$ 的合矢量 $\boldsymbol{A}=\boldsymbol{A}_1+\boldsymbol{A}_2$，与 OX 轴的夹角为 φ，$\boldsymbol{A}$ 在 OX 轴上的投影为 $x=x_1+x_2$。因此，合矢量 A 可以代表合振动。当矢量 $\boldsymbol{A}_1$ 和 $\boldsymbol{A}_2$ 以相同的角速度 ω 逆时针旋转时，它们的长度不变，它们组成的平行四边形在转动时形状不变，两矢量间的夹角（$\varphi_2-\varphi_1$）在转动中保持恒定。这表明合矢量的长度不变，并且角速度也是 ω。因此，合振动仍是简谐运动，振动方向和频率都与原来的两个简谐运动相同。由合矢量 $\boldsymbol{A}$ 在 OX 轴上的投影可以求得

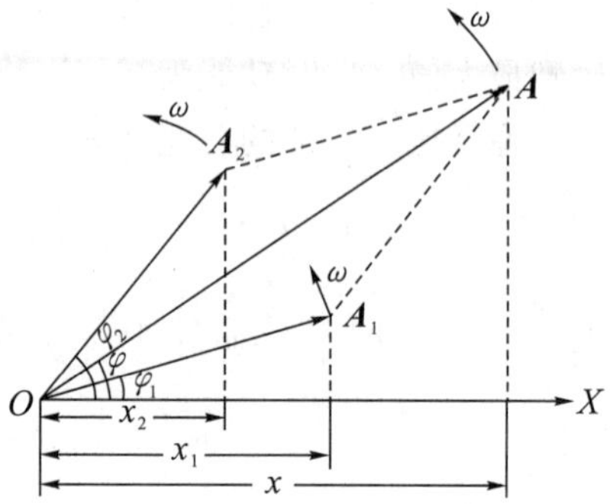

图 14－13　两个同方向同频率的简谐运动的合成矢量图

$$x = A\cos(\omega t + \varphi) \tag{14-19}$$

式中，合振幅

$$A = \sqrt{A_1^2 + A_2^2 + 2A_1A_2\cos(\varphi_2 - \varphi_1)} \tag{14-20}$$

合振动的初相

$$\varphi = \arctan\frac{A_1\sin\varphi_1 + A_2\sin\varphi_2}{A_1\cos\varphi_1 + A_2\cos\varphi_2} \tag{14-21}$$

可见，合振动仍然是一简谐运动，它的频率与分振动的频率相同，其振幅和初相分别由式（14－20）、式（14－21）式决定。

从式（14－20）可以看出，合振动的振幅不仅与两振动的振幅有关，还与它们的相位差 $\Delta\varphi=\varphi_2-\varphi_1$（即初相差）有关，下面讨论两个重要的特例：

（1）若相位差 $\Delta\varphi=2k\pi$，$k=0$，±1，±2，…，由式（14－20）得

$$A = \sqrt{A_1^2 + A_2^2 + 2A_1A_2} = A_1 + A_2 \tag{14-22}$$

合振动的振幅最大，等于两分振动的振幅之和，合振动加强。

（2）若相位差 $\Delta\varphi=(2k+1)\pi$，$k=0$，±1，±2，…，由式（14－20）得

$$A = \sqrt{A_1^2 + A_2^2 - 2A_1A_2} = |A_1 - A_2| \tag{14-23}$$

合振动的振幅最小，等于两振动的振幅之差的绝对值，合振动减弱。当 $A_1=A_2$ 时，$A=0$，这表明两个振幅相等且反相的振动合成后，质点保持静止不动。

当相位差 $\Delta\varphi$ 等于其他值时，合振动的振幅 A 的值在 $|A_1-A_2|$ 和 $|A_1+A_2|$ 之间。

上述的讨论可以看出，分振动间的相位差对合振动的振幅大小起着重要的作用，在以后有关波的干涉和衍射的讨论中也常用到这一点。

两个以上的同方向、同频率的简谐运动的合成问题，原则上仍可以按上述方法作类似的讨论。

［**例** 8］　有两个同方向、同周期的简谐运动，其合成振动的振幅为 $A=20\text{cm}$，其相

位落后于第一振动的相位，相位差为 $\Delta\varphi=\varphi_1-\varphi=30°$，若第一振动的振幅为 $A_1=17.3\text{cm}$，求：

（1）第二振动的振幅 A_2；

（2）第一、二两振动的相位差 $\varphi_1-\varphi_2$。

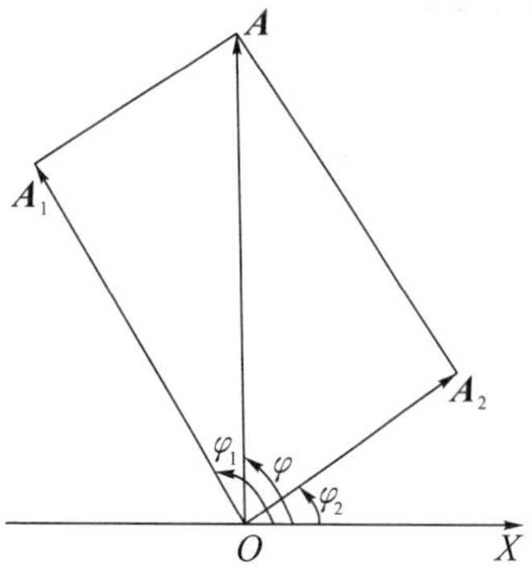

图 14－14

解　根据题意作矢量图，如图 14－14 所示。

（1）由图可知

$$A_2=\sqrt{A^2+A_1^2-2A_1A\cos30°}$$

$$=\sqrt{20^2+17.3^2-2\times10\times17.3\times\frac{\sqrt{3}}{2}}=10\quad\text{cm}$$

（2）因为　$\dfrac{A_2}{\sin30°}=\dfrac{A_1}{\sin\Delta\varphi'}$（$\Delta\varphi'=\varphi-\varphi_2$）

所以　　$\Delta\varphi'=\arcsin\dfrac{A_1\sin30°}{A_2}=\arcsin\dfrac{17.3}{10}\times\dfrac{1}{2}=60°$

故第一、二两振动的相位差为

$$\varphi_1-\varphi_2=30°+60°=90°$$

需要指出的是，我们求的是相位差，即 $\varphi-\varphi_2$、$\varphi_1-\varphi_2$。φ_1、φ_2 和 φ 到底是多少，由于题中未给出其中之一，所以也无法具体求出它们的值。

14.5.2　两个同方向不同频率的简谐运动的合成

如果物体同时参与两个同方向但频率不同的简谐运动，因为两个振动的相位差会随时间变化，所以，合振动比较复杂，一般而言，合振动不再是简谐运动。

为了方便，我们用旋转矢量法来讨论。如图 14－15 所示，若两同方向、不同频率的简谐运动，其振幅、频率、初相位分别为 A_1、ω_1、φ_1 和 A_2、ω_2、φ_2，且 $\omega_2>\omega_1$，那么，两个旋转矢量的角速度不再相同，$\boldsymbol{A}_2$ 比 $\boldsymbol{A}_1$ 旋转得快，在任意时刻它们之间的夹角 t 为$(\omega_2t+\varphi_2)-(\omega_1t+\varphi_1)=(\omega_2t-\omega_1t)+(\varphi_2-\varphi_1)$，并将随时间变化，不再保持恒定。合矢量 $\boldsymbol{A}$ 的长度将随时间变化。因此，合矢量 $\boldsymbol{A}$ 所代表的合振动虽然仍与原振动方向相同，但已不再是简谐运动，而是比较复杂的运动。

我们讨论一种较为简单而特殊的情况，设两个简谐运动的频率 ν_1，ν_2，都比较大，而频率之差却很小，即 $|\nu_2-\nu_1|\ll\nu_2+\nu_1$。这样在矢量图上，二简谐运动的 $\boldsymbol{A}_1$ 和 $\boldsymbol{A}_2$ 以相当接近的角速度旋转，它们之间的夹角变化较小。合矢量 A 的长度和角速度也将随时间而改变，不过变化得较慢。从图 14－15 可以看出，当 $\boldsymbol{A}_1$ 和 $\boldsymbol{A}_2$ 同方向时（即“相重”），合振幅为最大，$A=A_1+A_2$；当 $\boldsymbol{A}_1$ 和 $\boldsymbol{A}_2$ 反方向时（即“相背”），合振幅最小，

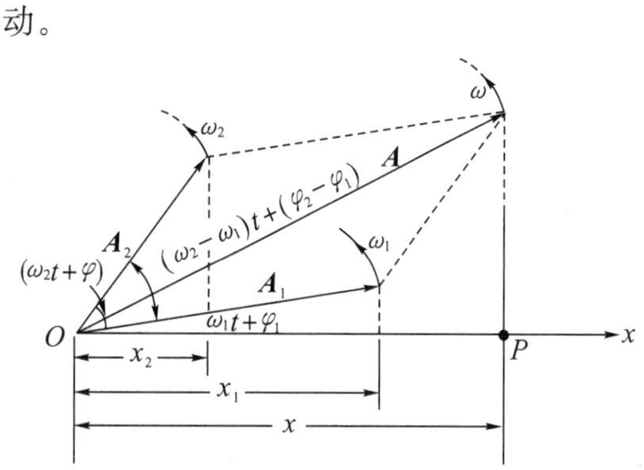

图 14－15　**两同方向不同频率简谐运动的合成**

$A=|A_1-A_2|$。由于 $\boldsymbol{A}_1$、$\boldsymbol{A}_2$ 的角速度不同，所以合振幅是一个时而加强时而减弱的量。若设 $\nu_2>\nu_1$，那么，单位时间内振动 2 比振动 1 多振动（$\nu_2-\nu_1$）次，在图 14－15

中，$\mathbf{A}_2$ 比 $\mathbf{A}_1$ 要多转（$\nu_2-\nu_1$）圈。所以单位时间内，两矢量在相同方向和相反方向的次数各为（$\nu_2-\nu_1$），也就是合振动加强和减弱各有（$\nu_2-\nu_1$）次。这样，两个同方向、频率较大，而频率相差很小的简谐运动合成时，合振动的振幅时而加强、时而减弱的现象称为拍。合振动在单位时间内加强或者减弱的次数称为拍频。用 ν 拍表示，可知

$$\nu_{拍}=|\nu_2-\nu_1| \tag{14-24}$$

利用旋转矢量合成法也可求得上述结果，在图 14－15 中，因为 $\mathbf{A}_1$ 和 $\mathbf{A}_2$ 的角速度不同，它们的相位差 $\Delta\varphi=(\omega_2-\omega_1)t+(\varphi_2-\varphi_1)$将随时间 t 变化，合振动的方向与原来振动方向相同，但合振动已不再是简谐运动。

设 $\omega_2>\omega_1$，即 $\nu_2>\nu_1$，若令 $\varphi_1=\varphi_2=0$，则 $\Delta\varphi=(\omega_2-\omega_1)t=2\pi(\nu_2-\nu_1)t$，合振幅按如图的几何关系为

$$A=\sqrt{A_1^2+A_2^2+2A_1A_2\cos\Delta\varphi}$$

若 $A_1=A_2$，则

$$A=A_1\sqrt{2(1+\cos\Delta\varphi)}=\left|2A_1\cos2\pi\left(\frac{\nu_2-\nu_1}{2}\right)t\right|$$

若 $\nu_2+\nu_1>>|\nu_2-\nu_1|$，合振动的振幅将随时间作缓慢的周期性变化，振幅时而加强，时而减弱，数值在 $0\sim2A_1$ 之间。由于余弦函数的绝对值是以 π 为周期的，所以，振幅的变化频率即拍频为 $\nu_{拍}=(\nu_2-\nu_1)$，这正是式（14－24）所表示的拍频。

由图 14－15 可知，在 $\varphi_1=\varphi_2=0$，$A_1=A_2$ 的情况下，合矢量 $\mathbf{A}$ 与 OX 轴的夹角为 ωt，于是由

$$\cos\omega t=\frac{x_1+x_2}{A}=\frac{A_1\cos\omega_1t+A_1\cos\omega_2t}{2A_1\cos\dfrac{\omega_2-\omega_1}{2}t}=\cos\frac{\omega_1+\omega_2}{2}t$$

即合振动的振动频率为$\dfrac{\nu_2+\nu_1}{2}$。

由位移－时间曲线也能看出拍现象。如图 14－16，说明两振幅相等，频率较大，但频率略有差异的简谐运动的合成。图 14－16 中的（a）、（b）分别表示两振动的位移时间曲线，（c）表示合振动的位移时间曲线。从图 14－16 中可以看出：t_1 时刻，两分振动同

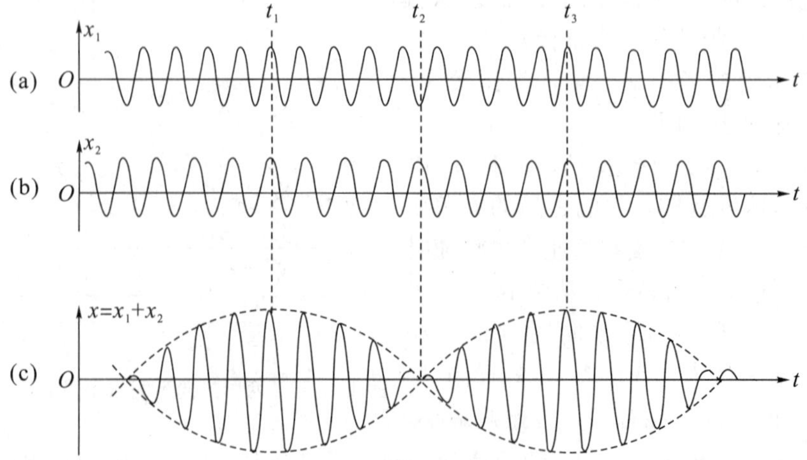

图 14－16　拍的形成

相位，合振幅最大；t_2 时刻，两分振动相位相反，合振幅最小；t_3 时刻，合振幅又为最大。这就是说，拍现象的特点就是合振动的振幅随时间作缓慢的周期性变化，其变化周期要比振动周期大得多。

拍现象在声振动、电磁振动中是常见的。例如使两个频率相差很小的音叉同时振动，就能听到时而加强时而减弱的“嗡”、“嗡”……的拍音。利用拍频可以测量振动频率，如已知 ν_1 并测量到拍频 $\nu_{拍}$，可以求得 ν_2。在电磁振荡中，调幅和调频就是利用了拍现象的原理。

14.5.3　两个相互垂直、同频率的简谐运动的合成

当一个物体同时参与两个不同方向的振动时，合振动应为两分振动的矢量和。物体应在两振动方向所决定的平面内运动，其轨迹可以是各种形状，且由两振动的周期、振幅和初相来决定。

为讨论方便，我们设两个简谐运动分别在 X 轴和 Y 轴上进行，它们的频率相同，其振动方程分别为

$$x = A_1\cos(\omega t + \varphi_1)$$
$$y = A_2\cos(\omega t + \varphi_2)$$

消去参量 t，得到合振动的轨迹方程

$$\frac{x^2}{A_1^2} + \frac{y^2}{A_2^2} - \frac{2xy}{A_1A_2}\cos(\varphi_2 - \varphi_1) = \sin^2(\varphi_2 - \varphi_1) \qquad (14-25)$$

这是一个关于 x、y 的二次曲线方程，因 x 和 y 的取值有限，$-A_1 \leqslant x \leqslant A_1$，$-A_2 \leqslant y \leqslant A_2$，所以，一般情况下这个二次曲线是一椭圆，椭圆的形状由 A_1、A_2 以及 $\varphi_2 - \varphi_1$ 的值来共同决定，下面讨论几种特例。

（1）若 $\varphi_2 - \varphi_1 = 0$，即两分振动同相，这时式（14－25）变为

$$y = \frac{A_2}{A_1}x$$

合振动的轨迹是一条通过坐标原点，斜率为$\frac{A_2}{A_1}$的直线，如图 14－17（a）所示。任一时刻 t，物体离开平衡位置的位移为

$$S = \sqrt{x^2 + y^2} = \sqrt{A_1^2 + A_2^2}\cos(\omega t + \varphi)$$

式中，$\varphi_1 = \varphi_2 = \varphi$，可见合振动仍然是角频率为 ω 的简谐运动，周期不变，合振幅为$\sqrt{A_1^2 + A_2^2}$。

若 $\varphi_2 - \varphi_1 = \pi$，即两振动反相，这时式（14－25）变为

$$y = -\frac{A_2}{A_1}x$$

合振动的轨迹是一条通过坐标原点，斜率为$-\frac{A_2}{A_1}$的直线，如图 14－17（b）所示。与前面所述一样，合振动仍然是角频率为 ω 的简谐运动。

（2）若 $\varphi_2 - \varphi_1 = \frac{\pi}{2}$，则式（14－25）变为

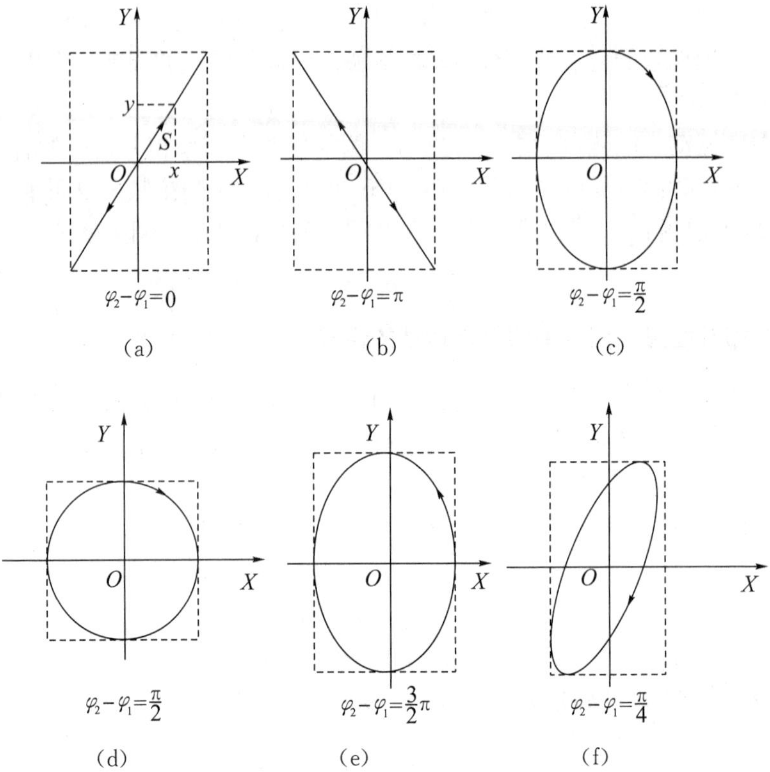

图 14－17　两个相互垂直同频率的简谐运动的合成

$$\frac{x^2}{A_1^2}+\frac{y^2}{A_2^2}=1$$

合振动的轨迹是一长短轴均在坐标轴上的正椭圆，如图 14－17（c）所示。箭头的方向表示物体的运动方向，它可由两分振动来判断，称为右旋椭圆运动。如 $A_1=A_2$，则椭圆变为圆，如图 14－17（d）。

若 $\varphi_2-\varphi_1=-\frac{\pi}{2}$（或者为 $\frac{3}{2}\pi$），同理可知，合振动为一左旋的椭圆运动，如图 14－17（e）所示。

总之，两个相互垂直的同频率的谐振动合成时，合振动的轨迹一般是椭圆（除去直线的特殊情形），它们的长短轴的取向和物体的运动方向取决于分振动的振幅和相位差 $\varphi_2-\varphi_1$。图 14－17（f）给出了 $\Delta\varphi=\frac{1}{4}\pi$ 时的情形，这是一个长短轴不在坐标轴上斜椭圆。$\Delta\varphi$ 等于其他值时，也可给出相应的合振动图形。

通过上述的讨论可知，任何一个直线简谐运动、匀速圆周运动或椭圆运动都可以分解成两个相互垂直的简谐运动，这一点在光的偏振中有着重要的应用。

如果两个相互垂直的简谐运动具有不同的频率时，则合振动一般较为复杂，运动轨迹一般也不稳定。只有当两简谐运动的频率有简单的整数比时，合振动的运动轨迹才会形成某种稳定而封闭的图形，如图 14－18，这类图形叫做利萨如图形。这些图形可以通过示波器显示出来，可用这种方法测量频率和相位差。

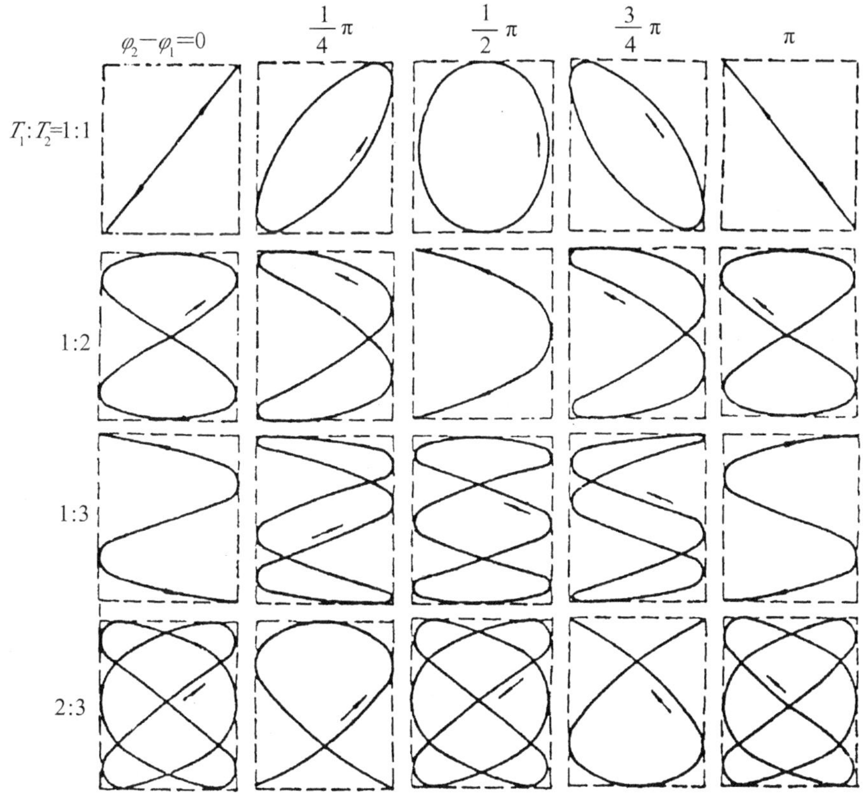

图 14－18　利萨如图

*14.6　阻尼振动　受迫振动　共振

14.6.1　阻尼振动

前面讨论了简谐运动，它们都是物体在弹性力或准弹性力作用下，忽略任何阻力，于是振动过程中振幅和能量都保持不变，但这只是一种理想情况。实际上，由于振动物体总是受到阻力作用，使振动系统不断地克服阻力作功，振动系统的能量不断减少，因而振幅随时间而逐渐减少，这种振动称为阻尼振动。显然，阻尼振动是减幅振动。

振动系统的能量减少的原因通常有两种：①由于摩擦阻力存在使振动系统的一部分能量通过摩擦转变为热能，这叫做摩擦阻尼；②由于振动系统引起波动，使振动系统的能量的一部分逐渐向四周辐射，转变成波的能量，这叫做辐射阻尼。一般情况下，这两种阻尼都存在。例如，当音叉或琴弦振动时，不但因受摩擦阻尼作用而消耗能量，而且还在空气中引起声波，因辐射声能也使系统能量减少。

阻尼振动的位移—时间关系可以用图 14－19 表示，振幅随时间而逐渐减小，并不具有像简谐运动那样的周期性和重复性。因此，严格地说来，阻尼振动不是周期性运动。然而振动物体连续两次沿同一方向通过平衡位置（或达到同一方向的最大位移处）相隔的时间为常量 T，所以，又常把阻尼振动叫做准周期运动。理论和实验证明：阻尼振动的周期大于无阻尼时的固有周期。当阻尼较小时，振幅的减弱比较缓慢，其周期接近固有周期；当阻尼较大时，振幅的减少较快，其周期比固有周期长得多。当阻尼过大时，甚至在未完成第一次振动前，振动能量就已耗尽，振动系统只能通过非周期运动的方式回到平衡位置，如图 14－20。

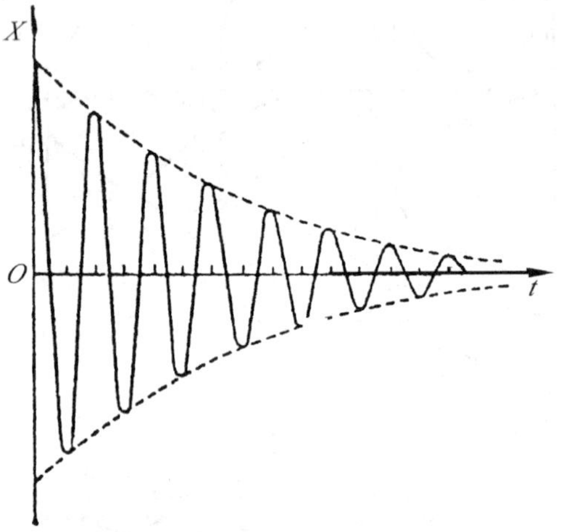

图 14－19　**阻尼振动的位移时间图**

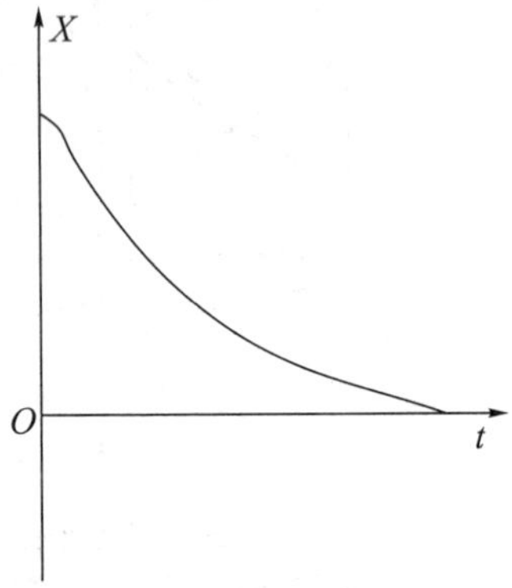

图 14－20　**阻尼过大时的非周期运动**

阻尼振动在生产和技术上常被用来控制系统的振动，各类机器的减振器大都采用阻尼装置，使强烈的振动变为缓慢的振动且迅速衰减，以保护机件。灵敏电流计和精密的天平也有阻尼装置，由于阻尼存在使摆动的指针能迅速地回到平衡位置，便于测量。

14.6.2　受迫振动　共振

阻尼振动由于能量的损失，振动最终要停下来，若要维持振动，必需对振动系统不断地补充能量。实践中，常常为了克服阻尼因素，而对振动系统作用一周期性外力，使之保持稳定的振动，这个周期性外力叫强迫力。这种由周期性外力的持续作用而发生的振动叫受迫振动。例如，夯地用的电动机，由于转子上附有一偏心装置（偏心锤），电机与基座组成的系统受到周期性外力作用而发生受迫振动；扬声器中和纸盆相连的线圈，在通有音频电流时，由于磁场的作用，将对纸盆施加周期性外力而发声；再如，电话机听筒中膜片的振动、人们听到声音时耳膜的振动都是受迫振动的例子。

受迫振动开始时的情况十分复杂，但经历一段时间后，强迫力在一个周期内输入系统的能量，恰好补偿因阻尼存在系统所损耗的能量，此时系统便达到稳定状态。如图14－21所示，此时系统便以强迫力的频率振动，振幅 A 不仅与强迫力的振幅和频率有关，还与振动系统本身的固有频率 ν_0 和系统所受的阻力有关。如图 14－22 是稳定状态时受迫振动的振幅 A 与强迫力的频率 ν 在不同阻尼情况下的关系曲线。

从图 14－22 可以看出，当强迫力的频率 ν 接近振动系统的固有频率 ν_0 时，受迫振动的振幅 A 有最大值。这种受迫振动的振幅达到最大值的现象叫共振，共振时强迫力的频率叫共振频率。从曲线还可以看出，当阻尼较大时，共振时的振幅较小；阻尼较小时，共振时的振幅较大。

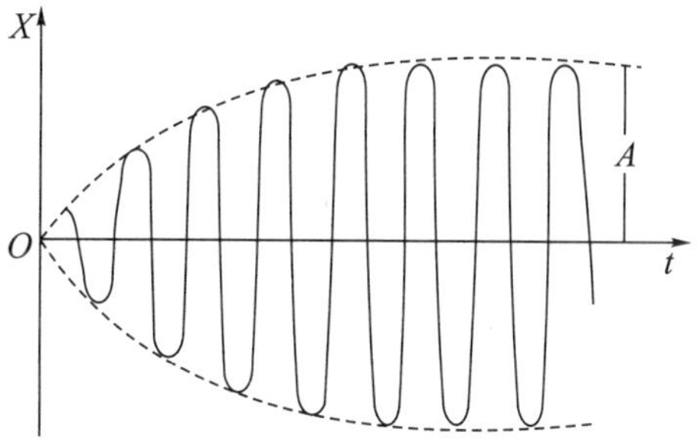

图 14－21　受迫振动

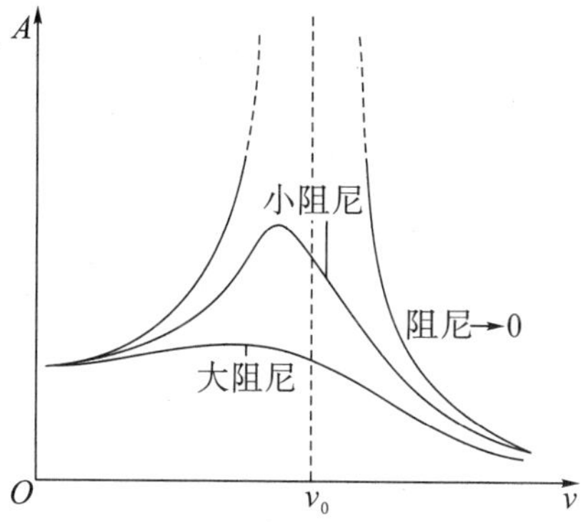

图 14－22　共振

许多实际问题中都存在共振现象，例如收音机就是利用电磁共振来选择电台频率，利用核内的核磁共振来进行物质结构的研究和医疗诊断，一些乐器的共鸣箱也是利用共振现象来提高音响效果。共振也有不利的一面，各种机器运转时，由于转动部分的不对称性，使机器要受到周期性外力，如果力的频率接近机器的固有频率，所引起的受迫振动将影响机器工作的精确度，甚至严重时造成事故。在设计时应设法避免，可使固有频率与机器运转时可能产生的周期性力的频率尽量离得较远，从而避免共振现象或减弱共振的影响。

习　题

14－1　什么是简谐运动？试分析下列几种运动是否是简谐运动？

（1）汽缸中活塞的运动；

（2）竖直下落的皮球与水平地面作弹性碰撞形成的上下运动；

（3）小球在半径很大的光滑凹球面底部的小幅度摆动；

（4）一质点分别作匀速圆周运动和匀加速圆周运动，它在直径上的投影点的运动。

14－2　什么是简谐运动的相位？如果简谐运动的振幅和角频率已知，相位可决定简谐运动的什么？反过来，在什么条件下，可以决定简谐运动的相位？

14－3　如果把一个弹簧振子和一个单摆都放在月球上，与放在地球上相比较，它们的周期如何变化？

14－4　有两个完全相同的弹簧振子，如果一个弹簧振子的物体通过平衡点的速度比另一个大，问它们的周期是否相同？振动的振幅是否相同？

14－5　一弹簧的一端固定，另一端系有一质量为 m 的物体，如果忽略摩擦，将弹簧水平地放在光滑的桌面上的振动和将弹簧竖直地悬挂起来的振动相比较，振动频率是否相同？

14－6　弹簧振子作简谐运动时，如果振幅增为原来的两倍而频率减小为原来的一半，问它的总能量怎样改变？

14－7　若振动方程 $x=0.1\cos(20\pi t+\frac{\pi}{4})$ m，求：

（1）振幅、频率、角频率、周期和相位；

（2）$t=2\text{s}$ 时的位移、速度和加速度。

14－8　一放置在水平桌面上的弹簧振子作简谐运动，振幅 $A=2\times10^{-2}\text{m}$，周期 $T=0.5\text{s}$，当 $t=0$ 时，求下列各种情况下的振动的初相位：

（1）物体在正方向的端点；

（2）物体在负方向的端点；

（3）物体过平衡位置向负方向运动；

（4）物体过平衡位置向正方向运动；

（5）物体在 $x=1.0\times10^{-2}\text{m}$ 处，向负方向运动；

（6）物体在 $x=-1.0\times10^{-2}\text{m}$ 处，向正方向运动。

14－9　一平板上放有一质量为 1.0kg 的重物，平板在竖直平面内作简谐运动，周期 $T=0.5\text{s}$，振幅 $A=2\text{cm}$，求：

（1）平板到最低点时，重物对平板的作用力；

（2）若频率不变，平板以多大振幅振动时，重物跳离平板。

14－10　设一简谐运动的位移与时间的关系为 $x=3\cos\left(5\pi t+\frac{1}{4}\pi\right)\text{m}$。试求振动的振幅、频率和初相位，并求 $t=1\text{s}$ 时的位移和速度。

14－11　作简谐运动的小球，速度的最大值为 $v_m=3\text{cm}\cdot\text{s}^{-1}$，振幅为 $A=2\text{cm}$，若令速度具有正最大值的某时刻为 $t=0$，求：

（1）振动周期；

（2）加速度的最大值；

（3）振动的表达式。

14－12　从如题 14－12 图所示的简谐运动的 $x-t$ 图，求该简谐运动的表达式。

14－13　简谐运动曲线如题 14－13 图所示，试由图确定在 $t=2\text{s}$ 时刻质点的位移、速度。

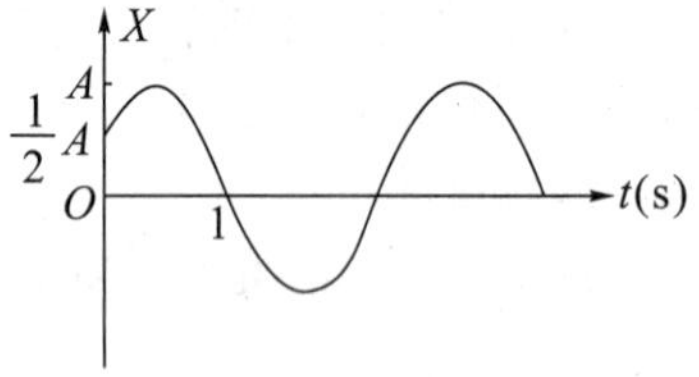

题 14－12 图

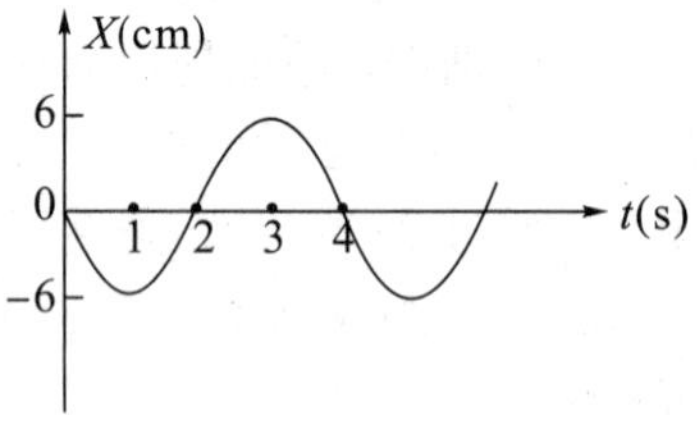

题 14－13 图

14－14　证明：如题 14－14 图所示的振动系统的振动为简谐运动，其振动频率为

$$\nu=\frac{1}{2\pi}\sqrt{\frac{k_1k_2}{(k_1+k_2)m}}$$

式中，k_1、k_2 分别为两弹簧的劲度系数，m 为物体的质量。

14－15　两弹簧与物体相连，如题 14－15 图所示，试证明该振动系统的振动为简谐运动，其振动周期为

$$T=2\pi\sqrt{\frac{m}{k_1+k_2}}$$

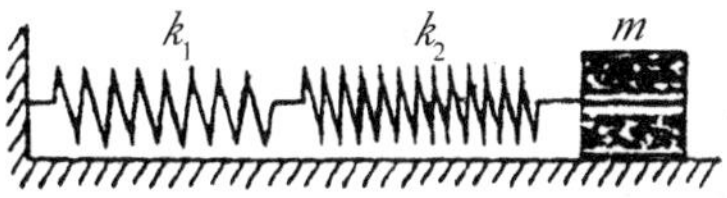

题 14－14 图

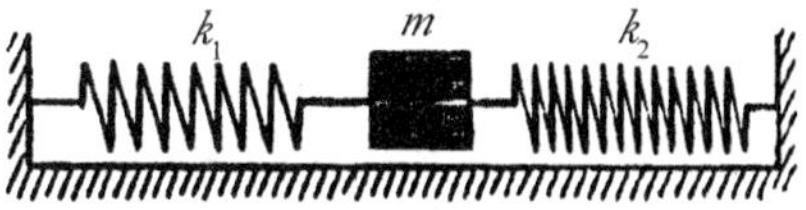

题 14－15 图

式中，k_1、k_2 分别为两弹簧的劲度系数，m 为物体的质量。

14－16　原长为 0.50m 的弹簧，上端固定，下端挂一质量为 0.10kg 的砝码，静止时弹簧的长度为 0.60m，若将砝码向上推至弹簧原长处，静止后放手，则砝码作上、下运动。

（1）证明砝码的运动为简谐运动；

（2）求此简谐运动的振幅、角频率、频率；

（3）若从开始放手时计算时间，求此简谐运动的方程（设向下为正方向）。

14－17　一质点作简谐运动的角频率为 ω，振幅为 A，当 $t=0$ 时的质点位于 $x=\frac{1}{2}A$ 处，且向 X 轴正方向运动，试画出此振动的旋转矢量图，并求其初相位。

14－18　两个物体作同方向、同频率、同振幅的简谐运动。在振动过程中，每当第一个物体经过位移为 $\frac{A}{\sqrt{2}}$ 的位置向平衡位置运动时，第二个物体也经过此位置，但向远离平衡位置的方向运动，试利用旋转矢量法求它们的相位差。

14－19　一质点作简谐运动，其振动方程为 $x=0.24\cos(\frac{\pi}{2}t+\frac{\pi}{3})$（SI），试用旋转矢量法求出质点由初始状态（$t=0$ 的状态）运动到 $x=-0.12$m，且向负方向运动的状态所需的最短时间 Δt。

14－20　当作简谐运动的物体的位移为振幅的一半时，其动能和势能各占总能量的多少？在什么位置时，动能和势能各占简谐运动总能量的一半。

14－21　一物体质量 $m=2$kg，受到的作用力 $F=-8x$（SI），若该物体偏离坐标原点 O 的最大位移为 $A=0.10$m，则物体的动能的最大值为多少？

14－22　已知两个同方向同频率的简谐运动方程 $x_1=2\times10^{-2}\cos(3t+\pi)$（SI）及 $x_2=4\times10^{-2}\cos(3t+2\pi)$（SI），求合振动的振幅、初相位和振动方程。

14－23　一质点同时参与两个同方向的简谐运动，振动方程分别为

$$x_1=5\times10^{-2}\cos(10t+\frac{3\pi}{4})\quad \text{SI}$$

$$x_2=6\times10^{-2}\cos(10t+\frac{\pi}{4})\quad \text{SI}$$

（1）求合振动的振幅和初相位；

（2）若另有一振动 $x_3=7\times10^{-2}\cos(10t+\varphi_3)$（SI），问：$\varphi_3$ 为多少时，x_1+x_3 的振幅最大；φ_3 为何值时，x_2+x_3 的振幅为最小。

第 15 章　机械波

振动的传播过程叫做波动，波动是物质的一种重要的运动形式。波一般可分为两大类：一类是机械振动在弹性介质中的传播，称为机械波，例如，声波、地震波、水波等；另一类是变化的电磁场在空间的传播过程，称为电磁波，例如，无线电波、光波、X 射线等。虽然各类波的本质不同，但却具有许多共同的特征和规律。例如，伴随着能量的传播，都能产生反射、折射、衍射和干涉。本章以机械波为例，讨论波动的传播现象和规律。

15.1　机械波的产生和波的基本概念

15.1.1　机械波的产生

把一个石块投在平静的水面上，即见在石落处水面发生振动，随之引起附近水面的振动，然后逐渐引起远处水面的振动，这样水的振动从石落处由近及远地向外传播，在水面上形成了水面波。如图 15－1 所示，绳的一端固定，手握绳的另一端并使之上下抖动，这样振动由握端沿绳子向另一端传输，形成绳子上的波。其他机械振动的传播，如声源的振动，引起周围附近空气的振动，在空气中形成声波；地壳某处的强烈振动，在岩石中形成地震波等。

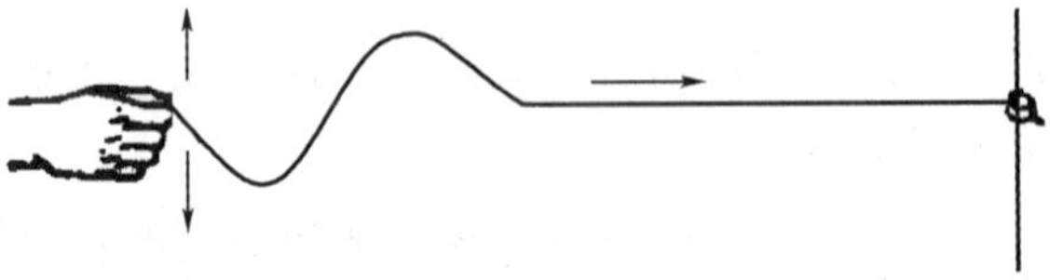

图 15－1　绳子上的波

一般而言，当弹性介质中任意质点发生振动时，随之将引起由近及远的质点振动，这样振动就在弹性介质中传播，形成机械波。

由此可见，产生机械波要同时具备两个条件：第一，要有一个作机械振动的物体，即波源；第二，要有能够传播这种机械振动的弹性介质。

应当指出，波动是振动状态在弹性介质中的传播，介质中各质点仅在它的平衡位置附近振动，而并不随波前进。

15.1.2　横波与纵波

按质点的振动方向和波的传播方向的关系，波可以分成两类最基本最简单的波，即横波和纵波。如果质点的振动方向和波的传播方向垂直，这种波叫横波；如果质点的振动方向和波的传播方向一致，这种波叫纵波。例如，前面所说的绳波就是横波，而声波则是纵波。在固体介质中既可以产生横波，也可以产生纵波；而在液体、气体介质中只能产生纵波。

图 15－2 表示横波传播示意图，图中各小黑点代表介质中在一直线上的一排质点（图中只画出 9 个质点，点上的箭头方向表示它们的运动方向）。它们按顺序编号为 1、2、3、4、…，各质点间存在相互作用的弹性力，这些质点的运动是相互牵连的。图中第一行表示开始时（$t=0$）这些质点都在各自的平衡位置上。设质点 1 作周期为 T 的简谐运动，$t=0$ 时刻，它在平衡位置并开始向上运动，则其他质点均在各自平衡位置处。由于质点间存在着弹性相互作用，质点 1 的运动将带动质点 2，继而质点 2 的运动又将带动质点 3，依此类推……当然，第一个质点一旦离开平衡位置开始振动时，它将要受到相邻质点给它的指向平衡位置的回复力的作用，质点正是在这些弹性力的作用下依次先后进行振动，其周期均为 T。当 $t=\frac{T}{4}$时，质点 1 的运动状态恰好传播到质点 3，质点 3 开始离开平衡位置向上运动，如同 $t=0$ 时质点 1 的运动状态。此时质点 2 已离开平衡位置，向上运动了一段距离，而质点 1 已向上达到最大位移处，其速度为零，并将开始向下运动。当 $t=\frac{1}{2}T$ 时，质点 1 的振动传到了质点 5 处，其运动状态和 $t=0$ 时质点 1 的运动状态相同。此时质点 1 已回到平衡位置处，速度有最大值并且将由于惯性而向下运动，而质点 2 在返回平衡位置的途中，质点 3 到达了最大位移处……经过一个周期 $t=T$，质点 1 完成了一次完全振动回到平衡处，此时质点 1 在 $t=0$ 的振动状态传到了质点 9，二者的振动状态相同，只是时间上相差一个周期。这样，1 到 9 各质点位于一条曲线上，形成了具有凸状部分（波峰）和凹状部分（波谷）的横波波形，在以后的传播中，比质点 9 更远的质点（图中未画出）也将振动，波动将继续传播下去。

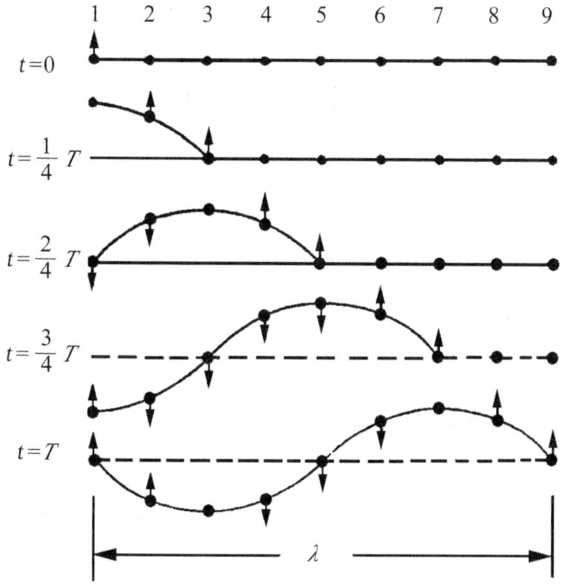

图 15－2　横波传播示意图

图 15－3 表示纵波的传播示意图，分析方法与横波类似。所不同的是，在纵波传播中，介质中的各质点的振动沿着波传播的方向，从而形成疏密相间的波形向前传播。

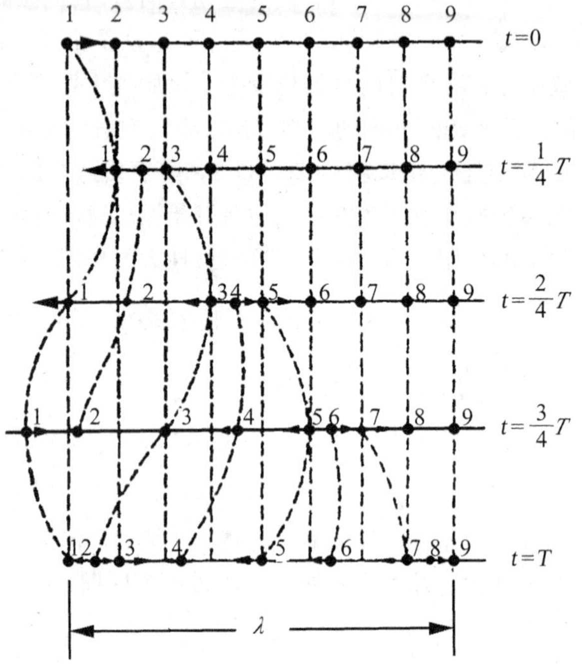

图 15－3　纵波传播示意图

从波动传播的示意图中可以看出波动过程的一些特征：各个质点仅在各自的平衡位置附近振动，并不随波前进，而振动状态则以一定速度向前传播；后振动的质点比先振动的质点对达到同一振动状态而言，在步调上要落后一段时间，亦即存在一个相位差，例如质点 9 比质点 1 落后一个周期 T 的时间，相应地相位落后 2π，又如质点 3 比质点 1 落后了 $\frac{1}{4}$周期的时间，或者相位上落后$\frac{\pi}{2}$。可见波动过程就是振动状态的传播过程，即相位的传播过程。横波的外形特征具有凸起的波峰和凹下的波谷，而纵波的外形特征是具有“稀疏”和“稠密”的区域。

15.1.3　波线　波面　波前

波源在弹性介质中振动时，振动将向各个方向传播，形成波动，为了讨论波的传播情况，我们引入波线、波面和波前的概念。

从图 15－2 和图 15－3 可以看出，波在介质中传播时，各质点在自己的平衡位置附近振动，并未随波前进，但振动状态向前传播了，即相位向前传播。例如，质点 1 在 $t=0$ 时刻的相位是$\frac{3}{2}\pi$（用余弦函数表示质点的振动方程），经过$\frac{T}{4}$时间，振动传播到质点 3，此时质点 3 的振动状态与质点 1 在 $t=0$ 时刻的振动状态完全一样，所以质点 3 的相位也是$\frac{3}{2}\pi$。我们常用几何的方法表示在波动过程中，各质点间的振动相位关系以及波的传播方向（即相位传播方向）。

波源振动时，通过弹性介质，振动将向各个方向传播，波的传播方向叫波线或波射线。介质中某时刻由振动相位相等的各点联成的面叫波面或同相面。在任一时刻，波面可以有任意多个，而传播过程中最前面的那个波面称为波前或波阵面，所以任一时刻，只有一个波前。显然，波的传播，就是波前的位置向前推移。按照波前的形状，波可以分成平面波（如图 15－4（a））、球面波（如图 15－4（b））、柱面波等等。在各向同性的均匀介质中波线与波面垂直。点波源在无限大均匀介质中产生的波是球面波，在远离波源的小区域内，球面波的一部分可以当作平面波来处理。

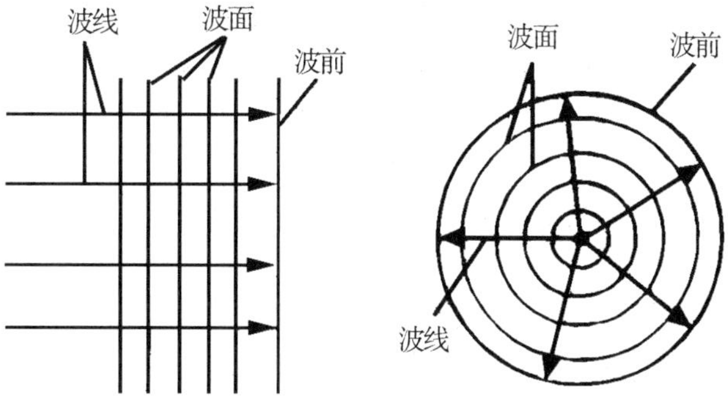

（a）平面波　　（b）球面波

图 15－4　波线、波面与波前

15.1.4　波的周期和频率　波长　波速

现在讨论描写波动的几个重要的物理量的意义，即波的周期、频率、波长、波的传播速度和它们间的相互关系。

由于波动实际上是波源的振动状态在弹性介质中的传播过程，而且振动具有时间的周期性，所以波动也具有时间的周期性。对振动而言，质点每隔一定时间总是要回到原来的振动状态，这个时间称为振动的周期。在波场（波动存在的空间）中各介质质点都会依次重复波源的振动，各个质点的振动周期与波源振动的周期相同，所以波的周期就是介质质点的振动周期，均用 T 表示。周期的倒数叫波的频率，用 ν 表示。周期 T 和频率 ν 是表示波动具有时间上的周期性的物理量。

对于一个质点（或物体）的周期性振动，只用时间的周期性来描述就足够了，因为质点总是在其平衡位置附近作往复运动。而波动是周期性的振动在介质空间中的传播，必然引起空间质点运动的周期性，这就需引入波长的概念表示波的空间周期性。在同一波线上（即传播方向上），每隔一定的距离，质点的振动状态（或相位）都发生重复。因此，波线上两个相邻的相位差为 2π 的质点之间的距离叫波长，用 λ 表示。如图 15－5 所示，相位相同的波线上的相邻两点，空间距离总是

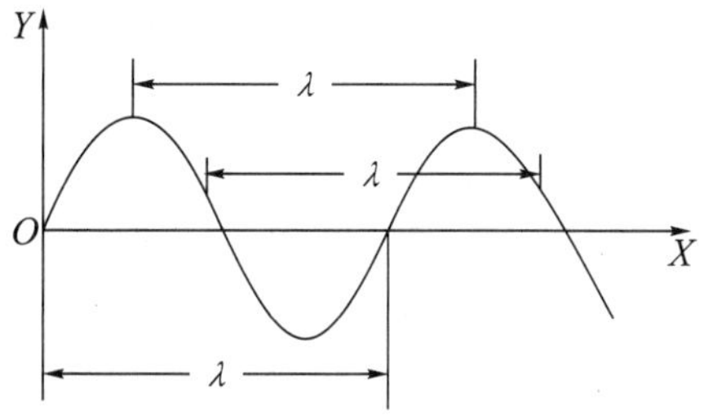

图 15－5　波长

λ。在图 15－2 和图 15－3 中的 $t=T$ 时刻，质点 1 和质点 9 的相位相同，所以它们之间的距离就是一个波长。对于横波，相邻两个波峰或波谷之间的距离都是一个波长；对纵波，相邻两个密部或疏部中心间的距离也是一个波长。

单位时间内振动状态（即振动相位）所传播的距离叫波速，用 u 表示，也称为相速。

由于波传播一个波长 λ 的距离所需的时间为波的周期 T，所以，单位时间内某一振动状态传播的距离为$\frac{\lambda}{T}$，即为波速 u，所以波速、周期（或频率）、波长间的关系如下：

$$u=\frac{\lambda}{T}=\nu\lambda \tag{15－1}$$

波的周期 T 和频率 ν 与介质性质无关，与波源的振动周期和频率相等；波速 u 的大小取决于介质的性质，同一频率的波在不同介质中传播时，其波速不同，因此波长也不同。此外，波速和质点的振动速度是两个不同的概念，应该加以区别。

机械波传播的速度完全取决于介质的性质，即取决于介质的弹性模量和密度，理论上可以证明横波在固体中的传播速度为

$$u=\sqrt{\frac{G}{\rho}} \tag{15－2}$$

式中，G 为固体的切变弹性模量，ρ 为固体的密度。

固体中传播的纵波的速度可用下式表示

$$u=\sqrt{\frac{E}{\rho}} \tag{15－3}$$

式中，E 为弹性模量，ρ 为固体的密度。

对于气体和液体，只能传播纵波，其波速为

$$u=\sqrt{\frac{K}{\rho}} \tag{15－4}$$

式中，K 称为体积模量，ρ 为气体或液体的密度。

一般而言，固体的弹性模量大于其切变模量，所以在固体中纵波的速度大于横波的速度，地震波在岩石中传播，既有纵波分量，也有横波分量，利用对波速的测定，可以了解岩石的弹性模量。

[例 1]　当空气中的声波速度为 $u=320\text{m}\cdot\text{s}^{-1}$，振动频率为 $\nu=400\text{Hz}$ 的音叉产生的声波波长为多少？当音叉完成 30 次完全振动时，声波传播了多远？

解　由于波源的振动频率等于波的频率，根据式（15－1），$u=\frac{\lambda}{T}=\nu\lambda$，得

$$\lambda=\frac{u}{\nu}=\frac{320}{400}=0.8\quad\text{m}$$

质点完成一次完全振动的时间就是它的周期

且

$$T=\frac{1}{\nu}=\frac{1}{400}\quad\text{s}$$

所以，完成 30 次完全振动的时间为

$$t=30T=\frac{30}{400}=\frac{3}{40}\quad\text{s}$$

在此时间内，声波传播的距离为

$$s = ut = 320 \times \frac{3}{40} = 24 \quad \text{m}$$

15.2　平面简谐波的波函数

如果波源作简谐运动，那么介质中的各质点也作简谐运动，这样所形成的波叫简谐波（简称谐波）。对于振动的理论分析表明任何复杂的振动都看成是由一系列频率不同的简谐运动的合成，所以任何复杂的波都可以看成是由一系列频率不同的简谐波的合成。因此，研究简谐波具有特别重要的意义。波面是平面的简谐波叫平面简谐波。

下面讨论如何用数学表达式来描述平面简谐波，即所谓平面简谐波的波函数（或称平面简谐波的波动方程）。波函数从数学上应反映波线上任一质点在任何时刻的运动，它是关于空间坐标和时间的二元函数。

设有一平面简谐波在理想的均匀介质中，以波速 u 沿 OX 轴的正方向传播。如图 15－6 所示，因为是平面波，所以同相面是一系列垂直于 OX 轴的平面，在同一时刻同一波面上所有点的振动状态都相同。OX 轴是波线，因此 OX 轴上各点的振动就代表整个波动的情况。在研究平面波时，只要研究波线上各点的振动情况以及它们之间的相互联系就够了。如图 15－6 所示，在原点 O 处有一质点作简谐运动，为方便起见，可设其初相位 $\varphi_0 = 0$，故原点 O 处的质点的振动方程为

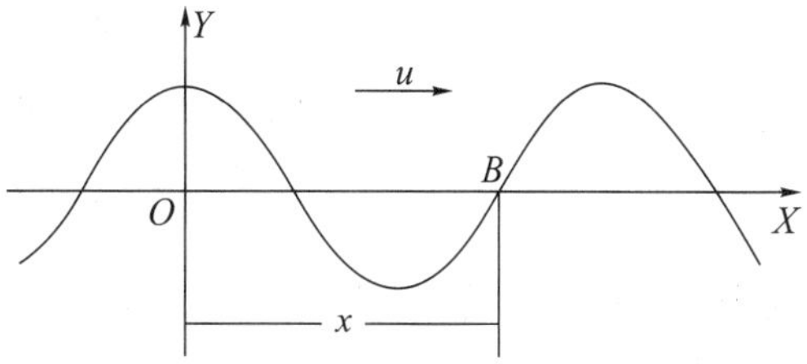

图 15－6　波函数图

$$y = A\cos\omega t$$

式中，A 是振幅，ω 是角频率，y 是 O 点处的质点在 t 时刻对于自己的平衡位置的位移。

对于 OX 轴上其他各点的振动位移而言，也是相对其各自的平衡位置来说的。现在，利用 O 点的振动规律找出 OX 轴上任一点在任一时刻的振动规律来求出平面波动方程，为此，在 OX 轴上取一点 B，离原点 O 的距离为 $OB = x$，当振动从 O 点传到 B 点时，B 点将重复 O 点的振动，但在时间上要落后一些，或者说 B 点的相位要落后 O 点。因振动从 O 点传到 B 点需要时间 $\Delta t = \frac{x}{u}$，所以，在时刻 t，B 点的相位应等于 $(t - \frac{x}{u})$ 时刻 O 点的相位，也就是说，B 点在 t 时刻的位移等于 O 点在 $(t - \frac{x}{u})$ 时刻的位移。因此，B 点在 t 时刻的位移为

$$y = A\cos\omega(t - \frac{x}{u}) \tag{15-5a}$$

因 $\omega = \frac{2\pi}{T} = 2\pi\nu$，$u = \nu\lambda$，上式还可写成

$$y = A\cos 2\pi(\frac{t}{T} - \frac{x}{\lambda}) \tag{15-5b}$$

$$y = A\cos 2\pi(\nu t - \frac{x}{\lambda}) \tag{15-5c}$$

上述方程表示介质中任意点的振动方程，可以通过它来确定在 OX 轴上的任一点在任一时刻的位移，这个方程是对平面波动过程的完整描述，所以称之为沿 OX 轴正向传播的平面简谐波的波函数，或称为平面简谐波的波动方程。

以上讨论的是沿 OX 轴正方向传播的波。若波沿 OX 轴的负方向传播，则 P 点的振动比 O 点的振动超前一个时间$\frac{x}{u}$，所以沿 OX 轴负向传播的平面谐波的波函数为

$$y = A\cos\omega(t + \frac{x}{u}) \tag{15-5a'}$$

$$y = A\cos2\pi(\frac{t}{T} + \frac{x}{\lambda}) \tag{15-5b'}$$

$$y = A\cos2\pi(\nu t + \frac{x}{\lambda}) \tag{15-5c'}$$

若原点 O 处的质点的初相位 $\varphi_0 \neq 0$（上面的讨论曾假设初相 $\varphi_0 = 0$），则 O 点的振动方程为

$$y = A\cos(\omega t + \varphi_0)$$

此时沿 OX 轴正、负方向以波速 u 传播的平面简谐波的波函数或波动方程应写成

$$y = A\cos[\omega(t \mp \frac{x}{u}) + \varphi_0]$$

式中，圆括号内的“－”、“＋”号分别表示沿 OX 轴正、负方向传播的波，φ_0 为原点振动的初相位。

下面进一步分析波函数的物理意义，为此，我们以式（15－5）为例，假设 $\varphi_0 = 0$，讨论以下三种情况。

（1）当 x 一定时，如取 $x = x_1$，则波动方程变为 $x = x_1$ 点处的振动方程，即

$$y = A\cos\omega(t - \frac{x_1}{u}) \tag{15-6}$$

此时 x_1 点作振幅为 A，角频率为 ω，初相位为 $-\omega\frac{x_1}{u}$，将随考察点的不同而不同。由式（15－6）可得对应的点的位移时间曲线图，如图 15－7 所示，表示 x_1 点处的振动图。$y-t$ 曲线叫作 x_1 点的位移时间曲线。

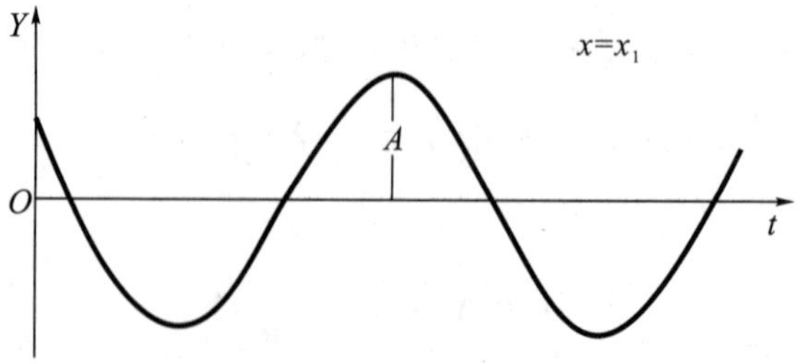

图 15－7　振动图

（2）当 t 一定时，如取 $t = t_1$，则波函数变为

$$y = A\cos\omega(t_1 - \frac{x}{u}) \tag{15-7}$$

该式表示 t_1 时刻，波线上各点的位移情况，即表示 t_1 时刻的波形。$y \sim x$ 曲线叫 t_1 时刻的波形图，如图 15－8 所示。

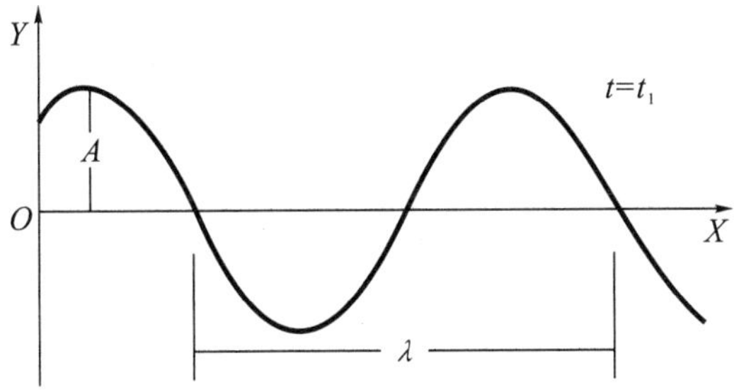

图 15－8　波形图

由波形曲线可以看出，在同一时刻，不同的 x 处的质点的相位不同，相互间存在相位差，由式（15－8a）可以计算同一时刻 t，波线上任意两点振动的相位差 $\Delta\varphi$。

质点 x_1 的相位

$$\varphi_1 = \omega(t - \frac{x_1}{u})$$

质点 x_2 的相位

$$\varphi_2 = \omega(t - \frac{x_2}{u})$$

两点间的相位差

$$\Delta\varphi = \varphi_2 - \varphi_1 = -\omega \frac{x_2 - x_1}{u} = -\frac{2\pi}{\lambda}(x_2 - x_1)$$

令 $\Delta x = x_2 - x_1$ 为波程差，上式可写为

$$\Delta\varphi = -\frac{2\pi}{\lambda}\Delta x \tag{15－8a}$$

上式说明，同一时刻波线上波程差等于一个波长的两振动质点，它们的相位差为 2π；若波程差为 $\frac{\lambda}{2}$ 时，相位差为 π，这反映了波动的空间周期性。式中的负号表示沿波的传播方向上，离波源愈远的点，相位愈落后。从式（15－8a）可以看出，若 $x_2 > x_1$，则 $\Delta\varphi < 0$，即 $\varphi_2 < \varphi_1$，也就是说 x_2 处的相位落后于 x_1 处的相位。一般在不需明确说明两点的相位的超前和落后时，式（15－8a）可以简单地写成

$$\Delta\varphi = \frac{2\pi}{\lambda}\Delta x \tag{15－8b}$$

（3）当 x 和 t 都变化时，波动方程式（15－5）将表示波线上任一点在任一时刻的位移分布，我们分别画出两个相邻时刻 t_1 和 $t_1 + \Delta t$ 的波形曲线，如图 15－9 所示。比较这两个时刻的波形曲线可以看出，两时刻的波形形状完全相同，但不重合，$(t_1 + \Delta t)$ 时刻的波形是 t_1 时刻的波形沿传播方向向前推移了一段距离 $\Delta x = u\Delta t$ 而得到的，波速 $u = (\frac{\Delta x}{\Delta t})$ 就是波向前传播的速度。当 t 和 x 都变化时，波函数（或波动方程）就描述波的传播过程，所以波函数描述了波形的传播，这种波称为行波。

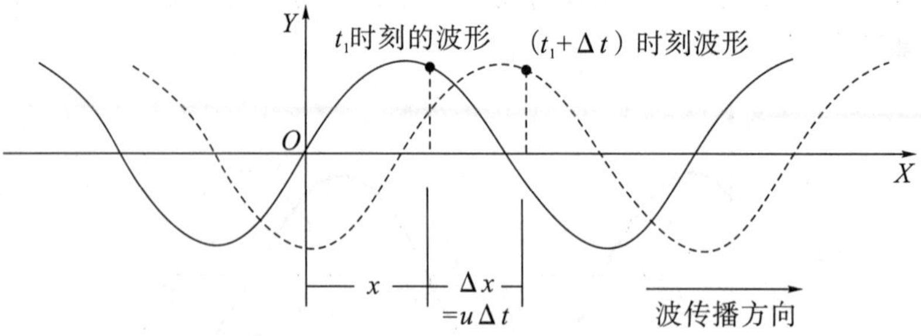

图 15－9　波的传播

[例 2]　已知一沿 X 轴直线传播的平面波函数为 $y=0.05\cos\left[2\pi\left(5t-\frac{0.6}{2\pi}x\right)-\frac{\pi}{2}\right]$，式中，各量以 [SI] 制计，试求：

(1) 振幅、周期、波长、频率和波速；

(2) 说明 $x=0$ 时方程的意义；

(3) 距波源 $x_1=20$m 和 $x_2=40$m 处的两质点的振动相位差。

解　(1) 将所给的波动函数和波函数的标准表达式 $y=A\cos\left[2\pi\left(\nu t-\frac{x}{\lambda}\right)+\varphi_0\right]$ 相比较，可得

$$A=0.05\text{m}\qquad \lambda=\frac{2\pi}{0.6}=10.5\quad\text{m}$$

$$\nu=5\text{Hz}\qquad T=\frac{1}{\nu}=0.2\quad\text{s}$$

$$u=\nu\lambda=52.5\ \text{m}\cdot\text{s}^{-1}$$

(2) 当 $x=0$ 时，波函数表示位于坐标原点的质点的振动方程

$$y=0.5\cos\left(10\pi t-\frac{\pi}{2}\right)\quad\text{m}$$

(3) 由 $\Delta\varphi=-\frac{2\pi}{\lambda}\Delta x$，得

$$\Delta\varphi=-\frac{2\pi}{\frac{2\pi}{0.6}}(40-20)=-12\quad\text{rad}$$

表示在同一时刻，x_2 和 x_1 两点的相位差为－12rad，即 x_1 点超前 x_2 点 12rad。

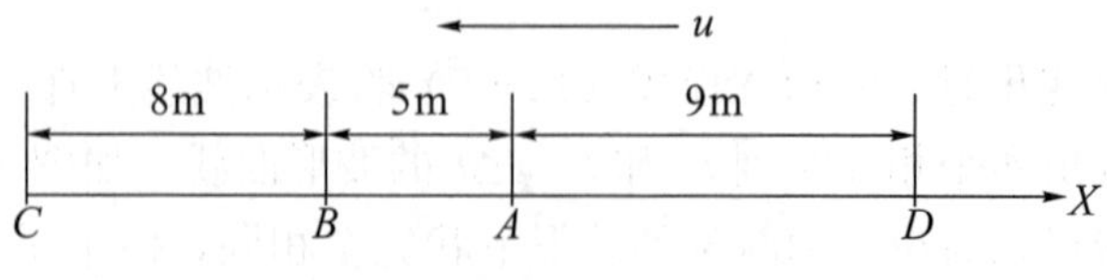

图 15－10

[例 3]　一平面简谐波在介质中以速度 $u=20\text{m}\cdot\text{s}^{-1}$ 沿直线传播，如图 15－10 所示，传播方向沿 OX 轴的负向，已知传播路径上的某点 A 的振动方程为 $y=0.3\cos4\pi t$

[SI]。试求：

（1）如以 A 点为坐标原点，写出波函数；

（2）如以距 A 点 5m 处的 B 点为坐标原点，写出波函数；

（3）写出传播方向上点 B、C、D 的振动方程。

解　（1）将所给振动方程 $y=0.3\cos 4\pi t$，与沿 OX 轴负向传播的波函数的标准形式 $y=A\cos\left[\omega\left(t+\frac{x}{u}\right)+\varphi_0\right]$ 比较，以 A 点为原点的负向传播波函数为

$$y=0.3\cos 4\pi\left(t+\frac{x}{20}\right)\ \mathrm{m} \qquad (1)$$

注意，只要取（1）中的 $x=0$，立即得到 A 点的振动方程，A 点的初相位 $\varphi_0=0$。

（2）该波传到 B 点，引起 B 点的振动，其振动方程应为

$$y=0.3\cos 4\pi\left(t+\frac{-5}{20}\right)=0.3\cos(4\pi t-\pi)\ \mathrm{m}$$

因此，以点 B 为坐标原点的沿负向传播的波函数为

$$y=0.3\cos\left[4\pi\left(t+\frac{x}{20}\right)-\pi\right]\ \mathrm{m} \qquad (2)$$

（3）点 B、C、D 在以 A 点为原点的坐标轴上的位置 $x_B=-5\mathrm{m}$，$x_C=-13\mathrm{m}$，$x_D=9\mathrm{m}$，分别代入式（1）中，可得 B、C、D 点的振动方程分别为

$$y_B=0.3\cos 4\pi\left(t-\frac{5}{20}\right)=0.3\cos(4\pi t-\pi)\ \mathrm{m}$$

$$y_C=0.3\cos 4\pi\left(t-\frac{13}{20}\right)=0.3\cos\left(4\pi t-\frac{13}{5}\pi\right)\ \mathrm{m}$$

$$y_D=0.3\cos 4\pi\left(t+\frac{9}{20}\right)=0.3\cos\left(4\pi t+\frac{9}{5}\pi\right)\ \mathrm{m}$$

［**例 4**］　图 15－11 为一平面简谐波在 $t=0$ 时刻的波形图，此波形以 $u=0.08\ \mathrm{m\cdot s^{-1}}$ 的速度沿 OX 轴正方向传播，试求：（1）波形上两点 a、b 的振动方向；（2）O 点的振动方程；（3）沿 OX 轴正向传播的波函数。

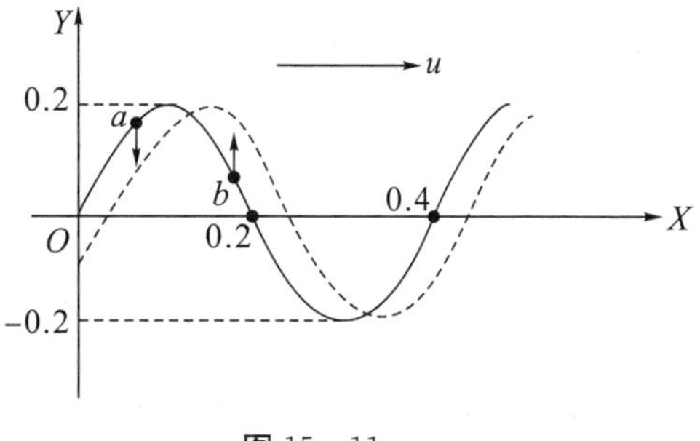

图 15－11

解　（1）因波的传播是波形的传播，经 Δt 时间后，波形沿传播方向行至图中的虚线位置。由于各个质点只在各自的平衡位置附近振动，并不随波前进。从图 15－11 中看出，经 Δt 时间后，a 点运动到它在 $t=0$ 时刻的位置的下方，同理，b 点运动至 $t=0$ 时刻的位置的上方。可见，在 $t=0$ 时刻，a 点向下运动，b 点向上运动，如图 15－11 中箭头所示（如果是负向传播的波，则结果正好和上述方向相反）。

（2）由图 15－11 可以看出波的振幅 $A=0.2\mathrm{m}$，波长 $\lambda=0.4\mathrm{m}$，且已知 $u=0.08\mathrm{m\cdot s^{-1}}$。由 $\lambda=uT$ 可得波的周期 $T=\frac{\lambda}{u}=\frac{0.4}{0.08}=5\mathrm{s}$，所以，$O$ 点的振动方程可以写成

$$y = A\cos(\frac{2\pi}{T}t + \varphi_0)$$

式中，A、T 均已求出，O 点的初相可以由 $t=0$ 时刻，过平衡位置向下运动，即 $v_0<0$ 来判断，所以，式中的 $\varphi_0=\frac{\pi}{2}$

故

$$y = 0.2\cos(0.4\pi t + \frac{\pi}{2})\ \text{m}$$

（3）由 O 点的振动方程可得沿 OX 轴正向传播的波函数

$$y = A\cos[\omega(t - \frac{x}{u}) + \varphi_0] = 0.2\cos[0.4\pi(\text{t} - \frac{x}{0.08}) + \frac{\pi}{2}]\ \text{m}$$

15.3 波的能量　能流密度

波动的过程就是振动的传播过程，波传到哪里，哪里的介质元就要振动，因而具有振动动能，同时介质元还要发生形变，所以还具有弹性势能。因此，波动过程也就是能量传播的过程。

15.3.1 波的能量

设一平面简谐波 $y=A\cos\omega\ (t-\frac{x}{u})$，在密度为 ρ 的弹性介质中传播。考虑介质中的一体积元 $\mathrm{d}V$，其质量 $\mathrm{d}m=\rho\mathrm{d}V$，当振动传播到这个体积元时，其振动动能为

$$\mathrm{d}W_k = \frac{1}{2}(\mathrm{d}m)v^2$$

式中，v 为介质元的振动速度。

因为
$$v=\frac{\partial y}{\partial t}=-\omega A\sin\omega\ (t-\frac{x}{u})$$

所以

$$\mathrm{d}W_k = \frac{1}{2}\rho\mathrm{d}VA^2\omega^2\sin^2\omega(t - \frac{x}{u}) \tag{15-9}$$

同时因体积元的弹性形变而具有弹性势能，可以证明为

$$\mathrm{d}W_p = \frac{1}{2}\rho\mathrm{d}VA^2\omega^2\sin^2\omega(t - \frac{x}{u}) = \mathrm{d}W_k \tag{15-10}$$

因此，体积元的总能量为

$$\mathrm{d}W = \mathrm{d}W_k + \mathrm{d}W_p = \rho\mathrm{d}VA^2\omega^2\sin^2\omega(t - \frac{x}{u}) \tag{15-11}$$

式（15－9）、式（15－10）、式（15－11）表明，任意时刻体积元的动能和势能都相等，而且是同相位的，即动能和势能同时达到最大，同时达到零。体积元的总能量并不守恒，而是随时间 t 和体积元的平衡位置的空间坐标 x 作周期性的变化。这一点和孤立质点作简谐运动时能量守恒的情形不同。这说明在波动过程中，随着振动在介质中的传播，能量从介质中的一部分传到另一部分，任一介质元都不断地接受能量和放出能量，使能量随波的

传播而传播，所以，波动过程就是能量传播的过程。

在波场中，介质每单位体积的能量叫能量密度，以 w 表示，由式（15－11），得

$$w=\frac{\mathrm{d}W}{\mathrm{d}V}=\rho A^2\omega^2\sin^2\omega\left(t-\frac{x}{u}\right) \tag{15-12}$$

波的能量密度随时间而变化，它在一个周期内的平均值，称为平均能量密度，以 $\overline{w}$ 表示

$$\overline{w}=\frac{1}{T}\int_0^T w\mathrm{d}t=\frac{1}{T}\int_0^T\rho A^2\omega^2\sin^2\omega\left(t-\frac{x}{u}\right)\mathrm{d}t$$

$$=\frac{1}{2}\rho A^2\omega^2 \tag{15-13}$$

式（15－13）说明，平均能量密度与介质的密度、振幅的平方及频率的平方成正比。

15.3.2　能流和能流密度

波的传播过程既然是能量的传播过程，我们可以引入能流的概念。

单位时间内，通过介质中某一面积的能量称为通过该面积的能流。设想在介质中垂直于流速方向上取一面积 S，以 S 为端面，波速 u 为长度作一柱体，如图 15－12 所示，则单位时间通过面积 S 的能量即为柱体中的能量，由于能量是周期性变化的，常取一个周期内的平均值 $\overline{P}$，叫平均能流，即

$$\overline{P}=\overline{w}uS \tag{15-14}$$

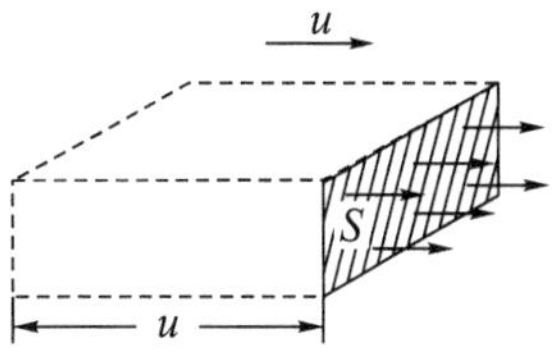

图 15－12　平均能流

通过垂直于波的传播方向的单位面积的平均能流叫能流密度或波的强度，以 I 表示，即

$$I=\frac{\overline{P}}{S}=\overline{w}u=\frac{1}{2}\rho A^2\omega^2 u \tag{15-15}$$

［例 5］　有一平面波在介质中传播，其波速 $u=10^3\mathrm{m\cdot s^{-1}}$，振幅 $A=1.0\times10^{-4}\mathrm{m}$，频率 $\nu=10^3\mathrm{Hz}$，介质密度 $\rho=800\mathrm{kg\cdot m^{-3}}$。求：

（1）该波的能流密度；

（2）1 分钟内垂直通过一面积 $S=4\times10^{-4}\mathrm{m}^2$ 的总能量。

解　（1）由能流密度 $I=\frac{1}{2}\rho A^2\omega^2 u$ 知

$$I=\frac{1}{2}\times800\times10^3\times(1.0\times10^{-4})^2\times(2\pi\times10^3)^2=1.58\times10^5\quad\mathrm{W\cdot m^{-2}}$$

（2）在时间 $\Delta t=60\mathrm{s}$ 内垂直通过面积 S 的能量

$$W=IS\Delta t=1.58\times10^5\times4\times10^{-4}\times60=3.79\times10^3\quad\mathrm{J}$$

15.4　惠更斯原理　波的衍射

15.4.1　惠更斯原理

前面已讲过，波源的振动将在介质中引起附近质点的振动，而这种振动将由于介质中质点间的相互作用，由近及远地向外传播形成波。由此可见，波传到的各点（假设介质是

连续的）在波的产生和传播方面与波源的作用完全等价，都要引起与它相邻近的其他质点的振动。所以在介质中的各点，以波动传到时起，都可以视为新的波源。如图15－13所示，任意形状的水面波在传播时，遇到带有一个很小的孔的障碍物，可以看到在小孔后面总是出现圆形波，好像是以小孔为波源产生的波一样。

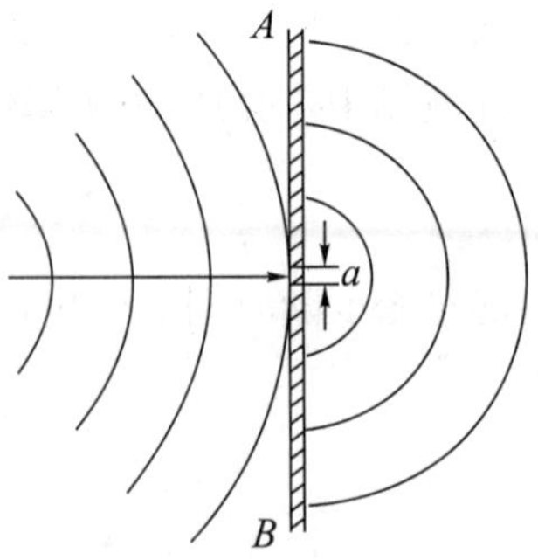

图15－13　**小孔成为新的子波源**

惠更斯总结了这类现象，于1690年提出如下原理：介质中波动传到的各点都可以看做是发射子波的波源，在其后任意时刻，这些子波的包络就是新的波前。这就是惠更斯原理。

惠更斯原理对任何波动过程都是适用的，不论这些波动经过的介质是均匀的，还是不均匀的，只要知道某时刻的波前的位置，就可以根据惠更斯原理，用几何作图的方法决定下一时刻的波阵面的位置，从而确定波的传播方向。

下面举例说明惠更斯原理的应用。

设平面波以速度 u 在各向均匀同性介质中传播，t 时刻波前是 S_1，求在经过 Δt 时间后的波前。由惠更斯原理，S_1 上的每一点都可以看做发射子波的波源，这些子波的波速仍为 u，以 S_1 上各点为中心作 $r=u\Delta t$ 为半径的许多半球面的子波，再作公切于这些子波的包络面，就得到了 Δt 时间后的波前 S_2。显然 S_2 是平行于 S_1 的，如图15－14所示。

如果已知球面波在某时刻的波前 S_1，同样根据惠更斯原理，用作图的方法也可求出其后任意时刻的新的波前 S_2，S_2 同样也是球面，如图15－15所示。

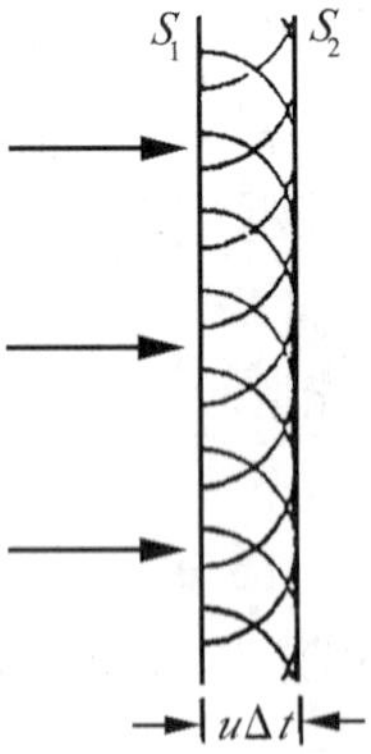

图15－14　**平面波的波前**

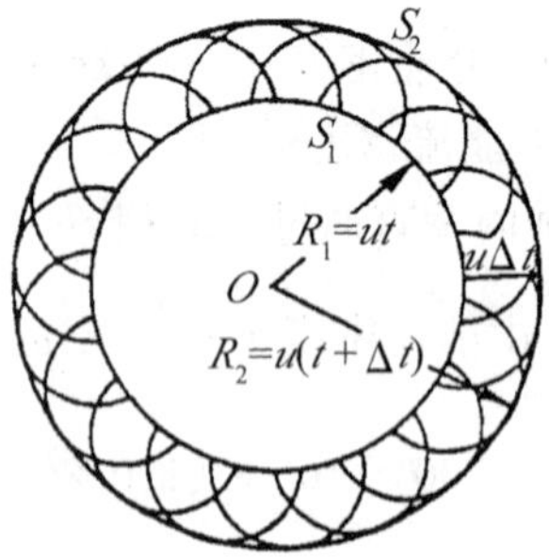

图15－15　**球面波的波前**

从以上的例子可知，当波在各向均匀同性的介质中传播时，波阵面的几何形状保持不变。但波在不均匀的或各向异性的介质中传播时，波阵面的几何形状和传播方向可能发生变化。

15.4.2　波的衍射

在日常生活中常见到这样两种现象，水波可以绕过水面上的障碍物而传播到障碍物的后面；高墙一侧的人可以听到另一侧的声音，这是因为声波可以绕过高墙从一侧传到另一侧。这两种现象表明，水波和声波在传播过程中遇到的障碍物时，能绕过障碍物的边缘而改变传播方向，这种现象称为波的衍射（绕射）。

应用惠更斯原理可以解释衍射现象，如图15－16所示。平面波到达一宽度与波长相近的单缝时，缝上的各点都可以看成是发射子波的波源，作出这些子波的包络，就得到新的波前。显然，通过单缝后的波前除与缝宽相等部分的波前形状基本不变外，靠近边缘处，波前弯曲，波的传播方向发生变化。若缝宽比波长小得多时，衍射现象会更加明显。

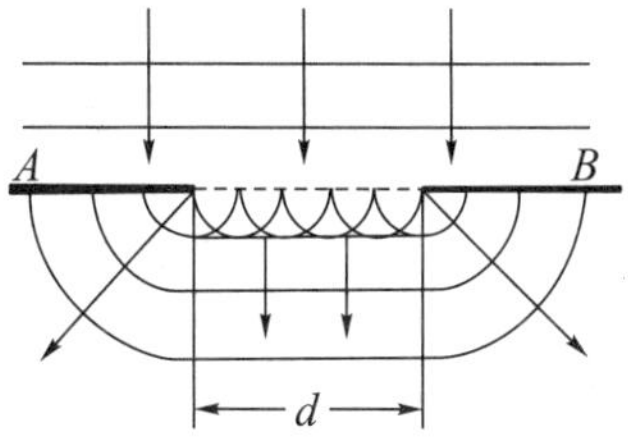

图15－16　波的衍射

衍射现象是一切波动所具有的基本特征之一，无论是机械波还是电磁波，它们都遵守相同的规律。

利用惠更斯原理还可以说明波在两种介质界面上的反射和折射现象，并能导出波的反射和折射定律。

15.5　波的迭加原理　波的干涉　驻波

本节讨论几列波同时在同一介质中传播并相遇时，介质中质点的运动情况和波的传播规律。

15.5.1　波的迭加原理

大量的事实和研究表明，几列波在同一种介质中传播而相遇时，各列波仍然保持各自的原有传播特性（频率、波长、振动方向、振幅等）不变，按照各自原来的传播方向继续前进，互不干扰，如同在各自的传播过程中没有遇到其他波一样。这就是波传播过程中的独立性。因此，在几列波相遇区域内，任一点的振动等于该时刻各列波单独在该点引起的振动的合成。这就是波的迭加原理。若振动量是位移，则在相遇区域内任一点的合位移就是各列波单独在该点产生的各分位移的矢量和。

波的迭加原理可以从许多事实中观察到，例如，两列水波可以相互贯穿各自传播；乐队合奏或几个人同时说话，我们都能分辨出各种乐器的音调或各个人的声音。这些都是由于波在传播过程中遵守波的迭加原理的结果。

15.5.2　波的干涉

一般而言，如果各迭加波的频率、振动方向都不相同，而且相位差又不恒定，则在波的迭加区域内各点的合振动的情况很复杂。这里我们只讨论最简单而又最重要的情况，即由两个频率相同、振动方向相同、初相相同或初相差恒定的波源所发出的波的迭加。

满足上述条件的波源叫相干波源，相干波源发出的波叫相干波。当两列相干波在空间某点相遇时，两列波在该点引起的振动的相位差是恒定的，而相位差又是逐点不同的。因此，相遇点的合振动的振幅就具有确定的分布，这样，在相遇空间内，某些点的合振幅最大，振动始终加强；而另一些点的合振幅最小，振动始终减弱或完全抵消。从而形成合振幅在空间的稳定分布，这种现象叫做波的干涉。

下面讨论两列相干波加强和减弱的条件，设有两相干波源 S_1 和 S_2，其振动方程分

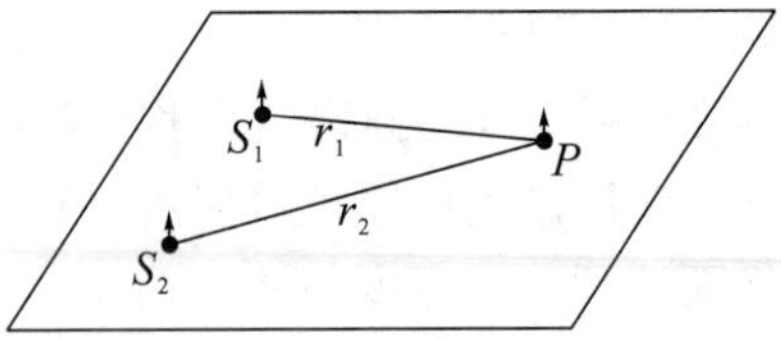

图 15－17　两相干波在空间相遇

别为

$$y_{10}=A_1\cos(\omega t+\varphi_1)$$
$$y_{20}=A_2\cos(\omega t+\varphi_2)$$

如图 15－17，当两波源发出的波在空间某点 P 相遇时，P 点的振动可由迭加原理来计算。令 P 点到两波源的距离分别为 r_1 和 r_2，则 S_1 和 S_2 分别在 P 点引起的振动为

$$y_1=A_1\cos(\omega t+\varphi_1-\frac{2\pi}{\lambda}r_1)$$
$$y_2=A_2\cos(\omega t+\varphi_2-\frac{2\pi}{\lambda}r_2)$$

则合振动为

$$y=y_1+y_2=A\cos(\omega t+\varphi)$$

式中合振幅 A 由下式确定，即

$$A=\sqrt{A_1^2+A_2^2+2A_1A_2\cos\Delta\varphi} \tag{15-16}$$

式中

$$\Delta\varphi=\varphi_2-\varphi_1-\frac{2\pi}{\lambda}(r_2-r_1)$$

合振动的初相

$$\varphi=\arctan\frac{A_1\sin(\varphi_1-\frac{2\pi}{\lambda}r_1)+A_2\sin(\varphi_2-\frac{2\pi}{\lambda}r_2)}{A_1\cos(\varphi_1-\frac{2\pi}{\lambda}r_1)+A_2\cos(\varphi_2-\frac{2\pi}{\lambda}r_2)} \tag{15-17}$$

式（15－16）、式（15－17）给出了两相干波在 P 点的合振动的振幅和初相。其中 $\Delta\varphi$ 是两相干波在 P 点的相位差，它是一个与时间无关的确定的恒量，因而 P 点的振幅也有确定的值。

由式（15－16）可知，凡适合下列条件

1. $\Delta\varphi=\varphi_2-\varphi_1-\frac{2\pi}{\lambda}(r_2-r_1)=\pm 2k\pi$，$k=0$，1，2，…　　(15－18)

的空间各点，合振幅最大，这时 $A=|A_1+A_2|$。

2. $\Delta\varphi=\varphi_2-\varphi_1-\frac{2\pi}{\lambda}(r_2-r_1)=\pm(2k+1)\pi$，$k=0$，1，2，…　　(15－19)

的空间各点，合振幅最小，这时 $A=|A_1-A_2|$。

如果 $\varphi_1=\varphi_2$，即两波源的初相相同，则上述条件可以简化为

$$\delta=r_2-r_1=\pm 2k\frac{\lambda}{2},k=0,1,2,\cdots\quad(A\text{ 最大}) \tag{15-20}$$

$$\delta=r_2-r_1=\pm(2k+1)\frac{\lambda}{2},k=0,1,2,\cdots\quad(A\text{ 最小}) \tag{15-21}$$

$\delta=r_2-r_1$ 为从两波源发出的波到达相遇点 P 所走过的路程差，称为波程差。式（15－20）、（15－21）式表明，初相相同的两相干波源发出的波在空间相遇时，在波程差等于半波长的偶数倍时的各点的振幅最大；在波程差等于半波长的奇数倍时的各点的振幅最小。

在其他情况下，合振幅的数值在最大值（A_1+A_2）和最小值 $|A_1-A_2|$ 之间。

两相干波在空间一点相遇时，其干涉加强和干涉减弱的条件，除与两波源的初相差有关以外，只取决于两相干波源到该点的波程差。

相干波可用如下方法产生，如图 15－18，若有一波源 S 发出球面波，在 S 附近放一障碍物 AB，其上有两个小孔 S_1 和 S_2，S_1 和 S_2 可看成两个相干波源，这样在右边的介质中就产生了干涉现象。在图 15－18 中振幅最大的点用粗实线绘出，振幅最小的点用粗虚线绘出。

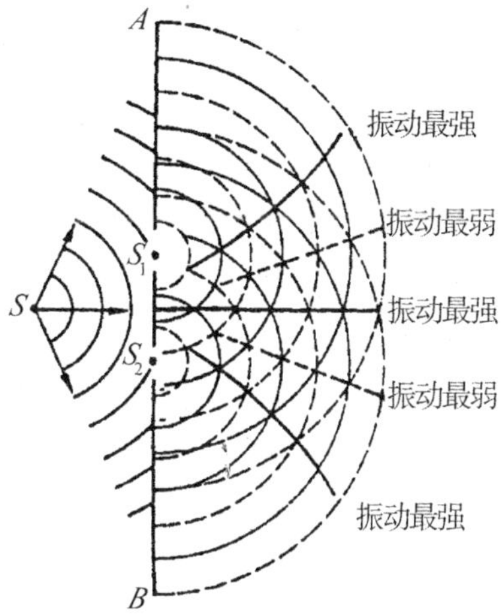

图 15－18　波的干涉示意图

综上所述，相干波在空间中任一点的迭加都有恒定的相位差和恒定的振幅，且它们的值逐点不同，因此，在相遇区域中就形成了稳定的振幅分布，即在相遇区域内产生了干涉。这要求波源是相干波源，若波源不是相干波源，则不会产生干涉现象。

干涉现象是波动过程中所独有的特征之一，在波动光学和近代物理中也常常用到干涉的基本原理，有着广泛的应用前景。

15.5.3　驻波

驻波是一种特殊而重要的干涉现象。在同一直线上沿相反方向传播的两列振幅相同的相干波，迭加以后就形成驻波。当一列波在传播过程中垂直入射到两种介质的分界面时，会发生反射，反射波和入射波的迭加就形成驻波。如图 15－19，是演示绳上驻波的实验装置。音叉的末端系有一水平细绳 AB，B 点有一尖劈，AB 间的距离可以调节，细绳经过滑轮，其末端悬有一重物 m，使绳子上产生张力。当音叉振动时，入射波为由左向右传播，到 B 点后发生反射，反射波由右向左传播，入射波和反射波在同一绳子上沿相反方向传播，这样，在绳上就产生了干涉，只要 AB 的间距适当，就会形成如图 15－19 所示的分段稳定振动的结果，这就是驻波。

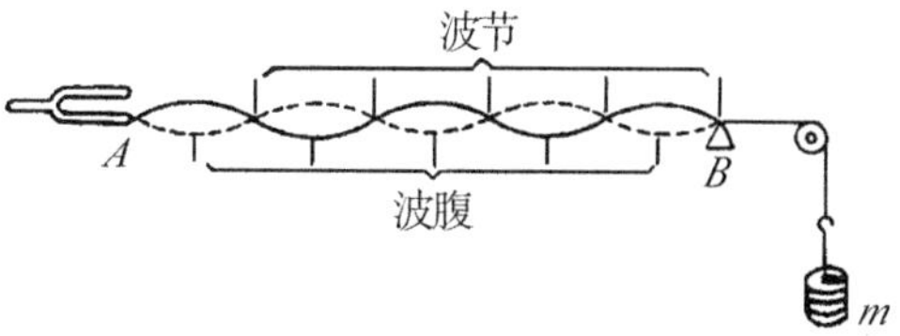

图 15－19　弦线上的驻波

从图 15－19 可以看出，既没有向左传播也没有向右传播的波，绳子是分段振动的。绳上的某些点始终静止不动，这些点称为波节；另一些点的振幅最大，称为波腹。驻波按波节分段，相邻两波节间的波段中的各质点作振幅不同、相位相同的独立振动，波段中点的振幅即为波腹（最大振幅），靠近波节的点的振幅较小。就是说每段中的各质点将在各自的平衡位置附近，以各自的振幅作同相位的振动。每段中的各点始终同相，相邻两段的振动相位始终相反。每一时刻，驻波都有确定的波形。但此波既不左移，也不右移，而是分段同相的振动，所以驻波不是行波，而是一种特殊的振动状态。

驻波是怎样产生的呢？下面根据波的干涉，讨论驻波的产生和驻波的表达式。

如图 15－20 所示，设有两列振幅相同的相干波，一列向右传播，用细实线表示，另一列向左传播，用虚线表示。设在 $t=0$ 时刻，两波互相重合，合成波用粗实线表示，这时各点的合位移最大。在 $t=\frac{T}{4}$ 时，两波分别向右和向左移动了四分之一波长的距离，这时各点的合位移为零。在 $t=\frac{T}{2}$ 时，两波又互相重合，这时各点的合位移又最大，而位移的方向和 $t=0$ 时的相反，以后依此类推。从图 15－20 看出，两波迭加而形成的合振动，某些点始终静止不动，如 b、d、f 等点，这些点就是波节；另一些点的振幅有最大值，如 a、c、e 等点，振幅是单列波的两倍，这些点就是波腹；其他各点的振幅介于零和最大值之间，波线上各点分段独立地振动。同一分段内的各点相位完全相同；相邻波段的相位总是相反；相邻波节（波腹）的距离为半个波长。这些特征说明，驻波不是行波，而是一种特殊的振动。

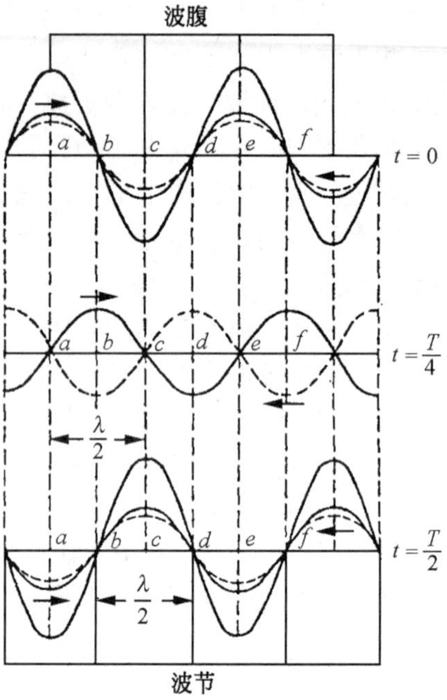

图 15－20　驻波

为了定量地描述驻波，我们假设沿 OX 轴正向和沿 OX 轴负向传播的波分别写成

$$y_1=A\cos 2\pi(\nu t-\frac{x}{\lambda})$$

$$y_2=A\cos 2\pi(\nu t+\frac{x}{\lambda})$$

两波迭加后合成位移为

$$y=y_1+y_2=A\cos 2\pi(\nu t-\frac{x}{\lambda})+A\cos 2\pi(\nu t+\frac{x}{\lambda})$$

$$=2A\cos\frac{2\pi}{\lambda}x\cos 2\pi\nu t \qquad (15-22)$$

上式就为驻波的表达式，称为驻波方程，它反映了驻波的基本特征。可以看出，合成后的各点都在作同周期的简谐运动，但各点的振幅为 $\left|2A\cos\frac{2\pi}{\lambda}x\right|$，即驻波的振幅和位置有关（与时间无关）。凡是坐标满足 $\left|\cos\frac{2\pi}{\lambda}x\right|=1$ 的点，即 $\frac{2\pi}{\lambda}x=\pm k\pi$ 的点，振幅为最大，这些点就是波腹处，所以波腹点的坐标为

$$x=\pm\frac{1}{2}k\lambda, k=0,1,2,\cdots \qquad (15-23)$$

凡是坐标满足 $\left|\cos\frac{2\pi}{\lambda}x\right|=0$ 的点，即 $\frac{2\pi}{\lambda}x=\pm 2\ (k+1)\ \frac{\pi}{2}$ 的点，振幅为零，这些点就是波节处，所以波节点的坐标为

$$x=\pm(2k+1)\frac{\lambda}{4}, k=0,1,2,\cdots \qquad (15-24)$$

从上两式可看出相邻波节（波腹）间的距离是 $\frac{\lambda}{2}$。波节、波腹交错均匀排列，利用这一特点可以测量波长。

利用驻波的表达式容易证明：两相邻波节之间的各点相位相同（即同波段内的相位相同）；两相邻分段的各点的相位相反；从而形成了分段振动的情形。

当波传播到两种介质分界面时，通常要发生反射和折射现象。在垂直入射时，入射波和反射波在分界面处迭加，出现波腹还是波节与两种介质的性质有关。对于机械波，我们把密度 ρ 和波速 u 的乘积 ρu 称为波阻。把波阻 ρu 较大的介质叫波密介质，波阻 ρu 较小的介质叫波疏介质。可以证明：若波是从波疏介质垂直入射到波密介质表面，而反射回波疏介质，则反射处形成波节；反之，波是从波疏介质反射回波密介质，则反射处形成波腹。

在两种介质的分界处形成波节，说明入射波和反射波在反射处的相位相反，反射波在分界面处相位突变了 π，即反射波在分界处的相位等于入射波在相距分界处为半波长处的相位，这种情况，称为“半波损失”。例如，用手抖动一根绳子，绳的另一端是固定的还是自由的，其振幅截然不同，固定端的合振幅为零，形成波节；而自由端的合振幅最大，形成波腹。

［**例** 6］　波源位于同一介质中的 A、B 两点，如图 15－21 所示，若两波源的振幅相同，振动方向相同，频率皆为 100Hz，且 B 比 A 相位超前 π，设 A、B 相距 30m，波速 $u=400\text{m}\cdot\text{s}^{-1}$，试求：$AB$ 连线上因干涉而静止的各点的位置。

解　取 AB 的中点为坐标原点 O，向右为 OX 轴的正方向，如图 15－21 所示，由于两相干波的频率和波速均相同，所以它们的波长为

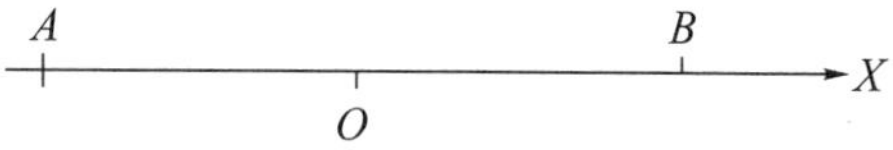

图 15－21

$$\lambda = \frac{u}{\nu} = \frac{400}{100} = 4 \quad \text{m}$$

因干涉各点的振幅取决于两相干波传播到该点的相位差

$$\Delta\varphi = \varphi_B - \varphi_A - \frac{2\pi}{\lambda}(r_B - r_A)$$

对整个波场可分三个区域讨论。

(1) 位于点 A 左侧各点

$$\Delta\varphi = \varphi_B - \varphi_A - \frac{2\pi}{\lambda}(r_B - r_A) = \pi - \frac{2\pi}{4}\times 30 = -14\pi$$

该区域相位差恒为 2π 的整数倍，因此，干涉的结果为加强，没有静止的点。

(2) 位于点 B 右侧各点

$$\Delta\varphi = \varphi_B - \varphi_A - \frac{2\pi}{\lambda}(r_B - r_A) = \pi - \frac{2\pi}{4}\times(-30) = -16\pi$$

同样，这一区域干涉结果亦是加强。

(3) 位于 A、B 之间的任一点 x，距 A 为 $r_A=15+x$，距 B 为 $r_B=15-x$，所以

$$\Delta\varphi = \varphi_B - \varphi_A - \frac{2\pi}{\lambda}(r_B - r_A) = \pi - \frac{2\pi}{4}\times[(15-x)-(15+x)] = (x+1)\pi$$

当相位差为 π 的奇数倍时，干涉相消，振幅为零，即

$$\Delta\varphi = (x+1)\pi = \pm(2k+1)\pi$$
$$x = \pm 2k \text{ m},\quad k = 0,1,2,\cdots,7$$

即 $x=0$，±2，±4，±6，±8，±10，±12，±14m，绳上共有 15 个静止点。

*15.6 声波 超声波

15.6.1 声波

声波是弹性介质中传播的机械波（纵波）的一种，其频率范围在20Hz～20000Hz内，能引起人的听觉的机械纵波叫声波。频率超过20000Hz的机械波叫超声波，频率低于20Hz的机械波叫次声波。

声波（也包括超声、次声）具有波动的基本特征，能产生反射、折射、干涉和衍射等现象。

声波可以在固体、液体和气体中传播，其传播速度和介质的性质有关。可以证明，在气体中的声速为

$$u=\sqrt{\frac{\gamma p}{\rho}}$$

式中，$\gamma=\frac{C_P}{C_V}$，为气体的定压摩尔热容和定体摩尔热容之比；ρ、p 分别为气体的密度和压强。在标准状态下，空气中的声速为

$$u=\sqrt{\frac{1.4\times1.013\times10^5}{1.293}}=331\quad \mathrm{m\cdot s^{-1}}$$

若将空气看成理想气体，则由理想气体的状态方程可求得

$$\rho=\frac{\mu p}{RT}$$

从而声波在空气中的声速为

$$u=\sqrt{\frac{\gamma RT}{\mu}}$$

式中，μ 为空气的摩尔质量，T 为空气的温度。

在同一温度下，液体和固体中的声速大于在气体中的声速，见表15－1。

表15－1 在一些介质中的声速

介　　质	温度（℃）	声波（m·s⁻¹）
空气（1atm）	0	331
氢（1atm）	0	1270
水	20	1460
铝	20	5100
黄铜	20	3500
玻璃	0	5500
花岗岩	0	3950
冰	0	5100

与其他波动过程一样，声波的传播也伴随着能量的传播，声波的能流密度叫声强，由式（16－15），声强为

$$I=\frac{1}{2}\rho uA^2\omega^2$$

在国际单位制中，声强的单位是瓦/米^2（$W\cdot m^{-2}$）。由上式可知，声强与角频率的平方成正比，与振幅的平方成正比。超声波的频率高，因而它的声强就大。爆炸声、炮声声波的振幅大，其声强也可以很大。

能引起人的听觉的声波，不仅要求有一定的频率范围（20Hz～20000Hz），而且也要求有一定的声强范围。声强太小，不能引起听觉；声强太大，只能使耳朵发生痛觉，不能引起听觉。实验指出，能引起人的听觉的声强范围大约为 $10^{-12}W\cdot m^{-2}\sim1W\cdot m^{-2}$，数量级相差很大。为了便于比较介质中各点声波的强弱，不是使用声强，而是使用两声强之比的对数，叫声强级来表示。通常规定声强 $I_0=10^{-12}W\cdot m^{-2}$（即相当于频率为 1000Hz 的声波能引起听觉的最弱的声强）为测定声强级标准。如果某一声波的声强为 I，则相应的声强级 L 定义为

$$L=\lg\frac{I}{I_0} \tag{15－25}$$

式中，L 的单位为贝尔。

由于贝尔的单位太大，通常采用贝尔的$\frac{1}{10}$，即分贝（dB）为声强级的单位，则声强级的公式为

$$L=10\lg\frac{I}{I_0}(\text{dB}) \tag{15－26}$$

以分贝为单位时，声强为 $I=10^{-12}W\cdot m^{-2}$的最轻音为零分贝；震耳的炮声$I=10\ W\cdot m^{-2}$时就是 130dB；人们谈话声的声强级约为 60dB～70dB。人耳感觉到的声音响度和声强级有一定关系，表 15－2 给出了常遇到的一些声音的声强、声强级和响度。

表 15－2　几种声音近似的声强、声强级和响度

声　源	声强（$W\cdot m^{-2}$）	声强级（dB）	响 度
引起痛觉的声音	1	120	
钻岩机或铆钉机	10^{-2}	100	震耳
交通繁忙的街道	10^{-5}	70	响
通常的谈话	10^{-6}	60	正常
耳 语	10^{-10}	20	轻
树叶沙沙声	10^{-11}	10	极轻
引起听觉的最弱声音	10^{-12}	0	

噪声在城市中已成为污染环境的重要因素。在日常生活中的噪声，如汽车喇叭的鸣叫声、声强过高的音乐声、物体之间的撞击声以及各种汽笛和机器的嚣叫声，都会严重损伤人的听力及影响人的身体健康。减轻和消除噪声已成为目前净化环境必须考虑的重要问题。

例如，在音乐厅、电影院和录音室，为了提高音质，避免交混回响，墙壁上常装饰穿孔空腔板，以吸收入射到墙壁上的声波。装饰板上的每个小孔空气柱在入射声波的激励下将发生共振，最大限度地损耗能量，达到吸声的目的。为了提高吸声效果，常将吸声性能较好的材料（如毛织物）填入空腔中，以增大阻尼作用。同时，调整空腔的体积和小孔的尺寸，也能改善吸收声波的频率范围。

当声波在介质中传播时，由于介质中的内摩擦等原因，声波的能量有一部分转变为热能，因而声强减小得很快。当声波通过厚为 $\mathrm{d}x$ 的介质时，所减小的强度 $-\mathrm{d}I$ 与入射的强度 I 和通过薄层的厚度 $\mathrm{d}x$ 成正比，即

$$-\mathrm{d}I = \mu I \mathrm{d}x$$

式中，μ 为常数，称为介质的吸收系数。

若设 $x=0$ 处的强度为 I_0，x 处的强度为 I，则计算得

$$I = I_0 \mathrm{e}^{-\mu x} \tag{15-27}$$

可见，声强是按指数规律衰减的，吸收系数 μ 的大小与声波频率和介质的性质有关。例如对空气而言，吸收系数大致与频率平方成正比，吸收随着频率增大而迅速增大，所以空气中超声波比可闻声波吸收要快得多，频率较高的超声波实际上已很难通过空气。而水对声波和超声波的吸收比起空气要小得多，因而水是较理想的传播声波和超声波的介质。此外，水对无线电波的吸收非常显著，这就是水底通信主要靠声波和超声波的原因。

15.6.2 超声波

超声波的主要特征是频率高（现在可产生高达 10^9 Hz 的超声波）、波长短。由于这一特征，它具有很多特殊的物理性质，在科学研究和生产实践上应用得极为广泛。

（1）超声波传播的方向性好。由于超声波的波长短，衍射现象不显著，可以近似视为直线穿播，方向性好，并且穿透本领大，在不透明的固体中，可达几十米厚，能够产生显著的反射和折射，也能够聚焦。应用超声波可以测量海洋的深度，研究海底的地形地貌，发现海礁和浅滩，以及确定轮船的位置；在工业上可用于检查机器或机件的内部缺陷，即工业上的探伤装置；在医学上可用于超声诊断等。

（2）超声波的功率较大。波的传播过程就是能量传播过程，而波的功率是与波的频率平方成正比的。由于超声波的频率高，所以功率也较大。利用超声波的这一特性可洗濯毛织品上的油污、清洗锅炉中的水垢、钟表轴承以及精密复杂金属部件上的污物；还可制成超声波烙铁，焊接铝质物件；借助超声波的高频振荡还可进行钻孔、除尘等应用。

（3）超声波在液体中会引起所谓“空化作用”。利用超声波的特性，可引起液体的疏密变化，这种疏密变化，使液体时而受压、时而受拉。由于液体承受拉力的能力很差，如果液体支持不住这种拉力，液体就会断裂（特别是在含有杂质和汽泡的地方），同时产生一些近似真空的小空穴。在液体压缩过程中，空穴被压发生崩溃，崩溃时空穴内部压强会达到几千甚至几万个大气压，伴随压力的巨大突变，还会产生极高的局部高温以及放电发光现象，超声波的这种作用叫作空化作用。利用这种作用可把水银捣碎成小粒子，使其和水均匀混合在一起成为乳浊液，在制药工业中以捣碎药物制成各种药剂；在食品工作上用以制成许多调味剂；在建筑业中用以制成水泥乳浊液等。

（4）实验发现，气体对超声波的吸收很强，液体吸收很弱，固体则更弱，所以超声波

主要应用在液体和固体中。

以上所述的声波和超声波的应用仅仅是最基本的，它的应用还在不断发展之中，如近年来发展起来称之为“声全息”的新学科，它对无损探伤、医疗诊断、地质勘探等方面，均十分重要。

15.7　多普勒效应

在前面的讨论中，波源与观察者相对于介质都是静止的，观察者所接受到的波的频率与波源的频率相同。如果波源或观察者相对于介质运动，或者二者同时相对介质运动时，观察者所接受到的频率和波源的频率就不相同，这种情形称为多普勒效应，它是多普勒在 1842 年首先发现的。在日常生活中，我们可以观察到，高速行驶的火车鸣笛而来时，汽笛的声调变高；而在离去时，声调变低，这种现象就是声波的多普勒效应。下面我们讨论声波的多普勒效应及其频率的变化规律。

为简单起见，假设波源和观察者在同一直线上运动。观察者相对介质的运动速度为 v_0，波源相对于介质的运动速度为 v_S，波速用 u 表示，设波源的频率为 ν，观察者接受到的频率为 ν'。如 15.1 节中所述，当波源作一次完全振动，就沿波线传出一个完整的波形。因此，波的频率在数值上就等于单位时间内通过波线上某一点的完整波的数目，即 $\nu=\frac{u}{\lambda}$，如图 15－22（a）。

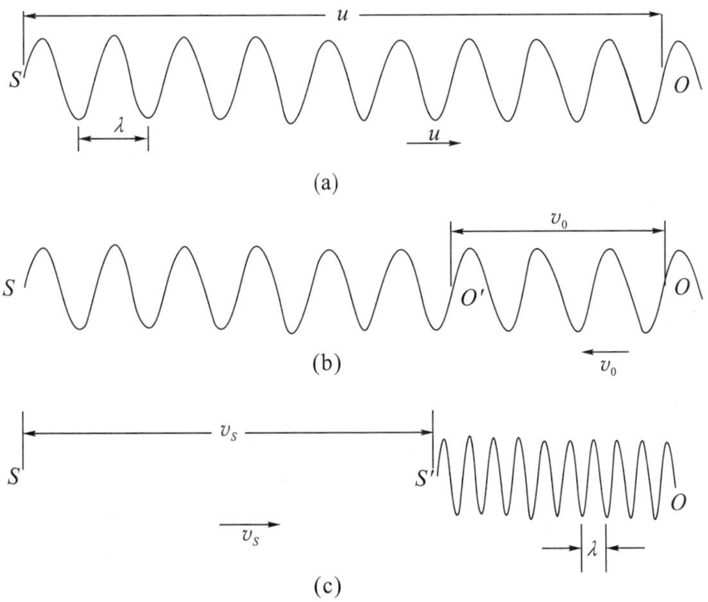

图 15－22　多普勒效应

15.7.1　波源与观察者都相对于介质静止

由于波源 S 和观察者 O 均相对媒质静止，所以，$v_0=v_S=0$。观察者所接受到的频率

ν'应等于单位时间内通过观察者所在处，也就是波线上一点 O 的完整波的数目，即观察者接受到的波的频率为

$$\nu' = \frac{u}{\lambda} = \nu$$

也就是波源原来的频率，此时并不产生多普勒效应。

15.7.2 波源不动，观察者以速度 v_0 运动

当观察者 O 以速度 v_0 向着静止的波源 S 运动时，那么，观察者在单位时间内所接受的波的数目 ν'比他在静止时接受到的波数 ν 多。因为，假定观察者 O 在静止时，他在单位时间内接受了$\frac{u}{\lambda}$个完整波，现因观察者以速度 v_0 向着波源运动，在单位时间内将多接受到$\frac{v_0}{\lambda}$个波，如图 15－22（b）所示，这相当于波以 $u+v_0$ 的速度通过观察者。因此，观察者在单位时间内所接受的波的数目（即接受的波的频率）为

$$\nu' = \frac{u}{\lambda} + \frac{v_0}{\lambda} = \frac{u+v_0}{u}\nu = (1+\frac{v_0}{u})\nu \tag{15-28}$$

在这种情况下，观察者接受的频率是波源频率的（$1+\frac{v_0}{u}$）倍，听到的音调高于声波波源原来的音调。

若观察者 O 是以速度 v_0 离开波源运动，类似地分析可知，所接受的波的数目比静止时少$\frac{v_0}{\lambda}$，此时观察者所接受的频率为

$$\nu' = (1-\frac{v_0}{u})\nu \tag{15-29}$$

即此时观察者接受的频率低于波源的频率。所以，当波源相对于介质静止，而观察者运动时，所接受的频率为

$$\nu' = \frac{u+v_0}{u}\nu = (1\pm\frac{v_0}{u})\nu \tag{15-30}$$

式中，当观察者向着波源运动时取正号，离开波源运动时取负号。

15.7.3 观察者不动，波源以速度 v_s 运动

如图 15－22（c）所示，当波源以速度 v_s 向着观察者 O 运动时，首先假设，若波源不动时，单位时间内观察者 O 所接受的波的数目为 ν，分布在距离 u 内（图 15－22（a）中的 SO 段）的，考虑到波源以速度 v_s 向 O 点运动，单位时间内波源将到达 S'点（$SS'=v_S$）。其结果使原来分布在 u 内的波的数目（ν 个波），分布在 $u-v_S$ 之内，从而使波长变短了，即 $\lambda'=\frac{u}{v_S}\nu$，如图 15－22（c），由于波速 u 仅与介质有关，所以观察者所接受到的频率为

$$\nu' = \frac{u}{\lambda'} = \frac{u}{u-v_S}\nu \tag{15-31}$$

此时 $\nu'>\nu$，这就是迎面驶来的火车的鸣笛声调变高的原因。

如果波源以速度 v_S 离开观察者运动，则通过类似地分析可知，波长变长，而频率 ν 减小，即

$$\nu' = \frac{u}{u + v_S}\nu \qquad (15-32)$$

所以，当观察者相对媒质静止，而波源运动时，观察者所接受到的频率 ν 为

$$\nu' = \frac{u}{u \mp v_S}\nu \qquad (15-33)$$

式中，当波源向着观察者运动时取正号，背离观察者时取负号。

这就是高速火车鸣笛而来时汽笛音调变高，而离去时音调变低的理论说明。

15.7.4　波源与观察者同时相对介质运动

综上所述，可知当波源与观察者都相对介质运动时，观察者接受到的频率为

$$\nu' = \frac{u \pm v_0}{u \mp v_S}\nu \qquad (15-34)$$

式中，观察者向着波源运动时，v_0 前取正号，离开时取负号；波源向着观察者运动时，v_S 前取负号，离开时取正号。

由上述讨论知，不论是波源运动，还是观察者运动，或者两者同时运动，只要两者相互接近时，接受到的频率就高于原来波源振动的频率；两者相互离开时，接受到的频率就低于原来波源振动的频率。

多普勒效应对机械波和电磁波都成立，在科学技术和工程实践中有着广泛的应用。例如，观测从人造卫星或其他天体发来的电磁波的频率的变化，可以研究它们的运动，雷达就是利用多普勒效应测定运动目标的运动速度；利用多谱勒效应可以测定液体的流速及分析物体的振动情况；在医学上，可以对心脏跳动情况进行分析诊断；对发光体进行光频率观测时，也必须考虑多普勒效应。

习　　题

15－1　什么是振动？什么是波动？试说明二者之间的区别和联系？

15－2　必须具备什么条件才能形成机械波？

15－3　横波和纵波有什么区别？

15－4　波动曲线和振动曲线有何不同？

15－5　什么是波长、波的周期、频率、波速？它们之间的关系如何？

15－6　在下面几种说法中，正确的说法是

(A) 波源不动时，波源的振动周期与波动的周期在数值上是不同的；

(B) 波源的振动速度与波速相同；

(C) 在传播方向上的任一质点振动相位总是比波源的相位滞后；

(D) 在波传播方向上的任一质点的振动相位总是比波源的相位超前。

15－7　横波的波形及传播方向如题 15－7 图 (a)、(b) 所示，试画出质点 A、B、C、D 的运动方向。

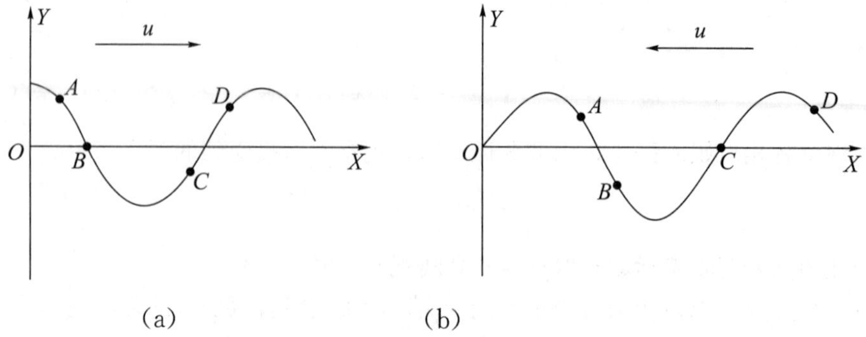

题 15－7 图

15－8　波动的能量与哪些物理量有关？比较波动的能量与简谐运动的能量。

15－9　波的干涉条件是什么？若两列相干波在空间某点相遇时，干涉加强或干涉减弱的条件分别是什么？

15－10　在驻波的两个相邻节点之间，其各质点的振幅、频率、相位是否相同？

15－11　一声波在空气中的波长是 1.34m，波速为 $340\mathrm{m\cdot s^{-1}}$，当它传入水中时，波长为 5.66m，求它在水中的传播速率。

15－12　已知波源的振动周期 $T=2.5\times10^{-3}\mathrm{s}$，振幅 $A=1.0\times10^{-2}\mathrm{m}$，波速 $u=400\mathrm{m\cdot s^{-1}}$，试写出平面谐波的波函数，设 $t=0$ 时，波源处的质点恰好在最大位移处。

15－13　波源作简谐运动，振动方程为 $y=4\times10^{-3}\cos240\pi t\,\mathrm{m}$，它所激发的波以 $u=30\mathrm{m\cdot s^{-1}}$的速度沿 OX 轴正方向传播，求：

（1）波的周期和波长；

（2）正向传播的波函数；

（3）若使其沿 OX 轴负向传播，写出其波函数。

15－14　已知原点处有一波源，它的振动频率 $\nu=40\mathrm{Hz}$，振幅 $A=1.0\times10^{-2}\mathrm{m}$，初相为$\frac{\pi}{3}$，波长为 $\lambda=1.5\mathrm{m}$，沿 OX 轴正方向传播，求

（1）波函数；

（2）$x=3\mathrm{m}$ 处的振动方程；

（3）$x_1=6\mathrm{m}$ 和 $x_2=9\mathrm{m}$ 两点间的相位差。

15－15　如题 15－15 图，一平面简谐波沿 OX 轴传播，波动方程为 $y=A\cos\left[2\pi\left(\nu t-\frac{x}{\lambda}\right)+\varphi\right]$，求

（1）P 处质点的振动方程；

（2）该质点的速度表达式与加速度表达式。

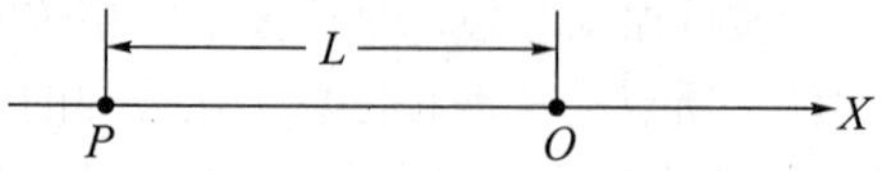

题 15－15 图

15－16　在题 15－15 图中，如果一平面简谐波沿 OX 轴负方向传播，波速大小为 u，若 P 点的振动方程为 $y_P = A\cos(\omega t + \varphi)$，求

（1）O 处质点的振动方程；

（2）以 O 为原点的负向波的波函数。

15－17　平面简谐波沿 OX 轴正向传播，振幅为 2cm，频率为 50Hz，波速为 $200\text{m}\cdot\text{s}^{-1}$。在 $t=0$ 时，$x=0$ 处的质点正在平衡位置向 OY 轴正方向运动，求 $x=4\text{m}$ 处介质点振动的表达式及该点在 $t=2\text{s}$ 时的振动速度。

15－18　某平面简谐波源振动的角频率 $\omega = 12.56\times10^2\text{s}^{-1}$，振幅 $A=1.0\times10^{-2}\text{m}$，波速 $u=380\text{m}\cdot\text{s}^{-1}$。当 $t=0$，波源振动位移恰为正方向的最大值，且沿 OX 轴正方向传播，求

（1）波动方程；

（2）沿波的传播方向距波源 $\frac{3}{4}\lambda$ 处的振动方程；

（3）当 $t=\frac{T}{4}$ 时，距波源 $\frac{1}{4}\lambda$ 处质点的振动速度。

15－19　为保持波源的振动不变，需要消耗 4W 的功率。若假定波源发出的是球面波，求距波源 0.5m 和 1.0m 处的能流密度（设媒质不吸收能量）。

15－20　有一波在介质中传播，波速 $u=1.0\times10^3\text{m}\cdot\text{s}^{-1}$，振幅 $A=1.0\times10^{-4}\text{m}$，频率 $\nu=10^3\text{Hz}$。若媒质的密度为 $800\text{kg}\cdot\text{m}^{-3}$，求

（1）该波的能流密度；

（2）1 分钟内垂直通过一面积 $S=4\times10^{-4}\text{m}^2$ 的总能量。

15－21　如题 15－21 图所示，两列相干波在 P 点相遇，一列波在 B 点的振动是 $y_{10}=3\times10^{-3}\cos2\pi t$（SI）；另一列波在 C 点引起的振动是 $y_{20}=3\times10^{-3}\cos\left(2\pi t+\frac{\pi}{2}\right)$（SI）；$BP=0.45\text{m}$，$CP=0.3\text{m}$，两波的传播速度 $u=0.2\text{m}\cdot\text{s}^{-1}$，求 P 点的合振动的振动方程。

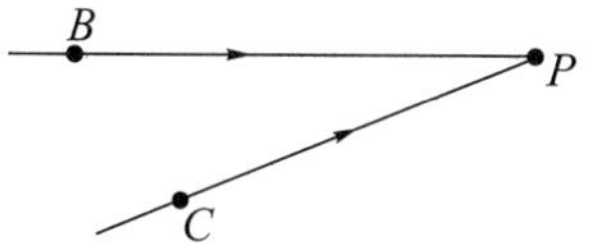

题 15－21 图

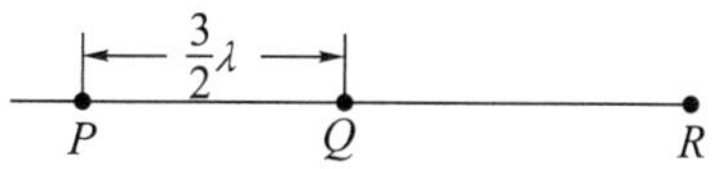

题 15－22 图

15－22　如题 15－22 图所示，两相干波源分别在 P、Q 两点处，它们相距 $\frac{3}{2}\lambda$，两波的频率为 ν，波长为 λ，初相位相同，R 是 PQ 连线上的一点，求

（1）自 P，Q 发出的两列波在 R 处的相位差；

（2）两列波在 R 处干涉时的合振幅。

15－23　在均匀介质中，有两列平面简谐波沿 OX 轴传播，波动方程为

$$y_1 = A\cos\left[2\pi\left(\nu t - \frac{x}{\lambda}\right)\right]$$

$$y_2 = A\cos[2\pi(\nu t + \frac{x}{\lambda})]$$

试求 OX 轴上合振幅最大与合振幅最小的那些点的位置。

15－24　两波在一根很长的弦线上传播，其波动方程分别为

$$y_1 = 4.0 \times 10^{-2}\cos\frac{1}{3}\pi(4x + 24t) \quad \text{(SI)}$$

$$y_2 = 4.0 \times 10^{-2}\cos\frac{1}{3}\pi(4x - 24t) \quad \text{(SI)}$$

求：(1) 两波的频率、波长、波速；

(2) 两波迭加后的节点位置；

(3) 迭加后振幅最大的点的位置。

15－25　有一点声源，距声源 10m 的地方，声强级是 50dB，若假定媒质不吸收能量，试求

(1) 距声源 5m 处的声强级；

(2) 距声源多远就听不到声音。

15－26　火车以 $20\text{m}\cdot\text{s}^{-1}$ 的速度向前行驶，若火车 A 的司机听到自己汽笛声调为 120Hz。另一火车 B 以 $25\text{m}\cdot\text{s}^{-1}$ 的速度相向而行，问火车 B 中的司机听到汽笛的频率是多少？(设声速为 $340\ \text{m}\cdot\text{s}^{-1}$)

第 16 章　波动光学

光是一种重要的自然现象，我们所以能够看到客观世界中斑驳陆离、瞬息万变的景象，是因为人眼接收物体发射、反射或散射的光。据统计，人类感官收到外部世界的总信息量中，至少有 90％以上通过眼睛。由于光与人类生活和社会实践的密切联系，光学是物理学中发展最早的学科之一，也是物理学的一个重要组成部分。1960 年第一台红宝石激光器问世，对光学产生了深刻的影响，从而又使光学成为物理学中发展迅速、最活跃的一部分，成为现代物理学和现代科学技术的一块重要前沿阵地。光学研究的内容是：光的本性，光的发射、传播、接收，光和物质相互作用的规律及其应用。按照对不同的光现象采用不同的观点去研究，通常把光学分为几何光学、波动光学和量子光学三部分。

本章以光的电磁波性质为基础，研究光的干涉、衍射、偏振及其应用。

16.1　相干光的获得

16.1.1　光是电磁波

1865 年，麦克斯韦在总结安培、韦伯、法拉第等人对电磁现象研究成果的基础上，提出了描述电磁现象普遍规律的麦克斯韦方程组，建立了电磁理论，在指出电现象与磁现象内在联系的同时，还预言了电磁波的存在，它在真空中的传播速度为

$$c = \frac{1}{\sqrt{\varepsilon_0 \mu_0}}$$

式中，ε_0 和 μ_0 分别为真空电容率和真空磁导率。

由麦克斯韦利用韦伯和阿耳劳斯等人在 1856 年的实验结果

$$\varepsilon_0 \mu_0 = 11.12 \times 10^{-18}\ \mathrm{s^2 \cdot m^{-2}}$$

得到

$$c \approx 3 \times 10^8\ \mathrm{m \cdot s^{-1}}$$

这个值与索末菲 1849 年用旋转齿轮法测得的光速值 $c = 3.133 \times 10^8\ \mathrm{m \cdot s^{-1}}$ 相当符合，于是麦克斯韦指出光就是一种电磁波，由此产生了光的电磁理论。

人们通常所指的光是可见光，即能引起人眼视觉的电磁波，测量表明可见光的频率范围在 3.9×10^{14} Hz～7.7×10^{14} Hz，在真空中相应的波长为 7700×10^{-10} m～3900×10^{-10} m。不同频率的可见光给人们以不同颜色的感觉，表 16－1 列出各种色光对应的频率和真空中的波长范围。

光波是由电场强度 $\boldsymbol{E}$（简称电矢量）和磁场强度 $\boldsymbol{H}$（简称磁矢量）的周期变化的振动所形成的，光波存在的区域叫光（波）场。

表 16－1

颜色	频率（$\times 10^{14}$ Hz）	波长（$\times 10^{-10}$ m）
红光	3.9～4.8	7700～6200
橙光	4.8～5.1	6200～5900
黄光	5.1～5.4	5900～5600
绿光	5.4～6.0	5600～5000
青光	6.0～6.3	5000～4800
蓝光	6.3～6.7	4800～4500
紫光	6.7～7.7	4500～3900

大量实验证明，各种测光元件，例如，感光胶片、光电池、光电管和光电倍增管等，它们对光的反应主要是由电磁波中的电场所引起。光化学作用、光合作用以及眼睛的视觉也主要是由电场所致。因此我们用电场强度 $\boldsymbol{E}$ 表示光场，并把电矢量 $\boldsymbol{E}$ 叫做光矢量，所谓光振动就是指电场强度 $\boldsymbol{E}$ 的周期性振动。从波动理论可知，光的强度正比于光振动的振幅的平方。

16.1.2 光源的发光　光波的波函数

16.1.2.1 光源发光特点

发光的物体叫光源，利用热能激发的光源叫热光源，例如，白炽灯。也可以利用化学能、电能、光能激发，这种光源叫冷光源，例如磷的发光是化学发光，气体辉光放电是电致发光，在可见光、紫外线或 X 射线照射下，某些物质（例如红宝石）可被激发而发光，这叫光致发光，对光致发光的物质，在激发光源移去后，立刻停止发光，这种光叫萤光，在激发光源移去后，仍能持续发光，这种光叫磷光。

普通光源的发光过程十分复杂，是发光体中大量分子或原子的一种微观过程。现代理论指出，分子或原子的能量只能取一系列分离的值，这些值叫能级，能量最低的能级状态叫基态，其余的叫激发态。当有外界能量激发时，原子可处于激发态，激发态的原子是不稳定的，它会自发跳到较低激发态或基态，这种跃迁过程若将多余能量以光的形式辐射出来，物体就发光。一个原子持续的发光过程经历的时间很短，约为 10^{-8}s，因此，一个原子每次只能发出一段长度有限、频率和振动方向一定的波列，可见，原子的发光是断续地发出一个个不连续波列。

在光源中，实际上有许多原子在发光，它们的发光（跃迁）完全是偶然的，各原子的发光是彼此独立，互不相关的。实际我们所看到的光是光源中大量发光原子或分子所发出的许多相互独立，互不相关的波列的混合物，因此两个普通的独立光源，甚至同一发光体的不同部分所发出的光都是不相干的。

激光光源是例外情况，它的发光不是自发辐射，而是受激辐射，发出的光频率、振动方向和相位均相同，因此具有很高的相干性。

16.1.2.2 光波的波函数

对于机械波可用波函数来描述，与此类似，可以用光波的波函数来描述光波，即光波

场中各点的电场 $\boldsymbol{E}$ 随时间变化的规律。一个普通光源发出的光波具有十分复杂的性质。然而，在光学中最重要的是简谐光波（理想单色光波），它是许多实际光波的近似，各种单色光源发出的光波在一定程度上可看做简谐光波，对于非单色光源发出的光波，按数学中的傅里叶定理，也都可以分解成许多简谐波的迭加，因此对简谐波的描述具有重要意义，为简单起见我们只描述平面和球面简谐波。

（1）平面波：

沿 Z 轴正方向传播的单色平面波的波函数可表示为

$$E = A\cos[\omega(t - \frac{z}{u}) + \varphi] \qquad (16-1)$$

式中，E 表示光波场中任一点在任一时刻 t 的电场强度 $\boldsymbol{E}$ 的大小；A 表示振幅；ω 表示角频率；u 为波速；φ 为波源的初相。

式（16－1）与式（15－9）比较，两式具有完全相同的数学表达形式，式（15－9）表示一列平面机械波，式（16－1）表示一列单色平面光波，平面波场中各点作等振幅同频率的简谐运动，波面是垂直于传播方向 Z 的平行平面。

若仍用 λ、T、ν 分别表示波长、周期和频率，利用波动的普遍关系式

$$\nu = \frac{1}{T}, \omega = 2\pi\nu, u = \frac{\lambda}{T} = \nu\lambda$$

则式（16－1）还可改写成

$$E = A\cos\left[2\pi(\frac{t}{T} - \frac{z}{\lambda}) + \varphi\right]$$

$$= A\cos\left[2\pi(\nu t - \frac{z}{\lambda}) + \varphi\right] \qquad (16-2)$$

将单色点光源置于一个理想透镜的焦点上，所得到的一束平行光就是一列单色平面波。

（2）球面波：

设一个单色点光源放在无限大各向同性的介质中的 O 点，形成以 O 点为中心的球面波，如图 16－1 所示，因为球面上各点的相位相同，只须研究从 O 点出发的任一方向，如 OZ 方向上各点光场变化的规律就可了解整个光场的情况。

设在 OZ 方向上距 O 点为 r 的任一点 P 的电场强度大小为 E，则

$$E = \frac{A}{r}\cos\left[\omega(t - \frac{r}{u}) + \varphi\right] \qquad (16-3)$$

式中，A 表示离开波源单位距离处球面波的振幅；φ 为波源的振动初相。

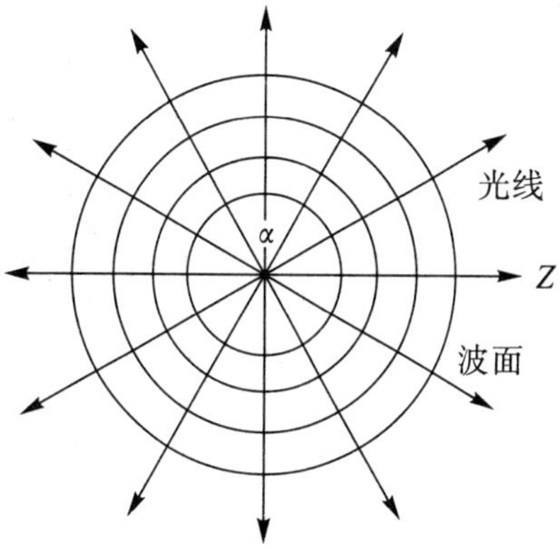

图 16－1　球面波

如果所观察的区域离点光源很远，考察的范围与 r 比较又非常小，则球面的一小部分可近似看做平面，振幅 $\frac{A}{r}$ 变化非常缓慢，可近似看做常数，这样一来，在考察区域的球面波可近似看成平面波。

16.1.3　相干光的获得

由于普通光源发光的特点，两个独立光源所发出的光是不相干的。那么，如何利用普通光源获得相干光呢？其基本原则是：将光源上同一点发出的光分成两束或多束，再使这些光束经不同的空间路径而相遇，在相遇点有恒定不随时间变化的相位差，必然满足相干条件而成为相干光。

将一列光波分为两列相干光的方法有三种：一种是分波阵面法，以杨氏双缝装置为代表；第二种是分振幅法，下节将要介绍的薄膜干涉就是该种方法；第三种是分振动面法。

顺便指出，由于普通光源的发光主要是光源内原子、分子的自发辐射，而激光主要是受激辐射，所以，激光光源可以产生相干性极好的光波。此外，由于近年来光电探测器响应能力的提高，在一定条件下，用两个激光器发出的光波也可以实现干涉，不过，我们通常所见到的干涉现象，都是由普通光源发出的同一列波，利用光学方法分成两列或多列相干波而产生，即自相干的方法。

16.1.3.1　杨氏双缝干涉实验

19 世纪初，托马斯·杨巧妙地利用双孔实现了波前分割来获得相干光波。为了提高干涉条纹的亮度，常用狭缝代替针孔，其实验装置如图 16－2 所示。在单色平行光的前方放有一狭缝 S，S 前再对称放有与之平行的两个平行狭缝 S_1 和 S_2，根据惠更斯原理，S_1 和 S_2 为一对相干光源，它们发出的光波在空间相遇，将迭加形成干涉场。如果在双缝 S_1 和 S_2 前垂直于轴线放置一接收屏 E，屏 E 上形成一系列稳定的亮暗相间的条纹，称为干涉条纹，如图 16－3 所示。

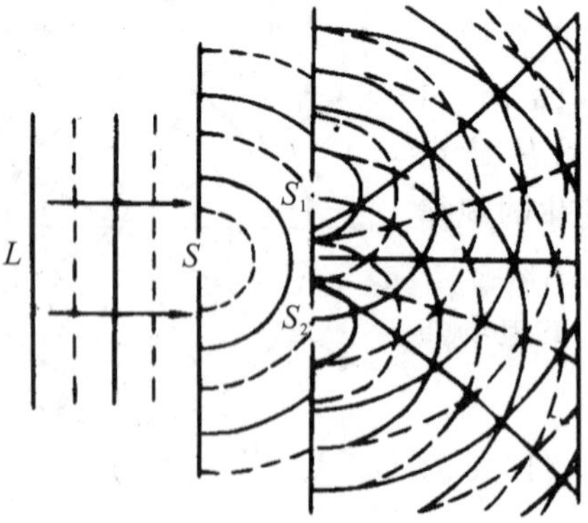

图 16－2　双缝干涉

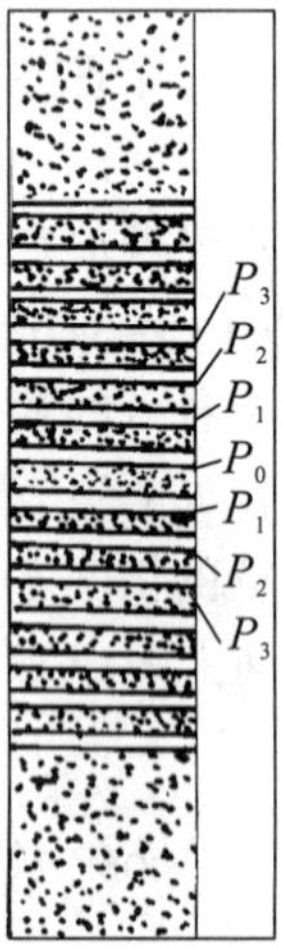

图 16－3　双缝干涉条纹

实验指出，干涉条纹的分布规律：干涉条纹是以图中过 P_0 点的轴线为对称的等间距均匀分布的平行直条纹，用不同的单色光作实验，条纹间距不同，波长愈短的单色光，条纹愈密；用白光作实验，除中央亮纹仍是白色外，其两侧是彩色条纹。

下面对屏上干涉条纹的实验规律进行定量研究，如图 16－4 所示，设双缝 S_1 和 S_2 的间距为 d，双缝所在平面与接收屏的距离为 D。今在上任取一点 P，它和 S_1、S_2 的距离

分别为 r_1 和 r_2，若 O_1 为 S_1 和 S_2 的中点，O 和 O_1 正对，而点 P 与点 O 的距离为 x。一般情况下，双缝到屏上的垂直距离远大于双缝的间距，即 $D \gg d$。这样，由 S_1 和 S_2 发出的光到达屏上的 P 点的波程差 Δr 为

$$\Delta r = r_2 - r_1 \approx d\sin\theta \qquad (16-4)$$

此处的 θ 为 O_1O 和 O_1P 所成夹角，如图 16－4所示。这样，在屏上的不同点将对应不同的波程差，由波程差所满足的条件，就能确定屏上不同点所出现的明、暗条纹的位置及其级别。

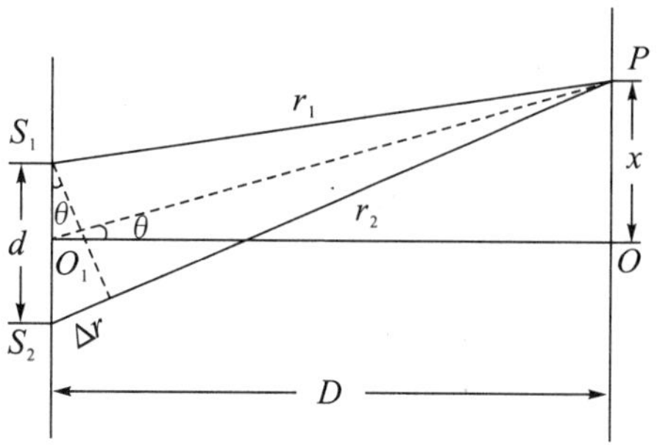

图 16－4　杨氏双缝干涉条纹的计算

因为 $D \gg d$，所以 $\sin\theta \approx \tan\theta = \dfrac{x}{D}$。于是根据波动的理论，由式（15－19）和式（15－20），式（16－4）所满足的干涉条件为

$$\Delta r \approx \frac{d}{D}x = \begin{cases} \pm k\lambda, & (k = 0,1,2,\cdots) \text{亮纹} \\ \pm(2k+1)\dfrac{\lambda}{2}, & (k = 0,1,2,\cdots) \text{暗纹} \end{cases} \qquad (16-5)$$

各亮暗干涉条纹中心位置为

$$x = \begin{cases} \pm k\dfrac{D}{d}\lambda, & (k = 0,1,2,3,\cdots) \text{亮纹} \\ \pm(2k+1)\dfrac{D}{d}\dfrac{\lambda}{2}, & (k = 0,1,2,3,\cdots) \text{暗纹} \end{cases} \qquad (16-6)$$

式中，λ 为入射波波长，k 为干涉条纹的级次。$k=0$，1，2，3，…分别叫零级、第一级、第二级、第三级条纹……

零级亮纹 $k=0$，$x=0$，相邻两亮纹（或暗纹）中心间的距离为

$$\Delta x = x_{k+1} - x_k = \frac{D}{d}\lambda \qquad (16-7)$$

Δx 为一常数，与 k 无关，因此干涉条纹均匀等间距分布。式（16－6）中正负号表示干涉条纹相对于零级条纹（$x=0$ 处）对称分布。若用不同波长的单色光照明时，可得不同间距的条纹，波长愈短，条纹愈密，蓝色光的条纹比红色光的密，因此，若用白光入射，除中央零级亮纹外，各级条纹均带有彩色，在同一级次的各色条纹中，波长较短的距中心较近，形成由紫到红的彩色排列。

16.1.3.2　杨氏双缝干涉的光强分布

由波的干涉理论，不难讨论屏上的光强分布。由 S_1 和 S_2 两相干光源发出振动方向相同、频率相等的相干波，在接收屏 E 上的任一点 P，两列波所产生的振动分别为

$$\begin{aligned} E_1 &= A_1\cos\left[2\pi\left(\frac{t}{T} - \frac{r_1}{\lambda}\right) + \varphi_1\right] \\ E_2 &= A_2\cos\left[2\pi\left(\frac{t}{T} - \frac{r_2}{\lambda}\right) + \varphi_2\right] \end{aligned} \qquad (16-8)$$

由于 S_1、S_2 对 S 对称，$\varphi_1 = \varphi_2$。又 P 点在傍轴区内，可认为 $A_1 = A_2$。

由式（15－16）和式（15－17），可得

$$A^2 = A_1^2 + A_2^2 + 2A_1A_2\cos\Delta\varphi$$

$$\Delta\varphi = \frac{2\pi}{\lambda}(r_1 - r_2)$$

又因光的强度正比于振幅的平方，则 P 点的光强为

$$I = I_1 + I_2 + 2\sqrt{I_1I_2}\cos\Delta\varphi \tag{16-9}$$

在杨氏实验中 $I_1 \approx I_2$，则

$$I = 4I_1\cos^2\left(\frac{\pi d}{\lambda D}x\right) \tag{16-10}$$

式（16－10）表明，在通常的实验条件下，杨氏实验在屏上生成的干涉图样是一系列平行而等距排列的明暗相间条纹，亮纹最亮处 $I_{max} = 4I_1$，暗纹最暗处 $I_{min} = 0$，屏上光强 I 随 x 的变化可用曲线表示，如图 16－5 所示。

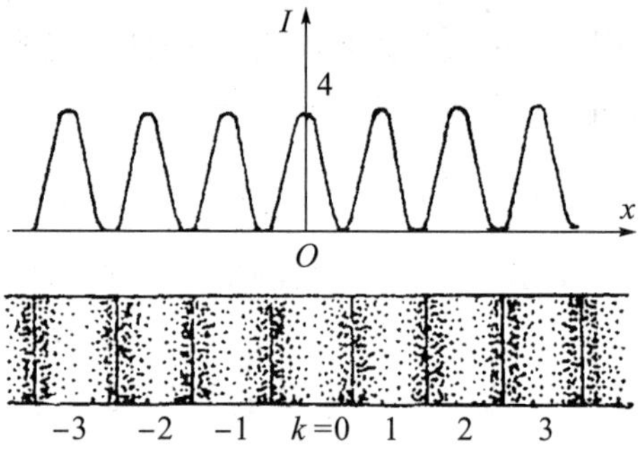

图 16－5　杨氏双缝干涉光强分布

［**例** 1］　由汞弧灯发出的光，经过一绿色滤光片后，照射 $d = 0.60\text{mm}$ 的双缝上，在距双缝 2.5m 处的屏上呈现干涉条纹，若测得相邻两亮纹中心的间距为 2.27mm，求入射光的波长。

解　已知 $d = 0.60\text{mm}$，$D = 2.5\text{m}$，$\Delta x = 2.27\text{mm}$

由
$$\Delta x = \frac{D}{d}\lambda$$

则
$$\lambda = \frac{d}{D}\Delta x = \frac{0.60}{2.5\times10^3}\times 2.27\text{mm} = 0.5448\times10^{-3}\ \text{mm} = 5448\times10^{-10}\ \text{m}$$

入射光的波长为 5448×10^{-10} m。

［**例** 2］　用白光（$4000\times10^{-10}\text{m} \sim 7000\times10^{-10}\text{m}$）作杨氏双缝实验，已知双缝间距 $d = 0.5\text{mm}$，屏距双缝 $D = 5\text{m}$，求屏上距屏中心 $x = 21\text{mm}$ 处可能形成亮纹的可见光的波长。

解　由双缝干涉亮纹的条件

$$\Delta r = \frac{d}{D}x = k\lambda$$

则

$$\lambda = \frac{dx}{kD} = \frac{0.5\times21}{5\times10^3 k}\quad \text{mm}$$

设 $k = 1$，$\lambda_1 = 2.10\times10^4\times10^{-10}\text{m}$（不在可见光区）

$k = 2$，$\lambda_1 = 1.55\times10^4\times10^{-10}$ m（不在可见光区）

$k = 3$，$\lambda_3 = 7.00\times10^3\times10^{-10}$ m（红光）

$k = 4$，$\lambda_4 = 5.25\times10^3\times10^{-10}$ m（绿光）

$k = 5$，$\lambda_5 = 4.20\times10^3\times10^{-10}$ m（紫光）

$k = 6$，$\lambda_6 = 3.50\times10^3\times10^{-10}$ m（不在可见光区）

在 $x = 21\text{mm}$ 处形成亮纹的可见光波长为 7000×10^{-10} m，5250×10^{-10} m，4200×10^{-10} m。

16.2　光程　薄膜干涉

16.2.1　光程　光程差

在 16.1 节的杨氏实验中，两相干光源 S_1 和 S_2 发出的相干光是经过同一种介质后在屏上相遇，若在其中一缝后放置玻璃片，立刻可见屏上条纹的移动，移动的情况与置入的玻璃片的厚度和折射率 n 有关，这说明玻璃片的置入使两光到达屏上各点的相位差发生了改变（但需注意其波程差并未改变）。其原因是其中一束光通过了玻璃介质，因此，光通过介质传播时，相位变化不仅与波程（几何路程）有关，还与介质的折射率 n 有关。

由波动理论知，波的频率 ν 不随传播波的介质不同而异，是与介质无关的常量，我们比较频率为 ν 的单色光在真空中和折射率为 n 的介质中的传播情况，如表 16－2 所示。

表 16－2　光在真空和介质中的特征参量

特征参量	真空中	折射率 n 的介质中
频率	ν	ν
光速	c	$v=\frac{c}{n}$
波长	λ	$\lambda'=\frac{\lambda}{n}$
在相同时间 Δt 内通过几何路程	$r=c\Delta t$	$r'=v\Delta t=\frac{r}{n}$
在相同时间 Δt 内相位改变	$\Delta\varphi=\frac{2\pi}{\lambda}r$	$\Delta\varphi'=\frac{2\pi}{\lambda'}r'=\Delta\varphi$

在真空中和在折射率为 n 的介质中，一束频率为 ν 的单色光在两种不同介质中的光速和波长不同，在相同时间 Δt 内通过的几何路程也不相同，但在相同传播时间 Δt 内光波的相位改变相同。换句话说，光通过不同介质时，光波的相位改变不再仅由几何路程（波程）决定，为了便于讨论光通过不同介质而发生的干涉现象，我们引入光程的概念，即

$$\text{光程}=\text{几何路程}\times\text{折射率} \tag{16-11}$$

利用光程的概念，频率为 ν 的光波在相同的时间内，在真空中和折射率 n 的介质中，虽然传播的几何路程不同，但光程相同，相位的改变也相同。我们已经知道，两相干波在相遇点，干涉加强和减弱的条件取决于相位差，自然也就取决于光程差（光程之差），不再由波程差决定。

如图 16－6 所示，S_1 和 S_2 是初相相同的两相干光源，它们发出的光波在 P 点相遇，这两束相干光经历不同的介质，则 P 点的相位差 $\Delta\varphi$ 由式（15－18）可得

$$\Delta\varphi=\frac{2\pi}{\lambda_2}r_2-\frac{2\pi}{\lambda_1}r_1=\frac{2\pi}{\frac{\lambda}{n_2}}r_2-\frac{2\pi}{\frac{\lambda}{n_1}}r_1$$

$$=\frac{2\pi}{\lambda}(n_2r_2-n_1r_1)$$

式中，$(n_2r_2-n_1r_1)$ 是从 S_1、S_2 分别到 P 点的光程之差，λ 为光波在真空中的波长。

若用 Δ 表示光程差，则

$$\Delta\varphi = \frac{2\pi}{\lambda}\Delta \qquad (16-12)$$

按照波动理论，干涉（加强和减弱）条件可表示为

$$\Delta\varphi = \begin{cases} \pm 2k\pi, & (k=0,1,2,\cdots)\ \text{干涉加强} \\ \pm(2k+1)\pi, & (k=0,1,2,\cdots)\ \text{干涉减弱} \end{cases} \qquad (16-13)$$

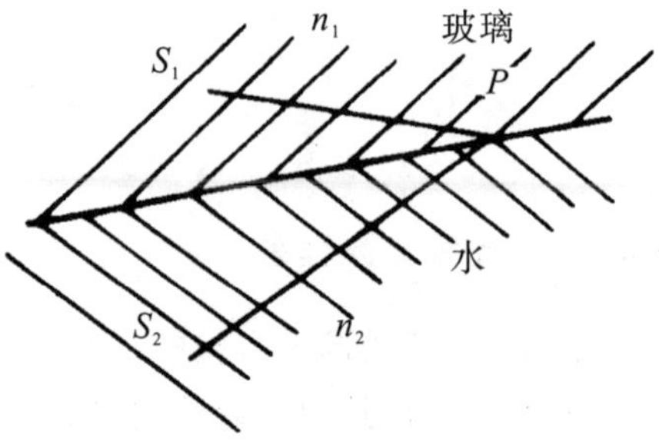

图 16－6

或在相干光源初相相同时，有

$$\Delta = \begin{cases} \pm k\lambda, & (k=0,1,2,\cdots)\ \text{干涉加强} \\ \pm(2k+1)\dfrac{\lambda}{2}, & (k=0,1,2,\cdots)\ \text{干涉减弱} \end{cases} \qquad (16-14)$$

式（16－14）表示：初相相同的两束相干光在空间某处相遇时，若光程差为波长的整数倍，相干迭加后光波加强，形成亮区；当光程差为半波长的奇数倍时，相干迭加后光波减弱，形成暗区。

16.2.2 理想透镜的等光程性

对光现象的观察，往往要使用透镜，下面指出理想透镜的等光程性。

如图 16－7（a）、（b）所示，平行光束（平面波）通过透镜后，各光线都会聚于焦点，而且是一亮点。这表明，通过透镜的各条光线，从入射光波的任一同相面起到会聚点 F（F'），都具有相同的光程，从而使各光线在焦点会聚相互加强形成亮点，如图 16－7（c）所示。物点 S 经理想透镜成像点 S'，物点和像点之间所有光线都是等光程的。

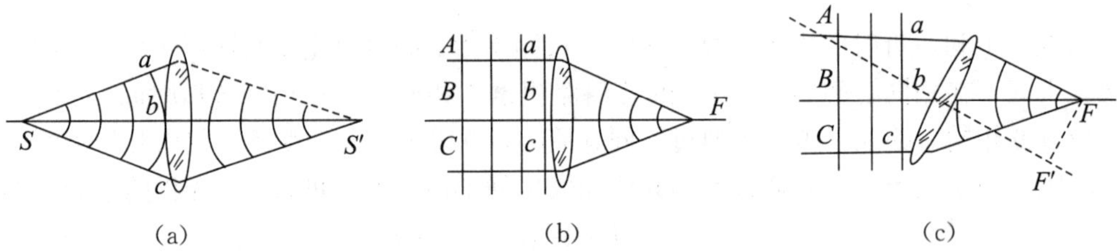

图 16－7 光通过透镜的光程

在使用理想透镜时，需注意它的等光程性，即透镜可以改变光线的传播方向，但不引起附加的光程差。

16.2.3 薄膜干涉

16.2.3.1 薄膜干涉概述

如图 16－8 所示，MM'是一透明介质薄膜，一束光 OA 射到膜上 A 点，产生反射光 1 和折射光 AB。光 AB 射到膜的下表面上 B 点，一部分反射一部分折射，又形成反射光 BC 和透射光 $1'$；光 BC 在表面 C 点部分反射后形成透射光 $2'$，另一部分折回膜上侧形成光 2。这些反射和折射光是从同一光分出来的，是相干光，它们分别在 P 和 P'点相遇时

就会产生干涉。这种由薄膜上下两表面反射或透射的光所产生的干涉，叫薄膜干涉。入射光的能量分成反射光和透射光两部分，而光强正比于振幅的平方，所以，可以形象地认为振幅被分割了，这种由薄膜表面的反射和折射将一束光分成两束（或多束）相干光的方法叫分振幅法。

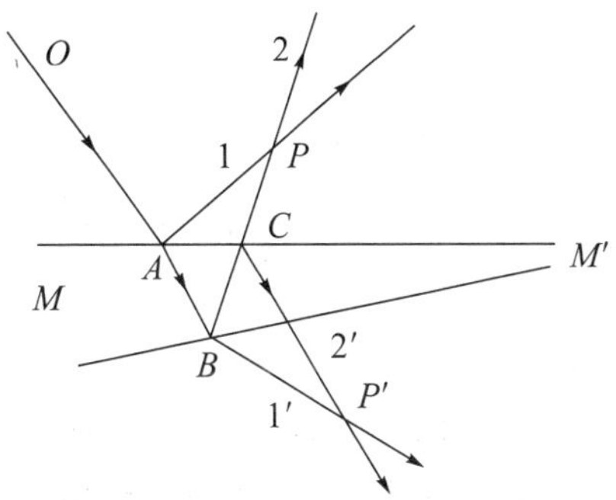

图 16－8

通常一束光入射到薄膜上，将被膜上下表面相继多次反射和折射形成多束反射光和透射光，但由于通常的介质膜的反射率很低，除最初两条外，其余多次波都很弱，它们对干涉的贡献很小，所以，我们只考虑最初两条折射和反射光而作为两光束干涉处理。

薄膜干涉通常分为平行平面膜产生的等倾干涉和非平行平面膜产生的等厚干涉两种类型。

薄膜干涉现象在日常生活中经常可见，例如，肥皂泡和浮在平静平面上的油膜表面的彩色图样，金属或半导体经高温处理后，表面氧化层所呈现的彩色，蝉和蜻蜓的翅翼上所见到的缤纷色彩等等都是光的干涉现象。

16.2.3.2　光程差公式

如图 16－9 所示，一均匀透明的平行平面薄膜，其折射率为 n_2，厚度为 e，放在折射率为 n_1 的介质中，且 $n_2 > n_1$，波长为 λ 的单色光入射到膜的上表面，入射角为 i，折射角为 r，经薄膜的上下表面反射后形成一对相干的互相平行的反射光 2 和 3，它们只能在无穷远处相交，若用一会聚透镜 L，则可使其在焦面上 P 点相干迭加而产生干涉。

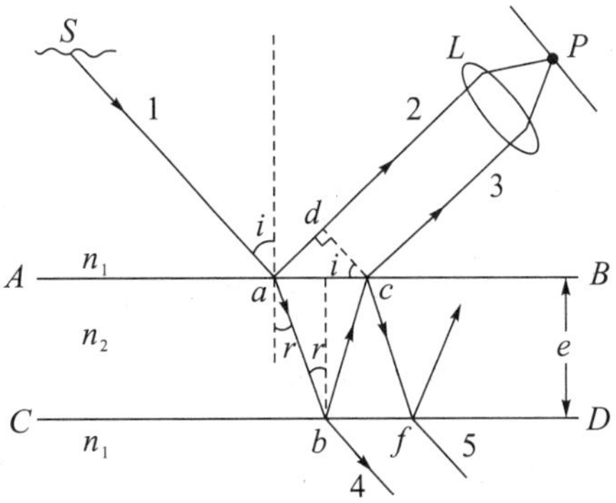

图 16－9　**薄膜干涉**

根据式（16－9），P 点的光强为

$$I = I_1 + I_2 + 2\sqrt{I_1 I_2}\cos\Delta\varphi$$

式中，I_1 和 I_2 是两束反射光 2 和 3 在 P 点单独产生的光强；$\Delta\varphi$ 为两束反射光到达 P 点的相位差。当 $\Delta\varphi = 2k\pi$ 时，P 点干涉加强；当 $\Delta\varphi = (2k+1)\pi$ 时，P 点干涉减弱。

显然，为求 P 点的光强，必须计算出两反射光到达 P 点的相位差或光程差。可以证明，两反射光因经历不同的光程而产生的光程差为

$$\Delta' = 2e\sqrt{n_2^2 - n_1^2\sin^2 i} \qquad (16-15)$$

还需特别注意，光在界面上发生反射时，有些情况下，它的相位可能发生 π 值突变，即半波损失。实验和理论指出，对透明介质薄膜而言，只有当薄膜上下两侧介质的折射率都大于或都小于薄膜本身的折射率时，从上下表面反射的两束光才有附加的相位差 π，或附加的光程差 $\frac{\lambda}{2}$，此外的一切情况都无需考虑附加的相位差或光程差。

考虑到 $n_2 > n_1$，必须附加光程差 $\frac{\lambda}{2}$，则两反射光 2 和 3 在 P 点的总光程差为

$$\Delta = \Delta ' + \frac{\lambda}{2} = 2e\sqrt{n_2^2 - n_1^2\sin^2 i} + \frac{\lambda}{2} \tag{16-16}$$

于是干涉条件为

$$\Delta = 2e\sqrt{n_2^2 - n_1^2\sin^2 i} + \frac{\lambda}{2} = \begin{cases} k\lambda, & (k=1,2,\cdots)\ \text{干涉加强} \\ (2k+1)\dfrac{\lambda}{2}, & (k=0,1,2,\cdots)\ \text{干涉减弱} \end{cases} \tag{16-17a}$$

如果用入射角完全相同的单色光照射到给定环境的薄膜上，则光程差仅取决于薄膜的厚度，从而在薄膜厚度相同的地方，有相同的干涉结果，这种干涉叫等厚干涉，等厚干涉条纹的形状取决于薄膜上厚度相同点的形状，即在 i 角相同时，同一厚度对应同一条明（或暗）纹。

当光垂直入射（即 $i=0$）时，

$$\Delta = 2n_2 e + \frac{\lambda}{2} = \begin{cases} k\lambda, & (k=1,2,\cdots)\ \text{干涉加强} \\ (2k+1)\dfrac{\lambda}{2}, & (k=0,1,2,\cdots)\ \text{干涉减弱} \end{cases} \tag{16-17b}$$

透射光也有干涉现象。在图 16－19 中，光线 ab 到达 b 点，一部分透射而出（光线 4），另一部分经 b、c 两点反射，再由 f 处透射而出（光线 5），因此，两透射光线 4、5 的总光程差为

$$\Delta_{\text{透}} = 2e\sqrt{n_2^2 - n_1^2\sin^2 i}$$

与式（16－7）相比较，反射光的光程差和透射光的光程差相差$\frac{\lambda}{2}$，即当某单色光反射干涉加强时，透射一定干涉减弱，这是符合能量守恒定律的。

16.2.4 劈尖形薄膜

如图 16－10 所示，折射率为 n 的劈尖形薄膜放在空气中，上下两表面的交线叫棱边，它们的夹角 θ 叫顶角。

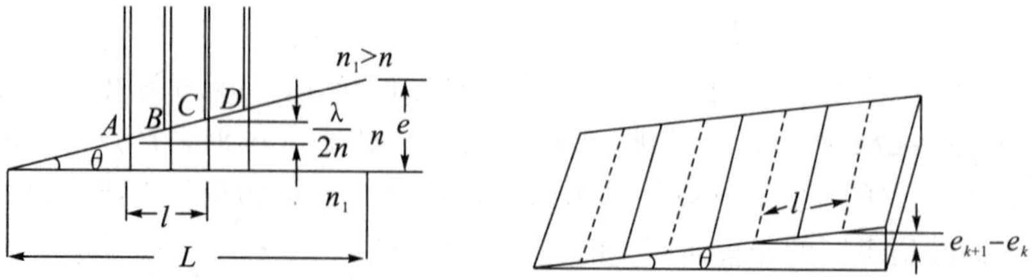

(a)　　　　(b)

图 16－10　劈尖干涉

设单色平行光沿铅直方向入射到薄膜上，入射角 $i\approx 0$，因为 θ 角很小，可忽略在薄膜内折射光的偏折而视为正入射到下表面上，于是一对反射光在薄膜的上表面迭加而产生干涉，由（16－17）式，总的光程差

$$\Delta = 2ne + \frac{\lambda}{2} \tag{16-18}$$

由此可见，凡是在平行于棱边的直线上各点，薄膜的厚度相等，所以劈尖形薄膜的等厚干涉图样是一系列平行于棱边的直条纹。

由式（16－17）可知

$$\Delta = 2ne + \frac{\lambda}{2} = \begin{cases} k\lambda, & (k = 1,2,3,\cdots) \text{ 干涉加强} \\ (2k+1)\frac{\lambda}{2}, & (k = 0,1,2,\cdots) \text{ 干涉减弱} \end{cases} \tag{16-19}$$

在棱边处，$e=0$，$\Delta = \frac{\lambda}{2}$，应是暗条纹，这与观察到的事实符合，它是半波损失的一个实验证据。

由图（16－10）可知，两相邻亮纹（或暗纹）对应的薄膜厚度差均为

$$\Delta e = e_{k+1} - e_k = \frac{\lambda}{2n} \tag{16-20}$$

两相邻亮纹（或暗纹）的间距 l 均为

$$l \approx \frac{\Delta e}{\theta} = \frac{\lambda}{2n\theta} \tag{16-21}$$

式（16－21）表明，干涉条纹间距与干涉级次 k 无关，因此劈尖形薄膜的等厚条纹是等距均匀排列的。条纹的间距与 θ 角有关，θ 愈大，条纹愈密，当 θ 大到一定程度后，条纹就密不可分了，所以干涉条纹只能在 θ 很小时才能观察到。

若用复色光，如白光照明，每一单色光将各自形成一套干涉条纹，相互重迭的结果，观察到彩色条纹。

由于劈尖形薄膜干涉（常叫劈尖干涉）的装置简单，等厚干涉条纹能反映长度的微小差别，因此，在精密检测方面有广泛应用。

（1）测量微小长度

例如薄膜厚度的测定，在制造半导体元件时，常需要精确测量硅片上的二氧化硅薄膜的厚度，可将二氧化硅薄膜制成劈尖形薄膜，如图 16－11 所示，测出干涉条纹的数目，就可求出二氧化硅的厚度。

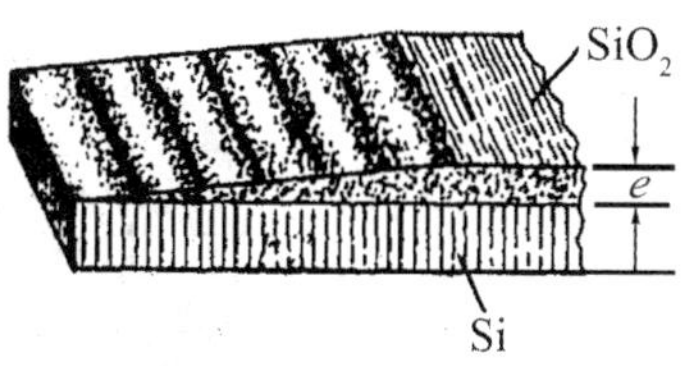

图 16－11　SiO_2 劈尖上的干涉条纹

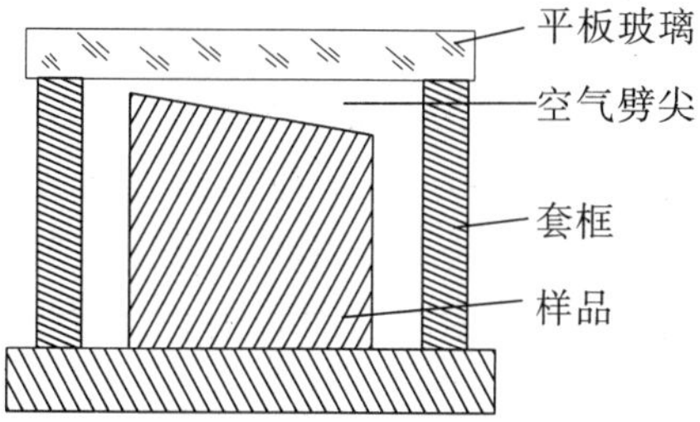

图 16－12　干涉膨胀仪

（2）干涉膨胀仪

为测量长度的微小变化，如图 16－12 所示，用热膨胀系数很小的石英制成的套框，框内放置一上表面磨成稍微倾斜的样品，框顶放一平板玻璃，在玻璃和样品之间形成空气劈尖形薄膜。由于套框石英的热膨胀系数很小，空气劈尖形薄膜的上表面不会因温度变化而移动位置。当样品受热膨胀时，空气劈尖形薄膜的下表面位置升高，使空气层的厚度发

生微小变化，这种变化很敏感的表现为干涉条纹发生移动。若观察到移动的条纹的数目为 ΔN，则空气厚度的改变量 $\Delta e=\Delta N\frac{\lambda}{2}$，从而可求出样品的热膨胀系数。

（3）检测元件表面的平整度

从等厚干涉条纹的特点可知，等厚干涉条纹的形状和分布可直接显示薄膜的厚度分布，干涉条纹的形状与薄膜的等厚线的形状相同，同一条纹上各点对应的薄膜厚度相同，不同条纹对应不同的膜厚。根据这些特点可方便地检测元件表面质量，用这种检测方法一般可查出不超过 $\frac{1}{4}$ 波长的不平整度。

16.2.5 牛顿环

将一个球面曲率半径很大的平凸透镜 A 的凸面紧贴在一块平板玻璃 B 上，球面和平面相切于 O 点，如图 16－13 所示，在它们之间形成一空气薄膜，膜的厚度从相切点到边缘逐渐增加。在以切点为中心的圆周上，空气层的厚度相等，膜的等厚线是以相切点 O 为圆心的一系列同心圆。将它们放在图 16－14 所示的装置中观察，可看到等厚干涉条纹。

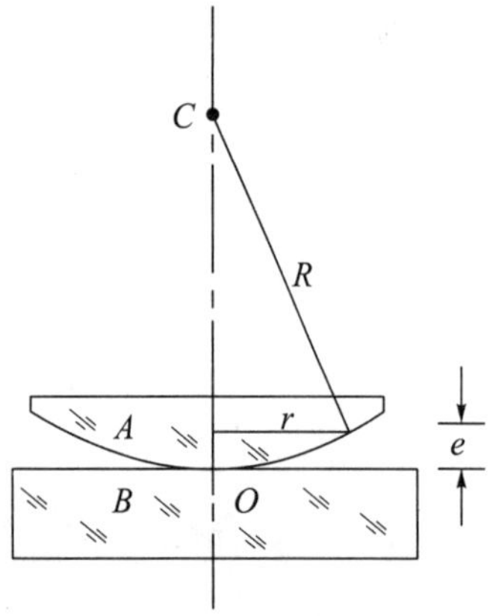

图16－13　牛顿环工作原理图

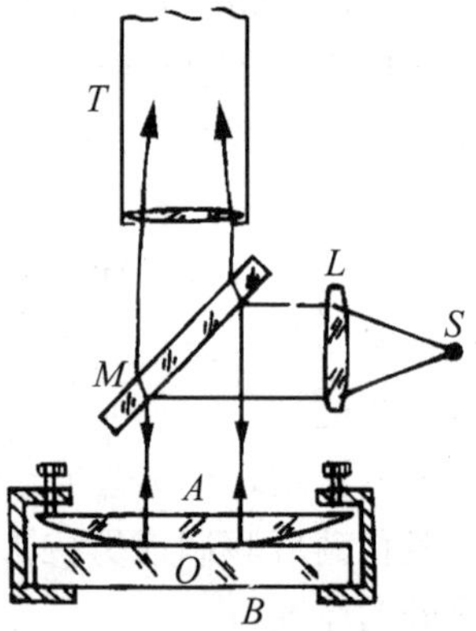

图 16－14　牛顿环实验装置图

图 16－14 所示为通常观察等厚干涉条纹的实验装置，S 为一单色光源（钠光灯或加滤光片后的白炽灯），M 是与水平方向成 45°角的半反射镜。当单色平行光垂直射照牛顿环，从反射光中可观察到以 O 为中心的一系列明暗相间的同心圆环，习惯上也叫牛顿环，如图 16－15 所示。

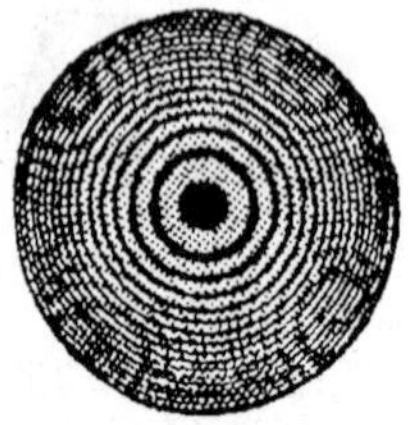
图 16－15　牛顿环干涉图样

对应于某干涉环的空气薄膜的厚度为 e，该环的半径为 r，由式（16－17）可知，从空气层两表面反射的两相干光的光程差为

$$\Delta=2e+\frac{\lambda}{2}=\begin{cases}k\lambda, & (k=1,2,3,\cdots)\text{ 明环}\\(2k+1)\frac{\lambda}{2}, & (k=0,1,2,\cdots)\text{ 暗环}\end{cases}\qquad(16-22)$$

由图 16－13 中的几何关系，有

$$R^2=r^2+(R-e)^2=r^2+R^2-2Re+e^2$$

因 $R\gg e$，可略去 e^2，则

$$e\approx\frac{r^2}{2R}$$

代入式（16－22），得

$$\Delta=\frac{r^2}{R}+\frac{\lambda}{2}=\begin{cases}k\lambda, & (k=1,2,3,\cdots)\text{ 明环}\\ (2k+1)\dfrac{\lambda}{2}, & (k=0,1,2,\cdots)\text{ 暗环}\end{cases}\tag{16-23}$$

$$\begin{aligned}&\text{明环半径}\quad r_k=\sqrt{\left(k-\frac{1}{2}\right)R\lambda},\ (k=1,\ 2,\ 3,\ \cdots)\\&\text{暗环半径}\quad r_k=\sqrt{kR\lambda},\ (k=0,\ 1,\ 2,\ \cdots)\end{aligned}\tag{16-24}$$

当 $k=0$ 时，$r=0$，与环中心对应，即牛顿环中心为一暗斑，其原因来源于空气层下表面反射光的半波损失。

由式（16－24）知，干涉环（亮环或暗环）的半径与自然数的平方根成正比，因此从中心到边缘干涉环的分布愈往外愈密集。

若用复色光照明，则可得一系列彩色环，在同级干涉环中，波长短的距中心较近。

在实验室中，用读数显微镜可测出干涉环的半径，若已知入射单色光波长，就可确定透镜凸面的曲率半径 R。

16.2.6　增透膜　增反膜

在现代光学仪器中，需在某些光学元件的表面上镀一层厚度均匀的透明薄膜，以便增加某单色光的透射光能量，这种薄膜叫增透膜。与此相反，若光学元件表面的薄膜，使某单色光的反射光能量增加，而几乎没有透射，这种薄膜叫增反膜。

增透膜和增反膜的工作原理就是薄膜干涉，在玻璃光学元件表面镀一层厚度适当的介质膜如氟化镁 MgF_2，可使得某单色光在膜的两个表面上的反射光，若因干涉而相消，该光能几乎没有反射损耗而全部透射，与没有镀膜时相比较，增加了透射，这是增透膜的情况；若因干涉而加强，该光能几乎没有透射损耗而全部反射，属增反膜情况。

在一些照相机和助视光学仪器的镜头表面常镀有一层介质薄膜，如氟化镁（MgF_2），其折射率为 1.38，如图 16－16 所示。为提高镜头的透光能力，考虑到人眼和感光底片对黄绿光（$\lambda=5500\times10^{-10}$ m 左右）最敏感，使镀 MgF_2 薄膜的厚度 $e\approx1000\times10^{-10}$ m$=0.10\mu$m 即可。原因如下：光垂直投射到透镜上，在 MgF_2 薄膜上、下表面反射的光 2 和 3，若满足干涉相消条件

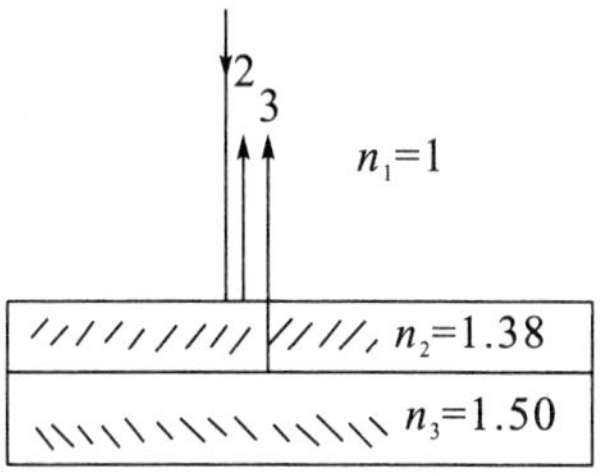

图 16－16　增透膜

$$2n_2e=(2k+1)\frac{\lambda}{2},(k=0,1,2,\cdots)$$

令 $k=0$，得最小膜厚

$$e=\frac{(2k+1)\lambda}{4n_2}=\frac{\lambda}{4n_2}=\frac{5500\times10^{-10}}{4\times1.38}\text{m}\approx1000\times10^{-10}\text{m}=0.10\mu\text{m}$$

等厚干涉在生产技术中有相当广泛的应用，除上述用于精密测量微小的角度和长度、

检测各种光学元件表面的质量外，还值得一提的是，在光学冷加工中利用等厚干涉条纹能及时、迅速地检查加工元件表面的质量，以达到设计要求。

如图 16－17 所示，将玻璃样板紧贴在待测透镜表面上，用单色平行光垂直投射，在反射光中可观察到样板与透镜之间的空气薄膜产生的等厚干涉条纹，这些条纹与牛顿环类似，通常叫“光圈”。根据光圈的形状、数目以及用手加压后条纹的移动情况，就可检测出透镜表面与样板表面的偏差，以便控制加工过程。

根据等厚干涉条纹的特点，如果被测透镜表面与样板表面的形状和曲率完全相同，两表面必完全贴合，干涉条纹消失，整个表面呈均匀照明；如果干涉条纹在某处偏离圆形，说明透镜表面在该处有不规则起伏；如果干涉条纹是一些完整的同心环，则表示透镜表面没有局部起伏，但有透镜表面的曲率相对样板存在偏差（即两者表面曲率不相等），若偏差的大小为 ΔR，可以证明有

$$\Delta R = (R_0 - R) = \frac{R_0^2 N\lambda}{r^2}$$

式中，R_0 为样板的曲率半径；R 为透镜球面的曲率半径；r 为透镜的孔径；N 为半径 r 的圆内包含的光圈数目。

可见，根据光圈的多少可以判断透镜表面与样板表面曲率偏差。

仅根据光圈数 N 还不能确定透镜表面曲率是偏大还是偏小，为此，只须轻轻压一下样板边缘，视光圈移动情况再作断定，如图 16－18（a）所示。如果透镜表面曲率偏大（曲率半径偏小），空气层边缘部分较中心厚，轻下压样板边缘，空气层厚度减小，相应各点光程差也变小，与中心相距一定距离处条纹的干涉级次降低，原来靠近中心的低级次圆环纹就要向边缘移动，观察者感觉到光圈好像向外扩大。反之，若透镜表面曲率偏小（其曲率半径偏大），空气层的中央比边缘厚，如图 16－18（b），可见，轻轻下压样板时，干涉环纹向中心收缩。这样就根据干涉环纹的移动情况，断定应进一步研磨透镜表面的中心部分还是边缘部分。

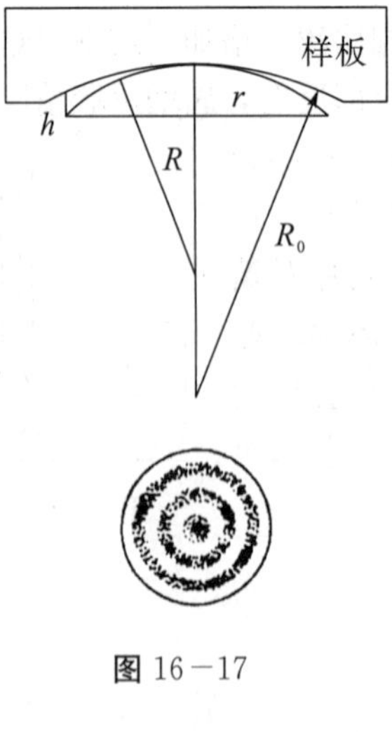

图 16－17

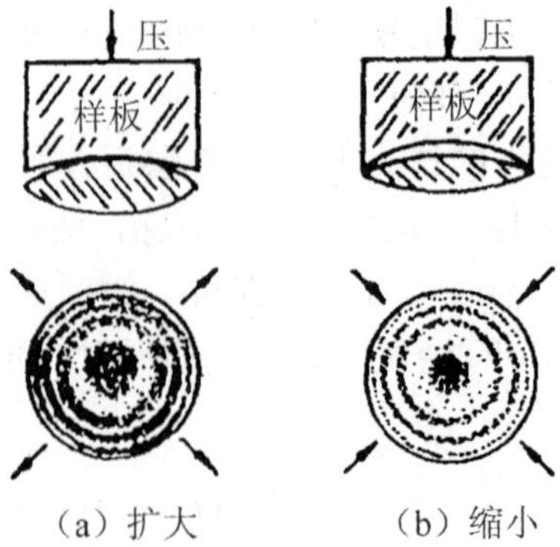

图 16－18

［例 3］　两玻璃板之间夹一细丝形成劈尖形空气膜，用波长 5000×10^{-10}m 的单色光垂直投射时，测得干涉条纹间距为 0.5mm，劈棱到细丝距离 $L=5$cm，求细丝的直径 d，

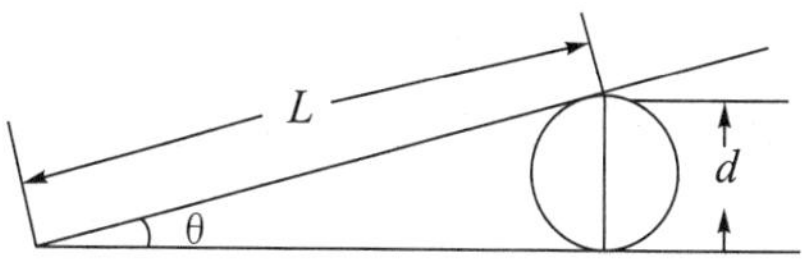

例 3 图

若将细丝向棱边靠近或移远，干涉条纹有何变化？

解　由式（16－23）知，相邻干涉条纹的间距

$$l=\frac{\lambda}{2n\theta}=\frac{\lambda}{2\theta}$$

而 $\theta\approx\frac{d}{L}$，代入上式，得

$$l=\frac{\lambda L}{2d}$$

从而

$$d=\frac{\lambda L}{2l}$$

已知 $L=50\text{mm}$，$\lambda=0.5\mu\text{m}$，$l=0.5\text{mm}$，代入上式，得

$$d=\frac{50\times0.5}{2\times0.5}=25\quad\mu\text{m}$$

若将细丝向劈棱靠近或移远，劈的顶角 θ 将增大或减小，干涉条纹的间距将减小或增大，而在劈棱到细丝范围内干涉条纹的数目 $N=\frac{d}{\frac{\lambda}{2}}$，因 d 不变，所以条纹数目不变。

［**例** 4］　用波长 $\lambda=4000\times10^{-10}\,\text{m}$ 的紫色光观察牛顿环时，测得某暗环的半径 $r_k=4\text{mm}$，由此环再往外第 5 暗环的半径 $r_{k+5}=6\text{mm}$，求透镜凸面的曲率半径 R。

解　由式（16－24）得

$$r_k^2=k\lambda R$$

$$r_{k+5}^2=(k+5)\lambda R$$

两式相减，有

$$R=\frac{r_{k+5}^2-r_k^2}{5\lambda}=\frac{36-16}{5\times4\times10^{-4}}=10^4\text{mm}=10\quad\text{m}$$

由于透镜的凸面和平面相切处不可能是一个理想的接触点，实际上观察到的牛顿环中心是一暗斑，因此在测量半径时，很难读准暗环的绝对级次，本题说明，不必知道暗环的绝对级次，只须测出任两暗环的半径和它们的级次数之差即可求出透镜的曲率半径。

16.3　迈克尔逊干涉仪

干涉仪是根据干涉原理制成的一种仪器，通过对这个仪器所产生的干涉条纹的测量而达到某种测量目的。干涉仪的种类很多，在科学研究、生产和计量部门都有广泛的应用，但各种干涉仪在光路结构上都存在某些相似之处，迈克尔逊干涉仪是其中很典型的一种。下面简介迈克尔逊干涉仪的结构和应用。

迈克尔逊干涉仪的结构略图如图 16－19（a）所示，M_1 和 M_2 是平面反射镜，其中 M_2 是固定的，M_1 可用精密丝杆使其沿滑轨移动。M_1 和 M_2 的倾角还可由镜后的螺钉分别调节。G_1 和 G_2 是厚度和折射率都完全相同的一对平行平面玻璃板。G_1 叫分光板，在它的背面镀有半透明的薄膜（铝层或银层），使照射在其上的光线一半反射，一半透射。G_2 叫补偿板，其作用是使两光束在迭加时的光程差不致太大。G_1 和 G_2 都倾斜 45°。

来自扩展光源 S 的一束光，在分光板 G_1 的背面的半反射面处分解为反射光 1 和透射光 2。反射光 1 受到平面镜 M_1 反射后折回，再穿过 G_1 而进入人眼 E。透射光 2 通过 G_2 后经平面镜 M_2 的反射折回再经过半反射面处反射也进入人眼。这两束光来自同一光束，因而是相干光，在人眼的视网膜上相遇产生干涉，为使干涉图样看得更清晰，常使用望远镜进行观察。

玻璃板 G_2 起补偿光程的作用，使光 1 和 2 都以同样的次数穿过厚度和折射率都相同的玻璃板。考虑了补偿玻璃的作用，可以画出如图 16－19（b）所示的迈克尔逊干涉仪的工作原理图。图中 M_2' 是平面镜 M_2 对半反射面所形成的虚像，光 2 可认为发自 M_2'，因而相干光 1 和 2 的光程差就由 M_1 和 M_2' 间空气层（常叫"虚膜"）的厚度差 $\Delta d = d_2 - d_1$ 来决定。

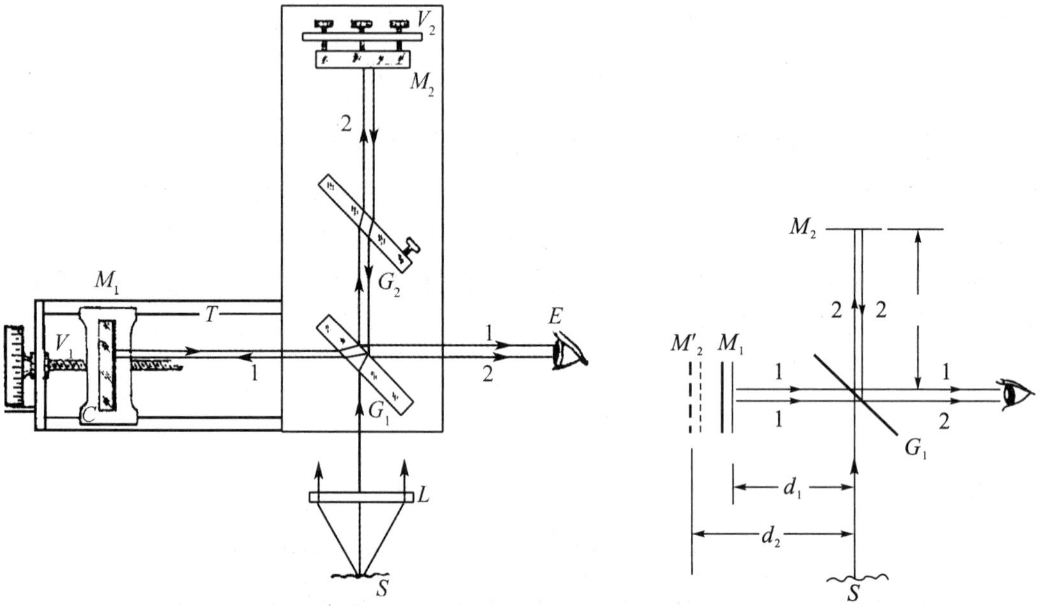

（a）迈克尔逊干涉仪结构图　　（b）迈克尔逊干涉仪原理图

图 16－19

如果 M_1 和 M_2 不严格垂直，则 M_1 与 M_2' 间形成的虚膜呈劈形空气膜，当 M_1 作微小平移时，M_2' 相对于 M_1 平移，改变虚膜厚度，每当厚度 e 增加（或减少）$\frac{\lambda}{2}$ 时，干涉图样中心点的光程差改变 λ，相位改变 2π，中心点的光强就有一次亮暗变化。例如从亮变到暗再变到亮。因此，测出视场中心和亮暗变化的次数，如用 ΔN 表示，就可以求出反射镜 M_1 移过的距离，如用 Δd 表示，有

$$\Delta d = \Delta N\left(\frac{\lambda}{2}\right) \tag{16-25}$$

迈克尔逊干涉仪的主要优点是它光路的两臂分得很开，便于在光路中安置被测量的样品。而且两束相干光的光程差可由移动一个反射镜来改变，调节较容易，所以迈克尔逊干涉仪有着广泛的应用，常用于精密测定样品的长度、折射率、测光波波长，检查光学元件（平板、棱镜、反射镜、透镜）的质量，研究谱线的精细结构等。

16.4　光的衍射

衍射和干涉一样是十分普遍的现象，是各种波如水波、声波、电磁波等的波动性的重要特征。由于水波、声波、无线电波的波长较长，衍射现象容易被察觉，例如窗户敞开时，房内拐角处能听到房外的声音，无线电波能绕过屏障为收音机、电视机等接收机所接收。对光波，因为其波长较短，在一般障碍物情况下，光的衍射现象并不明显，然而，当障碍物尺寸很小时，光的衍射现象也会明显表现出来。

16.4.1　光的衍射现象

什么是光的衍射呢？让我们先看下面的实验，如图 16－20 所示，S 为点光源，D 为不透明屏，其上有一孔径可变的小圆孔，S 发出的光通过小孔照射到相距很远的接收屏 E 上。按照光的直线传播定律，在屏 E 上似乎应观察到小孔的清晰几何影像，可是实际上的情形并不这么简单，当圆孔足够大时，在屏上有一均匀照明的光斑，光斑边界清晰，其大小就是圆孔的几何投影，如图 16－20（a）所示。随着圆孔逐渐缩小，起初光斑也相应在逐渐变小，然后光斑边缘开始模糊，并且在光斑周围出现若干比较淡的同心亮环纹，如图（16－20（b））所示，此后再缩小圆孔，光斑及圆环不但不跟着变小，反而扩大。这表明，点光源 S 发出的光遇到障碍物后，进入障碍物的几何阴影区域以内，引起了光场的重新分布。若用宽度可变的单缝代替圆孔，在屏 E 上可观察到类似的情形，其图样是与缝平行的一系列明暗相间，边缘模糊的条纹。这种不能用光的反射或折射予以解释的光偏离直线传播规律的现象叫光的衍射。

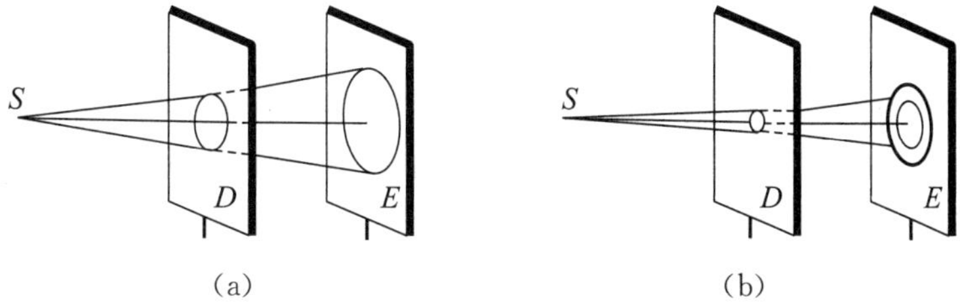

图 16－20　菲涅耳衍射

光的衍射不仅发生在不透明障碍物时，也可发生在光通过光学厚度（ne）不相等的完全透明的障碍物，如透明的生物、医学、岩矿薄片等。总之，当光波在传播过程中遇到障碍物时，不管障碍物是否透明，只要波前受阻，都会产生衍射现象。

16.4.2　菲涅耳衍射　夫琅和费衍射

光的衍射一般可分为两种类型。它们是根据光源、障碍物和接收屏三者之间相对位置而进行分类的。

16.4.2.1　菲涅耳衍射

若光源和接收屏或二者之一到障碍物的距离为有限远时，所观察到的衍射叫菲涅耳衍射，如图 16－20 所示的衍射。

16.4.2.2　夫琅和费衍射

若光源和接收屏距离障碍物等效于无限远，在衍射孔上的入射波和衍射都可看成平面波，这时所观察到的衍射叫夫琅和费衍射，如图 16－21 所示。光源 S 和接收屏 E 分别置于透镜 L_1 和 L_2 的焦面上，它们距障碍物 D 等效于无限远。

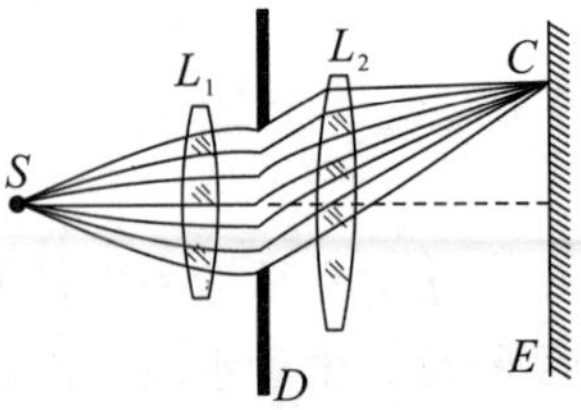

图 16－21　夫琅和费衍射

16.4.3　惠更新－菲涅耳原理

惠更斯－菲涅耳原理是波动光学的基本原理，是处理衍射问题的理论基础。

在第 15 章机械波的 15.4 节介绍了惠更斯原理，根据惠更斯原理可以定性地确定波的传播方向，对波面传播的几何位置进行定性描述，但不能说明衍射图样中光强的分布。这是由于惠更斯原理本身只是一种几何作图法，原理没有反映波动过程的全部性质，也未能反映波动的时空周期性，因而也就无法用它去解释衍射图样中的光强分布。为此，菲涅耳在惠更斯原理基础上加进了子波相干迭加的思想，他指出：波阵面上各点发出的子波在空间相遇时会产生干涉，下一时刻的波阵面是这些子波相干迭加的结果。这样，惠更斯原理加菲涅耳的子波相干迭加原理就发展为惠更斯－菲涅耳原理。

16.4.4　单缝的夫琅和费衍射　菲涅耳半波带法

16.4.4.1　单缝的夫琅和费衍射

如图 16－22 所示，点光源 S 置于透镜 L_1 的焦点上，接收屏置于透镜 L_2 的焦面上，从 S 发出的球面波经 L_1 变成平面波照射到 L_2 上，在衍射屏 D 未插入时，由于透镜的通光孔径较大，可忽略它的边框对入射波面的限制作用，于是在接收屏 E 中央观察到光源 S 的清晰的几何像点。若在 L_1 和 L_2 之间插入一块有单缝的遮光板（缝宽为 a），在接收屏 E 上出现的不再是一个亮点，而是在与缝垂直方向上扩展开的衍射图样，如图16－23（a)所示，中心是一个很亮的亮斑，在它们的两侧还对称地分布一系列强度较弱的亮斑，中央亮斑的宽度为其他亮斑宽度的两倍。若把点光源 S 换为一个平行于缝的线光源，由于线光源可看做一系列非相干点光源的集合，其上任一点都产生一组独立的衍射斑，它们的非相干迭加就得到一组线状衍射条纹，如图 16－23（b）所示。

下面根据惠更斯－菲涅耳原理，用菲涅耳半波带法分析单缝衍射图样的形成和特点。

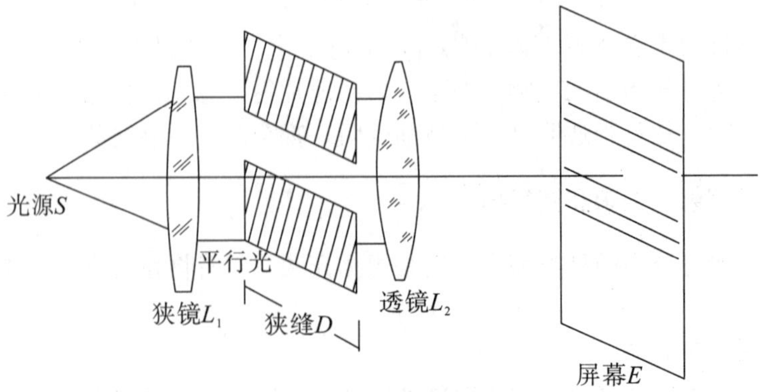

图 16－22　单缝衍射装置图

16.4.4.2　菲涅耳半波带法

平行单色光垂直照射到单缝上，单缝面为一波前，波前露出部分 AB，如图 16－24 所示，按照惠更斯－菲涅耳原理，AB 上各点都是一个个次波源，都要发出各个方向的光，这些光叫衍射光。衍射光与波面 AB 的法线的夹角 φ 叫衍射角，由几何光学知识可知，具有相同衍射角的光线会聚于 E 平面上的同一点，不同衍射角的光线会聚于 E 平面上不同点，因此，焦平面 E 上的点与衍射光线的衍射角 φ 一一对应。

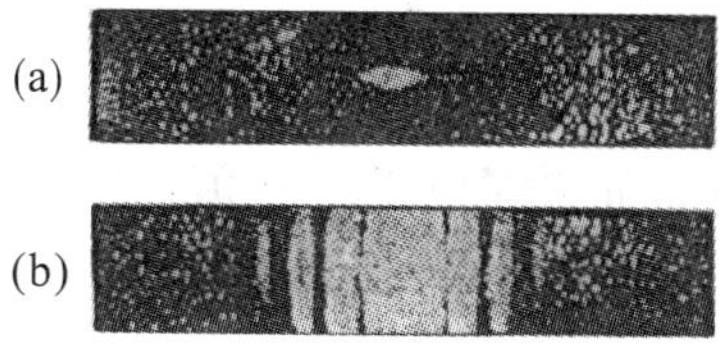

图 16－23　**单缝衍射条纹**

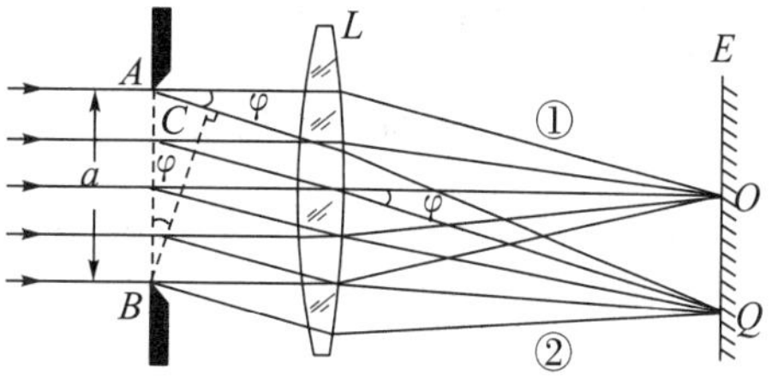

图 16－24　**单缝衍射**

我们先考察一束特殊衍射光①，即 $\varphi=0$ 的衍射光，这些衍射光在 AB 面上同相位，其后的透镜 L_2 不引起附加光程差，它们会聚于 O 点，仍为同相位，相互干涉加强，因此，在 O 点处形成平行于缝的亮纹，叫中央明纹。

再看衍射角为 φ 的光束②，它们应会聚于 Q 点，但要注意光束②中的各子波到达点 Q 的光程并不相等，它们在 Q 点的相位也不相同。显然，由垂直于各子波射线的面 BC 上各点到达点 Q 的光程是相等的，也就是说，从面 AB 发出的各子波在 Q 点的光程差，就对应于从面 AB 到面 BC 的光程差。其中来自缝两边缘的 A、B 点，衍射角为 φ 的光线到达 Q 点的光程差

$$AC = a\sin\varphi$$

即 A 点的子波比 B 点的子波多走了 $AC=a\sin\varphi$ 的光程，也就是 φ 角方向上各子波的最大光程差，它决定 Q 点的明暗情况。为避免复杂的运算，菲涅耳提出了菲涅耳半波带法来处理这个问题。

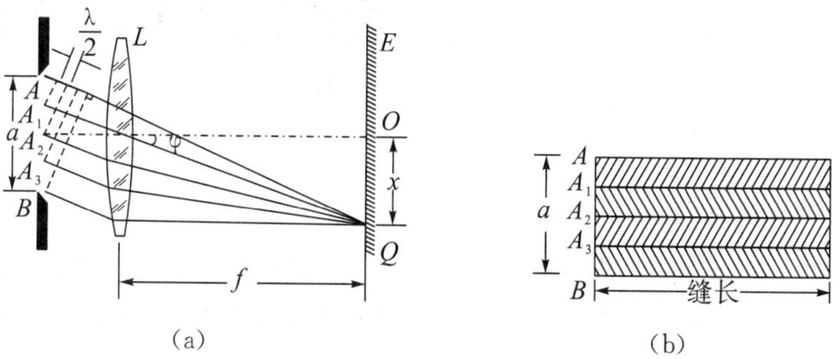

图 16－25　**单缝的菲涅耳半波带法**

设想作一组与 BC 平行且间距均为 $\frac{\lambda}{2}$ 的平面，如图 16－25（a）所示，将单缝面沿缝宽方向分割成一系列等宽的窄条带，这些条带叫菲涅耳半波带，如图 16－25（b）所示，

各半波带的面积相等，在 Q 点引起的光振动的振幅近似相等，按照惠更斯-菲涅耳原理，这些半波带都可看做子波源，它们发出 φ 方向的子波在 Q 点会聚，任意两相邻半波带对应点发出的光线在 Q 点的光程差均为$\frac{\lambda}{2}$，因而任意两相邻波带在 Q 点的作用相互干涉完全抵消。

如果对应于衍射角 φ，单缝处的波面 AB 恰好被分割成偶数个半波数，即 $AB\sin\varphi=2k(\frac{\lambda}{2})$，所有半波带的作用成对两两抵消，所有子波相互干涉完全抵消，对应点 Q 处为暗纹；如果单缝处的波面 AB 恰可分为奇数个半波带，即 $(2k+1)\frac{\lambda}{2}$，两两相互抵消后，还留有一个半波带的作用，其对应 Q 点处为亮纹。如果对应于某 φ 值，单缝面 AB 不能恰好分割成整数个半波带，对应点处的光强介于亮纹和暗纹的光强之间。

由上述讨论可知，单缝夫琅和费衍射的各级衍射条纹的中心位置满足下式

暗纹 $$a\sin\varphi=\pm 2k\frac{\lambda}{2}，(k=1，2，3，\cdots) \tag{16-26}$$

亮纹 $$a\sin\varphi=\pm(2k+1)\frac{\lambda}{2}，(k=1，2，3，\cdots) \tag{16-27}$$

中央明纹中心 $$\varphi=0 \tag{16-28}$$

衍射图样的主要特点如下：

(1) 光强分布不均匀。单缝衍射的光强分布如图 16－26 所示，均匀分布的入射光，通过衍射后光强分布不再均匀，绝大部分光能分配在中央亮纹范围内，各级亮纹的强度随级次的增大迅速减小。

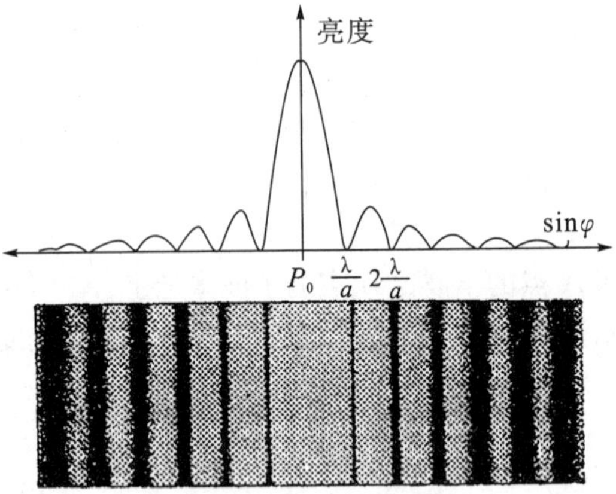

图 16－26　单缝衍射的光强分布

(2) 中央亮纹宽度为其他亮纹宽度的两倍。条纹对透镜 L_2 光心的张角叫条纹的角宽度，中央亮纹的角宽度 $\varphi_0=2\frac{\lambda}{a}$，在接收屏 E 上的线宽度为 $\Delta x=2f\tan\frac{\varphi_0}{2}\approx 2f\frac{\lambda}{a}$，其余各级亮纹的角宽度均约为 $\frac{\lambda}{a}$，在屏 E 上的线宽度约为 $\Delta x\approx f\frac{\lambda}{a}$。

(3) 缝宽 a、入射光波长对衍射图样的影响。由光强分布曲线或条纹宽度可知，缝宽 a 对衍射图样有显著影响，当波长 λ 不变时，中央亮纹和各级亮纹的宽度都与缝宽 a 成反比，缝愈窄，衍射愈显著；反之，缝愈宽，衍射愈不明显。当 $a\gg\lambda$ 时 $(\frac{\lambda}{a}\to 0)$，各级衍射条纹向中央亮纹靠紧，以致密得无法分辨，实际上在屏 E 上呈现出光源 S 的几何像，这时表现出光的直线传播。当缝宽 a 不变时，中央亮纹和各级亮纹的宽度将随波长而改变，因此，若用白光入射时，除中央亮纹中心仍为白光外，各单色光各自形成的衍射条纹

的位置相互错开，各色条纹的宽度也不相同，迭加后呈现从中央亮纹向两侧的各级亮纹，由紫而红的彩色图样，这就是衍射光谱。

［**例** 5］　一单色平行光束（$\lambda=5\times10^{-5}$cm）正入射到一宽度为 0.2mm 的单缝上，在透镜 L_2 的焦面上观察夫琅和费衍射图样，已知 L_2 的焦距 f 为 20cm，试求屏上所形成的中央亮纹的宽度和第一级亮纹中心的位置。

解　中央亮纹宽度

$$\varphi_0\approx2\frac{\lambda}{a}$$

在屏 E 上的线宽度

$$\Delta x_0=2f\,\mathrm{tg}\frac{\varphi_0}{2}\approx2f\frac{\lambda}{a}$$

代入 $f=20$cm，$a=0.2$mm$=2\times10^{-2}$cm，$\lambda=5\times10^{-5}$cm，得

$$\Delta x_0=2\times20\times\frac{5\times10^{-5}}{2\times10^{-2}}=0.1\quad\text{cm。}$$

设屏 E 上第一级亮纹中心到中央亮纹中心 O 点的距离为 x_1，则

$$x_1=f\tan\varphi_1$$

由式（16－27）知

$$a\sin\varphi_1=\pm\frac{3}{2}\lambda$$

因 φ_1 很小，所以

$$\tan\varphi_1\approx\sin\varphi_1\approx\varphi_1$$

有

$$x_1\approx\pm f\frac{3\lambda}{2a}=\pm20\times\frac{3\times5\times10^{-5}}{2\times2\times10^{-2}}=\pm0.105\quad\text{cm}$$

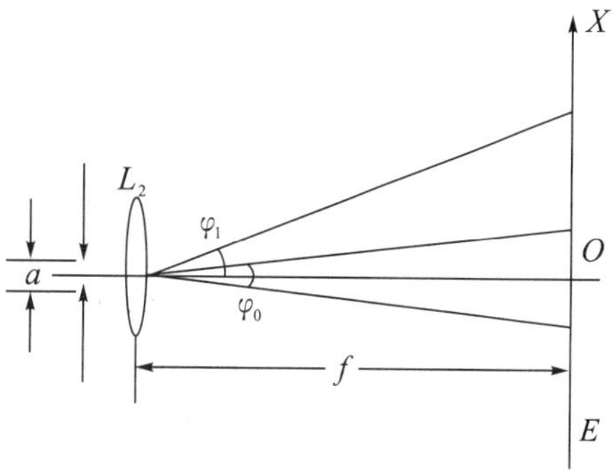

图 16－27

16.5　圆孔衍射　光学仪器的分辨本领

16.5.1　圆孔衍射

将图 16－22 中的单缝换成小圆孔，光源 S 是点光源，就可在接收屏 E 上观察到圆孔的夫琅和费衍射图样，其中央是一个很亮的圆斑，外面分布着几圈很淡的同心环，如图 16－28 所示，中央圆斑集中了衍射光能的 84％以上，通常叫爱里斑。它的中心是点光源 S 的几何像点，若投射单色光的波长为 λ，圆孔直径为 D，透镜 L_2 的焦距为 f，爱里斑的直径为 d，由理论计算可得，爱里斑对透镜 L_2 光心的张角 2θ 为

$$2\theta=\frac{d}{f}=2.44\frac{\lambda}{D}\qquad(16-29)$$

可见，由于光的衍射，物点的像就不再是一个几何点，而是有一定大小的光斑，这是光的波动性的必然结果，如果两个物点的距离太近，以致可使对应光斑互相重迭，不能清楚地分辨两个物点的像，所以光的衍射限制了光学仪器的分辨本领。

16.5.2 光学仪器的分辨本领

大多数光学仪器的通光孔都呈圆形，因此圆孔的夫琅和费衍射具有很重要的实际意义。它决定光学仪器分辨开相邻两个物点的像的能力，即决定光学仪器的分辨本领。

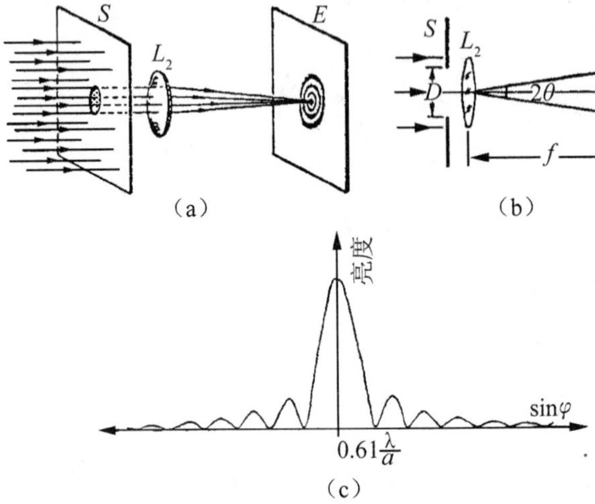

图 16－28 圆孔衍射和爱里斑

16.5.2.1 分辨本领 瑞利判据

分辨本领是表示仪器分开相邻两物点的像的能力。从几何光学观点看，一个理想的光学系统的分辨本领是无限的，这是因为每个物点对应唯一一个像点，任何两个不重合的物点对应的像点也不重合。然而，实际上并非如此，由于光的波动性，任何一个光学元件的通光孔都起着限制光束的作用，光的衍射使点物不能生成点像，而是生成一个夫琅和费衍射图样，通常把衍射图样的爱里斑叫衍射像。如果两个物点的爱里斑发生部分重迭，当重迭得愈多，就愈难分辨出是两个点，如图 16－29 所示，(a) 为可分辨情况；(b) 为恰好可分辨；(c) 为不可分辨情况，这就限制了仪器的分辨本领。

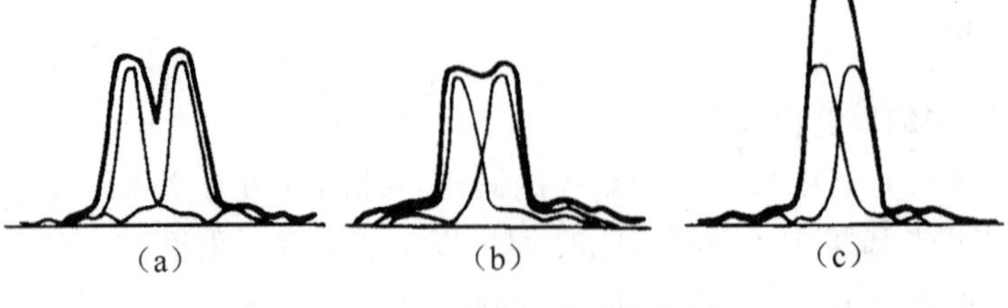

图 16－29 光学仪器的分辨本领

瑞利提出了两个物点恰好可分辨的标准，叫瑞利判据。他认为：如果一个物点的爱里斑中心和另一个物点的爱里斑边缘相重合时，如图 16－29 (b)，这两个物点恰好可分辨。

16.5.2.2 光学仪器的分辨本领

我们考察一个光学系统，其通光孔是直径为 D 的圆孔，根据瑞利判据，两物点恰可

分辨时，它们的两衍射像中心之角距离 θ_0 称为最小分辨角。由式（16－29）可知

$$\theta_0 = 1.22\frac{\lambda}{D} \qquad (16-30)$$

在光学仪器中，最小分辨角的倒数叫最小分辨率，用来表示仪器的分辨本领。最小分辨率愈大，最小分辨角 θ_0 就愈小，仪器的分辨本领就领高。从式（16－30）还可以看出，仪器的分辨本领与波长成反比，与通光孔径成正比，为提高仪器的分辨本领，可减小使用光的波长和增大仪器的通光孔径。使用 2000×10^{-10} m～$2\,500\times10^{-10}$ m 的紫外光照射，与可见光相比，分辨本领可提高一倍。近代物理学的发展得知电子也具有波动性，电子显微镜就是利用运动电子的波动性来成像。电子波的波长远小于可见光波长，可达 1×10^{-10} m 左右，电子显微镜的分辨本领比光学显微镜可提高数千倍左右。增大望远镜物镜孔径，可提高它的分辨本领，目前世界上已建成最大孔径为 6 米的天文望远镜。

［**例** 6］　一台天文望远镜物镜的直径为 5m，若可见光的平均波长取 $\lambda=5500\times10^{-10}$ m，求物镜的最小分辨角。

解　由式（16－28）知，物镜的最小分辨角

$$\theta_0 = 1.22\frac{\lambda}{D} = 1.22\times\frac{5.5\times10^{-4}}{5\times10^{3}} = 1.34\times10^{-7}(\text{rad}) = 0.028''$$

［**例** 7］　估算人眼的最小分辨角。

解　人眼的瞳孔基本上是圆孔，直径 D 在 2mm～8mm 之间调节，取可见光的平均波长 $\lambda=5500\times10^{-10}$ m，$D=2$mm，由式（16－30）可得

$$\theta_0 = 1.22\frac{\lambda}{D} = 1.22\times\frac{5.5\times10^{-4}}{2} = 3.4\times10^{-4}(\text{rad}) \approx 1'$$

16.6　衍射光栅

16.6.1　衍射光栅

在一块平面玻璃上，刻划出一系列平行的等宽等间距刻线，其刻线部分由于光被散射而认为不能透光，刻线间的透明部分相当于通光狭缝，这样的光学元件叫光栅，设光栅上通光狭缝的宽度为 a，不透光的刻线宽度为 b，则 $d=a+b$ 叫光栅常数。

通常使用的光栅的刻线很多很密，常用600 条/mm和 1200 条/mm，总缝数约为 5×10^4 条的光栅，对刻线的平行性和均匀性都要求很高，光栅的刻划工作是在专门的光栅刻划机上进行的，一块光栅刻划好后可作母光栅进行复制，实际上使用的光栅多为复制光栅。

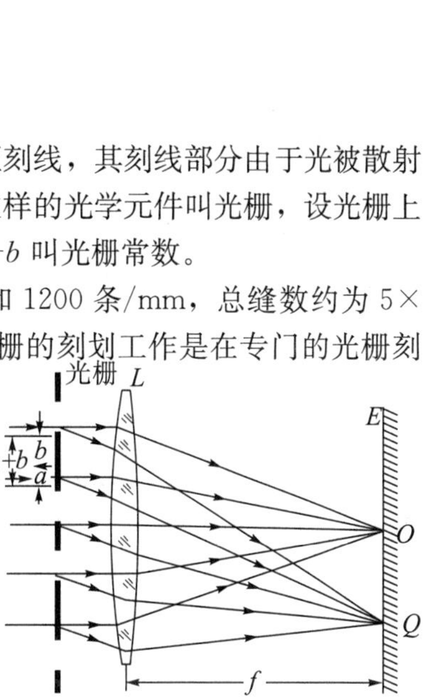

图 16－30　平面衍射光栅

16.6.2　光栅的分光原理

光栅的夫琅和费衍射装置如图 16－30 所示，若单色平行光正入射到光栅上，在透镜 L 的焦平面处的屏 E 上可观察到光栅衍射图样，如图 16－31（a）所示，图 16－31（b）为其光强分布曲线。

光栅是许多单缝的有序排列而成。每一单缝都可

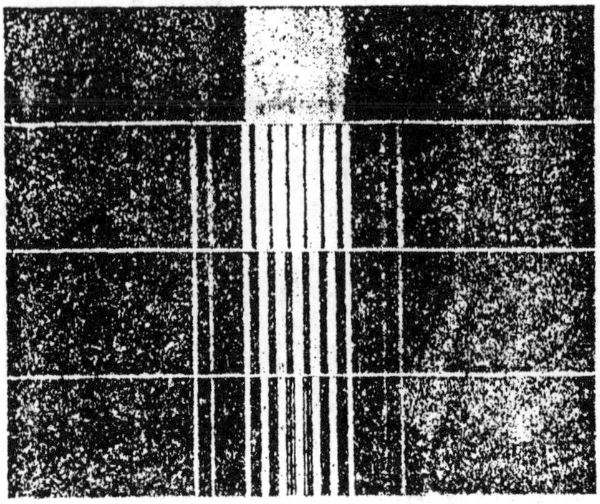

(a)

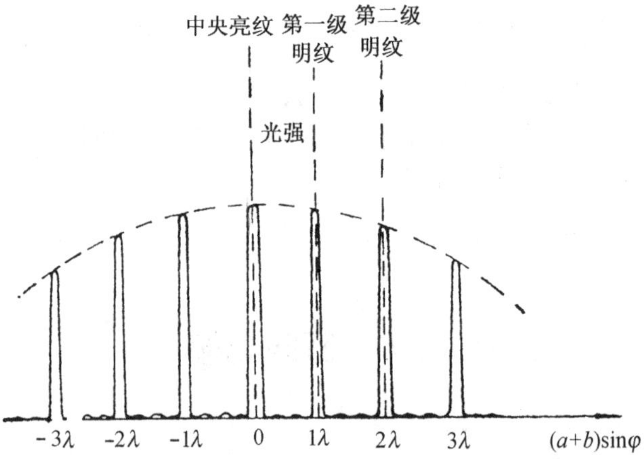

(b)

图 16－31　多缝衍射条纹

以产生单缝衍射图样，如果我们依次留一个单缝而挡住所有其他缝，就会发现所有单缝产生的衍射图样完全相同，同时透镜 L 把每个单缝发出的同衍射角 φ 的子波会聚于屏 E 上同一点而发生相干迭加，因此光栅衍射图样是单缝衍射和缝间多光束干涉的综合。

理论指出，亮条纹（光栅谱线，又称主极大）位置满足的条件为

$$(a+b)\sin\varphi = \pm k\lambda,(k=0,1,2,\cdots) \qquad (16-31)$$

上式叫光栅方程式，k 是级次，$k=0$，1，2，…分别叫零级、第一级、第二级主极大，如图 16－31 所示。

图 16－31（b）给出光栅衍射图样的光强分布曲线，其中实线表示实际的光强分布，虚线表示单缝衍射的光强分布，各谱线的强度受单缝衍射的调制。

根据光栅方程式 $(a+b)\sin\varphi=\pm k\lambda$ 可知，当单色光正入射时，不同级次的主极大，对应于不同的衍射角 φ，因此，主极大按级次分开；若用复色光，如白光正入射时，不仅同一波长的主极大按级次 k 分开，而且同一级次 k 的主极大，按波长 λ 分开，即主极大

按波长 λ 和级次分开形成光栅光谱。这就是光栅的分光作用。它不同于棱镜光谱，两者的分光原理不同，棱镜分光原理是色散作用，而光栅分光原理是衍射作用，光栅形成的主极大具有明晰、间距较大的特点，但可能出现部分迭级现象，如图 16－32 所示为白光正入射的光栅光谱。

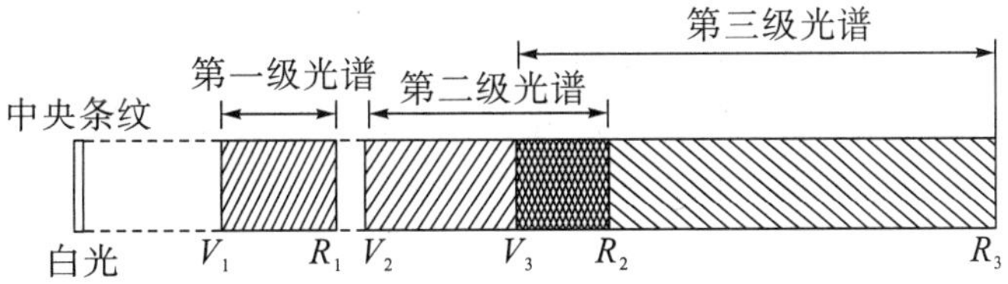

图 16－32　**光栅光谱**

光谱分析是现代物理学研究的重要手段，在工程技术和科学研究中广泛应用于分析、鉴定物质的组份和物质结构。

［**例** 8］　可见光（4000×10^{-10}m～7600×10^{-10}m）正入射到一衍射光栅上，光栅刻线密度为 600 条/mm，透镜 L_2 焦距 $f=1$m，求：(1) 400×10^{-10}m 的紫光和 7600×10^{-10}m 的红光第一级主极大的衍射角；(2) 可见光的第一级光谱在 L_2 的焦面上展开的范围。

解　已知光栅常数为

$$d=\frac{1}{600}\text{mm}=1.67\times10^{-4}\ \text{cm}$$

(1) 在第一有光谱中 400×10^{-10}m 的紫光的主极大的衍射角，由光栅方程式知

$$\sin\varphi_{1V}=\frac{k\lambda}{d}=\frac{1\times4\times10^{-5}}{1.67\times10^{-4}}\approx0.240$$

所以 $$\varphi_{1V}=13.8^\circ$$

同理，7600×10^{-10}m 的红光的衍射角为

$$\sin\varphi_{1R}=\frac{1\times7.6\times10^{-5}}{1.67\times10^{-4}}\approx0.456$$

所以 $$\varphi_{1R}=27.1^\circ$$

(2) 可见光的第一级光谱，以透镜 L_2 的光心为参考点，展开的角宽度为

$$\Delta\varphi=\varphi_{1R}-\varphi_{1V}=27.1^\circ-13.8^\circ=13.3^\circ=0.232\quad\text{rad}$$

在透镜 L_2 的焦平面上展开的范围为

$$\Delta l=f\cdot(\tan\varphi_2-\tan\varphi_1)\approx f\Delta\varphi=100\times0.232^\circ\approx23.2\quad\text{cm}$$

16.7　光的偏振

光的干涉和衍射使人们认识到光是一种波动，但还不能由此判定光波是横波还是纵波。光的电磁理论指出光波是电磁波，因而光应是横波。从光现象中人们发现光经过反射或折射后，会失去对于传播方向的对称性，而显示出横波特征，下面我们就从光现象的过程中来认识光的横波性。

16.7.1　光的偏振现象

16.7.1.1　横波与偏振

在机械波中，已讲述横波和纵波的概念，横波在传播过程中表现出与纵波不同的性质。如图 16－33 所示，将一条绳穿入栅栏的栅缝内，让绳的一端固定，另一端沿水平方面拉紧，使绳与栅栏平面垂直，若竖直抖动绳的一端，振动将沿绳传播到另一端，形成横波。由振动的分解可知，入射波的振动可分解成平行于和垂直于栅缝方向的两个分量。由于只有平行分量才能通过栅缝，因此透射波振幅取决于栅缝方向与入射波振动方向间夹角，当两者平行时振幅最大，如图 16－33（a）所示，垂直时振幅最小，如图 16－33（b）所示，这种现象叫波的偏振。若将穿过栅栏的细绳模式细长弹簧，水平抖动弹簧的一端，使有疏密相间的纵波沿弹簧传播，由于纵波的振动方向和传播方向相同，栅栏透射波的振幅与栅缝的方向无关，不显示波的偏振。可见偏振现象是横波所特有的。

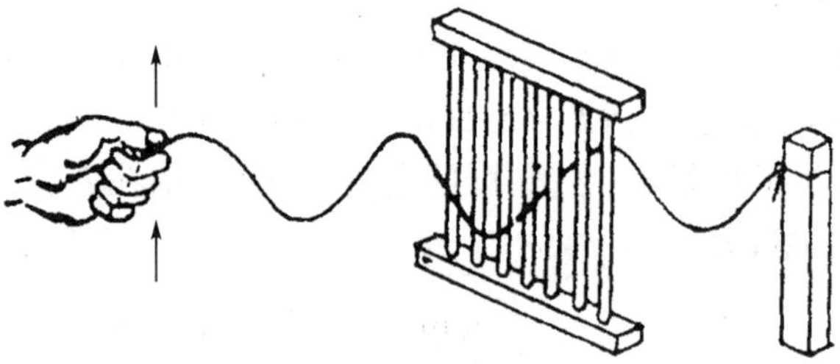

（a）

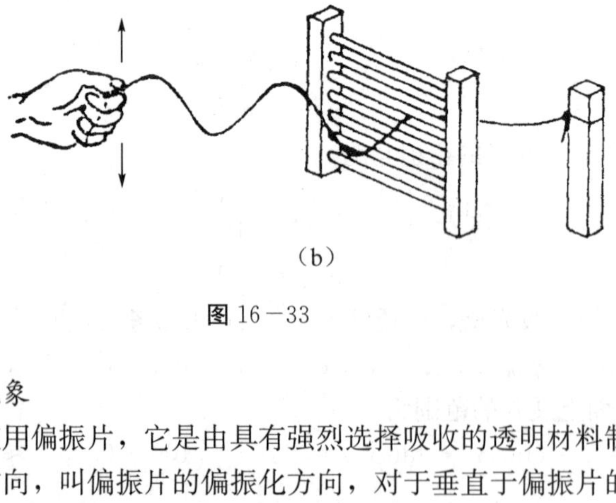

（b）

图 16－33

16.7.1.2　光的偏振现象

观察光的偏振可使用偏振片，它是由具有强烈选择吸收的透明材料制成，偏振片有一个相当于栅缝的特殊方向，叫偏振片的偏振化方向，对于垂直于偏振片的入射光，只允许光矢量 E 与偏振化方向平行的分量透过，完全吸收与偏振化方向垂直的分量。

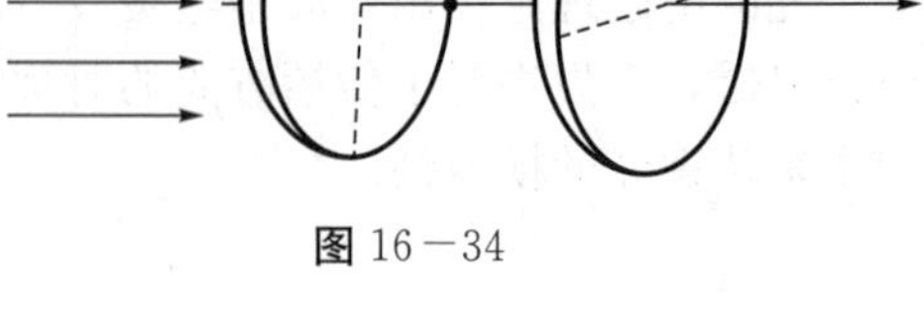

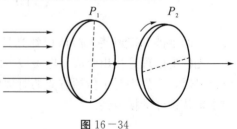

图 16－34

利用两块偏振片就能观察到光的偏振现象，如图 16－34 所示，透过两块偏振片 P_1 和 P_2 观察一个普通光源。若 P_1 与 P_2 的偏振化方向相互平行，视场最亮。若 P_1 不动，让 P_2 以光线为同慢慢旋转，则视场亮度渐变。当 P_2 从 0°～90°时，视场由亮→全暗；继续转动 P_2，从 90°～180°时，视场由全暗→最亮，再转动 P_2，视场重复上述由亮变暗又由暗变亮的过程，P_2 绕光线旋转一周，视场有两次最亮和两次全暗。若保持 P_2 不动，转动 P_1，视场变化情况完全相同。上述现象表明，光的强度随两偏振片的偏振化的夹角而异，这种光在垂直于传播方向的平面内的不对称性显示了光的横波性，称为光的偏振。

16.7.1.3　自然光与偏振光

光波是横波，所以光波中光矢量的振动方向总是与光的传播方向相互垂直。在垂直于光传播方向的平面内，光矢量可能有各种不同的振动状态，这里只讨论两种基本的情况。

(1) 线偏振光。如果光矢量 $\boldsymbol{E}$ 只能在垂直于传播方向的平面内，沿一个方向振动，这种光叫线偏振光，简称偏振光。例如图 16－34 中，入射光中只有光矢量平行于 P_1 的偏振化方向的分量才能透过 P_1，因此透过 P_1 的光矢量的方向与 P_1 的偏振化方向平行，由传播方向和光矢量方向构成的平面叫振动面，如图 16－35 所示，对确定的线偏振光有固定不动的振动面。通常用图 16－36 所示表示一束线偏振光，带箭头的长线表示光线，长线上的黑点或短线表示光矢量垂直于图面或平行于图面的振动。

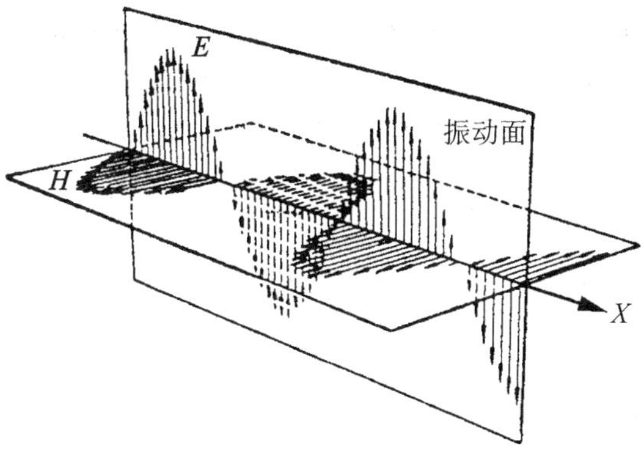

图 16－35　光的振动面

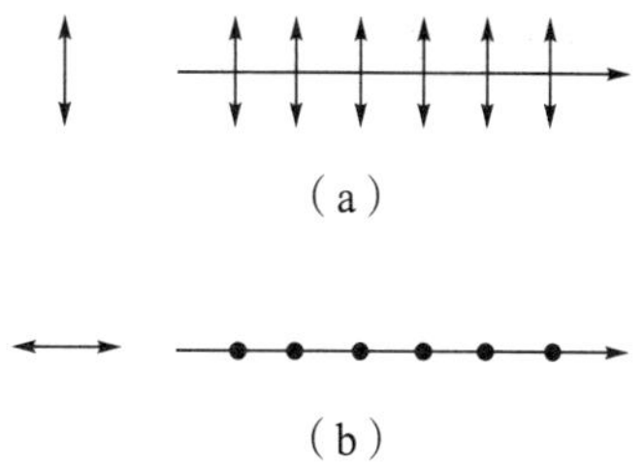

图 16－36　线偏振光的表示

根据振动的分解知识可知，直线振动可分解为相位相同的两个正交分量。同样，一束线偏振光也可分解成相位相同，振动方向互相垂直的两束线偏振光。

(2) 自然光。透过一块偏振片直接观察普通光源，不论偏振片以光线为轴如何转动，透射光强都不变化，光既然是横波，为什么透过一块偏振片的这种情况下却观察不到光的偏振呢？这与普通光源的发光机制有关。

由 16.1 节相干光的获得（光源的发光特点）可知，一个发光原子或分子在某一瞬时所发出的波列具有确定的振动方向，是偏振的，然而普通光源具有数量极大的发光原子或分子，它们各自发光，振动方向彼此互不相关，随机分布。在垂直于光的传播方向的平面内，沿各个方向振动的光矢量都有，统计平均而言，光矢量具有轴对称均匀分布，各方向光振动的振幅相等，没有哪一个方向光矢量占优势。这种由大量独立发光的原子或分子发射的光波的集合叫自然光，如图 16－37 所示。因此自然光透过一个偏振片来观察，将偏振片绕以光线为轴旋转一周，观察不到光强变化。

常给自然光一个等效的模型，在垂直于光传播方向的平面内选取正交坐标系 XOY，让自然光的光矢量分别分解成 x、y 分量。于是自然光的偏振态可用图 16－38 (a) 来表示。图中光矢量两个正交分量振幅相等但相位无关，它反映了自然光的各光矢量间的相位无关。图 16－38（b）表示一束自然光，黑点与短线分别表示光矢量垂直于图面和平行于图面的振动分量。黑点与短线数相等表示光矢量两正交分量振幅相等。

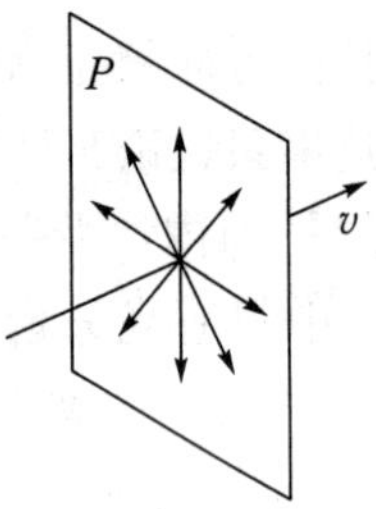

图6－37　**自然光**

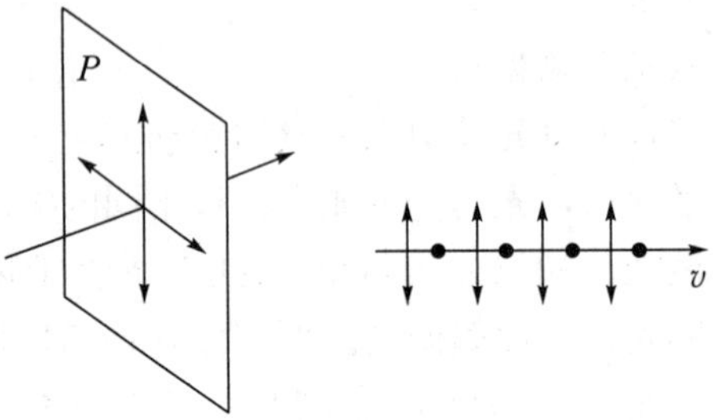

（a）　　（b）

图 16－38　**自然光的表示**

线偏振光和自然光都是偏振态的极端情形，通常的偏振态是介于二者之间，称为部分偏振光，这种光在垂直于其传播方向的平面内，各方向的光振动都有，但它们的振幅不等，部分偏光的偏振态可用图 16－39（a）表示，图中两个光矢量正交分量振幅不等且相位无关。图 16－39（b）中短线多于黑点表示平行于图面振动的分量振幅较大，图 16－39（c）中的情形则相反。

（a）　　（b）　　（c）

图 16－39　**部分偏振光**

16.7.2　偏振光的产生和检验

16.7.2.1　起偏器和检偏器　马吕斯定律

在图 16－34 所示实验中，偏振片 P_1 是用来产生线偏振光的，叫起偏器，P_2 是用于检查偏振光的，叫检偏器。由于偏振片既可以作起偏器，也可作检偏器，所以它们统称为偏振器。

用检偏器可以鉴别自然光、线偏振光和部分偏振光，方法如下：透过检偏器观察入射光，让检偏器以光线为轴转动，若视场亮度：①无变化，则入射光为自然光；②有强度变化，但无全暗，为部分偏振光；③有强度变化且有全暗，为线偏振光。

设垂直入射到偏振片 P_2 上的线偏振光的光矢量为 $\boldsymbol{E}_0$，且 $\boldsymbol{E}_0$ 与偏振片 P_2 的偏振化方向之夹角为 α，于是可将 $\boldsymbol{E}_0$ 分解成平行于偏振化方向和垂直于偏振化方向的两个分量 $E_{/\!/}$ 和 $E_{\perp}$，如图 16－40 所示。由于光的强度 E 正比于振幅的平方，则透过偏振片 P_2 的光的振幅和光强分别为

$$E = E_{/\!/} = E_0\cos\alpha \tag{16-32}$$

$$I = I_0\cos^2\alpha \tag{16-33}$$

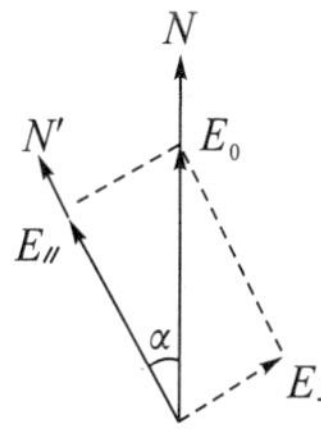

图 16－40　马吕斯定理

式中，I 和 I_0 分别为通过偏振片前后的光强度。

式（16－33）叫马吕斯定律。

当 $\alpha=0°$或 180°时，$I=I_0$，光能全部透射，视场最亮；

当 $\alpha=90°$或 270°时，$I=0$，透射光强为零，视场全暗。

16.7.2.2　布儒斯特定律　反射和折射时光的偏振

光在两种介质分界面上反射和折射时，除传播方向改变外，偏振态也要发生变化。实验指出，当自然光以入射角 i 射到折射率为 n_1 与 n_2 的透明介质分界面上时，在一般情况下，反射光和折射光都是部分偏振光。在反射光中垂直于入射面的光振动多于平行于入射面的光振动，而在折射光中平行于入射面的光振动多于垂直于入射面的光振动，如图 16－41（a）所示。

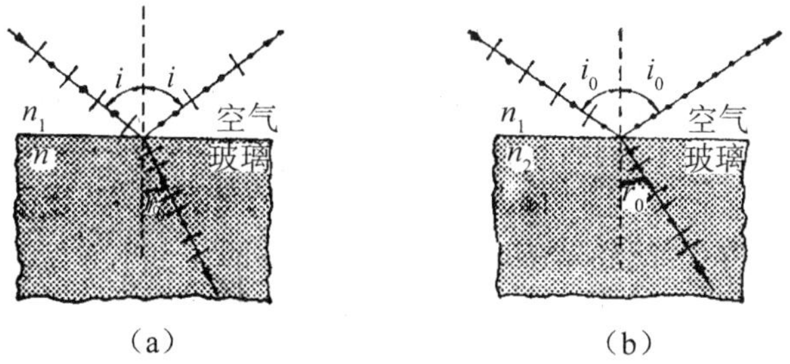

图 16－41　反射光折射光的偏振情况

理论和实验都指出，反射光的偏振化程度与入射角有关。当入射角 i 等于某一特定值 i_0 时，反射光是线偏振光，其光振动垂直于入射面，如图 16－41（b）所示，此时的入射角 i_0 叫布儒斯特角或起偏振角，它满足

$$\tan i_0=\frac{n_2}{n_1}\tag{16-34}$$

此式是 1812 年布儒斯特首先从实验中发现的，式（16－34）叫布儒斯特定律。

由折射定律，有

$$\frac{\sin i_0}{\sin r_0}=\frac{n_2}{n_1}$$

又由布儒斯特定律，得

$$\tan i_0=\frac{n_2}{n_1}$$

两式比较，可得 $\sin r_0=\cos i_0$

$$i_0+r_0=\frac{\pi}{2}\tag{16-35}$$

可见，当光线以布儒斯特角入射到介质分界面上时，其反射线必与折射线垂直。

根据布儒斯特定律，利用反射获得的线偏振光强度较弱，给实用带来困难，我们可把许多相互平行的玻璃片装迭在一起，如图 16－42（a）所示，构成一玻璃片堆。若自然光以布儒斯特角入射到玻璃片堆时，光在各层玻璃上反射和折射，反射光都是线偏振光，折射光中垂直入射面的振动成分逐次减少，而玻璃片足够多时，透射光就接近线偏振光，按照这个原理可制成折射起偏器，如图 16－42（b）所示。

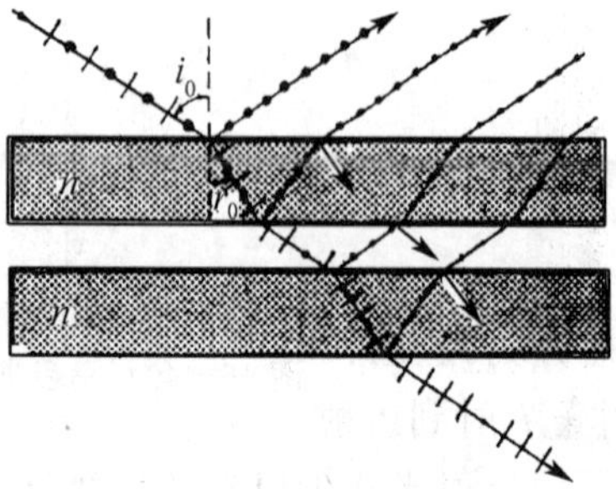

(a)

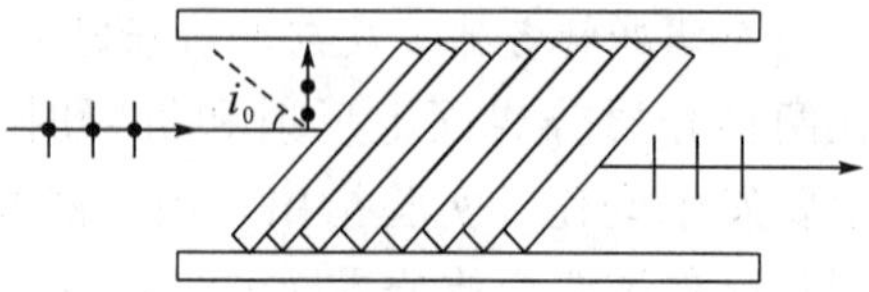

(b)

图 16－42　光通过玻璃片堆的折射光近似为偏振光

［**例** 9］　改变起偏器与检偏器的偏振化方向之间的夹角 α，可调节透射光的强度。设入射自然光强度为 I_0，求透射光强为 $\frac{1}{3}I_0$ 和 $\frac{1}{6}I_0$ 时 α 角各为多少？

解　设透过起偏器的光强为 I_1，透过检偏器的光强为 I_2，按等效模型，自然光光矢量分解成两个振幅相等，相位无关的正交分量，一个分量平行于起偏器的偏振化方向，另一个分量与之正交，则两个分量中有一个完全不能透过起偏器，故入射光能只有一半能透过起偏器，即

$$I_1 = \frac{I_0}{2}$$

按马吕斯定律，透过检偏器后的光强

$$I_2 = I_1\cos^2\alpha = \frac{1}{2}I_0\cos^2\alpha$$

依题意，若 $I_2 = \frac{1}{3}I_0$，则 $\frac{1}{3}I_0 = \frac{1}{2}I_0\cos^2\alpha_1$

$$\cos^2\alpha_1 = \frac{2}{3},\quad \alpha_1 \doteq 35°16'$$

若 $I_2 = \frac{1}{6}I_0$，则 $\frac{1}{6}I_0 = \frac{1}{2}I_0\cos^2\alpha_2$

$$\cos^2\alpha_2 = \frac{1}{3},\quad \alpha_2 = 54°44'$$

［**例** 10］　将一块两表面平行的玻璃片浸在水中，一束自然光从水中以起偏振角入射到玻璃片的上表面，试证其折射光再次以起偏角入射到玻璃片的下表面。

解　设光在上表面的入射角和折射角分别为 i_1 和 i_2，根据布儒斯特定律和折射定律，有

$$\tan i_1 = \frac{n_{玻}}{n_{水}}$$

$$n_{水}\sin i_1 = n_{玻}\sin i_2$$

i_2 也是下表面的入射角，由式（16－35），有

$$i_2 = \frac{\pi}{2} - i_1$$

所以
$$\tan i_2 = \operatorname{ctan} i_1 = \frac{n_{水}}{n_{玻}}$$

可见，i_2 正是由玻璃和水的界面反射回玻璃的起偏振角。

*16.8　双折射

16.7 节指出，光在各向同性介质的分界面上反射和折射时会引起偏振态的改变，在晶体表面折射时也要引起偏振态的改变。由于晶体中原子作有序排列，沿不同方向排列情况不同，致使其物理性质随方向而异。物质的物理性质随方向改变的性质叫各向异性，透明晶体在光学上的各向异性表现在它的折射率随方向改变，从而引起光的双折射现象。

16.8.1　双折射现象

透过方解石晶体看书上的字，发现字都是双重的，一个黑点变成了互相错开的两个小灰点，这表明一束光进入方解石晶体后，产生彼此分开的两束折射光，形成两重像，如图 16－43 所示，这种一束入射光经晶体折射后产生两束折射光的现象叫双折射。晶体的双折射有下列规律：

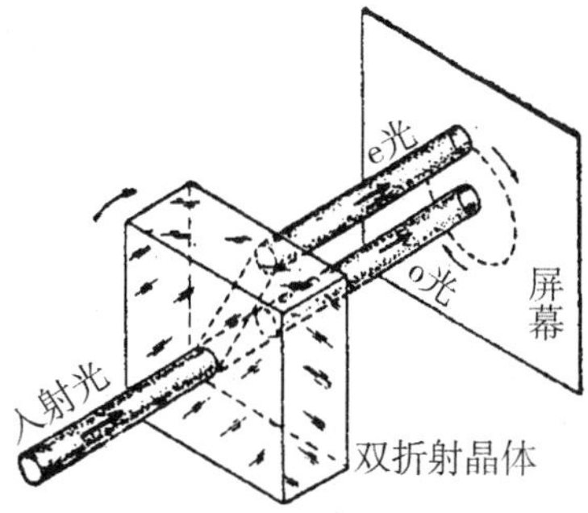

图 16－43　双折射现象

16.8.1.1　寻常光和非常光

如图 16－43 所示，一束自然光垂直射入方解石晶体，折射光有两束，照在屏上可获得两个光斑，若让晶体绕入射光方向转动，屏上的光斑一个不动，另一个跟着晶体转动。若改变光的入射角，两个光斑的位置有相应改变。实验指出，其中一束光遵从折射定律，即$\frac{\sin i}{\sin r}$＝常量，且折射光在入射面内，它与各向同性介质中的光束性质（传播方向的性质）相同，叫寻常光，简称 o 光；另一束折射光不遵守折射定律，即$\frac{\sin i}{\sin r}$≠常量，比值随入射光的方向改变，且折射光不一定在入射面内。即使光束正入射，入射角 $i=0$ 时，这束折射光的折射角也不一定为零，叫非常光，简称 e 光。e 光的性质与 e 光的传播速度随方向改变。如果将晶体中 e 光的折射率定义为真空中光速与晶体中 e 光的速度的比值，那么 e 光的折射率也是各向异性的。

测量表明 o 光和 e 光都是线偏振光。

16.8.1.2　光轴和主截面

天然的方解石晶体是由三对平行平面构成的倾斜六面体，如图 16－44 所示，每个表面（晶面）都是对角为 102°和 78°的平行四边形，三个晶面相交处构成顶角，其中有一对顶角是由三个 102°钝角构成，叫钝顶角。

方解石晶体中，一对钝顶角顶点联线的方向是一个特殊方向。若研磨方解石，使其表面垂直于该方向，当光沿该方向垂直于这个表面入射时，就不产生双折射现象，这表明沿该方向 o 光和 e 光的速度相同，晶体的这个特殊方向叫光轴。必须注意，光轴并不是晶体中的一条直线，而是代表一个方向，晶体中凡与该方向平行的任何直线都是晶体的光轴。

包含晶面法线和光轴的平面叫晶体的主截面，如图 16－45 所示，通过方解石的每一点都有一条光轴与三条法线（分别垂直于三对晶面），因此可作三个主截面，它们都是对角为109°和71°的平行四边形，若光正入射到方解石晶体表面，折射的o光和e光都在它的主截面内。当光束入射面与晶体的主截面重合时，两束折射光振动面相互严格垂直。

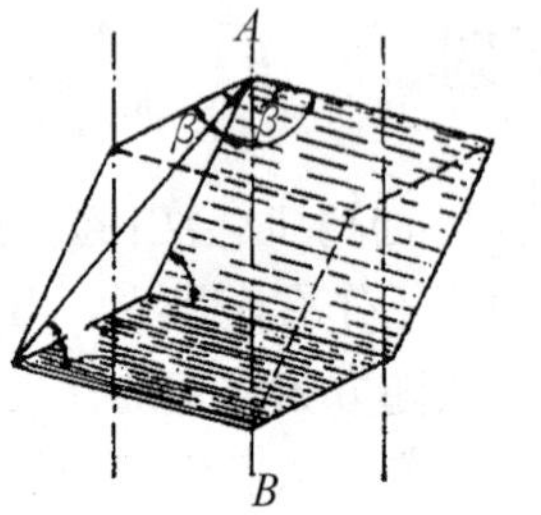

图16－44　方解石晶体

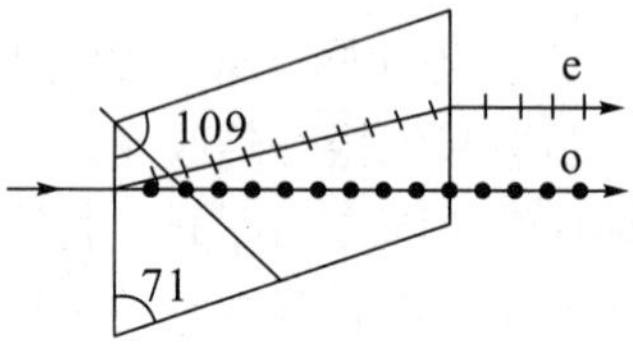

图16－45　晶体的主截面

16.8.2　单轴晶体中的波面　主折射率

按照惠更斯原理，若已知原波面，用作图法可求得其上各点次波的包络面，就得到新的波面，对o光，因其速度v_o与方向无关，故它的波面是以点光源为球心的球面；对e光，速度v_e与方向有关，在光轴方向上$v_e=v_o$，实验发现，在垂直于光轴方向上，$v_e\neq v_o$，二者差值最大。实验表明，e光的波面是一个以光轴为旋转轴，以光源为对称中心的旋转椭球面，如图16－46所示。这样，晶体中点光源有两种波面：o光的球形波面与e光的旋转椭球形波面，它们在光轴上相切。

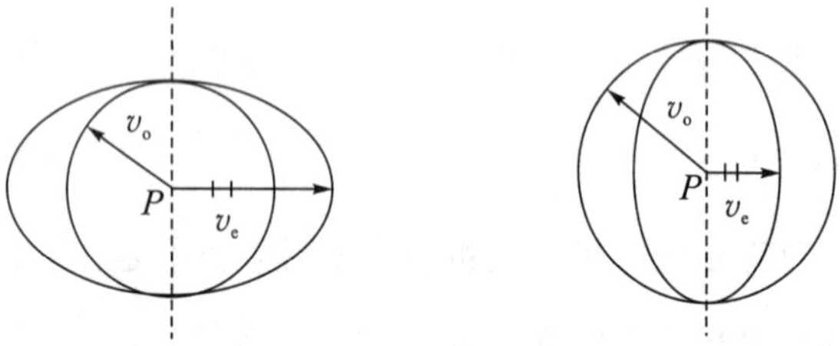

(a) 负晶体　　(b) 正晶体

图16－46　晶体中o光和e光的子波波面

在晶体中，o光满足折射定律，有确定的折射率n_o，但对e光，因折射率随方向改变，e光在晶体内各方向上的传播速度不同，e光沿光轴方向折射率与o光的相同；垂直于光轴的方向，e光的速度恒定为v_e，通常把真空中的光速c与e光沿该方向上的传播速度v_e之比，叫做e光的主折射率，即$n_e=\frac{c}{v_e}$。e光在其他方向上的折射率介于n_o和n_e之间。n_o和n_e合称为晶体的主折射率。

有些晶体，$v_o<v_e$，即$n_o>n_e$，称为负晶体，如方解石等，见图16－46 (a)；另外一些晶体$v_o>v_e$，即$n_o<n_e$称为正晶体，如石英等，如图16－46 (b)。

根据惠更斯原理，用作图法可确定晶体中o光和e光的折射方向，从而对双折射现象作唯象解释，下面以负晶体为例讨论自然光正入射和斜入射两种情形下的作图法。

16.8.2.1　正入射

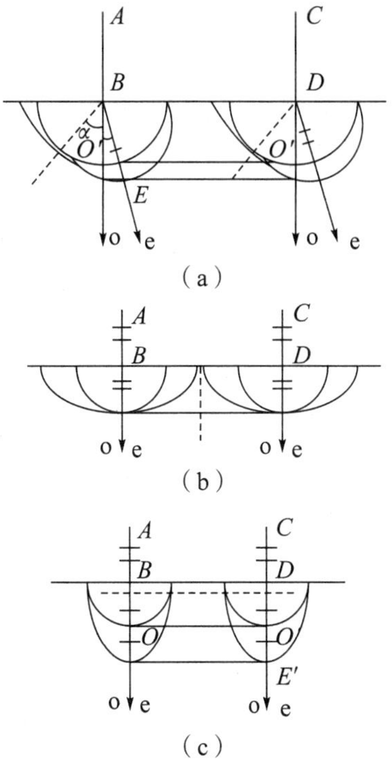

图 16－47　正入射时惠更斯原理解释双折射

选主截面为入射面，设界面法线与光轴成 α 角，如图 16－47（a）所示，光正入射时，BD 是折射开始时的波面，界面 BD 上各点是子波源，分别在晶体内激发子波，垂直于主截面的振动分量激起 o 光子波，其波面为半球面；平行于主截面振动的分量激起 e 光子波，其波面是半椭球面，各半球面的公共切面 OO' 就是 o 光子波的包络，代表 o 光的新波面，各半椭球面的公共切面 EE' 是 e 光子波包络，代表 e 光新波面，BO 代表 o 光的折射方向，BE 代表 e 光折射方向，考虑两种特例：

（1）若 $\alpha=0$，如图 16－47（b）所示，沿光轴方向 o 光与 e 光的波面相切，包络面重合，两束折射光的速度相同，方向一致，不产生双折射。

（2）若 $\alpha=\frac{\pi}{2}$，如图 16－47（c）所示，o 光波面包络为 OO'，e 光波面包络为 EE'，两束折射光虽然都垂直界面，互不错开，但传播速度不同，新波面不重合，还是产生了双折射。

16.8.2.2　斜入射

以主截面为入射面，设光轴与界面法线成 α 角，平行光束以 i 角斜入射，当光刚到达 F 点时，B 点的子波已传入晶体内，其波面如图 16－48（a）所示，BE 间各点的子波面将依次减小，而 F 点的子波尚未传出。由 F 点作 B 点的两个波面的切线 FO 和 FE 就是 o 光和 e 光子波的包络，即新波面，相应的 BO 和 BE 线的方向就是 o 光和 e 光的折射方向。

若改变 α，o 光的折射不受影响，但 e 光折射方向随 α 角改变，图 16－48（b）、（c）分别画出 $\alpha=0$ 和 $\frac{\pi}{2}$ 时的情形。

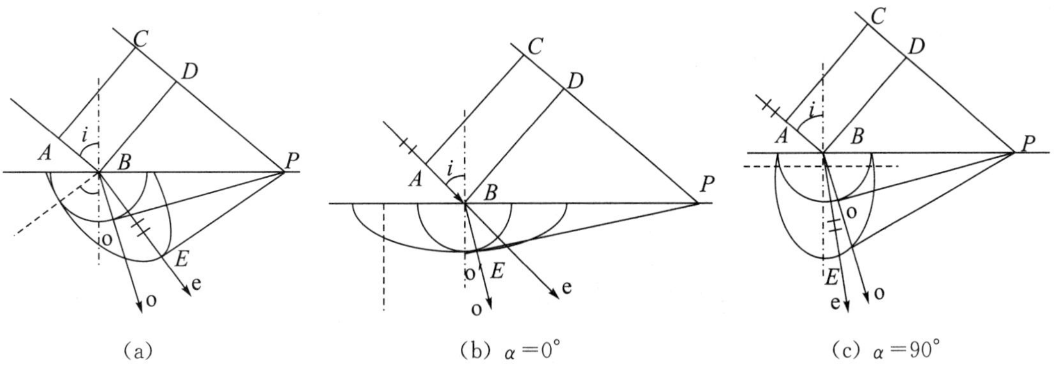

图 16－48　斜入射时惠更斯原理解释双折射

16.8.3 双折射偏振器

单轴晶体的两束折射光都是线偏振光，若设法使之分离开，就可制成晶体偏振器。这里，我们首先介绍尼科耳棱镜。一块长为宽三倍的方解石晶体，将端面磨去少许，使其主截面的一个顶角由71°变为68°，然后沿着与晶体主截面和两个端面都垂直的方向 AC 将它对称剖开，再用加拿大树胶粘合起来，将其侧面涂黑，就制成了尼科耳棱镜，如图16－49（a）所示。

图16－49（b）是尼科耳棱镜的主截面，光线从左侧端面射入尼科耳棱镜后，在第一棱镜中o光以76°角入射在加拿大树胶层上，因加拿大树胶的折射率 $n_{加}=1.550$ 比方解石的 $n_o=1.658$ 小，76°已超过全反射临界角，因此o光在树胶层表面全反射，反射至棱镜侧面被涂黑层吸收。e光在树胶表面不可能全反射（$n_e=1.486$），而能透过第二棱镜，并从尼科耳棱镜出射，尼科耳棱镜的出射光是一束振动面与棱镜主截面平行的线偏振光。

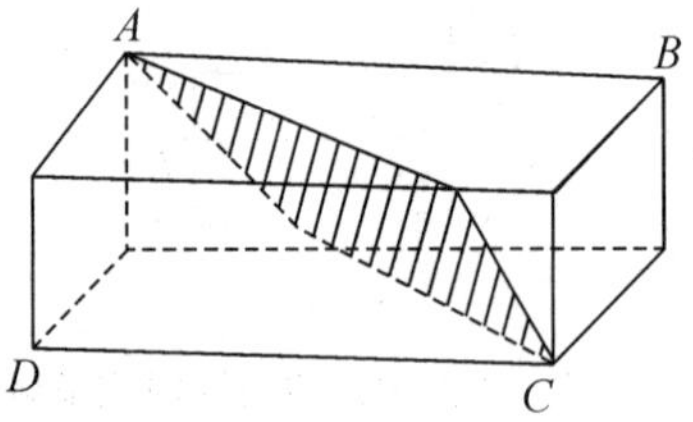

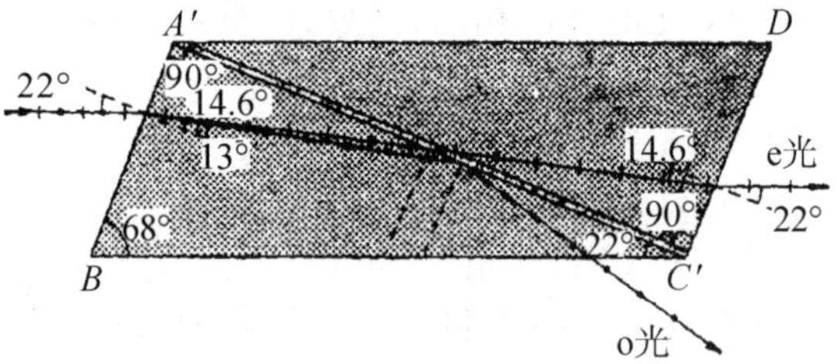

图16－49 尼科尔棱镜

除利用晶体的双折射获得线偏振光外，还常利用某些物质的二向色性制成偏振片，射入介质的光往往有一部分被吸收，有些介质只对可见光的某些波长成分吸收，使透射光呈现某种颜色。介质对光的吸收随波长改变的性质叫选择吸收。某些双折射晶体对于寻常光与非常光有不同的选择吸收，这个性质叫二向色性，例如，电气晶片强烈吸收o光，对e光只是选择吸收，若以白色自然光投射，透射光呈绿色。若以白色的线偏振光照射电气石薄片，当入射光振动面平行于电气石光轴时，透射光是绿色，垂直于电气石光轴时，变成黑色，偏振片就是在基片上均匀地涂有一层二向色性很强的物质而构成，因此自然光入射到偏振片上，透射光是线偏振光。

习　题

16－1　如题16－1图所示，a、b是二束相干光分别从相位相同的两点A、B传至P点，试讨论P点的干涉条件。

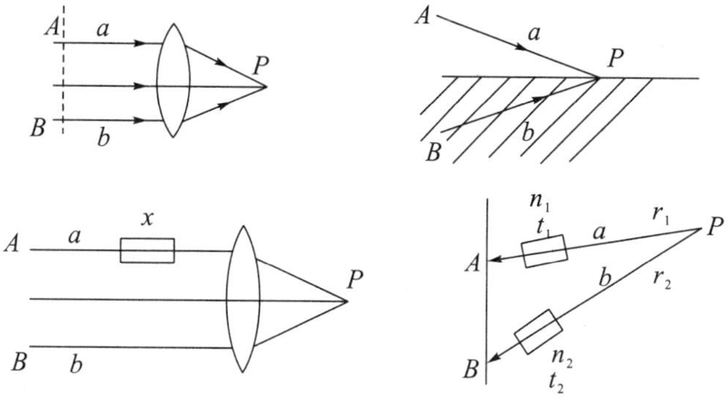

题16－1图

16－2　在杨氏双缝实验中（题图16－2），当实验参量作如下调节时，屏上的干涉条纹将如何变化？

（1）仅使两缝间的距离d逐渐减小；

（2）仅使双缝与屏幕间的距离逐渐增大；

（3）仅使双缝本身的宽度稍微调窄；

（4）把双缝之一遮住；

（5）整个装置结构不变，全部浸入水中；

（6）仅将初级光源S向下移动到S'。

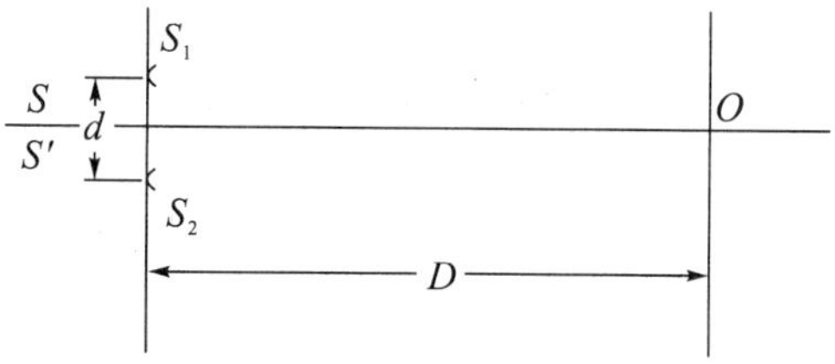

题16－2图

16－3　在单色光垂直照射下观察牛顿环的干涉条纹，当平凸透镜向上平移逐渐离开平板玻璃时，牛顿环纹将如何变化？

16－4　在相同的时间内，一束波长为λ的单色光在两种不同的光学介质中（如空气中和玻璃中）所传播的路程是否相等，走过的光程是否相等？

16－5　如题16－5（a）图所示，一光学平板玻璃A与待测工件B之间的形成空气劈尖，用波长$\lambda=500\text{nm}$（$1\text{nm}=10^{-9}\text{m}$）的单色光垂直照射，看到的反射光的干涉条纹如题16－5（b）图所示，有些条纹的弯曲部分的顶点恰好与其右边条纹的直线部分的切线相切，请判别工件的上表面缺陷的不平处为凸起纹还是凹槽纹，并计算出最大深度？

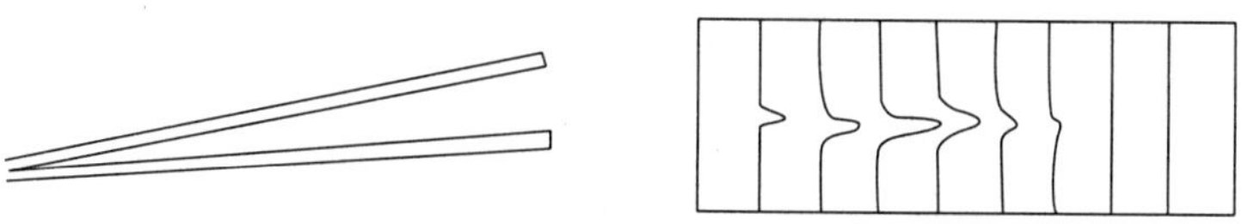

（a）　　　　（b）

题16－5图

16－6　在双缝干涉实验中，双缝与屏间的距离$D=1.2\text{m}$，双缝间距$d=0.45\text{mm}$，若测得屏上干涉条纹相邻明条纹间距为 1.5mm，求光源发出的单色光的波长 λ？

16－7　在题 16－7 图所示的双缝干涉实验中，若用薄玻璃片（折射率 $n_1=1.4$）覆盖缝 S_1，用同样厚度的玻璃片（折射率 $n_2=1.7$）覆盖缝 S_2，将使屏上原来未放玻璃片时的中央明纹所在处 O 变为第五级明纹，设单色光波长 $\lambda=4800\times10^{-10}$m，求玻璃片的厚度 d（可认为光线垂直穿过玻璃片）。

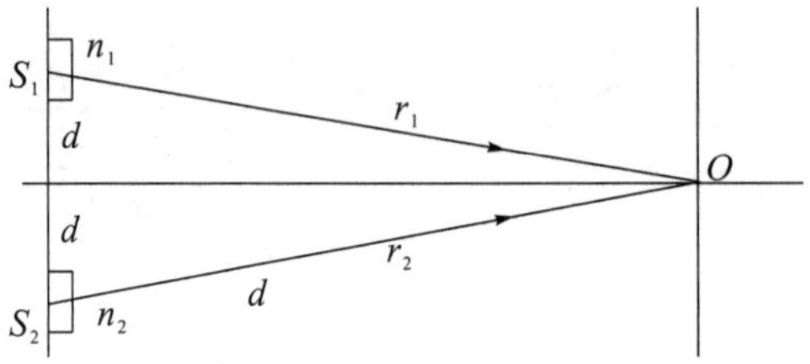

题 16－7 图

16－8　用钠光（$\lambda=5890\times10^{-10}$m）做杨氏实验，在离双缝 1.0m 处的屏幕上观察，发现第 20 级明条纹中心与屏幕中心相距 $x=11.78$mm，问双缝的间距是多少？

16－9　如题 16－9 图所示，把金属丝夹在两块平晶之间形成空气劈尖，当单色光垂直入射时，产生等厚干涉条纹，可以测出条纹间距，算出金属丝的直径 D 和劈尖夹角 θ。现已知单色光波长 $\lambda=5893\times10^{-10}$m，金属丝与棱边的间距 $L=28.88$mm，30 条明纹间的距离为 4.29mm。求 D 和 θ 是多少？

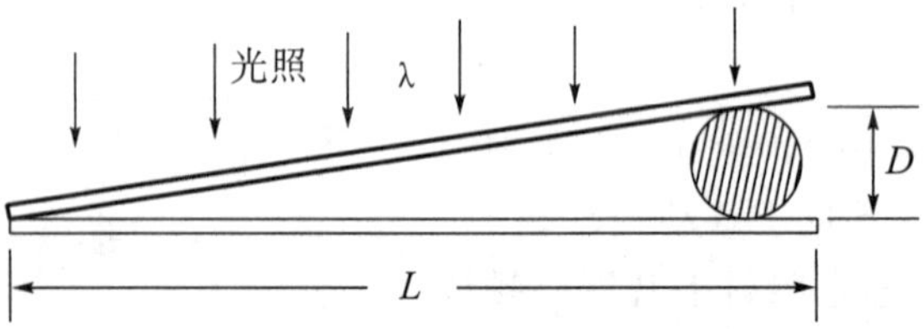

题 16－9 图

16－10　在如题 16－10 图所示的瑞利干涉仪中，T_1、T_2 是两个长度都是 L 的气室，波长为 λ 的单色光的缝光源 S 放在透镜 L_1 的前焦点上，在双缝 S_1 和 S_2 处形成两个同相位的相干光源，用目镜 E 观察透镜 L_2 焦平面 C 上的干涉条纹。当两气室均为真空时，观

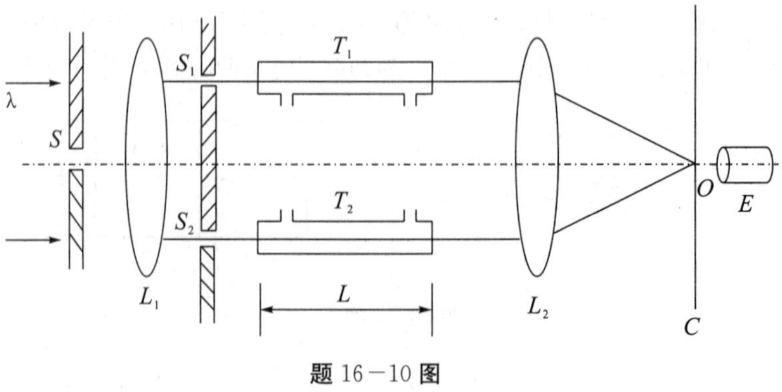

题 16－10 图

察到一组干涉条纹。在往气室 T_2 中充入一定量的某种气体的过程中，观察到干涉条纹移动了 M 条，试求该气体的折射率 n（用已知量 M、λ 和 L 表示出来）。

16－11　用白光垂直照射置于空气中的厚度为 0.50μm 的玻璃片，玻璃片的折射率为 1.50。在可见光范围内（4000×10^{-10}m～7600×10^{-10}m）哪些波长的反射光有最大限度的增强？

16－12　在牛顿环实验中，平凸透镜的曲率半径为 3.00m，当用某种单色光照射时，测得第 k 个暗环半径为 4.24mm，第 $k+10$ 个暗环半径为 6.00mm，求所用单色光的波长？

16－13　用波长 $\lambda=500$nm 的单色光作牛顿环实验，测得第 k 个暗环半径 $r_k=4$mm，第 $k+10$ 个暗环半径 $r_{k+10}=6$mm，求平凸透镜的曲率半径 R？

16－14　在牛顿环装置中，如果在透镜与平板之间充满某种液体后，第 10 个明环的直径由 1.40cm 变为 1.27cm，求该液体的折射率？

16－15　迈克耳逊干涉仪可用来测定波长和厚度。

（1）测定波长时，用某单色光照射仪器，当移动一个反射镜的距离为 0.322mm 时，测得干涉条纹移动了 1024 条。求该单色光的波长；

（2）测定厚度时，在迈克耳逊一臂的光路中插入待测透明玻璃片，可观察到 150 条条纹移动，若玻璃片的折射率 $n=1.632$，使用光的波长 $\lambda=5000\times10^{-10}$m，求玻璃片的厚度？

16－16　在夫琅和费单缝衍射实验中，分下面两种情况讨论对衍射图样的影响。

（1）若仅改变入射单色光的波长；

（2）若仅改变单缝的缝宽。

16－17　一台光谱仪备有外形几何尺寸相同的三块光栅：1200 条/mm，600 条/mm，90 条/mm。若要用它们来测定 0.7μm～1.0μm 波段的红外线，应选用哪一块光栅？

16－18　根据单缝衍射的原理，可测出未知单缝宽度 a 的一种方法：用已知波长 λ 的平行光垂直入射在单缝上，测量出屏幕上的衍射图样的中央亮纹宽度 l_0（为保证夫琅和费衍射，在实验上 $D\approx1000a$）。讨论 a 与 λ、D、l_0 的关系式。

16－19　波长为 5000×10^{-10}m 的平行光垂直入射到宽为 1mm 的单缝，在缝的后面有一焦距为 100cm 薄透镜，使光线聚焦于屏幕上，问从屏幕中心到下列各点的距离？

（1）第一级极小；

（2）第一级明纹中心；

（3）第三级极小。

16－20　平行单色光垂直入射在单缝上，观察夫琅和费衍射，若屏上 P 点处为第二级暗纹，求单缝处波面相应地可划分为几个半波带？若将单缝宽度缩小一半，求 P 点将是第几级明或暗条纹？

16－21　在单缝夫琅和费衍射实验中，设第一级暗纹的衍射角很小，若钠黄光（$\lambda_1=5890\times10^{-10}$m）的中央明纹宽度为 4.0mm，当改用蓝紫色光（$\lambda_2=4420\times10^{-10}$m）入射时，其中央明纹宽度是多少？

16－22　在单缝夫琅和费衍射图样中，若波长为 λ_1 的光的第三级明纹和波长为 $\lambda_2=6000\times10^{-10}$m 的红光的第二级明纹重合，求波长 λ_1？

16－23　根据光栅的夫琅和费衍射规律可测定光栅常数。

(1) 若用氦氖激光器发射的红光（$\lambda=6328\times10^{-10}\,\text{m}$）垂直投射光栅，测得第一级明条纹的衍射角为 38°，求该光栅的光栅常数是多少？

(2) 若以氢放电管发出的光垂直照射在某光栅上，在衍射角 41°的方向上发现 $\lambda_1=6562\times10^{-10}\,\text{m}$ 和 $\lambda_2=4101\times10^{-10}\,\text{m}$ 的谱线相重合，求光栅常数最小是多少？

16－24　以白光（波长范围 $4000\times10^{-10}\,\text{m}\sim7600\times10^{-10}\,\text{m}$）垂直入射到 600 条/mm 的光栅上，问可看见几级完整的可见光谱？

16－25　为什么在日常生活中容易觉察声波的衍射现象，而不大容易观察到光波的衍射现象？

16－26　在题 16－26 图所示的各种情况中，折射光和反射光各属于什么性质（偏振态）的光？如果折射线和反射线存在，请用短线或点子把振动标出。图中 i_0 为布儒斯特角，且 $i\neq i_0$。

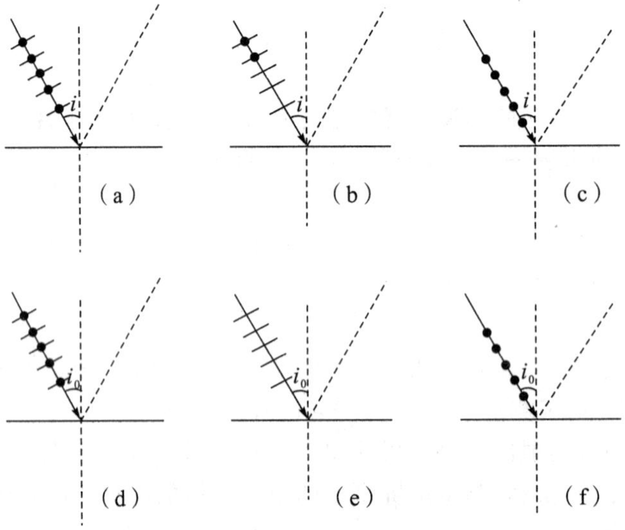

题 16－26 图

16－27　如何用一偏振片确定一束光的偏振态？

16－28　若太阳光斜射到静水面上的反射光是完全偏振光（假设太阳光是自然光），那么太阳在地平线之上的仰角是多少？（忽略太阳光在大气层中的传播效应）

16－29　如题 16－29 图，P_1、P_2 为偏振化方向间夹角为 α 的两个偏振片，光强为 I_0 的平行自然光垂直入射到 P_1 表面上，求通过 P_2 的光强 I_2 是多少？当 α 等于多少度时，光强 I_2 取极值（极大值和极小值）？若在 P_1、P_2 之间插入第三个偏振片 P_3，则通过 P_2 的光强发生了变化，实验发现，以光线为轴旋转 P_2，使其偏振化方向旋转一角度 θ 后，发生消光现象，请推算出 P_3 的偏振化方向与 P_1 的偏振化方向之夹角 α 所满足的关系式？（假设题中所涉及的角均为锐角，且 $\alpha'<\alpha$）

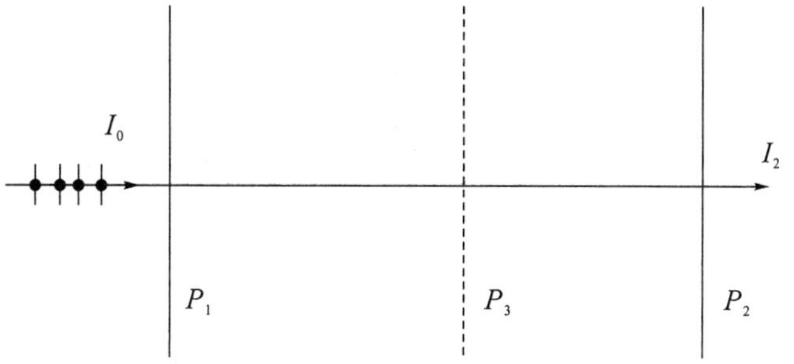

题 16－29 图

16－30　(1) 自然光以布斯特角 i_0 从第一种介质（折射率为 n_1）入射到第二种介质（折射率为 n_2）上，那么布儒斯特角 i_0 是多少？

(2) 自然光以入射角 57°由空气投射于一块平板玻璃面上，反射光为完全偏振光，则折射角是多少？

(3) 当一束自然光以布儒斯特角入射到两种介质的分界面上时，就偏振状态而言，反射光是怎样的偏振态？

第 17 章　量子物理基础

量子概念是 1900 年普朗克首先提出的，到今天已经一百余年了。期间，经过爱因斯坦、玻尔、德布罗意、玻恩、海森伯、薛定谔、狄拉克等许多物理大师的创新努力，到 20 世纪 30 年代，就已经建成了一套完整的量子力学理论。这一理论是关于微观世界的理论，和相对论一起，它们已成为现代物理学的理论基础。尽管量子力学的哲学意义还在科学家中争论不休，但它已在现代科学和技术中获得了巨大的成功。应用到宏观领域时，量子力学就转化为经典力学，正像在低速领域相对论转化为经典理论一样。

量子力学是一门奇妙的理论。它的许多基本概念、规律与方法都和经典物理的基本概念、规律和方法截然不同。本章将介绍有关量子物理的基础知识。首先通过对光电效应、康普顿效应等实验事实的分析及玻尔氢原子理论的介绍，引入量子的概念及微观粒子的波粒二象性，进而引入物质波及不确定关系；再由此介绍描述微观粒子状态的特殊方式——波函数；然后介绍微观粒子的基本运动方程——薛定谔方程。作为此方程应用的例子，最后介绍一维方势阱中的粒子，得出微观粒子在束缚态中的基本特征——能量量子化等结论。

17.1　光电效应

光是一种电磁辐射。光的干涉、衍射和偏振现象，表明光的传播具有波动性，满足波的叠加原理。具有波动性和满足叠加原理，是电磁辐射的一个基本性质。

电磁辐射的另一基本性质，是它在与物质相互作时表现出的量子性：它表现为一粒一粒分立的个体，每一粒都具有确定的能量和动量，它们在与物质相互作用时，只能整个地产生或被吸收。一个物理量如果具有不能再连续地分割的最小单元的性质，我们就说它是量子化的，而把相应的最小单元称为它的量子。光电效应表明光的能量是量子化的，或其能量不能无限地任意分割。

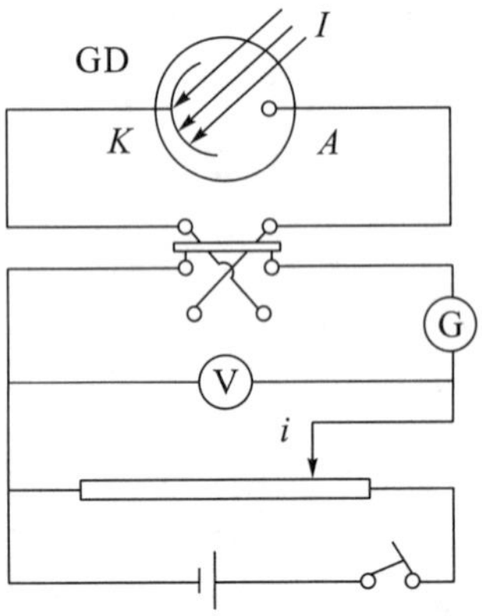

图 17－1　光电效应实验装置简图

紫外光照射到金属表面，能使金属中的电子从金属表面飞射出来，这个现象称为光电效应，其实验装置如图 17－1 所示。为了消除空气分子的干扰，光电管 GD 的阴极 K 与阳极 A 都密封在抽成真空的玻璃管中。紫外光 I 照射到阴极 K 上，电路中即有电流 i 流过，这种电流称为光电流。光电流的产生，说明光照能使阴极中的电子飞出来，这种电子称为光电子。

光电效应的基本特征和规律有四点。首先，从光照开始到光电流出现的时间 τ（称为弛豫时间）非常短，即使光强度减弱到 $1\mathrm{W/m^2} \sim 10^{-10}\mathrm{W/m^2}$，弛豫时间 τ 也小于 10^{-9} s。可以说，光电流几乎是在光照下立即出现的。

其次，照射光的频率 ν 与光电管 GD 的端电压 V 一定时，光电流 i 与光强度 I 成正比，$i \propto I$。也就是说，在光照射下从阴极飞出的光电子数与光的强成正比。

第三，照射光的频率 ν 与强度 I 一定时，i—V 特性曲线有两个特点：第一，饱和电流 i_m 与光强度成正比，$i_m \propto I$，即饱和光电子数与光强度成正比；第二，通过加反向电压消耗出射光电子动能时，存在一个使光电流减小到零的反向电压 V_0，称为截止电压，它与光强度无关，即光电子动能有一与光强度无关的上限，即最大动能

$$E_k = \frac{1}{2}mv^2 = eV_0 \tag{17-1}$$

如图 17－2 所示。

最后，光电流的反向截止电压 V_0 与光的频率 ν 成线性关系，如图 17－3，可以写成

$$eV_0 = h(\nu - \nu_0) \tag{17-2}$$

其中，ν_0 是能够发生光电效应的入射光最低频率，称为光电效应的截止频率或红限频率，与阴极材料有关，与光强无关。斜率 h 与阴极材料无关，是一常数。上式称为光电效应定律。结合（17－1）式，可将（17－2）式改写成

$$h\nu = E_k + h\nu_0 = \frac{1}{2}mv^2 + h\nu_0 \tag{17-3}$$

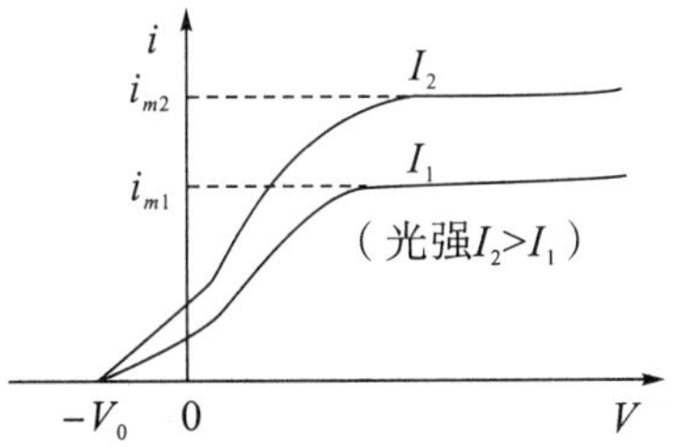

图 17－2　**光电流和电压的关系曲线**

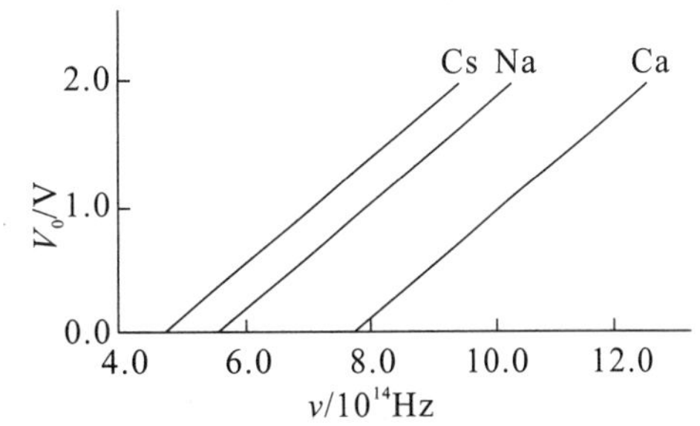

图 17－3　**截止电压与入射光频率的关系**

如何从物理上解释光电效应的这些特征和规律呢?

金属中的电子被晶格离子束缚在金属内，具有较低的势能。要使它脱离金属表现而飞出来，必须给它一定能量 A，该能量称为这种金属电子的表面脱出功。光电子动能 E_k 与脱出功 A 之和，就是它从照射光所获得的能量 E，

$$E = E_k + A \tag{17-4}$$

产生光电流的驰豫时间很短，说明光电子获得的能量 E 是从照射光束一次性获得的，而不是连续积累的结果，所以，光束每次传递给光电子的能量是一定的。把上述能量关系与光电效应定律（17－3）式对比就可以看出，光束传递给电子的每一份能量 E 正比于光的频率 ν，

$$E = h\nu \tag{17-5}$$

对于一定的阴极材料，脱出功 A 是一定的。照射光的频率 ν 降低，则光电子的最大动能 E_k 减小。频率降到红限 ν_0 时，光电子最大动能减为 0，这时光束传给光电子的能量

正好完全用作脱出金属表面作功，即

$$h\nu_0 = A \tag{17-6}$$

几种金属的红限频率和脱出功如表 17.1 所列。

表 17.1　几种金属的逸出功和红限频率

金　属	钨	锌	钙	钠	钾	铷	铯
红限频率 $\nu_0/\times10^{14}$ Hz	10.95	8.065	7.73	5.53	5.44	5.15	4.69
逸出功 A/eV	4.54	3.34	3.20	2.29	2.25	2.13	1.94

光电流与光强度成正比这一实验事实表明，光强越大，光束中所含的能量份额数就越多，于是在光照下产生的光电子数也就越多。换句话说，光电子数的多少，反映了照射光束传递给金属中电子的能量 $h\nu$ 份额数的多少。

（17－5）式是普朗克 1900 年首先作为一个基本假设提出来的，称为普朗克关系。比例常数 h 称为普朗克常数，是微观物理的基本常数。普朗克在研究物质的热辐射（或黑体辐射）的能谱时，首先认识到电磁辐射的能量是量子化的，其能量子为 $h\nu$。爱因斯坦于 1905 年进一步认识到，电磁辐射的能量不仅在数值上是量子化的，存在不能连续分割的最小单元 $h\nu$，它在空间中也不是连续分布的，而是局限于空间各点。爱因斯坦把电磁辐射这种局限于空间各点的能量单元称为光量子，简称光子。爱因斯坦的光子理论认为，频率为 ν，波长为 λ 的光束是由一系列光子组成的光子流，每个光子的能量、动量、质量与光波频率、波长的关系为

能量
$$E=h\nu \tag{17-7}$$

动量
$$p=\frac{E}{c}=\frac{h\nu}{c}\text{ 或 }p=\frac{h}{\lambda} \tag{17-8}$$

质量
$$m=\frac{h\nu}{c^2}=\frac{h}{c\lambda} \tag{17-9}$$

普朗克因为发现能量子获 1918 年诺贝尔物理学奖。爱因斯坦则因为根据普朗克能量子假设和光量子观点发现光电效应定律，获 1921 年诺贝物理学奖。公式（17－3）又称为爱因斯坦公式或爱因斯坦定律。

测量光电效应中反向截止电压 V_0 与照射光的频率 ν，由图 7.3 中直线斜率就可定出普朗克常数 h。密立根（R. A. Millikan）于 1914 年用 Na，Mg，Al，Cu 等做阴极，首先从光电效应实验测定了普良克常数 h。

［**例** 1］　在某次光电效应实验中，测得某金属的截止电压 V_0 和入射光频率的对应数据如下：

V_0/V	0.541	0.637	0.714	0.80	0.878
$\nu/\times10^{14}$ Hz	5.644	5.888	6.098	6.303	6.501

试用作图法求：

（1）该金属光电效应的红限频率；

（2）普朗克常量。

解　以频率 ν 为横轴，以截止电压 V_0 为纵轴，选取适当的比例画出曲线如图 17－4 所示。

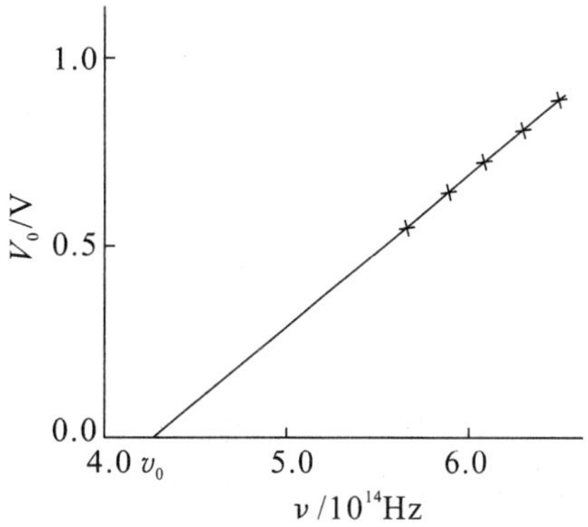

图 17－4　V_0 和 ν 的关系曲线

（1）曲线与横轴的交点即该金属的红限频率，由图中读出的红限频率为

$$\nu_0 = 4.27 \times 10^{14}\,\text{Hz}$$

（2）根据（17.3）及（17.1），得

$$V_0 = \frac{h(\nu - \nu_0)}{e} = K(\nu - \nu_0)$$

即　　$h = eK$。

由图求得直线的斜率为　$K = 3.91 \times 10^{-5}$ V · s

于是　　$h = eK = 6.62 \times 10^{-34}$ J · s

［**例 2**］　求下述几种辐射的光子的能量、动量和质量：（1）$\lambda = 700$nm 的红光；（2）$\lambda = 7.1 \times 10^{-2}$nm 的 X 射线；（3）$\lambda = 1.24 \times 10^{-3}$nm 的 γ 射线；并与经 $V_0 = 100$V 电压加速后的电子的动能、动量和质量相比较。

解　由于经 100V 的电压加速后，电子的速度不大，所以可以不考虑相对论效应。这样可得电子的动能为 $E_k = eV_0 = 100$eV

电子的质量近似于其静止质量，为 $m_e = 9.11 \times 10^{-31}$kg

电子的动量为

$$p_e = m_e v = \sqrt{2m_e E_k} = \sqrt{2 \times 9.11 \times 10^{-31} \times 1.6 \times 10^{-19}}$$
$$= 5.40 \times 10^{-24}\quad \text{kg} \cdot \text{m} \cdot \text{s}^{-1}$$

根据爱因斯坦的光子理论，光子的能量 $E = h\nu$、动量 $p = \dfrac{h}{\lambda}$、质量 $m = \dfrac{h\nu}{c^2} = \dfrac{h}{c\lambda}$，经过计算可得本题结果如下：

（1）对 $\lambda = 700$nm 的光子

$E = 1.78$eV，　　$\dfrac{E}{E_e} = \dfrac{1.78}{100} \approx 2\%$

$p = 9.47 \times 10^{-28}$ kg · m · s^{-1}，　　$\dfrac{p}{p_e} = \dfrac{9.47 \times 10^{-28}}{5.40 \times 10^{-24}} \approx 2 \times 10^{-4}$

$m = 3.16 \times 10^{-36}$ kg，　　$\dfrac{m}{m_e} = \dfrac{3.16 \times 10^{-36}}{9.11 \times 10^{-31}} \approx 3 \times 10^{-6}$

（2）对 $\lambda = 7.1 \times 10^{-2}$ nm 的光子

$E = 1.75 \times 10^4$eV，　　$\dfrac{E}{E_e} = \dfrac{1.75 \times 10^4}{100} = 175$

$p = 9.34 \times 10^{-36}$ kg · m · s^{-1}，　　$\dfrac{m}{m_e} = \dfrac{3.11 \times 10^6}{9.11 \times 10^{-31}} \approx 3\%$

（3）对 $\lambda = 1.24 \times 10^{-3}$ nm 的光子

$E = 1.00 \times 10^6$ eV，　　$\dfrac{E}{E_e} = \dfrac{1.00 \times 10^6}{100} = 10^4$

$p = 5.33 \times 10^{-22}$kg · m · s^{-1}，　　$\dfrac{p}{p_e} = \dfrac{5.35 \times 10^{-22}}{5.40 \times 10^{-24}} = 99$

$$m = 1.78\times10^{-30}\ \text{kg},\qquad \frac{m}{m_e} = \frac{1.78\times11^{-30}}{9.11\times10^{-31}} \approx 2$$

以上计算给出了关于光子性质的一些数量级概念。

17.2 康普顿效应

1923年康普顿（A. H. Compton）及其后不久吴有训研究了X射线通过物质时在不同方向的散射现象。他们在实验中发现，散射的X射线中，除有波长与原射线相同的成分外，还有波长较长的成分。这种波长改变的散射称为康普顿散射（或称康普顿效应），这种散射也可以用光子的理论得到圆满的解释。

实验装置如图17－5。

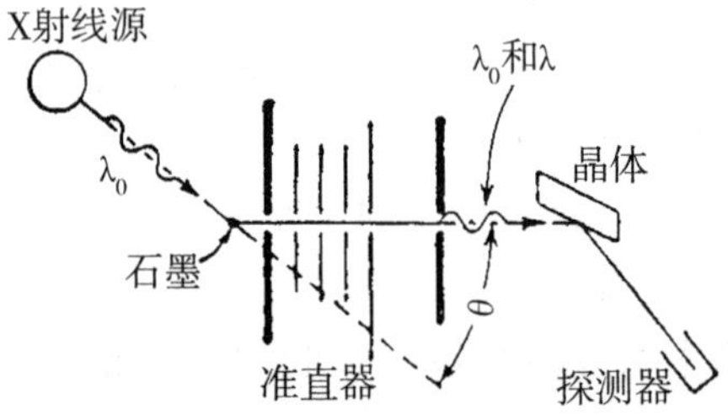

图17－5　康普顿效应实验装置示意图

用波长λ_0的X射线准直后射到石墨上，被石墨散射后，在θ方向用晶体反射测波长λ，用电离室测散射线强度I，实验结果如图17－6。结果有以下特征，首先，在不同方向θ，除原波长λ_0外，还观测到较长波长$\lambda>\lambda_0$的X射线，波长的增加$\Delta\lambda=\lambda-\lambda_0$称为康普顿位移。其次，$\theta$增加时，康普顿位移$\Delta\lambda$增加，$\lambda$的强度增大，$\lambda_0$的强度减小。第三，康普顿位移$\Delta\lambda$与散射物质无关，而当散射物质的原子序数$Z$增大时，$\lambda_0$的强度增大，$\lambda$的强度减小。

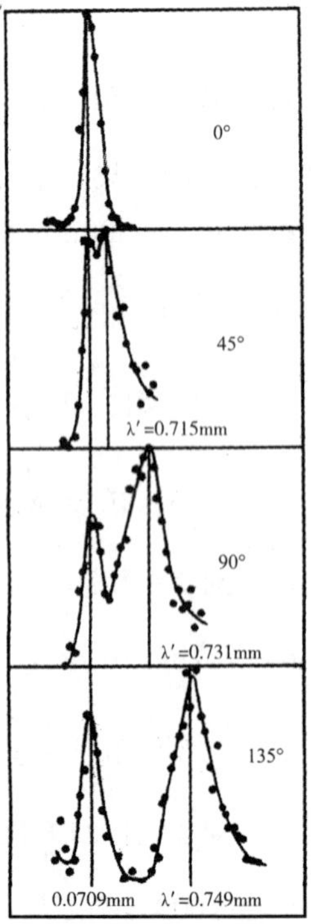

图17－6　康普顿散射实验结果

康普顿（A. H. Compton）效应是康普顿于1923年首先发现的。康普顿因此获1927年诺贝尔物理学奖。

如何解释康普顿效应的上述特征呢？康普顿和德拜的解释，采用了光子的概念。

由光电效应可知，电子在原子中的束缚能只相当于紫外光子的能量，比X光子的能量小得多。因此，相对于康普顿效应中的X光子，原子中的电子可以看成自由电子；而康普顿效应可看成X光子与自由电子的散射，电子在散射前可看做处于静止状态。设光子在散射前后的动量和能量分别为（p_0，E_0）和（p，E），电子在散射后获得动量p_e和动能E_k，散射光子和电子动量与入射光子动量的夹角

分别为 θ 和 ψ，如图 17－7。于是根据动量守恒和能量守恒可以写出

$$p_e^2 = p_0^2 + p^2 - 2p_0 p\cos\theta \tag{17－10}$$

$$E_0 - E = E_k \tag{17－11}$$

利用相对论的能量和动量关系，(17－11) 式可改写成

$$(p_0 - p)c = \sqrt{p_e^2c^2 + m^2c^4} - mc^2,$$

$$p_e^2 = (p_0 - p + mc)^2 - m^2c^2$$

$$= p_0^2 + p^2 - 2p_0 p + 2(p_0 - p)mc$$

与 (17－10) 式相减，得

$$(p_0 - p)mc = p_0 p(1 - \cos\theta)$$

$$\frac{1}{p} - \frac{1}{p_0} = \frac{1}{mc}(1 - \cos\theta)$$

代入光子动量与波长的关系 (17－8)，得

$$\Delta\lambda = \lambda - \lambda_0 = \lambda_c(1 - \cos\theta) \tag{17－12}$$

其中 $$\lambda_c = \frac{h}{m_0c} \tag{17－13}$$

(17－12) 式称为康普顿方程，它给出康普顿位移 $\Delta\lambda$ 与散射角 θ 的关系。(17－13) 式定义的 λ_e 称为电子的康普顿波长，可以算得

$$\lambda_c = \frac{h}{m_0c} = \frac{2\pi hc}{m_0c^2} = 0.02426 \times 10^{-10}\,\mathrm{m}$$

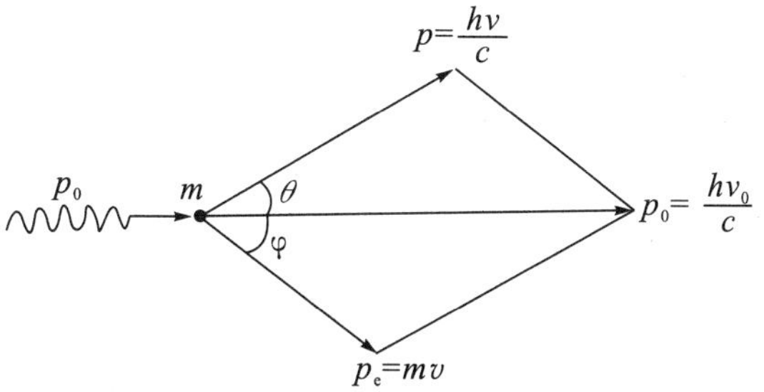

图 17－7　光子与自由电子的碰撞

由图 17－7 写出动量守恒的分量表达式

$$p_0 = p\cos\theta + p_e\cos\varphi, \quad p\sin\theta = p_e\sin\varphi,$$

还可推出电子反冲角 φ 的公式

$$\tan\varphi = \frac{p\sin\theta}{p_0 - p\cos\theta} = \frac{\sin\theta}{\dfrac{p_0}{p} - \cos\theta} = \frac{\sin\theta}{\dfrac{\lambda}{\lambda_0} - \cos\theta}$$

$$= \frac{\sin\theta}{(1 + \dfrac{\lambda_c}{\lambda_0})(1 - \cos\theta)} = \frac{1}{(1 + \dfrac{\lambda_c}{\lambda_0})\tan\dfrac{\theta}{2}}, \tag{17－14}$$

式中用到了光子动量与波长的关系和康普顿方程。康普顿方程已被实验测量完全证实。

当入射 X 光子与束缚在原子中的电子发生散射时，原子作为一个整体被反冲；此时

应把电子康普顿波长 λ_c 换成原子康普顿波长 $\lambda_A=\dfrac{h}{m_A c}$，$m_A$ 是原子质量。原子康普顿波长很短，相应的康普顿位移 $\Delta\lambda\approx 0$。

当 $\Delta\lambda\approx 0$ 时，波长在散射前后没有改变，这正是在各个散射方向上也包含波长仍为 λ_0 的散射光的原因，这种散射称为汤姆孙（Thomson）散射。

表 17.2 是康普顿散射与汤姆孙散射的比较。

表 17－2　康普顿散射与汤姆孙散射的比较

	康普顿散射	汤姆孙散射
散射类型	光－电子散射	光－原子散射
波长改变	$\lambda_0\to\lambda$	$\lambda_0\to\lambda_0$
康普顿波长	λ_c，不能忽略	λ_A，可以忽略
理论解释	量子	经典与量子一致
适用范围	$\lambda\sim\lambda_c$，即 X 射线和 γ 射线区域	$\lambda\gg\lambda_A$，即可见光，微波，射电波等

以下这段话，是康普顿 1923 年论文《X 射线在轻元素上散射的量子理论》的结论："对这个理论的实验证明，非常令人信服地表明，辐射量子既带有能量，又带有定向的动量。"

［**例** 3］　波长 0.300×10^{-10} m 的 X 射线被一电子产生 60°的康普顿散射，求散射光子的波长和散射后电子的动能。

解　先用康普顿方程求散射光子波长，

$$\lambda=\lambda_0+\Delta\lambda=\lambda_0+\lambda_c(1-\cos\theta)$$

再用能量守恒求电子动能

$$E_k=h\nu_0-h\nu=\frac{hc}{\lambda_0}+\lambda_c(1-\cos\theta)=1.59\ \text{keV}$$

在 19 世纪，通过光的干涉、衍射等实验，人们已认识到光是一种波动——电磁波，并建立了光的电磁理论——麦克斯韦理论。进入 20 世纪，从爱因斯坦起，通过光电效应和康普顿效应等实验，人们又认识到光是粒子流——光子流。综合起来，关于光的本性的全面认识就是：光既具有波动性，又具有粒子性，相辅相成。在有些情况下，光突出地显示出其波动性，而在另一些情况下，则突出地显示出其粒子性。光的这种本性被称为光的波粒二象性。需强调的是，光既不是经典意义上的"单纯的"波，也不是经典意义上的"单纯的"粒子。

光的波动性用光波的波长 λ 和频率 ν 描述，光的粒子性用光子的能量 $E=h\nu$、动量 $p=\dfrac{h}{\lambda}$、质量 $m=\dfrac{h\nu}{c^2}=\dfrac{h}{c\lambda}$ 描述。值得注意的是，描述光的波粒二象性的方程，在数量上是通过普朗克常量 $h=6.62\times10^{-34}\ \text{m}^2\ \text{kg/s}$ 联系在一起的，这预示了物质的波粒二象性只在微观领域有突出表现。

17.3　玻尔的氢原子理论

卢瑟福依据 α 粒子散射实验提出了原子的核结构模型。但据经典电磁理论，绕核运动的电子既然是在作加速运动，则必须不断地以电磁波的形式辐射能量，辐射频率等于电子绕核转动的频率。这样，整个原子系统的能量就会不断减少，频率也将逐渐改变，因此所发射电磁波的光谱也应该是连续的，这与原子线状光谱的实验事实不符。同时由于辐射的缘故，电子的能量就会减少，它将沿螺旋线逐渐接近原子核，最后和核相碰（图 17－8）。因此，按经典理论，卢瑟福的核型结构就不可能是稳定的系统。

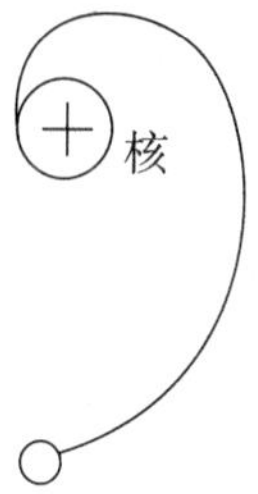

图 17－8　按经典理论原子的不稳定性

为了解决这一困难，1913 年玻尔在卢瑟福的核型结构的基础上，把量子概念应用于原子系统，提出三个基本假设作为他的氢原子理论的出发点，使氢原子光谱规律获得很好的解释。

17.3.1　玻尔基本假设

对氢原子的核外电子分布，玻尔提出如下假设：

（1）在电子绕核运动的所有轨道中，只有在电子的角动量（即动量矩）L 等于 $\frac{h}{2\pi}$ 的整数倍的那些轨道上，运动才是稳定的，即

$$L = n\frac{h}{2\pi} \tag{17-15}$$

式中，h 为普朗克常数，n 为正整数 1，2，3，…叫做量子数。式（17－15）称为量子化条件。

（2）电子在上述假设所许可的任一轨道上运动时，虽有加速度，但原子具有一定的能量而不会发生辐射，所以处于稳定的运动状态（简称定态），这称为定态假设。

（3）只有原子从一个具有较高能量 E_n 的稳定运动状态跃迁到另一个具有较低能量 E_k 的稳定运动状态时，原子才以光子形式发射出单色辐射，其频率是 ν_{kn} 由下式决定：

$$h\nu_{kn} = E_n - E_k \tag{17-16}$$

$$\nu_{kn} = \frac{E_n - E_k}{h} \tag{17-17}$$

式（17－17）称为频率条件。

玻尔的第一、二基本假设，说明了电子绕核运动的并不是任意的，而是有选择性的。电子只能在符合量子条件的那些轨道（称量子轨道）上运动，并且处于稳定的运动状态，即具有一定的能量，而不辐射出能量。由于原子内的电子只能在一些稳定的量子轨道上运动，因此原子所能具有的能量 E_n，也是不连续的，即原子只能具有 E_1、E_2、E_3、…特定的分立能量，而不具有介于 E_1 和 E_2 或 E_2 和 E_3 等之间的数值。或者说，原子的能量是量子化的。由于原子的能量数值的高低，象一级一级的阶梯一样，形成分立的序列，通常我们就把这种按照跃变形式的能量数值称为原子的能级。第三个基本假设是结合了光子学说来解释原子辐射的现象。即原子也可以改变它所处的能级，从一个能级跃变到另一个

能级，这就是所谓跃迁。当原子从较高能级跃迁到较低能级，就发射出光子，所减少的能量 $E_n - E_k$ 转变为光子的能量 $h\nu$。由光子的能量就可以算出发射的单色辐射的频率。反之，当原子吸收了光子，它可以从较低能级跃迁到较高能级。

17.3.2 原子能级与氢原子光谱

波尔根据上述假设计算了氢原子在稳定状态中的轨道半径和能量，从而很好地解释了氢原子的实验光谱。

设电子的质量为 m，它以原子核为中心，作半径为 r 的圆周运动，速率为 v，则原子核电场对电子的吸引力（库仑力）为 $\frac{e^2}{4\pi\varepsilon_0 r^2}$，电子的向心加速度为 $\frac{v^2}{r}$，由牛顿定律，得

$$\frac{e^2}{4\pi\varepsilon_0 r^2} = m\frac{v^2}{r} \tag{17-18}$$

又由玻尔第一假设

$$L = mvr = n\frac{h}{2\pi},\quad n = 1,2,3,\cdots \tag{17-19}$$

消去上两式中的 v，并以 r_n 表示第 n 轨道的半径 r，得

$$r_n = n^2\frac{\varepsilon_0 h^2}{\pi m e^2},\quad n = 1,2,3,\cdots \tag{17-20}$$

上式给出了氢原子中第 n 个稳定轨道的半径 r_n 的可能取值，以 $n=1$ 代入上式得 $r_1 = 5.29\times10^{-11}\text{m}$，这是氢原子核外电子的最小轨道半径，称为玻尔第一轨道半径。

关于能量的计量，玻尔认为当电子在半径为 r_n 的的轨道上运动时，这氢原子系统的能量等于电子的动能 $\frac{1}{2}mv_n^2$ 及电子与原子核之间的电势能 $-\frac{e^2}{4\pi\varepsilon_0 r_n}$ 之和，$E_n = E_k + E_p$。

由式（17－18）可知 $\frac{1}{2}mv_n^2 = \frac{e^2}{8\pi\varepsilon_0 r_n}$，以此式代入上式，并将（17－20）中 r_n 的值代入，则得

$$E_n = E_k + E_p = \frac{e^2}{8\pi\varepsilon_0 r_n} - \frac{e^2}{4\pi\varepsilon_0 r_n}$$

即

$$E_n = -\frac{1}{n^2}\frac{me^4}{8\varepsilon_0^2 h^2} \tag{17-21}$$

式（17－21）表示当氢原子处于第 n 稳定态（其电子在第 n 轨道上运动）时氢原子系统的能量。由于量子数只能取 1，2，3，…等任意正整数，所以原子系统的能量是不连续的，也就是说，能量是量子化的。这种量子化的能量值称为能级。

图 17－9 是氢原子能级图，它表示氢原子在不同状态时的能量值。由图 17－9 及式（17－21）可以看到，E_1 为原子的最低能级，与之对应的状态叫做基态（正常状态），它的能量是 －13.6eV。E_2，E_3，E_4，…为原子的较高能级，与之对应的状态叫做激发态。当量子数 n 增加的时候，其相邻的原子能级越来越近。当 $n=\infty$ 时，E_∞

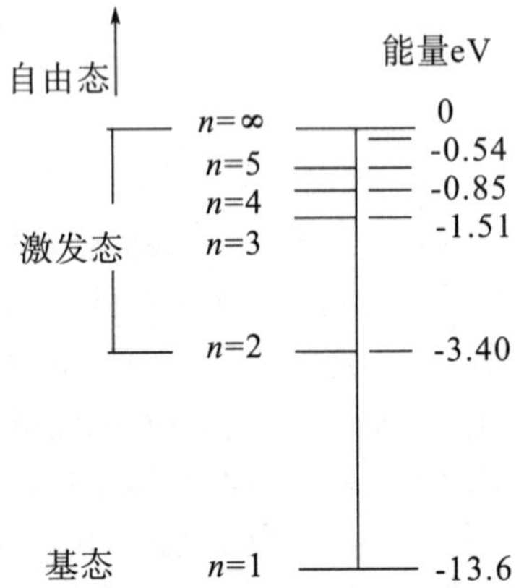

图 17－9 氢原子能级图

$=0$，这时电子不再受原子核的约束而成为自由电子，相应的原子状态称为自由态。

下面我们由氢原子的能级公式（17－21）来说明氢原子线光谱的规律。由玻尔的第三个假设，当原子从量子数为 n（能量为 E_n）的初状态跃迁到量子数为 k（能量为 E_k）的末状态时（$n>k$，从而 $E_n>E_k$），原子就发射出单色光，其频率为

$$\nu_{kn}=\frac{E_n}{h}-\frac{E_k}{h}=\frac{me_4}{8\varepsilon_0^2h^3}(\frac{1}{k^2}-\frac{1}{n^2})$$

因为 $\lambda=\frac{c}{\nu}$，可得

$$\frac{1}{\lambda}=\frac{me^4}{8\varepsilon_0^2h^3c}(\frac{1}{k^2}-\frac{1}{n^2}) \tag{17-22}$$

令 $R=\frac{me^4}{8\varepsilon_0^2h^3c}$，且 m，e，ε_0，c，h 都是已知量，经计算可得 $R=1.097\times10^7\ \text{m}^{-1}$，与巴耳末在实验中所得的里德堡常数 R 符合得非常好。由此可知里德堡常数的解析表示为

$$R=\frac{me^4}{8\varepsilon_0^2h^3c} \tag{17-23a}$$

进而（17－22）式可写成

$$\frac{1}{\lambda}=\frac{mc^2}{8\varepsilon_0^2h^3c}(\frac{1}{k^2}-\frac{1}{n^2})=R(\frac{1}{k^2}-\frac{1}{n^2}) \tag{17-23b}$$

式中，λ 为氢原子由高能级 n 跃迁到低能级 k 时原子所辐射单色光的波长。

为了把各种（n，k）对应的光谱线进行分类，特作如下规定：当原子由不同的激发状态 n（初状态）跃迁到能量较低的同一状态 k（末状态）时，原子所辐射的各种单色光属于同一光谱系。由此可得

赖曼系：　$k=1$，$\frac{1}{\lambda}=R\ (\frac{1}{1^2}-\frac{1}{n^2})$，$n=2$，3，4，…

巴耳末系：$k=2$，$\frac{1}{\lambda}=R\ (\frac{1}{2^2}-\frac{1}{n^2})$，$n=3$，4，5，…

帕邢系：　$k=3$，$\frac{1}{\lambda}=R\ (\frac{1}{3^2}-\frac{1}{n^2})$，$n=4$，5，6，…

布喇格系：$k=4$，$\frac{1}{\lambda}=R\ (\frac{1}{4^2}-\frac{1}{n^2})$，$n=5$，6，7，…

普芳德系：$k=5$，$\frac{1}{\lambda}=R\ (\frac{1}{5^2}-\frac{1}{n^2})$，$n=6$，7，8，…

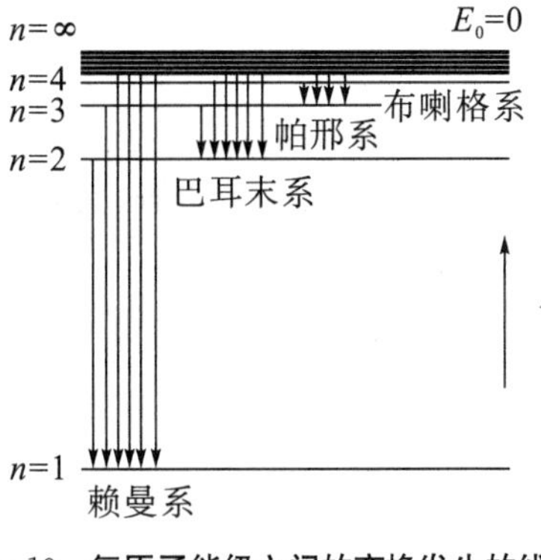

图 17－10　氢原子能级之间的变换发生的线光谱

计算表明，由玻耳氢原子理论得出的上述各谱线系与由实验所得到的氢原子线光谱的规律是完全一致的。图 17－10 表示氢原子能级的变换与线光谱之间的对应关系。

综上所述，玻尔氢原子理论可以满意的解释氢原子光谱系的实验规律。因此，玻尔氢原子理论反映了氢原子运动的规律，在一定程度上，也反映了一般原子运动的规律；它明确地指出了经典理论不适用于原子内部

的运动，同时也指出了量子规律在微观粒子中的重要意义。玻尔理论对物理学的发展有着十分重要的影响。

［**例** 4］　氢原子从 $n=3$ 能级跃迁到 $n=2$ 能级时，发出光子的能量为多少？光的波长为多少？

解　根据式（17－21）可计算，在 $n=3$ 的能级 $E_3=-1.51\text{eV}$，在 $n=2$ 时的能级 $E_2=-3.40\text{eV}$。从式（17－16）可得

$$h\nu=E_3-E_2=-1.51-(-3.40)=1.89\quad \text{eV}$$

即发出光子的能量为 1.89eV。又由 $\nu=\dfrac{c}{\lambda}$ 得

$$h\nu=h\frac{c}{\lambda}$$

因为 $1\text{eV}=1.6\times10^{-19}\text{ J}$，故

$$\lambda=\frac{hc}{h\nu}=\frac{6.63\times10^{-34}\times3\times10^{8}}{1.89\times1.6\times10^{-19}}=6.56\times10^{-7}\quad \text{m}$$

这个单色光的波长是 6.56×10^{-7} m，它处在可见了光的红光区域。

17.4　实物粒子的波粒二象性　德布罗意波

通过对光学现象的研究，人们发现了光的波粒二象性。实际上，不仅光具有波粒二象性，而且一切实物粒子（如电子、中子、原子等）也具有波粒二象性。

17.4.1　德布罗意波及实验

1924 年，德布罗意在科学研究的基础上，首先提出了大胆的假设，他认为波粒二象性并不只是光才具有的，而是有着一般性的意义。他说："整个世纪以来，在光学上，比起波动的研究方法来，是过于忽视了粒子的研究方法；在物质粒子的理论上，是否发生了相反的错误呢？是不是我们把关于粒子的图像想得太多，而过分地忽视了波的图像？"德布罗意把光学中对波和粒子的描述，应用到实物粒子上。假设一个质量为 m 的实物粒子，以速度 v 作匀速运动，一方面可以用能量 E 和动量 P 对它作粒子的描述，另一方面可以用频率 ν 和波长 λ 作波的描述。能量 E 和频率 ν、动量 P 和波长 λ 之间的关系和光子的能量和动量公式相类似。为此他提出了著名的德布罗意假设

$$E=h\nu \text{ 和 } p=\frac{h}{\lambda} \tag{17-24}$$

式中，h 是普朗克常数。这两个方程既含有粒子的概念，又含有波的概念。粒子的概念由能量 E 和动量 p 反映，波的概念则由波长 λ 和频率 ν 反映。所以，上两式给出了粒子性和波动性的联系。

按照德布罗意假设，相应于作匀速运动的实物粒子波的波长为

$$\lambda=\frac{h}{p} \tag{17-25}$$

而 $p=mv$，所以有

$$\lambda=\frac{h}{mv} \tag{17-26}$$

式（17－26）称为德布罗意公式，这种波通常称为德布罗意波或实物波。它给出了与实物粒子相联系的波的波长，和粒子质量、速度之间的关系。

德布罗意波的概念，在实验上可以得到很好的证实。电子衍射实验就是电子波动性的最好证明。如图 17－11 所示。电子从灯丝 K 飞出后，经过电势差为 U 的加速电场，再通过小孔 D 成为很细的电子束，当电子束穿过一薄晶片后，再射到照相底片上，在照相底上 p 上就显现出衍射图样。这个衍射图样和相同波长的 X 射线衍射图样是一致的。并且，实验指出，电子衍射的波长是符合德布罗意公式的。

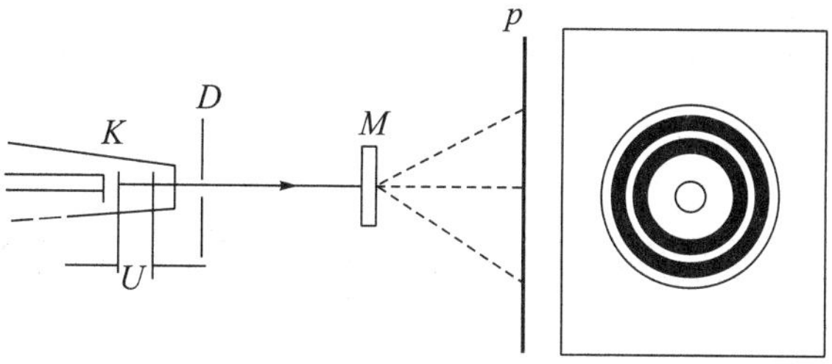

图 17－11　**电子的衍射**

不仅电子具有波动性质，实验证明，各种粒子，如原子、分子和中子等微观粒子都具有同样的波动性。而且德布罗意公式是表征所有实物粒子的波动性和粒子性关系的基本公式。

17.4.2　不确定关系

实物粒子具有波动性与光子具有波动性一样。借助于光波衍射的规律，可以得到描述粒子波动性的另一关系，即不确定关系：

$$\Delta x \Delta p_x \geqslant h \tag{17-27}$$

该式的物理意义是，由于微观粒子的波动性，它在空间某一方向（比如 X 方向）的位置不确定量 Δx 与该方向上的动量不确定量 Δp_x 之积必不小于常数 h。换句话说，微观粒子在任意方向上的位置和动量不可能同时完全确定。比如在 X 方向，如果位置完全确定，即 $\Delta x=0$，则动量就完全不确定，即 $\Delta p_x \to \infty$，反之亦然。不确定关系是微观粒子波动性本质体现，它在量子物理中具有及其重要的地位。

实物粒子的波动性，在现代科学技术上已经得到广泛的应用，电子显微镜即为一例。由于电子束可在电场或磁场中受到偏转或聚焦，而不难做到使电子的德布罗意波长为 10^{-11} m～10^{-12} m 的数量级。因为波长越短，分辨率越高。普通的光学显微镜由于受可见光波长的限制，分辨率不可能很高，放大倍数最大也只有 2000 倍左右。而电子的德布罗意波的波长比可见光短得多，因此电子显微镜比光学显微镜的分辨率要高得多。我国制造的放大率达 80 万倍的电子显微镜，不仅能直接看到蛋白质一类较大的分子，而且能分辨单个原子尺寸，为研究分子的结构、晶格的缺陷、病毒和细胞的组织等提供了有力的工具。

［**例** 5］　在一电子束中，电子的动能为 200eV，求电子的德布罗意波的波长。

解 由 $E_k=\frac{1}{2}mv^2$ 可得电子的运动速度：

$$v=\sqrt{\frac{2E_k}{m}}$$

因为电子质量 $m=9.1\times10^{-31}$ kg，1eV=1.6×10^{-19} J，代入数据得

$$v=\sqrt{\frac{2\times200\times1.9\times10^{-19}}{9.1\times10^{-31}}}=8.4\times10^{6}\quad \mathrm{m\cdot s^{-1}}$$

因此电子德布罗意波的波长：

$$\lambda=\frac{h}{mv}=\frac{6.63\times10^{-34}}{9.1\times10^{-31}\times8.4\times10^{6}}=8.76\times10^{-11}\quad \mathrm{m}$$

这个波长的数量级和 x 射线的波长的数量级相同。

17.5 波函数与薛定谔方程 量子力学简介

既然微观粒子具有波粒二象性，其运动不能用经典的坐标、动量、轨道等概念来精确描述，在经典力学中用来描述宏观物体运动的基本方程 $\boldsymbol{F}=m\boldsymbol{a}$ 对微观粒子也就不能适用。为此，就要寻求能够反映微观粒子波粒二象性并能描述其运动的方程。在量子力学中，反映微观粒子运动的基本方程称为薛定谔方程，薛定谔方程的解称为波函数。微观粒子的运动状态，则由波函数来描述。

下面我们首先介绍波函数的物理意义，然后讨论薛定谔方程的建立。

17.5.1 波函数及其统计解释

由于微观粒子运动具有波动性，因此我们应该用一个波动方程来描述它。下面我们先来寻求自由粒子作匀速直线运动时的波动方程。

由第十五章的波动理论知道，机械波的波动方程为

$$y(x,t)=A\cos2\pi\left(\nu t-\frac{x}{\lambda}\right), \tag{17-28}$$

上式也可以写成复数形式

$$y(x,t)=A\mathrm{e}^{-\mathrm{i}2\pi\left(\nu t-\frac{x}{\lambda}\right)}。 \tag{17-29}$$

实际上式（17－28）是式（17－29）的实数部分。

应该指出，粒子波的波动性和经典物理中的机械波的波动性在本质上是不同的，机械波是机械振动在空间的传播，而粒子波则是对微观粒子运动的统计描述。

根据德布罗意假设，表征粒子波的波动性的物理量——波长 λ 和频率 ν 与粒子的动量 p 和能量 E 之间的关系应为 $\lambda=\frac{h}{p}$ 和 $\nu=\frac{E}{h}$；将其代入（17－29）式，并以 Ψ 表示描述德布罗意波的波函数，则有

$$\Psi(x,t)=\psi_0\,\mathrm{e}^{-\mathrm{i}\frac{2\pi}{h}(Et-px)} \tag{17-30}$$

式（17－30）是具有恒定速度的自由粒子的波函数，ψ_0 是波函数的振幅。现在我们来讨论波函数 Ψ 的物理意义。先根据光的波动说和微粒说对光的强度的研究，来确定光的这两方面性质的联系。例如，在干涉现象中可以观察到有些地方光的强度极大，从波动观点看

来，光的强度是和振幅的平方 A^2 成正比，某处光的强度极大，就是该处光的振幅有极大值。但是，从粒子观点看来，光的强度极大的地方，入射到该处的光子数目最多，即光的强度与光子数成正比。这两种观点都能对光的干涉现象作出满意的、一致的阐述。因此，可以认为，入射到空间某处的光子数与该处光波的振幅平方成正比。

把这种考虑方法用于微观粒子，可以认为电子等微观粒子的微粒性和波动性之间也有上述联系，即粒子分布多的地方，德布罗意波的强度大；粒子分布少的地方，德布罗意波的强度小。而粒子在空间分布数目的多少，是和粒子在该处出现的几率成正比的；因此，某一时刻，出现在某体积元 $\mathrm{d}V$ 中的粒子的几率与 $\psi_0^2\mathrm{d}V$ 成正比，即与该体积元中波函数振幅的平方和体积元大小的乘积成正比。由式（15－17）知，函数 Ψ 为一复数，在一般情况下，ψ_0 也一复数，那么 $\psi_0^2\mathrm{d}V$ 应由下式所代替

$$|\psi_0|^2\,\mathrm{d}V=\psi_0\,\psi_0^*\,\mathrm{d}V,$$

式中，ψ_0^* 是 ψ_0 的共轭复数。

单位体积中出现粒子的概率称为概率密度，用 w 表示，即

$$w=|\psi_0|^2=\psi_0^*\,\psi_0 \tag{17－31}$$

由上述讨论可见，在任何运动粒子都有一德布罗意波与它相联系，该波动在空间某处的波函数振幅的平方与粒子在该处出现的几率成正比，这就是波函数的统计解释或统计意义。因此，德布罗意波也叫做几率波。

由于粒子不是出现在这个区域，就要出现在其他区域，所以某时刻在整个空间内发现粒子的几率应为 1，即

$$\int_V|\psi_0|^2\,\mathrm{d}V=1 \tag{17－32}$$

（17－32）式也叫做归一化条件。此外，基于波函数的统计解释，波函数还必须满足单值、连续、有限等基本条件。

17.5.2　薛定谔方程

在德布罗意假设的基础上，薛定谔建立了势场中微观粒子的德布罗意波所遵循的微分方程。为此，我们先来研究一下自由粒子的一维德布罗意波所遵循的微分方程，然后将其推广到三维情况。把自由粒子沿直线运动的波函数方程式（17－30）写成

$$\Psi(x,t)=\mathrm{e}^{-\mathrm{i}\frac{2\pi}{h}Et}\,\psi(x) \tag{17－33}$$

式中，$\psi(x)=\psi_0\mathrm{e}^{\mathrm{i}\frac{2\pi}{h}px}$，$\psi(x)$ 叫做振幅函数，它是波函数的一部分，且只与坐标有关，与时间无关。将振幅函数对 x 取二阶导数，有

$$\frac{\mathrm{d}^2\psi}{\mathrm{d}x^2}=\left(i\,\frac{2\pi}{h}p\right)^2\psi_0\,\mathrm{e}^{\mathrm{i}\frac{2\pi}{h}px}=-\frac{4\pi^2}{h^2}p^2\,\psi$$

自由粒子的动能 E_k 和动量 p 之间的关系为 $p^2=2mE_\mathrm{k}$，所以上式可写成

$$\frac{\mathrm{d}^2\psi}{\mathrm{d}x^2}+\frac{8\pi^2 mE_\mathrm{k}}{h^2}\psi=0 \tag{17－34}$$

式（17－4）是一维空间自由粒子的振幅函数所遵循的规律，也叫做一维空间自由粒子的振幅方程；该方程由薛定谔首先提出，因此也称为薛定谔方程。

当粒子在势场中运动时，粒子的总能量是动能和势能之和，即 $E=E_\mathrm{k}+E_\mathrm{p}$，所以有

$E_k = E - E_p$。把 E_k 代入式（17－34），可得在一维势场中粒子运动的薛定谔方程为

$$\frac{d^2\psi}{dx^2} + \frac{8\pi^2 m}{h^2}(E - E_p)\psi = 0 \tag{17-35}$$

如果粒子是在三维空间运动，则可把上式推广为

$$\frac{\partial^2\psi}{\partial x^2} + \frac{\partial^2\psi}{\partial y^2} + \frac{\partial^2\psi}{\partial z^2} + \frac{8\pi^2 m}{h^2}(E - E_p)\psi = 0 \tag{17-36}$$

引入拉普拉斯算符 $\nabla^2 = \frac{\partial^2}{\partial x^2} + \frac{\partial^2}{\partial y^2} + \frac{\partial^2}{\partial z^2}$，则上式可写成

$$\nabla^2\psi + \frac{8\pi^2 m}{h^2}(E - E_p)\psi = 0$$

或

$$\nabla^2\psi + \frac{2m}{\hbar^2}(E - E_p)\psi = 0 \tag{17-37}$$

式中，$\hbar = \frac{h}{2\pi}$。

式（17－37）就是在一般势场中粒子运动的薛定谔方程，因为 ψ 仅是 x、y、z 的函数，而与时间无关，所以上述方程又叫做定态薛定谔方程。在不同的势场中，E_p（x，y，z）是不同的。通过定态薛定谔方程就可以求出给定势场中运动粒子的波函数。

应当指出，式（17－37）不是由任何原理导出。它是由自由粒子的振幅方程（15－20）推广而得出的，而且在推广时假设在势场中粒子的运动仍可沿用此式。薛定谔方程和物理学中的其它方程（如牛顿力学方程、麦克斯韦电磁场方程等）一样，其正确性只能由实验来验证。几十年来，关于微观系统的大量实验事实无不表明用薛定谔方程进行计算(包括近似计算)，所得的结果都与实验结果符合得很好。因而以薛定谔方程作为基本方程的量子力学被认为是能够正确反映微观系统客观实际的近代物理理论。

要由式（17－37）来确定波函数 ψ，还需要加上一些条件。由于波函数的振幅平方表示粒子出现在某处的几率，所以，波函数除必须满足归一化条件（17－32）外，还必须是单值、有限、连续的（在势能连续的区域，其一阶导数也必须连续）；这些条件称为波函数的标准化条件。

17.5.3 无限深方势阱中的粒子

作为薛定谔方程应用的例子，本节讨论粒子在一种简单的外力场中做一维运动的情形，分析薛定谔方程会给出什么结果。粒子在这种外力场中的势能函数为

$$U = \begin{cases} 0, |x| \leqslant \frac{a}{2} \\ \infty, |x| > \frac{a}{2} \end{cases} \tag{17-38}$$

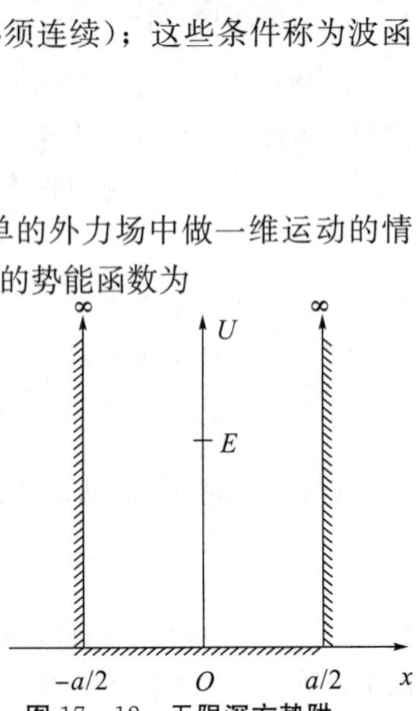

图 17－12　无限深方势阱

这种势能函数的势能曲线如图 17－12 所示。由于图形像井，所以这种势能分布叫势阱。图 17－12 中的井深无限，所以叫无限深方势阱。在阱内，由于势能恒为零，所以粒子不受力而做自由运动，在边界 $|x| = \frac{a}{2}$ 处，势能突然增至无限大，所以粒子会受到无限大的指向阱内的力。因

此，粒子的位置就被限制在阱内而不能逃逸出去，这时粒子的状态称为束缚态。

势阱是一种简单的理论模型。自由电子在金属块内部可以自由运动，但很难逸出金属表面。这种情况下，自由电子就可以认为是处于以金属块表面为边界的无限深势阱中。在粗略地分析自由电子的运动（不考虑点阵离子的电场）时，就可以利用无限深方势阱这一模型。

为研究粒子的运动，利用薛定谔方程（17－37）式

$$-\frac{\hbar}{2m}\frac{\partial^2\psi}{\partial x^2}+U\psi=E\psi$$

在$|x|>\frac{a}{2}$的区域，由于$U=\infty$，所以必须有 $\psi=0$，否则（17－37）式将给不出任何有意义的解。$\psi=0$ 说明粒子不可能到达这一区域，这是和经典概念相符的。

在势阱内，即$|x|\leqslant\frac{a}{2}$的区域，由于$U=0$，（17－37）式可写成

$$\frac{\partial^2\psi}{\partial x^2}=-\frac{2mE}{\hbar^2}\psi=-k^2\psi \tag{17－39}$$

式中

$$k=\frac{\sqrt{2mE}}{\hbar} \tag{17－40}$$

这个常见的微分方程的解为

$$\psi=A\sin(kx+\varphi) \tag{17－41}$$

此解需要满足标准化条件，在 $x=-\frac{a}{2}$ 和 $x=+\frac{a}{2}$ 处是连续的。由于在边界外，$\psi=0$，故

$$A\sin(-\frac{ka}{2}+\varphi)=0,\quad A\sin(\frac{ka}{2}+\varphi)=0 \tag{17－42}$$

由此得

$$-\frac{ka}{2}+\varphi=l_1\pi,\quad \frac{ka}{2}+\varphi=l_2\pi$$

其中，l_1 和 l_2 是整数。于是得 $2\varphi=(l_1+l_2)\pi=l\pi$，或

$$\varphi=\frac{1}{2}l\pi \tag{17－43}$$

式中，l 也是整数。$l=0$ 或 1 给出（17－41）式的两种表示：

（1）$l=0$，则有

$$\psi_o=A\sin kx \tag{17－44}$$

这是一个奇函数，下标 o 表示“奇”。

（2）$l=1$，则有

$$\psi_e=A\cos kx \tag{17－45}$$

这是一个偶函数，下标 e 表示“偶”。

l 取其他整数值所对应的解没有独立的物理意义，因为那些解和（17－44）式或（17－45）式的形式一样，只不过可能有正负的区别，而正负并不影响$|\psi|^2$，即不影响概率密度的分布。

由于 ψ 在 $x=\pm\frac{a}{2}$ 的连续性，（17－42）和（17－44）式给出

$$\psi_o(\frac{a}{2}) = A\sin(\frac{ka}{2}) = 0$$

于是

$$ka = n\pi, \qquad n = 2,4,6,\cdots \qquad (17-46)$$

类似地，由（17－42）和（17－45）式给出

$$ka = (2n+1)\pi, \qquad n = 0,1,3,5,\cdots \qquad (17-47)$$

将（17.46）式及（17.46）式所确定的 k 值代入（17.40）式，即可得势阱内的粒子的能量的可能值为

$$E = \frac{\pi^2 \hbar^2}{2ma^2}n^2, \qquad n = 1,2,3,\cdots \qquad (17-48)$$

由于 n 只能取整数值，这一结果就表示束缚在势阱内的粒子的能量只能取分立的值，每一个取值对应于一个能级。这些能量值称为能量本征值，而 n 称为量子数。

利用（17－46）式，可将（17－44）式和（17－45）式写成

$$\psi_o = A\sin\frac{n\pi}{a}x, \qquad n = 2,4,6,\cdots \qquad (17-49)$$

$$\psi_e = A\cos\frac{n\pi}{a}x, \qquad n = 1,3,5,\cdots \qquad (17-50)$$

为了求出 A 的值，我们用波函数 ψ_o 或 ψ_o 的归一化条件，即

$$1 = \int_{-a/2}^{a/2} |\psi_o|^2 \,dx = A^2\int_{-a/2}^{a/2} \sin^2\frac{n\pi}{a}x\,dx = \frac{a}{2}A^2$$

由此得

$$A = \sqrt{\frac{2}{a}} \qquad (17-51)$$

于是，对于每一个 n 值，波函数的空间部分为①

$$\left.\begin{array}{ll} \left.\begin{array}{l} \psi_{on} = \sqrt{\frac{2}{a}}\sin\frac{n\pi}{a}x, \quad n = 2,4,6,\cdots \\ \psi_{en} = \sqrt{\frac{2}{a}}\cos\frac{n\pi}{a}x, \quad n = 1,3,5,\cdots \end{array}\right\} & |x| \leqslant \frac{a}{2} \\ \psi_n = 0, & |x| \geqslant \frac{a}{2} \end{array}\right\} \qquad (17-52)$$

这些函数称为能量本征函数。

将（17－52）式代入（17－33）式，即得完整的波函数为

$$\Psi_n = \psi_n \exp(-2\pi iE_n\frac{t}{h}) \qquad (17-53)$$

这些波函数叫做能量本征波函数。由每个本征波函数所描述的粒子的状态称为粒子的能量

① 如果将图 17－13 的坐标原点左移 $a/2$ 到达势阱边缘，则（17.52）式的阱内部分可以统一写成 $\psi_n = \sqrt{\frac{2}{a}}\sin\frac{n\pi}{a}x = \sqrt{\frac{2}{a}}\sin kx$，$k=\frac{\pi}{a}n$，$n=1, 2, 3, \cdots$

本征态。

图 17－13 中的实线表示 $n=1, 2, 3, 4$，时的 $\psi_n \sim x$ 关系，虚线表示相应的 $|\psi_n|^2 \sim x$，即概率密度与坐标的关系。注意，这里由粒子的波动性给出的概率密度的周期性分布和经典粒子的完全不同。按经典理论，粒子在阱内来来回回自由运动，在各处的概率密度应该是相等的，而且与粒子的能量无关。和经典粒子不同的另一点是，由（17－48）式知，量子粒子的最小能量 $E_1 = \frac{\pi^2 \hbar^2}{2ma^2}$，不等于零。这符合不确定关系的，因为量子粒子在有限空间内运动，其速度不可能为零，而经典粒子可能处于静止的能量为零的最低能态。

由（17－48）式还可以得到势阱中粒子的动量为

$$p_n = \pm \sqrt{2mE_n} = \pm n \frac{\pi \hbar}{a} = \pm k\hbar \tag{17-54}$$

相应地，粒子的德布罗意波长为

$$\lambda_n = \frac{h}{p_n} = \frac{2a}{n} = \frac{2\pi}{k} \tag{17-55}$$

此波长也量子化了，它只能是势阱长度两倍的整数分之一。这使我们回想起两端固定的弦中产生驻波的情况；在这里，无限深方势阱中粒子的每一个能量本征态对应于德布罗意波的一个特定波长的驻波。

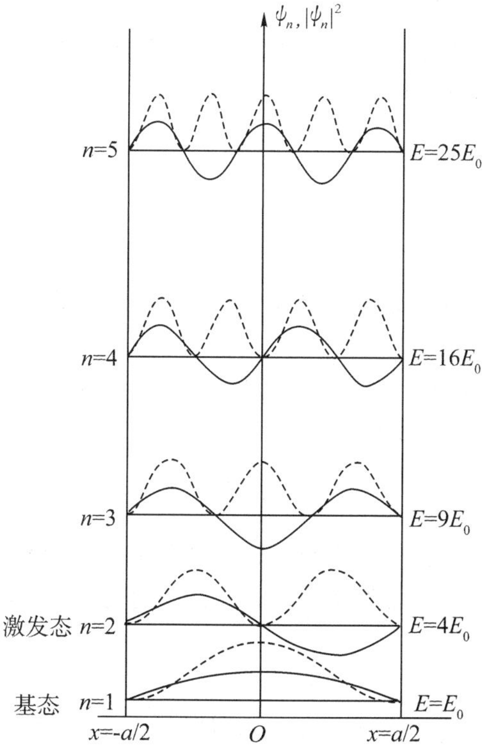

图17－13　无限深方势阱中粒子的能量本征函数和概率密度与坐标的关系

［**例** 6］　在核内的质子和中子可初略地当成是处于无限深势阱中而不能逸出，他们在核内的运动也可以认为是自由的。按一维无限深方势阱估算，质子从第 1 激发态（$n=$

2）到基态（$n=1$）转变时，放出的能量是多少 MeV？核的线度按 1.0×10^{-14} m 计算。

解 由（17－48）式，质子的基态能量为

$$E_1=\frac{\pi^2\hbar^2}{2m_p a}=\frac{\pi^2\times(1.05\times10^{-34})^2}{2\times1.67\times10^{-27}\times(1.0\times10^{-14})^2}$$
$$=3.3\times10^{-13}\quad \text{J}$$

第一激发态的能量为

$$E_2=4E_1=13.2\times10^{-13}\quad \text{J}$$

从第一激发态转变到基态所放出的能量为

$$E_2-E_1=13.2\times10^{-13}-3.3\times10^{-13}\text{J}$$
$$=9.9\times10^{-13}\ \text{J}=6.2\text{MeV}$$

实验中观察到的核的两定态之间的能量差一般就几 MeV，上述估算和此事实大致相符。

习　　题

17－1　试述光电效应的基本物理过程，并解释截止电压的物理意义。

17－2　钾的截止频率为 4.62×10^{14} Hz，今以波长为 435.8nm 的光照射，求钾放出的光电子的初速度.

17－3　试求波长为下列数值的光子的能量、动量及质量.

（1）波长为 1500nm 的红外线；

（2）波长为 500nm 的可见光；

（3）波长为 20nm 的紫外线；

（4）波长为 0.15nm 的 X 射线；

（5）波长为 1.0×10^{-3} nm 的 γ 射线.

17－4　试述康普顿效应的基本物理过程，并解释在各散射方向出现两种不同波长散射光的物理原因。

17－5　在康普顿效应中，入射光子的波长为 3.0×10^{-3} nm，反冲电子的速度为光速的 60%，求散射光子的波长及散射角。

17－6　在康普顿效应实验中，若散射光波长是入射光波长的 1.2 倍，求散射光光子能量 ε 与反冲电子动能 E_k 之比 ε/E_k。

17－7　试述玻尔氢原子理论的内容。如何用此理论来解释氢原子光谱的规律？

17－8　试述能级的意义。能级图中最高和最低的两条水平横线各表示电子处于什么状态？

17－9　试求在正常状态下氢原子的能量。

17－10　如用能量为 12.6eV 的电子轰击氢原子，将产生哪些谱线？

17－11　已知 α 粒子的静质量为 6.68×10^{-27} kg。求速率为 5000m・s^{-1} 的 α 粒子的德布罗意波的波长。

17－12　求动能为 1.0eV 的电子的德布罗意波的波长。

17－13　若电子和光子的波长均为 0.20nm，则它们的动量和动能各为多少？

17－14　电子位置的不确定量为 5.0×10^{-2}nm 时，其速率的不确定量为多少？

17－15　试证明自由粒子的不确定关系式可写成

$$\Delta x\Delta\lambda \geqslant \lambda^2$$

式中，λ 为自由粒子的德布罗意波的波长。

17－16　设有一电子在宽为 0.20nm 的一维无限深的方势阱中：

(1) 计算电子在最低能级的能量；

(2) 当电子处于第一激发态（$n=2$）时，在势阱何处出现的概率密度最小，其值为多少？

第 18 章　物理与新技术

随着社会的进步和科学技术的发展，新技术在各个领域的推广和应用十分广泛，而新技术往往是包括多学科的综合技术，涉及面广，需要坚实的基础知识和广泛的科学技术知识。各种物理现象和物理效应是许多新技术的基本原理。我们介绍与物理理论直接联系的一部分内容，包括激光、等离子体、传感器、黑体辐射和放射性及纳米材料。

18.1　激光原理

18.1.1　激光概述

激光是 20 世纪 60 年代初出现的一种新型光源。它一出现，就引起了人们普遍的重视，并很快在生产和科学技术中得到广泛的应用，各种激光器的研制和各种激光技术的应用突飞猛进地发展，并促进了物理学和其他有关科学的发展。至今，激光器的工作物质已经相当广泛，有固体、气体、半导体、染料等等，各种激光器发射的谱线分布在一个很宽的波长范围内，短至 0.2μm 以下的紫外，长至 774μm 的远红外，输出功率低的到几微瓦（10^{-6}W），高的达几兆兆瓦（10^{12}W），在计量技术和实验室中经常使用的氦氖（He－Ne）激光器，发射波长为 0.6328μm，1.15μm 和 3.39μm，连续输出功 1mW～100mW。

为使读者在讨论激光的产生和特性之前对激光器有个大概了解，先看一看红宝石激光器的基本结构。如图 18－1 所示，激光器的工作元件是一根掺有铬离子（Cr^{3+}）的红宝石棒，两个端面精磨抛光，相互平行，其中一端面镀银，成为全反射面，另一端面半镀银，成为透射率 10％的部分反射面，激励能源是光源——螺旋形脉冲氙灯（或直管氙灯），氙灯的光输出光谱正好同红宝石吸收光谱对应，当氙灯输入的能量超过某一值时，从红宝石棒的半镀银面有波长 0.6943μm（红光）的激光射出。

一台激光器有三个基本结构部分：①工作物质（这里是红宝石）；②光学谐振腔（这里是两个高度平行的镀银面之间的空间）；③激励能源（这里是脉冲氙灯），如图 18－2 所示。

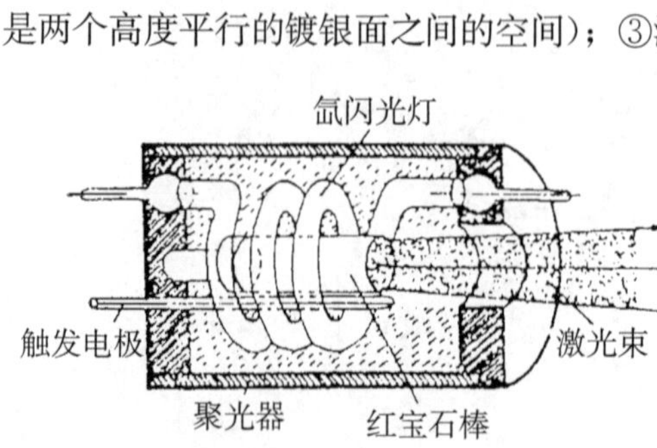

图 18－1

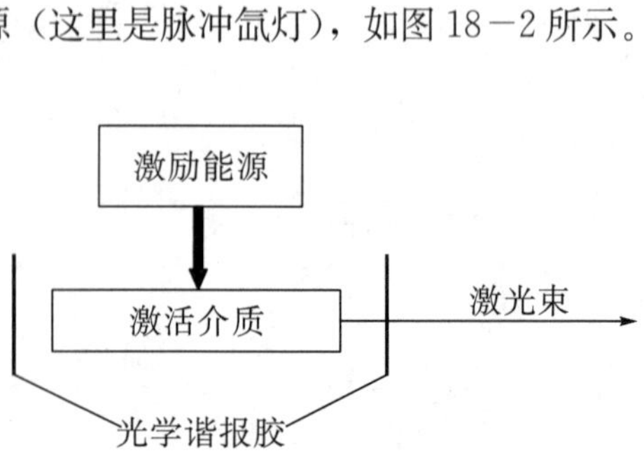

图 18－2

18.1.2　自发辐射和受激辐射

一般来说，当原子中的电子从高能级向低能级跃迁时，要发射光子，这种跃迁有两种发光过程，一种是原子在没有外界影响的情况下，电子由高能级自发跃迁至低能级，这种跃迁叫自发跃迁，普通光源中的发光过程主要是自发跃迁，如白炽灯、日光灯等。由自发跃迁产生的光辐射叫自发辐射，如图 18－3 所示。

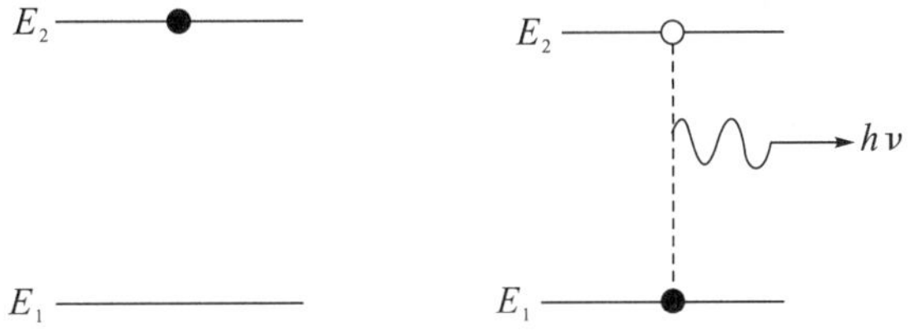

(a)发光前　　(b)发光后

图 18－3

自发辐射所发出的光子频率为

$$\nu = \frac{E_2 - E_1}{h}$$

式中，E_2、E_1 是电子跃迁前、后所处能级的能量；h 是普朗克常量。

由大量原子自发辐射发出的光是独立的，即它们的频率，电场矢量方向和相位彼此都不相关，所以普通光源所发出的光是非相干的。

另一种情况是原子中电子由高能级 E_2 向低能级 E_1 的跃迁是在外界光子的激发下进行的，这种跃迁叫受激跃迁，由受激跃迁产生的光辐射叫受激辐射，如图 18－4 所示。受激辐射产生的光子和外来激励光子具有相同的特征，即它们的频率、振动方向和相位都相同。在受激辐射中，通过一个光子的作用，得到两个特征完全相同的光子，如果这两个光子再引起其他原子产生受激辐射，就能得到更多的特征完全相同的大量光子。这种在一个入射光子作用下，引起大量原子受激辐射，从而产生大量特征完全相同的光子的现象叫光放大。显然，受激辐射的光是相干光。如何实现这种光放大以得到一束单色、相干的强受激辐射就是下面要讲的内容。

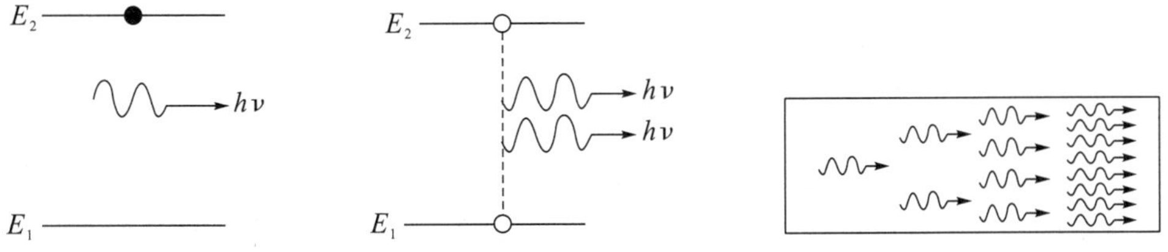

(a) 发光前　　(b) 发光后　　(c) 光放大

图 18－4

必须指出，不是任何能量的外来光子都能使原子引起受激辐射，只有能量等于 $h\nu = E_2 - E_1$ 的光子才能引起从 E_2 向 E_1 跃迁的受激辐射。

18.1.3 工作物质中粒子数反转分布的实现

通常，光通过工作物质时，在发生受激辐射的同时，还存在着一个相反的过程，就是光的吸收过程，当能量 $h\nu = E_2 - E_1$ 的光子与高能级 E_2 的原子接近时，可能引起受激辐射，而当与 E_1 能级的原子接近时，就可能被原子吸收，而使原子从低能级 E_1 激发到高能级 E_2，这就是光的吸收过程，图 18－5 所示。

由上述可知，受激辐射使光子数增加；吸收过程使光子数减少，光通过工作物质后，究竟光子数是增加还是减少，这取决于哪个过程占优势。在正常条件下（即常温、无激发等），工作物质中的原子，大多数都处于基态上，能级越高，原子数目越少。在热平衡时原子在各能级上的数目服从一定的统计规律（玻耳兹曼分布律）：

$$N_i = N_0 e^{-E_i/kT} \tag{18-1}$$

式中：N_i 是处于能级 E_i 的原子数，N_0 是原子总数，k 是玻耳兹曼常数，T 是绝对温度。

可见，E_2、E_1 两能级上的原子数之比为

$$\frac{N_2}{N_1} = e^{-(E_2-E_1)/kT}$$

在正常条件下，从整体来看，能级越高，原子数越少，即 $N_1 > N_2$，这种分布叫粒子数的正常分布，如图 18－6 所示。当光通过粒子数正常分布的工作物质时，吸收过程较之受激辐射占优势，很难产生连续受激辐射。要获得光放大，必须使受激辐射占优势，即要求处在高能级上的原子数比处于低能级上的原子数多（$N_2 > N_1$），这种分布与正常分布相反，叫粒子数反转分布，简称粒子数反转。所以，只有在粒子数反转的工作物质中才能实现光放大，因此实现粒子数反转是产生激光的必要条件。

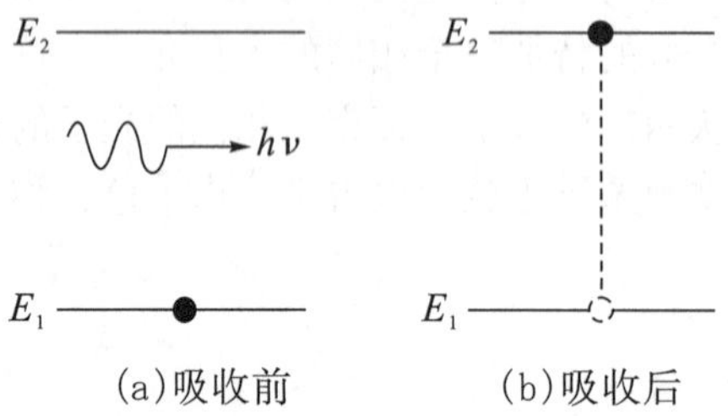

图 18－5

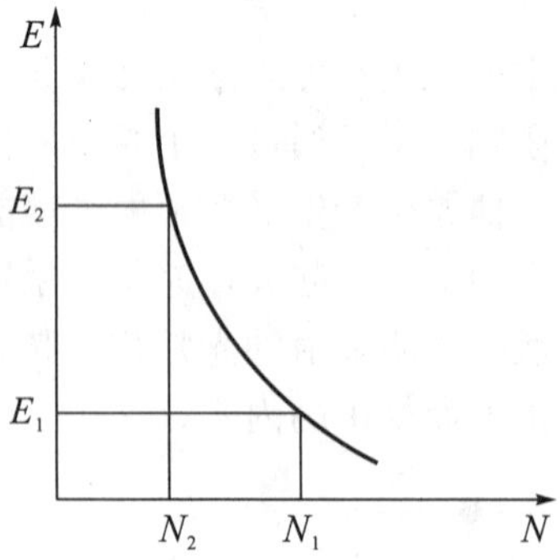

图 18－6

由于正常条件下，工作物质处于粒子数正常分布，为使工作物质实现粒子数反转分布，必须采用人为的方法，从外界输入能量（如光照、放电等），把低能级上的原子激发到高能级上去，这个过程叫激励（也叫泵浦），除了泵浦外，还必须选取能实现粒子数反转的工作物质，叫激活媒质。我们知道，原子可以长时间处于基态，而处于激发态的时间（即激发态寿命）一般很短，约为 10^{-8}s 左右，所以激发态是不稳定的。有些物质除基态和激发态外还具有亚稳态，它不如基态稳定，但比激发态稳定得多，如红宝石中的铬离子（Cr^{3+}），它的亚稳态寿命有几毫秒，具有亚稳态的工作物质就能实现粒子数反转。

图 18－7 是红宝石激光器激活媒质的工作模式图，在外界能源（光源）的激励下，基态 E_1 上的粒子被抽运到激发态 E_3 上，因而 E_1 上的粒子数 N_1 减少，由于 E_3 态的寿命很短，粒子将通过碰撞很快地以无辐射跃迁的方式转移到亚稳态 E_2 上。由于 E_2 态寿命较长，其上就累积了大量粒子。一方面 N_1 减少、另一方面 N_2 增加，以致 $N_2>N_1$，于是实现了亚稳态 E_2 与基态 E_1 之间的粒子数反转分布，利用这种状态下的激活媒质，当外来光讯号输入时，产生频率 $\nu=\frac{E_2-E_1}{h}$ 的光放大。

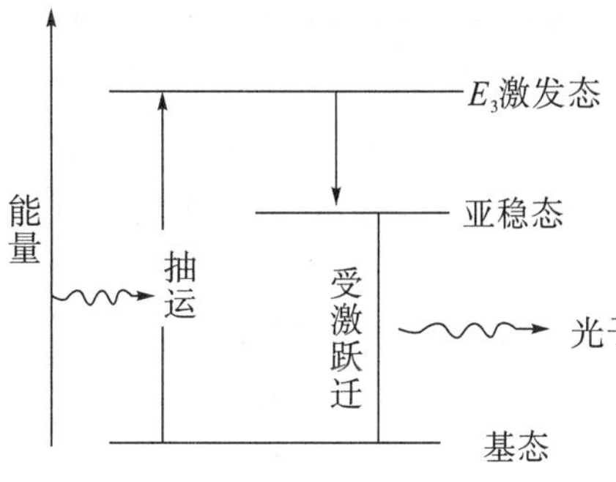

图 18－7

18.1.4　光学谐振腔　激光的形成

实现了粒子数反转分布的激活媒质，可以做成光放大器，但只有激活媒质，本身还不成为一台激光器，不能获得激光，因为在激活媒质内部来源于自发辐射的初始光信号是杂乱无章的（在激活媒质内存在由 E_2 到 E_1 之间的自发辐射），这些光信号的激励下得到放大的受激辐射在总体上仍然是随机的，如图 18－8 所示。如何从随机的受激辐射中选取有一定传播方向和一定频率的光信号，使它享有最优越的条件进行放大，而将其他方向和频率的光信号抑制住，最后获得方向性和单色性很好的强光——激光，还必须有一个光学谐振腔。图 18－9 所示为一对互相平行的反射镜 M_1 和 M_2 组成平面谐振腔，只有与反射镜轴平行的光束能在激活媒质内来回反射，连锁式地放大，最后形成稳定的强光光束，这种现象叫光振荡。但是光在激活媒质中传播时还有损耗（包括光的输出，工作物质的吸收等），当光的放大作用大于光的损耗作用时，就形成稳定的光振荡，且激光从部分反射镜 M_2 面输出，如图 18－9（b）（c）所示。

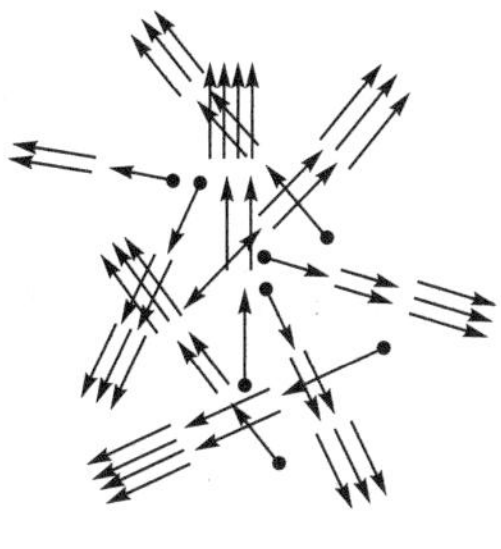

图 18－8

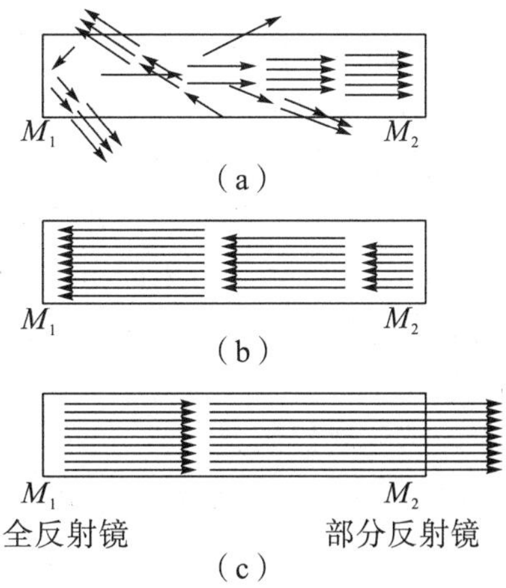

图 18－9

凡偏离轴向的光线，或者直接逸出腔外，或者经几次来回反射，最终跑出谐振腔，它们不可能成为稳定光束保持下来，如图 18－9（a）所示。可见，光学谐振腔对光束方向具有选择性，使受激辐射集中于特定的方向，因此，激光方向性很好。

总之，激光产生的机理包括两个方面：光在激活媒质内的传播并产生光的放大，以及通过光学谐振腔的作用，维持光振荡，放大和振荡两方面结合起来，向外输出激光束。

激光有很好的单色性，这与激活媒质和光学谐振腔都有一定关系，我们在此不详细讨论这个问题，需要指出，由于各种因素，实际上从谐振发出的激光，不完全是单色的，有一定的频率或波长范围。

谐振腔对光振荡具有选频作用，概括地说，谐振腔的作用使得激光器内可能出现的振荡频率不是任意的，光在谐振腔内传播时，形成以反射镜为节点的驻波，由驻波条件可得，加强的光必须满足。

$$L = n\frac{\lambda}{2}, \qquad n = 1,2,3,\cdots \tag{18-2}$$

式中，L 为谐振腔长度，λ 为激光波长，n 为正整数，波长不满足上述条件的光，很快被减弱而淘汰，使激光的频率宽度很小，即激光的单色性很好。

18.2 激光的特性及其应用

18.2.1 激光的特性

由于激光产生的机理与普通光源很不相同，使得它具有一系列普通光源所没有的优异特性，归纳起来有四大特性：

18.2.1.1 光束的方向性很好

普通光源发出的光向四面八方辐射，而激光，由于谐振腔对光束方向的选择作用，激光器输出的光束基本上沿谐振腔轴线方向发出，发散角很小，约在毫弧度的数量级。

18.2.1.2 亮度高

由于激光束的方向性很强这一特性，又带来两个特征，一是光源表面的亮度很高，二是被照射的地方光的照度很大，一台功率较大的激光器输出的激光的亮度比太阳的辐射亮度要高一百亿倍，这样亮的光源在屏幕上形成很小的光斑，可以在屏幕上得到极大的照度，所以方向性好、亮度高、照度大三者是同一性质的三种表现，归纳成一点，即激光光束的能量在空间高度集中。如果再用调制技术将它由连续发射变为断续的脉冲形式，也就是使其能量在时间上也高度集中，可获得较高的脉冲功率密度。

18.2.1.3 单色性好

普通光源中，单色性好的是氪灯（Kr^{86}），它可作为长度基准器，其谱线宽度 $\Delta\lambda = 4.7\times10^{-12}$m。而单色性最好的激光是气体激光器产生的激光，例如单模稳频He－Ne激光器发射的 6328×10^{-10}m 谱线，其谱线宽度 $\Delta\lambda \leqslant 10^{-18}$m，其单色性比氪灯提高约十万倍。

18.2.1.4 相干性好

激光除它的单色性好，即时间相干性很好外，同时激光具有很好的空间相干性，即相干长度比普通光源的光大得多，氪灯的光，其相干长度约 78cm，而稳频 He－Ne 激光器发射的激光，其相干长度可达 180km，激光的这一特点可通过如图 18－10 所示的双缝干涉实验清楚地显示出来。用普通光源作双缝干涉实验时，必须在实际光源与双缝之间加单缝 S，如图 18－10（a）所示；如取走缝 S，干涉条纹立即消失，如图 18－10（b）所示。用激光光源来作双缝干涉实验时，则情况大不相同，可以在没有单缝 S 的条件下让激光直接照射双缝，同样能够出现干涉条纹，而且比普通光源形成的干涉条纹更明亮清晰，如图 18－10（c）所示。

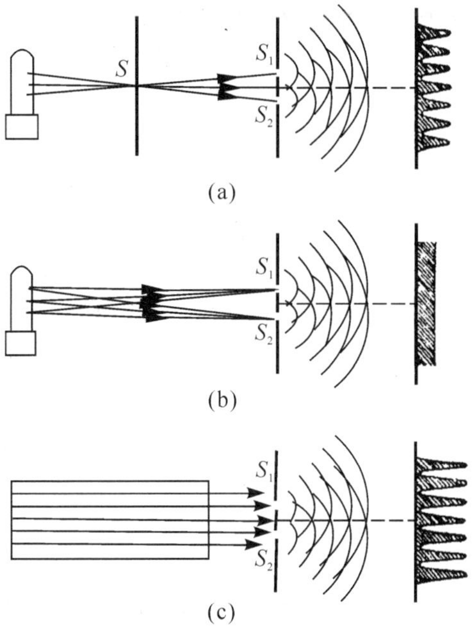

图 18－10

上述激光的四个基本特点，从应用的角度还可进一步概括成两个方面，一方面激光是定向的强光光束，这是指它的能量很集中，功率密度很大；另一方面激光是单色的相干光束，这是指它的单色性和相干性都很高。激光在各个领域中的广泛应用都是利用了这两方面的特性。

18.2.2　激光的应用

激光在科学研究和各技术领域中应用十分广泛，由于激光是定向强光光束这一特点，在激光通信、激光测距、激光定向、激光准直、激光雷达、激光手术、激光武器、激光显微光谱分析、激光受控热核反应等方面广泛应用；而激光全息、激光测长、激光干涉、激光测流速等领域主要利用激光是单色的相干光这一特点，激光这两方面的特点往往不能截然分开，并与应用密切相关。下面只就一些方面举例简介。

18.2.2.1　激光测距

根据光束往返的时间可以测定目标的距离，由于普通光束的发散角较大，光强也较小，距离大了，返回的光束十分微弱，给测量带来困难，而巨脉冲红宝石激光器可在 20ns 的时间内发射 4J 的能量，脉冲功率达 2×10^8 W，而发散角经透镜的进一步会聚可小至 5″。利用这样一束定向的强光束已经精确地测定了地球与月球之间距离，在平均为 4.0×10^5 km 的距离上测量误差只有 3m，这是以往其他方法所无法实现的。在测距时，将激光束对准目标发出后，测量它返回的时间，如从发出信号到接收返回信号的时间间隔为 t，则信号发出点到待测目标距离为

$$d = \frac{1}{2}ct$$

式中，c 为光速。激光测距原理已广泛地在炮兵坦克、飞机上使用，并制成了激光雷达，可测出目标距离、目标方位和目标的运动速度等，在导航、气象方面也有重要应用。

18.2.2.2　激光加工

激光加工的原理，主要是利用激光能量集中的特性，图 18－11 是激光加工装置的示意图，激光器发出的激光，经反射镜反射后通过会聚透镜聚焦于工件上，在焦点附近能产

生上万度的高温，使材料熔化或汽化，靠急剧膨胀产生冲击波对工件进行加工，如打孔、切割、焊接等加工工艺，特别是对熔点高，硬度大，例如金刚石、钛板、陶瓷等材料进行加工。

激光加工有如下特点：①激光加工是无接触加工，加工机可适当地与加工料分离，因此，有可能对零件中复杂曲折的微细部分进行加工；②脉冲激光加工消耗的能量较少，由于能量是在短时间内供给的，因此能避免对加工点外的热影响，又由于加工时间短，有可能对运动中的物体加工；③激光加工适用于多种材料的微型加工，与机械加工相比，较容易实现自动控制。

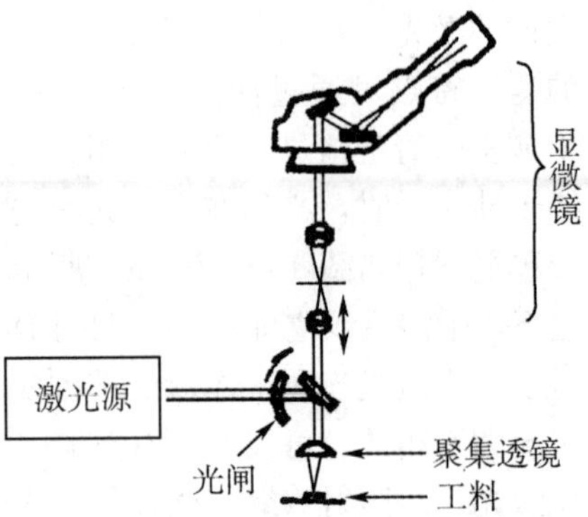

图 18－11

18.2.2.3　激光在医学上的应用

激光对有机物产生光、热、压力、电磁等多方面的作用。它在医学研究以及医疗上的应用，有的还处在动物实验的研究阶段，有的已比较成熟，例如，激光是较理想的手术刀，“光刀”过处不出血，避免结扎血管的麻烦，用激光破坏肿瘤，焊接视网膜脱落，已取得可喜的成绩。图 18－12 是一种红宝石激光光凝结装置的示意图，用以治疗视网膜脱落，为治这种病，可从外部用很强的光照射眼睛，利用眼球内水晶体的聚焦作用，将光能集中在视网膜的微小点上，靠其热效应使组织凝结，将脱落的网膜熔接在眼底上。

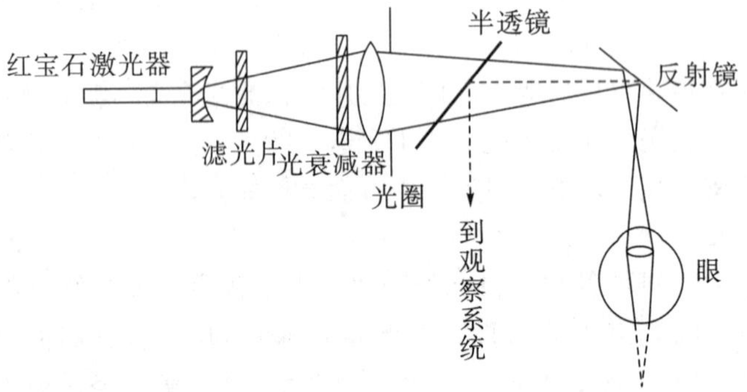

图 18－12

18.2.2.4　激光在科学研究中的应用

激光已逐渐深入到核物理、化学、电子学和计算机领域，并引起了许多重大变革，例如激光全息照相，记录物光的全部信息，通过一定办法可再现物体的立体图像，在科学研究中全息照相被广泛应用。利用激光的高功率密度产生数百万度的高温，引起核聚变。核聚变是轻原子核（氢、氘、氚核等）聚合为较重的原子核，并释放出大量核能的反应，核聚变需要在 10^7K～10^9K 以上的高温才能有效进行。将激光束分成多束，从各个方向均衡地照射在氘氚混合体作的小靶丸上，巨大的脉冲功率密度使靶丸在很短的时间内高度压缩，并产生高温，在它还来不及飞散之前完成核聚变。

激光的应用很多，我们不再一一列举。

18.3 等离子体

18.3.1 等离子体概述

当外界向气体供给足够的能量时，气体中的中性原子分解成带负电的电子和带正电的离子的过程，叫电离。由于电离，气体中几乎所有的原子都电离为正离子和电子，这种由高速运动的正离子和自由电子组成的物体，叫等离子体，物质的这种聚集状态，叫等离子态。它在宏观整体上表现为近似电中性，故一般气体定律及许多关系式仍适用。但它与普通气体的结构有很大的不同，例如，在普通气体中，粒子主要进行杂乱无章的热运动，而在等离子体中，除热运动以外，还能产生等离子体振荡，由于等离子体中的粒子带电，能自由运动，而且正负电荷密度几乎相等，故整体看呈电中性，在等离子体中电磁力起主要作用，能引起和普通气体大不相同的内部运动形态，具有很大的导电性，特别在外磁场存在时，等离子体的运动将受到磁场的影响和支配，再加之它具有很高的温度和流动性，所以应用前景很广，受到极大的重视。

在地球上，天然存在的等离子体是很少见的，因为地球表面的温度低，不具备等离子体产生的条件，那么，人们如何使物体处于等离子态呢？物质的各种聚集状态之间，在一定条件下可以互相转化，不同的聚集态对应着粒子排列的有序程度不同，固态的有序度最高，其次是液态和气态，等离子态的有序度最差。我们知道，如果外界向固态供给能量（例如加热），使物质粒子的动能超过其结合性，固态将转化为液态或气态，同样向气态供给能量，使粒子中的电子的动能超过原子的电离能时，气体将电离，转化为等离子态，因此等离子态是物质三态（固态、液态、气态）以外的第四种聚集状态，所以等离子态又叫物质第四态。在物态转化过程中，物质粒子的有序度发生变化，在特殊条件下，地球上也能产生等离子体，如雷电使空气电离而伴随产生瞬时等离子体；霓虹灯鲜艳的色彩是灯管内的氖或氩等离子体所产生等。

从地球电离层向外的整个宇宙中绝大部分物质（约99%以上）是以天然的等离子态存在的。太阳是个高温的等离子体火球，地球电离层是由于大气层被太阳辐射而电离所形成的，它也是由等离子体组成的。恒星、星云和星际气体都因电离呈等离子态。可见，等离子体是宇宙中物质存在的普遍形式。

从广泛意义上讲，不仅电离气体属等离子体，而且液态的电解溶液，甚至金属也属等离子体，因为在这些物质中含有能自由运动的正负离子。不过我们只讨论电离气体的等离子体。

18.3.2 等离子体的主要特征参量

18.3.2.1 等离子体密度

等离子体是由大量正负离子所组成的，其离子的多少对等离子体的性质有很大影响，一般将等离子体分为稠密等离子体和稀薄等离子体。恒星内部因高温产生的等离子体，粒子密度可达 $10^{28}\,m^{-3}\sim10^{31}\,m^{-3}$，属稠密等离子体，地球外层空间电离层内的粒子密度约 $10^{3}\,m^{-3}\sim10^{6}\,m^{-3}$之间，属稀薄等离子体。等离子体密度表示单位体积中所含粒子数。若

以 n_i 表示正离子的密度，n_e 表示电子的密度，用 n 表示其中任一种的密度。

在热平衡条件下，电离度仅与等离子体的密度有关，等离子体的电离度 $\alpha = \frac{n}{n_0}$，式中 n_0 为粒子总密度，在充分电离时，$\alpha \to 1$，在弱电离时，$\alpha \ll 1$。

由等离子体密度，可以估算出粒子间的平均距离 d。若以 N 表示单位体积中带电粒子的总数，则

$$N = n_i + n_e$$

每个带电离子平均占有体积为$\frac{1}{N}$，粒子间的平均距离 d 约为 $N^{\frac{1}{3}}$，即 $d = N^{-\frac{1}{3}}$。

当粒子间距离足够大时，可忽略其间存在的库仑力，即认为带电粒子的库仑相互作用势能远远小于热运动的动能，满足条件

$$\frac{e^2}{4\pi\varepsilon_0 d} \ll kT \tag{18-3}$$

叫等离子体理想气体化条件，满足此条件的等离子体可视为理想气体，当讨论其平衡性质时，常把等离子体视为理想气体来处理，在平衡状态下，等离子体内粒子分布自然遵从玻耳兹曼分布。

18.3.2.2　等离子体温度

从热力学知识可知，当系统处于热平衡状态时，才能用温度这个热力学状态参量来描述，对等离子体，一般处于非热平衡状态中，用温度来描述就存在一定的困难，温度本身就成为一个不确切的状态参量，然而在实际应用中，往往必须注意等离子体的温度变化，因此，我们只能在某种特定意义下，借用温度这个词，谈论等离子体的温度。

在等离子体密度非常小的稀薄等离子体内，如星际空间等离子体由于粒子间通过碰撞进行能量交换的几率很小，几天才可能相碰一次，致使长期处于远离热平衡状态，这时谈等离子体的温度就完全没有确切意义。

在密度比较高的等离子体内，由于电子和正离子的质量相差很大，若两者之间的互相作用视为完全弹性碰撞，那么碰撞过程中不容易进行能量传递，而电子和正离子各自在碰撞过程中容易进行能量交换，因此在这种等离子体内，电子和离子这两种不同粒子成分，各自处于热平衡中。

在高密度等离子体内，粒子间的平均距离很小，一方面静电相互作用明显，另一方面热运动的碰撞频率很高，致使等离子体内各成分间建立起热平衡，这种等离子体可以用一个确定的温度来描述。

根据热力学知识，等离子体每个粒子的内能为

$$E = \frac{3}{2}kT$$

在研究等离子体中，等离子体温度的单位不仅用 K 表示，也常用能量单位（eV）来表示，这时 $E = kT$，显然 1eV 对应的温度 T 为

$$T = \frac{E}{k} = \frac{1\text{eV}}{1.38 \times 10^{-23}\text{JK}^{-1}} = \frac{1.602 \times 10^{-19}\text{J}}{1.38 \times 10^{-23}\text{JK}^{-1}} = 11600\text{K}$$

利用等离子体进行热核聚变反应的点火温度约为 T：10^7K～10^8K，也可表示为 5keV～10keV，这时等离子体温度很高，叫高温等离子体，而磁流体发电的等离子体的温度只

有 10^3K～10^4K，或表为 0.1eV～1eV。用于切割金属和喷涂的等离子体射流的温度可上万度，比氧－乙炔燃烧气体的温度高几倍。

18.3.2.3　等离子体频率

在等离子体内包含有大量的自由电子和正离子，虽然在宏观整体上近似呈电中性，但就局部区域看来，由于某种扰动，局部区域内可出现电子过剩或正离子过剩，破坏了电中性，由于静电力作用，导致相当数量的电子的集体运动，形成等离子体内部电子的集体振荡，其振荡频率叫等离子体频率。振荡的机理如下：如图 18－13 所示，若在此区域内电子过剩，过剩电子产生电场，电子间的静电斥力迫使区域内的电子向区域外运动，由于运动的惯性，当区域恰好恢复呈电中性时，运动的电子不可能立即停止下来，造成过多电子离开这个区域，使该区域的电子缺少，即出现正离子过剩，如图 18－14 所示，在正离子的电场力作用下，电子从区域外又被拉回来，以致又出现区域内的电子过剩。这样不断出现区域的电子过剩→不足→过剩……的过程中，电子来回往复的集体运动，形成等离子体内部电子的集体振荡，不断进行热运动动能与电势能的转换，直至阻尼使能量耗散而终止振荡。

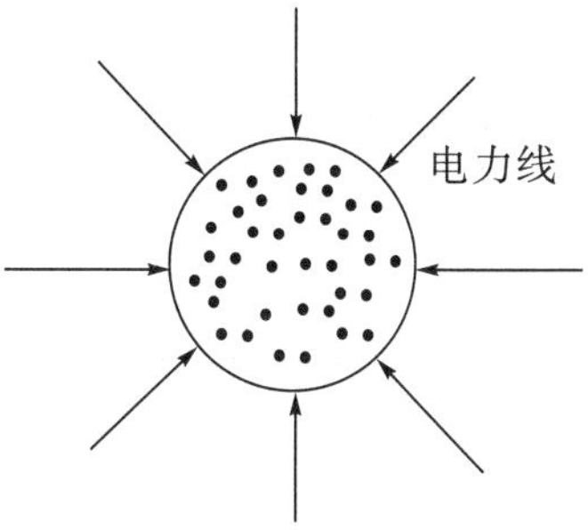

图 18－13

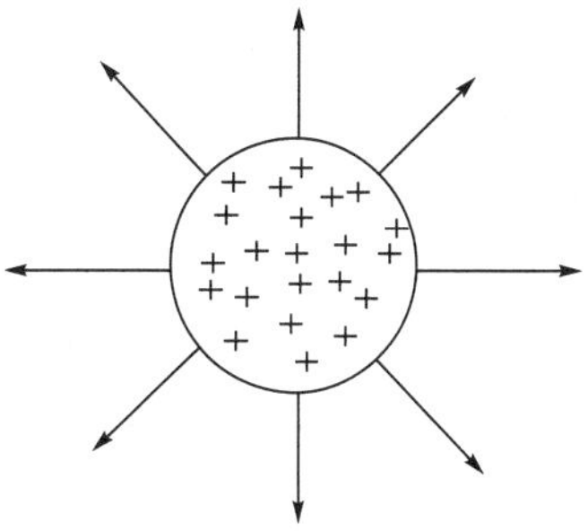

图 18－14

可以证明：电子的振荡频率远大于正离子的振荡频率，通常把电子振荡频率作为等离子体振荡频率 f_p，且

$$f_p \doteq \frac{1}{2\pi}\sqrt{\frac{n_e e^2}{\varepsilon_0 m_e}} \tag{18-4}$$

式中，n_e 为等离子体密度（电子密度），$e=1.6\times10^{-19}$C（电子电量），$\varepsilon_0=8.85\times10^{-12}$ $C^2/N\cdot m^2$（真空电容率）。$m_e=9.1\times10^{-31}$kg（电子质量），则

$$f_p = 8.98\sqrt{n_e} \tag{18-5}$$

一般气体放电，等离子体密度数量约为 10^{18}个/m^3，相应等离子体频率约为 10^{10} Hz，受控热核反应要求的等离子体浓度约 10^{20}个/m^3，相应频率约为 10^{11} Hz。

从上述的讨论可知，在等离子体内，由于某种扰动，可出现体内局部偏离电中性；因电荷间的相互作用，将使偏离尽快消除，它是靠等离子体自身作用，因此我们说等离子体自身具有强烈维持其电中性的特性，而等离子体的频率就是表示它对电中性破坏反应的快慢。

18.3.2.4　德拜长度

在等离子体内可能出现局部区域的偏离电中性，这种区域的范围究竟有多大呢？这就是我们关心的问题。

在无外场时，设想等离子体由于某种扰动在空间某区域出现了正电荷 q 的积累，若选取正电荷中心为坐标原点，在正电荷 q 的周围存在电场，电势分布为 $V(r)$，场强为 $E=-\dfrac{\partial V(r)}{\partial r}$，在这个电场作用下，电子被吸引，正离子被排斥，致使正电荷 q 附近出现负电荷过剩，如图 18－15 所示，空间任一点的电势等于正电荷产生的电势与周围过剩电子产生电势的迭加，当电场中电子处于热平衡态，且满足式（18－3）时，计算表明

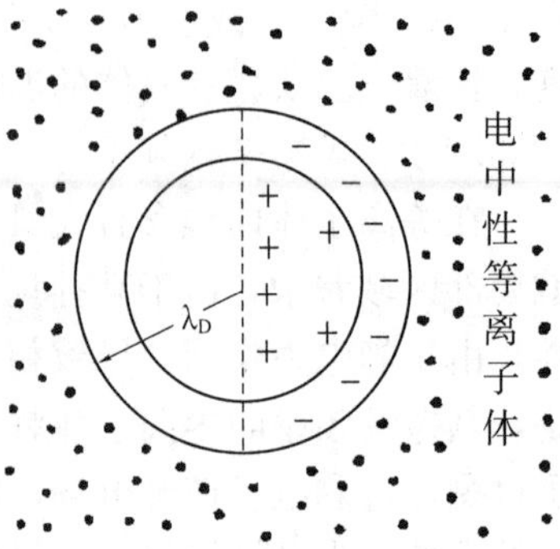

图 18－15

$$V(r)=\frac{q}{4\pi\varepsilon_0 r}e^{-r/\lambda_D} \tag{18-6}$$

式中，$\lambda_D=\sqrt{\dfrac{\varepsilon_0 kT}{ne^2}}$，具有长度的量纲，叫德拜长度。以正电荷中心为球心，以德拜长度 λ_D 为半径的球叫德拜球。从式（18－6）可知，德拜球外的电势很小，可近似为零，这表明中心的正电荷 q 被其周围的过剩负电荷所屏蔽，对球外不产生静电作用，因此德拜长度 λ_D 又是静电作用的屏蔽半径，显然，德拜长度（德拜球半径）λ_D 是电荷偏离电中性的最大范围，在德拜球外的空间等离子体是电中性的，在德拜球内有局域过剩的正负电荷分布。

必须指出，德拜长度仅是数量级的概念，不要误认为等离子体中存在边界严格的德拜球，一般电离气体要表现出等离子体性质，其空间最小线度必须远远大于其德拜长度。

18.4 等离子体的特性及应用

气体等离子体与普通气体在微观结构上大不相同，普通气体由大量的电中性的原子或分子组成，因此，普通气体是很好的电介质，而在等离子体内含有大量的带电粒子，从而具有相当复杂的电性质，在外电场作用下，等离子体具有导体和电介质的双重电性质。

18.4.1 等离子体的导电性

以弱电离等离子体在外电场中的直流电导率为例进行简要分析。

当弱电离等离子体处于外电场中时，由于离子质量大于电子质量，使离子运动速度比电子的小，其内部所形成的电流可以认为主要是电子在外电场作用下定向运动的结果；此外，因为是弱电离等离子体，忽略电子与电子，电子与离子间的碰撞，认为电子在运动过程中，只在与中性粒子相互碰撞时才进行能量动量交换，从而改变运动状态，其余时间，电子是自由粒子，作自由运动，在上述理想化条件下，讨论直流电导率。

设外电场的场强为 E，电子与中性粒子碰撞频率为 ν，则连续两次碰撞的时间间隔 τ 为

$$\tau=\frac{1}{\nu}$$

若每次碰撞，电子都失去它在电场中获得的全部定向运动速度 $v=\frac{eE}{m}\tau$，则电子定向运动形成的电流密度 j 为

$$j=n_e ev=n_e e\frac{eE}{m}\tau=\frac{n_e e^2\tau}{m}E=rE \tag{18-7}$$

式中，n_e 是电子数密度；r 为等离子体电子直流电导率。

（18－7）式为欧姆定律的微分形式。

直流电导率

$$r=\frac{n_e e^2\tau}{m}=\frac{n_e e^2}{m\nu}=\frac{n_e ev}{E} \tag{18-8}$$

由此可见，由于等离子体内电子与中性粒子无规则热运动的碰撞频率 ν 一般很小，因此等离子体电导率 r 一般很大，当 $\nu\to 0$ 时，电导率 $r\to\infty$；等离子体电导率在很多情形下比金属导体的电导率大，且表现出非线性效应，即等离子体的电导率与外加电场大小有关，而金属导体的电导率在恒温情形下，通常是常量，与外加电场无关。

18.4.2　等离子体的介电性

将中性气体放置在电场中，中性气体将被电极化，在单位体积的气体中将产生净的电偶极矩，但不形成稳恒电流，即在一般外电场中中性气体是电介质，表现出介电性。

而等离子的介电性不同于中性气体，例如等离子体在稳恒匀强电场中，等离子体中的正、负离子在电场力作用下，分别向场强的正负方向移动而形成稳恒电流（直流电），因此等离子体的直流介电常数为零。

理论和实验表明：若把等离子体放在交变电场中，则可显示介电性；其介电常数几乎只与外加交变电场的频率有关。

18.4.3　等离子体的应用

等离子体在科学研究和工程技术中有广泛的应用，我们就等离子体在金属切割、热喷涂、磁流体发电和受控热核反应等方面的应用作简要介绍。

18.4.3.1　等离子炬金属切割和热喷涂

等离子体应用于金属切割和热喷涂是以电弧放电产生等离子体，它具有大的电流密度和相当高的温度，从等离子炬喷射出的高温等离子体射流具有高温、定向、高度集中和稳定等特点，与传统的电弧和氧-乙炔金属切割相比较，切口窄，切口表面质量高，切缝干净无毛刺，切割速度快。

等离子喷涂工艺是一种先进的表面处理方法，先将待处理表面作预处理（清洁、除油、吹砂等），再把熔化的涂料液滴雾化高速喷在基体材料上，形成一层结合力很强的致密涂层，经过喷涂处理的材料具有耐高温、耐磨、抗冲击和抗腐蚀等特性。由于等离子体射流温度很高，喷涂料可以是难熔金属，如金属钨、钼、钽等，也可以是金属碳化物、氧化物、塑料甚至是陶瓷。等离子喷涂技术是八五规划国家高新技术推广项目之一，对改善和提高设备和零件的性能有很大作用。在航空、能源、化工、机械制造加工中有广泛的应用。

18.4.3.2 *磁流体发电*

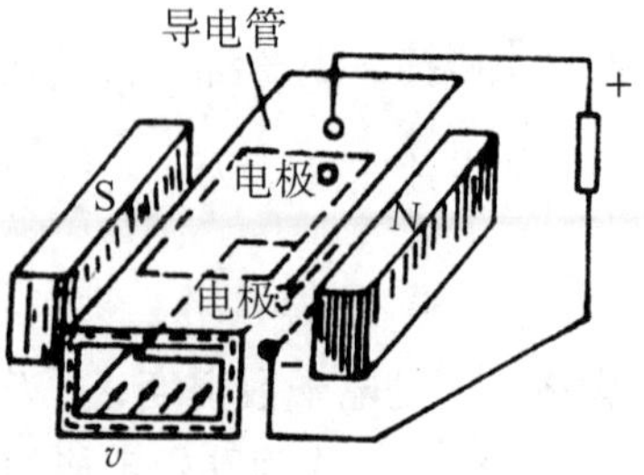

图 18－16

不仅半导体可以产生霍耳效应，在导电流体（即等离子体）中也会产生霍耳效应，磁流体发电的基本原理就是基于高速流动的等离子体中的霍耳效应，如图 18－16 是磁流体发电机的原理图，发电装置由磁场、导电管和电极组成，等离子体以高速（$v \doteq 10^3 \mathrm{m \cdot s^{-1}}$）通过导电管，导电管处在磁场中，由于洛仑兹力的作用，高速流动的等离子体中的正、负带电粒子发生方向相反的偏转，致使导电管的电极上产生电势差（霍耳电压）。如果连续不断提供高速等离子体，就能不断从电极上输出直流电。

18.4.3.3 *受控热核反应*

核聚变（两个较轻的原子核聚合成一个较重原子核，同时释放出大量能量的核反应）能释放出大量的能量，例如

① ${}_1^2\mathrm{D} \rightarrow {}_1^2\mathrm{D} \rightarrow {}_2^3\mathrm{He} + {}_0^1\mathrm{n} + 3.27\mathrm{MeV}$ 能量。

② ${}_1^2\mathrm{D} \rightarrow {}_1^2\mathrm{D} \rightarrow {}_1^3\mathrm{T} + {}_1^1\mathrm{H} + 4.04\mathrm{MeV}$ 能量。

③ ${}_1^2\mathrm{D} \rightarrow {}_1^3\mathrm{T} \rightarrow {}_2^4\mathrm{He} + {}_0^1\mathrm{n} + 17.58\mathrm{MeV}$ 能量。

④ ${}_1^2\mathrm{D} \rightarrow {}_2^3\mathrm{T} \rightarrow {}_2^4\mathrm{He} + {}_1^1\mathrm{H} + 18.34\mathrm{MeV}$ 能量。

核聚变反应的一般形式可写成

$$A_1 + A_2 \rightarrow A_3 + \Delta E$$

若将①，②，③，④构成循环，利用①和②反应的产物作为③和④反应的反应物，就只需用氘（${}_1^2\mathrm{D}$）作燃料，而氘的储藏量很大，估计每升海水中大约含有 0.03 克氘，这样

$$6{}_1^2\mathrm{D} \rightarrow 2{}_2^4\mathrm{He} + 2{}_1^1\mathrm{H} + 2{}_0^1\mathrm{n} + 43.2\mathrm{MeV}\ 能量$$

计算指出，每克核子释放的能量约为 $3.46 \times 10^{11} \mathrm{J \cdot g^{-1}}$，而化学燃料燃烧时释放的能量为：石油：$4 \times 10^4 \mathrm{J \cdot g^{-1}} \sim 5 \times 10^4 \mathrm{J \cdot g^{-1}}$，煤：$3 \times 10^4 \mathrm{J \cdot g^{-1}}$。计算指出，1 升海水中所含氘进行核聚变并完全燃烧时释放的能量相当于完全燃烧 200kg 石油或 300kg 煤。因此核聚变对人类解决能源具有极大的诱惑力。

为了能实现核聚变，必须使参加反应的原子核有足够的能量克服原子核间的静电斥力。为此，可采用两种办法，一种是用加速器先将氘核加速，再去轰击轻原子核；另一种是把反应物加热到极高温（几百万度或更高温度），这时物质处于等离子体状态，由于粒子具有极大的热运动动能，能克服静电斥力而使原子核发生激烈碰撞，以实现核的聚变反应，高温下进行的轻核聚变叫热核聚变，若在人工控制下进行，叫受控热核聚变反应。

理论研究表明，产生受控热核聚变反应的条件为：

①必须产生一个完全电离的高温等离子体，其温度在 5000 万度以上。

②要求等离子体维持时间和粒子密度的乘积 $n\tau$ 达 $10^{20} \mathrm{s \cdot m^{-3}} \sim 10^{22} \mathrm{s \cdot m^{-3}}$。

③反应装置能加热，约束等离子体并能解决等离子体的稳定性和辐射损失问题。

18.5　传感器的原理及其应用

18.5.1　传感器简介

人们通常将能把被测物理量或化学量转换为与之有确定对应关系的电量输出的装置叫传感器。传感器也叫变换器、换能器或探测器。传感器输出的信号有不同形式，如电压、电流、频率、脉冲等，以满足信息的传输、处理、记录、显示和控制等要求。

传感器是测量装置和控制系统的首要环节。没有精确可靠的传感器，就没有精确可靠的自动检测和控制系统，在各种航天器上，传感器测量出航天器的飞行参数、姿态和发动机工作状态的各个物理量，输送给各种自动控制系统，并进行自动调节，使航天器按预先设计的轨道正常运行；现代电子技术和电子计算机为信息转换和处理提供了极其完善的手段，但如果没有各种精确可靠的传感器去检测各种原始数据并提供真实的信息，电子计算机也无法发挥其应有作用。近年来，微型机组成的测控系统已经在许多领域应用，其传感器作为微型机的接口技术是不可缺少的。在自动化生产过程中，必须用各种传感器监视、控制生产过程中的各个参数，以便使设备工作在最佳状态，产品达到最好的质量。例如在超精细加工中，要求对零件尺寸精度进行“在线”检测与控制，只有使用传感器才能提供机床、刀架和被加工零件的有关信息，用一句比喻的话来说，传感器像人的感觉器官，检测控制系统像人的大脑。

传感器一般由敏感元件，传感元件和其他辅助件组成，如方框图 18－17 所示。敏感元件是直接感受被测量，并输出与被测量成确定关系的其他量的元件，如应变式压力传感器的弹性膜片就是敏感元件，它将压力转换为弹性膜片的变形；传感元件（又叫变换器）一般不直接感受被测量（有时也直接感受被测量而输出与被测量成确定关系的电量，如热电偶和热敏电阻），而是将敏感元件的输出量转换为电量输出的元件，如应变式压力传感器中的应变片就是传感元件，它将弹性膜片的变形转换成电阻值的变化；其他辅助件常指信号调节转换电路和辅助电源，它是为保证能把传感元件输出的电信号便于显示、记录、处理和控制的有用电信号的电路。

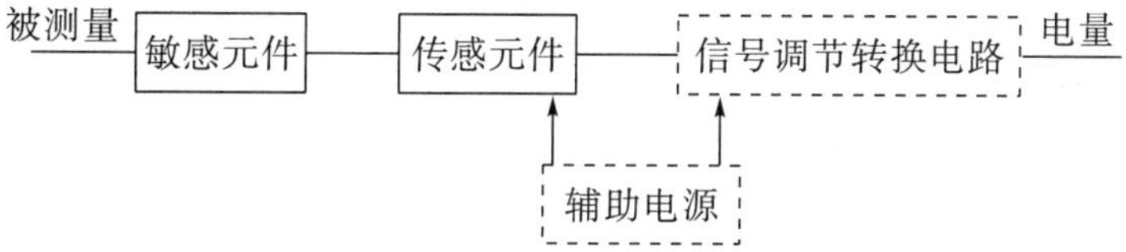

图 18－17

传感器所测量的物理量基本上有两种形式，一种是稳态（静态或准静态）的形式，这种信号不随时间变化（或变化缓慢）；另一种是动态（周期性变化或瞬态）的形式，这种信号随时间而变化，由于输入物理量状态不同，传感器所表现出的输入－输出特性也不同（包括静态特性和动态特性），而不同传感器有不同的内部参数，也会表现出不同特点的输入－输出特性，传感器的基本特性就是以它的输出－输入关系特性来表征的。一个高精度传感器，必须具有良好的静态特性和动态特性，以完成信号的无失真转换，衡量传感器静态特性的主要指标是线性度、灵敏度、迟滞和重复性；传感器的动态特性是指传感器对激励（输入）的响应（输出）特性，可从时域和频域两个方面采用瞬态响应法和频率响应法来分析，但在理论上不是一件容易的事情。因此，在信息论和工程控制中，常用一些足以反映系统动态特性的函数，将系统的输出与输入联系起来，这些函数有传递函数、频率响应函数和脉冲响应函数等。

随着科学技术的发展，传感器的种类愈来愈多，地位也受到广泛重视，普遍认为传感是 20 世纪 80 年代科技发展的一个重要方面，高精度、小型化、集成化、数字化、智能化和高速度是传感器的发展趋势，这里仅简介几种常见传感器。

18.5.2 几种常见传感器

18.5.2.1 压电式传感器

压电式传感器的工作原理是以某些物质的压电效应为基础的。这些物质在沿一定方向受到压力或拉力作用而发生变形时，其表面上会产生电荷，当外力去掉时，它们又重新回到不带电的状态。这种现象叫压电效应，具有压电效应的物体叫压电材料或压电元件，常见的压电材料有石英、钛酸钡、锆钛酸铅等。

实验证明，压电材料变形时产生的电荷与材料变形的大小成正比，电荷的符号取决于变形的形式。下面以石英晶体为例说明之。

图 18－18 所示为天然石英晶体，外形为六角形晶柱。在直角坐标系中，z 轴表示其纵向轴，叫光轴；x 轴经过正六面体的棱线，叫电轴；y 轴垂直于正六面体棱面，叫机械轴。沿电轴（x 轴）方向的力作用下产生电荷的压电效应叫纵向压电效应；沿机械轴（y 轴）方向的力作用下产生电荷的压电效应叫横向压电效应，沿光轴（z 轴）方向受力时不产生压电效应。

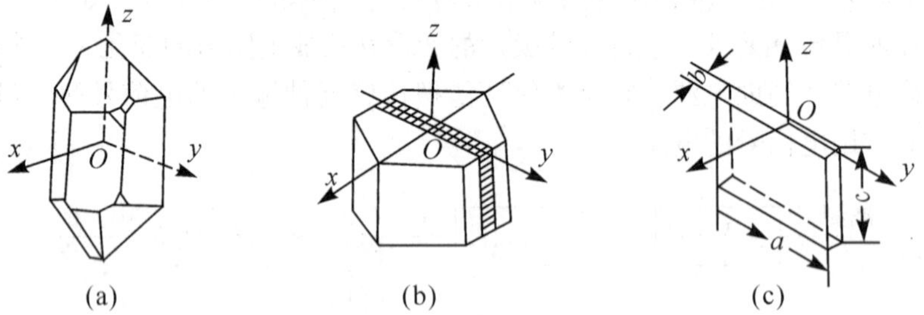

图 18－18

从晶体上沿轴线切下的薄片（晶体切片），如图 17－18（c）所示的石英晶体切片，当沿电轴方向受作用力 F_x 时，则在与电轴垂直的平面上产生电荷 Q_x，且大小满足

$$Q_x = d_{11} \cdot F_x \qquad (18-9)$$

式中，d_{11} 叫压电系数（C/N），电荷 Q_x 的符号由 F_x 是压力还是拉力而定，如图 18－19（a），（b）所示，电荷 Q_x 的多少与晶体切片的几何尺寸无关。

若在同一晶体切片上沿机械轴方向受力，其产生电荷仍在与 X 轴垂直的平面上，但极性方向相反，如图 18－19（c），（d）所示，其电荷 Q_x 满足

$$Q_y = d_{12}\,\frac{a}{b}F_y = -d_{11}\,\frac{a}{b}F_y \tag{18-10}$$

式中，a 和 b 为晶体切片的长度和厚度，d_{12}表示沿 y 轴方向受力时的压电系数，因石英轴对称 $d_{12}=-d_{11}$，式中负号表示沿 y 轴的压力所引起的电荷极性与沿 x 轴的压力所引起的电荷极性相反。

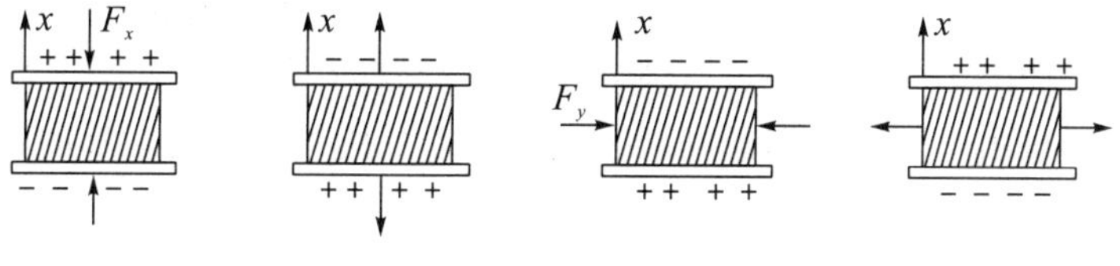

图 18－19

在片状压电材料的两个电极面上加交流电压能在电极方向上产生伸缩现象，叫电致伸缩效应。

以石英晶体为例说明压电材料产生压电效应的机理，石英晶体（分子式 SiO_2）由带有 4 个正电荷的硅原子和带有两个负电荷的氧原子有序结合而成，如图 18－20（a）所示，在正常情况下，电荷互相平衡，对外呈现不带电。

如果沿 x 轴方向压缩石英晶体，则硅离子 1 挤入氧离子 2 和 6 之间，氧离子 4 挤入硅离子 3 和 5 之间，结果在表面 A 上呈现负电荷，在表面 B 上呈现正电荷，如图 18－20（b）所示。如果沿 x 轴方向受拉力，则硅离子 1 和氧离子 4 向外移，在表面 A 和 B 上呈现的电荷符号与受压力时正好相反。如果沿 y 轴方向压缩，硅离子 3 和 5 以及氧离子 2 和 6 都向内移动同一数值，故在电极 C 和 D 上仍不呈现电荷，而由于同时使硅离子 1 和氧离子 4 相对向外挤，则在 A 和 B 表面上分别呈现正负电荷，如图 18－20（c）所示，若沿 y 轴方向受拉力，则在表面 A 和 B 上呈现电荷符号与受压力时相反，若在 z 轴方向受力，由于硅氧离子是对称平移，而在表面上没有电荷呈现，无压电效应。

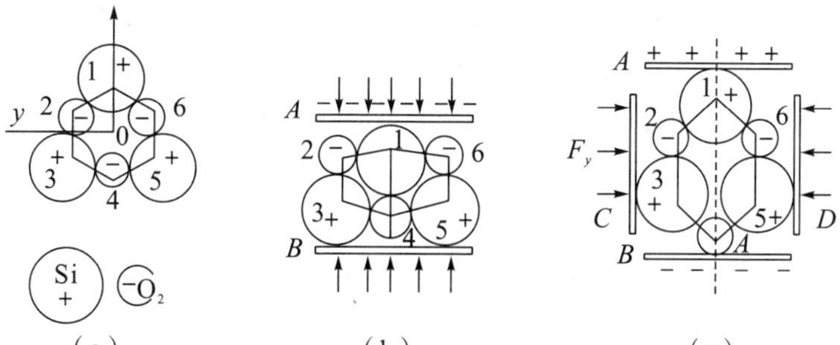

图 18－20

压电材料可分为压电晶体和压电陶瓷两大类，前者是单晶体，例如石英、酒石酸钾钠（$NaKC_4H_4O_6-4H_2O$）、磷酸二氢钾（KH_2PO_4）（简称 KDP）等，后者为多晶体，例如钛酸钡（$BaTiO_3$）、锆钛酸铅系压电陶瓷（PZT）、铌镁酸铅压电陶瓷（PMN）等，其压电机理与压电晶体不同，以钛酸钡说明之。

钛酸钡的晶粒内有很多自发极化的电畴，在极化处理以前，各晶粒内的电畴按任意方向排列，自发极化作用相互抵消，陶瓷内极化强度为零，如图 18－21（a）所示。当陶瓷上施加外电场 E 进行极化处理时，电畴自发极化方向转到与外加电场方向一致，如图 18－21（b）所示，即进行了极化，这时压电陶瓷具有一定极化强度。当电场撤消后，各电畴的自发极化在一定程度上按原外加电场方向取向，陶瓷内极化强度不再为零，仍有部分残留，如图 18－21（c）所示，这时极化强度叫剩余极化强度，在陶瓷片极化的两端就出现正负束缚电荷，如图 18－22 所示，这些束缚电荷的存在使电极表面很快吸附一层来自外界的等量异号的自由电荷，它们起屏蔽和抵消陶瓷片内极化强度对外的作用，故陶瓷片对外不表现极性。

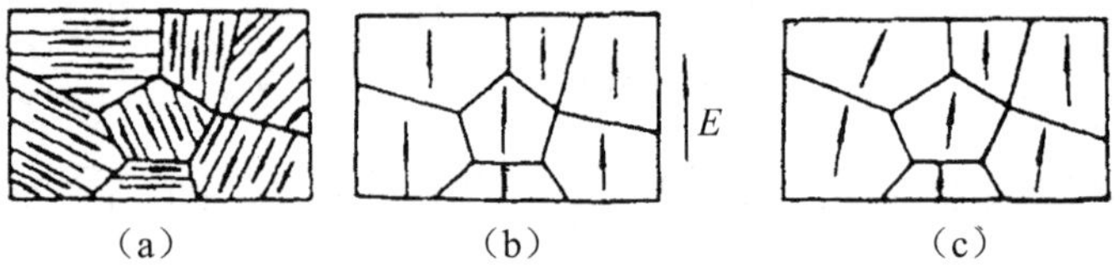

图 18－21

如果在极化处理后的压电陶瓷片上加与极化方向平行的压力，陶瓷片将产生压缩变形，片内的正、负束缚电荷之间距变小，电畴发生偏转，极化强度随之变小，从而，原吸附在极板上的自由电荷有一部分被释放而出现放电现象。当压力撤消后，陶瓷片恢复原状，正负束缚电荷间距又变大，极化强度也变大，致使电极上又吸附一部分自由电荷而出现充电现象，这种因机械效应（机械能）转变为电效应（电能）的现象叫压电陶瓷的正压电效应，其放电电荷的多少与外力大小成比例，即有

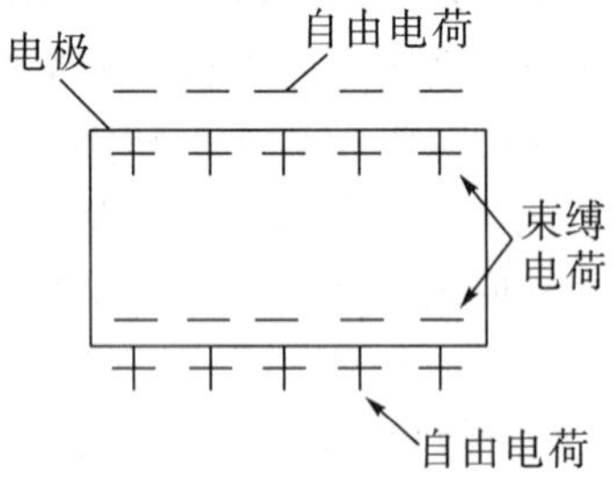

图 18－22

$$Q = d_{33}F \tag{18-11}$$

式中，Q 为放电电量；d_{33} 为压电陶瓷的压电系数；F 为作用在压电陶瓷片上的作用力。

虽然压电晶体和压电陶瓷的压电机理不同，但在宏观上的表现却相同，当压电片受力时在电极上聚集等量的正负电荷，如图 18－23（a）所示，两极板间聚集电荷，中间为绝缘体，使其成为一个电容器，如图 18－23（b）所示。

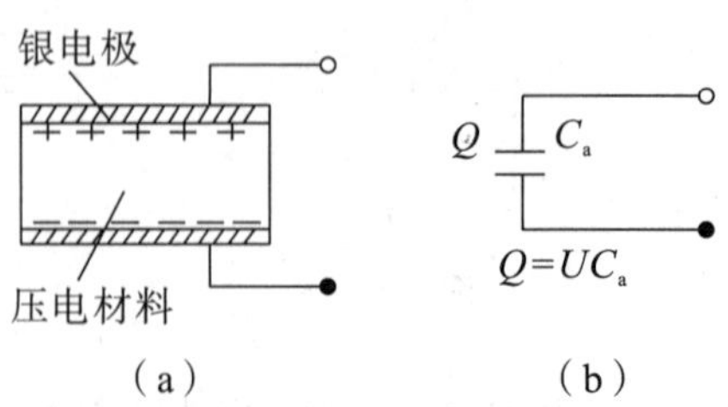

图 18－23

电容量为

$$C_a = \frac{\varepsilon_0 \varepsilon_r S}{h}$$

式中，S 是极板面积；h 是压电片厚度。

两极板间电压为

$$U = \frac{Q}{C_a}$$

因此，压电式传感器可等效成一个电荷源 Q 与一个电容 C_a 并联的电路，如图 18－24（a）所示，也可等效为一个电源 $U=\frac{Q}{C_a}$ 和一个电容 C_a 的串联电路如图 18－24（b）所示。

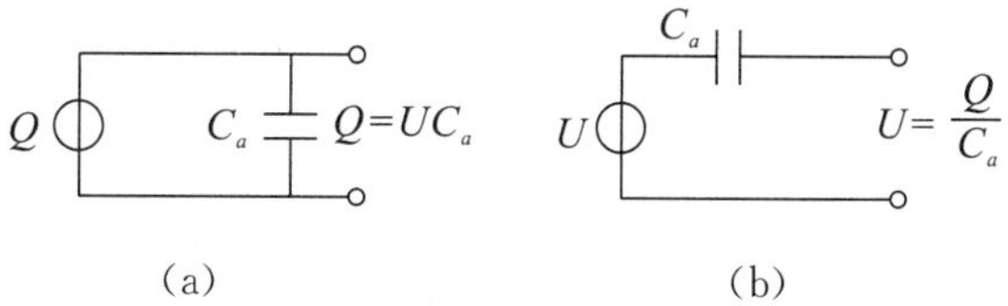

图 18－24

由于压电式传感器只有在对电路负载无穷大，内部也无漏电时，受力所产生的电压 U 才能长期保存下来。如果负载不是无穷大，则电路将以时间常数 $R_L C_a$ 按指数规律放电，因此，压电式传感器要求负载电阻 R_L 很大的数值，才能使测量误差小到一定数值以内，从而常在压电式传感器输出端后面，先接一个高输入阻抗的前置放大器，然后再接一般的放大电路以及其他电路。前置放大器有两个基本作用，一是放大压电式传感器的微弱信号，二是将传感器的高阻抗输出变换为低阻抗输出，按传感器输出的是电压，还是电荷，其前置放大器相应使用电压放大器或电荷放大器。

利用压电效应可制成各种压电式传感器，常用的有压电式加速传感器和压电式测力传感器，用来测量压力、应力、振动、加速度等。

18.5.2.2　光电式传感器

光电式传感器是能将光能转换为电能的一种器件，叫光电器件，它的物理基础是光电效应。按光的粒子学说，光是具有能量为 $h\nu$ 的光子流，当光照射到物体上时，可看成一连串的能量为 $h\nu$ 的光子轰击在物体上，由于物体吸收了能量为 $h\nu$ 的光子能量后而产生光电效应，通常光电效应可分为三类。

（1）外光电效应。在光的作用下能使物体的电子逸出表面的现象叫外光电效应，如光电管、光电倍增管就属这类光电器件。

（2）内光电效应。在光的作用下能使物体电阻率改变的现象叫内光电效应，属这类光电器件的如光敏电阻、光导管等。

（3）光生伏打效应（又叫阻挡层光电效应），在光的作用下能使物体产生一定方向的电动势的现象叫光生伏打效应，基于该种原理的光电器件有光电池、光敏晶体管等。

由于光电器件的响应快，结构简单，有较高的可靠性等优点，在现代测量与控制系统中，应用十分广泛。

在用光电器件测量非电量时，首先要将非电量的变化转换为光量的变化，然后通过光电器件的作用，再将非电量的变化转换为电量的变化。

光电管　光电管的结构如图 18－25 所示，在一个真空的玻璃泡内装有两个电极，一个是光电阴极，另一个是阳极，光电阴极有的是贴附在玻璃泡内壁，有的是涂在半圆筒形的金属片上，阴极对光敏感的一面是向内的，不同的阴极材料，对不同波长的光，灵敏度不同（即具有不同的光谱特性），在阴极的正前方装有单根金属丝或环状的阳极，当阴极受到适当波长的光照射时便发射电子，电子被带正电位的阳极所吸引，在光电管内就有电子流，外电路中便产生了电流，如果在外电路中串入一电阻，则有电流过电阻产生一定的电压降，该电压降经过放大即可实现测量或控制。

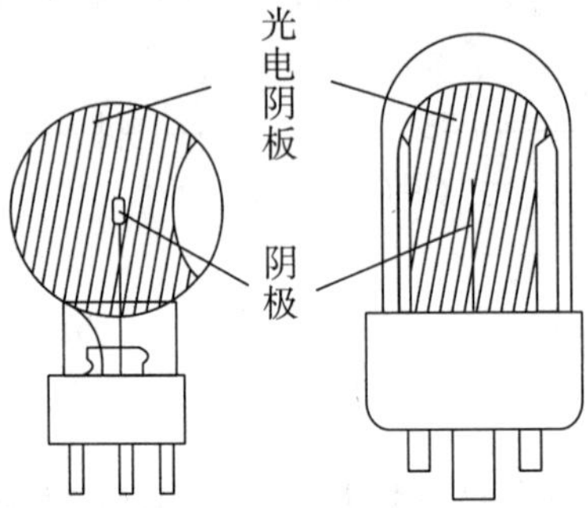

图 18－25

当投射光通量一定时，阳极电压与阳极电流之关系曲线叫光电管的伏安特性曲线，如图 18－26 所示，光电管的工作点应选在光电流与阳极电压无关的区域内。

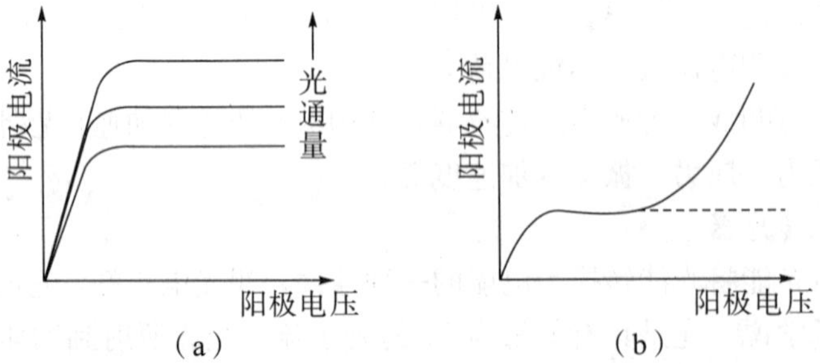

图 18－26

除真空光电管外还有充气光电管，它的构造和真空光电管基本相同，所不同的只是在玻璃泡内充有少量的惰性气体，如氩或氖，当光照而发射光电子时，运动电子撞击惰性气体的原子，使其电离，产生大量自由电子，从而使阳极电流急速增加，提高了光电管的灵敏度，如图 18－26（b）所示，但其灵敏度随电压显著变化的稳定性和频率特性等均比真空光电管差，在测量中一般选择真空光电管。

光电倍增管。在入射光极为微弱时，普通光电管产生的光电流很小，即使再使光电流放大，但信号和噪声同时被放大。为克服这个缺点，可采用光电倍增管，如图 18－27 所示，它是由光电阴极 K、若干倍增极 E_1、E_2、E_3、…和阳极 A 三部分组成，在使用时，阴极接在电位最低点，各倍增极的电位依次提高，阳极电位最高。当入射光投射在由半导体光电材料锑－铯或银－镁制成的光电阴极上时，激发出光电子，由于各级间存在电场，

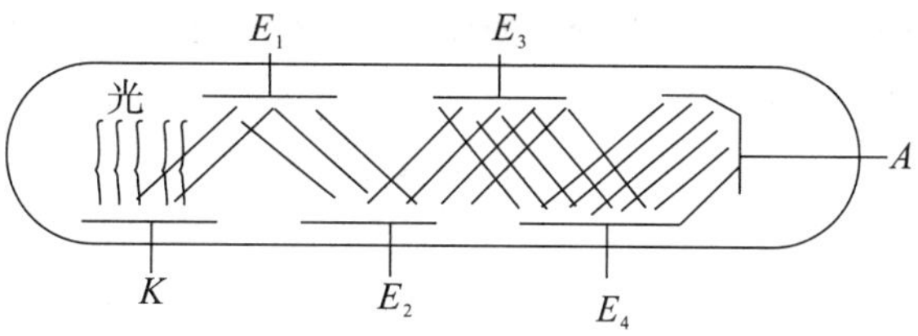

图 18－27

电子被加速轰击第一倍增极，这些倍增极具有这样的特性，在受到一定数量的电子轰击后，能放出更多的电子（叫二次电子）。倍增极的几何形状设计成每个极都能接受前极的二次电子，这样如果在光电阴极 K 上由于入射光的作用发射出一个电子，这个电子将被第一倍增极的正电压加速而轰击第一倍增极 E_1，设这时第一倍增极有 σ 个二次电子发出，这 σ 个电子又轰击第一倍增极 E_2，其产生的二次电子又增加 σ 倍，从而产生 σ^2 个电子，经过 n 个倍增极后，原先一个电子将变为 σ^n 个电子，这些电子最后被阳极收集而在光电阴极与阳极之间形成电流。设 $\sigma=4$，$n=10$ 时，则放大倍数为 $\sigma_n=4^{10}=10^6$，即放大了 100 万倍，可见，光电倍增管的放大倍数是很高的。

光电倍增管的伏安特性曲线的形状与光电管的很相似。实用上倍增极的数目 n 在 4～14 之间，倍增极材料的 σ 在 3～4 之间。

光敏电阻（光导管）。它是用光电导体制成的光电器件，是基于某些半导体的光导效应来进行工作的，所谓光导效应是某些半导体的阻值随光照强弱的变化而变化的现象，如图 18－28 所示。当无光照时，光敏电阻值（暗电阻）很大，电路中电流很小；当受到一定波长范围的光射照时，其阻值（亮电阻）急剧减小，电路中电流迅速增加，这是由于光敏电阻受到光照时，被光子能量激发出载流子，从而提高了导电性，阻值降低，光照愈强，阻值降低愈多。大多数光敏电阻的暗电阻往往超过 1MΩ，甚至高达 100MΩ，而亮电阻即使在正常白昼条件下也可降到 1kΩ 以下，可见光敏电阻的灵敏度相当高。

光敏电阻没有极性，纯粹是个电阻器件，使用时可加直流偏压，也可加交流电压。

由于光敏电阻的光照特性呈非线性，如图 18－29 所示，因此它不宜作为测量元件，一般在自动控制系统中常用作开关式光电信号传感元件。

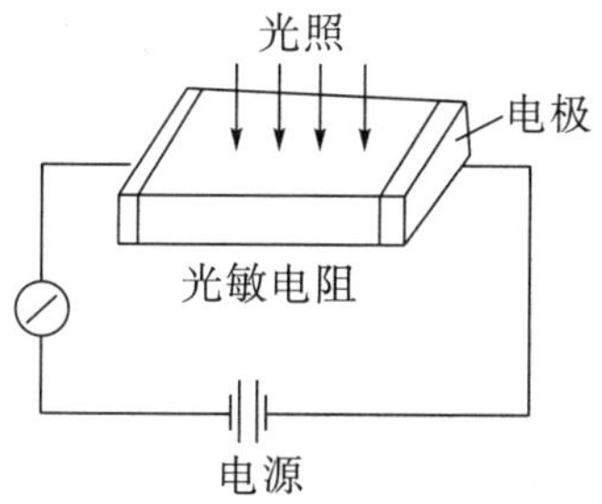

图 18－28

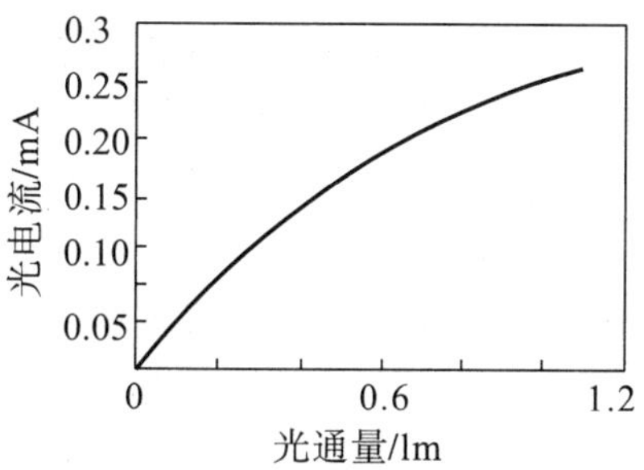

图 18－29

光敏电阻种类很多，除用硅锗制造外，也可用硫化镉、硫化铅、硫化铊、硒化铟等材料制造。

光敏二极管和光敏晶体管　光敏二极管的结构与一般二极管相似，装在透明玻璃外壳中，它是由一个 PN 结组成（如图 18－30），其 PN 结装在管顶，可直接受到光照，光敏二极管在电路中一般处在反向工作状态，如图 18－31 所示，光敏二极管在无光照时呈高阻状态，可达兆欧（MΩ）级，在有光照射时呈低阻状态，仅几百欧到 1kΩ，这是由于当光照射在 PN 结上，使 PN 结附近产生光生电子－空穴对，且其浓度随入射光照度而相应变动，利用光敏二极管的这个特性能将光信号转换成电信号输出。

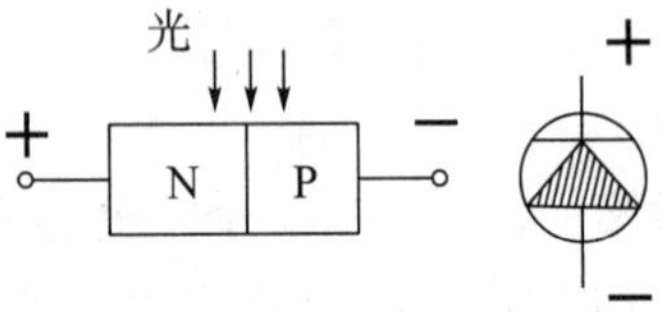

图 18－30

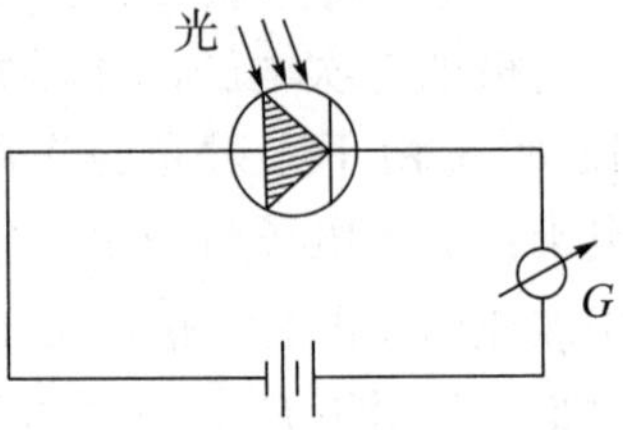

图 18－31

光敏晶体管与一般晶体管相似，具有两个 PN 结，图 18－32 和图 18－33 所示是 NPN 型光敏晶体管的结构简化模型和基本电路。当集电极 c 加上相对于发射极 e 为正的电压而不接基极 b 时，基极－集电极结就是反向偏压，当光照射在基－集结上时，就会在结附近产生电子－空穴对，从而形成光电流，输入到晶体管的基极；由于基极电流以光敏晶体管在把光信号转换为电信号的同时，又将信号电流加以放大。

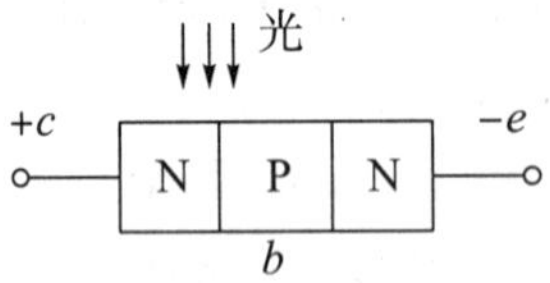

图 18－32

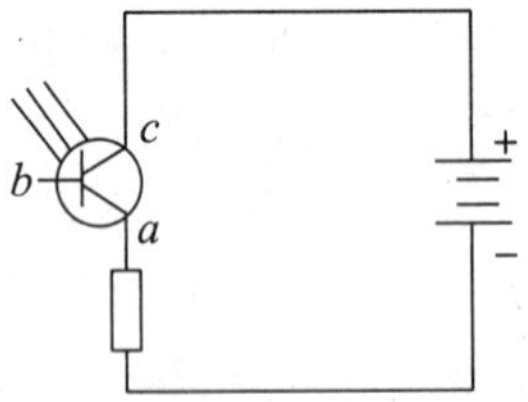

图 18－33

需注意，实际上许多光敏晶体管仅有集电极和发射极两端有引线，基极往往不接引线。

光电池。它是一种直接将光能转换为电能的光电器件，电路中有了这种器件就不再需要外加电源，它有一个大面积的 PN 结，当光照射到 PN 结上时，在结的两端出现电动势（P 区为正，N 区为负），如果用导线把 P 区端与 N 区端连接起来，并与一只电流表串接，如图 18－34 所示，在电流表中就有电流流过，这是为什么呢？读者知道，当 N 型半导体和 P 型半导体结合在一起时，由于热运动，N 区中的电子向 P 区扩散；而 P 区中的空穴向 N 区扩散，结果在交界处靠 P 区一侧聚集较多电子，而在交界处靠 N 区一侧聚集较多的空穴，于是在过渡区形成一个电场，其方向由 N 区指向 P 区，这个电场阻止电子进一步由 N 区向 P 区扩散，同时阻止空穴进一步由 P 区向 N 区扩散，但却能推动 N 区中的空穴（少数载流子）和 P 区中的电子（也是少数载流子）分别向对方运动。

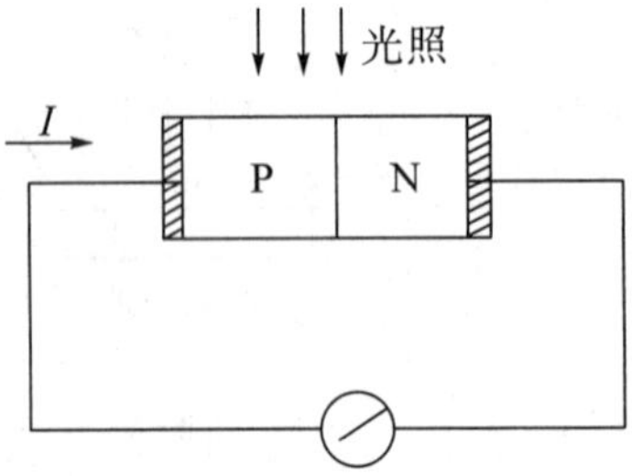

图 18－34

当光照在 PN 结上时，如果光子能量足够大，将在 PN 结区附近激发电子－空穴对。在 PN 结电场作用下，N 区的光生空穴被拉向 P 区，P 区的光生电子被拉向 N 区，结果在

N 区聚积了负电荷而带负电，P 区聚积了正电荷而带正电，于是 N 区和 P 区之间就出现了电势差，就可测出光生电动势，若用导线将 PN 结连接起来，电路中就有电流流过。

光电池主要产品有硅光电池和硒光电池。

光电式传感器在检测和控制工程中应用非常广泛，可分为模拟式和脉冲式两类。

模拟式光电传感器的作用原理是基于光电器件的光电流随光通量而变化，而光通量又随被测非电量的变化而变化，这样光电流就是被测非电量的函数，这类传感器大都用于测量位移、表面光洁度、振动等参数。例如光电式带材跑偏仪就是由光电式边缘位置传感器和晶体管放大器组成，传感器由光源、光学系统和光电器件（硅光敏晶体管）组成，如图 18－35（a）所示。

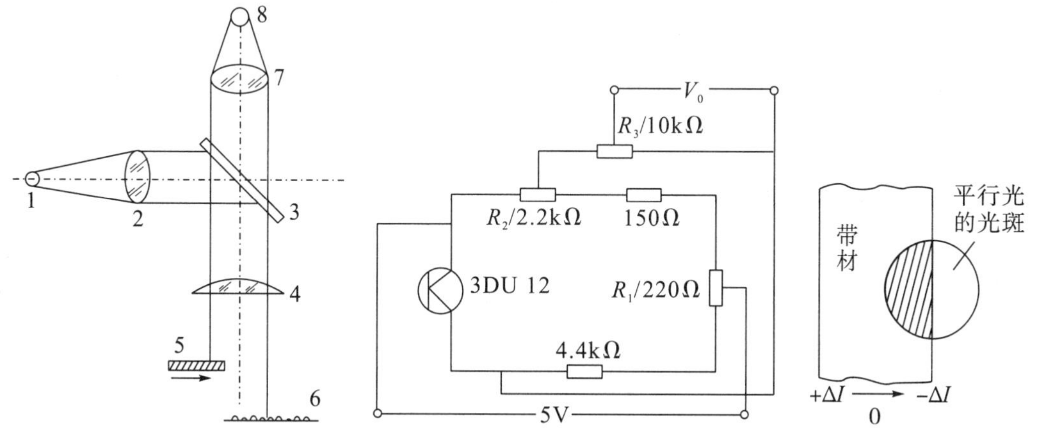

图 18－35

光源 1 所发生的光经双凸透镜 2 会聚后，由半透反射镜 3 反射折转光路 90°，然后经半凸透镜 4 会聚成平行光束。这光束由带材遮挡一部分，另一部分投射到角矩阵反射镜 6 后被全反射倒向折回，又经透镜 4、半透反射镜 3 和双凸透镜 7 会聚于光敏晶体管 8 上。光敏晶体管（光电器件）接在输入桥路的一臂上，如图 18－35（b）所示，图中 R_1 是放大倍数调整电位器，R_2 和 R_3 分别为零点平衡位置粗调和细调电位器。

当带材处于平行光束的中间位置时，电桥处于平衡状态，其输出信号为 0，如图 18－35（c)所示；当带材向左偏移时遮光面积减少，角矩阵反射镜反射回的光通量增加，输出电流信号为 $+\Delta I$；当带材向右偏移时，光通量减少，输出信号电流为 $-\Delta I$。可见由测量电桥的输出信号电流随被测对象（带材）的位置而变化，这个电流变化信号再由晶体放大器放大后，作为控制电流信号，通过执行机械纠正带材的偏移。

脉冲式光电传感器的作用原理是光电器件的输出只有两个稳定状态，即“通”与“断”的开关状态，当光电器件受光照时，有信号输出，不受光照时，无信号输出，大多用于作为继电器和脉冲发生器的光电传感器，如测线位移、线速度、角位移、角速度（转速）的光电脉冲传感器，它们是将光脉冲转换为电脉冲的装置。

图 18－36 是光电式转速计的工作原理图，在被测转轴上固定一个调制盘（码盘），将光源发出的恒定光调制成随时间变化的调制光，再投射在光电器件上，光线每照射到光电

器件一次，光电器件就产生一个电信号脉冲，此信号经整形放大电路后送频率计计数，最后译码显示转速。

近年来，由于各种敏感材料的开发和微细加工技术及微电子技术的迅速发展，新型传感器不断涌现，这里不再一一例举。

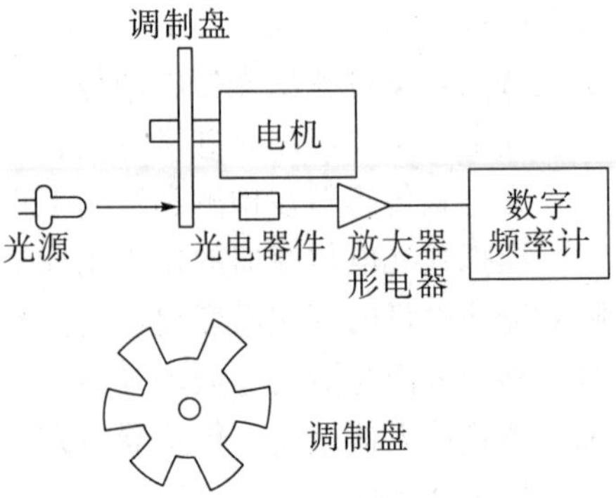

图 18－36

18.6 黑体辐射及其应用

19 世纪末，人们在研究电磁波与物质的相互作用过程中发现，严格按照经典理论推导出与实验事实不符合的结果，被称之为“紫外灾难”的热辐射现象给经典物理学以有力的冲击。普朗克在 1900 年提出了能量量子化假说，成功地解释了热辐射现象。

18.6.1 热辐射 基尔霍夫定律

所谓辐射是指电磁波，从电磁理论看，任何电磁辐射都与带电粒子的某种运动形式相关，在带电粒子辐射电磁波时，一方面要向外辐射能量，其本身的能量减少，另一方面需要补充能量，按补充能量的方式，可划分为不同类别的辐射。依靠化学反应来提供能量的叫化学发光，例如燃烧、放焰火；依靠电磁能量来发光的叫电致发光，例如，氖灯、汞灯、弧光灯等；需靠外来光的照射才能发光的叫光致发光，例如荧光灯、夜光表等；而灯丝、烙铁、钢水等，则因吸收热升高了温度才发光，即是依靠物体的内能来产生辐射的，这叫热辐射。任何物体不论处在什么过程中，只要其温度不等于绝对零度，都要进行热辐射，一般而言，辐射体不是弧立体，一个物体不断地向外发射辐射能的同时也不断地从周围环境中吸收外来辐射能，从而构成一个发射和吸收并存的过程，当发射多于吸收，其温度下降，反之，温度就升高。若发射能恰恰等于吸收的辐射能，其温度就维持不变，这时物体的热辐射叫平衡热辐射。可见，当物体的热辐射达到平衡时，物体有确定的温度，这时物体的热辐射状态可以用一个确定的温度 T 来描述。

为了描述物体平衡热辐射的规律，首先引入几个描述热辐射的物理量。

18.6.1.1 单色发射本领

实验指出，当物体的温度为一定时，在一定时间内从物体表面的一定面积上发射出的、波长在某一范围内的辐射能有一定的量值。令 $\mathrm{d}E_\lambda$ 表示单位时间内从物体表面单位面积上发射出的、波长在 $\lambda + \mathrm{d}\lambda$ 之间的辐射能，当 $\mathrm{d}\lambda$ 相当小时，$\mathrm{d}E_\lambda$ 与 $\mathrm{d}\lambda$ 成比例，写成

$$\mathrm{d}E_\lambda = e(\lambda, T)\mathrm{d}\lambda \tag{18-12}$$

式中，$e(\lambda,T)$ 是比例系数，对于给定的物体，$e(\lambda,T)$ 是波长 λ 和温度 T 的函数。

由上式可看出，$e(\lambda,T)$ 表示单位时间内从物体表面单位面积上发射出的，波长在 λ 附近单位波长间隔内的辐射能，叫该物体的单色发射本领。它反映了在不同温度下物体的热辐射能按波长 λ 的分布情况，在国际单位制中它的单位是瓦/米^3（$\mathrm{W/m^3}$）。

18.6.1.2　全发射本领

物体表面单位面积在单位时间内发射出的、全部波长的总辐射叫全发射本领，用 $E(T)$ 表示，有

$$E(T) = \int_0^\infty e(\lambda, T)\mathrm{d}\lambda \tag{18-13}$$

式中，$E(T)$ 的国际单位是瓦/米^3（W/m^3）。

18.6.1.3　吸收率和反射率

当外来辐射能投射到某一不透明物体上时，一部分被物体吸收，一部分从物体表面上反射（若物体是透明的，还有一部分透过物体）。若用 $I(\lambda, T)$、$A(\lambda, T)$ 和 $R(\lambda, T)$ 分别表示波长在 λ 附近单位波长间隔内的入射能量、被吸收的能量和被反射的能量如图（17－38），则由能量守恒和转换定律有

$$I(\lambda, T) = A(\lambda, T) + R(\lambda, T) \tag{18-14}$$

$$\frac{A(\lambda, T)}{I(\lambda, T)} + \frac{R(\lambda, T)}{I(\lambda, T)} = 1$$

令

$$a(\lambda, T) = \frac{A(\lambda, T)}{I(\lambda, T)}, r(\lambda, T) = \frac{R(\lambda, T)}{I(\lambda, T)}$$

则

$$a(\lambda, T) + r(\lambda, T) = 1 \tag{18-15}$$

式中 $a(\lambda, T)$ 叫物体的吸收率，它表示温度为 T 的物体对波长 λ 与 $\lambda + \mathrm{d}\lambda$ 范围内的辐射能的单色吸收情况，同样，$r(\lambda, T)$ 叫物体的反射率，表示温度为 T 的物体对波长在 λ 与 $\lambda + \mathrm{d}\lambda$ 范围内的辐射能的单色反射情况。

如果某一物体在任何温度下对任何波长的入射辐射能都全部吸收而不反射，则该物体叫绝对黑体，简称黑体。显然绝对黑体（对任何波长）的吸收率 $b_0 = 1$，反射率 $r_0 = 0$。

实际上，射到物体上的电磁辐射都或多或少地要被反射一部分。因此，黑体只是一种理想模型，由任意材料（钢、铜、瓷等）做成的空腔上的孔表面可近似地当作理想黑体，如图 18－37 所示，煤烟和黑色珐琅质对太阳光的吸收率约 0.99，也可视为黑体。

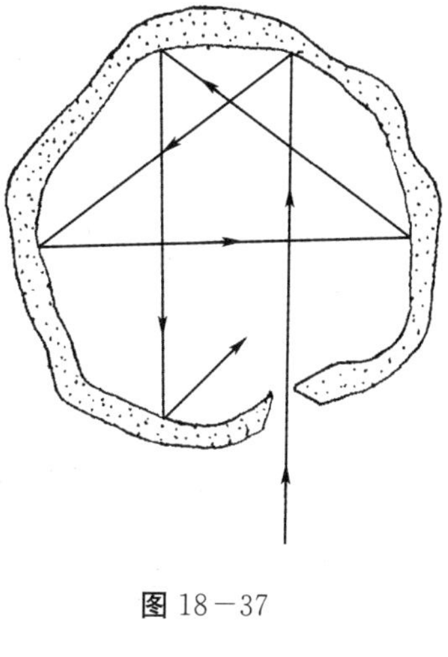

图 18－37

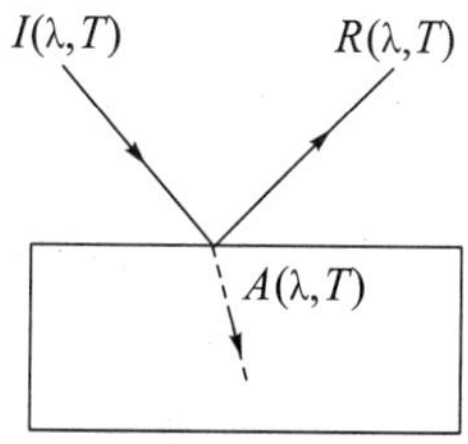

图 18－38

设处于平衡辐射的几个物体，各物体的单色发射本领分别为 $e_1(\lambda, T), e_2(\lambda, T), e_3(\lambda, T), \cdots$，其单色吸收率分别为 $a_1(\lambda, T), a_2(\lambda, T), a_3(\lambda, T), \cdots$，基尔霍夫曾证明：

$$\frac{e_1(\lambda,T)}{a_1(\lambda,T)}=\frac{e_2(\lambda,T)}{a_2(\lambda,T)}=\cdots=f(\lambda,T) \qquad (18-16)$$

式中，$f(\lambda,T)$ 是一普适函数，与物体的性质无关，只是波长 λ 和温度 T 的函数，上式叫基尔霍夫定律，其物理意义为：物体的单色发射本领与其相应的吸收率成正比，其比值与物体的性质无关，只是波长和温度的函数。

由基尔霍夫定律可知，在相同温度下的两个物体，对于某一给定波长的辐射能，若以单位面积计算，发射辐射能多的物体，吸收辐射能也多。若不能发射某一波长的辐射能，则它也不能吸收该波长的辐射能；对任何波长的辐射能来说，绝对黑体所发射的能量都要比在相同温度下其他物体发射的能量多。

18.6.2 绝对黑体的辐射定律及其应用

从基尔霍夫定律知，对绝对黑体，其吸收率 $a_0(\lambda,T)=1$，则 $\frac{e(\lambda,T)}{a(\lambda,T)}=f(\lambda,T)=\frac{e_0(\lambda,T)}{a_0(\lambda,T)}=e_0(\lambda,T)$，可见要了解一个物体的热辐射性质，必须知道黑体的发射本领 $e_0(\lambda,T)$，因此确定黑体的单色发射本领曾经是热辐射研究的中心问题。

黑体辐射的实验装置如图 18－39 所示，A 为绝对黑体，L_1 为透镜，B_1、B_2 为平行光管，P 为三棱镜，C 为热电偶。若令平行光管 B_2 对准某一方向，则沿该方向进入平行光管的射线经过 B_2 聚焦后投射到热电偶 C 上，可测出相应波长射线的功率（即单位时间投射在热电偶上的能量），改变 B_2 的对准方向，可测出另一波长射线的功率，这样，可由实验测定在不同温度下，黑体的 $e_0(\lambda,T)$ 与 λ 的关系曲线，如图 18－40 所示。

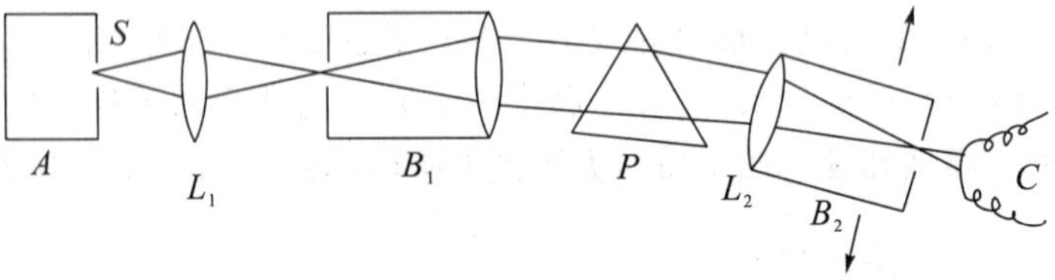

图 18－39

1899 年，陆林和普林斯雇亥姆第一次准确地测得了黑体热辐射的能谱曲线，由此可得出下述两条黑体辐射的定律，它们是辐射传热学和现今广泛采用的光测高温术的基础，这两条黑体辐射定律是：

18.6.2.1 维恩位移定律

每一曲线的最高点，对应该温度下辐射能量最多的波长 λ_m，它是随温度升高向短波方向移动，且 λ_m 与 T 成反比，测得比例常数 $b=2.898\times10^{-3}\mathrm{m\cdot k}$，即有

$$\lambda_m T=b \qquad (18-17)$$

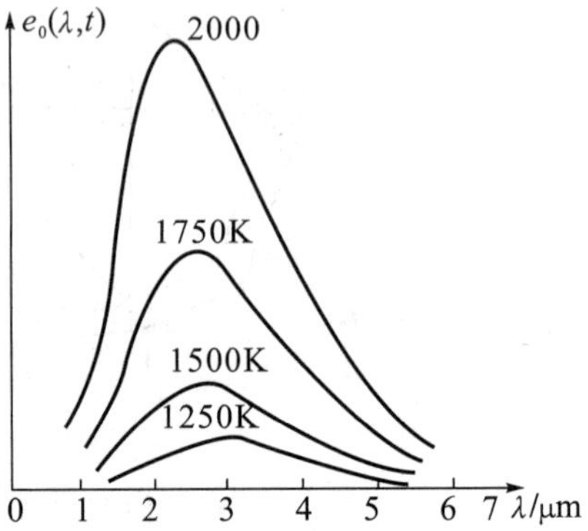

图 18－40

这是 1893 年维恩首先从理论上得出的推论，叫维恩位移定律。

利用这一定律可测量黑体的温度，方法是首先从实验求出黑体的单色发射本领按波长分布曲线，再根据曲线求出 λ_m，代入上式即得 T。太阳的表面温度就是这样测出来的，熟练的炼钢工人常常从高温炉窗口观察辐射光的颜色来估计炉内的温度也是根据这一道理。

18.6.2.2　斯忒藩－玻尔兹曼定律

人们发现，黑体在温度 T 时的全发射本领 $E_0(T)$ 与 T^4 成正比，且测得比例常数 $\sigma=5.67\times10^{-8}\mathrm{W\cdot mm^{-2}\cdot K^{-4}}$，即有

$$E_0(T)=\int_0^{\infty}e_0(\lambda,T)\mathrm{d}\lambda=\sigma T^4 \tag{18-18}$$

此定律叫斯忒藩－玻尔兹曼定律，σ 叫斯忒藩恒量。

根据斯忒藩－玻尔兹曼定律测定 $E_0(T)$，便可求出 T，辐射高温计就是利用该定律来测量黑体的温度的，高温计的种类很多，这里只简介消失线高温计，如图 18－41 所示，是用消失线高温计测量炉温的示意图，从高温炉小孔辐射出来的辐射能，由物镜 O 聚焦在通有电流的灼热灯丝 F 上，灯丝可由目镜 E 来观察，灯丝的亮度可通过变阻器 R 来调节，当灯丝的温度高于炉温时，灯丝在炉孔像的背景上，显示出亮线；当灯丝的温度低于炉温时，则灯丝形成暗线；当灯丝的温度与炉温相等时，灯丝在背景上消失，不能被辨别出来。我们已知通过灯丝的电流值与灯丝温度的关系，则可从灯丝消失时通过灯丝的电流值来测出炉温。

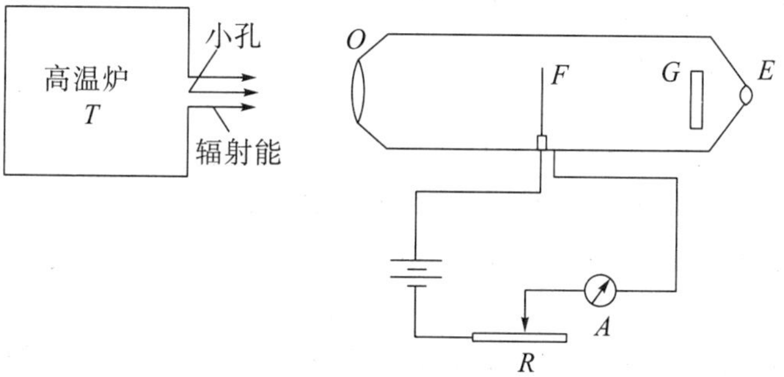

图 18－41

18.6.3　普朗克量子假设

曾有许多物理学家从经典物理学出发推求 $e_0(\lambda,T)$ 与 λ 的关系，但所得公式都不能完全与实验符合。1900 年，普朗克为找出与实验结果符合的关系式，提出了量子假设，他认为黑体是由许多谐振子组成的，并假设这些谐振子的能量只能取不连续的分立值，它们是最小能量 ε 的整数倍，在黑体里有各种频率的谐振子，对于频率 ν 的谐振子，$\varepsilon=h\nu$，h 为普朗克常数，所以频率为 ν 的谐振子的允许能量为

$$E_n=nh\nu,\quad n=0,1,2,\cdots \tag{18-19}$$

这就是著名的普朗克量子假设。

普朗克根据他的假设推出如下黑体的辐射公式，叫普朗克公式：

$$e_0(\lambda,T)=\frac{2\pi hc^2}{\lambda^5}\frac{1}{\mathrm{e}^{hc/\lambda kT}-1} \tag{18-20}$$

式中，λ 为波长；T 为温度；k 为玻尔兹曼常数；c 为真空中的光速；e 为自然对数底；h

为普朗克常数，实验测得 $h=6.62\times10^{-34}\mathrm{J\cdot S}$。

普朗克公式与实验曲线吻合，且还可由其推出维恩位移定律和斯忒藩－玻尔兹曼定律。

普朗克假设与经典物理学存在根本性的矛盾，经典物理认为，谐振子的能量不应受任何限制，能量被物体吸收或发射也是连续地进行的，但普朗克假设，谐振子的能量是量子化的，即能量只能是最小能量 $h\nu$ 的整数倍，能量的吸收或发射不是连续地进行，只能以 $h\nu$ 为单元，一份一份地进行，能量小于 $h\nu$ 的发射或吸收是不存在，是没有的。普朗克假设与经典物理理论是不相容的，但它能完满地解释热辐射现象。

*18.7　放射性及其应用

18.7.1　放射性简介

自然界存在两类元素（稳定的和不稳定的），放射性现象是不稳定元素的原子核发生转变的表现，它能通过自发地放射出某些肉眼不可见的射线而转变成为别的元素，这个过程叫核衰变。最初发现的放射性元素，是天然放射性的重元素，例如铀、钋、镭、锕、钍等，现在也可以通过人工实现原子核的转变，得到人工放射性元素。

原子核由质子和中子组成，质子的数目 Z 是等于原子核的电荷数，中子数目 N 等于原子核的质量数 A 和电荷数 Z 之差。

在原子核物理中，原子核的质量数 A 常用原子质量单位 u 表示。$1\mathrm{u}=1.66057\times10^{-27}\mathrm{kg}=931.50\mathrm{MeV/C^2}$。质量数 A 是原子量最接近的整数。对于核电荷数 Z、质量数 A 的原子，常用 ${}^{A}_{Z}\mathrm{X}$ 标记，X 为元素的化学符号。例如，${}^{40}_{20}\mathrm{Ca}$、${}^{14}_{6}\mathrm{C}$、${}^{32}_{15}\mathrm{P}$、${}^{90}_{38}\mathrm{Sr}$、${}^{60}_{27}\mathrm{Co}$ 等。

同位素是指核电荷数相同而质量数不同的元素，它们的化学性质相同，只能用物理方法区分它们。

人们对放射线进行了详细的观察和研究，查明其中包含三种不同的成分，分别叫 α、β、γ 射线：

（1）α 射线，是具有很高速度的氦核（${}^{4}_{2}\mathrm{He}$）流，带有正电量 $2e$，所以，也叫 α 粒子流，能产生很强的电离效应，穿透物质的本领弱。

（2）β 射线，是高速的电子（${}^{0}_{-1}e$）流，带电量 $-e$，原子核放射的电子流就是 β 射线，它的电离效应较弱，但贯穿本领较大。

（3）γ 射线，它是一种波长极短的电磁波，即能量极高的光子流，它的电离作用最弱，但贯穿本领却最大。

应该指出，并不是所有放射性元素都同时放射这三种射线；有的（例如，${}^{14}_{6}\mathrm{C}$、${}^{32}_{15}\mathrm{P}$、${}^{90}_{38}\mathrm{Sr}$ 等）只放射 β 射线，有的（例如，${}^{60}_{27}\mathrm{Co}$、${}^{131}_{53}\mathrm{I}$ 等）只放射 β 和 γ 射线，有的（例如，${}^{226}_{83}\mathrm{Ra}$）只放射 α 和 γ 射线，有的（如，${}^{233}_{92}\mathrm{U}$）则放射三种射线。

从三种射线产生的效应看，都具有如下功能：

（1）能使气体电离，其中 α 射线的电离作用最强，β 射线次之，γ 射线最弱；

（2）能使照相底片感光（化学效应）；

（3）能激发荧光物质发出荧光；

(4) 能穿透物质，即具有较强的贯穿能力，其中 γ 射线最强，β 射线次之，α 射线最弱；

(5) 能使被照物质发热；

(6) 能破坏生物细胞，改变遗传特性（生物效应）。

实际上，放射性的许多应用，主要是根据这些效应进行的。

18.7.2　放射性衰变规律

放射性物质进行衰变所遵循的规律是统计性规律，一定量的放射性物质并不是一下子都转变成新的元素，而是一段时间内只转变了一部分，还残留一部分，如此逐渐进行下去直至全部转变完。这表明，虽然放射性物质的所有原子核都可能发生衰变，但并不都是同时进行的，在一定时间内将有一定数目的核发生衰变，对每个核而言，在一定时间内具有一定的衰变几率。

设在 t 时刻放射性物质内尚未衰变的原子核数为 $N(t)$，在 $t \to t + \mathrm{d}t$ 时间内发生衰变的核数为 $\mathrm{d}N$，则 $\mathrm{d}N$ 应既与 N 成正比，也与 $\mathrm{d}t$ 成正比，即有

$$-\mathrm{d}N = \lambda N \mathrm{d}t \qquad (18-21)$$

式中，负号表示 N 数减少了；比例系数 λ 叫衰变常数，表示单位时间内原子核的衰变几率，依核的种类不同而异，但与外界因素（如温度、压强、电磁场等因素）无关。若 $t = 0$ 时的核数为 N_0，则对上式积分便有

$$\int_{N_0}^{N} \frac{\mathrm{d}N}{N} = -\int_0^t \lambda \mathrm{d}t$$

$$N = N_0 \mathrm{e}^{-\lambda t} \qquad (18-22)$$

这就是放射性元素衰变规律。

不同放射性物质进行衰变的快慢很不相同，常可用几种物理量表述：

(1) 衰变常数 λ，它表示在 t 时刻每单位时间内发生衰变的几率，可见 λ 愈大，衰变进行得愈快，由衰变常数的数值大小，可看出衰变的快慢程度。

(2) 半衰期 T，它表示原子核衰变一半时，所经历的时间，即当 $N = \frac{1}{2} N_0$ 时 $t = T$，有

$$T = \frac{\ln 2}{\lambda} = \frac{0.695}{\lambda} \qquad (18-23)$$

可见，半衰期 T 愈长，核衰变愈慢，表 18－1 列出了几种核的半衰期。

表 18－1

核	衰变	半衰期	核	衰变	半衰期
$^{238}_{92}U$	α	4.51×10^9 年	$^{226}_{88}Ra$	α	1590 年
$^{142}_{53}Ce$	α	5×10^{15} 年	$^{0}_{1}n$	β	17 分
$^{14}_{6}C$	β	5568 年	$^{60}_{27}Co$	β	5.24 年
$^{45}_{20}Ca$	β	164 天	$^{212}_{84}P$	α	3×10^{-7} 秒
$^{40}_{19}K$	β	1.25×10^9 年	$^{210}_{84}Po$	α	138.4 天

各种放射性元素的半衰期有长有短，差异很大。

（3）平均寿命 τ，它表示核在衰变之前的平均存活时间。若在 $t \to t + \mathrm{d}t$ 时间内衰变了 $\mathrm{d}N$ 个核，则其中每个核的寿命为 t，于是利用统计平均值的算法可知

$$\tau = \frac{\int_t^{\infty} t(-\mathrm{d}N)}{N_0} = \frac{\int_0^{\infty} \lambda t N_0 \mathrm{e}^{-\lambda t}\,\mathrm{d}t}{N_0} = \frac{1}{\lambda} \qquad (18-24)$$

可见，平均寿命也表示衰变的快慢，τ 愈大，衰变就愈慢。

描述放射性衰变快慢的几个物理量 λ、T、τ 之间若已知其中一个量，就可算出其余的两个量。

最后，引入放射性活度 $A=\lambda N$，它表示单位时间内衰变掉的原子核数，A 的单位有贝可勒尔（Bq）和居里（Ci）两种，$1\mathrm{Ci}=3.7\times10^{10}\mathrm{Bq}$，1Bq 相应于每秒一次核衰变，1Ci 相当于 1 克镭单位时间内衰变的原子核数。于是，衰变规律 $N=N_0\mathrm{e}^{-\lambda t}$ 也可改用物质的放射性活度 A 来表示，即

$$A = A_0 \mathrm{e}^{-\lambda t} \qquad (18-25)$$

式中，$A_0=\lambda N_0$，进行实验测量时，常使用这种衰变规律形式。

18.7.3 放射性探测及放射性的应用

在放射性的应用过程中常需要探测放射性（是否有放射性、放射性的强度和放出粒子的物理性质等），放射性探测的仪器很多，由它们可观察个别带电粒子的径迹，便于研究每个粒子相互作用的过程，如云室、乳胶室、气泡室、火花室等，另一类属非径迹探测器，由它们只能探测有无粒子飞过，粒子飞行的大致方向和粒子的多少，通过它们可研究粒子束流，进行能谱分析，如各种计数器和电离室等。

放射性在工农业生产、医学和科学研究中获得了广泛的应用，放射性应用是一项新技术，至今不过三四十年的历史，历史上最初使用从天然矿石中直接提取的天然放射性元素，目前大量使用由原子能反应堆和加速器制备的人工放射性元素。

就应用角度而言，根据射线的特点和效应可分为两类：

18.7.3.1 射线的直接应用

直接利用射线（特别是高能射线）引起了各种效应，例如利用射线的电离作用可消除有害的静电积累；利用射线的贯穿本领，用高能 γ 射线进行金属内部缺陷的探测；利用射线的生物效应可进行辐射育种、辐射保藏粮食、果鲜食品，辐射导致雄虫不育技术防治病虫害，在医学上用射线医治疾病等都取得了很大成功。

18.7.3.2 示踪原子法

在物质中掺入少量的放射性元素，利用它放出的射线作为标识，可研究某种物质在物理、化学或生物等过程中的变化情况和作用，这种方法叫示踪原子法。例如在农业上为研究合理施肥方法就可先应用示踪原子法进行试验，棉花成熟期的根外施肥法就是一例。在棉花成熟期，若将含放射性磷 32 的肥料施于棉花根部，发现这时棉花根部很少吸收肥料，若把含磷 32 的磷肥喷洒在叶子上，则棉花植株很快就有放射性，这说明成熟期的棉花叶子能吸收肥料。在研究机械磨损情况时也常使用示踪原子法。该方法广泛用于医疗方面，目前主要用于检查人体各部分组织功能和病变情况，以及研究药物在体内的吸收、分布和排泄情况。

*18.8　纳米材料简介

纳米材料是三维空间尺寸至少有一维处于纳米量级的材料，包括纳米微粒（零维材料）、直径为纳米量级的纤维（一维材料）、厚度为纳米量级的薄膜与多层膜（二维材料）以及基于上述低维材料所构成的致密或非致密固体（三维材料）。处于纳米尺寸的材料既不同于晶体也不同于非晶体，这使纳米材料具有许多不同于一般材料的特殊性质，因而有着广泛的应用前景。

18.8.1　纳米的概念

一般地讲，纳米（nanometer）是一个很小的长度单位，原称“毫微米”，用 nm 表示，如米是长度单位，用 m 表示一样。$1nm=10^{-9}m$，即 1nm 等于 10 亿分之一米。那么，纳米究竟有多长呢？为了建立更直观的概念，我们将纳米与生活中所熟知的物体的线度做一对比。现代象牙微雕，据说在小如米粒的象牙颗粒上，竟能刻下《唐诗三百首》全文。粗略估算一下，在 1mm×2mm 的面积上刻两万字，每个字的面积只有 10μm×10μm。然而，现在看来这不算小，因为每个字的面积仍有 10000nm×10000nm。又如，人们往往用“细如发丝”来形容纤细。其实，人的头发直径一般为 2μm～50μm，可见并不细小。单个细菌虽然用肉眼看不见，但可用光学显微镜测出其直径约为 5μm，也不算是最小的。纳米级微粒的大小和形貌已不能用光学显微镜来观察，而需用电子显微镜放大几万倍后才能看见。血液中的红血球大小为 200nm～300nm，一般细菌如大肠杆菌的长度为 200nm～600nm，而引起人体发病的病毒一般仅为几十纳米。因此，纳米微粒比红血球和细菌还要小，而与病毒大小相当或略小些。

目前世界上最小的硅集成电路的线宽已经减小至 0.13μm。据美国半导体工业协会预计，到 2010 年半导体器件的大小还将继续减小至 0.1μm，即 100nm 以下，这时会呈现出特殊的量子效应，所有的芯片必须按照新的原理来设计。在这种纳米尺度上制造出的计算机性能将比目前微米技术下的计算机性能呈指数倍提高，从而在信息产业和其他相关产业中将引发一场深刻的革命。这验证了哲学中“量变导致质变”的原理。

18.8.2　纳米微粒及其物理效应

18.8.2.1　纳米微粒

通常把包含几个到数百个原子或尺寸小于 1nm 的粒子称为原子团簇，它是介于单个原子与固态之间的原子集合体。纳米微粒的尺寸为纳米量级，它们的尺寸大于原子团簇，小于通常的微粒，一般尺寸为 1nm～100nm。从颗粒所包含的原子数方面考虑，1nm～100nm 之间的颗粒所含原子个数为 10^3～10^5 个；由于纳米微粒单位体积（或质量）的表面积比块体材料要大得多，因此，处在界面上的原子个数比例极高，一般约占总原子个数的一半。

18.8.2.2　纳米微粒的物理效应

界面的原子的配位结构既不同于晶体，也不同于非晶体，而是具有千差万别的“类气体”结构的固体结构，这使其具有很特殊的表面和界面效应、临界尺寸效应、量子尺寸效应和量子隧道效应，进而使纳米材料呈现出一系列独特的性质。

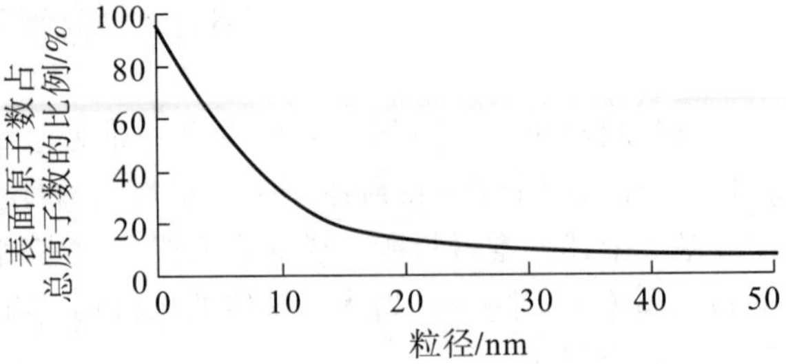

图 18－42　表面原子数与粒径的关系

（1）表面和界面效应：

纳米微粒由于尺寸小，表面积大，表面能高，位于表面的原子占相当大的比例。10nm 的纳米微粒，表面原子数占总原子数的 20%，1nm 的纳米微粒表面原子数占总原子数的 99%，如图 18－42 所示。这些表面原子处于严重的缺位状态，因此其活性极高，极不稳定，很容易与其他原子结合，从而产生一系列新的效应。比如，一些金属的纳米粒子在空气中极易氧化，甚至会燃烧。

（2）小尺寸效应：

当微粒尺寸与光波的波长、传导电子的德布罗意波长以及超导态的相干长度或穿透深度等物理特征尺寸相当或更小时，晶体周期性的边界条件将被破坏，导致声、光、电、磁、热、力学等特性均会呈现新的小尺寸效应。例如，光吸收显著增加，并产生吸收峰的等离子共振频移；磁有序态转变为磁无序态；超导相能变为正常相；声子谱发生改变等。

（3）量子尺寸效应：

根据固体的能带理论，块状金属中传导电子的能级是准连续的，称为能带。但当粒子尺寸下降到某一最低值时，连续的能带将分裂为离散能级，该效应使金属中的自由电子不再自由，这可能使导体变为绝缘体或半导体；对纳米半导体微粒，存在不连续的最高未被占据轨道和最低未被占据轨道的能级间隔变宽等现象。这些现象都称为量子尺寸效应。有人根据 Kubo 关于能级间距的理论估计了 Ag 微粒在 1K 时出现量子尺寸效应（由导体变为绝缘体）的临界粒子直径 d_0 约 20nm。实验表明，纳米 Ag 的确为绝缘体，这证实了纳米粒子的量子尺寸效应。当量子尺寸效应的能量大于热能、磁能、静磁能、静电能、光子能量或超导态的凝聚能时，就必须考虑这一效应；同时，这将会导致纳米微粒的光、电、磁、热、声及超导电性与宏观特性有着显著的不同。例如，纳米金属在低温下呈电绝缘性；铁电体变为顺磁体等。

（4）宏观量子隧道效应：

微观粒子具有穿过势能高于其动能的区域的能力（贯穿势垒），称为隧道效应。近年来，人们发现一些宏观物理量，如微颗粒的磁化强度、量子相干器件中的磁通量等也具有隧道效应，称之为宏观量子隧道效应。与通常的隧道效应不同，宏观量子隧道效应指的是波的隧穿而不是微观粒子的隧穿。宏观量子隧道效应的研究对基础研究及应用研究都具有重要意义。它限定了磁带、磁盘进行信息存储的时间极限。量子尺寸效应、隧道效应将会是未来微电子器件的基础，或者可以说它确立了现有微电子器件进一步微型化的极限。因此，当微电子器件进一步细微化时，必须要考虑上述的量子效应。

18.8.3　纳米材料的特性及应用

材料是人类赖以生存和发展的物质基础。因此，使用什么样的材料制造各式各样的工具及用品，往往成为人类文明发达程度的一个重要标志。金属材料、无机非金属材料（包括陶瓷、玻璃、水泥、人工晶体等）和有机高分子材料是材料的三大支柱。根据性能特性分类，材料又可分为结构材料和功能材料，前者以力学性能（如强度、韧性等）为主，后者为物理、化学特性（如电、磁、光、热等）为主。纳米材料是指材料的显微结构尺寸均小于 100nm（包括微粒尺寸、晶粒尺寸、晶界宽度、第二相分布、气孔尺寸、缺陷尺寸等均达到纳米级水平），并且具有某些特殊性能的材料。纳米材料的主要类型有：纳米粉末、纳米涂层、纳米薄膜、纳米丝、纳米棒、纳米管和纳米固体等。判断一种材料是否是纳米材料，有两个条件：一是看微粒尺寸和晶粒尺寸是否小于 100nm；二是看是否具有不同于常规材料的性能，这两个条件缺一不可。

科学研究表明，当微粒尺寸小于 100nm 时，由于量子尺寸效应、小尺寸效应、表面和界面效应及宏观量子隧道效应，物质的很多性能将发生质变，从而呈现出既不同于宏观物体，又不同于单个独立原子的奇异现象，如熔点降低，蒸气压升高，活性增大，声、电、光、磁、热、力学等物理性能出现异常等等。这些特殊的理化性能使纳米材料具有广泛的应用前景。目前，有关纳米材料的特殊性能及其应用的研究十分活跃。

（1）普通块状金（Au）的熔点为 1064℃，而 2nm 的金微粒的熔点仅 327℃，如图 18－43 所示。普通银（Ag）的熔点为 900℃，而纳米银粒的熔点为 100℃。大块铜（Cu）的熔点为 327℃，而 20nm 铜微粒的熔点降为 39℃。

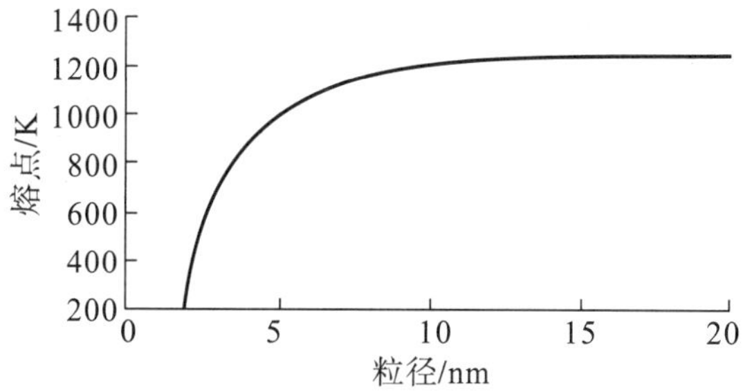

图 18－43　金纳米微粒与熔点的关系

（2）当铜（Cu）粉的粒径从 100nm 减小至 10nm、1nm 时，相应的纳米粉末的表面积从 6.6m^2/g 分别增大至 66m^2/g、660m^2/g，表面能从 590J/mol 增大至 5900J/mol、5900J/mol，因而微粒表面原子具有极高的反应活性。纳米金属微粒在空气中会燃烧；纳米无机微粒暴露于空气中会吸附气体，并与气体反应。

（3）将通常的金属催化剂铁（Fe）、钴（Co）、镍（Ni）、钯（Pd）、铂（Pt）制成纳米微粒，可大大改善催化效果。30nm 的纳米镍（Ni）粉可将有机化学加氢和脱氢反应速率提高 15 倍。在甲醛的氢化反应生成甲醇的反应中，以纳米 Ni 粉和纳米 TiO_2、SiO_2 或 NiO_2 粉分别作催化剂和载体，可将选择性提高 5 倍。利用纳米 Pt 作催化剂放在 TiO_2 载体上，在含甲醇的水溶液中可通过光照射制取氢，且产出率比原来提高几十倍。

（4）10mn 的纳米陶瓷粉末的烧结速度比 10μm 的粉末提高 12 个数量级（即 10^{12} 倍）；1nm 粉末的致密化速率比 1μm 粉末提高 8 个数量级（即 10^8 倍）。常规 Al_2O_3 粉末的烧结温度高达 1800℃～1900℃，而纳米 Al_2O_3 粉末可在 1150℃～1500℃烧结到理论密度的 99.7％，如图 18－44 所示。纳米 TiO_2 在 500℃加热即呈现明显的致密化，而晶粒尺寸仅有微小的增加。纳米 ZrO_2 的烧结温度比微米级 ZrO_2 的烧结温度降低 400℃。常规 Si_3N_4 的烧结温度高于 2000℃，而纳米 Si_3N_4 的烧结温度可降至 1500℃～1600℃。

（5）纳米晶体铜的强度比普通铜高 5 倍，在室温轧制过程中出现超塑性延展性，延伸率超过 5000％，且不出现普通铜冷轧过程中的加工硬化现象。纳米 Fe 多晶体的强度比常规 Fe 高 12 倍。纳米晶体 Cu 或 Ag 的硬度和屈服强度分别比常规材料高 50 倍和 12 倍。

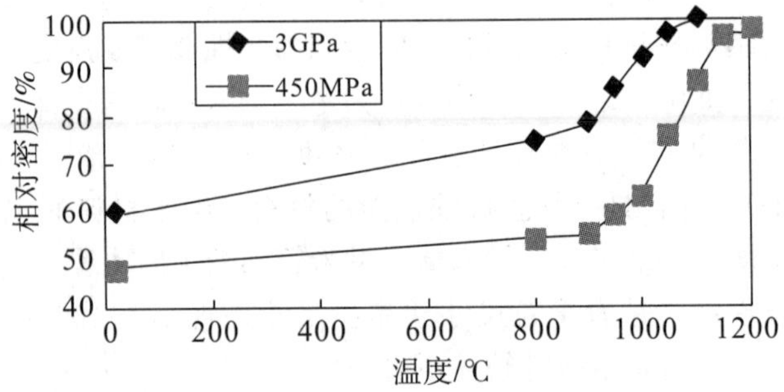

图 18－44　纳米材料致密度与成型温度和压强的关系

许多纳米陶瓷的硬度和强度比普通陶瓷高出 4～5 倍。在 1000℃下，纳米 TiO_2 陶瓷的显微硬度为 1300kg/mm²，而普通 TiO_2 陶瓷的显微硬度低于 200kg/mm²，如图 18－45 所示。

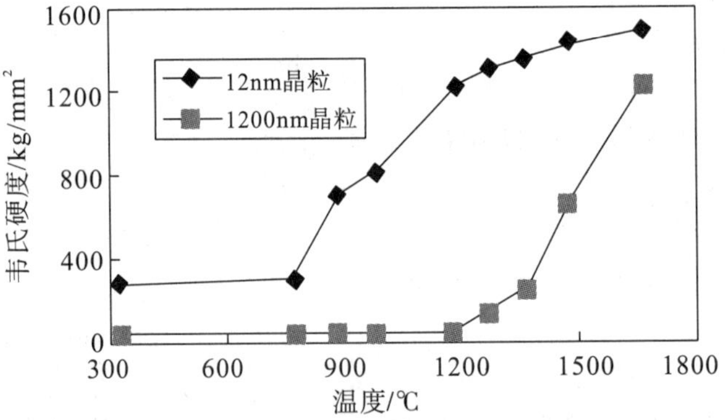

图 18－45　TiO_2 的韦氏硬度随烧结温度和晶粒度的变化

纳米陶瓷是解决陶瓷脆性的战略途径。如纳米 TiO_2 陶瓷在室温下就产生塑性形变。晶粒尺寸为 150nm 的亚微米四方晶 ZrO_2（Y－TZP）陶瓷在 1250℃下呈现超塑性，起始应变速率达到 $3\times10^{-2}s^{-1}$，压缩应变量达到 380%。预计当晶粒尺寸小于 100nm 时，形变还会增大。在相同应力水平下，纳米 Y－TZP 的超塑性应变速率比 0.3μm 的亚微米 Y－TZP高出 34 倍。纳米 Si_3N_4 在 1 300℃即可产生 200%以上的形变。纳米 SiC 陶瓷的断裂韧性比常规材料提高 100 倍。纳米 $ZrO_2+Al_2O_3$ 得合陶瓷的断裂韧性比常规材料提高 4～5倍。在 Al_2O_3 陶瓷中加入 5%纳米钨（W）粉，断裂强度提高至 110MPa，断裂韧性从 $3.5MPa\cdot m^{1/2}$ 提高到 $4.8MPa\cdot m^{1/2}$，最高工业温度由 800℃提高到 1200℃。在高分子材料中加入纳米材料制成刃具，比金刚石制品还坚硬。将 3%纳米 TiO_2 加入到环氧树脂中，拉伸强度提高 44%，冲击韧性提高 878%，拉伸弹性模量提高 370%。

（6）传统金属是导体，但纳米金属微粒强烈地趋向电中性，如纳米铜就不导电，且电阻随粒径减小而增大，电阻温度系数也下降甚至出现负值。而原本绝缘的 SiO_2，在 20nm 尺度时开始导电。一般地，$PbTiO_3$、$BaTiO_3$ 和 $SrTiO_3$ 等是典型的铁电体，但当其尺寸进入纳米量级时就会变成顺电体。纳米氧化物和氮化物在低频下的介电常数增大几倍，甚至增大一个数量级，表现出极大的增强效应。纳米 $\alpha-Al_2O_3$ 和纳米 TiO_2 块体试样出现介电常数最大值的对应的粒径分别为 84nm 和 17.8nm。

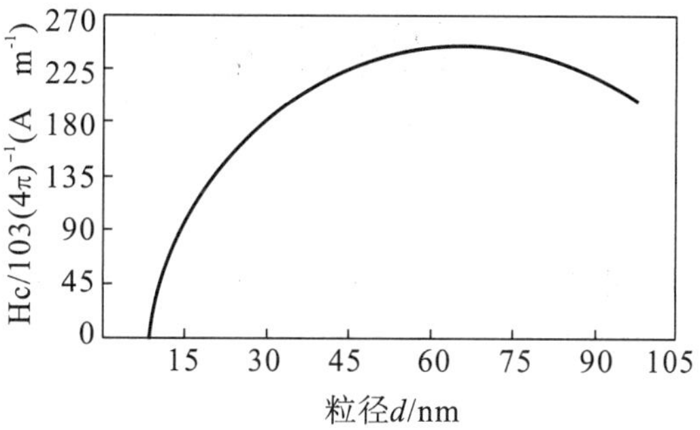

图 18－46　*Ni* 的矫顽力 *Hc* 与粒径 *d* 的关系

（7）铁磁性物质达到纳米尺度（5nm）时，由于多畴变成单畴，显示出极强的顺磁效应。10nm～25nm 的铁磁性金属微粒的矫顽力比相同的常规材料大 1000 倍；而当微粒心寸小于 10nm 时，矫顽力变为零，表现出超顺磁性。粒径小于 15nm 的 Ni 微粒，矫顽力 $Hc \to 0$，也表现出超顺磁性，如图 18－46 所示。纳米磁性金属的磁化率是常规金属的 20 倍，而饱和磁矩是普通金属的 1/2。

（8）6nm 的 Si 在靠近可见光范围内就有较强光致发光现象。在纳米 Al_2O_3、TiO_2、SiO_2、ZrO_2 中也观察到在常规材料中看不到的发光现象。纳米金属微粒的光反射能力显著下降，通常可低于 1%。由于小尺寸效应和表面效应而使纳米微粒具有极强的光吸收能力。纳米氧化物和氮化物对红外和微波具有良好的吸收特性。纳米复合多层膜在7GHz～17GHz 频率的吸收峰高达 14dB，在 2GHz 频率的吸收峰为 10dB。与大块材料相比，纳米微粒的吸收带普遍存在"蓝移"现象，即吸收带向短波长方向移动，如纳米 CdS 微粒等。

（9）纳米 Cu 晶体的自扩散速率是传统晶体的 10^6～10^9 倍，是晶界扩散的 10^3 倍。纳米 Cu 晶体的比热是传统晶体 Cu 的 2 倍。纳米 Pd 的热膨胀是传统材料的 2 倍。80nm 的纳米 Al_2O_3 的热膨胀系数（室温至 700℃）也是 5μm 粗晶 Al_2O_3 的 2 倍。纳米非晶 Si_3N_4 的热膨胀系数为常规晶态 Si_3N_4 陶瓷的 1～26 倍。传统非晶 Si_3N_4 在 1520℃晶化成 α 相，而纳米非晶 Si_3N_4 微粉在 1400℃保温 4 小时全部变成 α 相。

总之，纳米材料由于存在量子尺寸效应、小尺寸效应、表面和界面效应及宏观量子隧道效应，从而呈现出如下的不同于普通材料的物理、化学特性：①低熔点、高比热容、高热膨胀系数；②高反应活性、高扩散率；③高强度、高韧性、高塑性；④奇特磁性；⑤极强的吸波性。这些特性必将使纳米材料在科学技术及人类生活的各个领域扮演越来越重要的角色。纳米科技的最终目标就是直接利用物质的纳米尺度上所表现出来的新颖的物理、化学和生物学等特性来制造出具有特定功能的产品。

习题答案

1－7 （1）17.5m，东偏北 9°；（2）0.35m • s^{-1}，东偏北 9°；1.16m • s^{-1}

1－8 （1）$2\boldsymbol{i}+17\boldsymbol{j}$，$4\boldsymbol{i}+11\boldsymbol{j}$；（2）$x=2t$，$y=19-2t^2$；

（3）$y=19-\frac{1}{2}x^2$

1－9 （1）$(20t-5)$ m • s^{-1}，20m • s^{-2}；（2）0，－5m • s^{-1}；

（3）95m • s^{-1}，20m • s^{-2}

1－10 （1）$v_x=2t$ m • s^{-1}，$v_y=(2t-8)$ m • s^{-1}；$a_x=2$m • s^{-2}；$a_y=2$m • s^{-2}；

（2）$4\sqrt{2}$m • s^{-1}，－45°；$2\sqrt{2}$m • s^{-2}，45°

1－11 （1）19.6ms^{-1}；（2）11.9m

1－12 $\frac{v_0}{s}\sqrt{s^2+h^2}$，$-\frac{1}{s^3}v_0^2\cdot h^2$

1－13 （1）1.0s；（2）1.5m

1－14 （1）$\frac{1}{R}\sqrt{R^2b^2+(v_0-bt)^4}$，$\arctan-\frac{(v_0-bt)^2}{Rb}$；（2）$\frac{v_0}{b}$；

（3）$\frac{v_0^2}{4\pi Rb}$

1－15 （1）230.4 m • s^{-2}，4.8 m • s^{-2}；（2）2.67rad

1－16 $v=50\sin 10t$ cm • s^{-1}，$x=10-5\cos 10t$ cm

1－17 （D）

1－18 （D）

1－19 （B）

1－20 （B）

2－3 3.10m • s^{-2}，20.1N，12.9N

2－4 $\frac{\tan\theta-\mu_0}{\mu_0\tan\theta+1}mg$，$\frac{mg}{\cos\theta+\mu_0\sin\theta}$

2－5 18N

2－6 $N=m\frac{v^2}{R}\cos\theta+P$，$f_r=m\frac{v^2}{R}\sin\theta$；

$\theta=0$，2.36N，$f_r=0$；

$\theta=150°$，1.61N，$f_r=0.2$N；

$\theta=240°$，1.76N，$f_r=-0.35N$

2－7 $\frac{1}{2}(m\omega^2 l\pm\sqrt{2}mg)$

2－8 (B)

2－9 (A)

3－5 $E_p = \frac{K}{2r^2}$

3－6 196J，216J

3－7 4410J

3－8 (1) 528J； (2) 12W

3－9 4.1×10^{-3}m

3－10 $(2gr\sin\theta)^{1/2}$

3－11 4.25m，8.16m·s^{-1}

3－12 500m

3－13 5.33N

3－14 (1) $\frac{2}{3}R$； (2) 小于

3－15 5.51m·s^{-1}

3－16 $\frac{3}{2}mg$

3－17 $-mv\boldsymbol{i}-mv\boldsymbol{j}$

3－18 (1) 68N·s； (2) 6.86s； (3) 40.0m·s^{-1}

3－19 0.42m·s^{-1}，与 v_1、v_2 都成 135°

3－20 $\frac{m+M}{m}\sqrt{2gh}$

3－21 (1) 6×10^{-2}m； (2) 3.8×10^{-2}m

3－22 (1) $v_1 = v_0\left(\frac{r_0}{r_1}\right)$，$\omega_1 = \omega_0\left(\frac{r_0}{r_1}\right)^2$； (2) $W = \frac{1}{2}mv_0^2\left[\left(\frac{r_0}{r_1}\right)^2 - 1\right]$

3－23 (C)

3－24 (C)

3－25 (A)

4－5 $3ma^2$，$9ma^2$

4－6 $\frac{1}{3}m_1l^2 + \frac{3}{2}m_2R^2$

4－7 -76.6rad·s^{-2}，-147m·N

4－8 $\frac{m_1R_1 - m_2R_2}{J + m_1R_1^2 + m_2R_2^2}g$，$\left(\frac{m_2R_2^2 + m_2R_1R_2 + J}{m_1R_1^2 + m_2R_2^2 + J}\right)m_1g$，$\left(\frac{m_1R_1^2 + m_1R_1R_2 + J}{m_1R_1^2 + m_2R_2^2 + J}\right)m_2g$

4－9 2.68m·s^{-1}

4－10 $v_0^2/3g$

4－11 (1) $\frac{R^2\omega^2}{2g}$； (2) ω 不变；$\left(\frac{1}{2}MR^2 - mR^2\right)\omega$，$\frac{1}{2}\left(\frac{1}{2}MR^2 - mR^2\right)\omega^2$

4－12 $-\frac{v_0(M-3m)}{(M+3m)}$，$\frac{6mv_0}{(M+3m)l}$

4－13 (C)

4－14 （A）

4－15 （C）

5－4 $x=93\text{m}$，$t=2.5\times10^{-7}\text{s}$

5－5 $v=\frac{\sqrt{3}}{2}c=0.866c$

5－6 $\Delta t=9.0a$，$\Delta t'=0.40a$

5－7 $E_o=0.512\text{MeV}$，$E_k=4.488\text{MeV}$，$P=2.66\times10^{-21}\text{kgm/s}$，$v=0.995c$

5－8 $E=1.64\times10^{-13}\text{J}=1.02\text{MeV}$

5－9 $\Delta E_{k1}=2.58\times10^3\text{eV}$，$\Delta E_{k1}=3.21\times10^5\text{eV}$

5－10 （B）

5－11 （A）

5－12 （A）

6－3 （1）601.7K；（2）$T_b=300.8\text{K}$，$T_d=120.3\text{K}$

6－4 751mmHg

6－6 （1）$P_2=3P_1$；（2）$\bar{\varepsilon}_{k_2}=\bar{\varepsilon}_{k_1}\frac{T_2}{T_1}=1.5\bar{\varepsilon}_{k_1}$，方均根速率增为$\sqrt{\frac{T_2}{T_1}}=1.22$倍

6－8 $2.23\times10^3\text{m}\cdot\text{s}^{-1}$，$558\text{m}\cdot\text{s}^{-1}$，$8.28\times10^{-21}\text{J}$

6－9 $4.99\times10^3\text{J}$，$3.32\times10^3\text{J}$

6－12 301K

6－13 $3.21\times10^{20}\text{m}^{-3}$，$2.0\text{J}\cdot\text{m}^{-3}$

6－17 （A）

6－18 （B）

7－5 266J，放热 308J

7－6 $1.52\times10^2\text{J}$

7－7 （1）0，3145J，3145J；（2）0，2269J，2269J；（3）0，4538J，4538J

7－8 （1）130J；（2）92.8J；（3）37.1J，0

7－9 （1）$3.25\times10^3\text{J}$，0 （2）$3.25\times10^3\text{J}$，$1.30\times10^3\text{J}$ （3）$3.25\times10^3\text{J}$，$-3.25\times10^3\text{J}$

7－10 －22.9J

7－12 15.1％

7－13 93.3K

7－14 71.4J，2000J

7－16 （C）

7－17 （D）

7－18 2.07W

7－19 22.6W

7－20 （1）$1875\text{W}\cdot\text{K}^{-1}$；（2）$5.3\times10^{-4}\text{K}\cdot\text{W}^{-1}$

7－21 （1）$0.26\text{W}\cdot\text{K}^{-1}$；（2）$2.86\text{K}\cdot\text{W}^{-1}$，$1.00\text{K}\cdot\text{W}^{-1}$

8－1 $(\sqrt{2}-1)l$

8－2　$-\frac{\sqrt{3}}{3}q$

8－3　匀减速直线运动，2.84×10^{-8}s，7.1×10^{-2}m

8－4　1.8×10^4V·m^{-1}，方向由$+q$指向$-q$；2.88×10^{-15}N，方向由$-q$指向$+q$

8－5　0；0；$q/\pi\varepsilon_0 a^2$，方向水平向右；$q/2\pi\varepsilon_0 a^2$，方向指向右下方$-q$电荷

8－8　$\sigma/4\varepsilon_0$

8－9　$\pi R^2 E$

8－10　0，$200b^2$，$300b^2$

8－11　0

8－12　$q_1=-3.3\times10^{-7}$C，$q_2=5.5\times10^{-7}$C

8－13　0，$\tau/2\pi\varepsilon_0 r$，0

8－14　8.85×10^{-9}C

8－15　（1）$3q/2\pi\varepsilon_0 a$，0，0，$-3qq_0/2\pi\varepsilon_0 a$，0，0；（2）0

8－16　（1）$W=\frac{q}{6\pi\varepsilon_0 l}$；　（2）$W=\frac{-q}{6\pi\varepsilon_0 l}$

8－17　$V=\sqrt{\frac{\sigma q l}{\varepsilon_0 m}}$

8－18　（1）$\frac{\sigma}{2\varepsilon_0}(\sqrt{R^2+x^2}-x)$；（2）$\frac{\sigma}{2\varepsilon_0}\left(1-\frac{x}{\sqrt{R^2+x^2}}\right)$；

（3）3.17×10^4V，2.48×10^5V·m^{-1}

8－19　（1）2.28×10^{-8}C·m^{-1}；（2）3.74×$10^2\frac{1}{r}$V·m^{-1}

8－20　（C）

8－21　（C）

8－22　（A）

8－23　（C）

9－1　$E_1=\frac{q}{4\pi\varepsilon_0 r^2}$，$E_2=0$，$E_3=\frac{q}{4\pi\varepsilon_0 r^2}$；$V_1=\frac{q}{4\pi\varepsilon_0}\left(\frac{1}{r}-\frac{1}{R_1}+\frac{1}{R_2}\right)$，$V_2=\frac{q}{4\pi\varepsilon_0 R_2}$，

$V_3=\frac{q}{4\pi\varepsilon_0 r}$

9－3　（1）$q_A=0.667\times10^{-7}$C，$q_B=1.333\times10^{-7}$C；

（2）$\sigma_A=5.31\times10^{-5}$C·$m^{-2}$，$\sigma_B=2.65\times10^{-5}$C·$m^{-2}$；

（3）$V=6\times10^4$V

9－4　（1）$-\lambda_1$，$\lambda_2+\lambda_1$；　（2）0，$\frac{\lambda_1}{2\pi\varepsilon_0 r}$，0，$\frac{\lambda_1+\lambda_2}{2\pi\varepsilon_0 r}$

9－5　−1.0×10^{-7}C；−2.0×10^{-7}C；2.26×10^3V

9－6　711μF；−4.5×10^5 C；　6.4×10^8V

9－7　3×10^{-4}C

9－8　5.65×$10^7$$m^2$

9－9　9.79×10^{-8}C

9－13　3.16μF，21V，79V；7.33μF，33.3V，66.7V，100V

9－14　1910$\mu\mu$F

9－15　93.2$\mu\mu$F；1.77×10^{-5}C·m^{-2}，1.77×10^{-5}C·m^{-2}，4.0×10^{5}V·m^{-1}，1.0×10^{6}V·m^{-1}

9－16　4.5×10^{-6}C·m^{-1}；2.54×10^{5}V·m^{-1}；

9－17　$\frac{\lambda}{2\pi r}$；$\frac{\lambda}{2\pi\varepsilon_0\varepsilon_r r}$；

9－18　$C=\dfrac{2\pi\varepsilon_0\varepsilon_{r_1}\varepsilon_{r_2}L}{\varepsilon_{r_2}\ln\dfrac{R_2}{R_1}+\varepsilon_{r_1}\ln\dfrac{R_3}{R_2}}$

9－19　(1) $U=\dfrac{\lambda}{\pi\varepsilon_0}\ln\dfrac{d-a}{a}$；　(2) $C=\dfrac{\pi\varepsilon_0}{\ln\dfrac{d-a}{a}}$

9－20　(1) $\varepsilon_r=3$；　(2) $\sigma=5.31\times10^{-6}$C·m^{-2}；　(3) $E=6\times10^{5}$V·m^{-1}

9－21　(1) 介质外　$E=\dfrac{Q}{4\pi\varepsilon_0 r^2}$，介质内　$E=\dfrac{Q}{4\pi\varepsilon_0\varepsilon_r r^2}$；

(2) 介质外　$U=\dfrac{Q}{4\pi\varepsilon_0 r}$，介质内　$U=\dfrac{Q}{4\pi\varepsilon_0}\left[\dfrac{1}{\varepsilon_r}\left(\dfrac{1}{r}-\dfrac{1}{R'}\right)+\dfrac{1}{R'}\right]$

(3) $V=\dfrac{Q}{4\pi\varepsilon_0}\left[\dfrac{1}{\varepsilon_r}\left(\dfrac{1}{R}-\dfrac{1}{R'}\right)+\dfrac{1}{R'}\right]$

9－22　串联时 $q_1=q_2=5.4\times10^{-3}$C，$U_1=900V$，$U_2=600V$，$W=4.05$J；

并联时 $q_1=9\times10^{-3}$C，$q_2=13.5\times10^{-3}$C，$U_1=U_2=1.5\times10^{3}$V，$W=16.9$J

9－23　(1) 2.5×10^{4}V·m^{-1}，5.0×10^{4}V·m^{-1}；

(2) 1.11×10^{-2}J·m^{-3}，2.21×10^{-2}J·m^{-3}

(3) 1.11×10^{-7}J，3.32×10^{-7}J；　(4) 4.43×10^{-7}J

9－24　(1) 1.0×10^{3}V，5×10^{-6}J；　(2) 1.0×10^{-5}J

9－25　(1) $C=\dfrac{4\pi\varepsilon_0R_1R_2}{R_2-R_1}$；　(2) $W=\dfrac{Q^2}{2C}=\dfrac{Q^2(R_2-R_1)}{8\pi\varepsilon_0R_1R_2}$

9－26　(B)；

9－27　(B)

9－28　(B)；

9－29　(B)。

10－1　40V

10－2　$R=\dfrac{\rho}{2\pi r_0}$

10－3　(1) 15V，85V；(2) 9.6×10^{7}A·m^{-2}；(3) 1.5V·m^{-1}，8.5V·m^{-1}

10－4　$\dfrac{\rho}{2\pi l}\ln\dfrac{R_2}{R_1}$，$1.8\times10^{-8}$A

10－5　0.4A，1.96V

10－6　0.85A，0.85A，0.486A，0.364A；－5.15V

10－7　(1) 2A　(2) 2V，－18V，－14V；　(3) 20V

10－8　$U_{ab}=-3.0\text{V}$；　（2）$U_{ac}=-12.0\text{V}$；　（3）$U_{bc}=-9.0\text{V}$

10－9　10V；0V

11－2　0；$1.0\times10^{-4}\text{T}$，方向水平向左

11－3　$\frac{\mu_0 I}{2\pi a}\left(1+\frac{\pi}{4}\right)$，方向垂直纸面向外

11－4　$2.63\times10^{-7}\frac{I}{R}\text{T}$，方向垂直纸面向里

11－5　$\frac{\mu_0 I}{2\pi a}\ln 2$

11－6　$\oint_{l_1}\boldsymbol{B}\cdot\mathrm{d}\boldsymbol{l}=\mu_0 I,\oint_{l_2}\boldsymbol{B}\cdot\mathrm{d}\boldsymbol{l}=-2\mu_0 I,\oint_{l_3}\boldsymbol{B}\cdot\mathrm{d}\boldsymbol{l}=-\mu_0 I,$

$\oint_{l_4}\boldsymbol{B}\cdot\mathrm{d}\boldsymbol{l}=2\mu_0 I,\oint_{l_5}\boldsymbol{B}\cdot\mathrm{d}\boldsymbol{l}=0$

11－7　$\frac{\mu_0 Il}{2\pi}\ln\frac{b}{a}$

11－8　0；$\frac{\mu_0 I\ (r^2-R_1^2)}{2\pi r\ (R_2^2-R_1^2)}$；$\frac{\mu_0 I}{2\pi r}$

11－9　$\frac{\mu_0 I}{2\pi}\frac{r}{R_1^2}$；$\frac{\mu_0 I}{2\pi r}$；$\frac{\mu_0 I\ (R_3^2-R^2)}{2\pi r\ (R_3^2-R_2^2)}$；0

11－10　$5.02\times10^{-3}\text{T}$

11－11　$2.0\times10^{-3}\text{T}$

11－12　向东，$3.2\times10^{-16}\text{N}$，$1.96\times10^{10}$

11－13　（1）$6.7\times10^{-4}\text{m}\cdot\text{s}^{-1}$；（2）$2.8\times10^{29}\text{m}^{-3}$

11－14　0.101T

11－15　$1.28\times10^{-3}\text{N}$，方向向左

11－16　（1）$f_a=0$，$f_b=0.1\text{N}$，方向垂直纸面向里；$f_c=0$，$f_d=0.1\text{N}$，方向垂直纸面向外；

（2）$F=4\text{N}$，方向垂直纸面向里；

（3）$M=1.26\text{m}\cdot\text{N}$，俯视为逆时针方向

11－17　（C）

11－18　（D）

11－19　（C）

11－20　（A）

11－21　0

11－22　负；IB/nS

12－1　（1）$200\text{A}\cdot\text{m}^{-1}$，$2.5\times10^{-4}\text{T}$；　（2）$200\text{A}\cdot\text{m}^{-1}$，1.05T

12－3　$B=\frac{\mu I}{2\pi R^2}r$，$(r<R)$，　$B=\frac{\mu_0 I}{2\pi r}$，$(r>R)$

12－4　4.78×10^3

12－5　（C）

12－6　铁磁质；顺磁质；抗磁质

13－1　$\pi^2 r^2 Bf/R$

13－3　3.84×10^{-5} V；A 端电势高

13－5　（1）1.57×10^{-3}A；　（2）0；　（3）3.14×10^{-3}V

13－7　$M=\frac{\mu C}{2\pi}\ln\frac{a+b}{a}$

13－8　6.28×10^{-6}H

13－9　N^2 $(\mu_1 S_1+\mu_2 S_2)/l$

13－10　8×10^{-2}J

13－12　$1.5\times10^{8}\text{V}\cdot\text{m}^{-1}$

13－13　(B)

13－14　(C)

13－15　(D)

13－16　(C)

13－17　0

13－18　0

13－19　$15.9\text{A}\cdot\text{m}^{-2}$

14－7　（1）0.1m，10Hz，$20\pi\text{s}^{-1}$，0.1s，$\pi/4$；
（2）7.07×10^{-2}m，$-4.44\text{m}\cdot\text{s}^{-1}$，$-280\text{m}\cdot\text{s}^{-2}$

14－8　（1）$\varphi=0$；（2）$\varphi=\pi$；（3）$\varphi=\frac{\pi}{2}$；（4）$\varphi=\frac{3}{2}\pi$（5）$\varphi=\frac{\pi}{3}$；（6）$\varphi=\frac{4}{3}\pi$

14－9　（1）12.96N；　（2）$A=6.2\times10^{-2}$m

14－10　$A=3$m，$\nu=1\text{s}^{-1}$，$\varphi=\frac{\pi}{4}$；-2.12m，$33.3\text{m}\cdot\text{s}^{-1}$

14－11　（1）4.2s；　（2）$4.5\times10^{-2}\text{m}\cdot\text{s}^{-2}$；　（3）$x=2\cos\left(1.5t-\frac{\pi}{2}\right)$cm

14－12　$x=A\cos\left(\frac{5}{6}\pi t-\frac{\pi}{3}\right)$

14－13　0，$3\pi\text{cm}\cdot\text{s}^{-1}$

14－16　（2）0.10m，9.9s^{-1}、1.58Hz
（3）$x=0.1\cos(9.9t+\pi)$ m

14－17　初相位 $\varphi=-\frac{1}{3}\pi$，或 $\varphi=\frac{5}{3}\pi$

14－18　$\Delta\varphi=\frac{\pi}{2}$

14－19　$\Delta t=0.667$s

14－20　$\frac{3E}{4}$，$\frac{E}{4}$；$\frac{A}{\sqrt{2}}$

14－21　$E_k=0.04$J

14－22　$A=2\times10^{-2}$m，$\varphi=0$，$x=2\times10^{-2}\cos 3t$

14－23　（1）$A=7.8\times10^{-2}$m，$\varphi=84°48'=1.48$ rad；（2）135°，225°

15－11　$1436\text{m}\cdot\text{s}^{-1}$

15－12　$y=1.0\times10^{-2}\cos2\pi(400t-x)$ m

15－13　(1) 8.33×10^{-3}s，0.25m

(2) $y=4.0\times10^{-3}\cos240\pi\left(t-\frac{x}{30}\right)$m

(3) $y=4.0\times10^{-3}\cos240\pi\left(t+\frac{x}{30}\right)$m

15－14　(1) $y=1.0\times10^{-2}\cos\left(80\pi t-\frac{4}{3}\pi x+\frac{\pi}{3}\right)$m

(2) $y=1.0\times10^{-2}\cos\left(80\pi t+\frac{\pi}{3}\right)$m

(3) 4π

15－15　(1) $y_p=A\cos\left[2\pi\left(\nu t+\frac{L}{\lambda}\right)+\varphi\right]$

(2) $v_p=-2\pi\nu A\sin\left[2\pi\left(\nu t+\frac{L}{\lambda}\right)+\varphi\right]$

$a_p=-4\pi^2\nu^2A\cos\left[2\pi\left(\nu t+\frac{L}{\lambda}\right)+\varphi\right]$

15－16　(1) $y_0=A\cos\left[\omega\left(t+\frac{L}{u}\right)+\varphi\right]$

(2) $y=A\cos\left[\omega\left(t+\frac{x+L}{u}\right)+\varphi\right]$

15－17　$x=4$m 处的质点在 t 时刻的振动表达式为：

$y=2.0\times10^{-2}\cos\left(100\pi t-\frac{\pi}{2}\right)$m；

$t=2s$ 时的振动速度为 $v=6.28\text{m}\cdot\text{s}^{-1}$

15－18　(1) $y=1.0\times10^{-2}\cos(12.56\times10^2t-3.31x)$ m；

(2) $y=1.0\times10^{-2}\cos(12.56\times10^2t-\frac{3}{2}\pi)$ m；

(3) 0

15－19　$1.27\text{W}\cdot\text{m}^{-2}$，$0.32\text{W}\cdot\text{m}^{-2}$

15－20　$1.58\times10^5\text{W}\cdot\text{m}^{-2}$，$3.79\times10^3$J

15－21　$y=y_1+y_2=6.0\times10^{-3}\cos\left(2\pi t-\frac{\pi}{2}\right)$m

15－22　(1) 3π；　(2) $|A_1-A_2|$

15－23　最大振幅点的位置：$x=\pm\frac{k\lambda}{2}$，($k=0, 1, 2, \cdots$)

最小振幅点的位置：$x=\pm(2k+1)\frac{\lambda}{4}$，($k=0, 1, 2, \cdots$)

15－24　(1) $v=4$Hz，$\lambda=1.5$m，$u=6.0\text{m}\cdot\text{s}^{-1}$

(2) 节点位置：$x=\pm\frac{3}{4}\left(k+\frac{1}{2}\right)$ m，($k=0, 1, 2, \cdots$)

(3) 波腹位置：$x=\pm\frac{3k}{4}$ m，($k=0, 1, 2, \cdots$)

15－25　(1) 26dB，　(2) 100m

15－26　137Hz

16－1　(a) P 点干涉加强

(b) $(n_{水}-1)\ \overline{AP}=\begin{cases}\pm k\lambda & 干涉加强\\ \pm(2k+1)\dfrac{\lambda}{2} & 干涉减弱\end{cases}$

(c) $x(n-1)=\begin{cases}\pm k\lambda & 干涉加强\\ \pm(2k+1)\dfrac{\lambda}{2} & 干涉减弱\end{cases}$

(d) $(r_2-r_1)+[t_2(n_2-1)-t_1(n_1-1)]=\begin{cases}\pm k\lambda & 干涉加强\\ \pm(2k+1)\dfrac{\lambda}{2} & 干涉减弱\end{cases}$

16－2　(1) 屏上的干涉条纹逐渐变疏。

(2) 屏上的干涉条纹逐渐变疏。

(3) 屏上的干涉条纹疏密程度不变，但干涉条纹的亮度减小。

(4) 屏上的条纹由双缝干涉条纹变为单缝衍射条纹。

(5) 屏上的干涉条纹变密。

(6) 屏上干涉条纹疏密程度不变，但干涉条纹整体向上平移。

16－3　观察者看到环状干涉条纹都向中心收缩。

16－4　所传播的路程不等，走过的光程相等。

16－5　工件的上表面缺陷是凸起纹，最大深度为 250nm。

16－6　$\lambda=562.5$nm。

16－7　$d=8.0\times10^{-6}$ m

16－8　$d=1.0$mm

16－9　$\theta=0.199\times10^{-2}$ rad，$D=0.0575$mm

16－10　$n=1+\dfrac{M\lambda}{l}$

16－11　6.0×10^{-7}m 和 4.286×10^{-7}m

16－12　6.01×10^{-7}m

16－13　$R=4$m

16－14　$n=1.22$

16－15　$\lambda=6.289\times10^{-7}$m，$5.9\times10^{-5}$m

16－16　(1) 条纹宽度与波长成正比，当波长增大（或减小）时，条纹随之变宽（或变窄）。

(2) 条纹宽度与缝宽成反比，同时条纹亮度随缝宽而改变，当缝宽增大（或减小）时，条纹变窄（或变宽），同时亮度增大（或减小）。

16－17　600 条/mm

16－18　$a=\dfrac{2\lambda D}{l}$

16－19　±0.50mm，$\pm0.75\times10^{-3}$m，$\pm1.5\times10^{-3}$m

16－20　4个半波带，第一级暗纹

16－21　3.0mm

16－22　4.286×10^{-7}m

16－23　1.03×10^{-6}m，5×10^{-4}cm

16－24　可看见二级完整的可见光谱。

16－28　37°

16－29　$\frac{1}{2}I_0\cos^2\alpha$，$\alpha=0°$时，光强取极大值；$\alpha=\frac{\pi}{2}$时，光强取极小值，

$\theta+(\alpha-\alpha')=\frac{\pi}{2}$

16－30　$i_0=\arctan\frac{n_2}{n_1}$，33°，偏振光，其光振动垂直于入射面。

17－2　5.74×10^5 m·s^{-1}

17－3　(1) 1.33×10^{-19}J，4.42×10^{-28}kg·m·s^{-1}，1.47×10^{-36}kg

(2) 3.99×10^{-19}J，1.33×10^{-27}kg·m·s^{-1}，4.41×10^{-36}kg

(3) 9.97×10^{-18}J，3.31×10^{-26}kg·m·s^{-1}，1.10×10^{-34}kg

(4) 1.33×10^{-15}J，4.42×10^{-24}kg·m·s^{-1}，1.47×10^{-32}kg

(5) 1.99×10^{-13}J，6.63×10^{-22}kg·m·s^{-1}，2.21×10^{-30}kg

17－5　4.35×10^{-3}nm，63°36′

17－6　5

17－10　102.6nm，657.9nm，121.6nm

17－11　1.99×10^{-5}nm

17－12　1.23nm

17－13　动量相同均为3.22×10^{-24}kg·m·s^{-1}；6.22keV，37.8 keV。

17－14　1.46×10^7m·s^{-1}

17－16　(1) $E_1=9.43$eV；

(2) 在$x=0$、0.1nm、0.2nm处，取得最小概率密度$w=0$。

附录一　矢量

一、标量和矢量

在物理学中，有一类物理量，如时间、质量、功、温度等只有大小和正负，而没有方向，这类物理量称为标量。标量是代数量，所以它遵循通常的代数运算法则。另一类物理量，如位移、速度、加速度、力、动量等既有大小又有方向，而且相加减时遵从平行四边形的运算法则，这类物理量称为矢量（也称为向量）。矢量常用带箭头的字母（例如 $\vec{A}$）或黑体字母（例如 $\boldsymbol{A}$）来表示。在作图时，常用一有向线段来表示，如图 1 所示。线段的长度表示矢量的大小，而箭头的指向则表示矢量的方向。矢量的大小称为矢量的模。矢量 $\boldsymbol{A}$ 的模常用符号 $|\boldsymbol{A}|$ 或 A 表示。

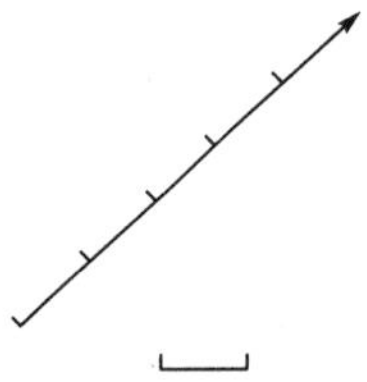

图 1　矢量的图示

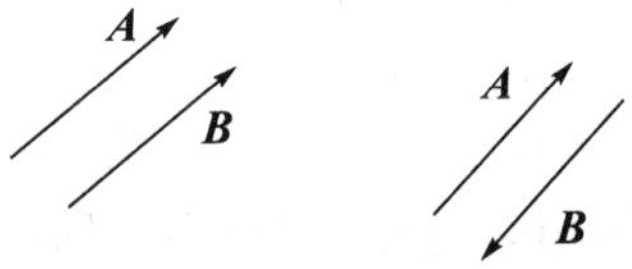

图 2　等矢量和负矢量

如果矢量 $\boldsymbol{A}_0$ 的模等于 1，且方向与矢量 $\boldsymbol{A}$ 相同，则 $\boldsymbol{A}_0$ 称为矢量 $\boldsymbol{A}$ 方向上的单位矢量。引进单位矢量之后，矢量 $\boldsymbol{A}$ 可以表示为

$$\boldsymbol{A} = |\boldsymbol{A}|\boldsymbol{A}_0$$

这种表示方法实际上把矢量 $\boldsymbol{A}$ 的大小和方向这两个特征分别表示出来。

对于空间直角坐标系（$OXYZ$）来说，通常用 $\boldsymbol{i}$，$\boldsymbol{j}$，$\boldsymbol{k}$ 分别表示沿 X、Y、Z 三个坐标轴正方向的单位矢量。

如图 2 所示，如果两个矢量 $\boldsymbol{A}$ 和 $\boldsymbol{B}$ 的模相等，彼此平行且同向，就称这两个矢量相等，写作 $\boldsymbol{A}=\boldsymbol{B}$；如果它们的模相等，彼此平行但反向，就写作 $\boldsymbol{A}=-\boldsymbol{B}$，$\boldsymbol{B}$ 矢量称为 $\boldsymbol{A}$ 矢量的负矢量。

如图 3 所示，如把矢量 $\boldsymbol{A}$ 在空间平移，则矢量 $\boldsymbol{A}$ 的大小和方向都不会因平移而改变。矢量的这个性质称为矢量平移的不变性。

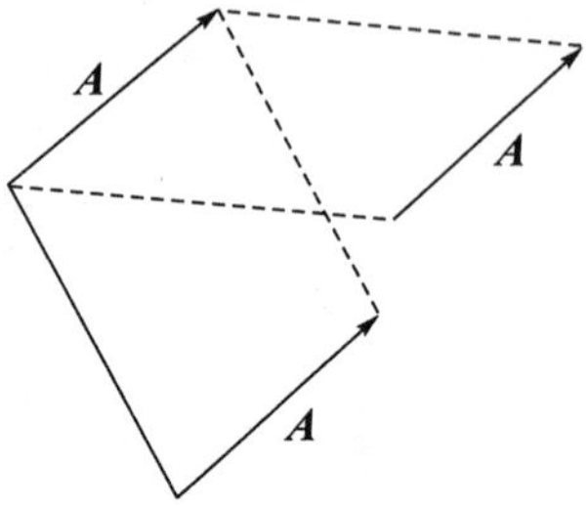

图 3　矢量平移

二、矢量的加法和减法

1. 矢量相加

设有两个矢量**A** 和**B**，如图 4 所示。将它们相加时，可将两矢量的起点交于一点，再以这两个矢量 **A** 和 **B** 为邻边作平行四边形，从两矢量的交点作平行四边形的对角线，此对角线即代表 **A** 和 **B** 两矢量之和，用矢量式表示为

$$\boldsymbol{C} = \boldsymbol{A} + \boldsymbol{B}$$

C 称为合矢量，而 **A** 和 **B** 称为 **C** 矢量的分矢量。

两矢量合成的平行四边形法则可简化为两矢量合成的三角形法则。如图 5 所示，自矢量 **A** 的末端起画出矢量 **B**，则自矢量 **A** 的始端到矢量 **B** 的末端画出的矢量 **C**，就是 **A** 和 **B** 的合矢量。

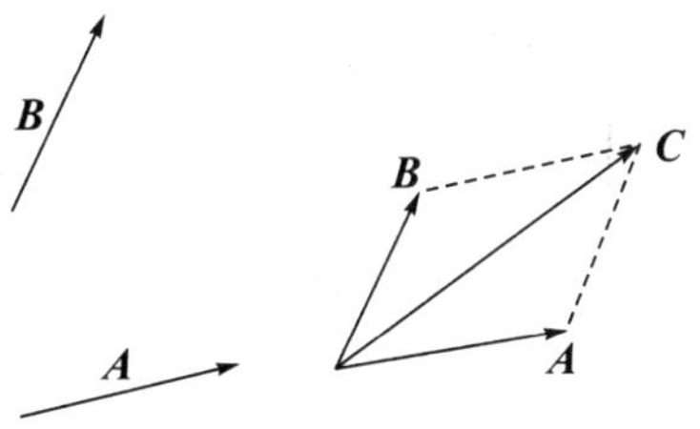

图 4 矢量的加法

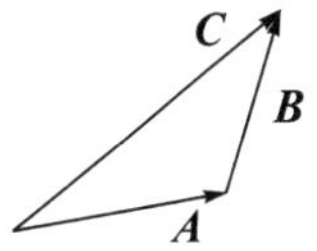

图 5 矢量合成的三角形法则

对于两个以上的矢量相加，原则上可以逐次采用三角形法则进行，先求出其中两个矢量的合矢量，然后，将该合矢量再与第三个矢量相加，求得三个矢量的合矢量……依次类推，就可以求出多个矢量的合矢量。如图 6 所示，若要求出 **A**、**B**、**C**、**D** 四个矢量的合矢量时，可从 **A** 矢量出发，首尾相接地依次画出 **B**、**C**、**D** 各矢量，然后由第一矢量 **A** 的始端到最后一个矢量 **D** 的末端联一有向线段 **R**，这个矢量 **R** 就是 **A**、**B**、**C**、**D** 四个矢量的合矢量。这种求合矢量的方法常称为多边形法则。

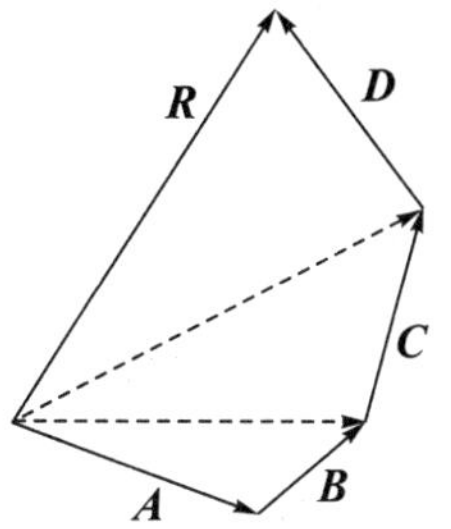

图 6 多矢量的相加

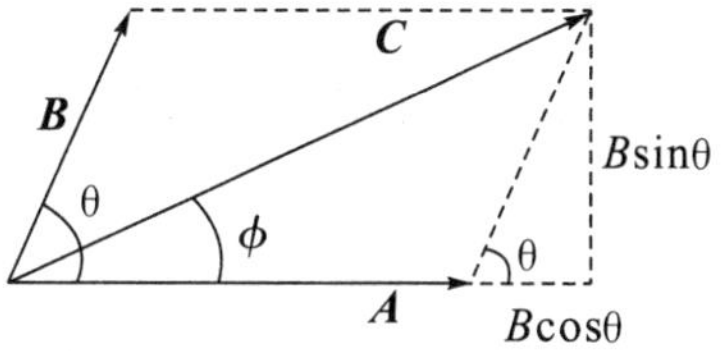

图 7 合矢量 C 的计算

合矢量的大小和方向，也可以通过计算求得。如图 7 所示，矢量 **A**、**B** 之间的夹角为 θ，那么，合矢量 **C** 的大小和方向很容易从图上看出

$$C = \sqrt{(A + B\cos\theta)^2 + (B\sin\theta)^2} = \sqrt{A^2 + B^2 + 2AB\cos\theta}$$

$$\varphi = \arctan\frac{B\sin\theta}{A + B\cos\theta}$$

其中，φ 是合矢量 $\boldsymbol{C}$ 与矢量 $\boldsymbol{A}$ 的夹角。

2. 矢量相减

两个矢量 $\boldsymbol{A}$ 与 $\boldsymbol{B}$ 之差也是一个矢量，可用 $\boldsymbol{A}-\boldsymbol{B}$ 表示。矢量 $\boldsymbol{A}$ 与 $\boldsymbol{B}$ 之差可定义成矢量 $\boldsymbol{A}$ 与矢量 $-\boldsymbol{B}$ 之和，其中 $-\boldsymbol{B}$ 表示与矢量 $\boldsymbol{B}$ 大小相等而方向相反的另一矢量，即

$$\boldsymbol{A} - \boldsymbol{B} = \boldsymbol{A} + (-\boldsymbol{B})$$

如同两矢量相加一样，两矢量相减也可以采用平行四边形法则（图 8(a)）。从图8(b)也可以看出，如两矢量 $\boldsymbol{A}$ 和 $\boldsymbol{B}$ 从同一点画起，则自 $\boldsymbol{B}$ 末端作一矢量，就是矢量 $\boldsymbol{S}$ 与 $\boldsymbol{B}$ 之差 $\boldsymbol{A}-\boldsymbol{B}$。

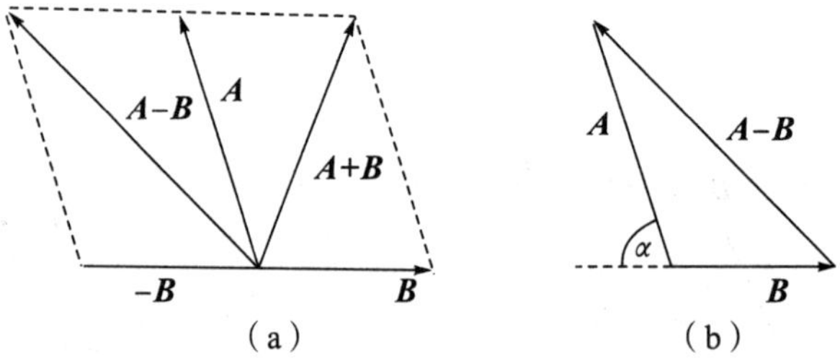

图 8　两矢量相减

三、矢量合成的解析法

1. 矢量的坐标表示

设在平面直角坐标系 XOY 上，矢量 $\boldsymbol{A}$ 的始端位于原点 O，它与 X 轴的夹角为 α（图 9）。从图可见，矢量 $\boldsymbol{A}$ 在 X 轴的分矢量 $\boldsymbol{A}_x$ 和 y 轴的分矢量 $\boldsymbol{A}_y$ 都是一定的，即

$$\boldsymbol{A} = \boldsymbol{A}_x + \boldsymbol{A}_y$$

$\boldsymbol{A}_x$、$\boldsymbol{A}_y$ 亦可用沿 X、Y 轴正方向的单位矢量 $\boldsymbol{i}$、$\boldsymbol{j}$ 表示为

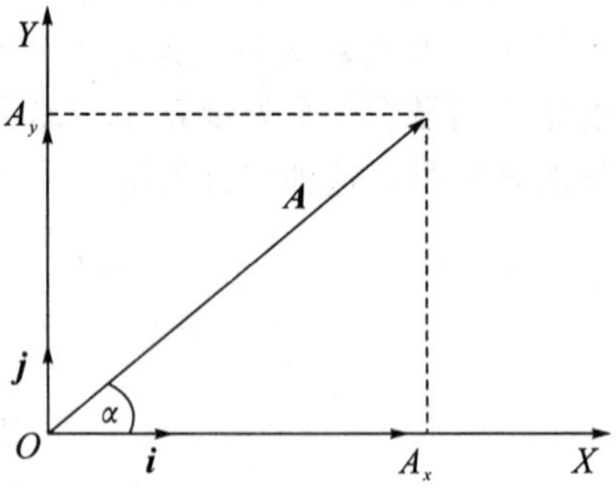

图 9　平面直角坐标轴上矢量的正交分量

$$\boldsymbol{A}_i = A_x\boldsymbol{i}$$

$$\boldsymbol{A}_y = A_y\boldsymbol{j}$$

于是

$$\boldsymbol{A} = A_x\boldsymbol{i} + A_y\boldsymbol{j}$$

其中，A_x 和 A_y 分别叫做矢量 $\boldsymbol{A}$ 在 X 轴和 Y 轴上的分量，且

$$A_x = A\cos\alpha \qquad A_y = A\sin\alpha$$

显然，矢量 $\boldsymbol{A}$ 的模 A 与分量 A_x 和 A_y 之间的关系为

$$A = \sqrt{A_x^2 + A_y^2}$$

矢量 $\boldsymbol{A}$ 的方向可用与 X 轴的夹角 α 来表示，即

$$\alpha = \arctan \frac{A_y}{A_x}$$

同样道理，在空间直角坐标系中，任一矢量 $\boldsymbol{A}$ 都可沿坐标轴方向分解为三个分矢量（图 10），即

$$\boldsymbol{A}_x = A_x \boldsymbol{i} \qquad \boldsymbol{A}_y = A_y \boldsymbol{j} \qquad \boldsymbol{A}_z = A_z \boldsymbol{k}$$

于是有

$$\boldsymbol{A} = A_x \boldsymbol{i} + A_y \boldsymbol{j} + A_z \boldsymbol{k}$$

矢量 $\boldsymbol{A}$ 的模为

$$A = \sqrt{A_x^2 + A_y^2 + A_z^2}$$

而矢量 $\boldsymbol{A}$ 的方向则由这矢量与坐标轴的夹角 α、β、γ 来确定：

$$\cos\alpha = \frac{A_x}{A} \qquad \cos\beta = \frac{A_y}{A} \qquad \cos\gamma = \frac{A_z}{A}$$

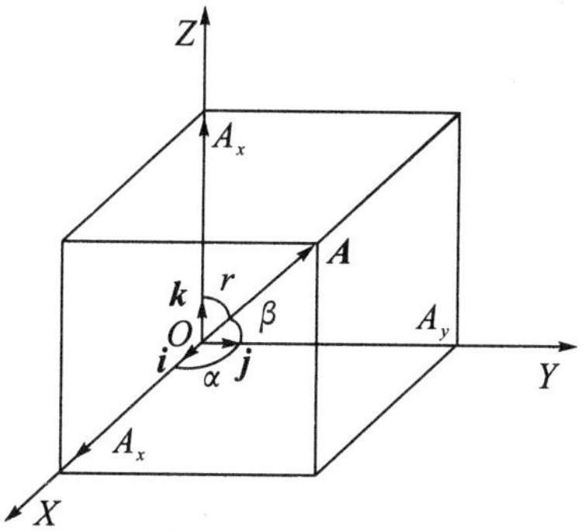

图10　空间直角坐标轴上矢量的正交分量

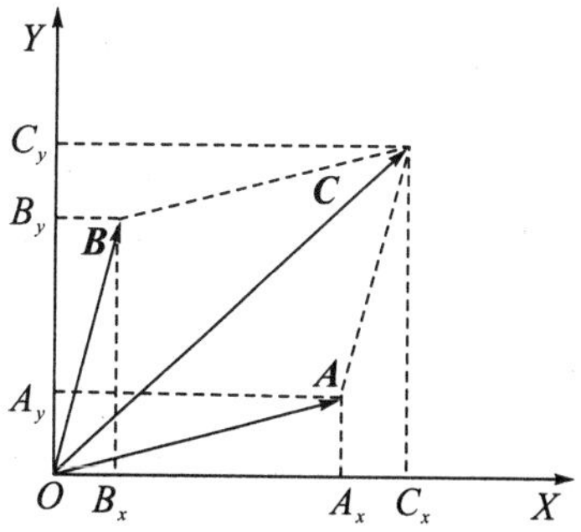

图 11　矢量合成的解析法

2. 矢量合成的解析法

运用矢量的坐标表示法，可使矢量的加减运算得到简化。如图 11 所示，设有两个矢量 $\boldsymbol{A}$ 和 $\boldsymbol{B}$，其合矢量 $\boldsymbol{C}$ 可由平行四边形求出。如矢量 $\boldsymbol{A}$ 和 $\boldsymbol{B}$ 在坐标轴上的分量分别为 A_x、A_y 和 B_x、B_y。由图中可以看出，合矢量 $\boldsymbol{C}$ 在坐标轴上的分量满足关系式

$$C_x = A_x + B_x \qquad C_y = A_y + B_y$$

矢量 $\boldsymbol{C}$ 的大小及方向由下列二式确定

$$C = \sqrt{C_x^2 + C_y^2}$$

$$\varphi = \arctan \frac{C_y}{C_x}$$

就是说，合矢量在任一直角坐标轴上的分量等于同一坐标轴上各分量的代数和。这样，通过分矢量在坐标轴上的分量就可以求得合矢量的大小和方向。

四、矢量的标积和矢积

在物理学中，我们常常遇到两个矢量相乘的情形。矢量相乘常见有两种，一种是标积（或称点积、点乘），一种是矢积（或称叉积、叉乘）。例如，功是力和位移两矢量的标积，力矩是矢径和力两矢量的矢积。

1. 矢量的标积

矢量 $\boldsymbol{A}$ 与矢量 $\boldsymbol{B}$ 的标积用符号 $\boldsymbol{A}\cdot\boldsymbol{B}$ 表示，并定义为

$$\boldsymbol{A}\cdot\boldsymbol{B}=AB\cos\theta$$

即矢量 $\boldsymbol{A}$ 和 $\boldsymbol{B}$ 的标积是矢量 $\boldsymbol{A}$ 和 $\boldsymbol{B}$ 的大小及它们之间小于 π 的夹角 θ 余弦的乘积，为一标量。

从标积的定义不难证明，标积的运算遵从交换律与分配律，即

$$\boldsymbol{A}\cdot\boldsymbol{B}=\boldsymbol{B}\cdot\boldsymbol{A}$$

和

$$\boldsymbol{A}\cdot(\boldsymbol{B}+\boldsymbol{C})=\boldsymbol{A}\cdot\boldsymbol{B}+\boldsymbol{A}\cdot\boldsymbol{C}$$

对直角坐标系各轴向的单位矢量 $\boldsymbol{i}$、$\boldsymbol{j}$、$\boldsymbol{k}$，很容易得出

$$\boldsymbol{i}\cdot\boldsymbol{i}=\boldsymbol{j}\cdot\boldsymbol{j}=\boldsymbol{k}\cdot\boldsymbol{k}=1$$

$$\boldsymbol{i}\cdot\boldsymbol{j}=\boldsymbol{j}\cdot\boldsymbol{k}=\boldsymbol{k}\cdot\boldsymbol{i}=0$$

由 $\boldsymbol{A}=A_x\boldsymbol{i}+A_y\boldsymbol{j}+A_z\boldsymbol{k}$，$B=B_x\boldsymbol{i}+B_y\boldsymbol{j}+B_z\boldsymbol{k}$，不难得出

$$\boldsymbol{A}\cdot\boldsymbol{B}=A_xB_x+A_yB_y+A_zB_z$$

这是用分量表示两个矢量的标积的形式。

2. 矢量的矢积

矢量 $\boldsymbol{A}$ 和 $\boldsymbol{B}$ 的矢积 $\boldsymbol{A}\times\boldsymbol{B}$ 是另一矢量 $\boldsymbol{C}$，

$$\boldsymbol{C}=\boldsymbol{A}\times\boldsymbol{B}$$

其定义如下：矢量 $\boldsymbol{C}$ 的大小为

$$C=AB\sin\theta$$

其中，θ 为 $\boldsymbol{A}$、$\boldsymbol{B}$ 两矢量间的夹角，$\boldsymbol{C}$ 矢量的方向则垂直于 $\boldsymbol{A}$、$\boldsymbol{B}$ 两矢量所组成的平面，而指向由右手定则确定，即从 $\boldsymbol{A}$ 经小于 180°的角转向 $\boldsymbol{B}$ 时大拇指伸直时所指的方向（图 12）。

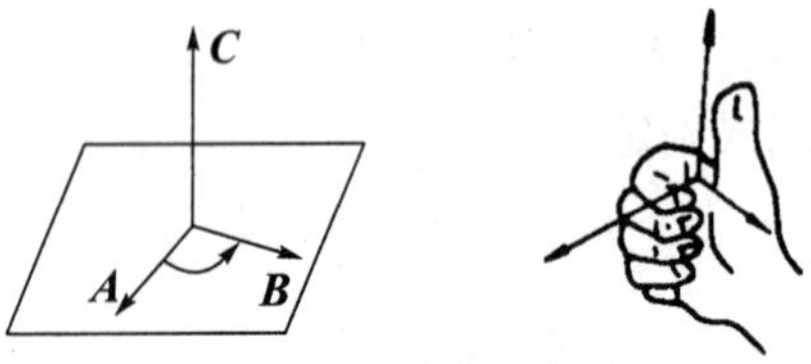

图 12　矢量的矢积

根据矢积的定义，可以得到：$\boldsymbol{A}\times\boldsymbol{B}$ 的大小 $AB\sin\theta$ 与 $\boldsymbol{B}\times\boldsymbol{A}$ 的大小 $BA\sin\theta$ 相同，但 $\boldsymbol{A}\times\boldsymbol{B}$ 和 $\boldsymbol{B}\times\boldsymbol{A}$ 的方向相反，所以

$$\boldsymbol{A}\times\boldsymbol{B}=-\boldsymbol{B}\times\boldsymbol{A}$$

即矢量的矢积不遵守交换律。但可以证明，分配律仍被遵从，即

$$\boldsymbol{A}\times(\boldsymbol{B}+\boldsymbol{C})=\boldsymbol{A}\times\boldsymbol{B}+\boldsymbol{A}\times\boldsymbol{C}$$

对直角坐标系各轴向的单位矢量 $\boldsymbol{i}$、$\boldsymbol{j}$、$\boldsymbol{k}$ 有

$$\boldsymbol{i}\times\boldsymbol{i}=\boldsymbol{j}\times\boldsymbol{j}=\boldsymbol{k}\times\boldsymbol{k}=\boldsymbol{0}$$

$$\boldsymbol{i}\times\boldsymbol{j}=\boldsymbol{k},\boldsymbol{j}\times\boldsymbol{k}=\boldsymbol{i},\boldsymbol{k}\times\boldsymbol{i}=\boldsymbol{j}$$

利用上述性质，对 $\boldsymbol{A}$、$\boldsymbol{B}$ 两矢量求矢积有

$$\begin{aligned}\boldsymbol{A}\times\boldsymbol{B}&=(A_x\boldsymbol{i}+A_y\boldsymbol{j}+A_z\boldsymbol{k})\times(B_x\boldsymbol{i}+B_y\boldsymbol{j}+B_z\boldsymbol{k})\\&=(A_yB_z-A_zB_y)\boldsymbol{i}+(A_zB_x-A_xB_z)\boldsymbol{j}+(A_xB_y-A_yB_x)\boldsymbol{k}\end{aligned}$$

附录二　一些常用物理常量

物理量	符号	量值	单位
真空中光速	c	3.00×10^{8}	$m\cdot s^{-1}$
真空磁导率	μ_0	$4\pi\times10^{-7}$	$N\cdot A^{-2}$
真空电容率	ε_0	8.85×10^{-12}	$C^2\cdot N^{-1}\cdot m^2$
牛顿引力常量	G	6.67×10^{-11}	$N\cdot m^2\cdot kg^{-2}$
普朗克常量	h	6.63×10^{-34}	$J\cdot s$
基本电荷	e	1.60×10^{-19}	C
里德伯常量	R_∞	10973731	m^{-1}
电子质量	m_e	9.11×10^{-31}	kg
康普顿波长	λ_c	2.43×10^{-12}	m
质子质量	m_p	1.67×10^{-27}	kg
中子质量	m_n	1.67×10^{-27}	kg
阿伏伽德罗常量	N_A	6.02×10^{23}	mol^{-1}
气体常量	R	8.31	$J\cdot mol^{-1}\cdot K^{-1}$
玻耳兹曼常量	k	1.38×10^{-23}	$J\cdot K^{-1}$
斯芯藩－玻耳兹曼常量	σ	5.67×10^{-8}	$W\cdot m^{-2}\cdot K^{-1}$
维恩位移定律常量	b	2.90×10^{-3}	$m\cdot K$
电子伏特	eV	1.60×10^{-19}	J
原子质量单位	u	1.66×10^{-27}	kg
标准大气压	atm	1.01×10^{5}	Pa
标准重力加速度	g	9.81	$m\cdot s^{-2}$

* 本表各物理常量是取国际科技数据委员会（CODATA）1986 年推荐值的三位有效数字。